# 大学计算机基础

## (Windows 7+Office 2010)

王益义　编著

ZHEJIANG UNIVERSITY PRESS
浙江大学出版社

**图书在版编目(CIP)数据**

大学计算机基础:Windows 7+Office 2010 / 王益义编著. —杭州:浙江大学出版社，2019.6(2024.7 重印)

ISBN 978-7-308-19276-7

Ⅰ.①大… Ⅱ.①王… Ⅲ.①Windows 操作系统—高等学校—教材 ②办公自动化—应用软件—高等学校—教材 ③Office 2010 Ⅳ.①TP316.7 ②TP317.1

中国版本图书馆 CIP 数据核字(2019)第 129642 号

**大学计算机基础**

**(Windows 7+Office 2010)**

王益义　编著

---

**责任编辑**　石国华

**责任校对**　陈静毅　汪志强

**封面设计**　周　灵

**出版发行**　浙江大学出版社

(杭州天目山路 148 号　邮政编码 310007)

(网址：http://www.zjupress.com)

**排　　版**　杭州星云光电图文制作有限公司

**印　　刷**　广东虎彩云印刷有限公司绍兴分公司

**开　　本**　787mm×1092mm　1/16

**印　　张**　21.5

**字　　数**　560 千

**版 印 次**　2019 年 6 月第 1 版　2024 年 7 月第 2 次印刷

**书　　号**　ISBN 978-7-308-19276-7

**定　　价**　58.00 元

---

# 前 言

在计算机教学领域，计算思维能力的培养一直是大学计算机教学的核心任务。大学计算机基础课程是高等学校非计算机专业的重要的公共基础课程之一，旨在培养学生的计算思维能力，以使学生在掌握计算机基础知识的同时，提高利用计算机分析和解决实际问题的能力。

本书是一本面向高校非计算机专业讲述计算机基础知识与应用的基础教材，以 Windows 7 操作系统为运行平台，以 Office 2010 的应用为主线，参照最新的浙江省计算机一级考试大纲要求，教学目标明确，教学内容精选，重点突出，既能满足等级考试教学的需要，又能使学生获得丰富的计算机应用知识。

全书共分 6 章，第 1 章介绍计算机的基础知识；第 2 章介绍 Window 7 操作系统的基本知识和操作方法；第 3 章至第 5 章重点介绍 Office 2010 办公软件中的 Word 2010 文字处理、Excel 2010 电子表格和 PowerPoint 2010 演示文稿软件的基本操作方法；第 6 章介绍计算机网络和信息安全基础知识。在每章后都附有一定数量的习题，供学生思考或教师布置作业巩固课堂教学用。

本书由王益义策划、编写、审稿和统稿。在编写过程中，王颖、张叶群两位老师对书本的内容、结构和案例设置提出了宝贵的建议，书中部分例题参考了浙江省一级考试(Windows 7＋Office 2010)试题，还参考了一些文献资料和网站资源，在此一并表示衷心的感谢。

由于编者的水平有限，时间仓促，错误和不当之处在所难免，敬请教师和学生批评指正，以便对本书进行修订完善。

**王益义**

2018 年 3 月

# 前　言

在计算机教学领域，计算思维能力的培养一直是大学计算机教学的核心任务。大学计算机基础课程是高等学校非计算机专业的重要的公共基础课程之一，旨在培养学生的计算思维能力，以使学生在掌握计算机基础知识的同时，提高利用计算机分析和解决实际问题的能力。

本书是一本面向高校非计算机专业讲述计算机基础知识与应用的基础教材，以 Windows 7 操作系统为运行平台，以 Office 2010 的应用为主线，参照最新的浙江省计算机一级考试大纲要求，教学目标明确，教学内容精选，重点突出，既能满足等级考试教学的需要，又能使学生获得丰富的计算机应用知识。

全书共分 6 章，第 1 章介绍计算机的基础知识；第 2 章介绍 Window 7 操作系统的基本知识和操作方法；第 3 章至第 5 章重点介绍 Office 2010 办公软件中的 Word 2010 文字处理、Excel 2010 电子表格和 PowerPoint 2010 演示文稿软件的基本操作方法；第 6 章介绍计算机网络和信息安全基础知识。在每章后都附有一定数量的习题，供学生思考或教师布置作业巩固课堂教学用。

本书由王益义策划、编写、审稿和统稿。在编写过程中，王颖、张叶群两位老师对书本的内容、结构和案例设置提出了宝贵的建议，书中部分例题参考了浙江省一级考试（Windows 7＋Office 2010）试题，还参考了一些文献资料和网站资源，在此一并表示衷心的感谢。

由于编者的水平有限，时间仓促，错误和不当之处在所难免，敬请教师和学生批评指正，以便对本书进行修订完善。

王益义

2018 年 3 月

# 目　录

第1章

# 计算机基础知识

## 1.1 计算机概述

电子计算机(Computer),又称计算机或电脑,是一种能够按照程序运行,自动、精确、高速地对各种信息进行存储、处理和传输的现代化智能电子设备。

### 1.1.1 计算机发展历史

**1. 计算机的诞生**

图 1-1 世界上第一台计算机 ENIAC

1946 年 2 月 14 日,世界上第一台通用电子计算机在美国宾夕法尼亚大学诞生,简称埃尼阿克(ENIAC)(见图 1-1)。这台计算机是美国为了军事目的而研制出来的。ENIAC 是个"庞然大物",长30.48m,宽0.9m,高2.4m,占地面积 $167m^2$,重达 27 吨,使用了 17468 个真空管、7200 个晶体二极管、1500 个继电器、10000 个电容器,每小时耗电 150 千瓦(传言每当这台计算机启动的时候,费城的灯都会变暗)。这部机器每秒执行 5000 次加法运算,是继电器计算机的 1000 倍、手工计算的 20 万倍。ENIAC 的问世具有划时代的意义,表明了电子计算机时代的到来。在之后的 70 多年里,计算机技术以惊人的速度不断向前发展。

图 1-2 冯·诺依曼

当时任弹道研究所顾问、正在参加美国第一颗原子弹研制工作的美籍匈牙利数学家冯·诺依曼(John von Neumann,1903—1957)(见图 1-2)带着原子弹研制过程中遇到的大量计算问题,在研制过程中期加入了研制小组。1945 年,冯·诺依曼和他的研制小组在共同讨论的基础上,发表了一篇长达 101 页纸的报告,即计算机史上著名的"101 页报告",这是现代计算机科学发展里程碑式的文献。它明确规定用二进制替代十进制运算,并将计算机分成五大组件,这一卓越的思想为电子计算机的逻辑结构设计奠定了基础,现已成为计算机设计的基本原则。由于他在计算机逻辑结构设计上的伟大贡献,他被誉为“现代电子计算机之父”。

**2. 计算机的发展过程**

现代计算机发展历程,共经历了以下五个阶段:

(1)第1代计算机:电子管计算机(1946—1957年)

硬件方面,逻辑元件采用真空电子管,主存储器采用汞延迟线、阴极射线示波管静电存储器、磁鼓、磁芯;外存储器采用磁带。软件方面采用机器语言、汇编语言。应用领域以军事和科学计算为主。特点是体积大、功耗高、可靠性差、速度慢(一般为每秒数千次至数万次)、价格昂贵,但为以后的计算机发展奠定了基础。

(2)第2代计算机:晶体管计算机(1958—1964年)

硬件方面,逻辑元件采用晶体管,主存储器采用磁芯,外存储器采用磁盘。软件方面出现了以批处理为主的操作系统、高级语言及其编译程序。应用领域以科学计算和事务处理为主,并开始进入工业控制领域。特点是体积缩小、能耗降低、可靠性提高、运算速度提高(一般为每秒数十万次,最高可达300万次),性能比第1代计算机有了很大的提高。

(3)第3代计算机:集成电路计算机(1965—1970年)

硬件方面,逻辑元件采用中、小规模集成电路(MSI、SSI),主存储器仍采用磁芯。软件方面出现了分时操作系统以及结构化、规模化程序设计方法。特点是运算速度更快(一般为每秒数百万次至数千万次),而且可靠性有了显著提高,价格进一步下降,产品走向了通用化、系列化和标准化。应用领域开始进入文字处理和图形图像处理领域。

(4)第4代计算机:大规模集成电路计算机(1971年至今)

硬件方面,逻辑元件采用大规模和超大规模集成电路(LSI和VLSI)。软件方面出现了数据库管理系统、网络管理系统和面向对象语言等。1971年世界上第一台微处理器在美国硅谷诞生,开创了微型计算机的新时代,应用领域从科学计算、事务管理、过程控制逐步走向家庭。

(5)第5代计算机:智能型计算机

第5代计算机是把信息采集、存储、处理、通信同人工智能结合在一起的智能计算机系统。它能进行数值计算或处理一般的信息,主要面向知识处理,具有形式化推理、联想、学习和解释的能力,能够帮助人们进行判断、决策、开拓未知领域和获得新的知识。人机之间可以直接通过自然语言(声音、文字)或图形图像交换信息。

### 1.1.2 计算机的特点及分类

**1. 计算机的特点**

(1)运算速度快

计算机内部的运算是由数字逻辑电路组成,可以高速准确的完成各种算术运算。当今计算机系统的运算速度已达每秒万亿次,微机也可达每秒亿次以上,这使大量复杂的科学计算问题得以解决。例如:卫星轨道的计算、大型水坝的计算、24小时天气预报的计算等,过去人工计算需要几年、几十年,而在现代社会中,用计算机只需几天甚至几分钟就可以完成。

(2)计算精确度高

科学技术的发展特别是尖端科学技术的发展,需要高度精确的计算。计算机控制的导弹之所以能准确地击中预定的目标,是与计算机的精确计算分不开的。一般计算机可以有十几位甚至几十位(二进制)有效数字,计算精度可由千分之几到百万分之几,这是目前任何计算工具都望尘莫及的。

(3)逻辑运算能力强

计算机不仅能进行精确计算，还具有逻辑运算功能，能对信息进行比较和判断。计算机能把参加运算的数据、程序以及中间结果和最后结果保存起来，并能根据判断的结果自动执行下一条指令以供用户随时调用。

(4)存储容量大

计算机内部的存储器具有记忆特性，可以存储大量的信息。这些信息，不仅包括各类数据信息，还包括加工这些数据的程序。

(5)自动化程度高

由于计算机具有存储记忆能力和逻辑判断能力，所以人们可以将预先编好的程序组纳入计算机内存，在程序控制下，计算机可以连续、自动地工作，不需要人为干预。

(6)可靠性高、通用性强

由于采用了大规模和超大规模集成电路，现在的计算机具有非常高的可靠性，不仅可用于数值计算，还可以用于数据处理、工业控制、辅助设计、辅助制造和办公自动化等，具有很强的通用性。

**2. 计算机的分类**

计算机的种类很多，可以从不同角度对计算机进行分类。计算机按照其用途可分为通用计算机和专用计算机；按照其原理可分为模拟计算机、数字计算机和混合型计算机等；按照计算机性能及发展趋势，可分为巨型机、大型机、小型机、工作站和微型机等 5 大类。

(1)巨型机

巨型计算机也称为超级计算机，具有极高的性能和极大的规模，价格昂贵，主要用于战略武器(如核武器和反导弹武器)的设计、空间技术、地质勘探、中长期天气预报以及社会模拟等领域。现在世界上运行速度最快的巨型计算机已达到每秒千万亿次浮点运算。我国是世界上少数能研制生产巨型计算机的国家之一，如我国研制成功的“曙光”、“银河”、“天河”系列等计算机都属于巨型机。2015 年第 45 届全球超级计算机 TOP500 排名，“天河二号”(见图 1-3)以每秒 33.86 千万亿次的浮点运算速度，连续六届排名第一。

图 1-3　“天河二号”超级计算机

(2)大型机

大型计算机中包括中型计算机,价格比较贵,运算速度没有巨型计算机快,一般只有大中型企事业单位才有必要配置和管理它。以大型计算机和其他外部设备为主,并且配备众多的终端,组成一个计算机中心,才能充分发挥大型计算机的作用。美国 IBM 公司生产的 IBM 360、IBM 390、IBM z10 系列,就是国际上有代表性的大型计算机。

(3)小型机

小型机的规模介于大型计算机和个人电脑之间。运算速度和存储容量都比不上大型计算机。但是其结构简单、规模较小、操作简便、成本较低。代表机型有 DEC 的 PDP、VAX-系列和 HP 3000 系列等。

(4)工作站

工作站是介于个人计算机和小型计算机之间的一种高档微型计算机。工作站通常配有高档中央处理器、高分辨率的大屏幕显示器和大容量的内外存储器,具有较强的数据处理能力和高性能的图形功能,主要用于图像处理、计算机辅助设计(CAD)等领域。主要的生产厂家有 HP、Dell、SUN 等公司。

(5)微型机

微型计算机简称微机,也称个人计算机(PC)。它具有体积小、价格低、功耗小、可靠性高、运算速度较快、性能和适用性强等特点。微型计算机已经应用于办公自动化、数据库管理、图像识别、语音识别、专家系统,多媒体技术等领域。目前,微型计算机主要可分成 4 类:台式机、笔记本、个人数字助理(PDA)和平板电脑(Pad)。

### 1.1.3 计算机的应用

计算机的应用已渗透到社会的各个领域,正在日益改变着传统的工作、学习和生活的方式,推动着社会的发展。计算机主要应用领域有以下几种。

**1. 科学计算**

科学计算也称数值计算,是计算机最早的应用领域,指利用计算机来完成科学研究和工程技术中提出的数值计算问题。在现代科学技术工作中,科学计算的任务是大量的和复杂的。利用计算机的运算速度高、存储容量大和连续运算的能力,可以解决人工无法完成的各种科学计算问题。例如,工程设计、地震预测、气象预报、火箭发射等都需要由计算机承担庞大而复杂的计算量。

**2. 信息处理**

信息处理也称数据处理,是指人们利用计算机对各种信息进行收集、存储、整理、分类、统计、加工、利用以及传播的过程,目的是获取有用的信息来作为决策的依据。信息处理是目前计算机应用最广泛的一个领域,据统计,如今世界上 80%以上的计算机主要用于信息处理。

数据处理从简单到复杂,经历了三个发展阶段:

(1)电子数据处理(Electronic Data Processing,EDP),它是以文件系统为手段,实现一个部门内的单项管理。

(2)管理信息系统(Management Information System,MIS),它是以数据库技术为工具,实现一个部门的全面管理,以提高工作效率。

(3)决策支持系统(Decision Support System,DSS),它是以数据库、模型库和方法库为基础,帮助管理决策者提高决策水平,改善运营策略的正确性与有效性。

计算机信息处理已广泛地应用于办公室自动化(OA)、企事业计算机辅助管理与决策、文字处理、文档管理、情报检索、激光照排、电影电视动画设计、会计电算化、图书管理、医疗诊断等各行各业。信息正在形成独立的产业，多媒体技术使信息展现在人们面前的不仅是数字和文字，还有声音和图形图像信息。

**3. 过程控制**

过程控制是利用计算机实时采集数据、分析数据，按最优值迅速地对控制对象进行自动调节或自动控制。采用计算机进行过程控制，不仅可以大大提高控制的自动化水平，而且可以提高控制的时效性和准确性，从而改善劳动条件、提高产量及合格率。因此，计算机过程控制已在工业生产、军事科学和航空航天(见图 1-4)等许多方面得到广泛的应用。

图 1-4　北京航天飞控中心

**4. 计算机辅助系统**

计算机辅助技术包括 CAD、CAM 和 CAI。

(1)计算机辅助设计(Computer Aided Design，CAD)

计算机辅助设计是利用计算机系统辅助设计人员进行工程或产品设计，以实现最佳设计效果的一种技术。CAD 技术已应用于飞机设计、船舶设计、建筑设计、机械设计、大规模集成电路设计等。采用计算机辅助设计，可缩短设计时间，提高工作效率，节省人力、物力和财力，更重要的是提高了设计质量。

(2)计算机辅助制造(Computer Aided Manufacturing，CAM)

计算机辅助制造是利用计算机系统进行产品的加工控制过程，输入的信息是零件的工艺路线和工程内容，输出的信息是刀具加工时的运动轨迹。将 CAD 和 CAM 技术集成，可以实现设计产品生产的自动化，这种技术被称为计算机集成制造系统。有些国家已把 CAD 和 CAM、计算机辅助测试(Computer Aided Test)及计算机辅助工程(Computer Aided Engineering)组成一个集成系统，使设计、制造、测试和管理有机地组成为一体，形成高度的自动化系统，因此产生了自动化生产线和“无人工厂”。

(3)计算机辅助教学(Computer Aided Instruction，CAI)

计算机辅助教学是利用计算机系统进行课堂教学。教学课件可以用 PowerPoint 或 Flash 等制作。CAI 不仅能减轻教师的负担，还能使教学内容生动、形象逼真，能够动态演示实验原理或操作过程来激发学生的学习兴趣，提高教学质量，为培养现代化高质量人才提供了有效方法。

**5. 人工智能(Artificial Intelligence，AI)**

人工智能是指计算机模拟人类某些智力行为的理论、技术和应用，诸如感知、判断、理解、学习、问题的求解和图像识别等。人工智能是计算机应用的一个新的领域，这方面的研究和应用正处于发展阶段，在医疗诊断、定理证明、模式识别、智能检索、语言翻译、机器人等方面，已有了显著的成效。使用计算机

图 1-5　中国“玉兔号”月球车

模拟人脑的部分功能进行思维学习、推理、联想和决策，使其具有一定“思维能力”。例如曾被誉为我国最高智能机器人的“玉兔号”月球车(见图 1-5)，以及能够战胜人类顶尖棋手的“深蓝”和 AlphaGo。

**6. 嵌入式系统(Embedded System)**

嵌入式系统是电脑软件与硬件的综合体，它是以应用为中心，以计算机技术为基础，软硬件可裁剪，从而能够适应实际应用中对功能、可靠性、成本、体积、功耗等严格要求的专用计算机系统。嵌入式系统产业伴随着国家产业发展，从通信、消费电子转战到汽车电子、智能安防、工业控制和北斗导航，今天嵌入式系统已经无处不在，在应用数量上已远超通用计算机。

**7. 多媒体应用**

随着电子技术特别是通信和计算机技术的发展，人们已经有能力把文本、音频、视频、动画、图形和图像等各种媒体综合起来，构成一种全新的概念——“多媒体”(Multimedia)。在医疗、教育、商业、银行、保险、行政管理、军事、工业、广播、交流和出版等领域中，多媒体的应用发展很快。

**8. 计算机通信与网络**

随着因特网的普及，利用计算机实现远距离通信已经变得越来越方便。此外，利用计算机进行通信业务，比起普通的电信而言，成本低，并能进行可视化交流。目前被人们广泛应用的网络电视即是计算机通信的最新发展。计算机技术与现代通信技术的结合构成了计算机网络。计算机网络的建立，不仅解决了一个单位、一个地区、一个国家中计算机与计算机之间的通信，各种软、硬件资源的共享，也大大促进了世界各国间的文字、图像、视频和声音等各类数据的传输与处理。

**9. 电子商务**

电子商务是利用计算机技术、网络技术和远程通信技术，实现电子化、数字化、网络化和商务化的整个商务过程。在全球各地广泛的商业贸易活动中，在因特网开放的网络环境下，实现消费者的网上购物、商户之间的网上交易和在线电子支付以及各种商务活动、交易活动、金融活动和相关的综合服务活动的一种新型的商业运营模式。

根据交易双方的不同，电子商务可分为三种形式：

(1)B2B：交易双方都是企业，这是电子商务的主要形式。如阿里巴巴、慧聪网、中国制造网等。

(2)B2C：交易双方是企业和消费者。如天猫、京东、拼多多、亚马逊、苏宁易购、国美在线等。

(3)C2C：交易双方都是消费者。如淘宝、易趣、拍拍等。

### 1.1.4 计算机的发展趋势

**1. 发展趋势**

计算机从出现至今，经历了机器语言、程序语言、简单操作系统和 Linux、Mac、BSD、Windows 等现代操作系统四代，运行速度也得到了极大的提升，第四代计算机的运算速度已经达到几十亿次每秒。计算机也由原来的仅供军事科研使用发展到人人拥有，计算机强大的应用功能，产生了巨大的市场需要，未来计算机性能应向着巨型化、微型化、网络化和智能化的方向发展。

(1)巨型化

巨型化是指为了适应尖端科学技术的需要，发展高速度、大存储容量和功能强大的超级计算机。随着人们对计算机的依赖性越来越强，特别是在军事和科研教育方面对计算机的存储空间和运行速度等要求会越来越高。此外计算机的功能应更加多元化。

(2)微型化

随着微型处理器(CPU)的产生，计算机中开始使用微型处理器，它使计算机体积缩小了，成本降低了。另一方面，软件行业的飞速发展提高了计算机内部操作系统的便捷度，计算机外部设备也趋于完善。计算机理论和技术上的不断完善促使微型计算机很快渗透到全社会的各个行业和部门中，并成为人们生活和学习的必需品。四十年来，计算机的体积不断在缩小，台式电脑、笔记本电脑、掌上电脑、平板电脑、智能手机等，体积也开始逐步微型化。因此，未来计算机仍会不断趋于微型化，体积将越来越小。

(3)网络化

互联网将世界各地的计算机连接在一起，从此社会进入了互联网时代。计算机网络化彻底改变了人类世界，人们通过互联网进行沟通、交流(QQ、微信、微博等)，教育资源共享(文献查阅、远程教育等)、信息查阅共享(百度、谷歌)等，特别是无线网络的出现，极大地提高了人们使用网络的便捷性，未来计算机将会进一步向网络化方面发展。

(4)人工智能化

计算机人工智能化是未来发展的必然趋势。现代计算机具有强大的功能和运行速度，但与人脑相比，其智能化和逻辑能力仍有待提高。智能化追求的是让计算机来模拟人的感觉、行为、思维过程的机理，使计算机具备逻辑推理、学习等能力。人类不断在探索如何让计算机能够更好地反映人类思维，使计算机能够具有人类的逻辑思维判断能力，可以通过思考与人类沟通交流，抛弃以往通过编码程序来运行计算机的方法，直接对计算机发出指令。

(5)多媒体化

传统的计算机处理的信息主要是字符和数字。事实上，人们更习惯的是图片、文字、声音、图像等多种形式的多媒体信息。多媒体技术可以集图形、图像、音频、视频、文字为一体，使信息处理的对象和内容更加接近真实世界。

**2. 未来的计算机**

(1)量子计算机

量子计算机是一种全新的基于量子理论的计算机，遵循量子力学规律进行高速数学和逻辑运算、存储及处理的量子信息的物理装置。量子计算机应用的是量子比特，可以同时处在多个状态，而不像传统计算机只能处于0或1的二进制状态。迄今为止，世界上还没有真正意义上的量子计算机。但是，世界各地的许多实验室正在以巨大的热情追寻着这个梦想。

(2)生物计算机

生物计算机又称仿生计算机，是以生物芯片取代在半导体硅片上集成数以万计的晶体管制成的计算机。它的主要原材料是生物工程技术产生的蛋白质分子，并以此作为生物芯片。生物计算机芯片本身还具有并行处理的功能，其运算速度要比当今最新一代的计算机快10万倍，能量消耗仅相当于普通计算机的十亿分之一，且具有巨大的存储能力。

(3)神经计算机

人脑总体运行速度相当于每秒1000万亿次的电脑功能，可把生物大脑神经网络看作一个大规模并行处理的、紧密耦合的、能自行重组的计算网络。从大脑工作的模型中抽取计算机设计模型，用许多处理机模仿人脑的神经元机构，将信息存储在神经元之间的联络中，并采用大量的并行分布式网络就构成了神经网络计算机。

(4)光计算机

光计算机是用光子代替半导体芯片中的电子，以光互连来代替导线制成数字计算机。与电的特性相比，光具有电无法比拟的各种优点：光计算机是“光”导计算机，光在光介质中以多个波长不同或波长相同而振动方向不同的光波传输，不存在寄生电阻、电容、电感和电子相互作用问题,光器件又无电位差,因此光计算机的信息在传输中畸变或失真小,可在同一条狭窄的通道中传输数量大得难以置信的数据。

# 1.2 计算机的组成与工作原理

完整的计算机系统是由硬件系统和软件系统两大部分组成的(见图 1-6)。硬件是指组成计算机系统的物理设备,由输入设备、输出设备、运算器、存储器和控制器五部分组成。软件是计算机系统的灵魂,指运行的程序及其相应技术文档的集合。

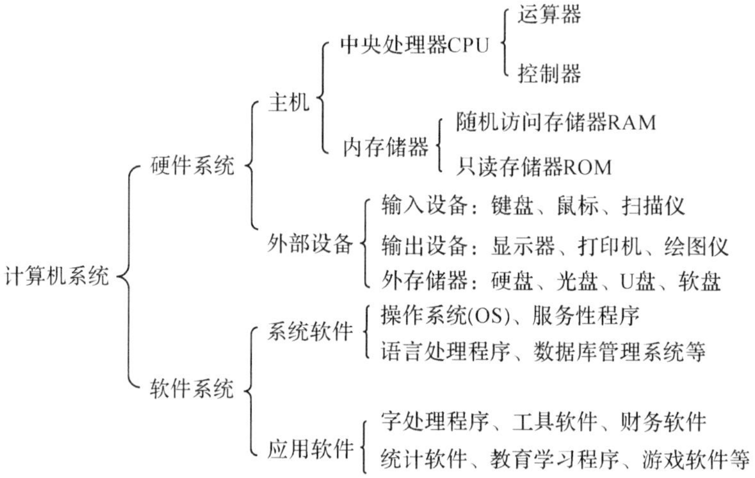


图 1-6 计算机系统

## 1.2.1 计算机硬件

### 1. 计算机系统的硬件组成

计算机硬件简称硬件,是指构成计算机的各种机械、光、电、磁的物理装置和设备。现代计算机都遵循冯·诺依曼体系结构,决定了计算机由运算器、控制器、存储器、输入设备和输出设备五个部分组成(见图 1-7)。

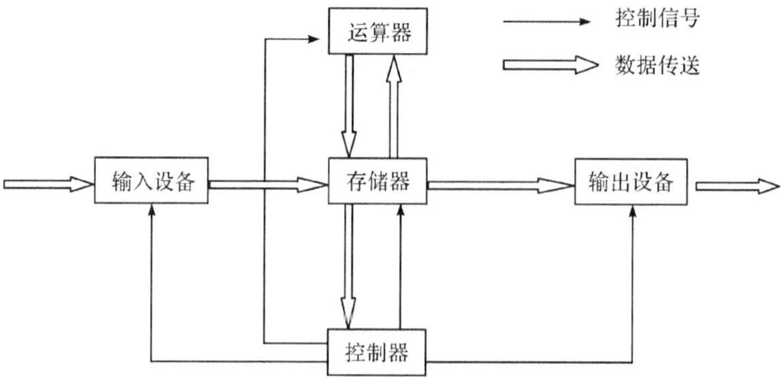


图 1-7 硬件系统中五大功能部件

(1)运算器

运算器是计算机处理数据形成信息的加工厂,主要功能是对二进制数码进行算术运算、关系运算或逻辑运算。运算器由算术逻辑单元(ALU)、寄存器组及控制数据传递的电路构成。运算器的性能指标是衡量整个计算机性能的重要因素之一,与运算器相关的性能指标包括计算机的字长和速度。

(2)控制器

控制器是计算机的控制指挥部件,也是整个计算机的控制中心,是对计算机各个功能部件或设备发布命令的"决策机构",用来协调和指挥整个计算机系统的操作,由寄存器、译码器、时序电路、程序计数器和操作控制器等组成。控制器的基本功能是根据指令计数器中指定的地址从内存中取出一条指令,对其操作码进行译码,再由操作控制部件有序地控制各部件完成操作码规定的功能。

控制器和运算器是计算机的核心部件,这两部分合成中央处理器(CPU)。

(3)存储器

存储器是计算机的记忆部件,功能是存储程序和数据。计算机中的全部信息,包括输入的原始数据、计算机程序、中间运行结果和最终运行结果都保存在存储器中。存储器分为两大类:内存储器(内存)和外存储器(外存)。

中央处理器(CPU)只能直接访问内存储器中的数据。外存中的数据只有先调入内存后,才能被中央处理器访问和处理。

(4)输入/输出设备

输入/输出设备简称为I/O设备。输入设备是用来向计算机输入命令、程序、数据、文本、图形、图像、音频和视频等信息的,其主要作用是把人们可读的信息转换为计算机能识别的二进制代码输入计算机,供计算机处理。

输出设备是指从计算机中输出信息的设备。它的功能是将计算机处理的数据、计算机结果等内部信息,转换成人们习惯接受的信息形式(如字符、图形、声音等),然后将其输出。常用的输入设备有鼠标、键盘、扫描仪等。输出设备包括显示器、打印机和绘图仪等。触摸屏既是输入设备又是输出设备。

**2. 微型计算机的硬件组成**

(1)主板

主板是电脑中各个部件工作的平台,它把电脑的各个部件紧密连接在一起,各个部件通过主板进行数据传输。也就是说,电脑中重要的"交通枢纽"都在主板上,它的工作稳定性影响着整机工作的稳定性(见图1-8)。

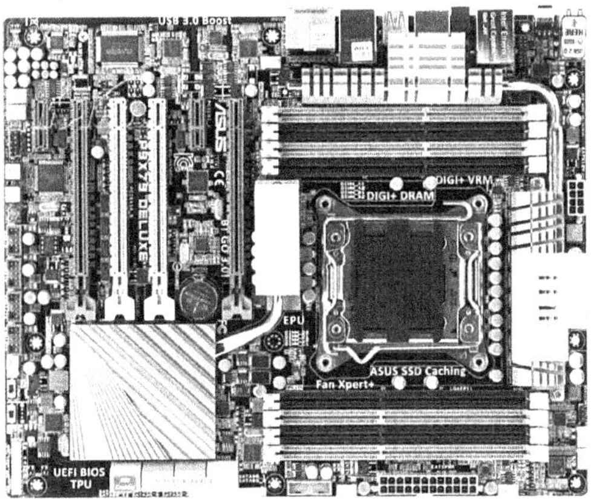


图1-8　微机主板

(2)CPU

CPU即中央处理器，是一台计算机的运算核心和控制核心。其功能主要是解释计算机指令以及处理计算机软件中的数据。CPU由运算器、控制器、寄存器、高速缓存及实现它们之间联系的数据、控制及状态的总线构成。作为整个系统的核心，CPU也是整个系统最高的执行单元，因此CPU已成为决定电脑性能的核心部件，很多用户都以它为标准来判断电脑的档次。图1-9为Intel公司生产的CPU，图1-10为AMD公司生产的CPU。

图1-9　Intel Core i9处理器

图1-10　AMD R7系列处理器

(3)内存

内存又叫内部存储器或者随机存储器(RAM)，它分为DDR内存和SDRAM内存(SDRAM由于容量低，存储速度慢，稳定性差，已经被淘汰)。内存属于电子式存储设备，它由电路板、芯片和金手指组成，特点是体积小，速度快，有电可存，无电清空，即电脑在开机状态时内存中可存储数据，关机后将自动清空其中的所有数据。内存目前已经从DDR1发展到DDR4时代，最大单条容量可达128GB。图1-11为台式机内存条，图1-12为笔记本内存条。

图1-11　台式机内存条

图1-12　笔记本内存条

(4)外存

①软盘

软盘(Floppy Disk)是个人计算机中最早使用的可移介质。软盘的读写是通过软盘驱动器完成的。软盘驱动器能接收可移动式软盘，常用的是容量为1.44MB的3.5英寸软盘(见图1-13)。软盘存取速度慢，容量小，容易损坏，随着U盘的风靡、光盘刻录的发展、网络应用的普及，曾经应用最广泛的软盘驱动器已基本淡出人们的视线。

图1-13　3.5英寸软盘

②光盘

光盘存储器是用激光技术在特制的圆形盘片扇区内高密度地存取信息的装置。由光盘片(见图1-14)和光盘驱动器(见图1-15)构成。光盘驱动器对光盘的读写速度慢于硬盘，但快于软驱；光盘的可靠性高、容量大、价格便宜。按光盘的读写性能，可分为只读型与可读写型。光盘驱动器简称光驱，是用来读写光盘内容的机器，也是在台式机和笔记本便携式电脑里比较常见的一个部件。随着多媒体的应用越来越广泛，使得光驱在计算机诸多配件中已经成为标准配置。光驱可分为CD-ROM驱动器、DVD光驱(DVD-ROM)、康宝(COMBO)、蓝光光驱(BD-ROM)(见图1-16)和刻录机等。

图 1-14　光盘

图 1-15　DVD 光驱

图 1-16　蓝光光驱

③硬盘

硬盘属于外部存储器，有机械硬盘（HDD）（见图 1-17）、固态硬盘（SSD）（见图 1-18）、混合硬盘三类，机械硬盘由金属磁片制成，而磁片有记忆功能，所以存储到磁片上的数据不论在开机或关机状态，都不会丢失。硬盘容量很大，已达 TB 级，尺寸有 3.5、2.5、1.8英寸等，接口有 IDE、SATA、SCSI 等，SATA 最普遍。目前，常用的主流硬盘容量为 500G～2TB。比较常见的硬盘品牌有希捷、西部数据、东芝等。移动硬盘是以硬盘为存储介质，强调便携性的存储产品（见图 1-19）。市场上绝大多数的移动硬盘都是以标准硬盘为基础的，而只有很少部分的是以微型硬盘（1.8 英寸硬盘等）为基础，但价格因素决定着主流移动硬盘还是以标准笔记本硬盘为基础。因为采用硬盘为存储介质，因此移动硬盘在数据的读写模式与标准 IDE 硬盘是相同的。移动硬盘多采用 USB、IEEE1394 等传输速度较快的接口，可以较高的速度与系统进行数据传输。固态硬盘用固态电子存储芯片阵列而制成硬盘，由控制单元和存储单元（FLASH 芯片）组成。固态硬盘在产品外形和尺寸上完全与普通硬盘一致，但是固态硬盘比机械硬盘速度更快。目前，固态硬盘的主流容量为 120GB～512GB。

图 1-17　机械硬盘

图 1-18　固态硬盘

图 1-19　移动硬盘

④闪存盘（U 盘）

闪存盘通常也被称作优盘、U 盘、闪盘，是一个通用串行总线 USB 接口的无须物理驱动器的微型高容量移动存储产品，它采用的存储介质为闪存存储介质（Flash Memory）。闪存盘一般包括闪存（Flash Memory）、控制芯片和外壳（见图 1-20）。闪存盘具有可多次擦写、速度快而且防磁、防震、防潮的优点。闪存盘采用流行的 USB 接口，其体积只有大拇指大小，重量约 20 克，不用驱动器，无须外接电源，即插即用，可在不同电脑之间进行文件交流，存储容量为 4GB～512GB 不等，可以满足不同的需求。

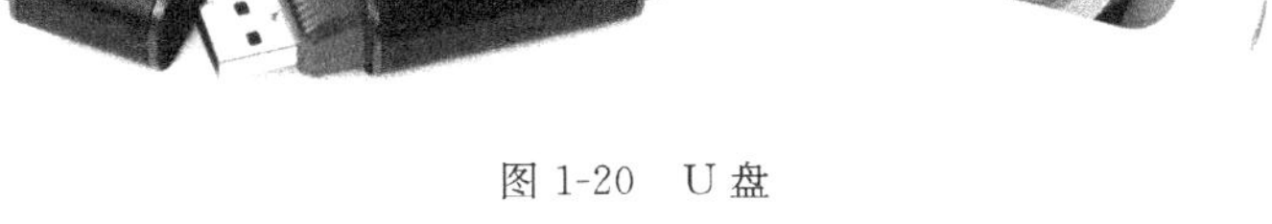

图 1-20　U 盘

（5）输入/输出设备

①键盘

键盘是输入数字和字符的装置。通过键盘，可以将信息输入到计算机的存储器中，从而向计算机发出命令和输入数据。用户通过键盘输入指令才能实现对计算机的控制。目前微型计算机配置的标准键盘有 101 或 104 个按键,包括数字键、字母键、符号键、控制键和功能键等(见图 1-21)。键盘的接口主要有 PS/2 和 USB 两种。

图 1-21 键盘

②鼠标

鼠标是图形界面的操作系统和应用程序的快速输入设备,其主要功能是用于移动显示器上的光标,并通过菜单或按钮向主机发出各种操作命令,但不能输入字符和数字。按照鼠标的工作原理可将常用鼠标分为机械鼠标、光电鼠标和光电机械鼠标 3 种;按照鼠标与主机的接口标准则主要分为 PS/2 接口和 USB 接口两类;按照连接方式还可以分为有线鼠标和无线鼠标(见图 1-22)。

图 1-22 无线鼠标

③扫描仪

扫描仪是一种计算机外部仪器设备,通过捕获图像并将之转换成计算机可以显示、编辑、存储和输出的数字化输入设备。照片、文本页面、图纸、美术图画、照相底片、菲林软片,甚至纺织品、标牌面板、印制板样品等三维对象都可作为扫描对象,提取和将原始的线条、图形、文字、照片、平面实物转换成可以编辑及加入文件中的装置。扫描仪有三大类:平板式扫描仪(见图 1-23)、滚筒式扫描仪(见图 1-24)、便携式扫描仪。目前市面上的扫描仪大体上分为:平板式扫描仪、名片扫描仪、胶片扫描仪、馈纸式扫描仪、文件扫描仪。除此之外还有手持式扫描仪、鼓式扫描仪、笔式扫描仪、实物扫描仪和 3D 扫描仪。

图 1-23 平台式扫描仪

图 1-24 滚筒式扫描仪

④显示器

显示器通常也被称为监视器。显示器是属于电脑的 I/O 设备,即输入/输出设备。它可以分为 CRT(见图 1-25)、LCD(见图 1-26)等多种。它是一种将一定的电子文件通过特定的传输设备显示到屏幕上再反射到人眼的显示工具。

图 1-25　CRT 显示器

图 1-26　液晶显示器

⑤打印机

打印机或称作列印机，是一种电脑输出设备，可以将电脑内储存的数据按照文字或图形的方式永久的输出到纸张或者透明胶片上。根据打印机的工作原理，可以将打印机分为三类：针式打印机(见图 1-27)、喷墨打印机(见图 1-28)、激光打印机(见图 1-29)。另外，随着 3D 打印技术的兴起和发展，3D 打印机(见图 1-30)应运而生并快速普及。3D 打印技术又称三维打印技术，是指可以“打印”出真实物体的打印机，它采用分层加工、叠加成形的方式逐层增加材料来生成 3D 实体。把数据和原料放进 3D 打印机中，机器会按照程序把产品一层层造出来。

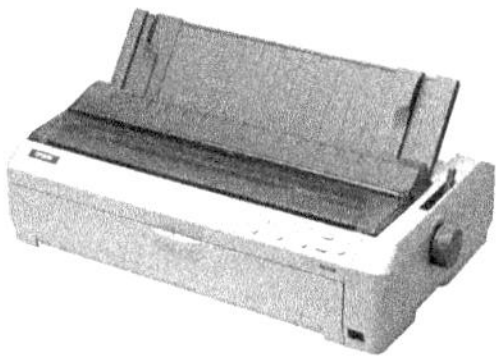

图 1-27　针式打印机

图 1-28　喷墨打印机

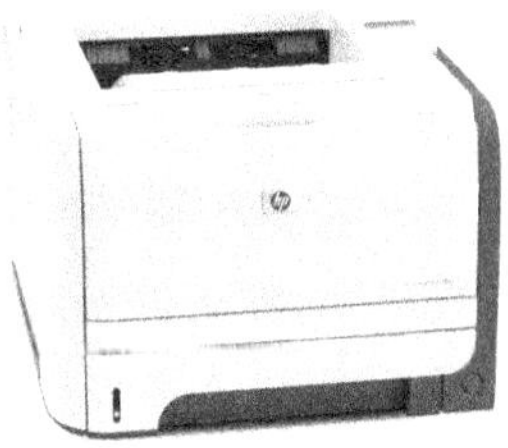

图 1-29　激光打印机

图 1-30　3D 打印机

## 1.2.2　计算机软件

计算机软件(Computer Software，也称软件，软体)是指计算机系统中的程序及其文档。程序是计算任务的处理对象和处理规则的描述；文档是为了便于了解程序所需的阐明性资料。软件是用户与硬件之间的接口界面，用户主要是通过软件与计算机进行交流。计算机软件一般可分为系统软件和应用软件两大类。其中，系统软件为计算机使用提供最基本的功能，但是系统软件并不针对某一特定应用领域。而应用软件则相反，不同的应用软件根据用户和所服务的领域提供不同的功能，应用软件是为了某种特定的用途而被开发的软件。软件系统分类如图 1-31 所示。

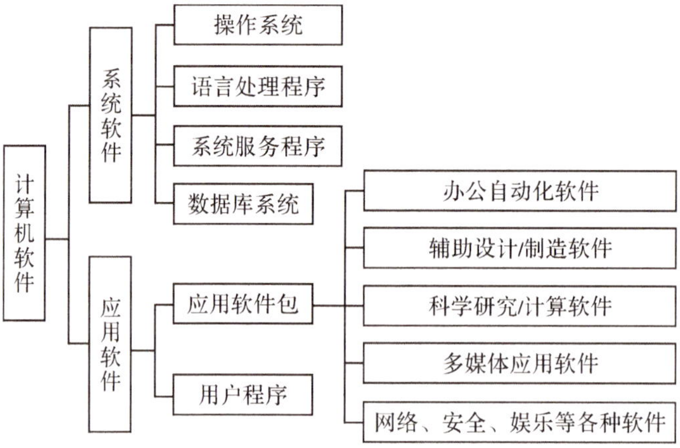


图 1-31 软件系统分类

**1. 系统软件**

系统软件是指控制和协调计算机及外部设备、支持应用软件开发和运行的系统,是无须用户干预的各种程序的集合。负责调度、监控和维护计算机系统,管理计算机系统中各种独立的硬件。一般地,系统软件通常包括操作系统、语言处理程序、各种服务程序和数据库管理系统等。

(1)操作系统(Operating System,OS)

计算机软件中最重要且最基本的是系统软件。它是最底层的软件,它控制所有计算机运行的程序并管理整个计算机的资源,是计算机裸机与应用程序及用户之间的桥梁。没有它,用户也就无法使用某种软件或程序。

目前,典型的操作系统有 Windows、UNIX、Linux、Mac 等。

(2)语言处理系统

语言处理系统是对各种语言源程序进行翻译,生成计算机可识别的二进制代码的可执行程序,即目标程序。因此,计算机程序又有源程序和目标程序之分。常见的语言处理系统有汇编程序、编译程序和解释程序。

①汇编程序:将汇编语言源程序中的指令翻译为机器语言指令,在翻译过程中可以检查源程序是否有错,并可显示出错误发生的地方。汇编成功后还要由装配链接程序链接成能直接执行的文件。

②编译程序:将高级语言编写的源程序翻译成机器语言程序,这种翻译是将整个源程序一次性加以翻译,检查并指出源程序中的语法错误,经用户修改源程序直到没有任何语法错误时,编译才算完成。编译结束后生成了目标程序模块,这些模块经过装配链接后成为可以直接在机器上执行的磁盘文件。

③解释程序:把高级语言源程序翻译成为机器语言程序,但翻译的方式和编译程序不同,它是边翻译边检查错误边执行,不产生目标程序模块。在翻译过程中发现错误时,马上显示错误信息,停止运行,待用户改正错误后再继续进行。这种解释执行的方式速度慢、效率低,但使用灵活方便,发现错误能及时纠正,适合于初学者使用。

程序设计语言是用于书写计算机程序的语言,又称计算机语言,是用户与计算机交流信息的介质工具。按照其对硬件的依赖程度,通常把程序设计语言分为三类:机器语言、汇编语言和高级语言。

①机器语言。机器语言是用二进制代码“1”和“0”组成的一组代码指令，是唯一可以被计算机硬件识别和执行的语言。机器语言的优点是占用内存小、执行速度快。但机器语言编写程序工作量大、程序阅读性差、调试困难。另外不同型号计算机的机器语言不能通用。

②汇编语言。汇编语言是用助记符代替操作码，用地址符代替操作数的一种面向机器的低级语言，一条汇编指令对应一条机器指令。由于汇编语言采用了助记符，它比机器语言更易于修改、编写、阅读，但用汇编语言编写的程序（称汇编语言源程序）机器不能直接执行，必须使用汇编程序把它翻译成机器语言即目标程序后，才能被机器理解、执行，这个编译过程称为汇编。

③高级语言。高级语言是一种独立于机器的算法语言。高级语言的表达方式接近于人们日常使用的自然语言和数学表达式，并且有一定的语法规则。高级语言编写的程序运行要慢一些，但是具有简单易学、可移植性好、可读性强、调试容易等特点。常见的高级语言有 BASIC、Fortran、Pascal、Delphi、C、C++、Java 等。

（3）数据库系统

数据库系统的主要功能包括数据库的定义和操纵、共享数据的并发控制、数据的安全和保密等。按数据定义模块划分，数据库系统可分为关系数据库、层次数据库和网状数据库。按控制方式划分，可分为集中式数据库系统、分布式数据库系统和并行数据库系统。

**2. 应用软件**

应用软件是为解决特定应用领域问题而编制的应用程序。目前，应用软件可分为专用软件和通用软件两种。随着计算机应用领域的扩大，应用程序越来越多。使用部门已研制出许多通用性好的应用软件，逐渐商品化，并形成系统软件，提供用户使用。因此，通用软件和专用软件之间一般没有严格的界限。

（1）办公自动化软件：如 Microsoft Office、金山 WPS 等。

（2）图形图像处理软件：如 Adobe Photoshop、CorelDraw、Painter、美图秀秀等。

（3）动画制作软件：如 Adobe Flash、3DMAX、MAYA、LIGHTWAVE 等。

（4）影音处理软件：如 Adobe Premiere、Vegas、After Effects、Combustion、Audition 等。

（5）多媒体制作软件：如 Authorware、Director 等。

（6）工具软件：如 Visual Studio、MyEclipe 等。它们能够帮助用户更好地利用计算机，开发新的应用程序。

此外，还有为科学研究、财务管理、工资管理、人事管理、学籍档案管理、辅助教学、娱乐活动等开发的各种软件。

在使用应用软件时一定要注意系统环境，也就是说运行应用软件需要系统软件的支持。在不同的系统软件下开发的应用程序要在不同的系统软件下运行。

### 1.2.3　计算机的工作原理

**1. 计算机的基本原理**

计算机在运行时，先从内存中取出第一条指令，通过控制器的译码，按指令的要求，从存储器中取出数据进行指定的运算和逻辑操作等加工，然后再按地址把结果送到内存中去。接下来，再取出第二条指令，在控制器的指挥下完成规定操作。依此进行下去，直至遇到停止指令。

程序与数据一样存储，按程序编排的顺序，一步一步地取出指令，自动地完成指令规定的操作是计算机最基本的工作原理。这一原理最初是由美籍匈牙利数学家冯·诺依曼于 1945

年提出来的,故称为冯·诺依曼原理。

**2. 冯·诺依曼原理**

“存储程序控制”原理是1945年由美籍匈牙利数学家冯·诺依曼提出的,所以又称为“冯·诺依曼原理”。该原理确立了现代计算机的基本组成的工作方式,直到现在,计算机的设计与制造依然遵循“冯·诺依曼”体系结构。

**3.“存储程序控制”原理的基本内容**

①采用二进制形式表示数据和指令。

②将程序(数据和指令序列)预先存放在主存储器中(程序存储),使计算机在工作时能够自动高速地从存储器中取出指令,并加以执行(程序控制)。

③由运算器、控制器、存储器、输入设备、输出设备5大基本部件组成计算机硬件体系结构。

**4. 计算机工作过程**

第一步:将程序和数据通过输入设备送入存储器。

第二步:启动运行后,计算机从存储器中取出程序指令送到控制器去识别,分析该指令要做什么事。

第三步:控制器根据指令的含义发出相应的命令(如加法、减法),将存储单元中存放的操作数据取出送往运算器进行运算,再把运算结果送回存储器指定的单元中。

第四步:当运算任务完成后,就可以根据指令将结果通过输出设备输出。

### 1.2.4 计算机性能指标

**1. 运算速度**

运算速度是衡量计算机性能的一项重要指标。通常所说的计算机运算速度(平均运算速度)是指每秒钟所能执行的指令条数,一般用“百万条指令/秒”(mips,Million Instruction Per Second)来描述。同一台计算机,执行不同的运算所需时间可能不同,因而对运算速度的描述常采用不同的方法。常用的有CPU时钟频率(主频)、每秒平均执行指令数(ips)等。

主频是描述计算机运算速度最重要的一个指标。通常所说的计算机运算速度是指计算机在每秒钟所能执行的指令条数,即中央处理器在单位时间内平均“运行”的次数,其速度单位为兆赫兹或吉赫兹。例如,Pentium/133的主频为133 MHz,PentiumⅢ/800的主频为800 MHz,Pentium 4 1.5G的主频为1.5 GHz。一般说来,主频越高,运算速度就越快。

**2. 机器字长**

机器字长是指CPU一次能处理数据的位数,它是由加法器、寄存器的位数决定的,所以机器字长一般等于内部寄存器的位数。字长标志着精度,字长越长,计算的精度越高,指令的直接寻址能力也越强。假如字长较短的机器要计算位数较多的数据,那么需要经过两次或多次的运算才能完成,这会影响整机的运行速度。一般机器的字长都是字节的1、2、4、8倍,目前主流的微型计算机的机器字长有32位和64位。

**3. 内存储器的容量**

内存储器,也简称主存,是CPU可以直接访问的存储器,需要执行的程序与需要处理的数据就是存放在主存中的。内存储器容量的大小反映了计算机即时存储信息的能力。随着操作系统的升级,应用软件的不断丰富及其功能的不断扩展,人们对计算机内存容量的需求也不断提高。目前,运行Windows XP需要128 MB以上的内存容量,Windows 7、8和10则需要1GB以上内存容量。内存容量越大,系统功能就越强大,能处理的数据量就越庞大。

**4. 存取周期**

把信息代码写入存储器，称为“写”，把信息代码从存储器中读出，称为“读”。存储器进行一次“读”或“写”操作所需的时间称为存储器的访问时间(或读写时间)，而连续启动两次独立的“读”或“写”操作(如连续的两次“读”操作)所需的最短时间，称为存取周期(或存储周期)。

以上只是一些主要性能指标。除了上述这些主要性能指标外，微型计算机还有其他一些指标，例如，所配置外围设备的性能指标以及所配置系统软件的情况等等。另外，各项指标之间也不是彼此孤立的，在实际应用时，应该把它们综合起来考虑，而且还要遵循“性能价格比”的原则。

# 1.3 计算机信息处理

## 1.3.1 数据与信息概述

信息是现实世界中事物的状态、运动方式和相互关系的表现，信息技术就是获取、处理、传递、储存和使用信息的技术。联合国教科文组织对信息技术(IT)的定义是：应用在信息加工和处理中的科学技术与工程的训练方法和管理技巧，这些方法和技巧的应用，涉及人与计算的相互作用，以及与之相应的社会、经济和文化等诸多事物。它一般可分为4类：感测技术、通信技术、计算机技术和控制技术。

**1. 数据的概念**

数据(Data)是指计算机能够接收和处理的物理符号，包括字符、符号、表格、图形、声音和活动影像等。一切可以被计算机加工、处理的对象都可以称为数据，它可以在物理介质上记录和传输。

**2. 信息的概念**

信息(Information)是表现事物特征的一种普遍形式，这种形式应当是能够被人类和动物感觉器官(或仪器)所接收的。确切地说，信息是客观存在的一切事物通过物质载体所发生的消息、情报、指令、数据以及信号中所包含的一切可传递和交换的知识内容。信息是事物运动的动态和方式，也就是事物内部结构和外部联系的状态和方式。

**3. 信息的单位**

各种信息在计算机内部都以二进制形式存储。计量存储信息的基本单位是字节。但由于现代计算机存储容量的激增，对原有的计量单位也做了进一步的扩展。

(1)基本存储单位

①位(bit)比特，计算机存储信息的最小单位，能够存储二进制数据中的一位数据0或1。

②字节(byte)，计算机信息处理和存储分配的基本单位，由8位二进制位组成，简记为B，1B=8bit。

③字长(word)，作为一个整体进行存取的一个二进制数据串，由一个或多个字节组成。

(2)扩展存储单位

随着计算机存储容量的激增，也出现了多种扩展度量存储容量的单位。但计算机存储分配的基本单位依然是字节。

千字节(KB)：$1KB=2^{10}B=1024B$

兆字节(MB)：$1MB=2^{10}KB=1024KB$

吉字节(GB):1GB=$2^{10}$MB=1024MB

太字节(TB):1TB=$2^{10}$GB=1024GB

帕字节(PB):1PB=$2^{10}$TB=1024TB

艾字节(EB):1EB=$2^{10}$PB=1024PB

泽字节(ZB):1ZB=$2^{10}$EB=1024EB

尧字节(YB):1YB=$2^{10}$ZB=1024ZB

### 1.3.2 进位计数制的概念

数制也称计数制,是用一组固定的符号和统一的规则来表示数值的方法。

数据在计算机内都用电信号表示。在物理上,用高电压表示 1,用低电压表示 0。因此“1”和“0”是计算机内表示数据的基本符号,所有数据在电子计算机内部的存储、处理和传送,都采用二进制代码表示。

通常采用的数制有十进制、二进制、八进制和十六进制(见表 1-1)。

**1. 基本概念**

数码:数制中表示基本数值大小的不同数字符号。例如,十进制有 10 个数码:0、1、2、3、4、5、6、7、8、9。

基:数制中所需要的数码个数。例如,二进制的基数为 2;十进制的基数为 10。

权:一个数字在某个固定位置上所代表的值。例如,十进制数 333,第 1 个 3 表示 $3\times10^2=300$,第二个 3 表示 $3\times10^1=30$,第三个 3 表示 $3\times10^0=3$,因而,$10^2$、$10^1$、$10^0$ 分别就是十进制百位,十位,个位上的权。

**2. 十进制**

有 10 个数码:0、1、2、3、4、5、6、7、8、9,基为 10,计数规则是逢十进一,各位的权为 $10^n$(整数部分取值 0,1,2,…,小数部分取值 −1,−2,…)。

例如,十进制数 43.18 可表示为:$(43.18)_{10}=4\times10^1+3\times10^0+1\times10^{-1}+8\times10^{-2}$

书写十进制数时,还可以使用字符“D”来表示,如 43.18D 或$(43.18)_D$。

**3. 二进制**

只有 2 个数码:0 和 1,基为 2,计数规则是逢二进一,各位的权为 $2^n$。

例如,二进制数 1001.01 可表示为:$(1001.01)_2=1\times2^3+0\times2^2+0\times2^1+1\times2^0+0\times2^{-1}+1\times2^{-2}=(9.25)_{10}$

书写二进制数时,还可以使用字符“B”来表示,如 1001.01B 或$(1001.01)_B$。

**4. 八进制**

有 8 个数码:0,1,2,3,4,5,6,7,基为 8,计数规则是逢八进一,各位的权为 $8^n$。

例如,八进制数 117.2 可表示为:$(117.2)_8=1\times8^2+1\times8^1+7\times8^0+2\times8^{-1}=(73.25)_{10}$

书写八进制数时,还可以用字符“O”来表示,如 117.2O 或$(117.2)_O$。

**5. 十六进制**

有 16 个数码:0,1,2,3,4,5,6,7,8,9,A,B,C,D,E,F,基为 16,计数规则是逢十六进一,各位的权为 $16^n$。

例如,十六进制数 6A.2 可表示为:

$(6A.2)_{16}=6\times16^1+10\times16^0+2\times16^{-1}=(106.125)_{10}$

另外,书写十六进制数还可以使用字符“H”来表示,如 6A.2H 或$(6A.2)_H$。

表 1-1　常见进位计数制的基数和数码

| 进位计数制 | 基 | 数码符号 | 权 | 标识 |
|---|---|---|---|---|
| 二进制 | 2 | 0,1 | $2^n$ | B |
| 八进制 | 8 | 0,1,2,3,4,5,6,7 | $8^n$ | O |
| 十进制 | 10 | 0,1,2,3,4,5,6,7,8,9 | $10^n$ | D |
| 十六进制 | 16 | 0,1,2,3,4,5,6,7,8,9,A,B,C,D,E,F | $16^n$ | H |

### 1.3.3　不同数制间的转换

由于不同进制的计数方式不同,各进制数无法直接比较大小,也无法混合运算,因为即使是同一个数码,在不同进制中表示的值和方式都不同。通过转换算法可以实现不同进制数之间的换算。对于各种数制间的转换,重点要求掌握二进制与十进制之间的转换。

**1. 二进制数、八进制数、十进制数和十六进制数的对应关系**

二进制数、八进制数、十进制数和十六进制数的对应关系如表 1-2 所示。

表 1-2　二进制数与其他进制数的对照

| 二进制 | 八进制 | 十进制 | 十六进制 |
|---|---|---|---|
| 0000 | 0 | 0 | 0 |
| 0001 | 1 | 1 | 1 |
| 0010 | 2 | 2 | 2 |
| 0011 | 3 | 3 | 3 |
| 0100 | 4 | 4 | 4 |
| 0101 | 5 | 5 | 5 |
| 0110 | 6 | 6 | 6 |
| 0111 | 7 | 7 | 7 |
| 1000 | 10 | 8 | 8 |
| 1001 | 11 | 9 | 9 |
| 1010 | 12 | 10 | A |
| 1011 | 13 | 11 | B |
| 1100 | 14 | 12 | C |
| 1101 | 15 | 13 | D |
| 1110 | 16 | 14 | E |
| 1111 | 17 | 15 | F |
| 10000 | 20 | 16 | 10 |

**2. 二进制、八进制、十六进制数转换为十进制数**

将非十进制数转换为十进制数方法很简单,只需将其按位权展开表达式,然后计算出该表达式的值,即为十进制数的值。例如:

$110.011B=1\times 2^2+1\times 2^1+0\times 2^0+0\times 2^{-1}+1\times 2^{-2}+1\times 2^{-3}=6.375D$

$36.74O=3\times 8^1+6\times 8^0+7\times 8^{-1}+4\times 8^{-2}=30.9375D$

$12A.BH=1\times 16^2+2\times 16^1+10\times 16^0+11\times 16^{-1}=298.6875D$

**3. 十进制数转换为二进制、八进制、十六进制数**

将十进制数转换为二进制、八进制或十六进制数时,整数部分和小数部分分别进行转换,其整数部分采用“除基取余”法,即转换中除以基数(2、8 或 16)后取余数,直到商为 0,最后得到的余数倒序读取,从后往前排列即为转换后的整数部分;小数部分采用“乘基取整”法,即转换中乘以基数(2、8 或 16)后取整数,直到小数部分的位数为 0 或者达到所要求的精度为止,最先取得的整数即为转换后的小数的最高位。

例如：将$(46.625)_{10}$转换为二进制数。

具体转换过程如图 1-30 所示：

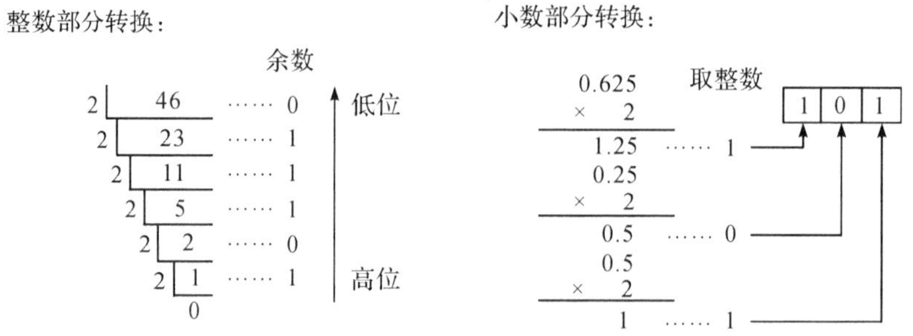


图 1-30　十进制转换为二进制过程示意图

整数部分$(46)_{10}=(101110)_2$，小数部分$(0.625)_{10}=(0.101)_2$，将整数和小数部分综合起来得最终结果为：$(46.625)_{10}=(101110.101)_2$

十进制数转换为其他进制数的过程同理。

### 1.3.4　字符编码

**1. ASCII 码**

ASCII(American Standard Code for Information Interchange)是美国信息交换用标准代码。ASCII 码虽然是美国国家标准，但已经被国际标准化组织(ISO)认定为国际标准，为世界公认，并在世界范围内通用。

标准 ASCII 码是 7 位码，即用 7 位二进制数来编码，用一个字节存储或表示，其最高位总是 0，7 位二进制数总共可编出 $2^7=128$ 个码，表示 128 个字符，如表 1-3 所示。前面 32 个码及最后 1 个码分别代表不可显示或打印的控制字符，它们为计算机系统专用。数字字符 0～9 的 ASCII 码是连续的，其 ASCII 码分别是 48～57；英文字母大写 A～Z 和小写 a～z 的 ASCII 码分别也是连续的，分别是 65～90 和 97～122。依据这个规律，当知道一个字母或数字的 ASCII 后，很容易推算出其他字母和数字的 ASCII 码。

**表 1-3　ASCII 码字符编码**

| 十进制 | 字符 | 十进制 | 字符 | 十进制 | 字符 | 十进制 | 字符 |
|---|---|---|---|---|---|---|---|
| 0 | NUL | 32 | (Space) | 64 | @ | 96 | ` |
| 1 | SOH | 33 | ! | 65 | A | 97 | a |
| 2 | STX | 34 | " | 66 | B | 98 | b |
| 3 | ETX | 35 | # | 67 | C | 99 | c |
| 4 | EOT | 36 | $ | 68 | D | 100 | d |
| 5 | ENQ | 37 | % | 69 | E | 101 | e |
| 6 | ACK | 38 | & | 70 | F | 102 | f |
| 7 | BEL | 39 | ' | 71 | G | 103 | g |
| 8 | BS | 40 | ( | 72 | H | 104 | h |
| 9 | HT | 41 | ) | 73 | I | 105 | i |
| 10 | LF | 42 | * | 74 | J | 106 | j |
| 11 | VT | 43 | + | 75 | K | 107 | k |
| 12 | FF | 44 | , | 76 | L | 108 | l |

| 十进制 | 字符 | 十进制 | 字符 | 十进制 | 字符 | 十进制 | 字符 |
|---|---|---|---|---|---|---|---|
| 13 | CR | 45 | - | 77 | M | 109 | m |
| 14 | SO | 46 | . | 78 | N | 110 | n |
| 15 | SI | 47 | / | 79 | O | 111 | o |
| 16 | DLE | 48 | 0 | 80 | P | 112 | p |
| 17 | DC1 | 49 | 1 | 81 | Q | 113 | q |
| 18 | DC2 | 50 | 2 | 82 | R | 114 | r |
| 19 | DC3 | 51 | 3 | 83 | S | 115 | s |
| 20 | DC4 | 52 | 4 | 84 | T | 116 | t |
| 21 | NAK | 53 | 5 | 85 | U | 117 | u |
| 22 | SYN | 54 | 6 | 86 | V | 118 | v |
| 23 | ETB | 55 | 7 | 87 | W | 119 | w |
| 24 | CAN | 56 | 8 | 88 | X | 120 | x |
| 25 | EM | 57 | 9 | 89 | Y | 121 | y |
| 26 | SUB | 58 | : | 90 | Z | 122 | z |
| 27 | ESC | 59 | ; | 91 | [ | 123 | { |
| 28 | S | 60 | < | 92 | \ | 124 | \| |
| 29 | GS | 61 | = | 93 | ] | 125 | } |
| 30 | RS | 62 | > | 94 | ^ | 126 | ~ |
| 31 | US | 63 | ? | 95 | _ | 127 | DEL |

**2. 汉字编码**

汉字处理系统对每种汉字输入方法规定了输入计算机的代码，即汉字外部码(又称输入码)，由键盘输入汉字时输入的是汉字的外部码。计算机识别汉字时，要把汉字的外部码转换成汉字的内部码(汉字的机内码)以便进行处理和存储。为了将汉字以点阵的形式输出，计算机还要将汉字的机内码转换成汉字的字形码，确定汉字的点阵，并且在计算机和其他系统或设备需要信息、数据交换时还必须采用交换码。

(1)汉字外部码。汉字外部码又称输入码，由键盘输入汉字时主要是输入汉字的外码，每个汉字对应一个外部码。汉字输入方法不同，同一汉字的外码可能不同，用户可以根据自己的需要选择不同的输入方法。目前，使用最为普遍的汉字输入方法是拼音码、五笔字型码和自然码。

(2)汉字交换码(国标码)。汉字信息在传递、交换中必须规定统一的编码才不会造成混乱。目前国内计算机普遍采用的标准汉字交换码是1980年我国根据有关国际标准规定的《信息交换用汉字编码字符集——基本集》(GB 2312-1980)，简称国标码。国标码基本集中收录了汉字和图像符号共7445个，分为两级汉字。其中一级汉字3755个，属于常用汉字，按照汉字拼音字母顺序排序；二级汉字3008个，属于非常用汉字，按照部首顺序排序；图形符号682个，属于全角的非汉字字符。国标码采用两个字节表示一个汉字，每个字节只使用低七位二进制数，并将每个字节高位置1，作为汉字的内码使用，避免汉字字符与英文字符混合存储时发生冲突，使两者完全兼容。

(3)汉字机内码。机内码是计算机内部存储和加工汉字时所用的代码。计算机处理汉字，实际上是处理汉字机内码。不管用何种汉字输入码将汉字输入计算机，为了存储和处理方便，都需要将各种输入码转换成长度一致的汉字内部码。一般用两个字节表示一个汉字的内码。

(4)汉字输出码。又称汉字字形码或汉字发生器编码。汉字输出码的作用是输出汉字。但汉字机内码不能直接作为每个汉字输出的字形信息，还需根据汉字内码在字形库中检索出相应汉字的字形信息后才能由输出设备输出。对汉字字形经过数字化处理后的一串二进制数称为汉字输出码。

汉字的字形称为字模,以一点阵表示。点阵中的点对应存储器中的一位,对于16×16点阵的汉字,其有256个点,即256位。由于计算机中,8个二进制位作为一个字节,所以16×16点阵汉字需要2×16=32字节表示一个汉字的点阵数字信息(字模)。同样,24×24点阵汉字需要3×24=72个字节来表示一个汉字;32×32点阵汉字需要4×32=128个字节表示。点阵数越大,分辨率越高,字形越美观,但占用的存储空间越多。汉字字库:汉字字形数字化后,以二进制文件形式存储在存储器中,构成汉字字模库。汉字字模库也称汉字字形库,简称汉字库。汉字库分为软字库和硬字库两种。

## 1.4 多媒体技术

### 1.4.1 多媒体概述

媒体是信息表示和传输的载体。信息的载体除了文字外,还有能包含更大信息量的声音、图形、图像等。为了使计算机具有更强的处理能力,20世纪90年代人们研究出了能处理多种信息载体的计算机,称为"多媒体计算机"。多媒体技术是20世纪信息技术研究的热点问题之一。多媒体技术是把数字、文字、声音、图形、图像和动画视频等各种媒体有机结合起来,利用计算机、通信和广播电视技术,使它们建立起逻辑联系,并能进行加工处理的技术。

### 1.4.2 多媒体的特点

多媒体是指计算机领域中的感觉媒体,主要包括文字、声音、图形、图像、视频、动画等。与传统的媒体相比,多媒体有以下几个突出的特点:

**1. 数字化**

数字化是指各种媒体的信息,都以数字形式(即0和1编码)进行存储、处理和传输,而不是传统的模拟信号方式。

**2. 集成性**

集成性是指对文字、图形、图像、声音、视频、动画等信息媒体进行综合处理,达到各种媒体的协调一致。

**3. 交互性**

交互性是指人能方便地与系统进行交流,以便对系统的多媒体处理功能进行控制。

例如,能随时点播辅助教学中的音频、视频片段,并立即将问题的答案输入给系统进行"批改"等。多媒体还有其他一些特征,但集成性和交互性是其中最重要的,是多媒体的精髓。

### 1.4.3 多媒体信息的基本类型

**1. 文本**

文本是以文字和各种专用符号表达的信息形式,它是现实生活中使用得最多的一种信息存储和传递方式。用文本表达信息能给人充分的想象空间,它主要用于对知识的描述性表示,如阐述概念、定义、原理和问题以及显示标题、菜单等内容。

**2. 图像**

图像是多媒体软件中最重要的信息表现形式之一，它是决定一个多媒体软件视觉效果的关键性因素。

**3. 动画**

动画是利用人的视觉暂留特性，快速播放一系列连续运动变化的图形图像，也包括画面的缩放、旋转、变换、淡入淡出等特殊效果。通过动画可以把抽象的内容形象化，使许多难以理解的教学内容变得生动有趣。合理使用动画可以达到事半功倍的效果。

**4. 声音**

声音是人们用来传递信息、交流感情最方便、最熟悉的方式之一。在多媒体课件中，按其表达形式，可将声音分为讲解、音乐、效果三类。

**5. 视频影像**

视频影像具有时序性与丰富的信息内涵，常用于交代事物的发展过程。视频非常类似于我们熟知的电影和电视，有声有色，在多媒体信息中充当起重要的角色。

### 1.4.4　多媒体信息处理的关键技术

多媒体的实质是将以不同形式存在的各种媒体信息数字化，然后用计算机对它们进行组织、加工，并以友好的形式提供给用户使用。多媒体技术就是指多媒体信息的输入、输出、压缩存储和各种信息处理方法、多媒体数据库管理、多媒体网络传输等对多媒体进行加工处理的技术。

**1. 多媒体信息的数字化与压缩技术**

多媒体信息的数字化是指将声音、图像和视频等多媒体信息由模拟信息，通过采样、量化和编码的过程转换为数字信息的技术过程。采样也称取样，是模拟信号数字化的第一步。量化是将每个采样点得到的信息用二进制数字来度量，即若干采样点表示为离散的二进制数制的过程。编码就是将采样、量化后的二进制信息按一定的格式记录下来，使之可以在计算机中运行。

科学实验表明，人类从外界获取的知识中，有 80％以上都是通过视觉感知获取的。然而，数字图像中包含的数据量十分巨大，如分辨率为 640×480、全屏幕显示、真彩色(24 位)、全动作(2530 帧/秒)的图像序列，播放 1 秒钟的视频画面的数据量为：$640\times480\times30\times24/8=$ 27 648 000字节，相当于存储 1000 多万个汉字所占用的空间。如此庞大的数据量，给图像的传输、存储以及读出造成了难以克服的困难。为此，需要对图像进行压缩处理。图像压缩就是在没有明显失真的前提下，将图像的位图信息转变成另外一种能将数据量缩减的表达形式。数据压缩算法可以分为无损压缩和有损压缩两种。

(1)无损压缩。无损压缩用于要求重构的信号与原始信号完全相同的场合。一个常见的例子是磁盘文件的压缩存储，它要求解压缩后不能有任何差错。根据目前的技术水平，无损压缩算法可以把数据压缩到原来的 1/2 到 1/4。

(2)有损压缩。有损压缩适用于重构信号不一定非要与原始信号完全相同的场合。例如，对于图像、视频影像和音频数据的压缩就可以采用有损压缩，这样可以大大提高压缩比(可达 10∶1，甚至 100∶1)，而人的感官仍不至于对原始信号产生误解。目前应用于计算机的多媒体压缩算法标准有如下两种。

(1)压缩静止图像的 JPEG 标准。这是由联合图像专家组(Join Photographic Expert

Group,JPEG)制定的静态数字图像数据压缩编码标准。它既适合于灰度图像,又适合于彩色图像。

(2)压缩运动图像的 MPEG 标准。这是由活动图像专家组(Motion Photographic Expert Group,MPEG)制定的用于视频影像和高保真声音的数据压缩标准。

**2. 多媒体数据与文件格式**

多媒体数据与文件格式如表 1-4 所示。

**表 1-4　多媒体数据及文件格式**

| 数据类型 | 扩展名 |
|---|---|
| 图像文件 | bmp、jpg、gif、tif、png、tga、psd、cdr、eps |
| 音频文件 | wav、wma、mp3、mid、tiff、ape |
| 视频文件 | avi、mpg、mov、dat |
| 流媒体文件 | rm、rmvb、mp4、3GP、wmv、asf、csf |

### 1.4.5　多媒体技术的应用

多媒体的应用领域十分广泛,下面列举几个主要的应用领域。

**1. 教育与培训**

多媒体在教育中的应用,是多媒体最重要的应用之一。利用多媒体的集成性和交互性的特点,编制出的计算机辅助教学软件,能给学生创造出图文并茂、有声有色的教学环境,激发学生的学习积极性和主动性,提高学习的兴趣和效率。

**2. 家庭娱乐和休闲**

家庭娱乐和休闲(如音乐、影视和游戏)是多媒体技术应用较广的领域。

**3. 电子出版**

多媒体技术和计算机技术的普及极大地促进了电子出版业的发展。以 CD-ROM 光盘形式发行的电子图书具有容量大、体积小、成本低等特点,而且集文字、图画、图像、声音、动画和视频于一身,是普通图书无法相比的。

**4. 多媒体网络应用**

Internet 的兴起与发展促进了多媒体技术的进一步发展,在 Internet 上,人们除了通过 E-mail、WWW 浏览、文件传输等 Internet 服务传送文字、静态图片、媒体信息外,随着流媒体技术的发展,还可以通过多媒体网络应用,收听、观看动态的声音、视频,如影视节目,体育比赛、演出、会议等等。流媒体是一种可以使音频、视频等多媒体文件在 Internet 上以实时的、无须下载等待的流式传输方式进行播放的技术。

## 本章小结

本章主要内容有:计算机的基本概念,计算机的历史与发展,特点与分类、用途和发展趋势;计算机的组成与工作原理,包括硬件和软件组成,工作原理和性能指标;数据信息与进制,不同进制的相互转换,存储单位及字符编码等;多媒体的概念和技术特点,多媒体信息的基本类型和关键处理技术以及多媒体的应用。

# 习题一

## 一、单选题

1.(　　)是信息产业发展的基础。

A. 系统软件　B. 应用软件　C. 移动硬盘　D. 集成电路

2. 第一台电子计算机使用的逻辑部件是(　　)。

A. 集成电路　B. 大规模集成电路

C. 晶体管　D. 电子管

3. 完整的计算机硬件系统一般包括外部设备和(　　)。

A. 运算器和控制器　B. 存储器

C. 主机　D. 中央处理器

4. 运算器的主要功能是(　　)。

A. 实现算术运算和逻辑运算　B. 保存各种指令信息供系统其他部件使用

C. 分析指令并进行译码　D. 按主频指标的规定发出时钟脉冲

5. 在计算机应用中,“计算机辅助制造”的英文缩写是(　　)。

A. CAD　B. CAM　C. CAI　D. CAT

6. 世界上第一台通用电子数字计算机是(　　)。

A. ENIAC　B. EDSAC　C. EDVAC　D. UNIVAC

7. 微型计算机的外存主要包括(　　)。

A. RAM、ROM、软盘、硬盘　B. 软盘、硬盘、光盘

C. 软盘、硬盘　D. 硬盘、CD-ROM、DVD

8. 下列各组设备中,全部属于输入设备的一组是(　　)。

A. 键盘、磁盘和打印机　B. 键盘、扫描仪和鼠标

C. 键盘、鼠标和显示器　D. 硬盘、打印机和键盘

9. 微型计算机硬件系统中最核心的部件是(　　)。

A. 硬盘　B. CPU　C. 内存储器　D. I/O 设备

10. 以 MIPS 为单位衡量微型计算机的性能,它指的是计算机的(　　)。

A. 传输速率　B. 存储器容量　C. 字长　D. 运算速度

11. 下列 4 种设备中,属于计算机输出设备的是(　　)。

A. 扫描仪　B. 键盘　C. 绘图仪　D. 鼠标

12. 下列设备中,既能向主机输入数据又能接收主机输出数据的设备是(　　)。

A. 打印机　B. 显示器　C. 软盘驱动器　D. 光笔

13. 下列 4 种软件中,属于系统软件的是(　　)。

A. WPS　B. Word　C. DOS　D. Excel

14. 软件可分为系统软件和(　　)软件。

A. 高级　B. 专用　C. 应用　D. 通用

15. 计算机可以直接执行的语言是(　　)。

A. 自然语言　B. 汇编语言　C. 机器语言　D. 高级语言

16. CAD 软件可用于绘制(　　)。

A. 机械零件图　　B. 建筑设计图　　C. 服装设计图　　D. 以上都对

17. UNIX 操作系统是(　　)操作系统。

A. 多用户单任务　　B. 多用户多任务

C. 单用户多任务　　D. 单用户单任务

18. 计算机中字节的英文名字为(　　)。

A. Bit　　B. Byte　　C. Unit　　D. Word

19. 下列字符中,其 ASCII 码值最大的是(　　)。

A. 9　　B. D　　C. a　　D. y

20. 存储容量 1GB 等于(　　)。

A. 1024MB　　B. 1024KB　　C. 1024TB　　D. 128MB

21. 16 个二进制位可表示整数的范围是(　　)。

A. 0～65535　　B. －32768～32767

C. －32768～32768　　D. －32768～32767 或 0～65535

22. 与十进制数 291 等值的十六进制数为(　　)。

A. 123　　B. 213　　C. 231　　D. 132

23. 二进制数 1111100 转换成十进制是(　　)。

A. 62　　B. 60　　C. 124　　D. 248

24. 已知英文大写字母 A 的 ASCII 码为十进制数 65,则英文大写字母 E 的 ASCII 码为十进制数(　　)。

A. 67　　B. 68　　C. 69　　D. 70

25. 由二进制代码表示的机器指令能被计算机(　　)。

A. 直接执行　　B. 解释后执行

C. 汇编后执行　　D. 编译后执行

26. Java 是一种面向(　　)的程序设计语言。

A. 机器　　B. 软件　　C. 过程　　D. 对象

27. 在微型计算机中,应用最普遍的字符编码是(　　)。

A. ASCII 码　　B. BCD 码　　C. 汉字编码　　D. 补码

28. 多媒体计算机是指(　　)。

A. 能与家用电器连接使用的计算机　　B. 能处理多种媒体信息的计算机

C. 连接有多种外部设备的计算机　　D. 能玩游戏的计算机

29. 计算机最主要的工作特点是(　　)。

A. 存储程序与程序控制　　B. 高速度

C. 可靠性与可用性　　D. 有记忆力

30. 下列叙述中错误的是(　　)。

A. 外存储器既可以作为输入设备,也可以作为输出设备

B. 操作系统用于管理计算机系统的软、硬件

C. 键盘上功能键表示的功能是由计算机硬件确定的

D. PC 机开机时应先接通外部设备电源,后接通主机电源

**二、多选题**

1. 以下关于计算机发展史的叙述中,(　　)是正确的。

A. 世界上第一台电子计算机是1946年在美国发明的ENIAC
B. ENIAC是根据冯·诺依曼原理设计制造的
C. 第一台计算机在1950年发明
D. 第一代电子计算机没有操作系统软件
2. 用户可以在一台单独的计算机上实现(　　)。
A. 浮点数加法　B. 或运算　C. 非运算　D. 云计算
3. 在计算机中,采用二进制是因为(　　)。
A. 可降低硬件成本
B. 二进制的运算法则简单
C. 系统具有较好的稳定性
D. 二进制可以准确表示每一个实数
4. 计算机信息技术的发展,使计算机朝着(　　)方向发展。
A. 巨型化和微型化　B. 网络化
C. 智能化　D. 多功能化
5. 以下(　　)与十进制数0.75等价。
A. 二进制数0.101　B. 二进制数0.11
C. 八进制数0.3　D. 八进制数0.6
6. 汉字字型的表示方法有(　　)。
A. 图形法　B. 矢量法　C. 层次法　D. 点阵法
7. 微机主板上装有(　　)。
A. 芯片组　B. 外存　C. 内存　D. 插槽
8. 计算机外设由(　　)构成。
A. 外存储器　B. 输入设备　C. 输出设备　D. ALU
9. RAM又分为(　　)。
A. SARM　B. ERAM　C. DRAM　D. PRAM
10. 在下列设备中,(　　)不能作为计算机的输入设备。
A. 打印机　B. 显示器
C. 条形码阅读器　D. 绘图仪
11. 以下(　　)属于操作系统的功能。
A. 处理器管理　B. 文件管理
C. 模块管理　D. 内存管理
12. 下面(　　)是计算机高级语言。
A. Pascal　B. CAD　C. Basic　D. C
13. 视频文件的内容包括(　　)。
A. 视频数据　B. 音频数据
C. 文本　D. 动画
14. 下面(　　)是多媒体计算机必需的。
A. 显卡　B. 网卡　C. 声卡　D. 数码相机
15. 以下(　　)是显示器的性能指标。
A. 字长　B. 扫描频率　C. 转速　D. 分辨率

16. 以下(　　)是使用计算机的良好习惯。

A. 先开主机电源,再开显示器电源

B. 使用“开始”菜单的关机命令关闭计算机

C. 不频繁开关机

D. 定时查杀病毒

**三、判断题**

1. 第一台电子数字计算机诞生于英国。(　　)
2. 最早的计算机应用于科学计算。(　　)
3. 根据操作系统的发展,人们把计算机的发展分为 4 个阶段。(　　)
4. 微型计算机就是体积很小的计算机。(　　)
5. 计算机区别于其他计算机工具的本质特点是能存储数据和程序。(　　)
6. 计算机具有逻辑判断能力,逻辑操作是由控制器完成的。(　　)
7. 计算机系统是由 CPU、存储器、输入设备组成。(　　)
8. 就存取速度而言,内存比硬盘快,硬盘比优盘快。(　　)
9. 固定硬盘属于主机部件,移动硬盘输入外设。(　　)
10. 计算机软件由程序和文档组成。(　　)
11. 系统软件主要包括 Windows、Office 等软件。(　　)
12. 计算机语言分为两大类,它们是汇编语言和高级语言。(　　)
13. 操作系统是计算机专家为提高计算机精度而研制的。(　　)
14. SQL 是一种面向对象的程序设计语言。(　　)
15. WinRAR 对压缩的文件可以设置密码。(　　)
16. 语言处理程序属于软件系统。(　　)
17. 已知一个十六进制数为“8AE6”,其二进制数表示为(1000101011100110)。(　　)
18. 声音、图像属于感觉媒体。(　　)
19. 按字符的 ASCII 码值比较,“A”比“a”大。(　　)
20. AVI 是指音频、视频交互文件格式。(　　)

# Windows 7 操作系统

操作系统是计算机系统的核心，是管理计算机硬件与软件资源的计算机程序。Windows 7 是微软继 Windows XP、Windows Vista 之后的新一代操作系统，它比 Vista 性能更高、启动更快、兼容性更强，具有很多新特性和特点。本章首先介绍操作系统的基本知识，然后着重介绍 Windows 7 操作系统的功能特点及其使用操作方法。

## 2.1 操作系统基础知识

### 2.1.1 操作系统概述

**1. 操作系统的定义**

操作系统(Operating System，OS)是管理和控制计算机硬件与软件资源的计算机程序，是直接运行在“裸机”上的最基本的系统软件，它能为用户使用计算机提供一个方便灵活、安全可靠的工作环境。操作系统是现代计算机系统中不可缺少的系统软件，是其他所有系统软件和应用软件的运行基础。

**2. 操作系统的功能**

操作系统是用户和计算机的接口，同时也是计算机硬件和其他软件的接口。操作系统的功能包括管理计算机系统的硬件、软件及数据资源，控制程序运行，改善人机界面，为其他应用软件提供支持等，使计算机系统所有资源最大限度地发挥作用，提供了各种形式的用户界面，使用户有一个好的工作环境，为其他软件的开发提供必要的服务和相应的接口。

操作系统是计算机系统的所有资源的管理者，主要负责管理计算机系统中的软硬件资源，调度系统中各种资源的使用。可以根据计算机系统资源的分类来对操作系统的功能进行划分。在计算机系统中，能分配给用户使用的各种硬件和软件设施总称为资源。资源包括两大类：硬件资源和信息资源。操作系统具有以下五大功能：处理机管理、存储管理、作业管理、文件管理、设备管理。

(1)处理机管理

处理机管理的主要任务是对处理机的分配和运行实施有效的管理，从传统意义上讲，进程是处理机和资源分配的基本单位，因此对处理机的管理可以归结为对进程的管理。主要解决的是如何将 CPU 分配给各个程序，使各个程序都能够得到合理的运行安排。

(2)存储器管理

存储器管理的主要任务是对内存进行分配、保护和扩充，为多道程序运行提供有力的支撑,便于用户使用存储资源,提高存储空间的利用率。

(3)作业管理

完成某个独立任务的程序及其所需的数据组成一个作业。作业管理的任务主要是为用户提供一个使用计算机的界面使其方便地运行自己的作业,并对所有进入系统的作业进行调度和控制,尽可能高效地利用整个系统的资源。

(4)文件管理功能

计算机系统中的程序和数据通常以文件的形式存放在外部存储器上,操作系统中负责文件管理的部分称为文件系统,文件系统的主要任务是有效地支持文件的存储、检索和修改等操作,解决文件共享、保密和保护等问题。

(5)设备管理

设备管理的主要任务是管理各类外围设备,完成用户提出的 I/O 请求,加快 I/O 信息的传送速度,发挥 I/O 设备的并行性,提高 I/O 设备的利用率,以及提供每种设备的设备驱动程序和中断处理程序,为用户隐蔽硬件细节、提供方便简单的设备使用方法。

**3. 操作系统的分类**

根据操作系统具备的功能、特征、规模和所提供应用环境等方面的差异,可以将操作系统划分为不同类型。根据工作方式分为批处理操作系统、分时操作系统、实时操作系统、网络操作系统和分布式操作系统等;根据应用领域,可以分为桌面操作系统、嵌入式操作系统、服务器操作系统等;根据源码开放程度,可分为开源操作系统和闭源操作系统;根据架构可以分为单内核操作系统等;根据指令的长度分为 8bit,16bit,32bit,64bit 的操作系统。

(1)批处理操作系统

批处理操作系统就是将许多用户的作业组成一批作业,之后输入到计算机中,在系统中形成一个自动转接的连续的作业流,然后启动操作系统,系统自动、依次执行每个作业。批处理操作系统分为单道批处理系统和多道批处理系统。

(2)分时操作系统

分时操作系统是专门针对多用户共享计算机资源的情况,即一台主机连接了若干个终端,每个终端都有一个用户在使用。分时操作系统将 CPU 的时间划分成若干个片段,称为时间片。操作系统以时间片为单位,轮流为每个终端用户服务。每个用户轮流使用一个时间片而使每个用户并不感到有别的用户存在。分时系统具有多路性、交互性、"独占"性和及时性的特征。

(3)实时操作系统

实时操作系统是指使计算机能及时响应外部事件的请求并在规定的严格时间内完成对该事件的处理,并控制所有实时设备和实时任务协调一致地工作的操作系统。实时操作系统要追求的目标是:对外部请求在严格时间范围内做出反应,有高可靠性和完整性。

(4)网络操作系统

网络操作系统通常运行在服务器上的操作系统,是基于计算机网络,是在各种计算机操作系统上按网络体系结构协议标准开发的软件,它包括网络管理、通信、安全、资源共享和各种网络应用。其目标是相互通信及资源共享。在其支持下,网络中的各台计算机能互相通信和共享资源。其主要特点是与网络的硬件相结合来完成网络的通信任务。流行的网络操作系统有 Linux,UNIX,BSD,Windows NT,Novell NetWare 等。

(5)分布式操作系统

分布式操作系统是为分布计算系统配置的操作系统。大量的计算机通过网络被联结在一起，可以获得极高的运算能力及广泛的数据共享。这种系统被称作分布式系统。分布式操作系统是网络操作系统的更高形式，它保持了网络操作系统的全部功能，而且还具有透明性、可靠性和高性能等。网络操作系统和分布式操作系统虽然都用于管理分布在不同地理位置的计算机，但最大的差别是：网络操作系统知道确切的网址，而分布式系统则不知道计算机的确切地址；分布式操作系统负责整个的资源分配，能很好地隐藏系统内部的实现细节，如对象的物理位置等。这些都是对用户透明的。

(6)嵌入式操作系统

嵌入式操作系统是指用于嵌入式系统的操作系统。通常将嵌入了处理器、存储器和接口电路的设备称为嵌入式系统。嵌入式操作系统负责嵌入式系统的全部软硬件资源的分配、任务调度，控制、协调并发活动。嵌入式系统通常执行的是带有特定要求而预先定义的任务，因而嵌入式操作系统通常都设计得非常紧凑有效，抛弃了运行在它们之上的特定的应用程序所不需要的各种功能，与具体的应用有机地结合在一起，一般都固化在只读存储器或闪存中。目前在嵌入式领域广泛使用的操作系统有：嵌入式 Linux、Windows Embedded、VxWorks 等，以及应用在智能手机和平板电脑的 Android、iOS、Windows Phone 等。

(7)桌面操作系统

桌面操作系统是具有图形界面的操作系统。桌面操作系统具有友好的操作界面，用户无须在命令行界面中输入各种命令代码；图形用户界面中，计算机画面上显示窗口、图标、按钮等图形表示不同目的的动作，用户通过鼠标等指针设备进行选择。桌面操作系统相对于嵌入式操作系统来说，显得比较庞大复杂。目前 Windows、MAC OS、Linux 三种桌面操作系统占据了绝大部分市场。

(8)服务器操作系统

服务器操作系统，一般指的是安装在大型计算机上的操作系统，比如 Web 服务器、应用服务器和数据库服务器等，是企业 IT 系统的基础架构平台，在一个具体的网络中，服务器操作系统要承担额外的管理、配置、稳定、安全等功能，处于每个网络的心脏部位。目前主流的服务器操作系统有：Windows Server，NetWare，UNIX，Linux。

### 2.1.2 典型操作系统

操作系统的形态非常多样，不同机器安装的操作系统可从简单到复杂，可从手机的嵌入式系统到超级计算机的大型操作系统。目前常见的操作系统有 Windows、UNIX、Linux、Windows、NetWare、Mac OS 等。

**1. Windows 操作系统**

Windows 是由微软公司成功开发的操作系统。Windows 是一个多任务的操作系统，采用图形窗口界面，用户对计算机的各种复杂操作只需通过点击鼠标就可以实现。Windows 操作系统是目前世界上使用最广泛的操作系统。

随着电脑硬件和软件系统的不断升级，微软的 Windows 操作系统也在不断升级，从 16 位、32 位到 64 位操作系统。从最初的 Windows 1.0 和 Windows 3.2 到 Windows 95、Windows 98、Windows 2000、Windows Me 再到大家熟知的 Windows XP、Windows Server、Windows Vista、Windows 7、Windows 8 各种版本的持续更新，微软一直在尽力于 Windows 操作的开发和完善。当前，最新一代 Windows 操作系统为是 Windows 10，服务器操作系统为 Windows Server 2019。

**2. Unix 操作系统**

Unix 是一个强大的多用户、多任务操作系统，支持多种处理器架构，按照操作系统的分类，属于分时操作系统。Unix 最早由 Ken Thompson 和 Dennis Ritchie 于 1969 年在美国 AT&T 的贝尔实验室开发。Unix 可以应用在从巨型计算机到普通 PC 等多种不同的平台上，是应用面最广、影响力最大的操作系统。Unix 系统具有极强的安全性、稳定性、可靠性和可伸缩性，以及强大的网络功能和数据库支持功能。目前常用的版本有 AIX、HP-UX、Solaris、BSD Unix 等。

**3. Linux 操作系统**

Linux 是一种自由和开放源代码的类 Unix 操作系统，是 Unix 操作系统的一种克隆系统。它诞生于 1991 年，随后借助于 Internet 网络，并通过全世界各地计算机爱好者的共同努力，已成为世界上使用最多的一种 Unix 类操作系统，并且使用人数还在迅猛增长。Linux 是一套免费使用和自由传播的类 Unix 操作系统，是一个基于 POSIX 和 Unix 的多用户、多任务、支持多线程和多 CPU 的操作系统。它能运行主要的 Unix 工具软件、应用程序和网络协议。它支持 32 位和 64 位硬件。Linux 继承了 Unix 以网络为核心的设计思想，是一个性能稳定的多用户网络操作系统。

**4. Mac OS 操作系统**

Mac OS 是基于 Unix 内核的图形化操作系统，是苹果机 Macintosh 的专用系统，一般情况下在普通 PC 上无法安装。由于 MAC 的架构与 Windows 不同，所以很少受到病毒的袭击。MAC OS 操作系统界面非常独特，突出了形象的图标和人机对话。苹果公司不仅自己开发系统，也涉及硬件的开发。苹果机的操作系统已经到了 OS 10，代号为 MAC OS X，最新版为 OS X 10.10 Yosemite。

**5. NetWare 操作系统**

NetWare 是 NOVELL 公司推出的网络操作系统。NetWare 最重要的特征是基于基本模块设计思想的开放式系统结构。NetWare 是一个开放的网络服务器平台，可以方便地对其进行扩充。NetWare 系统为不同的工作平台，不同的网络协议环境如 TCP/IP 以及各种工作站操作系统提供了一致的服务。

**6. 手持设备操作系统**

(1)iOS

iOS 操作系统是由苹果公司开发的手持设备操作系统。最初是设计给 iPhone 使用的，后来陆续套用到 iPod touch、iPad 以及 Apple TV 等苹果产品上。iOS 与苹果的 Mac OS X 操作系统一样，属于类 Unix 的商业操作系统。iOS 已经占据了全球智能手机系统市场份额的 30%，在美国的市场占有率接近 45%。

(2)Android

Android 是一种基于 Linux 的自由及开放源代码的操作系统，主要使用于移动设备，如智能手机和平板电脑上，由 Google 公司和开放手机联盟领导及开发。最新版本为 Android 4.4。截至 2016 年，Android 占据全球智能手机操作系统市场 85% 的份额，中国市场占有率为 92%。

(3)Windows Phone

Windows Phone(简称 WP)是微软于 2010 年 10 月 21 日正式发布的一款手机操作系统。基于 Windows CE 内核，采用了一种称为 Metro 的用户界面(UI)，并将微软旗下的 Xbox

Live 游戏、Xbox Music 音乐与独特的视频体验集成至手机中。Windows Phone 的后续是 Windows 10 mobile。

## 2.2　Windows 7 概述

Windows 7 是微软公司于 2009 年 7 月发布的一款操作系统，是基于 Windows Vista 的全新操作系统，具有更易用、更快捷、更安全、更人性化、更华丽但更节能等特点。Windows 7 是一款具有革命性变化的操作系统，旨在让人们的日常电脑操作变得更加简单和快捷，为人们提供高效易行的工作环境。

图 2-1　Windows 7 标志

正式发行的 Windows 7(见图 2-1)共有 6 个版本，按功能强弱，从低到高分别为：简易版、家庭普通版、家庭高级版、专业版、企业版、旗舰版，除了简易版只提供 32 位版本之外，其余五个版本都会发布 32 位(x86)和 64 位(x64)两种版本。

### 2.2.1　Windows 7 系统特点

Windows 7 相较于以前的 Windows 版本，更简单、快速，并且更易操作，可以更好地查找及管理文件，例如，Jump List(跳转列表)功能和增强的任务栏预览功能，可以帮助用户更好地完成日常工作。经开发者的精心设计，Windows 7 的系统性能更快更可靠。同时，Windows 7 增强的家庭组、Windows Media Center 以及 Windows 触控等强大功能使操作更为方便，并且更人性化。

Windows 7 使基本操作变得前所未有的简单。使用“家庭组”功能可以方便快捷地共享音乐、文档、打印机和其他资料。Windows 搜索可让用户从文件夹和子文件夹查找所需资料的繁杂操作中解脱出来。出色的任务栏预览可以更好地查看打开的内容，并且 Jump List 只需右键单击即可显示最近使用过的文件。

Windows 7 的设计主要围绕五个重点：针对笔记本电脑的特有设计，基于应用服务的设计，用户的个性化，视听娱乐的优化，用户易用性的新引擎。

(1)更易用：Windows 7 做了许多方便用户的设计，如快速最大化，窗口半屏显示，跳转列表(Jump List)，系统故障快速修复等，这些新功能令 Windows 7 成为最易用的 Windows 操作系统。

(2)更快速：Windows 7 大幅缩减了 Windows 的启动时间，据实测，在中低端配置下运行，系统加载时间一般不超过 20 秒，这与 Windows Vista 的 40 余秒相比，是一个很大的进步。

(3)更简单：Windows 7 将会让搜索和使用信息更加简单，包括本地、网络和互联网搜索功能，直观的用户体验将更加高级，还会整合自动化应用程序提交和交叉程序数据透明性。

(4)更安全：Windows 7 改进了的安全和功能合法性，还会把数据保护和管理扩展到外围设备，改进了基于角色的计算方案和用户账户管理，在数据保护和坚固协作的固有冲突之间搭建沟通桥梁，同时也会开启企业级的数据保护和权限许可。

(5)节约成本：Windows 7 可以帮助企业优化它们的桌面基础设施，具有无缝操作系统、应用程序和数据移植功能，并简化 PC 供应和升级，进一步朝完整的应用程序更新和补丁方面努力。

(6)更好的连接:Windows 7 进一步增强了移动工作能力,无论何时、何地、任何设备都能访问数据和应用程序,开启坚固的特别协作体验,无线连接、管理和安全功能会进一步扩展。令性能和当前功能以及新兴移动硬件得到优化,拓展了多设备同步、管理和数据保护功能。

(7)更人性化的 UAC(用户账户控制):在 Windows 7 中,UAC 控制级增加到了四个,通过这样来控制 UAC 的严格程度,令 UAC 安全又不烦琐。

(8)多功能任务栏:Windows 7 的 Aero 效果更华丽,有碰撞效果、水滴效果,还有丰富的桌面小工具。但是,Windows 7 的资源消耗却是最低的。不仅执行效率快人一拍,笔记本的电池续航能力也大幅增加。

(9)更绚丽透明的窗口:Windows 7 及其桌面窗口管理器(DWM. exe)能充分利用 GPU 的资源进行加速,而且支持 Direct3D 11 API。支持更多、更丰富的缩略图动画效果,包括"Color Hot-Track"鼠标滑过任务栏上不同应用程序的图标的时候,高亮显示不同图标的背景颜色。并且执行复制及下载等程序的状态指示进度也会显示在任务栏上,鼠标滑过同一应用程序图标时,该图标的高亮背景颜色也会随着鼠标的移动而渐变。

(10)更加易用的驱动搜索:Windows 7 在第一次安装时,不需安装显卡和声卡驱动,用 Windows Update 在互联网上搜索,就可以找到适合自己的驱动。

### 2.2.2　Windows 7 的启动和退出

#### 1. Windows 7 的启动

启动 Windows 7 操作系统的一般步骤是先打开外部设备的电源开关,再打开主机电源开关,计算机显示器指示灯、主机面板上电源指示灯亮,计算机自动进行自检并执行硬件测试,测试无误后,随即开始进行操作系统的引导,自动启动 Windows。Windows 7 启动后,根据操作系统的设置,直接显示 Windows 7 桌面或者启动用户登录界面,选择用户,输入密码,按回车键后即可进入 Windows 7 桌面环境,如图 2-2 所示。

图 2-2　用户登录界面

**2. Windows 7 的退出**

当计算机不再使用时，应将其关闭。退出 Windows 并关闭计算机必须遵循正确的步骤，在 Windows 系统仍运行时直接关闭电源，将有可能造成程序数据和处理信息的丢失，甚至会造成系统或计算机的损坏。正确退出 Windows 7 的步骤如下：

(1)保存应用程序中的处理结果，关闭所有正在运行的应用程序。

(2)单击“开始”按钮打开“开始”菜单，选择“关机”按钮，即可关闭 Windows 7，计算机自动切断主机电源，如图 2-3 所示。

图 2-3　退出 Window 7

点击“关机”按钮右侧的箭头，可弹出如图 2-3 所示的电源按钮操作列表，可选择“重新启动”“切换用户”“注销”“锁定”“睡眠”等五种命令。

## 2.3　Windows 7 的基本操作

### 2.3.1　Windows 7 桌面环境

桌面是人与计算机交互的主要入口，同时也是人机交互的图形用户界面。桌面指 Windows 所占的屏幕空间，是 Windows 的操作平台，对系统进行的所有操作，都是从桌面开始的。Windows 7 的桌面由桌面图标、任务栏、桌面背景等组成，如图 2-4 所示。

**1. 桌面图标**

桌面图标由一个形象的小图片和说明文字组成，图片是标识，文字则表示其名称或功能。它可以代替一个常用的程序、文档、文件夹或打印机等对象。桌面图标是一种快捷方式，快捷方式是 Windows 提供的一种快速启动程序、打开文件或文件夹的方法。它和程序既有区别又有联系。快捷方式图标的左下角有一个小箭头，它是指向程序、文件或文件夹的图标，而不是文件或程序本身。双击该图标可以快速打开某个对应的文件、文件夹或应用程序等。Windows 7 安装完成后，默认的 Windows 7 桌面就只有一个“回收站”，如图 2-4 所示。

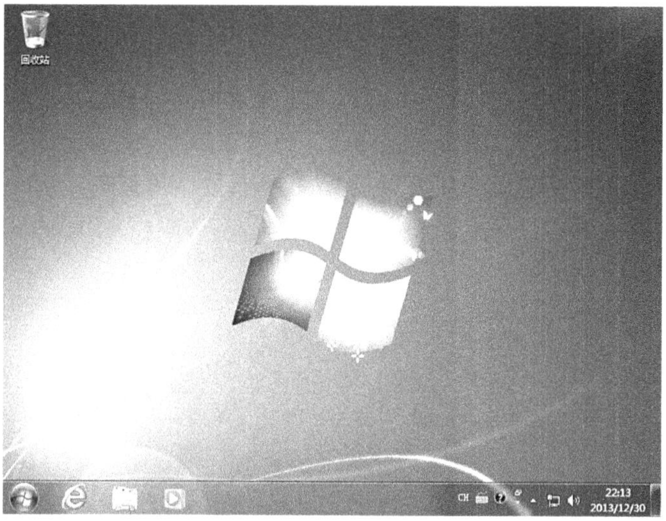


图 2-4　Windows 7 桌面

**2.“开始”菜单**

位于桌面左下角，单击“开始”菜单按钮图标，显示“开始”菜单。“开始”菜单是计算机程序、文件夹和设置的主门户，由“常用程序”列表、“所有程序”列表、搜索框、“启动”菜单和“关闭选项”按钮区等组成，如图 2-5 所示。

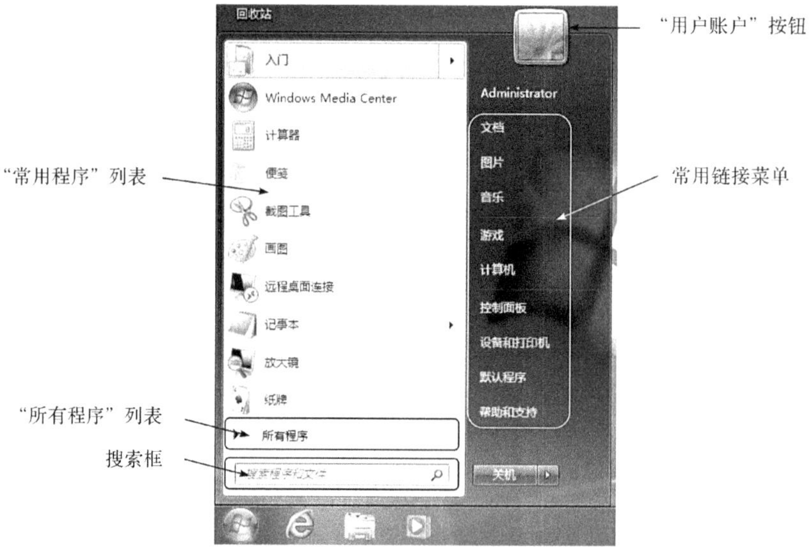


图 2-5　“开始”菜单

(1)“常用程序”列表。“开始”菜单最近调用过的程序跳转列表，分为锁定区和非锁定区。点击“所有程序”可显示完整的程序列表。

(2)搜索框。通过输入关键词，可在计算机上快速查找应用程序和文件，搜索结果显示在左侧窗格。

(3)常用链接菜单和跳转列表。“开始”菜单的右侧窗格通常显示 Windows 7 经常使用的系统功能，提供对常用文件夹、文件、设置和功能的访问链接。跳转列表(Jump List)是最近使用过的文件、文件夹或网站的项目列表，这些列表按照所使用的程序进行组织。

当鼠标移动到“开始”菜单常用程序列表中的某一程序上，短暂停留或单击右侧的箭头按钮，系统将在右侧窗格中显示该程序最近打开过的文档，即跳转列表，如图 2-6 所示，可以通过单击项目右侧的按钮锁定和解锁跳转列表项目。

图 2-6　Windows 7 跳转列表

### 3. 任务栏

任务栏是指屏幕底部的长条区域，主要由“开始”按钮、“快速启动”工具栏、活动任务区、任务按钮区、通知区域和“显示桌面”按钮组成，如图 2-7 所示。

图 2-7　Windows 7 任务栏

(1)“快速启动”工具栏。可以将程序的快捷方式添加到其中，单击相应图标可启动程序。

(2)任务按钮区。显示已打开的程序和文档，并可以在它们之间进行快速切换。Windows 7 默认将相似的活动任务合并分组，用一个“任务”按钮显示。将鼠标移动到“任务”按钮上，短暂停留后会出现缩略窗口预览面板，如图 2-8 所示。

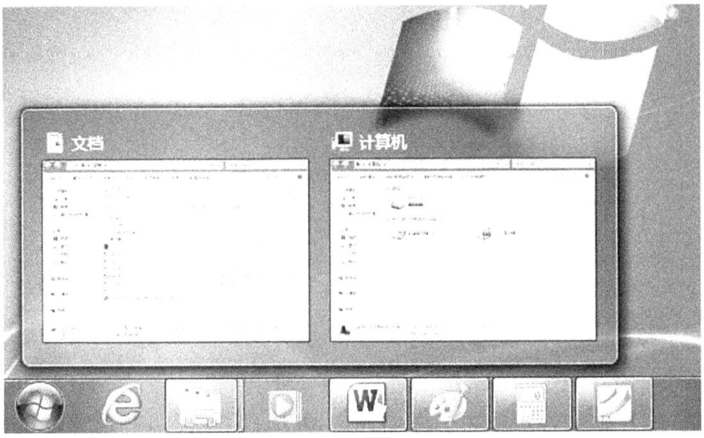


图 2-8　预览面板

(3)通知区域。包括时钟、输入法，以及一些告知特定程序和计算机设置状态的小图标，如图 2-9 所示为安装新硬件之后，通知区域会显示一条消息。

图 2-9　硬件安装提示

(4)“显示桌面”按钮。屏幕最右下角，任务栏最右侧，作用是快速地将所有已打开的窗口最小化。移动鼠标到按钮上方，将呈现桌面预览，单击(或＜Win＞＋D 组合键)后将从任务窗口切换到桌面。

**4. 桌面背景**

桌面背景是指 Windows 桌面的背景图案(也称为壁纸)，可以是个人收集的数字图片、Windows 提供的图片、纯色或带有颜色框架的图片。可以选择一个图像作为桌面背景，也可以显示幻灯片图片。用户可根据个人喜好更改桌面背景。

**5. Aero 桌面体验**

Aero 桌面体验是 Windows 7 系统里一项提升用户体验的技术，它将轻型透明的窗口外观与图形高级功能结合在一起，让日常使用多了一份视觉享受。Aero 桌面体验的特色是半透明效果设计，含有精巧的窗口动画及新窗口颜色。Aero 中包含 Aero Flip 3D、Aero Shake、Aero Peek、Aero Snap 等功能，可以通过个性化窗口开启和关闭 Aero 特效。

提示：Windows 7 家庭普通版或 Windows 7 简易版中不包含 Aero。

(1)使用 Flip 3D(三维窗口切换)，可以快速预览所有打开的窗口(例如，打开的文件、文件夹和文档)而无须单击任务栏。先按＜Ctrl＞＋Windows 徽标键 ＋＜Tab＞组合键，再按＜Tab＞或者方向键即可实现窗口间的循环切换，如图 2-10 所示。

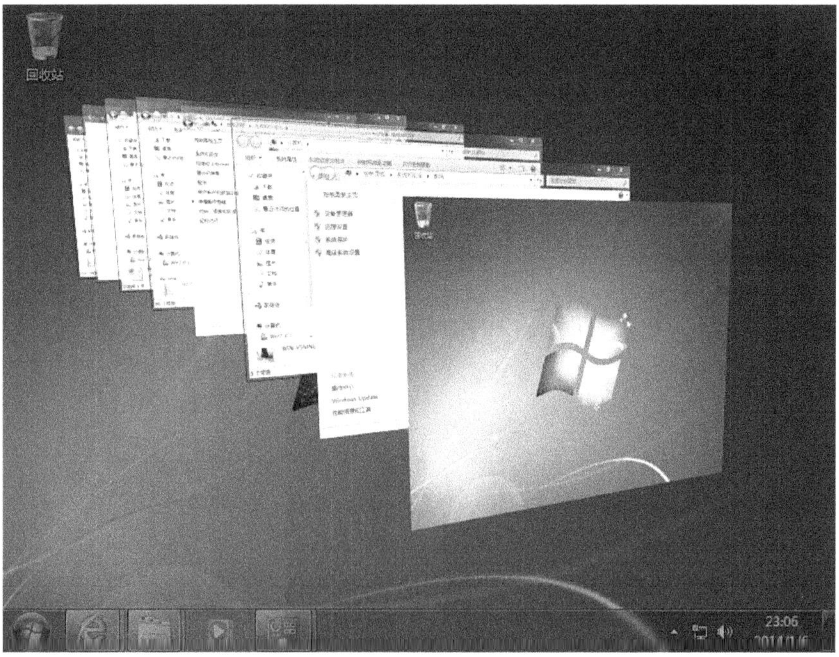


图 2-10　Aero Flip 3D(三维窗口切换)

(2)Shake(晃动)支持使用晃动功能快速最小化其他所有打开的窗口，仅保留当前正在晃动的窗口。再次晃动打开的窗口即可还原所有最小化的窗口。按 Windows 徽标键 ＋＜Home＞可以最小化除当前活动窗口外的所有窗口。再次按 Windows 徽标键 ＋＜Home＞

可以还原所有窗口。

(3)Peek(桌面透视)提供两个基本功能。第一,通过 Aero Peek,用户可以透过所有窗口查看桌面。第二,用户可以快速切换到任意打开的窗口,因为这些窗口可以随时隐藏或可见。使用 Peek 的两种方式:①在任务栏末端的“显示桌面”条上右击,勾选上“查看桌面”,如图 2-11 所示。之后就可以通过将鼠标悬停到该位置获得临时查看桌面的效果。此时层叠在桌面上方的窗口以虚框的形式呈现。②使用 Windows +<Space>组合快捷键。

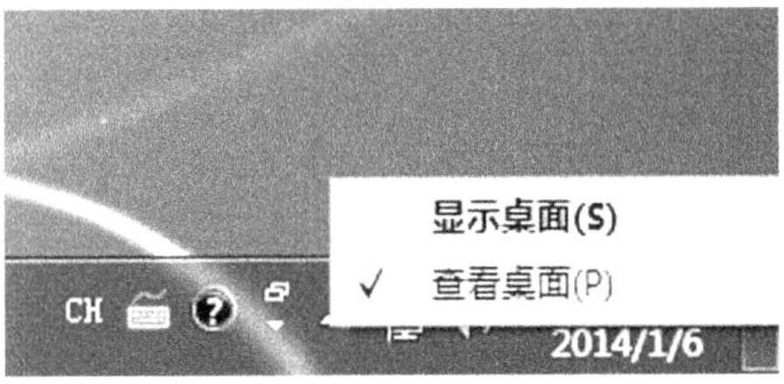


图 2-11　查看桌面

(4)Snap(鼠标拖拽),快速调整已打开窗口大小的一种全新便捷方式,非常有趣,只需将窗口拖动到屏幕边缘即可。

### 2.3.2　窗口和对话框

在 Windows 中,每当用户打开程序、文件或文件夹时,系统都会打开一个窗口显示其内容。当同时打开多个窗口时,用户当前操作的窗口称为活动窗口,其他窗口是后台窗口。

**1. 窗口的组成**

Windows 7 中窗口的外观基本相同,一般由菜单栏、地址栏、标题栏、工具栏、导航窗格、工作区、搜索框、控制按钮、滚动条和状态栏等组成,如图 2-12 所示。

(1)菜单栏。显示当前窗口操作的各项命令和属性设置入口。

(2)标题栏。显示窗口的名称,右侧的控制按钮区分别控制窗口的最小化/最大化/还原和关闭。

(3)地址栏。显示当前内容的地址和路径。

(4)搜索框。对当前位置的内容进行搜索,使用户可以快速找到所需的文件或文件夹。

(5)工具栏。显示常用的工具按钮,通过这些按钮可以方便地对当前窗口和其中的内容进行操作。

(6)导航窗格。提供了“收藏夹”“库”“家庭组”“计算机”“家庭组”“网络”等选项,用户可以单击任意选项快速跳转到相应目录。

(7)细节窗格。用于显示选中对象的详细信息。

(8)预览窗格。当用户选中文件时,预览窗格调用与文件相关联的应用程序进行预览,可以通过单击工具栏右侧的按钮使其可以显示/隐藏。

(9)状态栏。显示当前窗口的相关信息或选中对象的状态信息,状态栏可通过菜单栏“查看”→“状态栏”命令实现隐藏和显示。

(10)工作区。显示当前窗口中的内容,当内容超出窗口的显示空间时,工作区右侧和下方会出现滚动条。

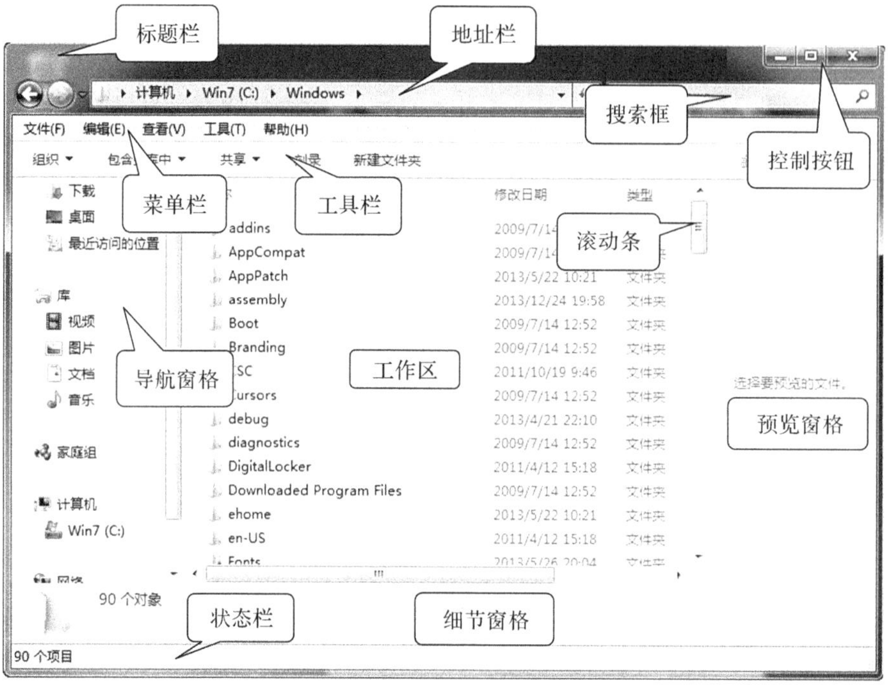


图 2-12 Windows 7 窗口组成

**2. 窗口的基本操作**

(1)移动窗口

将鼠标指向窗口的标题栏,按住鼠标左键不放并拖动鼠标,将其拖动到屏幕的合适位置释放鼠标即可。

(2)调整窗口大小

利用窗口右上角的控制按钮,可以调整窗口大小或关闭窗口。另外,双击标题栏也可以将窗口放大或还原;还可以利用鼠标拖曳窗口边框或窗口角调整窗口大小。

(3)切换窗口

单击要进行操作的窗口的可见部分,或单击任务栏中该窗口对应的按钮(或预览面板中的缩略窗口)即可将窗口切换为活动窗口,也可使用<Alt>+<Tab>、<Alt>+<Shift>+<Tab>、<Alt>+<Esc>组合键切换窗口。使用<Alt>+<Tab>或<Alt>+<Shift>+<Tab>组合键切换时,切换面板中会显示窗口的缩略图,如图 2-13 所示。

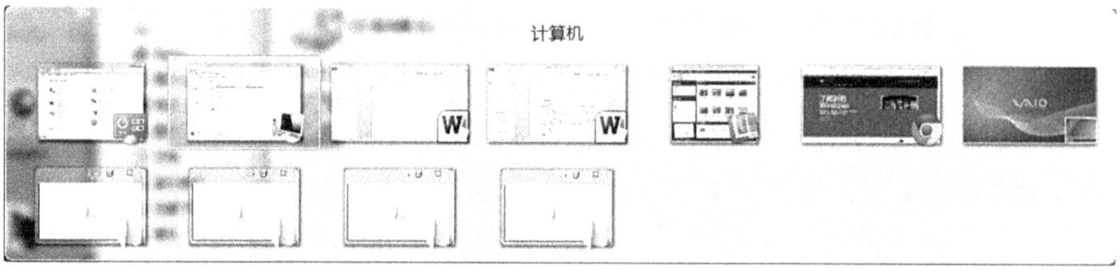


图 2-13 窗口切换预览面板

(4)排列窗口

在打开多个窗口时,可以通过设置窗口的显示形式排列窗口。在任务栏空白处右击,在弹出的快捷菜单中选择“层叠窗口”“堆叠显示窗口”“并排显示窗口”三种窗口排列形式即可,如图 2-14 至图 2-17 所示。

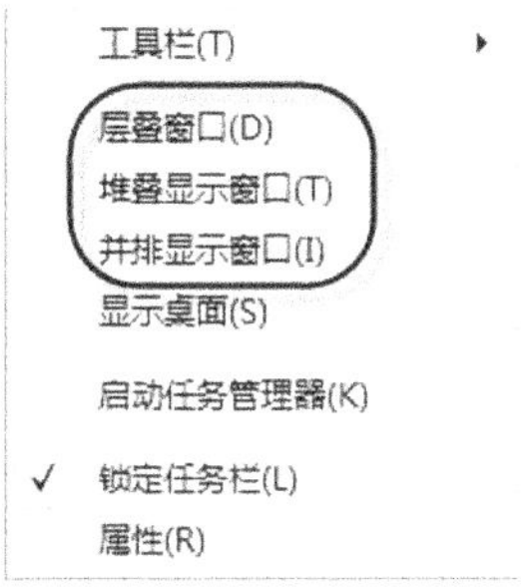


图 2-14　窗口排列形式

图 2-15　层叠窗口

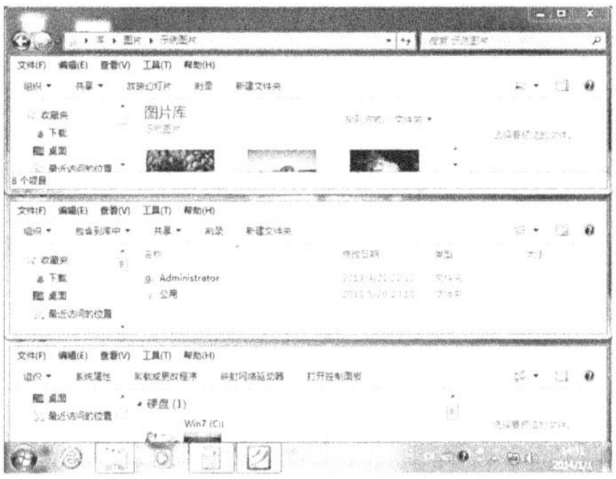

图 2-16　堆叠显示窗口

图 2-17　并排显示窗口

(5)关闭窗口

可通过标题栏的关闭按钮、<Alt>+<F4>组合键、控制菜单、双击标题栏最左侧的应用程序图标、关闭任务按钮对应的缩略窗口等方式关闭窗口。

提示：Windows 7 操作系统中，Aero Snap 功能可以让用户使用鼠标将窗口拖动到屏幕两侧，当鼠标指针与屏幕边缘碰撞出气泡时松开鼠标左键，窗口即可快速以屏幕 50%的尺寸排列，如果将窗口拖动到屏幕上侧，则可快速全屏，若要还原窗口，只需将窗口拖回系统桌面中央。

**3. 对话框**

对话框是特殊类型的窗口，可以提出问题，允许选择选项来执行任务，或者提供信息(见图 2-18)。当程序或 Windows 需要用户进行响应应时，它才会被触发。对话框与常规窗口不同，多数对话框无法最大化/最小化或调整大小，但可以进行移动操作。

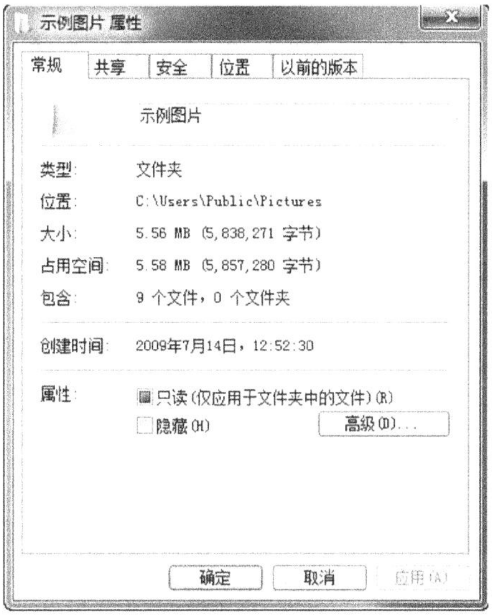


图 2-18　文件夹属性对话框

## 2.3.3　菜单的基本操作

Windows 中的"菜单"是计算机与用户交互的主要方式之一。菜单会在很多地方出现，表现形式也多种多样，具体有"开始"菜单(见图 2-5)、控制菜单、文件夹和应用程序窗口的下拉菜单和快捷菜单等，如图 2-19、图 2-20 和图 2-21 所示。

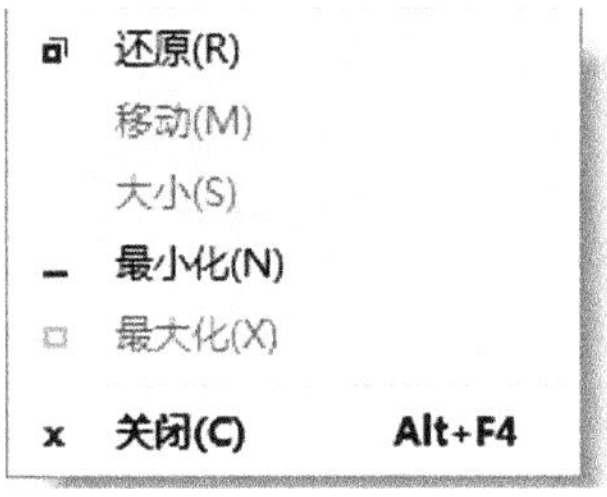


图 2-19 控制菜单

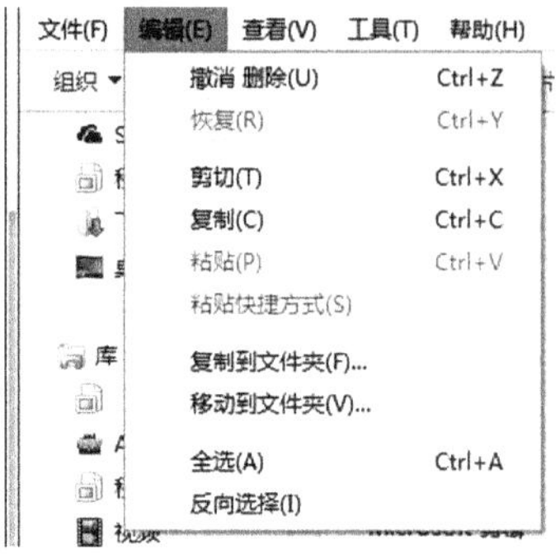


图 2-20 文件夹下拉菜单

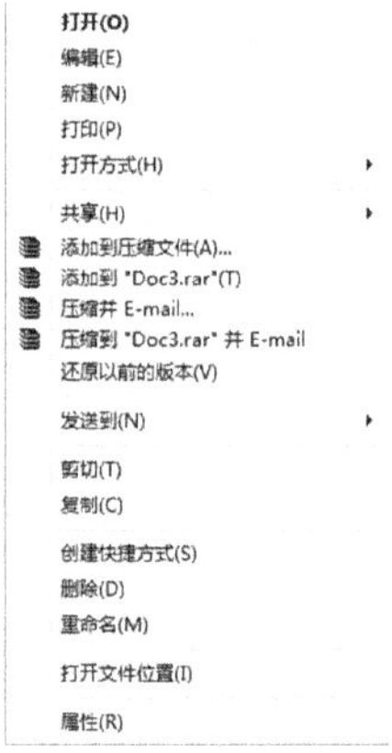


图 2-21 快捷菜单

菜单中的主要内容是菜单选项,菜单选项也称为命令选项。每个菜单由一个图标和提示文字组成。

(1)正常的菜单选项是用黑色字符显示,处于可用状态,不可用的菜单选项用灰色字符显示。

(2)菜单选项名称后带省略号"…"的,表示选择该菜单选项后会弹出对话框。

(3)菜单选项名称右侧带有实心黑色倒三角标记,表示该选项下还有下一级子菜单,当鼠标指向时,会弹出一个级联子菜单。

(4)菜单选项名称后边的字母,称为热键,按热键可执行相应命令,不必通过鼠标选取。

(5)菜单选项名称右边的字母组合键,称为快捷键,使用快捷键可直接执行相应的命令,不必通过菜单操作。

(6)下拉菜单下面的隐藏标记(向下的双箭头)表示该下拉菜单下面还有内容,指向它即可显示下面的内容。

## 2.3.4 应用实例

### 1. 设置桌面背景

(1)先单击"开始"按钮,然后单击"控制面板",打开桌面背景。在搜索框中,键入"桌面背景",然后单击"更改桌面背景",如图 2-22 所示。

图 2-22 更改桌面背景

（2）单击要用于桌面背景的图片或颜色。

如果要使用的图片不在桌面背景图片列表中，请单击“图片位置”列表中的选项查看其他类别，或单击“浏览”搜索计算机上的图片。找到所需的图片后，双击该图片即可将其设置为桌面背景。

提示：若要使存储在计算机上的任何图片（或当前查看的图片）作为桌面背景，请右键单击该图片，然后单击“设置为桌面背景”，如图 2-23 所示。

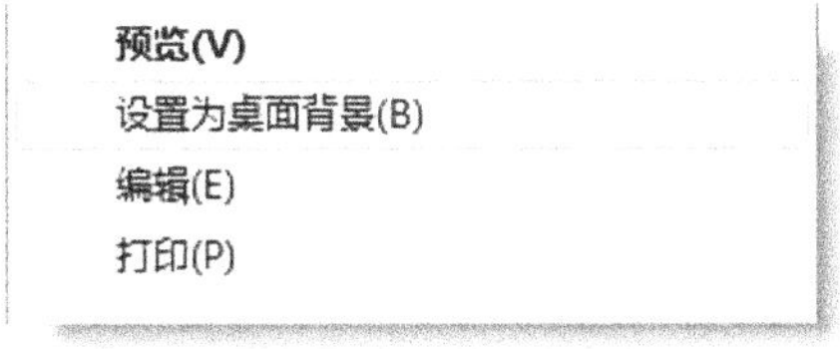


图 2-23　设置桌面背景快捷菜单

（3）单击“图片位置”下拉箭头，选择对图片进行裁剪以使其全屏显示、使图片适合屏幕大小、拉伸图片以适合屏幕大小、平铺图片或是使图片在屏幕上居中显示，然后单击“保存更改”，如图 2-24 所示。

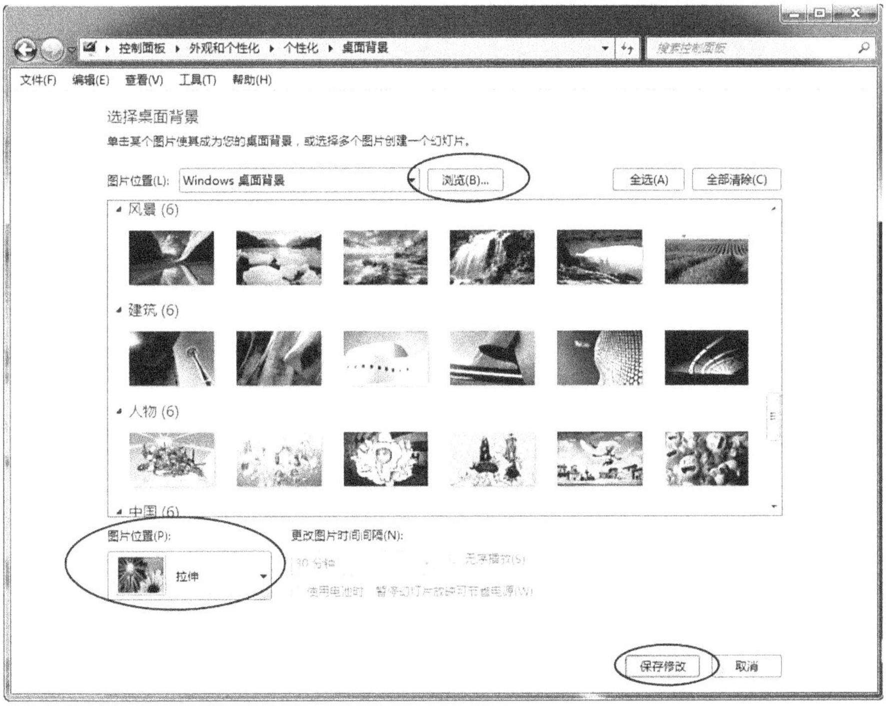


图 2-24　桌面背景设置

**2. 设置屏幕保护程序**

（1）单击“开始”按钮→“控制面板”→“屏幕保护程序设置”。在搜索框中键入“屏幕保护程序”，然后单击“更改屏幕保护程序”，如图 2-25 所示。

（2）在“屏幕保护程序”列表中，单击要使用的屏幕保护程序，然后单击“确定”，如图 2-26 所示。

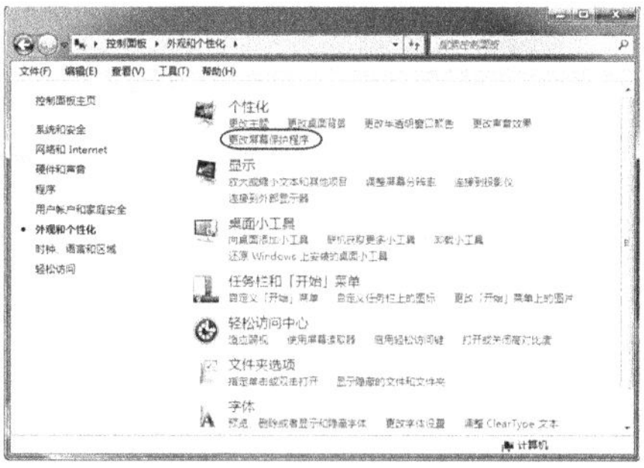


图 2-25 外观和个性化

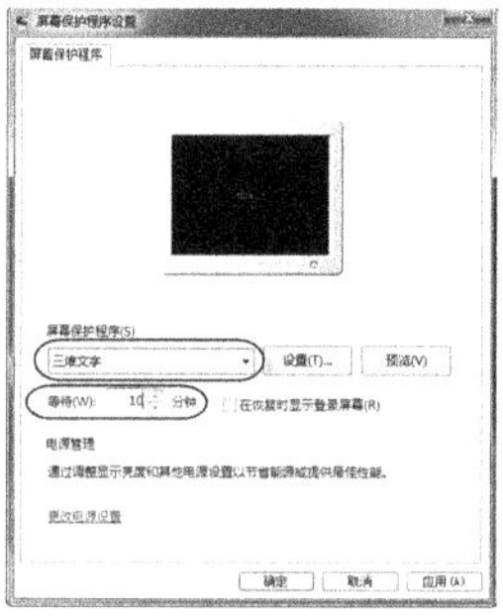


图 2-26 屏幕保护程序设置

*提示:若要查看屏幕保护程序的外观,请在单击“确定”之前单击“预览”。若要结束屏幕保护程序预览,请移动鼠标或按任意键,然后单击“确定”保存更改。*

**3. 设置屏幕分辨率**

屏幕分辨率指的是屏幕上显示的文本和图像的清晰度。分辨率越高,项目越清楚,相对的桌面目标显示越小。设置屏幕分辨率的步骤如下:

(1)单击“开始”按钮→“控制面板”→“外观和个性化”→“调整屏幕分辨率”,或在桌面空白处右击,在弹出的快捷菜单中选择“屏幕分辨率”,打开“屏幕分辨率”设置窗口,如图 2-27 所示。

(2)单击“分辨率”旁边的下拉列表,将滑块移动到所需的分辨率上,然后单击“应用”。

(3)单击“保持”使用新的分辨率,或单击“还原”回到以前的分辨率。

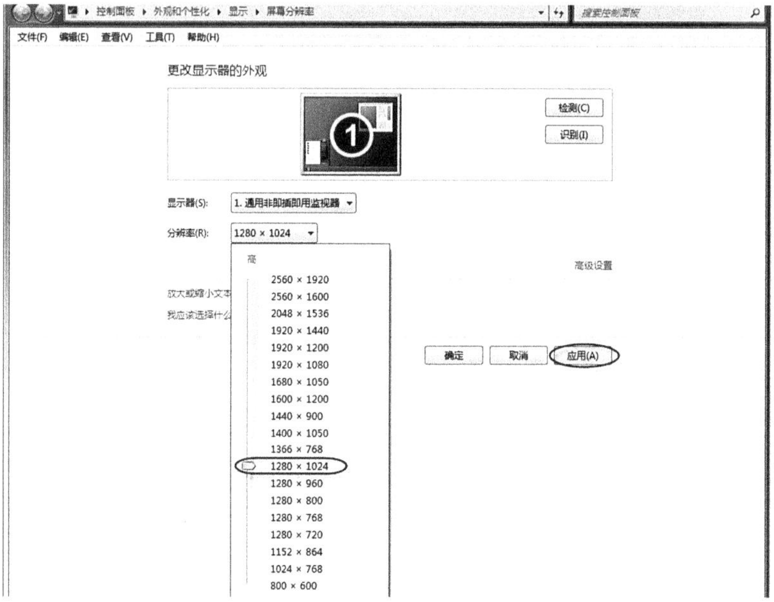


图 2-27 设置屏幕分辨率

**4. 添加桌面图标**

Windows 7 常用的桌面图标有计算机、用户文件、网络、回收站等,用户可以根据使用习惯选择在桌面显示的图标。添加常用的桌面图标步骤如下:

(1)右击桌面空白处，在弹出的快捷菜单中选择“个性化”命令，打开“个性化”窗口，如图 2-28 所示。

(2)单击左侧导航窗格中“更改桌面图标”链接，在弹出的“桌面图标设置”对话框中选择要显示图标的复选框，如图 2-29 所示。

(3)单击“确定”按钮后，即可将默认的系统图标显示到桌面上，如图 2-30 所示。

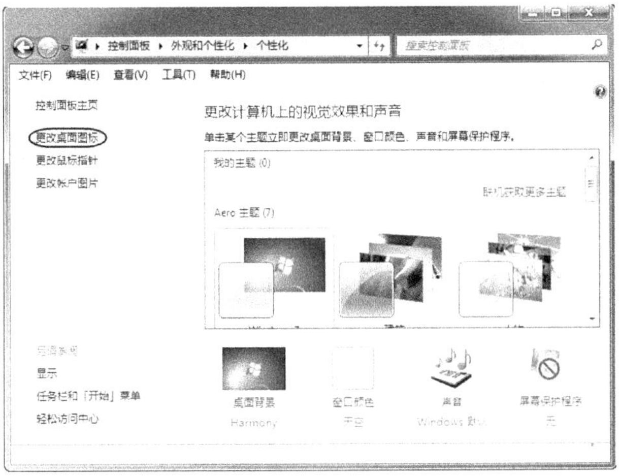


图 2-28　“个性化”窗口

图 2-29　桌面图标设置

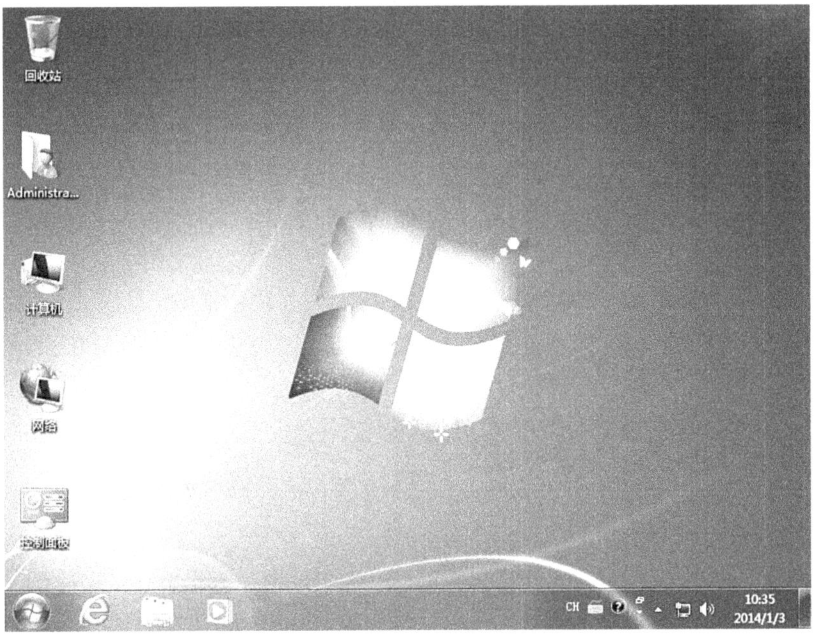


图 2-30　显示桌面图标

**5. 创建快捷方式**

在桌面上创建快捷方式的方法有很多种，以计算器程序(calc.exe)为例，在桌面建立快捷方式。具体操作步骤如下：

(1)快捷菜单创建

①单击“开始”按钮→“所有程序”→“附件”→“计算器”；

②右击计算器，在弹出的快捷菜单中选择“发送到”→“桌面快捷方式”，即可创建计算器的桌面快捷方式图标，如图 2-31、图 2-32 所示。

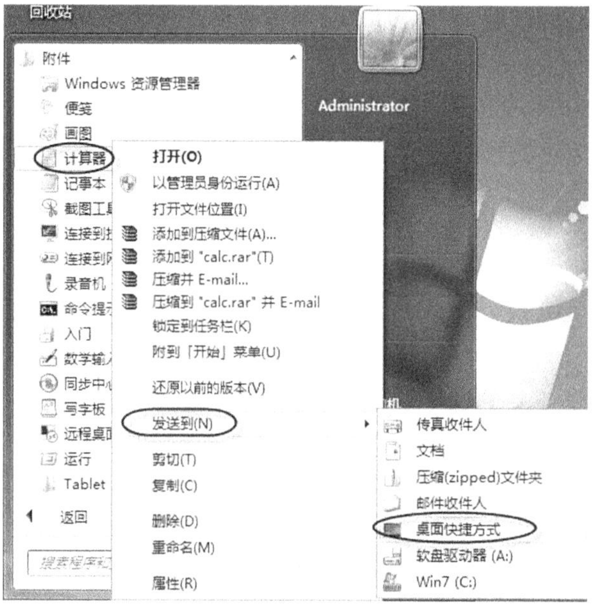


图 2-31　快捷菜单创建快捷方式

图 2-32　“计算器”快捷方式

提示：也可利用搜索功能，在 C 盘查找计算器程序(calc. exe)，再利用快捷菜单创建快捷方式。

(2)快捷方式向导创建

①在桌面空白处右击，在弹出的快捷菜单中选择“新建”→“快捷方式”命令，出现如图 2-33 所示对话框。在对话框的文本框中输入存在计算器程序的路径和程序名称，如“C:\Windows\System32\calc. exe”，或单击“浏览”按钮，在弹出的“浏览文件或文件夹”对话框中查找到文件“calc”，如图 2-34 所示。

②单击“下一步”按钮，在出现的对话框中输入快捷方式的名称“计算器”(如果不输入名称，系统默认原引用名称“calc”为新建快捷方式名)，单击“完成”按钮即可在桌面显示快捷方式图标。

图 2-33　快捷方式向导

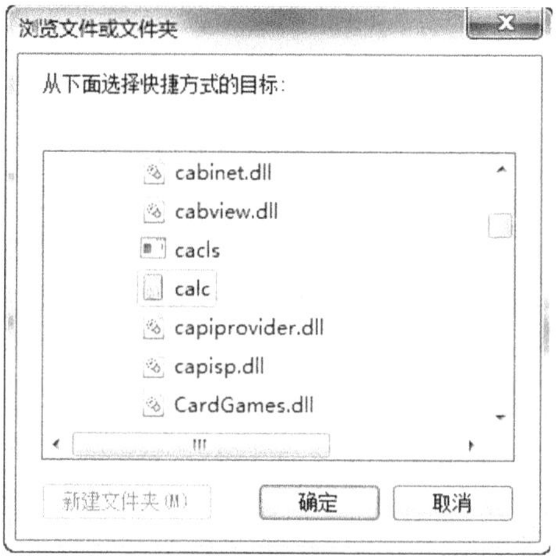


图 2-34　查找 calc 文件

**6. 任务栏设置**

(1)将 Word 程序锁定到任务栏

如果程序已经在运行,则右击任务栏上的程序图标 (或将图标拖向桌面)来打开程序的跳转列表,然后单击“将此程序锁定到任务栏”,如图 2-35 所示;如果程序没有运行,则单击“开始”按钮→“所有程序”→“Microsoft Office”→“Microsoft Word 2010”,右击图标并在弹出的快捷菜单中选择“锁定到任务栏”,如图 2-36 所示。

图 2-35 跳转列表锁定程序到任务栏

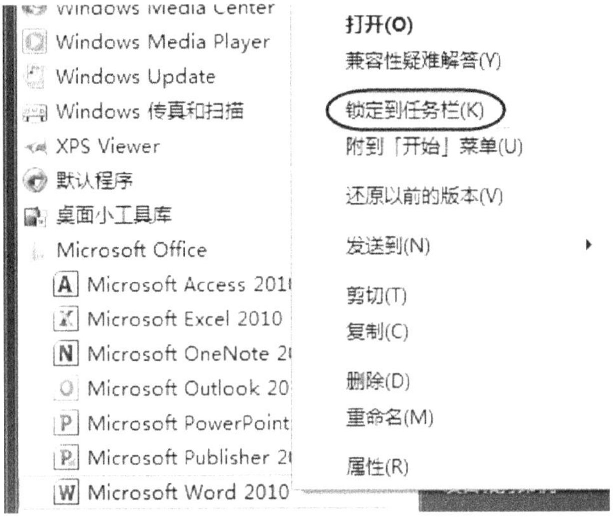


图 2-36 快捷菜单锁定程序到任务栏

若要从任务栏中删除锁定的程序,打开此程序的跳转列表,然后单击“将此程序从任务栏解锁”即可。

(2)更改图标在通知区域的显示方式

为了减少混乱,如果在一段时间内没有使用图标,Windows 会将其隐藏在通知区域中。如果图标变为隐藏,则单击“显示隐藏的图标”按钮即可临时显示隐藏的图标,如图 2-37 所示。某些程序在安装过程中会自动将图标添加到通知区域。用户可以更改出现在通知区域中的图标和通知,并且对于某些特殊图标(称为“系统图标”),可以选择是否显示它们。

图 2-37 显示隐藏的图标

对于每个图标,在列表中都有三个选项:

①显示图标和通知。在任务栏的通知区域中图标始终保持可见并且显示所有通知。

②隐藏图标和通知。隐藏图标并且不显示通知。

③仅显示通知。隐藏图标,但如果程序触发通知气泡,则在任务栏上显示该程序。

单击“显示隐藏的图标”按钮,再单击“自定义”链接,打开“通知区域图标”窗口界面,可以选择需要隐藏或显示的图标,如需显示所有图标,勾选“始终在任务栏上显示所有图标和通知”复选框,单击“确定”按钮即可,如图 2-38 所示。

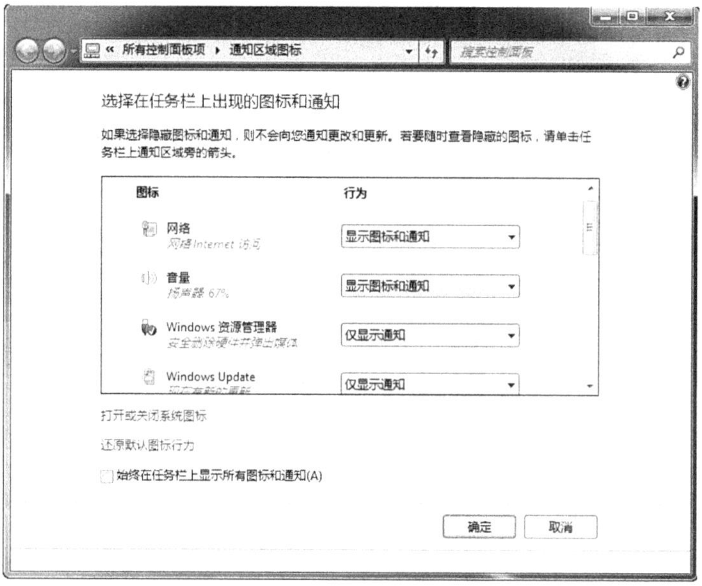


图 2-38 更改通知区域图标显示方式

# 2.4 Windows 7 资源管理

## 2.4.1 文件和文件夹的基本概念

计算机中的所有资源都是以文件形式组织存放的,文件夹则用于对文件进行分类管理。

**1. 文件**

文件是以计算机硬盘为载体存储在计算机上的信息(例如文本、图像或声音)集合。在计算机中,文件用图标表示,使用"文件名"来进行识别。文件由文件主名和扩展名两部分组成,中间用"·"隔开,扩展名代表文件格式的类型。在 Windows 系统中,文件主名的长度最长可达 255 个字符,可以是字母、数字、汉字、下划线、空格与其他符号,但不能出现"\"、"/"、":"、"*"、"?"、"|"、"""、"<"、">"等特殊字符,扩展名的长度最长为 188 个字符,通常由 1~4 个字符组成。常见的扩展名对应的文件类型如表 2-1 所示。

**表 2-1 常见扩展名及对应文件类型**

| 扩展名 | 文件类型 | 扩展名 | 文件类型 |
|---|---|---|---|
| exe | 可执行文件 | doc/docx | Word 文件 |
| bat | 批处理文件 | xls/xlsx | Excel 文件 |
| sys | 系统文件 | ppt/pptx | Powerpoint 文件 |
| dll | 动态链接库文件 | jpg | 压缩图像文件 |
| bak | 备份文件 | mp3 | 音频文件 |
| dbf | 数据库文件 | avi | 视频文件 |
| rar | 压缩文件 | pdf | Acrobat 文件 |
| txt | 文本文件 | html | 网页文件 |

提示:文件的命名尽量与内容或用途相关,以便记忆;文件的扩展名由创建文件的应用程序自动创建。

**2. 文件夹**

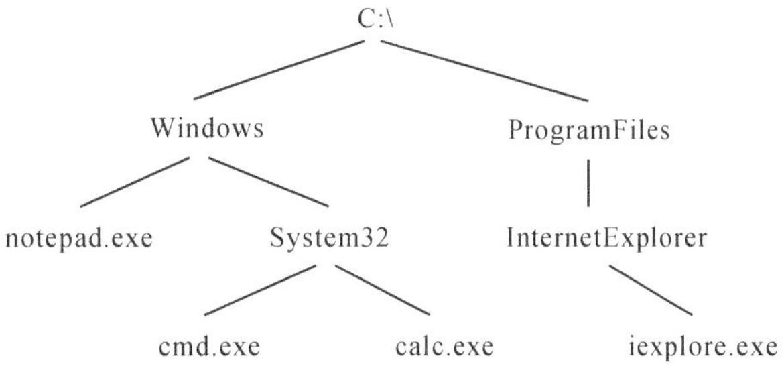


图 2-39 树状文件目录结构

文件夹，又称为目录，是可以在其中存储文件的容器。文件夹的命名规则和文件的命名规则相同。文件夹不但可以包含各种类型的文件，还可以包含其他文件夹，从而实现对文件的分类组织与管理。文件夹采用树状目录结构来组织和管理文件，如图 2-39 所示。树根是磁盘根目录（C：，D：等），由树干上分出的不同枝杈是文件夹，树叶就是文件。

文件夹中包含的文件夹称为“子文件夹”，可以在文件夹中创建任意数量的子文件夹，每个子文件夹又可以容纳任意数量的文件和其他子文件夹。

**3. 盘符和路径**

计算机处理的各种数据都以文件的形式存放在外部存储器中。存取这些文件时，需要明确其所在磁盘的位置，在计算机中，位置通过盘符、路径和文件名来确定。

（1）盘符

盘符是 Windows 系统对于磁盘存储设备的标识符。一般使用 26 个大写英文字符加上一个冒号“：”来标识。其中，软盘使用 A 和 B，硬盘分区从 C 开始，以此类推；其他类型的外存（如光盘、U 盘等）列在硬盘之后，一般情况下，操作系统安装在 C 盘。

（2）路径

文件所归属的文件夹列表，称为路径。各级文件夹以“\”分隔。路径分为绝对路径和相对路径。

①绝对路径：从根目录开始到某个文件的完整路径，如 C：\Windows\System32\calc. exe。

②相对路径：从当前目录开始到某个文件的路径。如当前路径为 C：\Windows，则 System32\calc. exe 即为相对路径。

## 2.4.2 资源管理器与库

**1. 资源管理器**

资源管理器是 Windows 系统提供的资源管理工具，可以用它查看计算机上的所有资源，特别是它提供的树状文件系统结构，能够更清楚、更直观地管理计算机上的文件和文件夹。

启动资源管理器的常用方法有：

（1）在任务栏中，单击“Windows 资源管理器”按钮。

（2）在“开始”菜单→“程序”→“附件”中选择“资源管理器”。

（3）右击“开始”按钮，在弹出的快捷菜单中选择“打开 Windows 资源管理器”。

（4）使用＜Win＞＋＜E＞组合快捷键。

资源管理器包括标题栏、菜单栏、工具栏、左窗口、右窗口和状态栏等几部分。资源管理器也是窗口，其各组成部分与一般窗口大同小异，其特别的窗口包括文件夹窗口和文件夹内容窗口。左边的文件夹窗口以树状目录的形式显示文件夹，右边的文件夹内容窗口是左边窗口中所打开的文件夹中的内容，如图 2-40 所示。

图 2-40　资源管理器窗口

将鼠标移动到导航窗格中，若目录前面有 ▷ 按钮，则表示文件夹中还包含子文件夹，单击该按钮可以展开下一级文件目录，此时，该按钮变为 ◢ 状态，单击 ◢ 按钮则可以折叠子文件夹的显示。

通过资源管理器地址栏左侧的“前进”按钮和“返回”按钮可以实现目录间的跳转操作，单击按钮▼会出现最近访问内容的列表，如图 2-41 所示。通过选择相应项目进行跳转。地址栏中每个“文件夹”按钮后都有一个按钮 ▸，单击该按钮会变成下拉按钮▼，同时弹出该文件夹的子文件夹列表，如图 2-42 所示。若当前资源管理器窗口中已访问过某个文件夹，单击地址栏最右侧的按钮▼，在弹出的下拉列表中选择相应项目也能实现快速跳转。

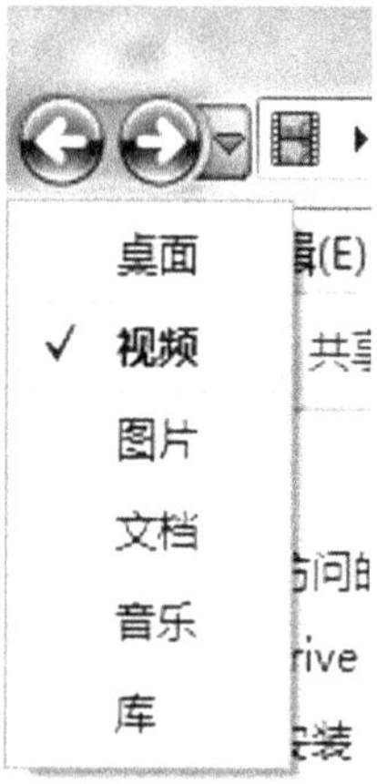


图 2-41　最近访问内容列表

图 2-42　目录下拉列表

Windows 7 提供了图标(超大图标、大图标、中等图标、小图标)、列表、详细信息、平铺和内容五种文件/文件夹显示方式，单击窗口工具栏右侧的按钮，在弹出的快捷菜单中选择相应显示方式(如图 2-43 所示)，即可使用该方式显示当前文件夹中的内容。通过在窗口工作区右击，在打开的快捷菜单中选择“查看”命令，子菜单也可以选择显示方式，如图 2-44 所示。

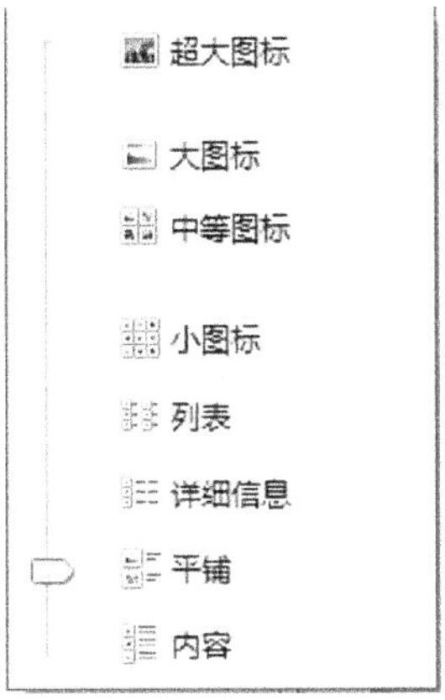


图 2-43　显示方式列表

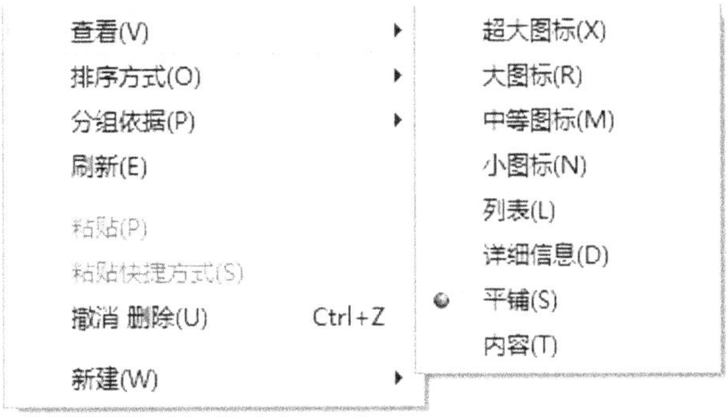


图 2-44　“查看”快捷菜单

Windows 7 还提供了对磁盘中文件/文件夹进行排序和分组查看的功能。在窗口工作区空白处右击，在打开的快捷菜单中选择“排序方式”命令的子菜单项，用户可以根据名称、修改日期、类型、大小对文件/文件夹进行递增或递减方式进行排序，如图 2-45 所示。

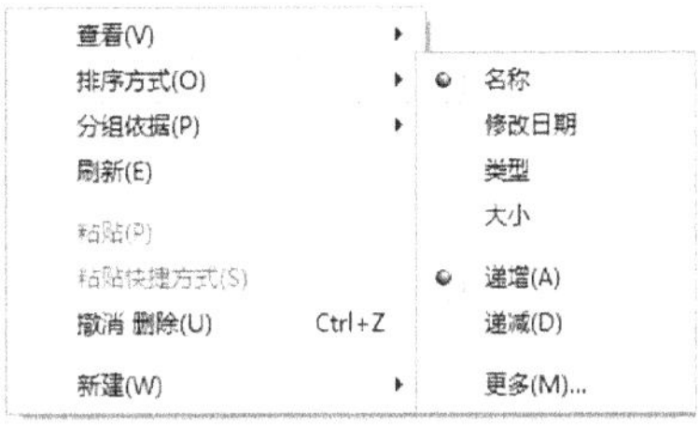


图 2-45　排列方式

**2. 库**

库是 Windows 7 的新功能，是借鉴 Ubuntu 操作系统而推出的一个有效的文件管理模式。通过库，可以更加便捷地查找、使用和管理分布于整个电脑或网络中的文件。库可以将资料汇集在一个位置，而不用关心文件或者文件夹的具体存储位置。库中的文件或文件夹实际上还是保存在原来的位置，并没有移动到库中，只是相当于在库中建立了一个快捷方式。当原始文件或文件夹发生变化时，库会自动更新。Windows 7 提供了文档库、音乐库、图片库和视频库，如图 2-46 所示。用户还可以根据需要进行个性化操作，创建库或向已有库中导入文件夹。

图 2-46　“库”文件夹

**3. 回收站**

回收站主要用来存放用户临时删除的文件和文件夹。回收站中的项目并没有真正被删除，用户可以随时通过回收站恢复，但回收站中的项目也可以被永久删除。

回收站的操作主要有删除清空、恢复还原、属性设置。

(1)永久删除回收站中的文件

若要将文件从计算机上永久删除并回收它们所占用的所有硬盘空间,需要从回收站中删除这些文件。可以删除回收站中的单个文件或一次性清空回收站。在回收站窗口中,右击选择要删除的文件或文件夹,在弹出的快捷菜单中选择“删除”命令;或单击工具栏中的“清空回收站”按钮,一次性删除所有文件和文件夹,如图 2-47 所示。

图 2-47　清空“回收站”

(2)恢复回收站中的文件

若要还原文件,请单击该文件,然后在工具栏上单击“还原此项目”。若要还原所有文件,请确保未选择任何文件,然后在工具栏上单击“还原所有项目”。

(3)设置回收站属性

右击桌面上的“回收站”图标,在弹出的快捷菜单中选择“属性”命令,可打开如图 2-48 所示的属性对话框,用户可根据需要设置各磁盘或所有磁盘回收站所占空间的大小。如果选中“显示删除确认对话框”选项,将在用户删除项目时系统提示确认操作;如果选中“不将文件移到回收站中。移除文件后立即将其删除”选项,则在删除文件或文件夹时便可直接永久删除,而不是存放回收站。

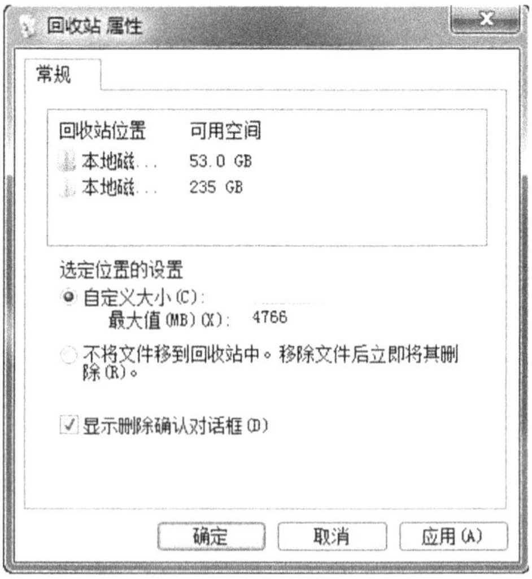


图 2-48　“回收站”属性对话框

*提示:若要在不打开回收站的情况下将其清空,请右键单击回收站,然后单击“清空回收站”。若要在不将文件发送到回收站的情况下将其永久删除,请单击该文件,然后按<Shift>+<Delete>组合键。不建议勾选“不将文件移到回收站中。移除文件后立即将其删除”选项,选择后回收站将失去存在的意义。*

### 2.4.3　文件和文件夹操作

利用资源管理器可以方便地对文件及文件夹进行各种管理操作,包括复制、移动、删除、搜索、重命名等操作,这些是用户在使用计算机时最常见的操作。

**1. 文件或文件夹的选取**

对文件或文件夹进行操作前，必须先选定该文件或文件夹。

(1)选定单个文件或文件夹：单击文件图标或文件夹图标即可。

(2)选定多个文件或文件夹：

①连续选定：先单击选定一个项目，再按住＜Shift＞键不放单击最后一个项目或拖动鼠标框选。

②间隔选定：选定一个项目后，按住＜Ctrl＞键不放逐一单击。

(3)全部选定：选择菜单栏“编辑”→“全选”或按＜Ctrl＞＋＜A＞快捷键。

(4)取消选定：在空白区单击则取消所有选定；若想取消某个选定，可按住＜Ctrl＞键不放单击要取消的项目。

**2. 文件或文件夹的创建**

(1)创建空文件。

转到需要新建文件的位置，右击空白区域，在弹出的快捷菜单中选择“新建”子菜单，选择相应的命令，即可在当前文件夹中创建指定类型的文件，输入文件名后按＜Enter＞键。

(2)创建文件夹。

转到需要创建文件夹的位置，单击工具栏的“新建文件夹”按钮，或选择菜单栏“文件”→“新建”→“文件夹”命令，或在桌面右击，在弹出的快捷菜单中选择“新建”→“文件夹”命令，输入文件夹名后按＜Enter＞键即可。

**3. 文件或文件夹的复制和移动**

(1)用剪贴板移动与复制

①移动：选定文件或文件夹，在菜单栏“编辑”→“剪切”或工具栏“组织”→“剪切”或右击快捷菜单(或按＜Ctrl＞＋＜X＞组合键)，在目标文件夹中选择“编辑”→“粘贴”或工具栏“组织”→“粘贴”(或按＜Ctrl＞＋＜V＞组合键)，即可完成移动操作。

②复制：选定文件或文件夹，菜单栏“编辑”→“复制”或工具栏“组织”→“复制”或右击快捷菜单(或按＜Ctrl＞＋＜C＞组合键)，在目标文件夹中选择“编辑”→“粘贴”或工具栏“组织”→“粘贴”(或按＜Ctrl＞＋＜V＞组合键)，即可完成复制操作。

(2)用鼠标移动与复制

①移动：按住＜Shift＞键将文件(夹)拖动到目标文件夹；如在同一驱动器中操作则不用按＜Shift＞键。

②复制：按住＜Ctrl＞键将文件(夹)拖动到目标文件夹；如在不同驱动器间操作则不用按＜Ctrl＞键。

提示：通过“复制”送到剪贴板中的文件或文件夹可以执行多次“粘贴”命令；而通过“剪切”送到剪贴板中的文件或文件夹不能支持多次“粘贴”命令。

**4. 文件或文件夹的删除**

选定文件或文件夹，按键盘上的＜Delete＞键或选择“组织”→“删除”、“文件”→“删除”命令，或右击文件或文件夹，在弹出的快捷菜单中选择“删除”命令，在“确认删除”对话框中点击“是”按钮，即可将该项目放入回收站。如果需要永久删除，则在选择“删除”或按＜Delete＞键的同时按住＜Shift＞键即可。

**5. 文件或文件夹的查找**

对于名称或位置不明确的文件，可以利用 Windows 7 的“搜索”功能帮助查找。

(1)通过“开始”菜单的“搜索程序和文件”文本框搜索,只能对所有的索引文件进行检索,而没有加入到索引当中的文件,是无法搜索到的。Windows 7 的这种索引搜索模式可以大大提升搜索效率,但只针对建立了索引的文件和文件夹。

(2)通过资源管理器窗口的搜索框可以在当前窗口位置搜索指定的文件和文件夹,如在C:\Windows 目录下搜索“calc.exe”,当输入第一个“c”时,窗口会自动刷新并选出包含“c”的文件或文件夹。此外,对于文件或文件夹名称可以使用通配符“?”代替任何一个字符,“ * ”代替任意多个字符。

**6. 文件或文件夹的重命名**

(1)通过菜单命令重命名

选中要重命名的文件或文件夹,选择菜单栏“文件”→“重命名”或工具栏“组织”→“重命名”命令,或右击,在弹出的快捷菜单中选择“重命名”,在文本框中输入新名称后按<Enter>键即可。

(2)其他方法

选中要重命名的文件或文件夹,按<F2>键或直接单击名称文本框,在文本框中输入新名称后按<Enter>键即可。

(3)一次重命名多个文件或文件夹

在 Windows 7 中还可以一次重命名多个文件或文件夹。选中多个文件或文件夹,然后按照上述步骤进行操作。键入一个名称,然后每个文件都将用该新名称来保存,并在结尾处附带上不同的顺序编号,例如“重命名文件(2)”“重命名文件(3)”等。

提示:正在使用中的文件不允许进行移动或重命名操作。

**7. 文件或文件夹的压缩与解压缩**

压缩文件可以节省文件所占磁盘存储空间,与未压缩的文件相比,可以更快速地传输到其他计算机。压缩文件可以采用与未压缩的文件或文件夹相同的方式来进行操作处理。还可以将几个文件合并到一个压缩文件夹中。该功能使得共享一组文件变得更加容易。通常我们使用 WinRAR 程序进行压缩与解压缩处理。压缩命令包括“添加到压缩文件”、“添加到***.rar”、“压缩并 E-mail”和“压缩到***.rar 并 E-mail”。解压缩时右击压缩文件,在弹出的快捷菜单中选择解压文件命令即可。如图2-49至图2-52所示。

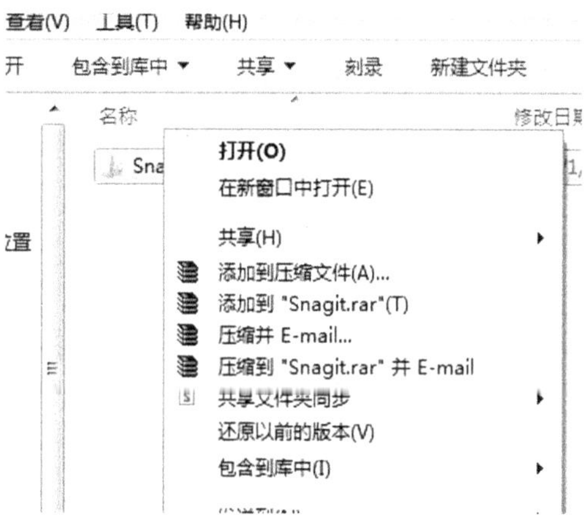


图 2-49　压缩快捷菜单

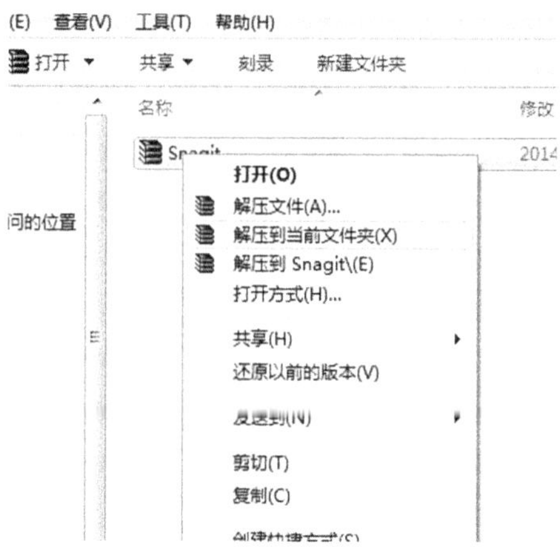


图 2-50　解压缩快捷菜单

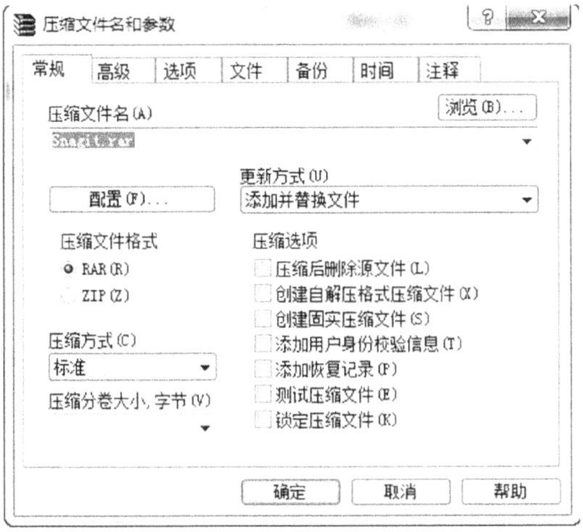


图 2-51　“压缩文件名和参数”对话框

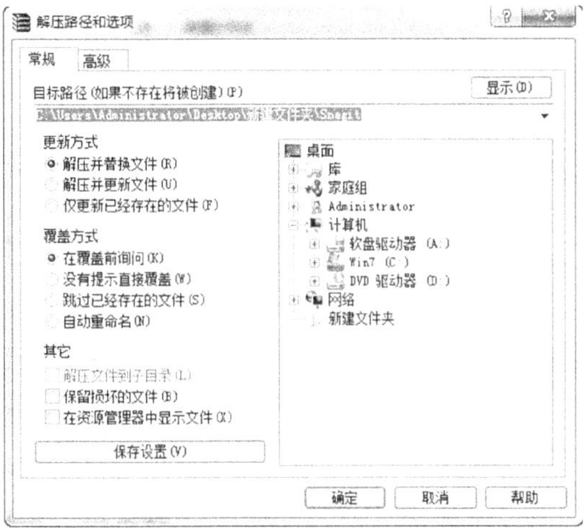


图 2-52　“解压路径和选项”对话框

**8. 文件或文件夹属性设置**

通过查看文件或文件夹的属性和内容，可以获得文件和文件夹的相关信息，以便于进行操作和设置。选中要查看、设置属性的文件或文件夹，选择菜单栏“文件”→“属性”命令或右击，在弹出的快捷菜单中选择“属性”，打开如图 2-53 和图 2-54 所示的属性对话框。

①在“常规”选项卡中可以查看文件或文件夹的类型、位置、大小，占用空间，包含文件或文件夹数量，创建、修改、访问时间等。

②单击“属性”组中的相应复选框可以设置文件或文件夹的属性为只读或隐藏。

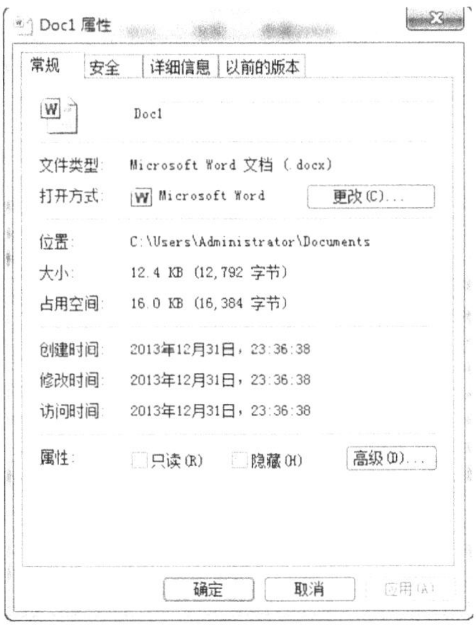


图 2-53　文件属性对话框

图 2-54　文件夹属性对话框

## 2.4.4　应用实例

**1. 显示文件扩展名**

Windows 7 系统默认隐藏文件扩展名，用户可以选择显示扩展名。显示或隐藏文件扩展名的步骤如下：

(1)单击“开始”按钮→“控制面板”→“外观和个性化”→“文件夹选项”命令，以打开“文件夹选项"对话框(或直接单击打开"显示隐藏的文件和文件夹")，如图 2-55 所示。

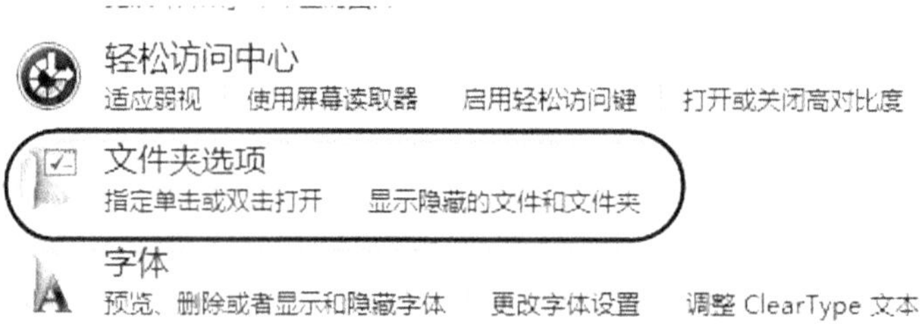


图 2-55 打开文件夹选项

(2)单击"查看"选项卡，然后在"高级设置"下执行下列操作：

若要显示文件扩展名，清除"隐藏已知文件类型的扩展名"复选框，如图 2-56 所示，单击"确定"按钮，所有文件将显示其扩展名，如图 2-57 所示。

若要隐藏文件扩展名，选中"隐藏已知文件类型的扩展名"复选框，然后单击"确定"按钮即可。

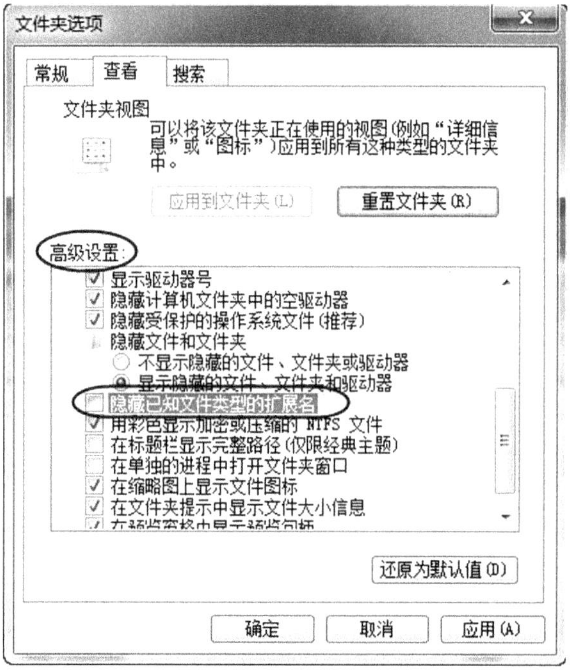


图 2-56 显示隐藏文件扩展名

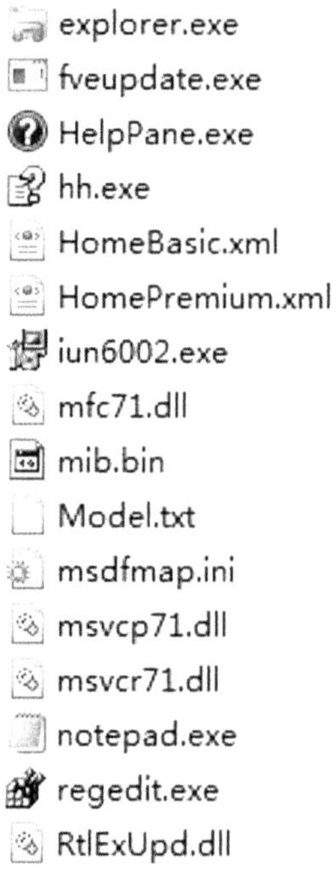


图 2-57 显示扩展名的文件

**2. 显示隐藏文件和文件夹**

Windows 7 默认不显示隐藏文件，但是如果需要对隐藏文件进行操作时，就必须将其显示出来。

(1)显示隐藏文件或文件夹如下：

①打开"资源管理器"，单击工具栏中的"组织"按钮，在弹出的下拉菜单中选择"文件夹和搜索选项"，打开"文件夹选项"对话框；

②转到"查看"选项卡，"高级设置"列表中选择"显示隐藏的文件、文件夹和驱动器"命令，单击"确定"按钮后，即可显示，如图 2-58 所示。也可以通过"控制面板"方式打开"文件夹选项"对话框，见实例 1。

如图 2-59 中所示，文件夹图标为半透明状的即为设置显示后的隐藏文件。不显示隐藏文件，只需在“高级设置”中选择“不显示隐藏的文件、文件夹或驱动器”即可。

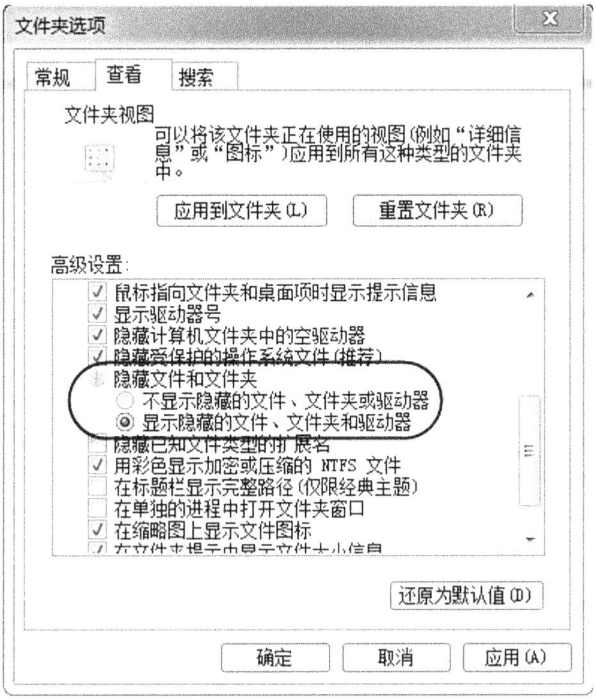


图 2-58　显示隐藏文件或文件

图 2-59　显示的隐藏文件夹

(2)隐藏单个或多个文件和文件夹

如果某些个人文件需要隐藏，则可以通过更改文件属性来选择使文件处于隐藏状态还是可见状态。操作方法如下：

右键单击某个文件图标，在弹出的快捷菜单中选择“属性”，然后勾选在“文件属性”对话框中“属性”旁边的“隐藏”复选框，然后单击“确定”。

提示：如果某个文件处于隐藏状态，希望将其显示出来，则需要按照(1)中步骤显示全部隐藏文件才能看到该文件。

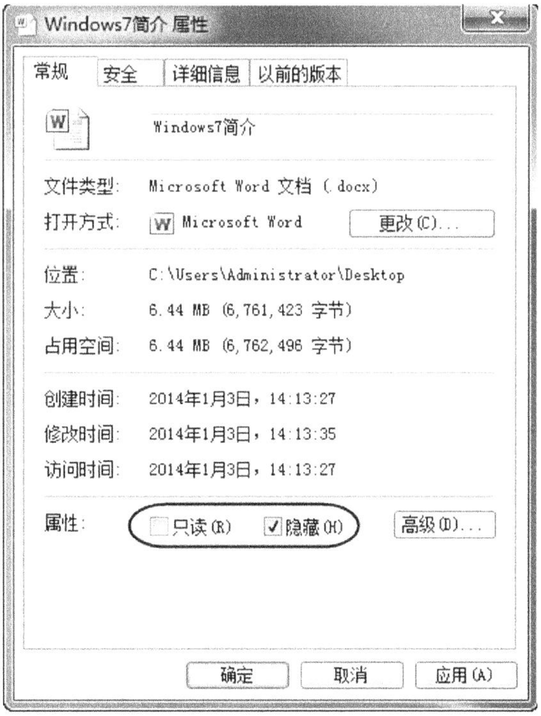


图 2-60　隐藏单个文件

**3. 库的创建和管理**

(1)创建库和删除

创建库的步骤如下：

单击任务栏“Windows 资源管理器”按钮，打开的窗口即为“库”文件夹，然后右击左侧窗格中的“库”，在弹出的快捷菜单中选择“新建”→“库”(见图 2-61)；或在窗口右侧工作区空白处右击，在弹出的快捷菜单中选择“新建”→“库”(见图 2-62),键入库的名称,例如“体育”,然后按<Enter>键,即创建了一个名为“体育”的新库,如图 2-63 所示。

图 2-61 新建库方式一

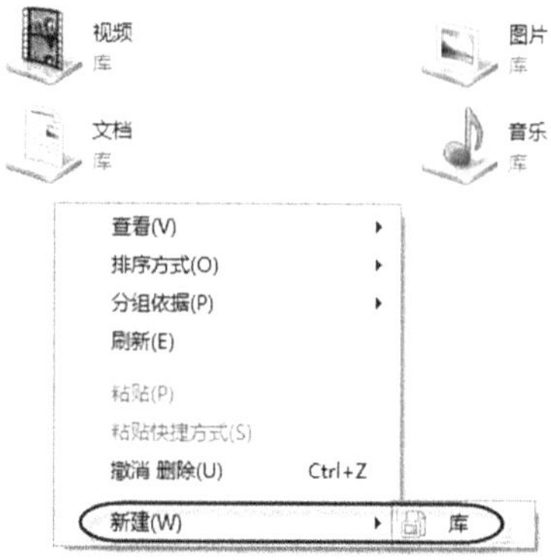


图 2-62 新建库方式二

图 2-63 新建“体育”库

删除库的步骤如下:单击任务栏“Windows 资源管理器”按钮,打开的窗口即为“库”文件夹,然后右击左侧窗格中需要删除的“库”,在弹出的快捷菜单中选择“删除”命令,即可删除库。

(2)添加文件夹到库

若要将文件复制、移动或保存到库,必须首先在库中包含一个文件夹,以便让库知道存储文件的位置。此文件夹将自动成为该库的“默认保存位置”。进入该库后单击“包括一个文件夹”按钮,在弹出的对话框中选择文件夹即可,如图 2-64 所示。一个库中可以包含一个或多个文件夹,若需要添加多个文件夹,可以通过右击库名,在弹出的快捷菜单中选择“属性”命令,如图 2-56 所示,打开该库的属性对话框,点击“包含文件架”按钮,即可在库中包含多个文件夹,如图 2-66 所示。

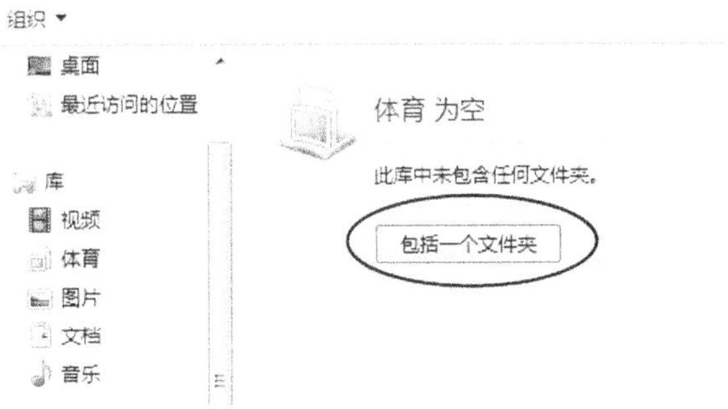


图 2-64　包含文件夹到库

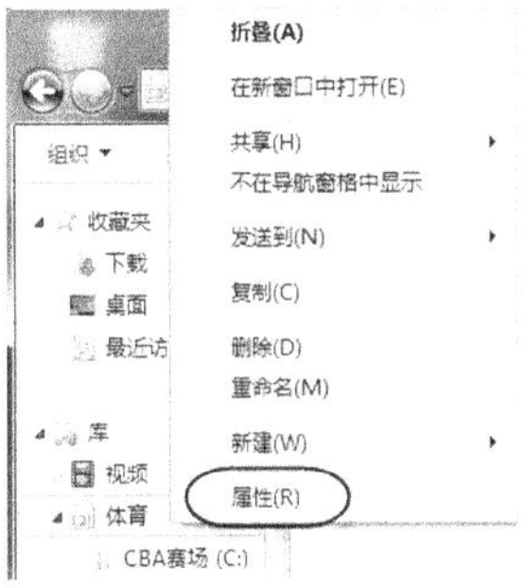


图 2-65　查看库属性

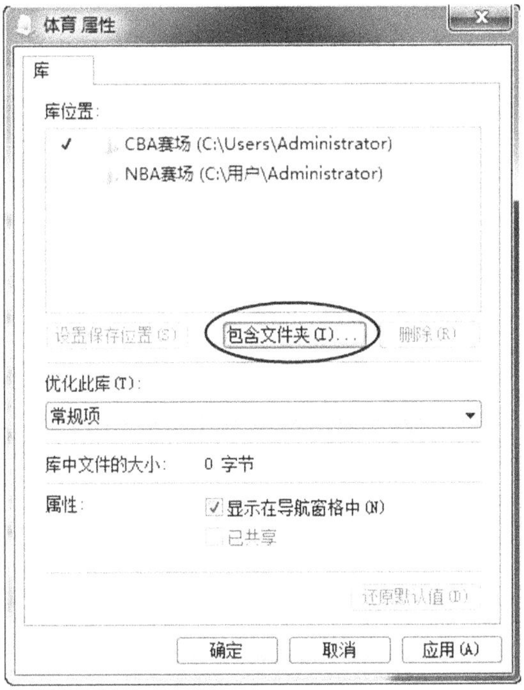


图 2-66　库属性

此外,也可以通过在当前库窗口工作区单击库名下方的“$n(n=1,2,3,\cdots)$个位置”,打开“库位置”对话框添加文件夹,如图 2-67 所示。

(3)从库中删除文件夹

不再需要监视库中的文件夹时,可以将其删除。在如图 2-66 所示的库属性对话框或者如图 2-67 所示的库位置对话框中,选择要删除的文件夹,然后单击“删除”按钮即可。

提示:从库中删除文件夹时,不会从原始位置中删除该文件夹及其内容。

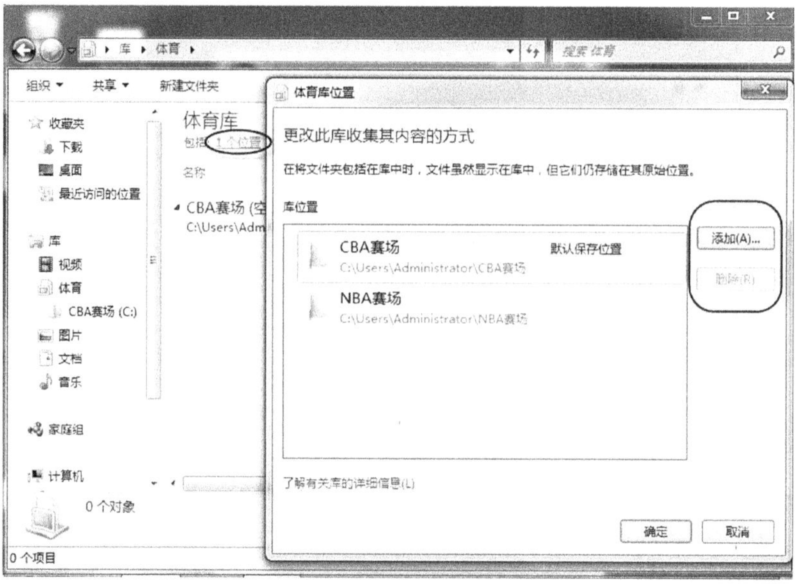


图 2-67 “库位置”对话框

## 2.5 Windows 系统维护

### 2.5.1 Windows 7 的磁盘管理

图 2-68 磁盘属性对话框

磁盘用于存储计算机上的各种文件，包括Windows 系统文件、应用程序和用户个人文件等。安装 Windows 系统后，用户在使用计算机过程中的日常操作和非正常操作均有可能使系统偏离最佳状态，因此，需要经常性地进行系统管理和维护，以加快程序运行速度，清理出更多的磁盘自由空间，保证系统处于最佳状态。Windows 7 自身提供了多种系统维护工具，如磁盘清理、磁盘碎片整理、格式化、检测和修复磁盘错误、系统备份与还原等。

**1. 查看磁盘属性**

对磁盘进行操作之前，应该对磁盘空间的使用情况有所了解。可以通过打开“计算机”，右击要查看的磁盘图标，在弹出的快捷菜单中选择“属性”命令即可，如图 2-68 所示。通过对话框，在常规选项卡中可以看到磁盘的文件系统、容量大小以及空间使用情况等。

**2. 磁盘清理**

磁盘清理可以减少硬盘上不需要的文件数量，以释放磁盘空间并让计算机运行得更快。该程序可删除临时文件、清空回收站并删除各种系统文件和其他不再需要的项。

(1)单击“开始”按钮，选择“所有程序”→“附件”→“系统工具”→“磁盘清理”；或在搜索框中，键入“磁盘清理”，然后在结果列表中单击“磁盘清理”功能。

(2)在“驱动器”列表中，单击要清理的硬盘驱动器，然后单击“确定”，如图 2-69 所示。

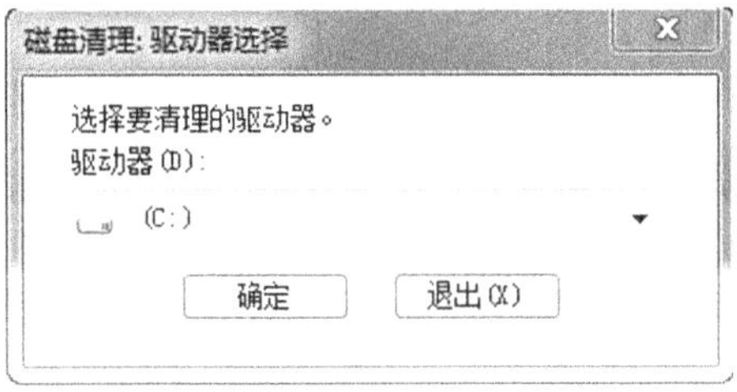


图 2-69　选择磁盘清理驱动器

(3)在“磁盘清理”对话框中的“磁盘清理”选项卡上，选中要删除的文件类型的复选框，然后单击“确定”，如图 2-70 所示。

(4)在出现的消息中，单击“删除文件”。

此外，还可以通过磁盘属性对话框中的“磁盘清理”进行清理磁盘，如图 2-71 所示。

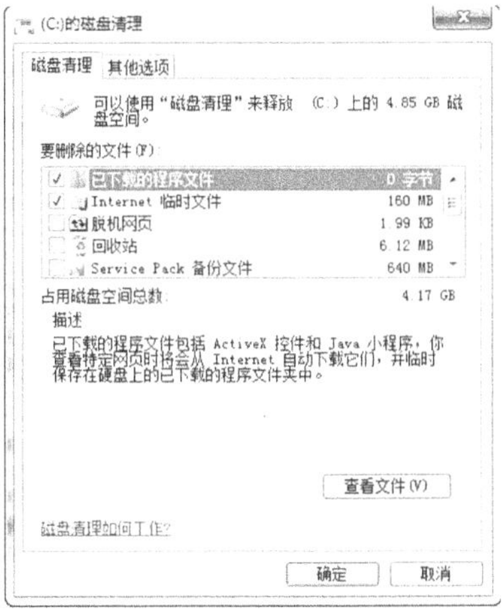


图 2-70　“磁盘清理”对话框

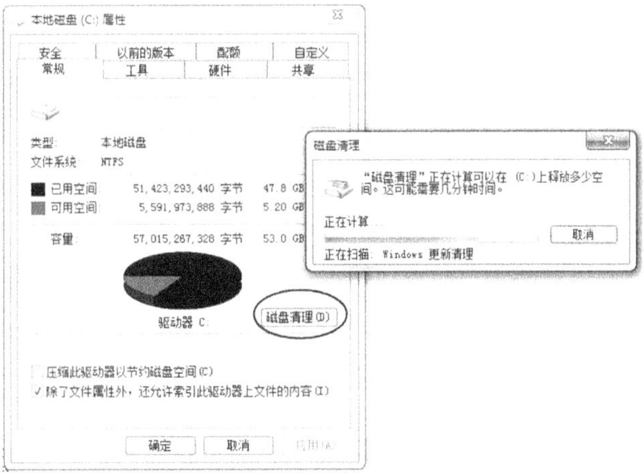


图 2-71　利用磁盘属性对话框清理磁盘

提示：磁盘清理也可以用第三方程序比如 360 安全卫士、电脑管家或者魔方电脑大师等进行处理。

**3. 磁盘碎片整理**

磁盘碎片整理是合并卷(如硬盘或存储设备)上的碎片数据，以便卷能够更高效地工作的过程。保存、更改或删除文件时，随着时间的推移，卷上会产生碎片。Windows 提供了“磁盘碎片整理程序”来重新安排磁盘的已用空间和可用空间，该程序不但可以优化磁盘的结构，还可以提高磁盘读/写的效率。

在 Windows 7 中，磁盘碎片整理程序可以按计划自动运行，也可以手动运行该程序或更改该程序使用的计划。

(1)单击“开始”按钮，选择“所有程序”→“附件”→“系统工具”→“磁盘碎片整理程序”；或在搜索框中，键入“磁盘清理”，然后在结果列表中单击“磁盘碎片整理程序”。

(2)在“当前状态”下，选择要进行碎片整理的磁盘。单击“分析磁盘”按钮，系统会对磁盘的碎片进行分析并在磁盘信息右侧显示碎片的比例。

(3)单击“磁盘碎片整理”按钮，开始对磁盘碎片进行整理，如图 2-72 所示。

选择磁盘属性对话框“工具”选项卡的“立即进行碎片整理”按钮，也可以打开磁盘碎片整理程序，如图 2-73 所示。

图 2-72　磁盘碎片整理程序

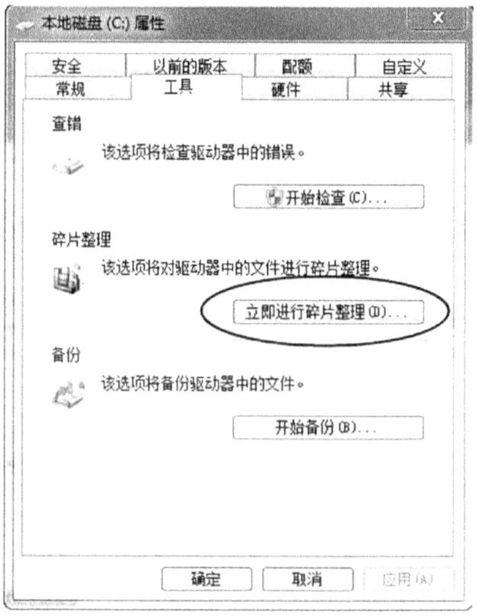


图 2-73　“工具”选项卡中的“碎片整理”

**4. 检测和修复磁盘错误**

当计算机的性能出现问题或者硬盘驱动器不能正常工作时，通过检查计算机的磁盘错误，可能会解决一部分问题。在磁盘属性对话框“工具”选项卡中选择“查错”组的“开始检查”，就可以开始对磁盘进行检查和修复，如图 2-74 所示。磁盘检查和修复过程不能中断，必须等到该过程完成。

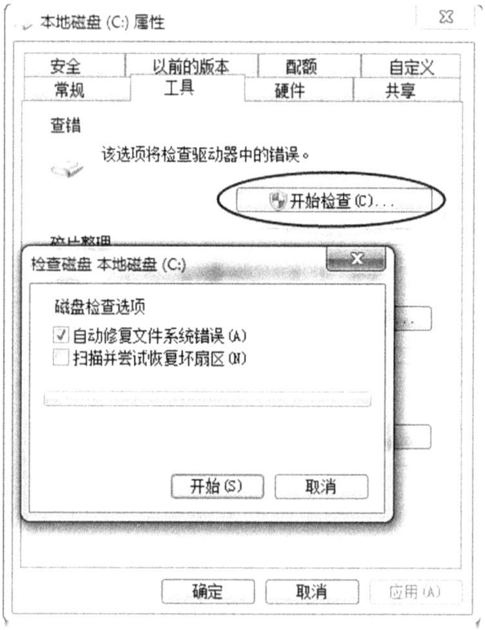


图 2-74　检查磁盘

提示：如果对正在使用的磁盘(例如，包含 Windows 的分区)选择“自动修复文件系统错误”，则系统将提示您将磁盘检查重定为在下次重新启动计算机时进行。

**5. 磁盘格式化**

格式化是指对磁盘或磁盘中的分区进行初始化的一种操作，这种操作通常会导致现有的磁盘或分区中所有的文件被清除。格式化通常分为低级格式化和高级格式化。简单地说，高级格式化就是和操作系统有关的格式化，低级格式化就是和操作系统无关的格式化。如果没有特别指明，一般格式化的操作指的都是高级格式化。

右击需要格式化的磁盘分区，在弹出的快捷菜单中选择“格式化”命令，打开如图 2-75 所示的对话框，设置好“文件系统”“分配单元大小”“卷标”“格式化选项”后，单击“开始”按钮，在弹出的对话框中单击“确定”开始进行格式化。

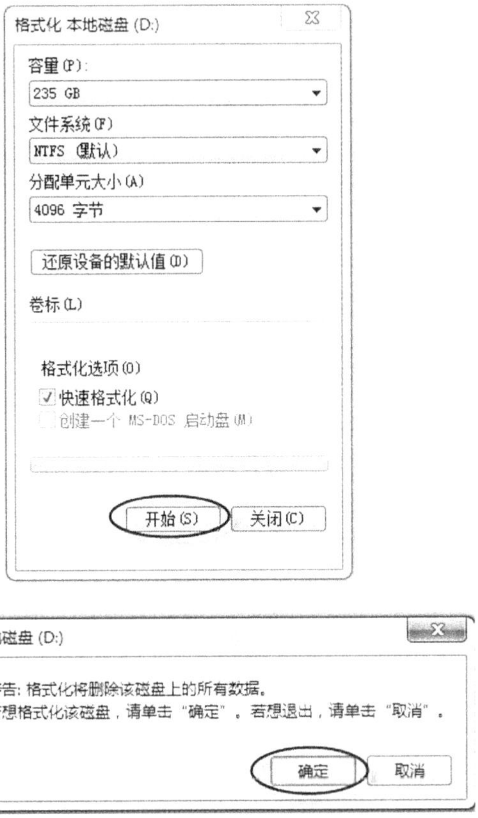


图 2-75 格式化磁盘

提示：格式化会擦除硬盘上现有的所有文件。如果格式化有文件的硬盘，这些文件将被永久删除，因此在格式化之前，确保备份所有要保存的数据。

**6. 备份还原**

Windows 7 能够创建个人数据的备份和系统音响的备份，在出现文件损坏和系统故障时可以还原计算机到指定的状态，从而保障用户文件的安全。

(1)单击“开始”按钮→“控制面板”→“系统和安全”，然后单击“备份您的计算机”。

(2)在“备份和还原”窗口中，单击“设置备份”超链接，根据向导分别设置备份文件的保存位置、要备份的内容(或创建系统映像)、备份计划等信息后开始备份文件。建立备份后，单击“从备份还原文件”超链接，然后再单击“选择要从中还原文件的其他备份”，根据向导选择要还原的文件或文件夹的备份、还原到的位置等信息后开始还原。如图 2-76 所示。

图 2-76 备份和还原

**7. 移动存储设备的使用**

大部分的移动存储设备(U盘、移动硬盘、智能手机、相机等)除个别需要在电脑上额外安装驱动程序外,都是"即插即用",即把设备连接到计算机后,Windows会自动检测设备,并搜索设备的驱动程序。移动存储设备采用USB接口连接后,系统会自动识别并在通知区域显示图标,设备使用完毕后,从计算机上拔出前要先删除硬件设备,提示"安全移除硬件"后方可拔下。如图2-77所示。

图 2-77 卸载硬件设备

提示:拔下存储设备(如USB闪存驱动器)时,请确保计算机已将所有信息都保存到设备上,然后再将其取出。如果设备的灯处于活动状态,请等待几秒钟,灯不闪烁之后再拔下它,否则可能造成数据损坏或丢失。

## 2.5.2 Windows 7的程序管理

使用计算机的主要目的是用其完成特定的任务,完成任务的主要途径是通过应用程序。在Windows 7中自带了大量的应用程序,可以完成相应的任务,但有些功能必须使用第三方软件来完成,因此需要对各类程序进行管理和配置。

**1. 任务管理器**

任务管理器显示计算机上当前正在运行的程序、进程和服务。可以使用任务管理器监视计算机的性能或者关闭没有响应的程序,还可以使用任务管理器查看网络状态。

右击任务栏任意空白处,在弹出的快捷菜单中选择"启动任务管理器",或直接按<Ctrl>+<Shift>+<Esc>组合键,选择"启动任务管理器",都可以打开"Windows任务管理器"窗口,如图2-78所示。

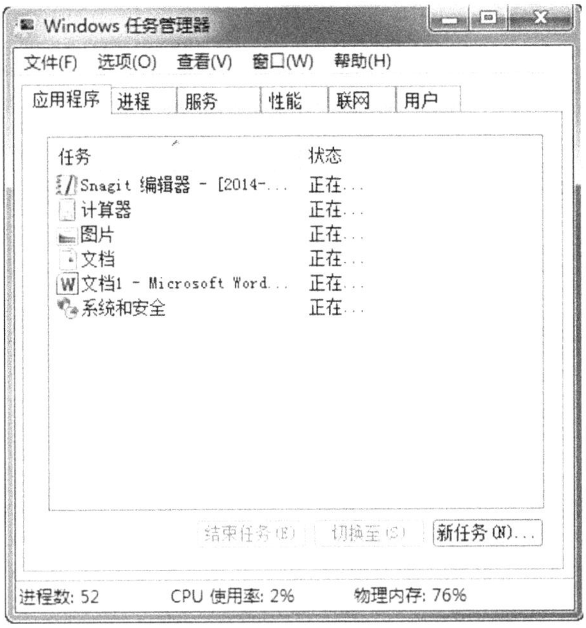


图 2-78　Windows 任务管理器

**2. 应用程序的安装与卸载**

(1)应用程序的安装

应用程序的安装与复制不同，在安装相应软件的过程中会根据计算机的环境进行相应的配置，大部分软件在使用前都必须进行安装才可以正常运行。

应用程序可以从本地硬盘、光盘、U 盘或网络上安装。

从本地硬盘或光盘安装应用程序时，直接运行应用程序安装文件(文件名通常为 Setup. exe 或 Install. exe)，便可启动安装向导，根据安装向导提示即可完成应用程序的安装。

以安装 Microsoft Office Professional Plus 2010 为例，运行安装文件并输入序列号，选中协议条款复选框后，出现如图 2-79 所示的界面，选择“立即安装”则按默认的安装路径进行安装，如需自行选择安装的内容、位置，则选择“自定义”安装模式，如图 2-80 所示。点击“立即安装”后，安装程序开始自动安装并显示安装进度，安装完毕后点击“关闭”按钮即可完成程序的安装。

图 2-79　选择安装类型

图 2-80　“自定义”安装模式

(2)应用程序的卸载

应用程序的卸载与删除不同，因为在安装软件时对操作系统进行了相应的配置所以必须使用卸载程序卸载相应的软件,否则会在系统中残留信息和文件而对系统运行造成影响。

在控制面板中单击“卸载程序”超链接,进入“程序和功能”窗口,如图 2-81 所示。选择需要卸载的程序后,单击工具栏上的“卸载”或“更改”按钮,即可根据卸载向导完成应用程序的卸载,如图 2-82 所示。

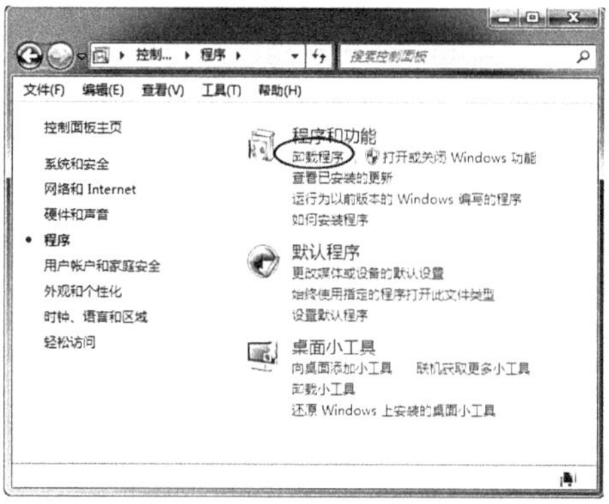


图 2-81　控制面板的程序窗口

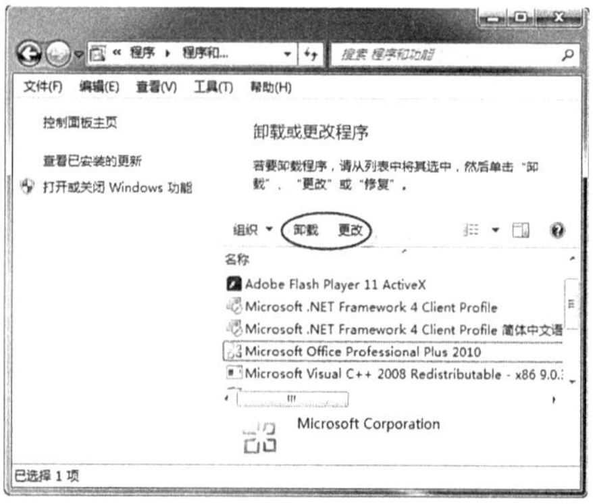


图 2-82　卸载或更改程序

**3. 打开或关闭 Windows 功能**

Windows 附带的某些程序和功能(如 Internet 信息服务)必须启用之后才能使用。某些功能在默认情况下是打开的,但可以在不使用它们时将其关闭。

在 Windows 的早期版本中,若要关闭某个功能,必须从计算机上将其完全卸载。但在 Windows 7 中,这些关闭的功能仍存储在硬盘上,以便可以在需要时重新打开它们。关闭某个功能不会将其卸载,并且不会减少 Windows 功能使用的硬盘空间量。

单击“开始”按钮,选择“控制面板”窗口→“程序”→“打开或关闭 Windows 功能”。若要打开某个 Windows 功能,请选择该功能旁边的复选框。若要关闭某个 Windows 功能,请清除该复选框。单击“确定”,如图 2-83 所示。

图 2-83　打开或关闭 Windows 功能

#### 4. 应用程序的运行

启动应用程序的常用方式如下：

(1)双击应用程序的快捷方式，或右击快捷方式，在弹出的快捷菜单中选择“打开”命令。

(2)“开始”菜单或任务栏中单击程序对应的快捷方式。

(3)在“开始”菜单的“搜索程序和文件”文本框中输入要运行程序的名称。

(4)在任务管理器的“应用程序”选项卡中单击“新任务”按钮，在弹出的“创建新任务”对话框中输入要运行的程序的名称。

当用户执行的操作超越当前标准系统管理员的权限范围时，系统会弹出“用户账户控制”对话框，要求提升权限，用户应该主动以管理员的权限运行程序，如图 2-84 所示。

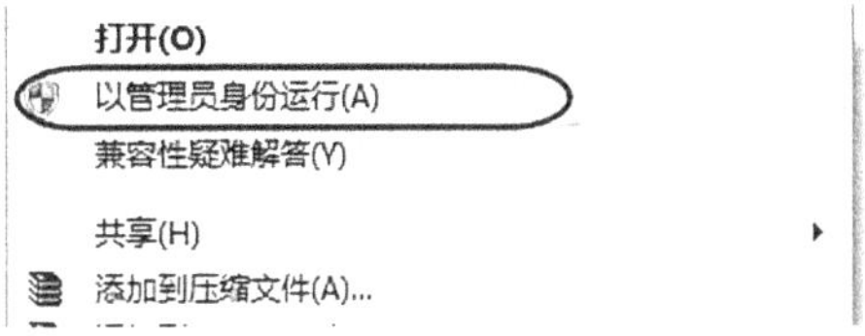

图 2-84 以管理员身份运行程序

#### 5. 桌面小工具

Windows 7 中包含了被称为“小工具”的小程序，这些小程序可以提供即时信息以及可轻松访问常用工具的途径。例如，可以使用小工具显示图片幻灯片或查看不断更新的标题。Windows 7 随附的小工具，包括日历、时钟、天气、提要标题、幻灯片放映和图片拼图板等。

可以将计算机上安装的任何小工具添加到桌面。如果需要，也可以添加小工具的多个实例。例如，如果您要在两个时区中跟踪时间，则可以添加时钟小工具的两个实例，并相应地设置每个实例的时间。右击桌面，然后在弹出的快捷菜单中选择“小工具”。双击小工具即可添加到桌面。删除小工具时，只需右击小工具，然后单击“关闭小工具”即可。

图 2-85 桌面小工具

提示：因为 Windows 7 中的 Windows 边栏平台具有严重漏洞，在更新版本的 Windows 系统(Windows 8 和 Windows 10)中，已经停用了小工具。

### 2.5.3 Windows 7 的控制面板

控制面板是用来对系统本身进行个性化设置的一个工具集，其中包含了许多独立的工具，可以用来调整系统的环境参数和属性,管理用户账户,对设备进行设置与管理等。可以从“开始”菜单→“控制面板”打开窗口,如图 2-86 所示,项目查看方式有三种类别:“类别”“大图标”和“小图标”。

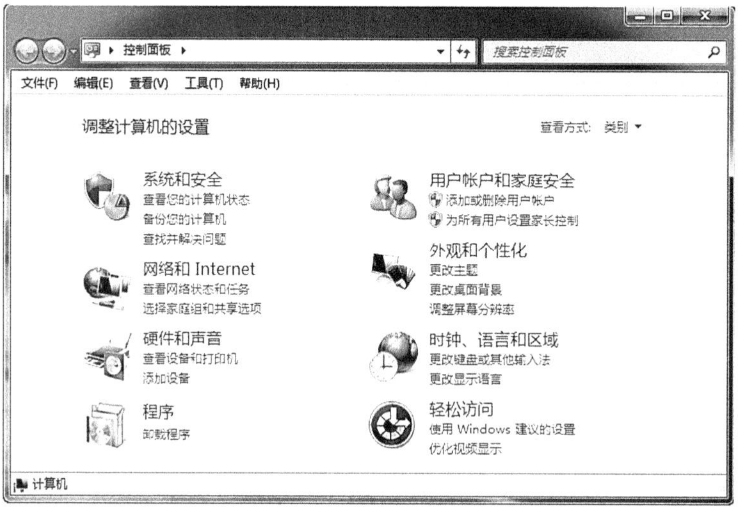


图 2-86 控制面板窗口

## 1. 系统和安全

系统和安全模块(见图 2-87)包括查看并更改系统和安全状态,备份并还原文件和系统设置,Windows 自动更新,查看 RAM 和处理器速度,检查防火墙,系统管理工具,等等。

图 2-87 系统和安全

通过打开“控制面板”中的“系统”可以查看有关计算机重要信息的摘要。用户可以查看操作系统版本,基本硬件信息,计算机名、系统激活状态等,如图 2-88 所示。左侧导航窗格中的链接提供对其他系统设置的访问。使用“设备管理器”,可以查看和更新计算机上安装的设备驱动程序,检查硬件是否正常工作以及修改硬件设置,如图 2-89 所示。“远程设置”可用于连接到远程计算机的“远程桌面”设置和可用于邀请其他人连接到用户的计算机以帮助解决计算机问题的“远程协助”设置。“系统保护”管理自动创建“系统还原”用来还原计算机系统设置的还原点的设置。“高级系统设置”提供了访问高级性能、用户配置文件和系统启动设置，包括监视程序和报告可能的安全攻击的“数据执行保护”，如图 2-90 所示。

图 2-88　计算机系统基本信息

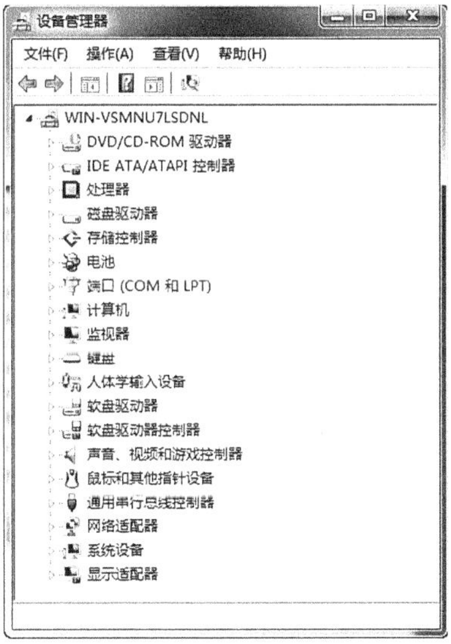

图 2-89　设备管理器

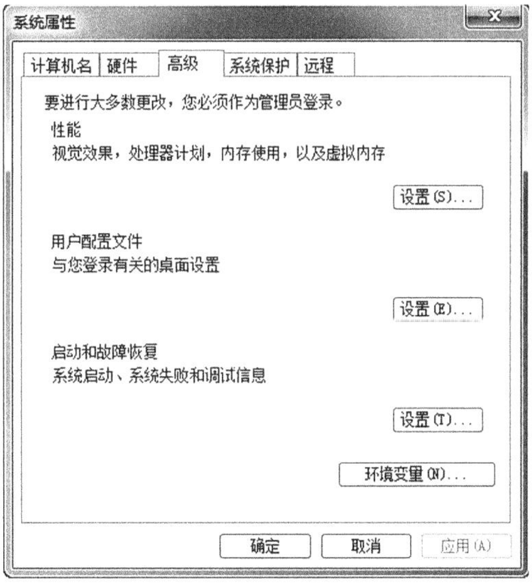


图 2-90　高级系统设置

**2. 用户账户和家庭安全**

用户账户和家庭安全包括添加或删除用户账户、更改账户图片、更改 Windows 密码、更改用户账户控制设置，以及为所有用户设置家长控制等。通过用户账户管理，多个用户可以轻松地共享一台计算机。每个人都可以有一个具有唯一设置和首选项(如桌面背景或屏幕保护程序)的单独的用户账户。用户账户可控制用户能访问的文件和程序以及能对计算机进行的更改的类型。在 Windows 7 中，家长控制可以对孩子使用计算机的方式进行协助管理。家长控制不仅能限制孩子使用计算机的时间,还能限制他们可以运行的程序和游戏类型。

**3. 网络和 Internet**

为用户提供了涉及网络操作的所有功能和工具,包括检查网络状态并更改设置、设置文件共享和计算机的首选项、查看 Internet 连接以及属性设置。

**4. 外观和个性化**

用户可以根据个人的喜好或需求对系统进行个性化设置,以增强实用性或美化系统。包括更改桌面项目的外观、应用主题或屏幕保护程序,或自定义"开始"菜单和任务栏,更改系统显示字体等。

**5. 硬件和声音**

用户可以添加或删除各种外设,包括打印机、传真机、鼠标、监视器等,同时可以更改系统声音,进行电源管理,设置 CD 或其他媒体的自动播放等。

**6. 时钟、语言和区域**

为用户提供了日期、时间、时区的设置和更改,同时可以在任务栏通知区域添加不同时区的多个时钟,以及区域、语言、日期、时间和数字格式的更改,键盘和输入法的选择。

**7. 程序**

为用户提供 Windows 系统程序和应用程序的管理,包括程序的安装和卸载,Windows 自动更新的设置。

### 2.5.4 Windows 7 的附件

**1. 记事本**

记事本是一个基本的文本编辑程序,最常用于查看或编辑文本文件。记事本的程序文件名是 notepad. exe,文本文件通常是以". txt"文件扩展名标识的文件类型。

单击"开始"按钮→"所有程序"→"附件"→"记事本"。或在搜索框中,键入记事本,然后在结果列表中单击"记事本",都可打开记事本窗口,如图 2-91 所示。

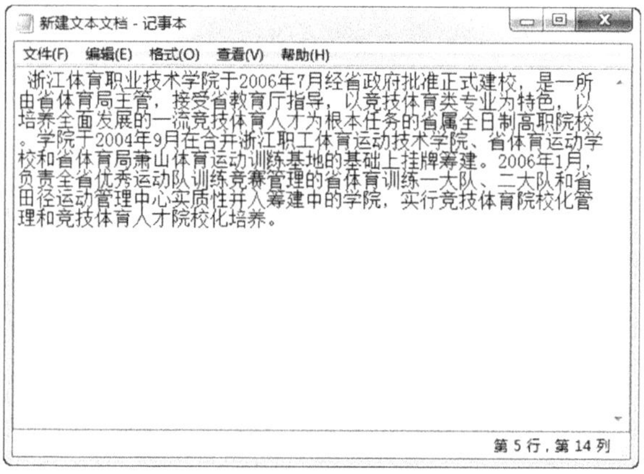


图 2-91 记事本

**2. 写字板**

写字板是一个可用来创建和编辑文档的文本编辑程序。与记事本不同,写字板文档可以包括复杂的格式和图形,并且可以在写字板内链接或嵌入对象(如图片或其他文档)。在 Windows 7 中,写字板采用了全新的功能区(横跨窗口顶部的条带,显示程序可执行的操作)使写字板简单易用。其选项均已展开显示,而不是隐藏在菜单中。它集中了最常用的特性,以便用户更加直观地访问它们,从而减少菜单查找操作。写字板还提供了更丰富的格式选项,例如高亮显示、项目符号、换行符和其他文字颜色等。写字板的程序文件名为 wordpad. exe,写字板创建的文件扩展名默认为". rtf"。

单击"开始"按钮→"所有程序"→"附件"→"写字板"。或在搜索框中,键入写字板,然后在结果列表中单击"写字板",都可打开写字板窗口,如图 2-92 所示。

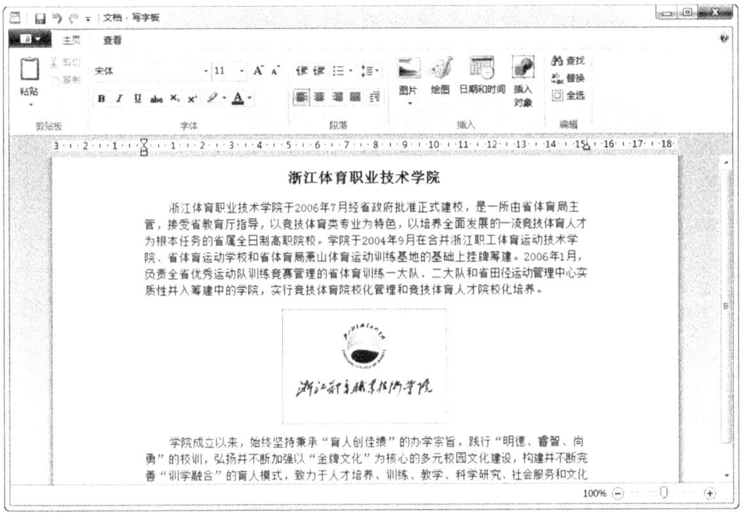


图 2-92　写字板

### 3. 画图

“画图”是 Windows 7 中的一项简单、易用的图形处理程序，使用该功能可以绘制、编辑图片以及为图片着色。可以像使用数字画板那样使用画图来绘制简单图形、进行创意设计，或者将文本和设计图案添加到其他图片，如数码相机拍摄的照片。画图中的功能区包括绘图工具的集合，使用起来非常方便。可以使用这些工具创建徒手画并向图片中添加各种形状。画图的程序文件名是 mspaint. exe，画图支持的图片保存类型有 BMP、JPEG、GIF、TIFF、PNG。

单击“开始”按钮→“所有程序”→“附件”→“画图”。或在搜索框中，键入画图，然后在结果列表中单击“画图”，都可打开如图 2-93 所示的画图窗口。

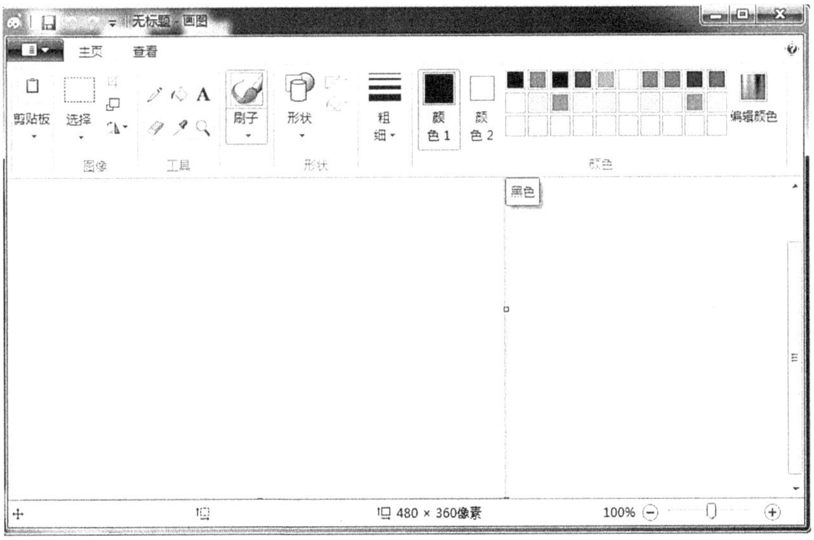


图 2-93　画图

### 4. 计算器

Windows 7 的计算器功能强大，除了简单的加、减、乘、除运算，还提供了编程计算器、科学型计算器和统计信息计算器的高级功能，计算器的程序文件名是 calc. exe。单击“开始”按钮→“所有程序”→“附件”→“计算器”。或在搜索框中，键入计算器，然后在结果列表中单击

"计算器",即可启动计算器。计算器有 4 种类型:标准型、科学型、程序员、统计信息。默认情况下,启动的 Windows 7 计算器都是"标准型"计算器,如图 2-94 所示。

使用"查看"菜单可选择其他计算器类型,以及单位换算和日期计算等功能。其中"程序员"类型能进行二进制、八进制、十进制和十六进制数的运算和相互转换操作,如图 2-95 所示。"科学型"计算器能计算各种常用函数、三角函数等,如图 2-96 所示。"统计信息"类型能进行常规的数理统计,如图 2-97 所示。

图 2-94　标准型

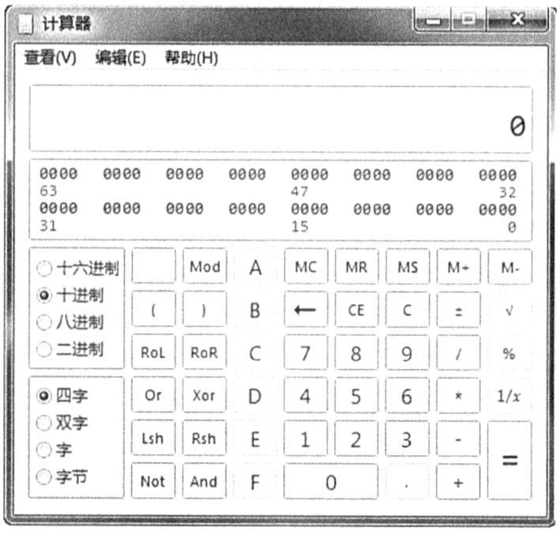


图 2-95　程序员

图 2-96　科学型

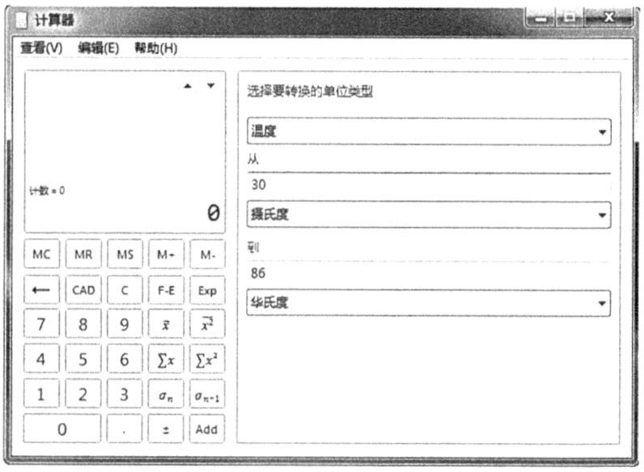


图 2-97　统计信息以及单位换算

**5. 截图工具**

截图工具可以捕获桌面上任何对象的屏幕快照,例如图片或网页的一部分。也可以截取整个窗口、屏幕上的矩形区域,可以使用"截图工具"窗口中的按钮对图像进行批注、保存或将其通过电子邮件发送。截图工具的程序文件名为 SnippingTool.exe。单击"开始"按钮→"所有程序"→"附件"→"截图工具"。或在搜索框中,键入截图工具,然后在结果列表中单击"截图工具",即可启动截图工具,如图 2-98 所示。

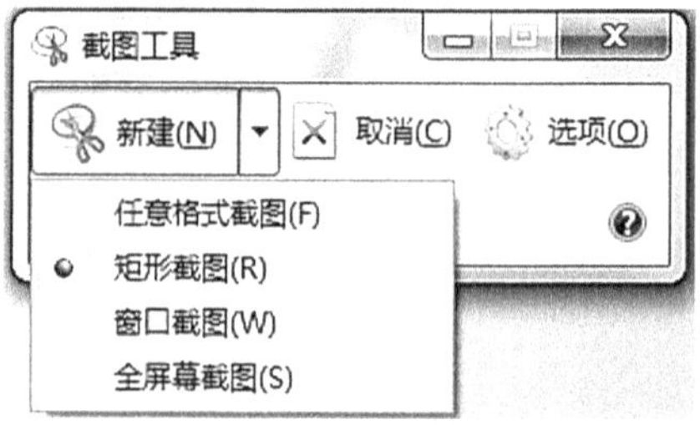


图 2-98　截图工具

截图工具有 4 种截图模式:任意格式截图、矩形截图、窗口截图、全屏幕截图。在窗口界面上单击"新建"按钮右边的下三角按钮,在弹出的下拉菜单即可选择。

## 2.5.5　应用实例

### 1. 创建用户账户

通过用户账户，多个用户可以轻松地共享一台计算机。每个人都可以有一个具有唯一设置和首选项(如桌面背景或屏幕保护程序)的单独的用户账户，且可以控制用户能访问的文件和程序以及账户类型。

Windows 7 有三种账户类型。每种类型提供了不同级别的电脑控制权限：

图 2-99　用户账户管理

(1)管理员账户：具有对电脑的最高控制权限，可以访问计算机中的所有文件，并且可以对其他用户账户进行更改、对操作系统进行安全设置、硬件和软件的安装等操作。系统安装完成后第一次开始使用电脑时，可能已经创建了这种类型的账户。

(2)标准账户：适合日常使用。可以使用计算机中的大部分功能，当要进行可能影响到其他用户账户或操作系统安全等的操作时，则需要经过管理员账户的许可。如果你在你的电脑上为其他人设置账户，最好为他们设置标准账户。

(3)来宾账户：使用来宾账户不能访问个人账户文件夹、不能进行安装软件和硬件、创建密码和更改设置等操作，它主要供在该台计算机上没有固定账户的来宾使用。

在创建账户时，来宾账户是系统自带，无须创建，如果有需要，直接启用即可。

创建用户账户的步骤如下：

①单击“开始”按钮→“控制面板”→“用户账户和家庭安全设置”→“用户账户”，如图2-99所示。

②单击“管理其他账户”，跳转到如图 2-100 所示的“管理账户”窗口界面。

图 2-100　管理账户

③单击“创建一个新账户”，键入要为用户账户提供的名称，如“zjcs”，单击账户类型，然后单击“创建账户”，即可创建一个标准账户用户，如图 2-101 所示。

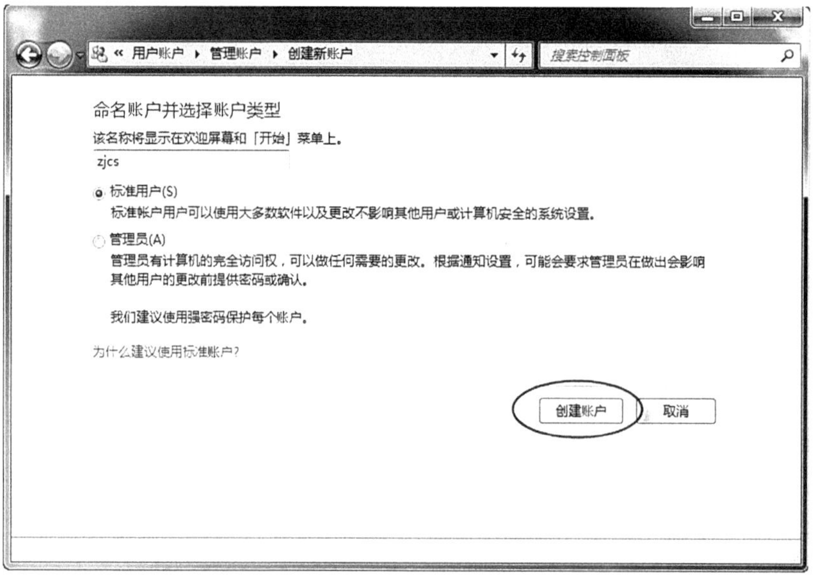


图 2-101　创建新账户

完成新账户创建后，系统会为用户账户指定一个用户图像，并且在默认状态下任何人都可以访问该账户，用户可以根据需要对新账户的属性进行设置，如设置密码、更改用户图像和名称等，如图 2-102 所示。

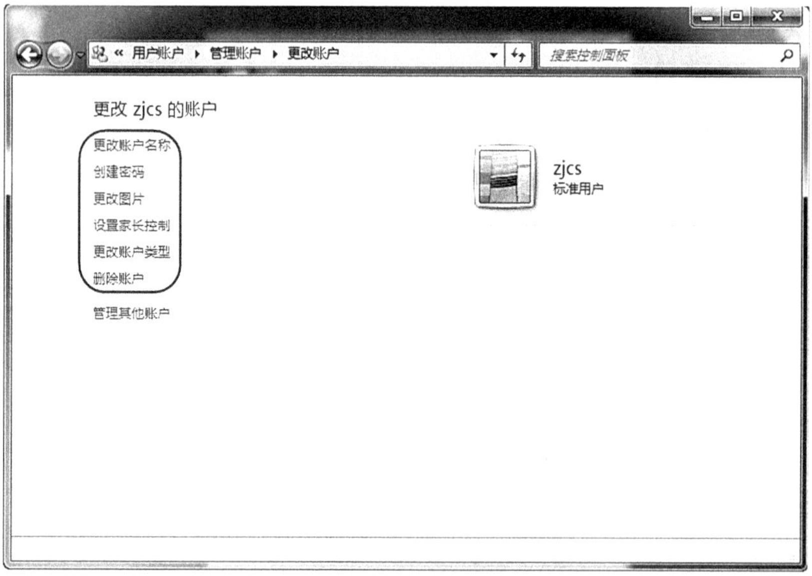


图 2-102　更改账户

**2. 设置系统声音方案**

系统声音是计算机上发生某些事件时播放的声音(事件可以是用户执行的操作，如登录或关闭系统、错误操作提示，或计算机执行的操作，如收到新电子邮件时发出的警报声)。Windows 7 附带多种针对常见事件的声音方案(相关声音的集合)。此外，某些桌面主题有它们自己的声音方案。

更改声音方案的步骤如下：

(1)通过单击“开始”按钮→“控制面板”→“硬件和声音”→“更改系统声音”，如图 2-103

所示，或者选择“外观与个性化”→“更改声音效果”，如图 2-104 所示，都可以打开如图 2-105 所示的“声音”对话框的“声音”选项卡。

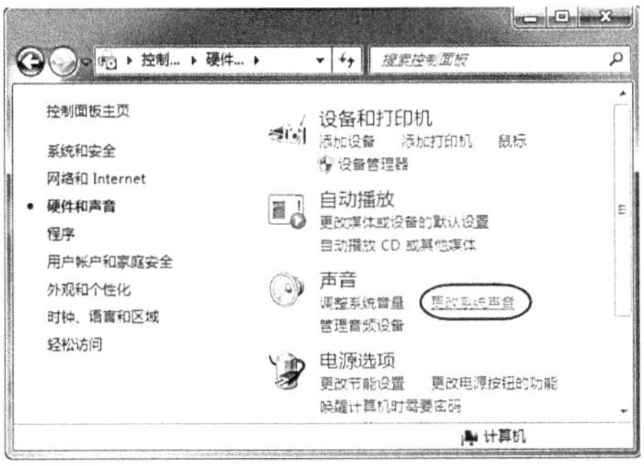


图 2-103　更改系统声音

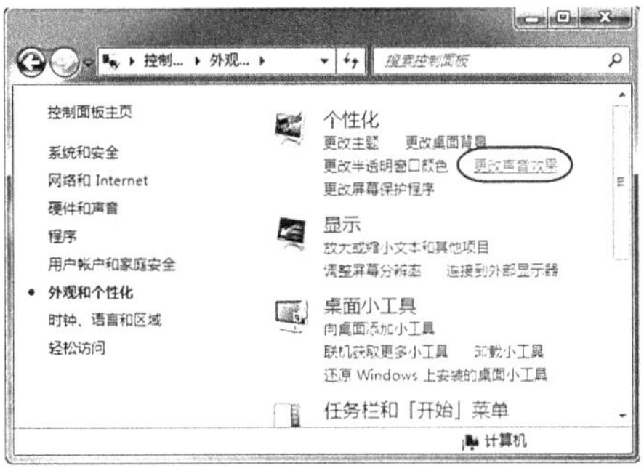


图 2-104　更改声音效果

图 2-105　系统声音方案

(2)在“声音方案”列表中，单击要使用的声音方案，如图 2-105 所示，然后单击“确定”按钮即可完成操作。若要更改某个声音，请单击“声音”选项卡，然后在“程序事件”列表中，单击要为其分配新声音的事件。

*提示：若要更改多个声音，请按照上面的步骤操作，但是在单击每个声音之后要单击“应用”，直到完成所需的所有更改，然后单击“确定”。*

**3. 设置应用主题**

主题是桌面背景图片、窗口颜色和声音的组合。在 Windows 7 中，可以通过创建自己的主题，更改桌面背景、窗口边框颜色、声音和屏幕保护程序以适应用户喜欢的风格。通过单击“开始”按钮→“控制面板”→“外观和个性化”模块→“更改主题”，跳转到“个性化”窗口界面，如图 2-106 所示。在“控制面板”的“个性化”中，有四种类型的主题。

(1)我的主题。自定义、保存或下载的主题。在对某个主题进行更改的任何时候，这些新设置会在此处显示为一个未保存的主题。

(2)Aero 主题。可用来对计算机进行个性化设置的 Windows 主题。所有的 Aero 主题都包括 Aero 毛玻璃效果,其中的许多主题还包括桌面背景幻灯片放映。

(3)安装的主题。计算机制造商或其他非 Microsoft 提供商创建的主题。

(4)基本和高对比度主题。为帮助提高计算机性能或让屏幕上的项目更容易被查看而专门设计的主题。基本和高对比度主题不包括 Aero 毛玻璃效果。

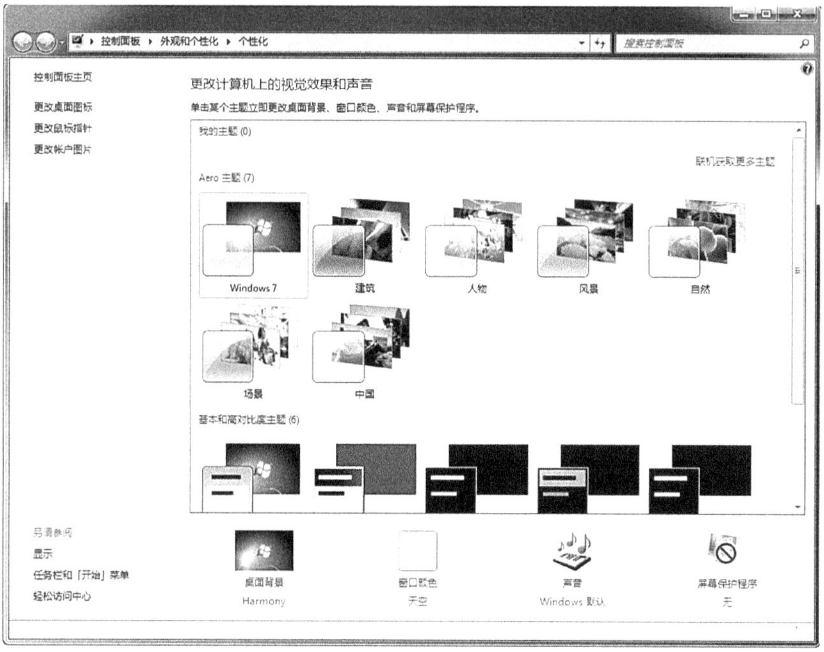


图 2-106 “个性化”窗口界面

创建自定义主题的步骤如下:

①打开如图 2-106 所示的“个性化”窗口界面,单击选择某一个主题。

②更改“桌面背景”“窗口颜色”“声间”和“屏幕保护程序”中的一项或多项内容。

③单击“未保存的主题”,将其应用于系统,并单击“保存主题”,如图 2-107 所示。

④键入该主题的名称,然后单击“保存”,该主题将出现在“我的主题”中。

图 2-107 自定义主题

**4. 设置区域和时间**

(1)系统日期和时间以及时区更改

①单击“时间指示器”,在弹出的时间设置窗口中,点击“更改日期和时间设置”,如

图2-108 所示。

②在打开的“日期和时间”对话框中，单击“更改日期和时间”按钮，用户即可调整系统的日期和时间。单击“更改时区”按钮，用户可自己选择所在的时区，如图 2-109 所示。

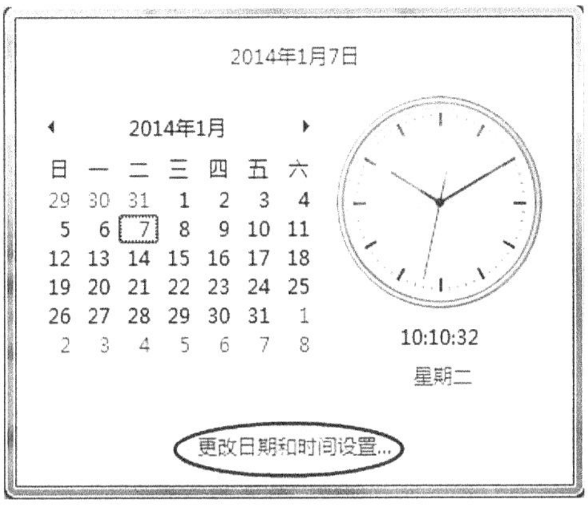

图 2-108 时间指示器

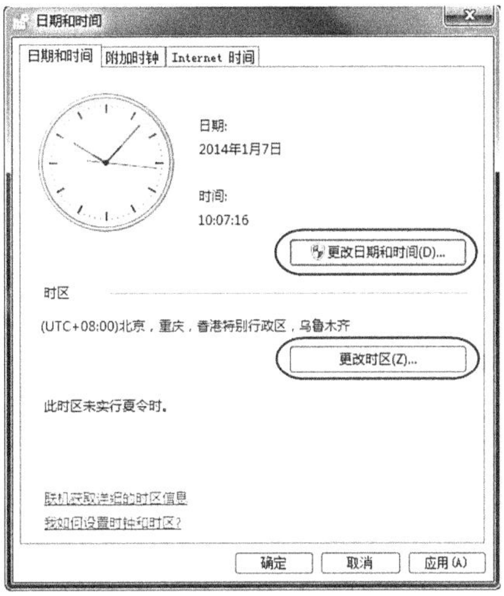


图 2-109 日期和时间

③单击“Internet 时间”选项卡，用户可通过 Internet 连接 time. Windows. com、time. nist. gov 等网站，可以使计算机时钟与 Internet 时间服务器同步，如图 2-110 所示。

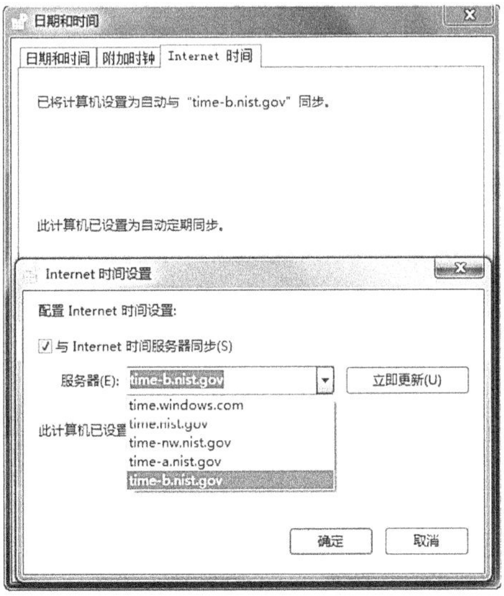


图 2-110 Internet 时间设置

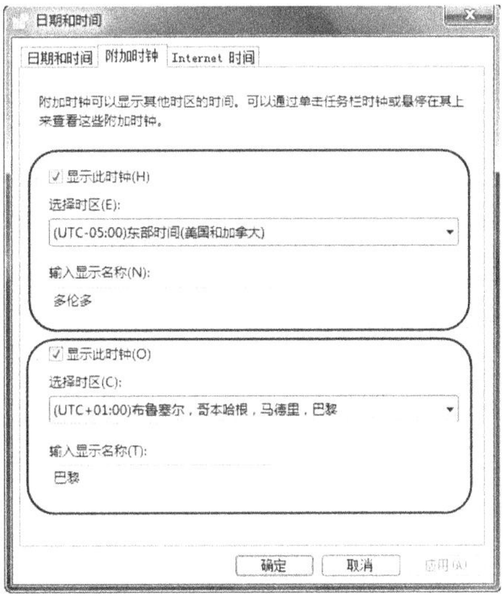


图 2-111 添加附加时钟

④在“附加时钟”选项卡中，用户可最多增加三种时钟：第一种是本地时间，另外两种是其他时区时间。对于每种时钟，选中“显示此时钟”旁的复选框。从下拉列表中选择时区，键入时钟的名称（最多可以键入 15 个字符），然后单击“确定”即可，图 2-112 即为添加两种时钟后的效果。

（2）区域和语言设置

在“控制面板”中选择“时钟、语言和区域”，如图 2-113 所示，单击“区域和语言”，弹出“区域和语言”对话框，在“格式”选项卡中单击“其他设置”按钮，打开“自定义”对话框，如图 2-114 所示。在“数字”选项卡中，可以设置小数位数、数字分组符号、数字分组、负数格式等，如图 2-115 所示。

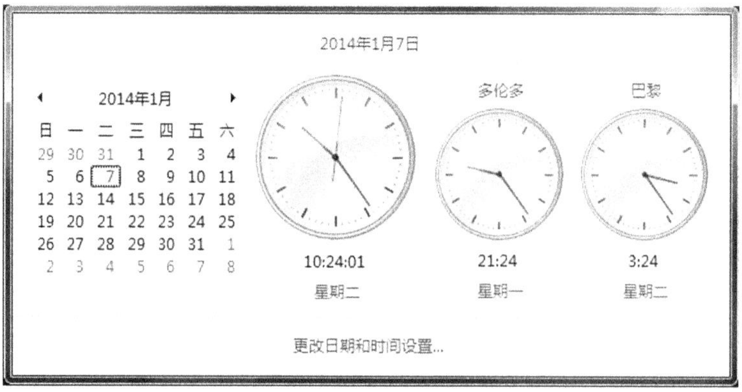


图 2-112 附加时钟

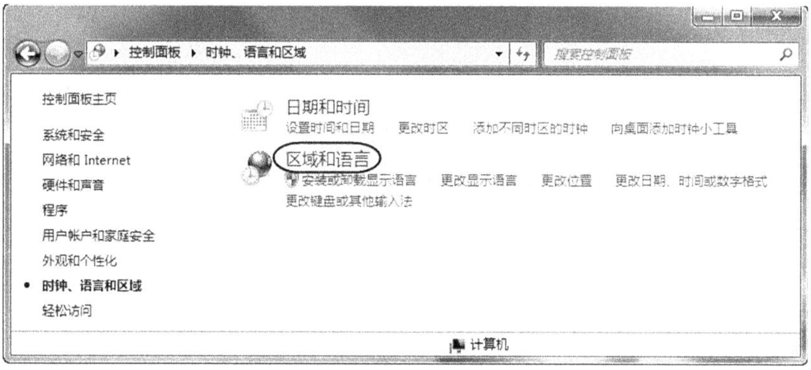


图 2-113 时钟、语言和区域

图 2-114 区域和语言格式

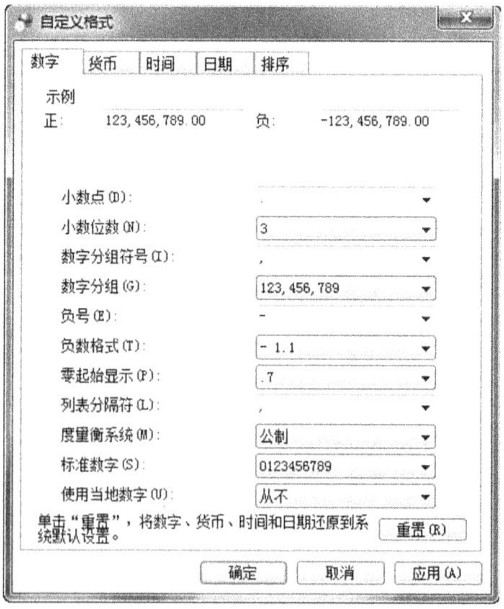


图 2-115 自定义格式

在"货币"选项卡中,可以设置货币符号为"¥""$"或"€",以及货币的正负数格式,设置后,单击"应用"按钮,如图 2-116 所示;在"日期"和"时间"选项卡,可以设置 AM 和 PM 符号,长短日期格式和长短时间格式,如图 2-117 所示。

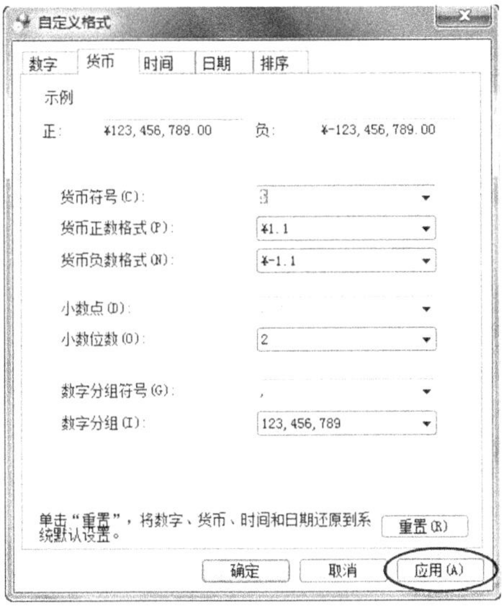


图 2-116　"货币"选项卡

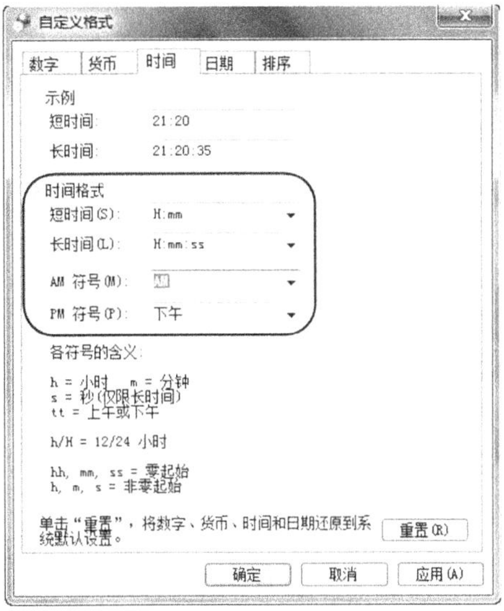


图 2-117　"时间"选项卡

**5. 设置鼠标**

Windows 系统安装后都会有默认的设置，如系统默认的是将鼠标设置为右手，但有的用户习惯使用左手来操控鼠标，此时需要对"鼠标键"进行设置，以及双击速度，鼠标指针形状等。

(1)单击"开始"按钮→"控制面板"→"硬件和声音"→"设备和打印机"→"鼠标"，打开鼠标属性对话框。

(2)单击"鼠标键"选项卡，勾选"切换主要和次要的按钮"，即可实现鼠标左右键功能互换。在"双击速度"中左右移动滑块，可调节双击速度，如图 2-118 所示。

(3)单击"指针"选项卡，可在"方案"列表中选择鼠标指针外形，或进行"自定义"操作，如图 2-119 所示。

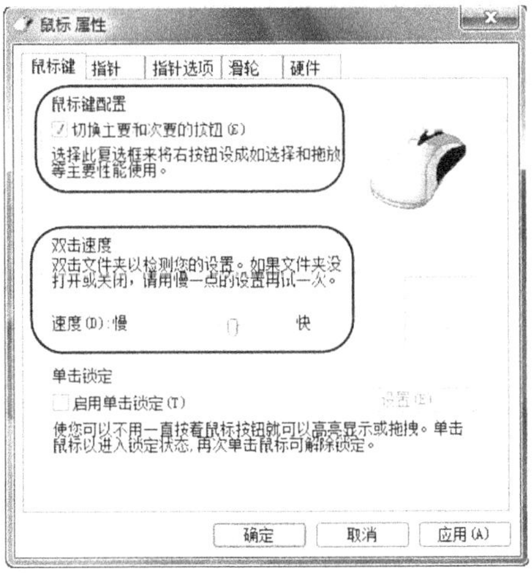


图 2-118　鼠标键设置

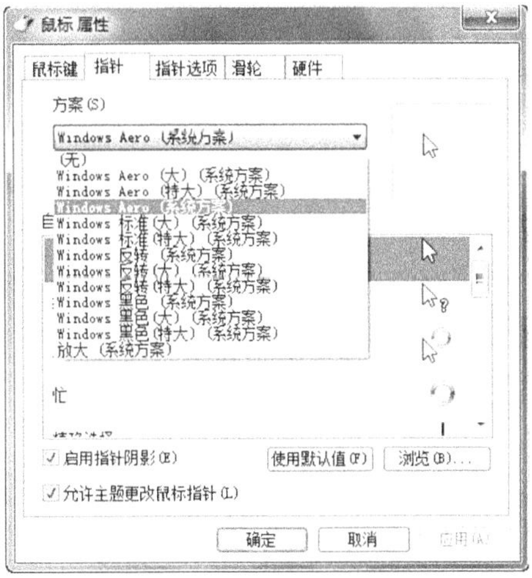


图 2-119　鼠标指针设置

(4)单击“指针选项”选项卡,可调整鼠标指针移动速度的快慢,如图 2-120 所示。

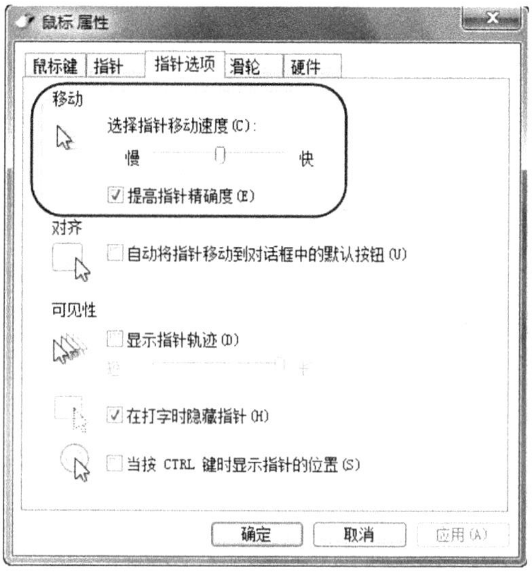


图 2-120　鼠标指针选项

**6. 打印机设置**

打印机是最常用的输出外设,在使用打印机之前,需要将打印机与计算机相连,在系统安装打印机驱动后才能正常使用。

将打印机连接到计算机的方式有好几种,选择哪种方式取决于设备本身。安装打印机最常见方式是将其直接连接到计算机上,这称为“本地打印机”。如果打印机是通用串行总线(USB)型号,则在其插入电脑时,Windows 应会自动检测到该打印机并开始安装。如果正在安装的无线打印机通过无线网络(WiFi)连接到电脑,则可以使用添加设备向导安装此打印机。

(1)本地打印机的手动安装步骤

①单击“开始”按钮,然后在“开始”菜单上单击“设备和打印机”,打开“设备和打印机”窗口。

②单击工具栏上的“添加打印机”按钮,或是在窗口空白区域右击,在弹出的快捷菜单中选择“添加打印机”命令,如图 2-121 所示。

图 2-121　设备和打印机

③在“添加打印机向导”中,单击“添加本地打印机”,如图 2-122 所示。

④在“选择打印机端口”页上,确保选择“使用现有端口”按钮和建议的打印机端口,然后单击“下一步”,如图 2-123 所示。

⑤在“安装打印机驱动程序”页上,选择打印机制造商和型号,然后单击“下一步”。

⑥如果未列出打印机,请单击“Windows Update”,然后等待 Windows 检查其他驱动程序,如图 2-124 所示。

⑦如果未提供驱动程序，但您有安装 CD，请单击“从磁盘安装”，然后浏览到打印机驱动程序所在的文件夹。

⑧完成向导中的其余步骤，然后单击“完成”。

提示：安装完成后，可以打印一份测试页以确保打印机工作正常，如图 2-125 所示。

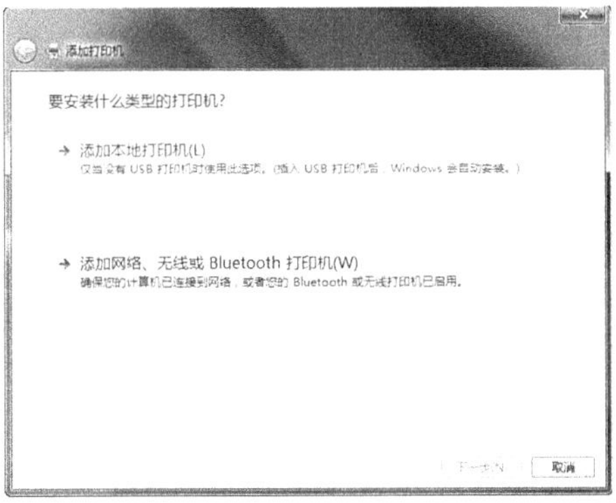


图 2-122　添加本地打印机

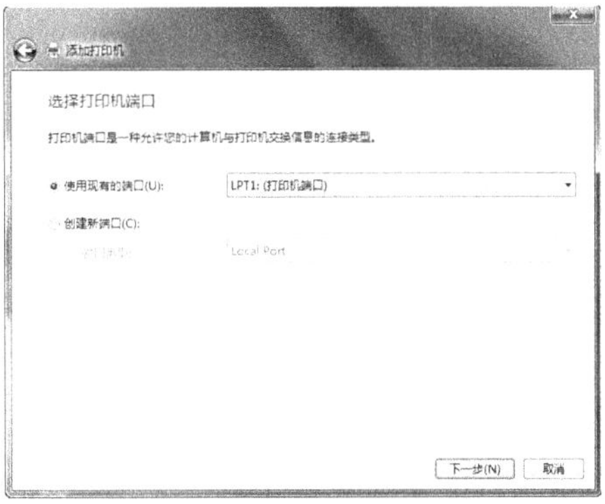


图 2-123　使用现有端口

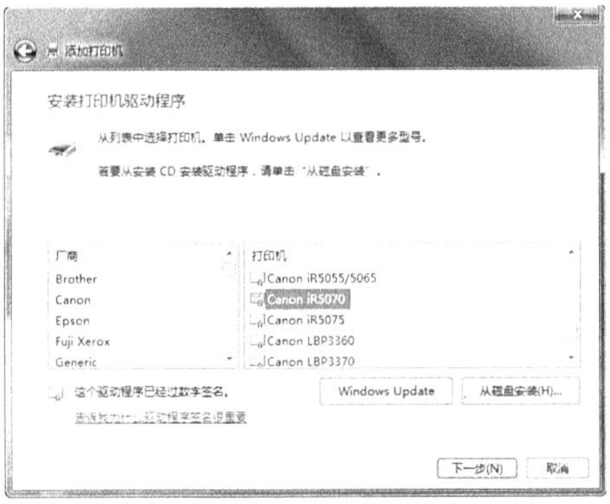


图 2-124　安装驱动程序

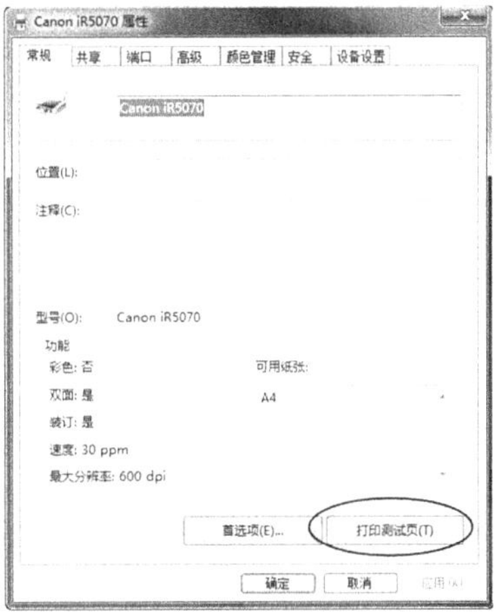


图 2-125　打印机属性

(2)设置默认打印机

将新安装的打印机设置为默认打印机，右击打印机图标，在弹出的快捷菜单中选择“设置为默认打印机”即可，如图 2-126 所示，设置完后，会在打印机图标标记默认打印机符号。

图 2-126　默认打印机

# 本章小结

本章介绍了操作系统的基本概念和典型的操作系统分类，主要介绍了 Windows 7 的概述与基本操作，包括“开始”菜单和任务栏的有关操作，窗口、功能区的操作；重点介绍了文件和文件夹的基本操作，以及通过控制面板完成桌面外观的个性化设置、系统维护；Windows 7 系统的主要附件的基本操作。

# 习题二

## 一、单选题

1. Windows 的特点包括(　　)。

A. 图形界面　　B. 多任务　　C. 即插即用　　D. 以上都对

2. 在下面关于 Windows 窗口的描述中,不正确的是(　　)。

A. 窗口是 Windows 应用程序的用户界面 B. Windows 的桌面又称为 Windows 窗口

C. 对话框是 Windows 窗口的一种类型　　D. 用户可以在屏幕上拖动窗口

3. 用户需要使用某一个文件时,告诉计算机(　　)是必须要的。

A. 文件的性质　　B. 文件的内容　　C. 文件路径　　D. 文件名

4. 下面关于中文 Windows 文件名的叙述,错误的是(　　)。

A. 文件名中允许使用汉字　　B. 文件名中允许使用空格

C. 文件名中允许使用多个圆点分隔符　　D. 文件名中允许使用竖线("|")

5. 根据文件命名规则,下列字符串中的合法文件名是(　　)。

A. ADC＊. FNT　　B. ＃ASK％. SBC

C. CON. BAT　　D. SAQ/. TXT

6. 在 Windows 操作系统中,文件有多种属性,用户建立的文件一般具有(　　)属性。

A. 存档　　B. 只读　　C. 系统　　D. 隐藏

7. 下列关于 Windows 文件夹的叙述正确的是(　　)。

A. 文件夹中可以存放 C 语言源程序文件,但不能存放它的目标程序文件

B. 文件夹中可以存放 C 语言源程序文件、目标程序文件,但不能存放它对应的可执行文件

C. 文件夹中可以存放 C 语言源程序文件、目标程序文件和他对应的可执行文件

D. 文件夹中只可以存放文本文件

8. 在 Windows 操作系统中,有关文件或文件夹的属性说法不正确的是(　　)

A. 所有文件或文件夹都有自己的属性

B. 文件存盘后,属性就不可以改变

C. 用户可以重新设置文件或文件夹属性

D. 只读、隐藏都是文件或文件夹的属性

9. 在资源管理器窗口的左窗格中,文件夹图标左边有标记,一般表示该文件夹中(　　)。

A. 一定含有文件　　B. 一定不含有子文件夹

C. 含有子文件夹　　D. 无文件和文件夹

10. 一个应用程序窗口被最小化后,该应用程序将(　　)。

A. 被终止执行　　B. 暂停执行　　C. 在前台执行　　D. 被转入后台执行

11. 在 Windows 操作系统中,下列说法错误的是(　　)。

A. 自动支持所有的打印机

B. 必须安装相应打印机的驱动程序后才能打印

C. 对某些外部设备可以"即插即用"

D. 支持后台打印

12. 在下列有关回收站的说法中，正确的是(　　)。
A. 扔进回收站中的文件仍可再恢复
B. 无法恢复进入回收站的单个文件
C. 无法恢复进入回收站的多个文件
D. 如果删除的是文件夹，只能恢复文件夹名，不能恢复其内容
13. 对于 Windows 操作系统中的任务栏，描述错误的是(　　)。
A. 任务栏的位置和大小均可以改变
B. 任务栏无法隐藏
C. 任务栏中显示着已打开文档或已运行程序的图标或标题
D. 可以将频繁使用的应用程序锁定到任务栏，以随时快速启动
14. 在 Windows 操作系统中，以下(　　)是任务栏的作用之一。
A. 显示系统的所有功能　　B. 只显示当前活动窗口名
C. 只显示正在后台工作的窗口名　　D. 实现窗口之间的切换

**二、多选题**

1. 下面一组文件中，不能在 Windows 环境下运行的文件是(　　)。
A. PRO. COM　　B. PRO. BAK　　C. PRO. EXE　　D. PRO. SYS
2. 在正常情况下，以下(　　)文件可以被 Windows 画图打开并修改。
A. . png　　B. . txt　　C. . jpg　　D. . bmp
3. 在 Windows 系统中，一个文件夹具有几种属性，它们有(　　)。
A. 只读　　B. 隐藏　　C. 索引　　D. 只写
4. 在 Windows 资源管理器中，以下(　　)是文件夹内的文件和子文件夹的图标表示方法。
A. 小图标　　B. 列表　　C. 平铺　　D. 详细信息
5. 在 Windows 资源管理器中，文件夹目录树的某个文件夹左边有标记，则表示(　　)。
A. 一定存在子文件夹　　B. 一定存在隐藏文件
C. 一定没有子文件夹　　D. 文件夹已展开
6. 以下关于 Windows 任务栏的说法，正确的是(　　)。
A. 可在打开的程序之间切换
B. 可以设置任务栏图标的顺序
C. 可以将程序锁定到任务栏
D. 如果指向某个图标，可看到该页面或程序的一个小预览版本
7. Windows 提供的帮助功能，可以实现(　　)。
A. 联机帮助　　B. 按关键字搜索帮助信息
C. 浏览帮助主题获得帮助信息　　D. 脱机帮助
8. 在 Windows 操作系统中，下面有关打印机方面的叙述中，(　　)是不正确的。
A. 局域网上连接的打印机称为本地打印机
B. 本机上连接的打印机称为本地打印机
C. 使用控制面板可以安装打印机
D. 一台微机只能安装一种打印机驱动程序

**三、判断题**

1. DOS操作系统是多用户单任务的操作系统。 (　　)

2. DOS操作系统与Windows操作系统相比,前者所占的存储空间要小许多。 (　　)

3. Windows是Microsoft公司研制开发的操作系统。 (　　)

4. 在Windows操作系统中,利用安全模式可以解决启动时的一些问题。 (　　)

5. 在Windows操作系统中,有对话框窗口、应用程序窗口、文档窗口。它们都可任意移动和改变窗口大小。 (　　)

6. Windows任务栏始终可见,不可隐藏。 (　　)

7. Windows系统中,用户可以改变任务栏的位置和大小。 (　　)

8. Windows操作系统工作时,任务栏下高亮显示的按钮对应的应用程序是在前台执行的程序。 (　　)

9. Windows操作系统下,所有运行的应用程序都会在任务栏中出现该应用程序的相应图标。 (　　)

10. Windows操作系统的桌面外观可以根据爱好进行更改。 (　　)

11. 磁盘碎片整理程序是一种用于分析本地卷、整理合并碎片文件和文件夹的系统应用程序。 (　　)

12. Windows操作系统提供了多种启动应用程序的方法。 (　　)

13. 当用户启动一个应用程序后,可以在Windows任务管理器的任务列表中找到它。 (　　)

14. Windows操作系统中,后台程序是指被前台程序完全覆盖了的程序。 (　　)

15. Windows操作系统环境下,一个完整的文件标识包括盘符、路径、文件名和扩展名。 (　　)

16. Windows操作系统环境下,文本文件只能用记事本打开。 (　　)

17. Windows操作系统环境下,PRN不能作为用户文件名。 (　　)

18. Windows操作系统环境下,CON可以作为用户文件名。 (　　)

19. 如果一个文件的扩展名为EXE,那么文件必定是可运行的。 (　　)

20. 一个应用程序只可以关联某一种扩展名的文件。 (　　)

21. Windows操作系统环境下,文件扩展名表示这文件的类型。 (　　)

22. Windows操作系统中各应用程序间复制信息可以通过剪贴板完成。 (　　)

23. 剪贴板的内容可以被其他应用程序粘贴,但只能粘贴一次。 (　　)

24. 从进入Windows启动到退出Windows前,剪贴板一直处于工作装填。 (　　)

25. Windows操作系统中,嵌入和链接是有区别的,对于嵌入对象的修改涉及嵌入对象及其原件,而对链接对象的修改只涉及链接对象本身。 (　　)

第3章

# 文字处理 Word 2010

Word 2010 是 Microsoft 公司开发的 Office 2010 办公组件之一，主要用于文字处理工作。Word 2010 在 Word 2007 等版本的基础上进行了各方面的改进，为用户提供更优质的服务。Word 主要用于文档输入与编辑、表格的绘制和处理、文档的排版、绘图及图文混排和打印文档等。

## 3.1 Word 2010 概述

### 3.1.1 Office 2010 办公软件简介

Microsoft Office 2010 是 Microsoft 公司推出的办公软件，不仅保留了用户熟悉和亲切的经典功能，还采用了更加美观实用的操作界面、更智能化和多样化的办公平台以及众多的创新功能。在 Office 2010 中，所有程序都使用了新的 Ribbon 图形用户界面，可与 Windows 7 结合使用，一致的风格更是令人赏心悦目。

Office 2010 的常用组件包括：

Word 2010——图文编辑工具：用来创建和编辑具有专业外观的文档。

Excel 2010——数据处理程序：用来执行计算、分析信息以及可视化电子表格中的数据。

PowerPoint 2010——幻灯片制作程序：用来创建和编辑用于幻灯片播放、会议和网页的演示文稿。

Access 2010——数据库管理系统：用来创建数据库和程序来跟踪与管理信息。

Outlook 2010——电子邮件客户端：用来发送和接收电子邮件；管理日程、联系人和任务；以及记录活动。

OneNote 2010——笔记程序：用来搜集、组织、查找和共享个人的笔记和信息。

Publisher 2010——出版物制作程序：用来创建新闻稿和小册子等专业品质出版物及营销素材。

### 3.1.2 Word 2010 的启动和退出

**1. 启动 Word 2010**

Office 系列软件的启动和运行方式基本相同，Word 2010 可以选择以下常用的启动方法：

(1)"开始"菜单启动

这是最常用、简单的方法,选择"开始"按钮→"所有程序"→"Microsoft Office"→"Microsoft Word 2010"命令,即可启动 Word 2010。如图 3-1 所示。

图 3-1 启动 Word 2010

(2)快捷方式启动

快捷方式启动是用 Windows 桌面的快捷执行命令功能来启动应用程序的方法。首先在桌面建立 Word 2010 的快捷方式(或将 Word 应用程序锁定到任务栏),然后双击桌面快捷方式图标(或任务栏 Word 图标)即可启动 Word 2010,如图 3-2 所示。

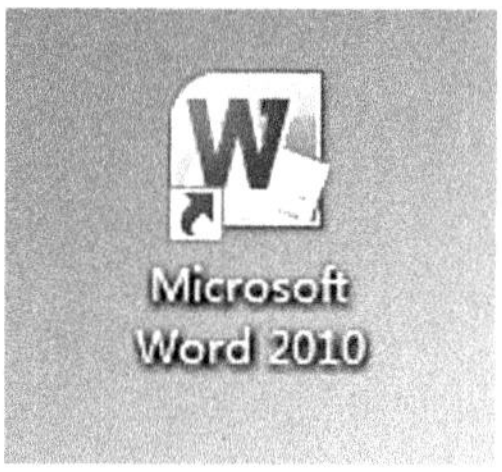


图 3-2 Word 快捷图标

(3)文档启动

在桌面或窗口工作区空白处右击,在弹出的快捷菜单中选择"新建"命令,单击"Microsoft Word 文档"创建一个 Word 文档,双击文件图标,在打开该文件,或双击磁盘文件夹中的任一 Word 文档的同时,都可以启动 Word 程序。

**2. 退出 Word 2010**

用户在完成对 Word 2010 文档的操作后,可以通过多种方法关闭当前文档窗口,常用的方法有:

(1)单击标题栏右上角的关闭按钮。

(2)右击标题栏空白处,在弹出的快捷菜单中选择"关闭"命令。

(3)单击标题栏左上角程序图标,在弹出的快捷菜单中选择"关闭"命令,如图 3-3 所示。

(4)选择菜单栏"文件"→"退出"命令。

(5)指向任务栏,预览窗口右上角点击关闭按钮,或右键跳转列表中"关闭窗口"。

(6)使用组合键＜Alt＞＋＜F4＞退出。

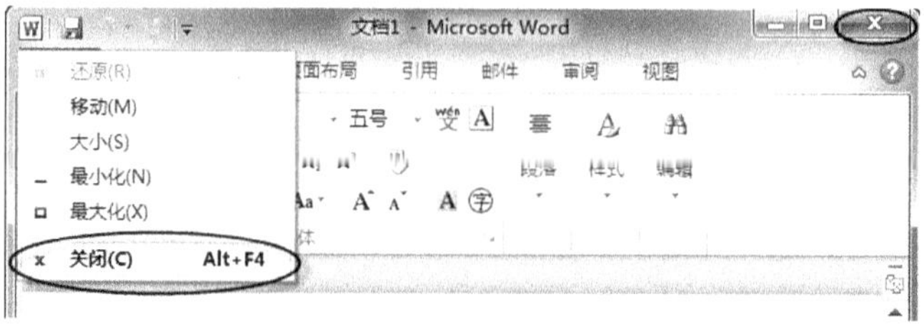


图 3-3 退出 Word 2010

### 3.1.3　Word 2010 工作界面

启动 Word 2010 即可打开 Word 文档窗口界面，如图 3-4 所示。Word 2010 的工作窗口界面包括快速访问工具栏、标题栏、功能选项卡、功能区、文档编辑区、滚动条、标尺、导航窗格、状态栏、视图按钮、缩放比例工具。

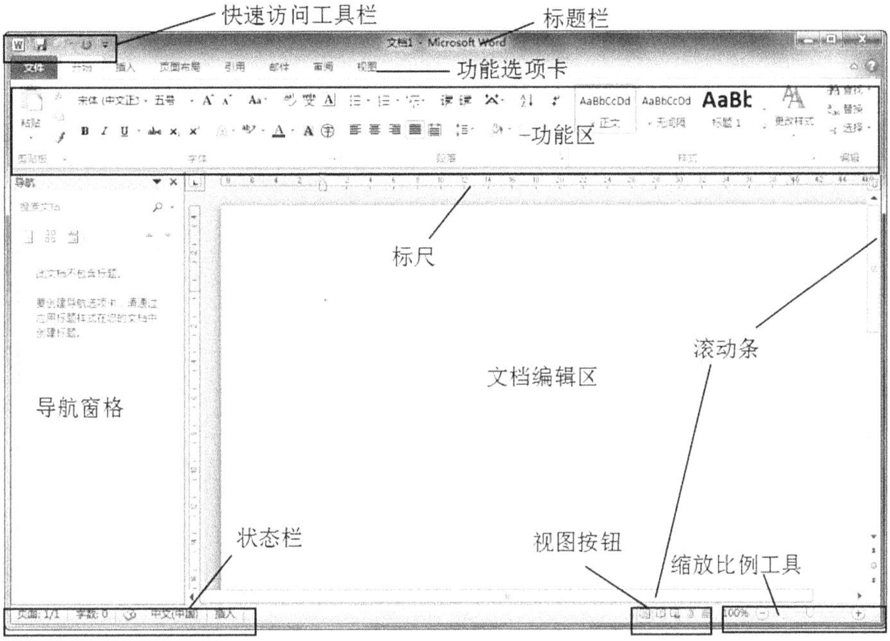


图 3-4　Word 2010 工作界面

(1)快速访问工具栏：默认情况下，快速访问工具栏位于 Word 窗口的顶部左侧，单击快速访问工具栏右侧的倒三角下拉按钮，在弹出的下拉菜单中可以将频繁使用的工具添加到快速访问工具栏中，如图 3-5 所示，也可以选择“其他命令”选项，在打开的“Word 选项”对话框中自定义快速访问工具栏，如图 3-6 所示。

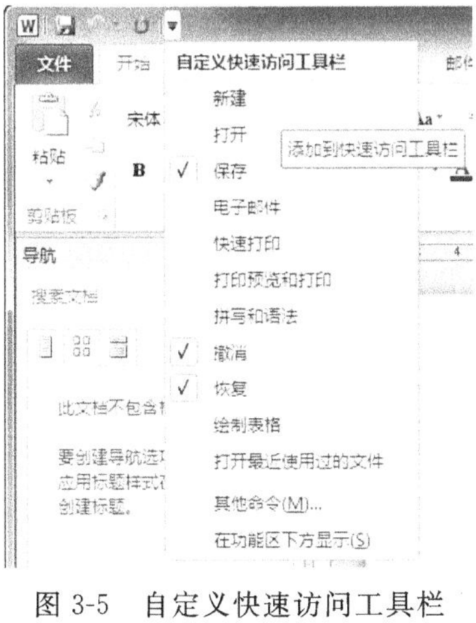


图 3-5　自定义快速访问工具栏

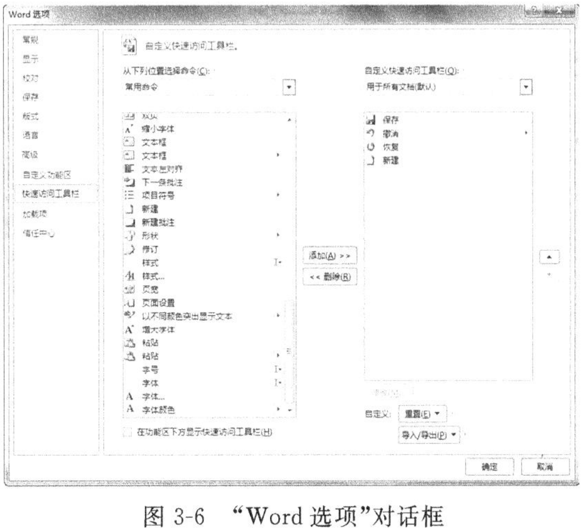

图 3-6　“Word 选项”对话框

(2)标题栏：位于快速访问工具栏右侧，用于显示正在操作的文档和程序的名称等信息。右侧有 3 个窗口控制按钮，分别为“最小化”按钮、“最大化”按钮和“关闭”按钮，单击可以执行相应的操作。

(3)功能选项卡和功能区：Word 2010 取消了传统的菜单操作方式，而代之以各种功能区。在 Word 2010 窗口上方看起来像菜单的名称其实是功能区的选项卡名称，当单击这些名称时并不会打开菜单，而是切换到与之相对应的功能区面板。每个功能区根据功能的不同又分为若干个组。功能选项卡和功能区为相对应的关系，打开某个选项卡即可打开相对应的功能区。每个功能区所拥有的功能如下所述：

①“开始”功能区

“开始”功能区中包括剪贴板、字体、段落、样式和编辑五个组，主要用于帮助用户对 Word 2010 文档进行文字编辑和格式设置，是用户最常用的功能区。

②“插入”功能区

“插入”功能区包括页、表格、插图、链接、页眉和页脚、文本、符号和特殊符号几个组，主要用于在 Word 2010 文档中插入各种元素。

③“页面布局”功能区

“页面布局”功能区包括主题、页面设置、稿纸、页面背景、段落、排列几个组，用于帮助用户设置 Word 2010 文档页面样式。

④“引用”功能区

“引用”功能区包括目录、脚注、引文与书目、题注、索引和引文目录几个组，用于实现在 Word 2010 文档中插入目录等比较高级的功能。

⑤“邮件”功能区

“邮件”功能区包括创建、开始邮件合并、编写和插入域、预览结果和完成几个组，该功能区的作用比较专一，专门用于在 Word 2010 文档中进行邮件合并方面的操作。

⑥“审阅”功能区

“审阅”功能区包括校对、语言、中文简繁转换、批注、修订、更改、比较和保护几个组，主要用于对 Word 2010 文档进行校对和修订等操作，适用于多人协作处理 Word 2010 长文档。

⑦“视图”功能区

“视图”功能区包括文档视图、显示、显示比例、窗口和宏等几个组，主要用于帮助用户设置 Word 2010 操作窗口的视图类型，以方便操作。

有的功能分组右下角会有一个对话框启动器，单击对话框启动器将打开相关的对话框和任务窗格，提供与该组相关的更多选项。

(4)文档编辑区：文档编辑区是 Word 2010 窗口的主要组成部分，建立文档的所有操作结果都将在该区域中完成。文档编辑区中闪烁的光标叫作文本插入点，用于定位文本的输入位置。在文档编辑区的左侧和上侧都有标尺，用于确定文档在屏幕及纸张上的位置。在文档编辑区的右侧和底部有滚动条，当文档在编辑区内置显示了部分内容时，可以拖动滚动条来显示其他内容。

(5)状态栏：位于 Word 界面的最下方，状态栏主要用于显示与当前工作有关的信息。从左边起依次显示文档的当前页和总页数、总字数；提供检查校对和选择语言功能；显示输入状态、录制宏的状态；提供文档视图切换按钮、显示比例按钮和调节显示比例控件，如图 3-7 所示。

页面: 4/67
字数: 31,347
中文(中国)
插入
110%

图 3-7　状态栏

(6)导航窗格：打开导航窗格后，借助于浏览文档中的标题或浏览文档中的页面，用户始终都可以知道自己在文档中的位置，从一个位置到另一个位置的转换也十分简单。用户还可以在导航窗格中查找字词、表格和图形等。

提示：在默认情况下，工作界面中是不会有标尺和导航窗格的，在“视图”选项卡的“显示”组中勾选“标尺”和“导航窗格”复选框，才能将其显示出来，如图 3-8 所示。

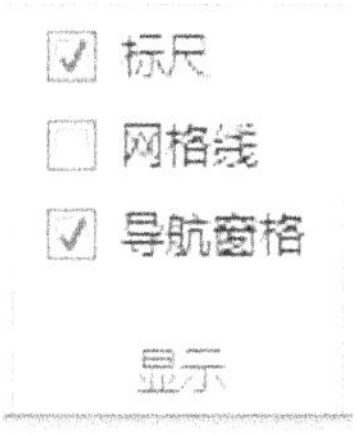

图 3-8　“显示”组

### 3.1.4　Word 2010 视图模式

所谓视图，就是查看文档的方式。文档的不同视图模式可以满足用户在不同情况下编辑、查看文档效果的需要。Word 2010 向用户提供了“页面视图”“阅读版式视图”“Web 版式视图”“大纲视图”和“草稿”共 5 种视图模式。在“视图”功能区的“文档视图”组中，可以选择这 5 种视图模式，还可以单击窗口右下侧的视图切换按钮进行选择。默认视图为“页面视图”。

**1. 页面视图**

“页面视图”可以显示 Word 2010 文档的打印结果外观，主要包括页眉、页脚、图形对象、分栏设置、页面边距等元素，是最接近打印结果的页面视图，如图 3-9 所示。

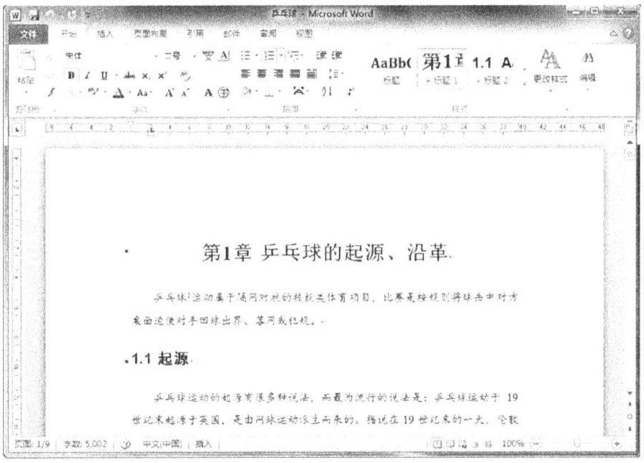

图 3-9　页面视图

**2. Web 版式视图**

“Web 版式视图”以网页的形式显示 Word 2010 文档，Web 版式视图适用于发送电子邮件和创建网页，如图 3-10 所示。

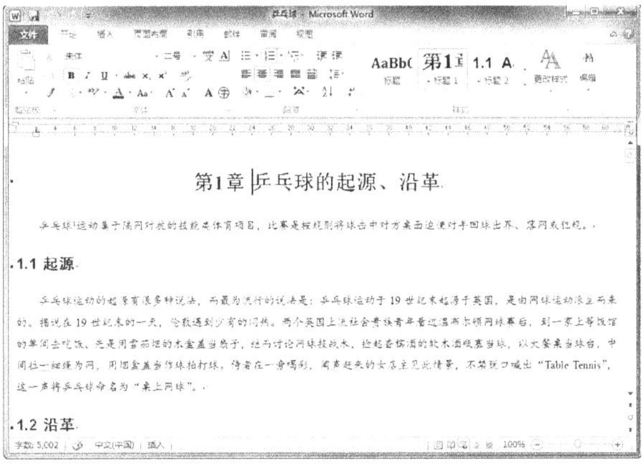

图 3-10　Web 版式视图

### 3. 大纲视图

“大纲视图”主要用于在 Word 2010 文档中设置和显示标题的层级结构，并可以方便地折叠和展开各种层级的文档。大纲视图广泛用于 Word 2010 长文档的快速浏览和设置中，如图 3-11 所示。

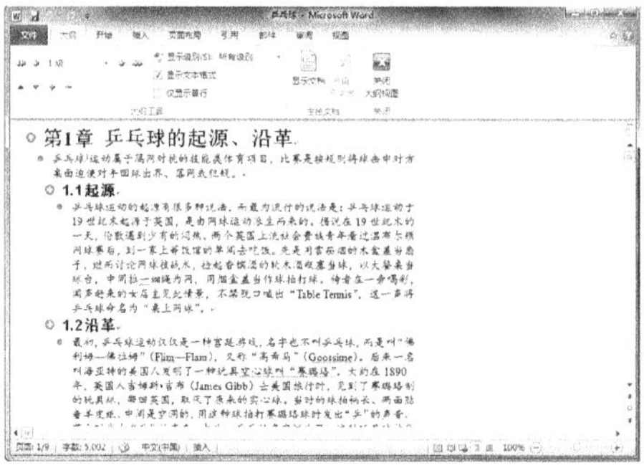


图 3-11　大纲视图

### 4. 草稿视图

“草稿视图”取消了页面边距、分栏、页眉页脚和图片等元素，仅显示标题和正文，是最节省计算机系统硬件资源的视图方式。当然现在计算机系统的硬件配置都比较高，基本上不存在由于硬件配置偏低而使 Word 2010 运行遇到障碍的问题，如图 3-12 所示。

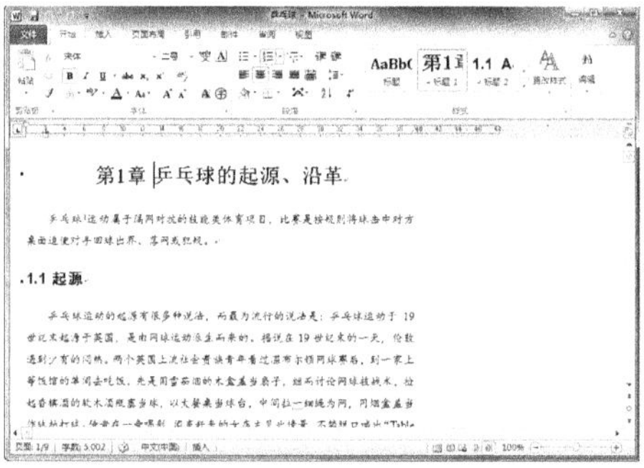


图 3-12　草稿视图

### 5. 阅读版式视图

“阅读版式视图”以图书的分栏样式显示 Word 2010 文档，“文件”按钮、功能区等窗口元素被隐藏起来。在阅读版式视图中，用户还可以单击“工具”按钮选择各种阅读工具，如图 3-13 所示。

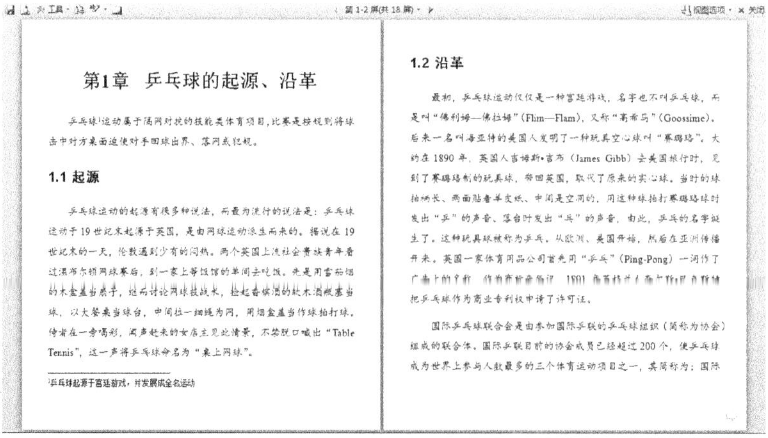


图 3-13　阅读版式视图

在“视图”功能区的“显示”组中勾选“导航窗格”复选框，窗格中将以树状结构列出文档中所有设置了大纲级别的标题，单击某一个标题可以展开或收缩下一级标题，并且可以快速定位到标题对应的正文内容，还可以显示文档的缩略图。此功能对应 2003 版本中的“文档结构图”，也可以和前面几种视图模式结合起来共同使用，对于长文档的编排非常有用，如图 3-14 所示。

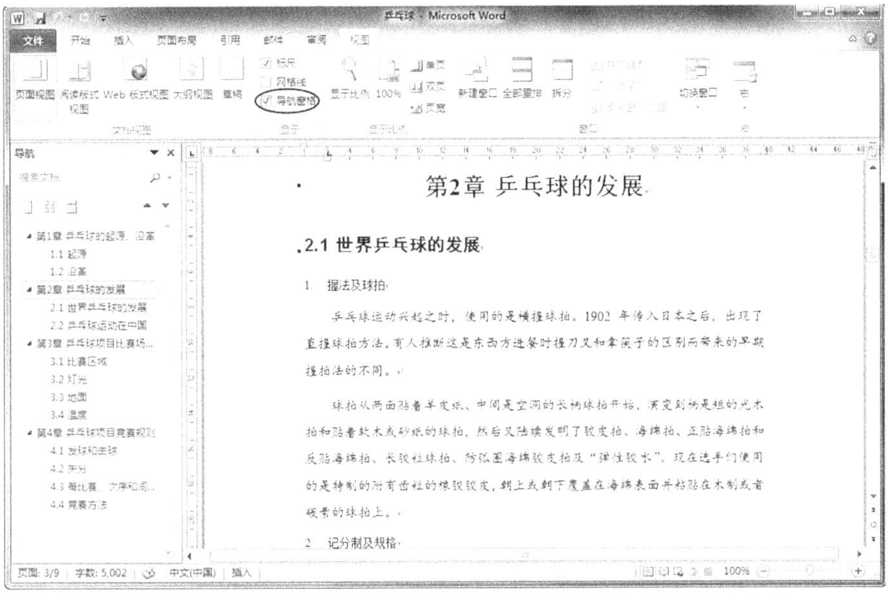


图 3-14　文档结构图

# 3.2　文档基本操作

## 3.2.1　文档的创建和打开

**1. 创建空白文档**

(1)选择“开始”→“所有程序”→“Microsoft Office”→“Microsoft Office Word 2010”命令，即可创建一个空白文档，新建的文档名称为“文档 1”。

(2)在编辑文档过程中，如果需要创建新的空白文档，可以使用“文件”选项卡新建文档。单击“文件”→“新建”命令，在“可用模板”面板中选择“空白文档”，单击“创建”按钮，或直接双击“空白文档”，均可创建空白文档，如图 3-15 所示。或按＜Ctrl＞＋＜N＞快捷键，也可直接创建空白文档。

**2. 利用模板创建文档**

除了通用型的空白文档模板之外，Word 2010 中还内置了多种文档模板，如博客文章模板、书法字帖模板等等。另外，Office. com 网站还提供了证书、奖状、名片、简历等特定功能模板。借助这些模板，用户可以创建比较专业的 Word 2010 文档。单击“文件”→“新建”命令，在“可用模板”选项区域中，用户可以单击“博客文章”、“书法字帖”等 Word 2010 自带的模板创建文档，还可以单击 Office. com 提供的“名片”、“日历”等在线模板。比如在如图 3-16 所示的“样本模板”库中，单击合适的模板，然后单击“创建”按钮，系统会生成含有模板样式的文档，

图 3-15　新建空白文档

用户需要做的就是用自己的内容替换示例文本即可。

此外,用户还可以自己定义和设计模板。用户只需要把设计好的演示文稿另存为模板文件即可创建新的模板。自定义模板存放在“我的模板”中。

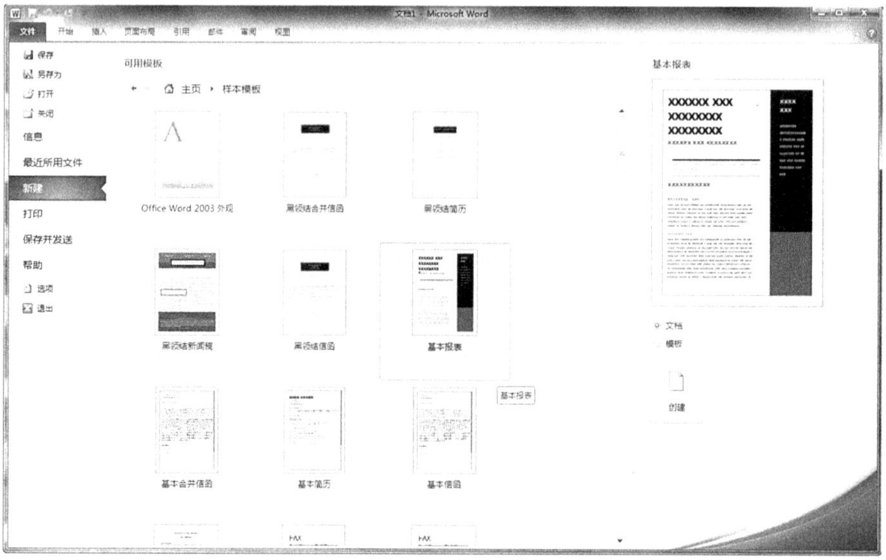


图 3-16　“样本模板”库

**3. 打开文档**

对于已经保存在磁盘上的文档,想要对其进行编辑、排版和打印等操作,需要先将其打开。

(1)在文件夹中找到相应文档文件,直接双击已保存的文档。

(2)单击“文件”选项卡中的“打开”命令,在“打开”对话框中,选择目标文件所在的文件夹,单击该文件,点击“打开”按钮或直接双击文件(或使用快捷键＜Ctrl＞＋＜O＞),即可在工作界面打开该文件,如图 3-17 所示。

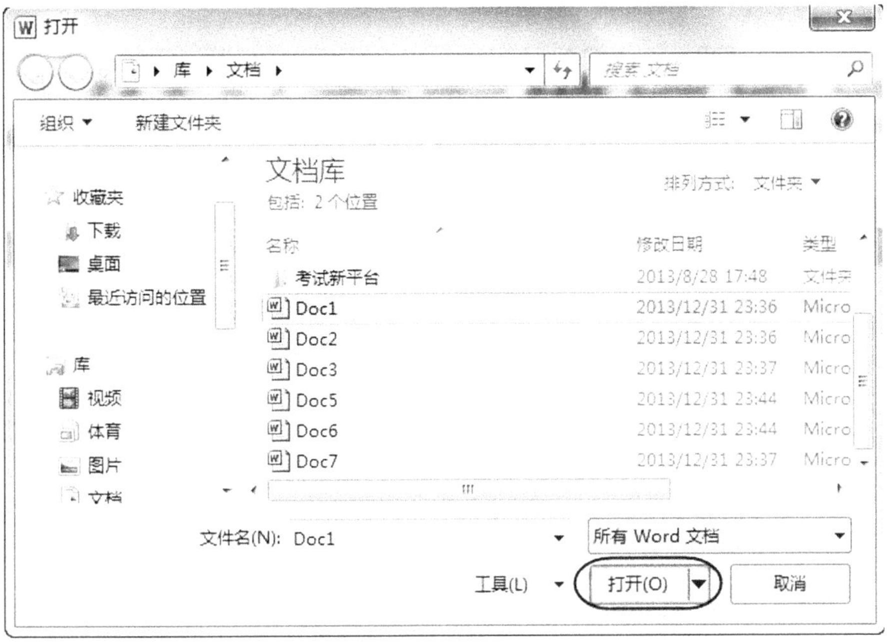


图 3-17　打开文档

(3)打开 Word 2010 程序后，把需要打开的文档用鼠标拖曳到程序的窗口中打开文档。

### 3.2.2　文档的保存

在新建一个文档或对文档进行修改之后，都需要对文档进行保存。

**1. 保存新建文档**

单击"文件"选项卡中的"保存"或"另存为"命令，或单击左上角快速访问工具栏中的"保存"按钮(或使用<Ctrl>+<S>快捷键)。在弹出的"另存为"对话框中，从左边导航窗格表中选择保存此工作簿的位置，在"文件名"文本框中输入一个新的文件名，在"保存类型"中选择相应的文件类型，单击"保存"按钮即可，如图 3-18 所示。

Word 2010 默认选择保存类型为"Word 文档(*.docx)"，此外还可以保存为 Word 97-2003 文档(*.doc)、PDF(*.pdf)、网页(*.htm; *.html)和纯文本(*.txt)等格式类型，如图 3-19 所示。

图 3-18　"另存为"对话框

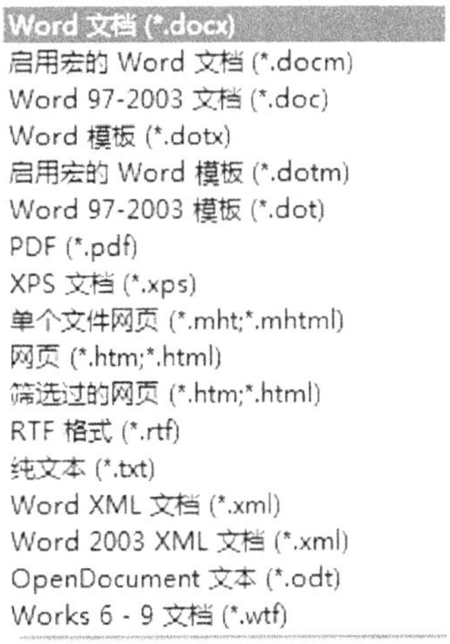


图 3-19　文档保存类型列表

**2. 保存已有文档**

单击“文件”选项卡中的“保存”命令或单击左上角快速访问工具栏中的“保存”按钮(或按快捷键<Ctrl>+<S>),则当前编辑的工作簿将以原文件名保存在原来的位置,不会出现“另存为”对话框。保存后,工作簿仍然保留在当前编辑窗口中,用户可继续进行操作。

提示:在编辑工作簿的过程中,应随时进行保存,以免出现意外情况,造成数据和操作的丢失。

**3. 保存为另一文档**

若正在编辑的文档已经被保存过,但希望以其他的文件类型或文件名重新保存,或存储到其他位置,可单击“文件”选项卡的“另存为”命令,弹出如图 3-18 所示的“另存为”对话框,选择位置,输入新文件名保存即可。

**4. 自动保存**

Word 2010 提供了定时自动保存功能,以便在遭遇断电、计算机死机等意外情况时,恢复自动保存的内容,减小数据丢失的概率。单击“文件”→“选项”命令,弹出“Word 选项”对话框,如图 3-20 所示,在该对话框左侧选择“保存”选项,在右侧窗格中选中“保存自动恢复信息时间间隔”复选框,系统默认自动保存时间间隔为 10 分钟,用户可以根据个人情况设置。

图 3-20 设置自动保存

### 3.2.3 文本的输入

**1. 输入文本**

用户可以在文档编辑区输入正文内容。在输入文本的过程中,可将光标定位到文档中的任意位置来进行输入操作。输入文本时,插入点自动右移,当输入的文本到达右方边界时,Word 会自动换行。如果需要建立新的段落,应该按回车键(<Enter>键),这时 Word 会插入一个段落标记“↵”,并且将光标移动到新段落的首行。段落标记是段落的标志,也称为硬回车,在 Word 中的代码是“^p”。

与硬回车相对的是软回车“↓”，如图 3-21 所示。在 Word 中的名称为“手动换行符”，代码为“^l”，通过按<Shift>+<Enter>组合键输入，或单击“页面设置”→“分隔符”→“自动换行符”输入(此处的“自动换行符”应该是 Word 中文版的翻译错误，实际上是指“手动换行符”)，如图 3-22 所示。软回车不是真正意义上的段落标记，而是一种换行标记，因此被换行符分割的文字其实仍然还是一个段落中的，Word 中基于段落的所有操作都是不会以自动换行符为段落结尾的。

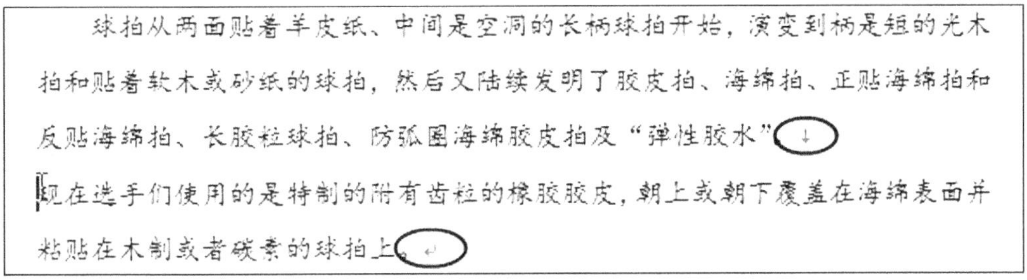


图 3-21　换行符

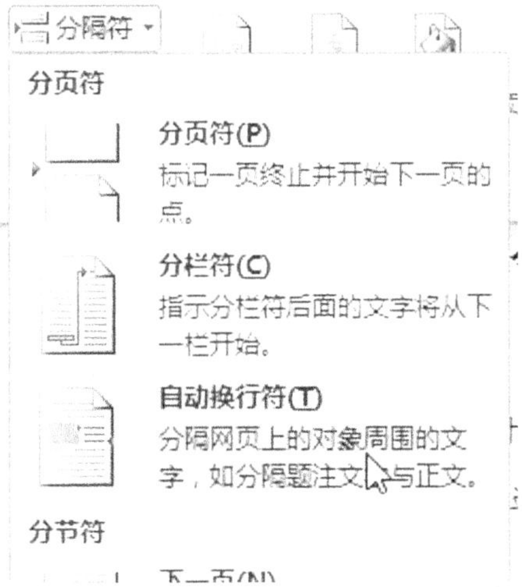


图 3-22　软回车

输入文本时有两种工作状态：“改写”和“插入”。在“改写”状态下，输入的文本将覆盖光标右侧的原有内容；而在“插入”状态下，将直接在光标处插入输入的文本，原有内容依次向右移动。按<Insert>键或用鼠标单击状态栏“改写/插入”按钮，即可切换“改写”和“插入”状态。

**2. 输入符号和特殊字符**

通常情况下，在文档中输入文本时，除了包含中英文字符以及常用标点符号外，经常会遇到要输入键盘上未能提供的符号(如罗马数字、希腊字符、数学符号、图形符号等)，这就需要使用 Word 2010 提供的插入符号功能。单击“插入”选项卡的“符号”组中的“符号”按钮，如果以前使用过相关的符号，单击“符号”按钮后，如图 3-23 所示，会显示一些可以快速添加的符号；如果没有找到要添加的符号，可以单击“其他符号”按钮，在弹出的“符号”对话框中，选择点击需要的符号，单击“插入”按钮即可将其插入到文档中，如图 3-24 所示。“特殊字符”选项卡为用户提供了一些有特殊需要的符号，如图 3-25 所示。

图 3-23　插入符号

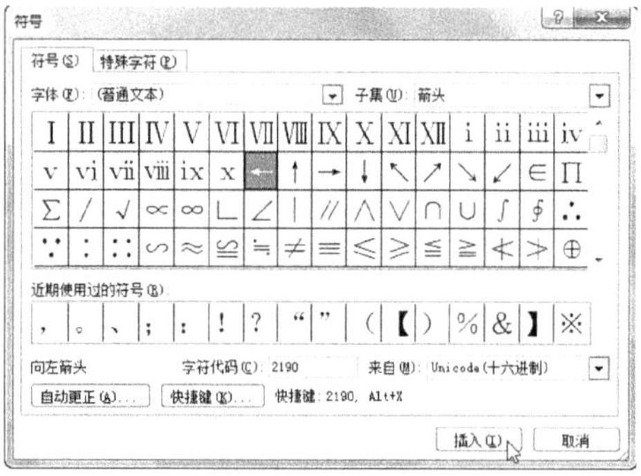


图 3-24 “符号”对话框

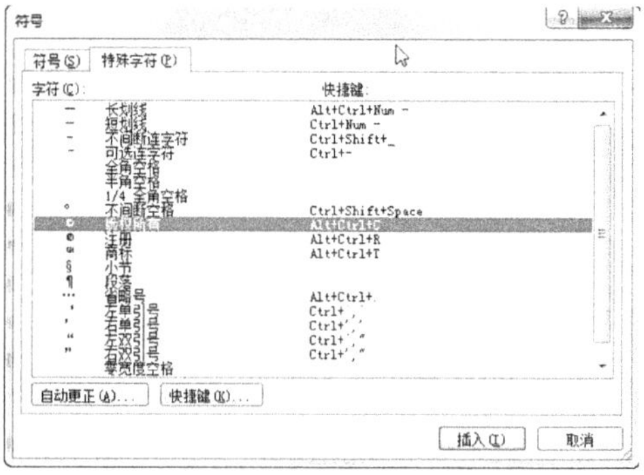


图 3-25 “特殊字符”选项卡

**3. 输入日期和时间**

在 Word 文档中可以快速地输入系统当前准确的日期或时间。单击“插入”选项卡的“文本”组中的“日期和时间”按钮,弹出“日期和时间”对话框,如图 3-26 所示,选择需要的时间和日期格式,单击“确定”按钮即可将其输入到文档中。

*提示:如果在对话框中勾选“自动更新”复选框,则输入文档的日期和时间就会自动更新,如果未勾选,那么输入的日期和时间将始终显示为输入时的日期和时间。*

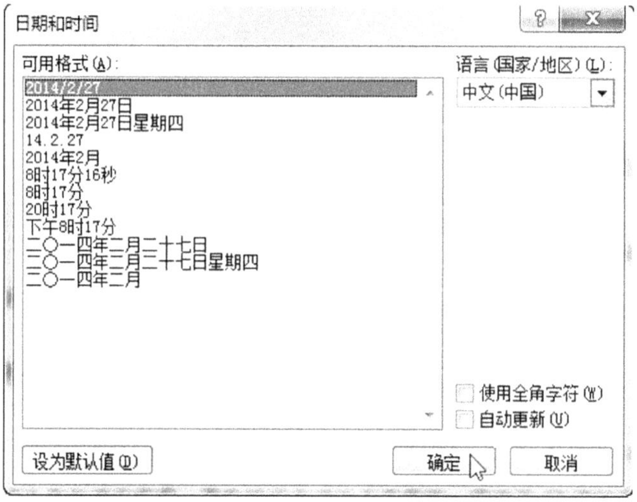


图 3-26 “日期和时间”对话框

**4. 输入数学公式**

Word 中可以输入普通的数学公式,也可以使用数学符号库构建自己的公式。单击“插入”选项卡中“符号”组中的“公式”下拉按钮▼,在下拉列表中系统内置数学公式,选择点击需要的公式即可将其输入到文档中,如图 3-27 所示。如果需要构建其他公式,可以直接单击“公式”按钮,或在下拉列表中单击“插入新公式”命令,系统自动出现并切换到“公式工具”选项卡下,用户可以利用“设计”中的“工具”“符号”和“结构”功能分组,构建用户自己需要的公式,如图 3-28 所示。

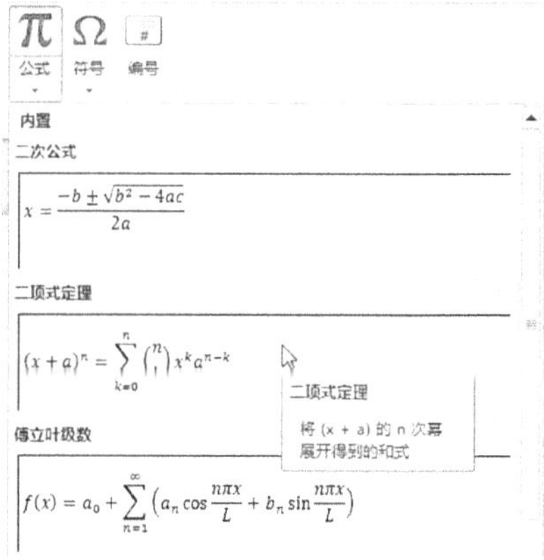


图 3-27 输入公式

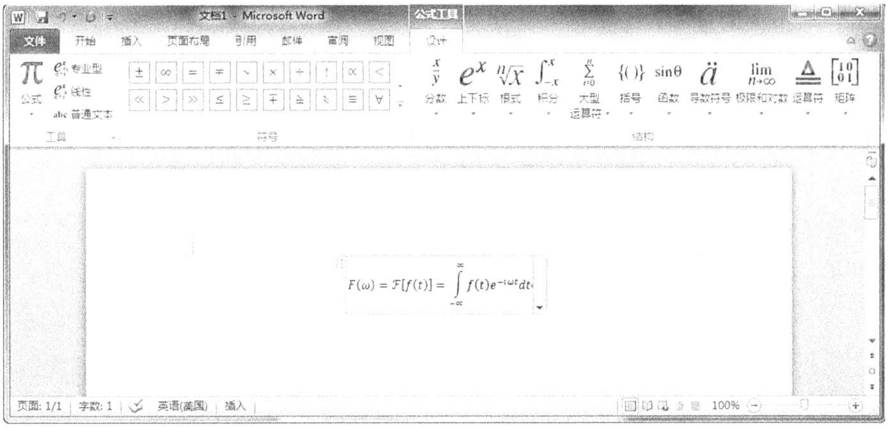

图 3-28　公式编辑

### 3.2.4　编辑文本

**1. 文本的选择**

在对文档中的文本进行编辑操作之前首先要选择文本，只有选择文本后才能对文本进行任意编辑。在 Word 2010 中可以使用鼠标、键盘、鼠标和键盘相结合的方法来选择文本。

(1)使用鼠标选择

要选择文本对象，最常用的方法就是通过鼠标选取。

①拖曳鼠标选中文本

将光标定位到需要选择文本的开始位置，单击鼠标并按住鼠标左键不放，拖曳到需要选择文本的结束位置，释放鼠标左键即可选中文本。如果要选择多行文本，将光标移至开始行左侧空白区域，当光标指针变为箭头形状时，按住左键不放并向下拖动光标，即可选择多行文本。如果要选择多段文字，从文档开始位置，拖曳鼠标到最后位置，即可选中需要选择的文本。

②点击鼠标选中文本

要选择某个字符、词语或者词组，可将鼠标指针移动到要选择对象的任意位置，然后双击即可选中它们。如果要选择文档中的某一行的文本，可先将鼠标指针移至需要选择的某一行左侧空白区域，单击左键，即可选择整行文本；双击左键，或在该段文本任意位置连续单击左键 3 次可以选中整段文本。在文档左侧空白区域，连续单击左键 3 次即可对文档进行全选操作。

(2)使用键盘选择

Word 2010 提供了一套利用键盘选择文本的方法，主要是通过<Ctrl>、<Shift>和方向键来实现的，如表 3-1 所示。

**表 3-1　快捷键选择文本**

| 按键操作 | 选择项目 |
|---|---|
| Shift+↑/↓ | 向上或下选择一行 |
| Shift+←/→ | 向左或右选择一个字符 |
| Ctrl+Shift+↑/↓ | 选择文本到段首或段末 |
| Shift+Home/End | 选择内容到行首或行尾 |
| Shift+Page Down/Up | 选择内容到下或上一屏幕 |
| Ctrl+Shift+Home/End | 选择内容到文档开头或结尾 |
| Ctrl+A | 全选文档内容 |

(3)使用“鼠标+键盘”选择

“鼠标+键盘”也是比较常用的选择文本的方法，这种方法能够弥补单纯使用鼠标或键盘选择文本的不足。按住键盘上的<Ctrl>键单击文本中的任意位置，可以选择鼠标点击处的一个句子。将光标定位到所选文本的开始位置，按住<Shift>不放，同时单击所选文本的结束位置，即可选择需要的文本。此外，先选择一个文本区域，再按住<Ctrl>不放，然后再选择其他所需要的文本区域，即可同时选择多个不相邻的文本，如图 3-29 所示。

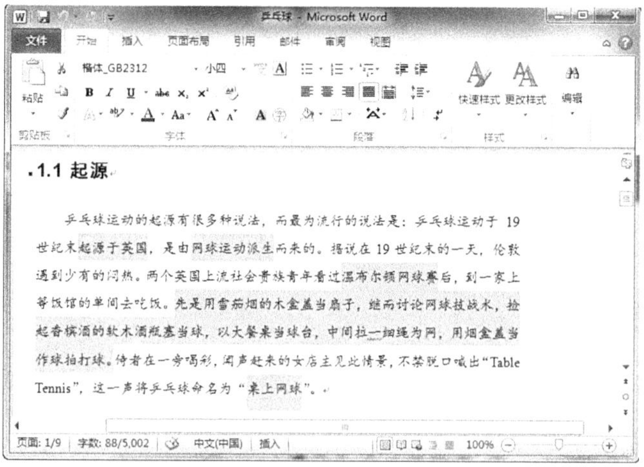


图 3-29　选择不相邻文本

**2. 文本的插入、修改和删除**

在对 Word 文档进行编辑时，需要对文本进行修改和删除操作，包括插入漏输的文本，改写或删除错误内容等操作。

(1)插入文本

将光标移动到要插入文本的位置并单击，输入新的内容文本即可，Word 会自动将原来的文本向右移动。

(2)修改文本

选择错误的文本后，直接输入文本内容；还可以通过“改写”状态改写文本，将光标移至要修改的文本之前，点击状态栏“插入/改写”按钮，使之处于“改写”状态后，输入替换文本。

(3)删除文本

选择需要删除的文本，按键盘上的<Backspace>键或<Delete>键即可删除；或将光标定位到需要删除的文本的左侧(或右侧)，然后按<Delete>键向后(或<Backspace>键向前)删除文本内容。

**3. 文本的移动和复制**

在 Word 中移动文本的方法有两种，一种是选择需要移动的文本后，按住鼠标左键拖动，将选中的文本移动到目标位置，操作过程详见表 3-2；另一种是选择需要移动的文本后，利用剪切和粘贴功能移动文本。

**表 3-2　使用鼠标拖曳移动或复制文本**

| 步骤 | 移动 | 复制 |
|---|---|---|
| 1 | 选择需移动的文本 | |
| 2 | 移动光标至被选文本上方，使光标形状变为箭头 | |
| 3 | 按住左键不放，箭头下方增加了一个小的虚线框和一个虚线的文本插入点，如图 3-30 所示。 | |
| 4 | 拖动插入点移动到指定位置后释放鼠标 | 按住<Ctrl>键同时拖动插入点移动到指定位置 |

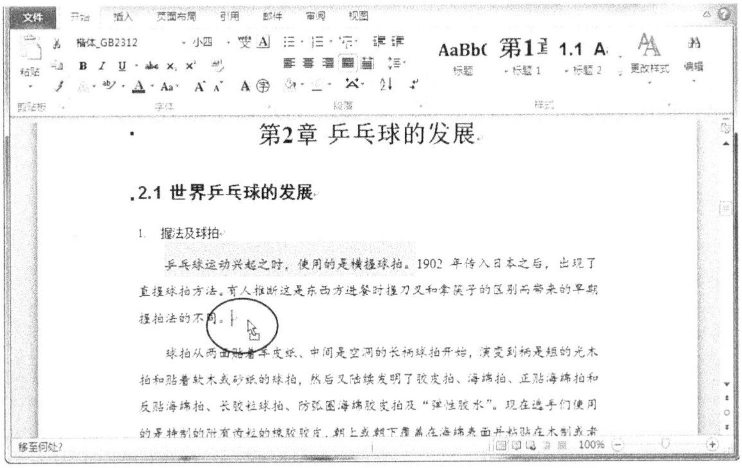


图 3-30　鼠标拖曳移动或复制文本

在“开始”选项卡的“剪贴板”组中有“剪切”“复制”和“粘贴”按钮，选择文本后单击右键，在弹出的快捷菜单上也有与功能区相对应的操作命令，如图 3-31 所示。文本内容的移动和复制操作过程见表 3-3。

图 3-31　剪切、复制和粘贴

**表 3-3　使用功能命令移动和复制文本**

| 步骤 | 移动 | 复制 |
|---|---|---|
| 1 | 选择需移动的文本 | |
| 2 | 单击“剪切”按钮(或快捷键<Ctrl>+<X>) | 单击“复制”按钮(或快捷键<Ctrl>+<C>) |
| 3 | 将光标定位到指定位置 | |
| 4 | 单击“粘贴”按钮(或快捷键<Ctrl>+<V>) | |

执行剪切和复制操作后，在粘贴文档的过程中，有时候希望粘贴后依然保留原文本格式，有时候希望只保留粘贴后的文本内容。在 Word 2010 中，粘贴文本时，有 3 个粘贴选项可供选择，如图 3-32 所示。

①保留源格式：被粘贴内容保留原始内容的格式；

②合并格式：被粘贴内容摒弃原始内容的格式，并自动匹配现有目标位置格式；

③只保留文本 A：被粘贴内容清除原始内容和目标位置的所有格式，仅仅保留文本。

此外还可以采用“选择性粘贴”功能，选择以不同的形式来粘贴目标文本。比如，把源文本内容粘贴为图片形式，如图 3-33 所示。

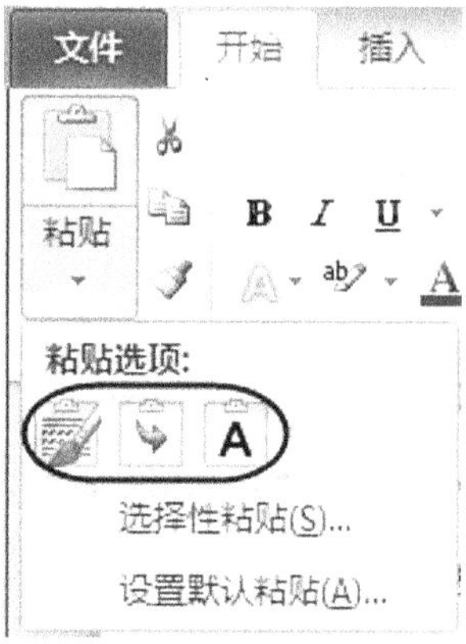


图 3-32 粘贴选项

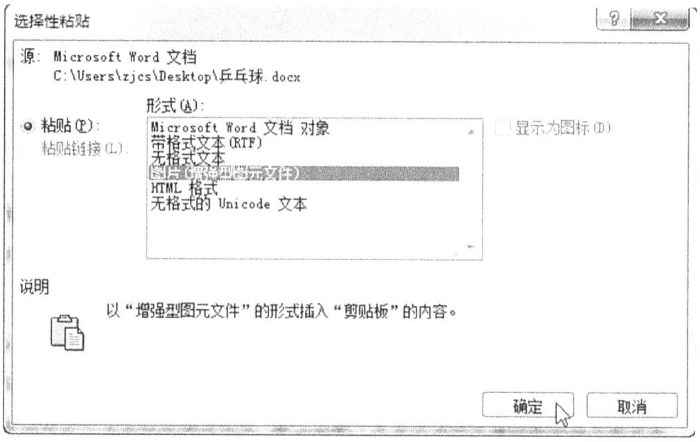


图 3-33 选择性粘贴

**4. 撤销和重复**

编辑文档时 Word 会自动记录一系列的操作过程,一旦操作失误,可以通过撤销和重复功能方便快速地进行纠正。

(1)撤销

单击快速访问工具栏中的"撤销"按钮,或者使用<Ctrl>+<Z>快捷键,即可撤销最近一次的操作。每按一次"撤销"按钮可以撤销前一步的操作,如要撤销连续的前几步操作,则可单击"撤销"按钮右边的倒三角下拉按钮▼,在弹出的下拉列表中拖动鼠标选择要撤销的多个操作步骤。

(2)重复

重复操作是在没有进行过撤销操作的前提下重复对 Word 文档进行的最后一次操作。例如改变某一段文字的字体后,也想对另外的几个段落进行同样的设置,那么就可以选定这些段落,然后点击"重复"按钮,或者使用<Ctrl>+<Y>快捷键进行重复操作。当进行过撤销操作后,再使用"重复"命令,将会恢复被撤销的操作。

**5. 查找和替换**

Word 2010 的查找功能可以帮助用户快速搜索到所需要的内容,它可以在文档中查找中文、英文、数字、标点符号和格式代码等任意字符,也可以使用替换功能快速查找到文档内容或文档格式,并将其替换为新的内容。

(1)定位

定位也是一种查找,它可以定位到文档中的某一个指定位置,而不是指定的内容,如某一行、某一页或某一节等。用户可以使用鼠标点击滚动条的滚动按钮或拖曳滚动滑块进行定位,也可以使用键盘进行定位。使用"跳转"命令可以直接跳到所需的特定位置,选择"开始"→"编辑",单击"查找"按钮右侧的下拉按钮 查找,在下拉菜单中选择"转到"命令,弹出"查找和替换"对话框,在"定位"选项卡中,用户选择定位目标后,可输入数字符号进行定位,如图 3-34 所示。

(3)查找

查找功能可以帮助用户快速定位到目标位置以便找到想要的信息。"查找"分为查找和高级查找。

①查找

选择"开始"→"编辑",单击"查找"按钮,在文档的左侧显示"导航"任务窗格,在"搜索文

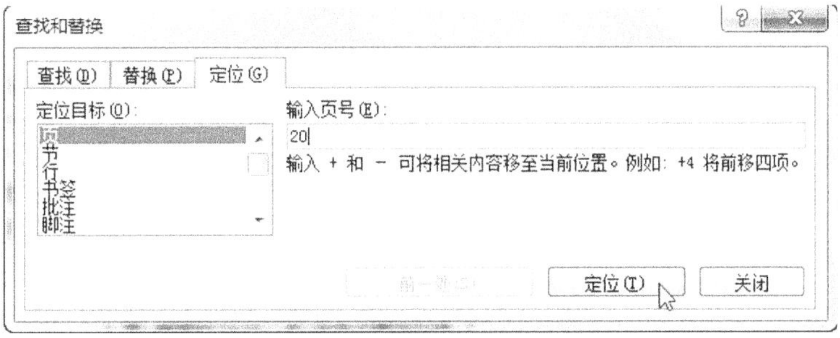


图 3-34　定位目标

档”的文本框中输入需要搜索的内容，如“乒乓球”，Word 自动在文档中从光标位置开始查找，将查找到的所有结果以黄底黑字显示，如图 3-35 所示。

单击“导航”任务窗格右上角的“关闭”按钮关闭窗格，即可完成对文档中内容的查找操作，查找到的结果将恢复原来的显示状态。

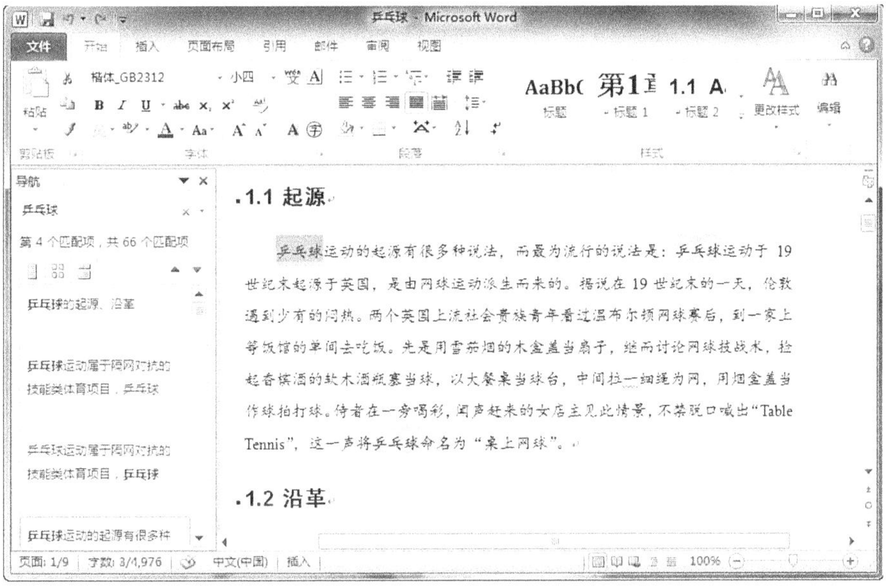


图 3-35　“导航”窗格查找

②高级查找

选择“开始”→“编辑”，单击“查找”按钮右侧的下拉按钮，在弹出的下拉菜单中选择“转到”命令，弹出“查找和替换”对话框，在查找内容中输入需要查找的文本，点击“查找下一处”按钮，此时 Word 将开始查找，如果查找不到，则弹出提示信息对话框，提示未找到搜索项。如果查找到文本，Word 将会定位到文本位置并将查到的文本背景用淡蓝色显示。在“查找和替换”对话框中点击“更多”按钮，在展开的面板中，“搜索选项”区域可以对搜索范围、是否区分大小写、是否使用通配符等进行更详细的设置，也可以选择“格式”或“特殊格式”进行查找，如图 3-36 所示。

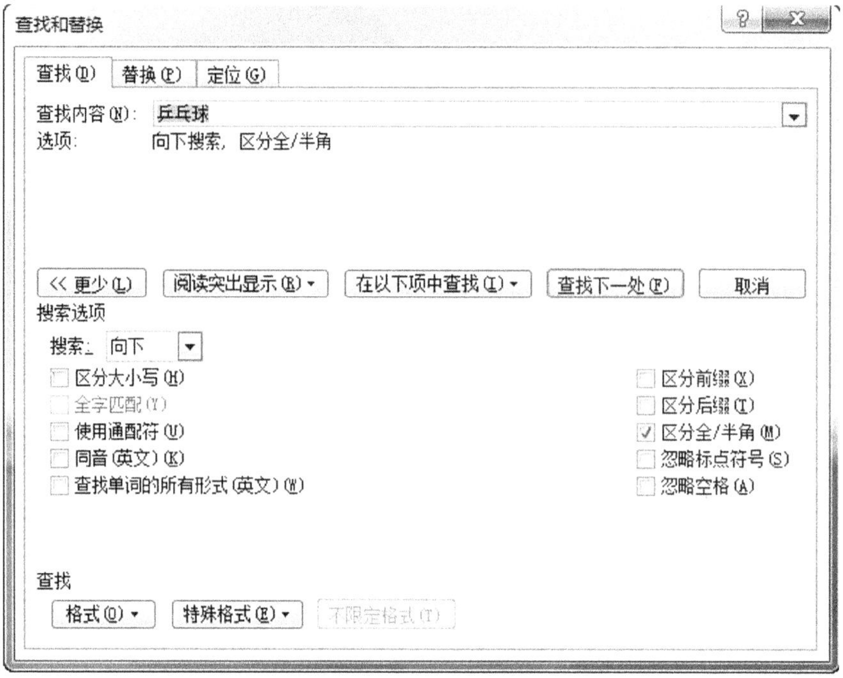


图 3-36　高级查找

(3)替换

替换功能可以帮助用户方便快捷地将查找到的文本更改或批量修改为相同的内容。选择“开始”→“编辑”，单击“替换”按钮，弹出“查找和替换”对话框。实际上，替换操作和查找操作是同一个对话框的不同选项卡对应的功能，例如，要将文档中的“中国”全部替换为“我国”，在“查找内容”文本框中输入“中国”，然后在“替换为”文本框中输入“我国”，如图 3-37 所示，单击“全部替换”按钮即可。如果不是全部替换，则可以结合“查找下一处”按钮和“替换”按钮进行操作。

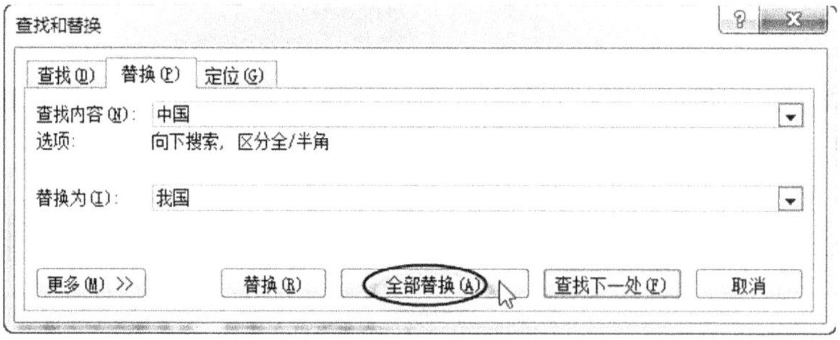


图 3-37　替换操作

提示：替换功能可以完成文档中多余空格或空行的删除操作，具体操作方法详见本节实例 1 和下一节应用实例。

**6. 拼写和语法检查**

Word 2010 提供了很强的拼写和语法检查功能。用户使用这些功能，可以减少文档中的单词拼写错误以及中文语法错误。红色波浪线标识可能出现拼写错误，或者 Word 程序无法识别的单词，例如固有名词或地名等；绿色波浪线标识 Word 程序判定需要修订的语法错误，如图3-38所示。

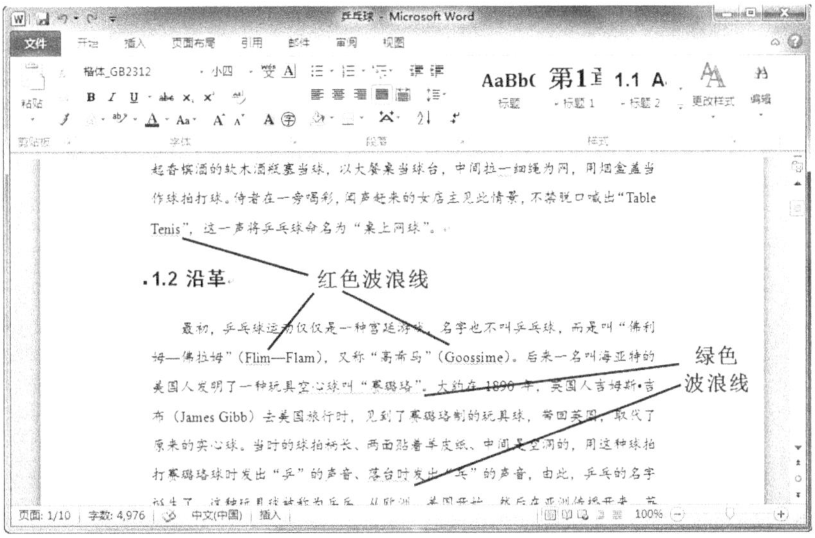


图 3-38　拼写和语法错误标识

鼠标光标指向被标识出错的文本(以“Table Tenis”为例),右键单击,语法错误或拼写错误分别对应的快捷菜单弹出,如图 3-39 和图 3-40 所示。用户可根据实际情况选择忽略错误,还是通过选择快捷菜单中的“语法”或“拼写检查”命令,打开“拼写和语法”对话框进行修改,或者单击“审阅”→“校对”组中的“拼写和语法”按钮(或按<F7>键),出现如图 3-41 所示的“拼写和语法”对话框,在该对话框中可以从光标的当前位置对整篇文档的错误进行校对。

图 3-39　语法错误对应的快捷菜单

图 3-40　拼写错误对应的快捷菜单

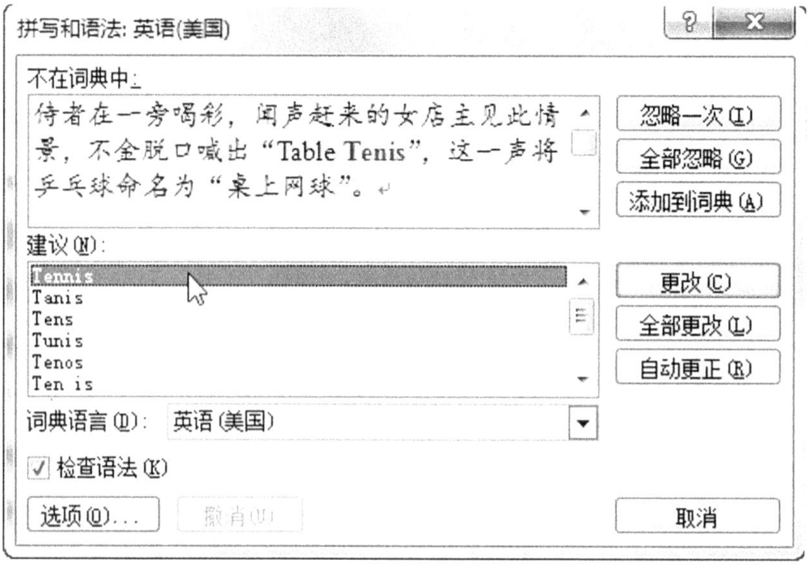


图 3-41 "拼写和语法"对话框

## 7. 批注和修订

(1)批注

批注是文档的审阅者为文档添加的注释、说明、建议、意见等信息。在把文档分发给审阅者前最好设置文档保护,可以使审阅者只能添加批注而不能对文档正文进行修改。"批注"功能有利于保护文档和工作组成员之间的交流。

在文档中选中要添加批注的文字,然后选择"审阅"选项卡,在"批注"组中单击"新建批注"按钮,选中的文字将被填充颜色,并且被一对括号括起来,旁边为批注框;在批注框中的"批注[zn]:"(n=1,2,3,…)的后面写上批注内容,然后单击文档的任意位置即可完成批注的添加,如图 3-42 所示。如果需要对批注的内容进行修改,只要在已经添加批注的内容上右击,在弹出的快捷菜单中选择"编辑批注"命令,然后将光标定位到批注框中相应位置即可进行修改。

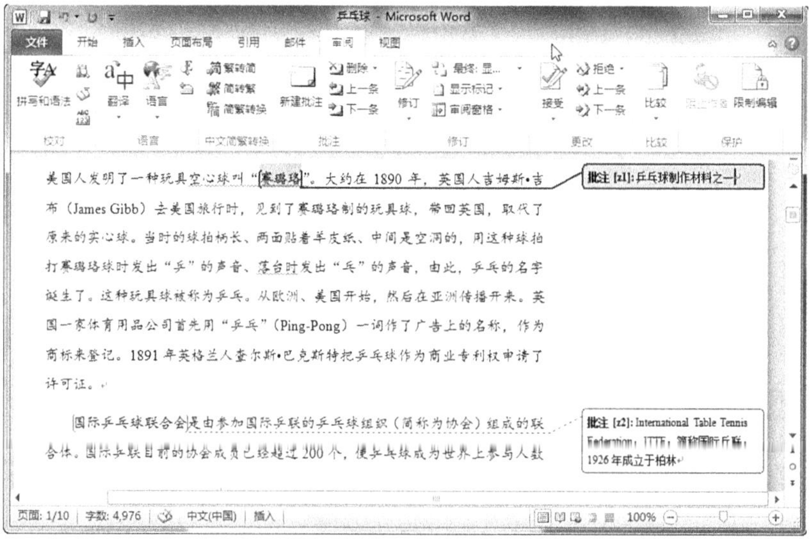


图 3-42 添加批注

如果需要删除批注，只需要选中要删除的批注，再选择“审阅”选项卡，此时，“批注”组的“删除”按钮处于可用状态，单击“删除”按钮，即可将选中的批注删除；用户还可以在需要删除的批注上右击，在弹出的快捷菜单中选择“删除批注”命令进行删除。此外，单击“删除”按钮的下拉按钮，在弹出的快捷菜单中选择“删除文档中的所有批注”命令即可一次性删除所有批注，如图 3-43 所示。

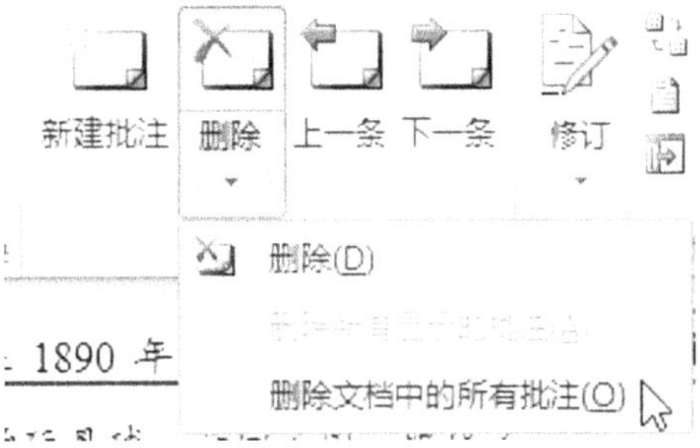


图 3-43　删除所有批注

(2)修订

修订能够让文档作者跟踪多位审阅者对文档所做的修改，这样文档作者可以一个一个地复审这些修改并根据实际情况来接受或拒绝审阅者所做的修订。修订是显示文档中所做的诸如删除、插入或者其他编辑更改的标记。启用修订功能，作者或审阅者的每一次插入、删除或是格式更改都会被标记出来。

启用修订功能的操作步骤如下：选择“审阅”选项卡；单击“修订”组中的“修订”按钮，可使文档处于修订状态。在修订状态中，所有对文档的操作都将被记录下来，这样能快速地查看文档中的修订，如图 3-44 所示，单击“保存”按钮即可保存对文档的修订。不同的用户对同一文档的修订，会以不同的颜色标记。如果需要退出修订状态，只要再一次单击“修订”按钮即可。

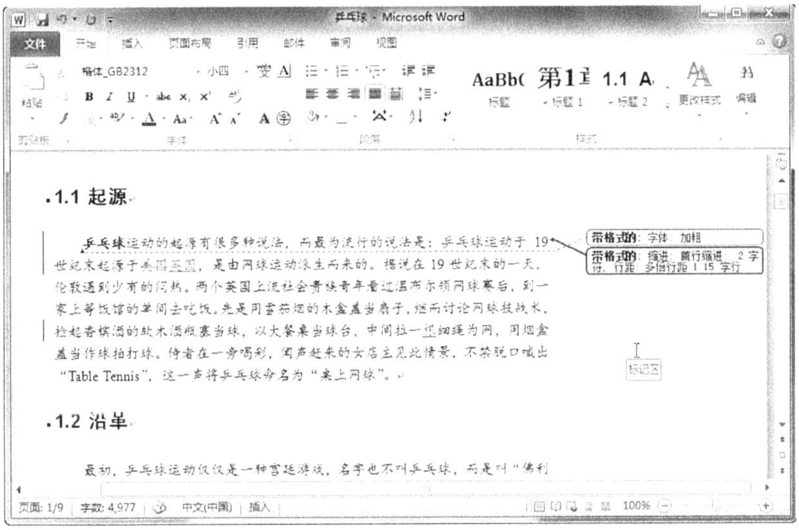


图 3-44　修订状态

在对文档进行修订后，如果修订的内容是正确的，就可以接受修订。将光标移至需要接受修订的内容处，选择“审阅”选项卡，然后单击“更改”组中的“接受”按钮下方的下拉箭头，在弹出的快捷菜单中选择“接受并移到下一条”命令，即可接受文档中光标定位处的修订，然后系统将光标定位到下一条修订处，如图 3-45 所示。如果需要接受全部修订，只要在图 3-45 所示的下拉列表中选择“接受对文档的所有修订”即可。

如果不认可修订，可以进行拒绝修订操作。单击“审阅”→“更改”→“拒绝”按钮，操作方法与接受修订相似。

图 3-45　接受修订

提示:将光标放在需要接受或拒绝修订的内容处,然后右击,在弹出的快捷菜单中选择“接受修订”或“拒绝”修订,也可以接受或者拒绝对文档的修订。

### 3.2.5 应用实例

**1. 实例 1**

已有一包含多页的初始文档,文档首页如图 3-46 所示,按照要求完成以下操作:

(1)以修订方式执行操作:在文档第一行前插入一行,输入标题文字“浙江体育职业技术学院简介”(不包括双引号),并居中。

以下操作任务在非修订状态下进行:

(2)在文档第一段中,对其中“经浙江省人民政府批准……”起的内容另起一段。

(3)将文档第一段中存在的手动换行符(软回车)替换成段落标记(硬回车)。

(4)删除文档中所有多余的空行。

(5)删除“作为一所以培养一流……”内容所在段落中的所有空格。

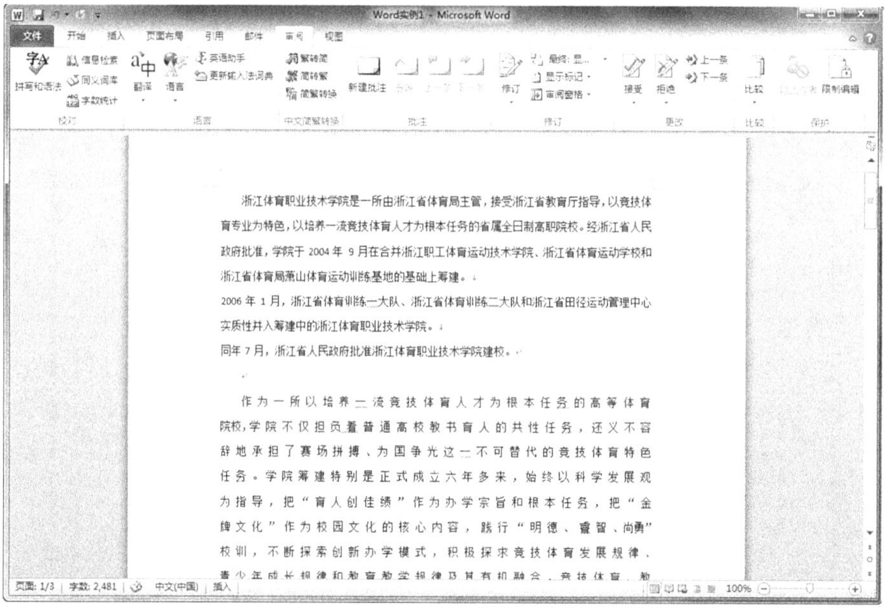


图 3-46　学院简介

操作步骤如下:

①根据题目(1)的操作要求,单击“审阅”选项卡的“修订”功能组中的“修订”按钮,使文档处于修订状态。将光标定位到第一行前,按回车键(＜Enter＞)插入一行,在新产生的行中输入文字“浙江体育职业技术学院简介”;选择“开始”选项卡,在“字体”组中单击“居中”按钮,使标题居中。

②根据题目(2)的操作要求,选择“审阅”选项卡,单击“修订”按钮,即可取消修订状态。然后在第一段中,找到“经浙江省人民政府批准……”,将光标定位到“经”字之前单击回车键(＜Enter＞),另起一段。

③根据题目(3)的操作要求,选中“经浙江省人民政府……”到“……建校”部分文本段落,选择“开始”选项卡,单击“编辑”功能分组中的“替换”按钮(或按组合键＜Ctrl＞＋＜H＞),弹出“查找和替换”对话框,点击“更多”按钮,将输入光标定位到“查找内容”,再点击“特殊格式”

按钮，选择“手动换行符”，然后将光标定位到“替换为”，点击“特殊格式”按钮，选择“段落标记”，单击“全部替换”按钮，如图 3-47 和图 3-48 所示。弹出确认框询问是否搜索文档的其余部分，单击“否”按钮，回到“查找和替换”对话框，单击“关闭”按钮完成替换操作。

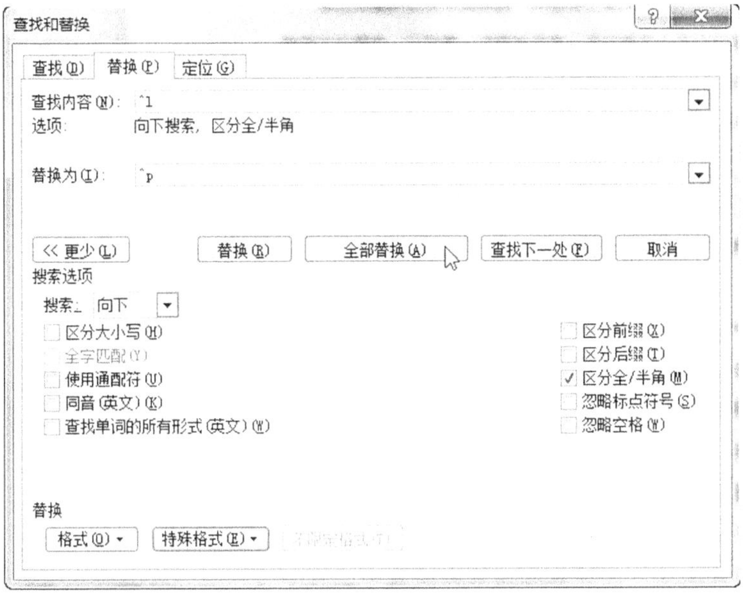


图 3-47　“查找和替换”对话框

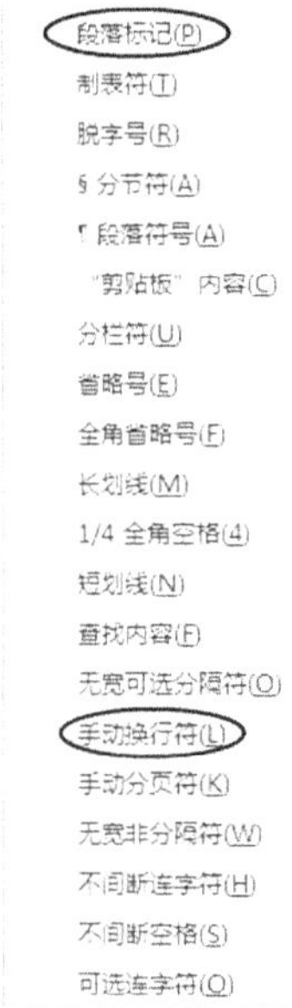


图 3-48　特殊格式列表

④根据题目(4)的操作要求，将光标定位到文档中任意位置，单击“替换”按钮(或按组合键＜Ctrl＞＋＜H＞)，弹出“查找和替换”对话框，在光标定位到“查找内容”，按步骤③中的操作，选择两次“段落标记”，再将光标定位到“替换为”文本框中，选择一次“段落标记”，如图3-49所示，完成替换设置；单击“全部替换”按钮，弹出如图 3-50 所示的对话框，单击“确定”按钮；重复多次单击“全部替换”按钮，直到出现对话框显示内容“Word 已完成对文档的搜索并已完成 0 处替换”，如图 3-51 所示。

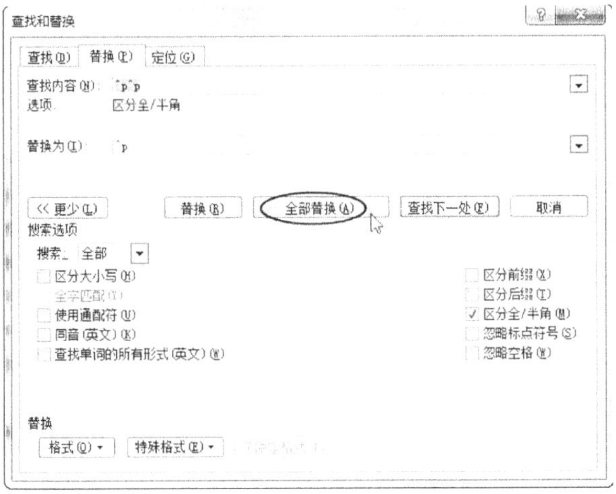


图 3-49　替换多余空行

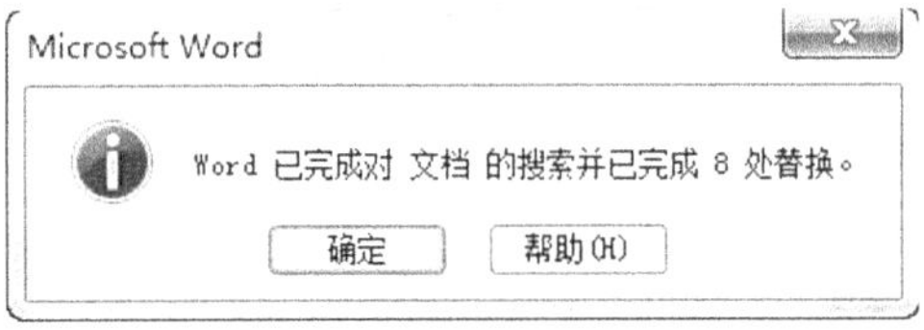


图 3-50　替换完成提示框

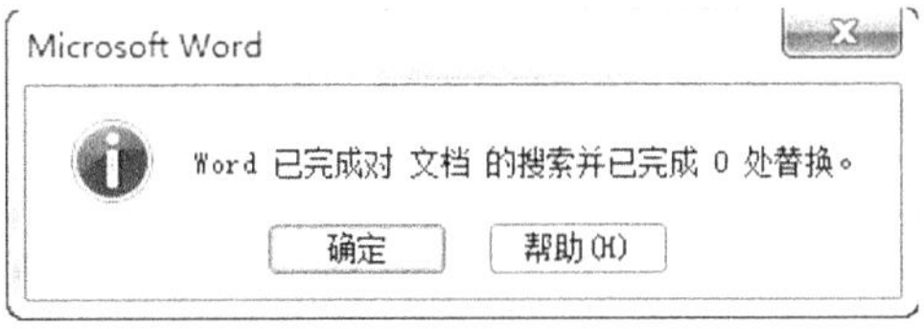


图 3-51　完成全部替换

⑤根据题目(5)的操作要求，选中“作为一所以培养一流……”内容所在段落的所有内容。选择“开始”选项卡，单击“替换”按钮，打开“查找和替换”对话框，在“查找内容”文本框中输入“”(空格)，单击“全部替换”，弹出替换完成提示后，单击“否”按钮，不搜索文档的其余位置；最

后单击“关闭”按钮，关闭“查找和替换”对话框完成删除空格操作。

## 3.3 文档的格式化

完成一个文档的编辑后，还需要对文档进行排版，文档的格式化就是对文档外观的一种美化处理。Word 2010 提供了丰富的字体、段落和页面格式化功能供用户使用。其中“开始”选项卡的“字体”“段落”和“样式”功能分组提供了对字体和段落的格式化设置，如图 3-52 所示，而“页面布局”选项卡主要是对页面、主题、背景和段落的设置，如图 3-53 所示。

图 3-52 “开始”选项卡

图 3-53 “页面布局”选项卡

### 3.3.1 文本格式化

在 Word 2010 文档中，文本格式化就是对字体格式的设置，是对文档中文本的字体、字号、字形、字符间距、文字艺术效果等的设置。下面介绍常用的文本格式化操作。

**1. 字体、字号和字形的设置**

Word 2010 默认的中文字体为“宋体”，英文字体为 Calibri，字号和字形为五号字，常规。用户可以根据需要设置其他格式。

(1)字体

Word 2010 提供了多种中英文字体供用户选择，用户也可以自己加载其他字体使用。选定要改变字体的文本，在“开始”选项卡的“字体”分组中单击字体下拉框 宋体(中文正文) 右侧的下拉按钮，选择需要的字体，快速进行设置，如图 3-54 所示。

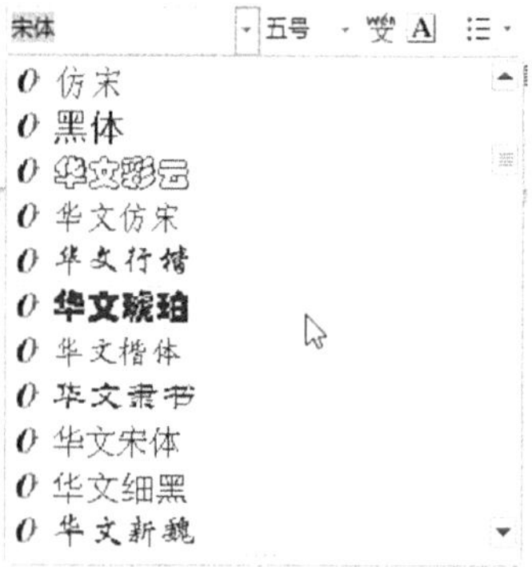


图 3-54 设置字体

(2)字号

字号是指字符的大小。选中文本后，单击“字体”组中的字号按钮 五号 打开“字号”下拉列表，选择合适的字号，或者直接在列表框中输入数值作为字号，然后按回车键确认。用户还可以点击增大和缩小字体按钮 A˄ A˅，进行字号的更改。

(3)字形

字形是指文本的字符格式。在“字体”组中有一些常用的按钮，专门用来设置文本的字形。

“粗体”按钮 **B**：将所选字体加粗。

“倾斜”按钮 *I*：将所选文字设置为倾斜。

"下划线"按钮：给所选文字加下划线。

"删除线"按钮：在所选文字的中间画一条线。

"下标"和"上标"按钮：在文字基线下方或上方创建小字符。

"以不同颜色突出显示文本"按钮：使文字显示荧光笔标记效果。

"字体颜色"按钮：为所选文字设置颜色。

"字符底纹"按钮：为所选文字添加底纹背景。

对于字体、字号和字形的设置，除了使用功能区按钮，还可以使用浮动工具栏设置文本格式，该工具栏需要选中文本后才能显现，如图 3-55 所示。此外，还可以单击功能区右下角对话框启动器按钮，打开"字体"对话框进行更详尽的格式化设置，如图 3-56 所示。

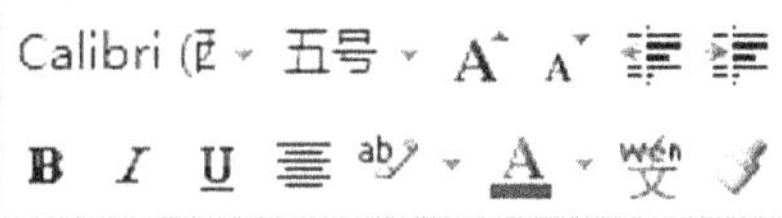


图 3-55　浮动工具栏

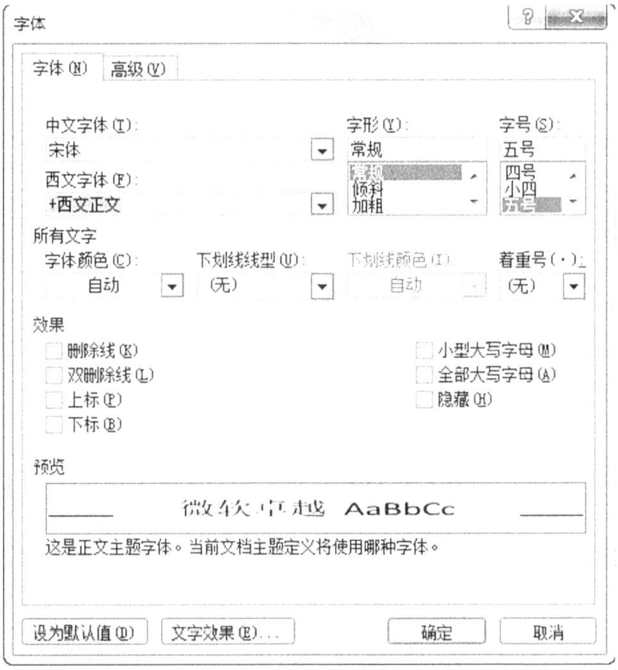


图 3-56　"字体"对话框

**2. 字符间距设置**

通常情况下，文本字符的间距是以 Word 默认的标准间距显示的，使用"字体"对话框的"高级"选项卡的调整功能，如图 3-57 所示。用户可以在该选项卡中调整字符的缩放比例、字符与字符之间的水平距离和垂直距离，字符缩放以百分比表示，默认为 100%，字符间距有三个选项：标准、加宽和紧缩。位置也有三个选项：标准、提升和降低。选择了非标准选项后，需要在后侧的"磅值"中输入数值。

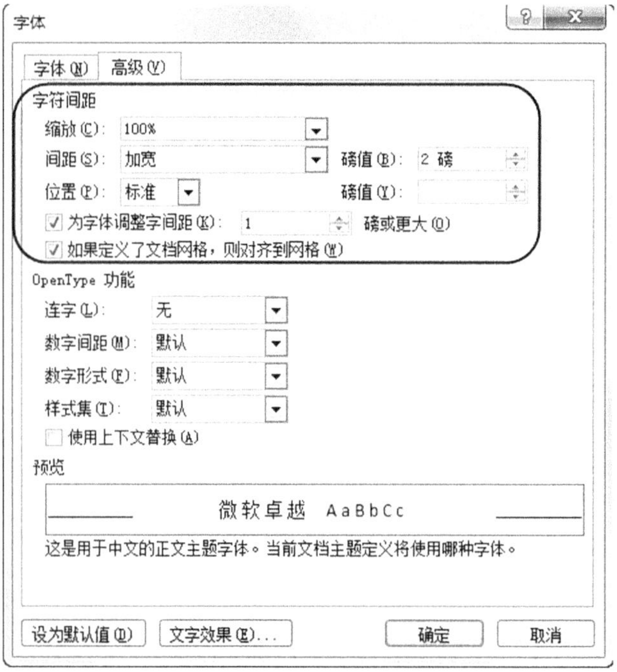


图 3-57 “高级”选项卡

### 3. 文本效果设置

文本效果是指文字的填充和边框，或者添加诸如阴影、映像或发光之类的效果，可以通过“文本效果”功能更改文字的外观。选中文字，在“开始”选项卡的“字体”组中单击“文本效果”按钮（见图 3-58），在弹出的下拉列表中（见图 3-59），选择需要的效果并点击应用，或在“边框”“阴影”“映像”或“发光”选项中设置。还可以单击图 3-57 所示的“字体”对话框中的“文字效果”按钮，然后在打开的“设置文本效果格式”对话框中进行详尽的设置（见图 3-60）。

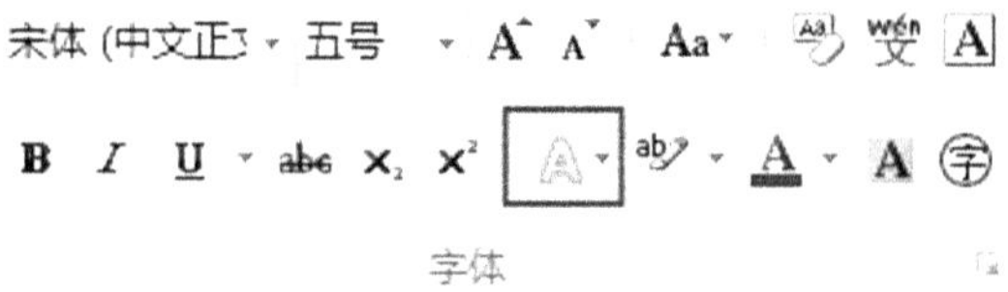


图 3-58 “文本效果”按钮

图 3-59 “文本效果”下拉列表

图 3-60 “设置文本效果格式”对话框

### 3.3.2 段落格式化

在 Word 中,段落是指两个段落标记之间的文本内容,是独立的信息单位,具有自身的格式特征,如对齐方式、间距和样式等。段落格式是指以段落为单位的格式设置,包括对齐方式、缩进、行距调整、段落间距、制表位、底纹等。

**1. 对齐方式**

在文档中对齐文本可以使文本更容易阅读,Word 2010 提供了 5 种段落对齐方式,分别为两端对齐、左对齐、居中对齐、右对齐和分散对齐。默认对齐方式为两端对齐。

两端对齐:段落中除最后一行文本外,系统自动增加字符间距,同时将文字左右两端同时对齐。

左对齐:段落的左边保持对齐,右边允许不对齐,此对齐方式常用于英文文档排版。

居中对齐:段落从中间开始向两边对齐,常用于文档标题的排版。

右对齐:段落的右边保持对齐,左边允许不对齐,常用于文档末尾的签名或日期等的排版。

分散对齐:系统自动调整字符间距,使段落左右两端同时对齐。

设置段落对齐方式的操作方法:选择需要对齐的段落后,在"开始"选项卡的"段落"分组中点击相应对齐按钮,如图 3-61 所示;或点击"段落"组右下角的对话框启动器,打开"段落"对话框,在"常规"选项区的"对齐方式"下拉列表中选择相应选项,如图 3-62 所示。

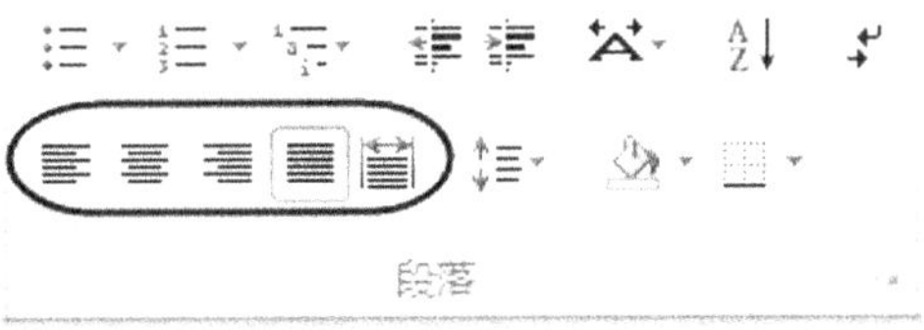


图 3-61 "段落"功能分组

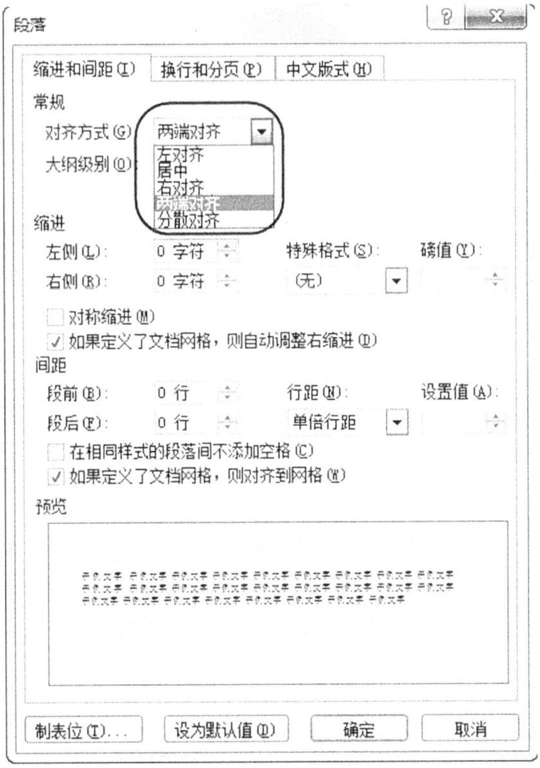


图 3-62 "缩进和间距"选项卡

**2. 段落缩进**

段落的缩进就是指段落两侧与文本区域内部边界的距离。段落的缩进有 4 种方式,分别为左缩进、右缩进、首行缩进和悬挂缩进。

左缩进:指对整个段落左边界位置的控制。

右缩进:指对整个段落右边界位置的控制。

首行缩进:指对段落中第一行第一个字的起始位置的控制。

悬挂缩进:指对段落中首行以外的其他行的起始位置的控制。

可以在"段落"对话框中的"缩进"选项区域设置段落缩进,或者在"页面布局"选项卡的"段落"分组中设置缩进,如图 3-63 和图 3-64 所示。

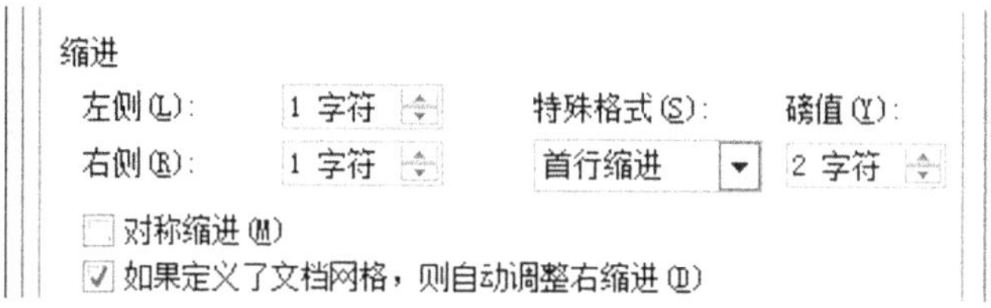


图 3-63　缩进设置

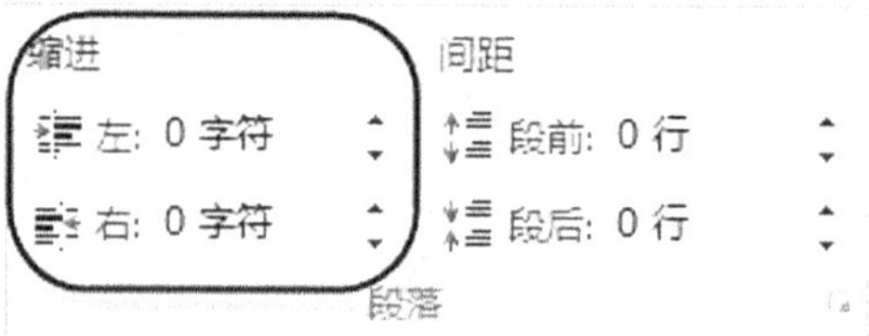


图 3-64　"页面布局"段落设置

利用标尺进行缩进设置。在 Word 工作区的上方有一个水平标尺,通过选择"视图"→"显示",勾选"标尺"复选框显示或隐藏标尺。水平标尺上面有四个缩进标记,如图 3-65 所示。利用标尺缩进段落的操作方法是:首先选择需要设置缩进的段落,然后用鼠标拖动相应的缩进标记,向左或向右移动到合适的位置。

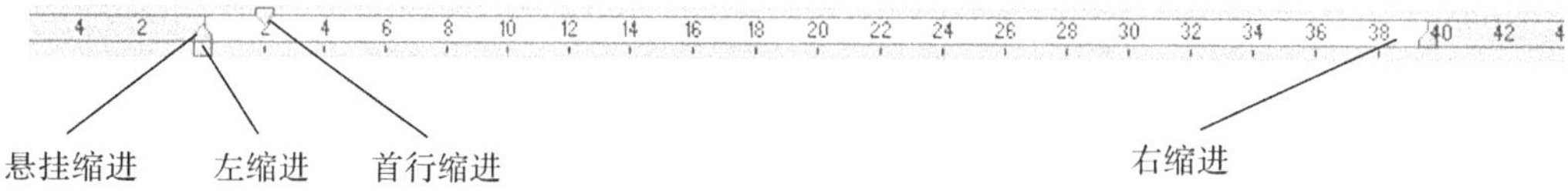


图 3-65　水平标尺和缩进标记

*提示:在用鼠标拖动缩进标记时按住<Alt>键,可以显示出缩进的准确数值。*

此外,点击"开始"选项卡"段落"组中的"减少缩进量"按钮和"增加缩进量"按钮,可以设置段落的左缩进,单击"减少缩进量"按钮一次,所选段落向左缩进一个汉字字符;单击"增加缩进量"按钮一次,所选段落向右移动一个汉字字符。图 3-66 展示了常见的几种缩进形式。

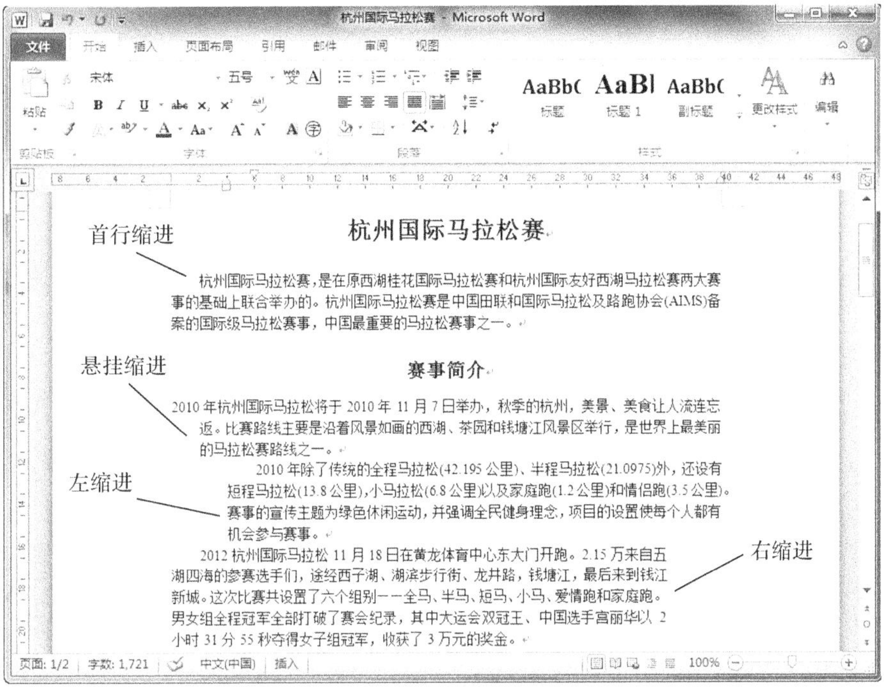


图 3-66　段落缩进示例

**3. 间距**

段落的间距主要包括行间距和段间距。行间距是指段落中行与行之间的距离，段间距是指两个段落之间的距离。

间距的调整方法如下：选取需要调整行间距或段间距的段落。点击“开始”或“页面布局”选项卡中“段落”组的对话框启动器，打开“段落”对话框，在“缩进和间距”选项卡中，在“间距”选项区设置段前、段后间距值，设置段间距；在“行距”列表框中选择行间距及合适的行距值，如图 3-67 所示。

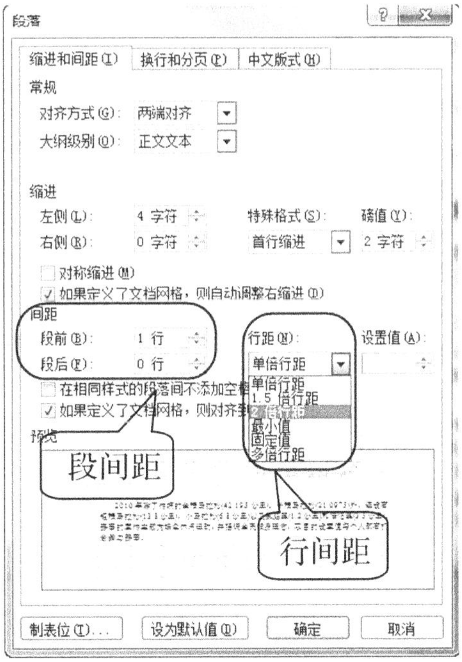


图 3-67　段落间距设置

**4. 边框和底纹**

在 Word 2010 文档中，用户可以对段落添加边框和底纹，使段落更加突出和美观。

具体操作方法如下：选中需要添加边框的一个或多个段落，在“开始”功能区的“段落”分组中单击“边框”下拉三角按钮，并在打开的菜单中选择“边框和底纹”命令，如图 3-68 所示。在打开的“边框和底纹”对话框中，分别设置边框样式、边框颜色以及边框的宽度。然后单击“应用于”下拉三角按钮，在下拉列表中选择“段落”选项，并单击“确定”按钮，如图 3-69 所示。设置完成效果如图 3-70 所示。

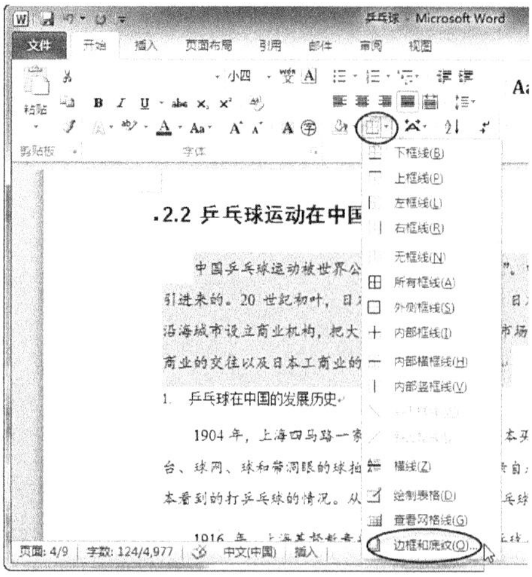


图 3-68 选择"边框和底纹"命令

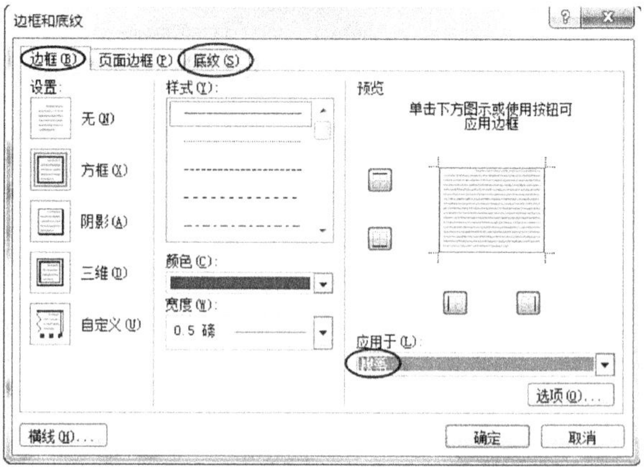


图 3-69 "边框和底纹"对话框

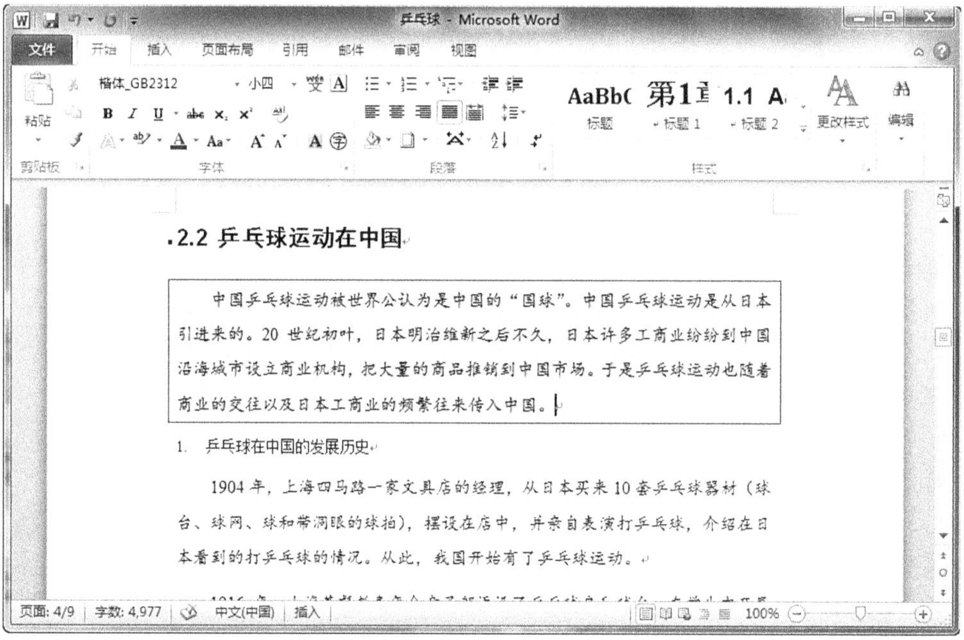


图 3-70 "边框和底纹"示例

**5. 项目符号和编号**

项目符号是放在文本前以添加强调效果的点或其他符号,在段落前添加项目符号或编号可以使文档层次分明、重点突出。项目符号和编号可以在输入内容时由 Word 自动创建,也可以在现有文档中快速添加。

(1)项目符号

项目符号可以是字符或图片。将鼠标指针移至需要设置项目编号的文本段落的起始位置,单击"开始"选项卡的"段落"组中的"项目符号"按钮右侧下三角按钮,在弹出的下拉列表中选择项目符号的样式,即可为段落添加项目符号,如图 3-71 所示。同时,通过选择"定义新项目符号"命令,在弹出的图 3-72 所示对话框中选择"符号"或"图片"按钮,可以改变符号的样式。

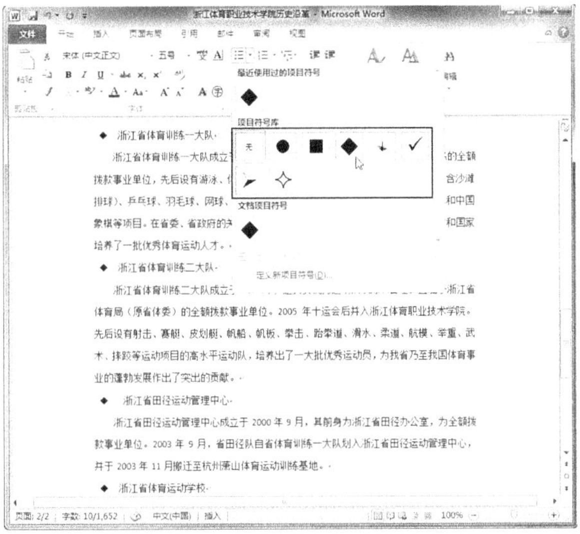

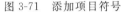

图 3-71　添加项目符号

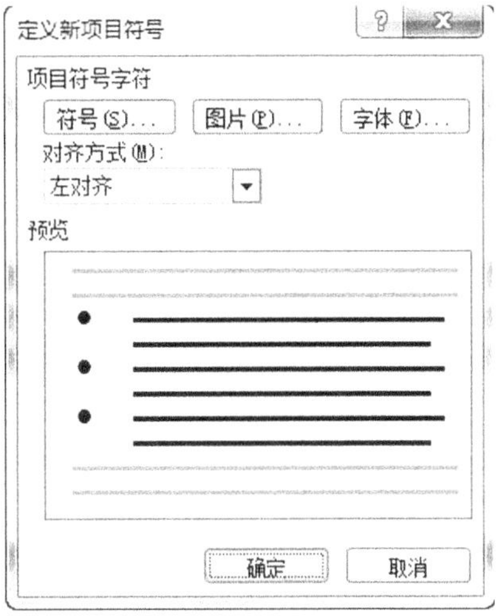


图 3-72　“定义新项目符号”对话框

(2)自动编号

自动编号是连续的数字或字母,按照大小和先后顺序排列,在增加或删除项目时,系统会自动对编号进行相应的增加或减少。添加自动编号的方法和添加项目符号的方法类似,只需在“开始”选项卡中单击“编号”按钮右侧下三角按钮,在弹出的下拉列表框中可以看到常用的一些编号,如图 3-73 所示;按住<Shift>或<Ctrl>的同时鼠标拖选需要设置编号的文本,单击其中的编号,即可快速地为文本设置连续的编号,如图 3-74 所示。

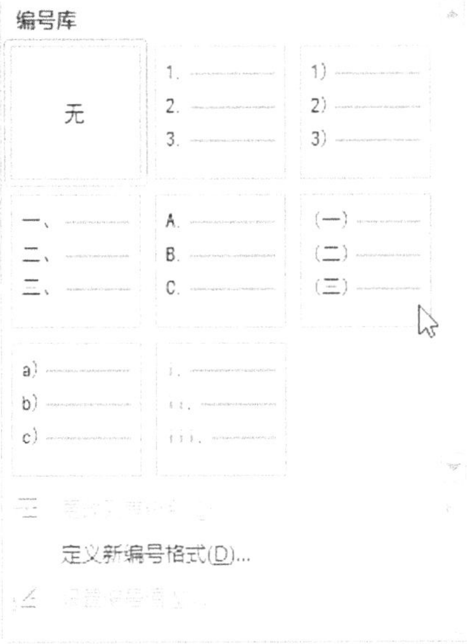


图 3-73　编号列表框

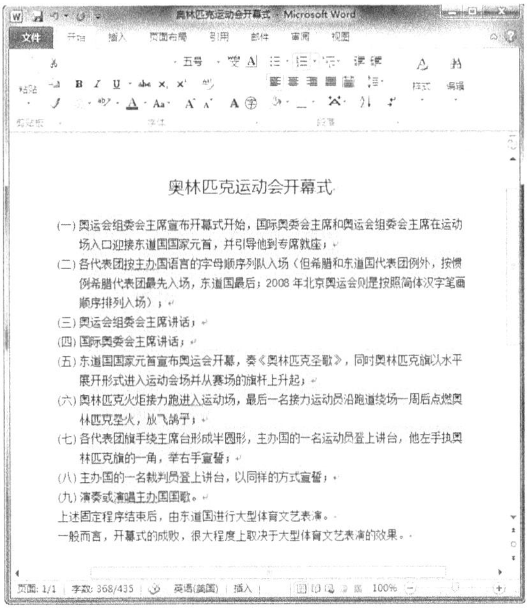


图 3-74　自动编号效果

与项目符号一样,编号也可以有多种格式可供选择,单击“定义新编号格式”选项,弹出“定义新编号格式”对话框,在该对话框的“编号样式”下拉列表中提供了多种编号的样式,可以根据不同的情况进行选择,如图 3-75 所示。

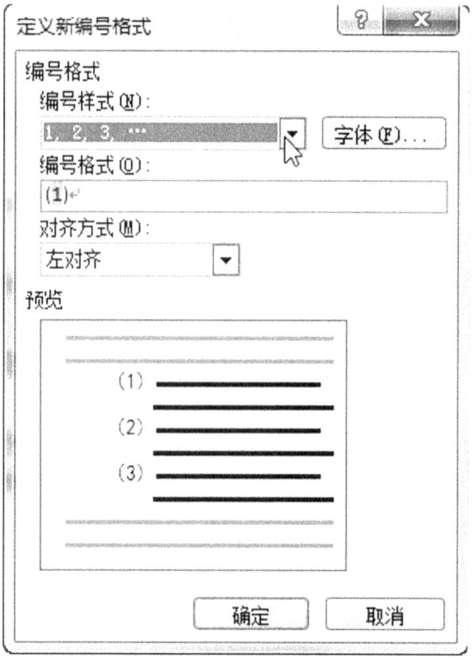


图 3-75　“定义新编号格式”对话框

图 3-76　右键快捷菜单

在文档编辑过程中，有时需要对自动编号的起始值进行更改，具体操作步骤如下：将光标放置在已添加编号的段落前，然后单击鼠标右键，在弹出的快捷菜单中选择“重新开始于…”命令，如图 3-76 所示，即可使该处的编号从 1 开始往下编制。如果需要设置其他起始值，可选择“设置编号值”，打开“起始编号”对话框，在“值设置为”微调框中输入起始值，如图 3-77 所示。

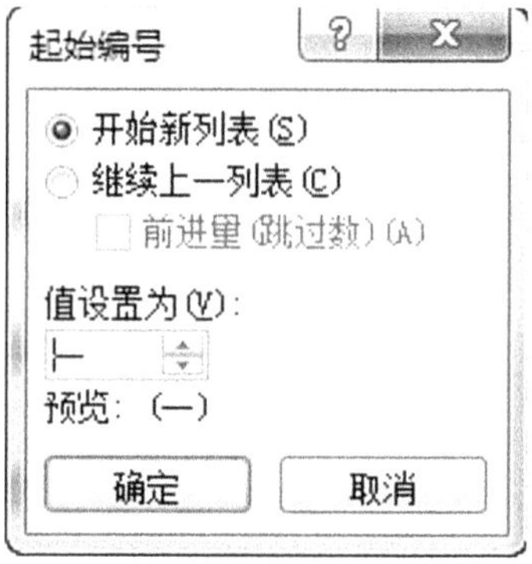


图 3-77　“起始编号”对话框

### 3.3.3　页面格式化

#### 1. 页眉和页脚

页眉和页脚是指在每一页顶部和底部页边距上加入的信息。这些信息可以是文字或图形，内容可以是文件名、章节名、标题名、单位名、日期、页码等。页眉位于页面的顶部，页脚位于页面的底部。

(1)页眉

创建页眉的方法：选择“插入”选项卡，在“页眉和页脚”组中，单击“页眉”按钮，在弹出的下拉列表中选择页眉类型，如图 3-78 所示，单击选择好页眉类型后，页面顶部会出现一个页眉虚线框，并在功能区出现“页眉和页脚工具”的“设计”选项卡，如图 3-79 所示。

在“输入文字”的内容控件中输入页眉内容，单击“设计”选项卡中的“关闭页眉和页脚”按钮，退出页眉编辑状态。用户也可以单击“设计”选项卡的“插入”组中的“图片”按钮，在弹出的“插入图片”对话框，选择磁盘中的图片作为页眉插入到文档中。

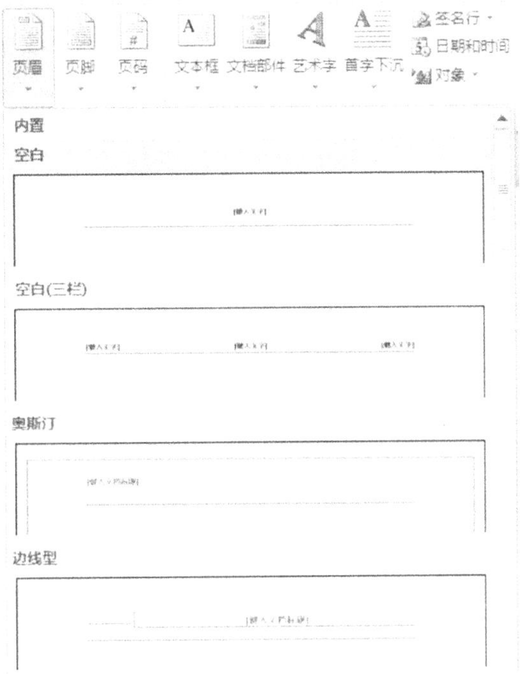


图 3-78　添加页眉

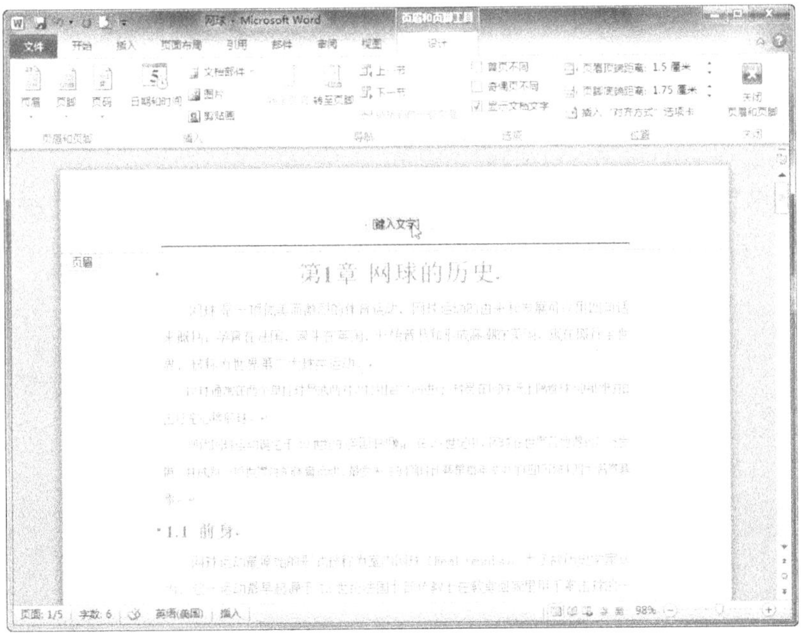


图 3-79　编辑页眉

(2)页脚

创建页脚，可以通过选择“插入”→“页眉和页脚”→“页脚”命令，或在“页眉和页脚工具”的“设计”选项卡中单击“页脚”命令，还可以直接在“导航”组中点击“转至页脚”按钮，切换到页脚编辑状态，页脚的添加和编辑与页眉基本相同。

(3)设置页眉和页脚

在文档中插入页眉和页脚后,如果需要重新设置页眉和页脚,应先进入页眉和页脚的编辑状态。用鼠标双击已插入的页眉和页脚,出现页眉和页脚编辑区域,此时页眉和页脚可按对文本的修改和删除那样进行相应的编辑。

如果要使文档奇偶页面的页眉和页脚的内容不同,可在“页眉和页脚工具”的“设计”选项卡的“选项”组中勾选“奇偶页不同”复选框,此时可分别设置奇数页和偶数页不同的页眉页脚。勾选“首页不同”复选框,可以使首页与后续页面的页眉页脚分开设置。

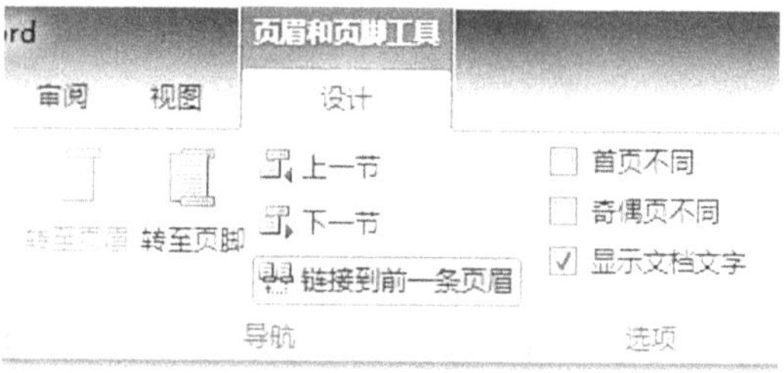


图 3-80 页眉和页脚工具

在修改页眉和页脚时,Word 会自动地对整个文档中相同的页眉和页脚进行修改。要单独的修改文档中某部分的页眉和页脚,只需将文档分成节并断开各节间的链接即可,分节操作将在下面介绍。

**2. 页码**

在文档中插入页码,可以更加方便地编辑文档。在文档中插入页码的操作步骤如下:

①选择“插入”选项卡,单击“页眉和页脚”组中页码按钮。

②在弹出的下拉列表中可以从“页面顶端”“页面底端”“页边距”和“当前位置”选项组中选择页码放置的样式,如图 3-81 所示。

③进入页眉页脚的编辑状态下,可以对插入的页码进行修改。单击“设计”选项卡的“页眉页脚”组中的“页码”按钮,在弹出的下拉列表中选择“设置页码的格式”选项。

④弹出如图 3-82 所示的“页码格式”对话框,在“编号格式”下拉列表框中可以选择编号的格式。在“页码编号”选项组下可以选择“续前节”或“起始页码”单选框。续前节:在应用分节符的前提下,本节页码可接续到前一节页码后编排,或者从本节开始重新编排;起始页码:即从文档首页或本节开始应用的页码数。

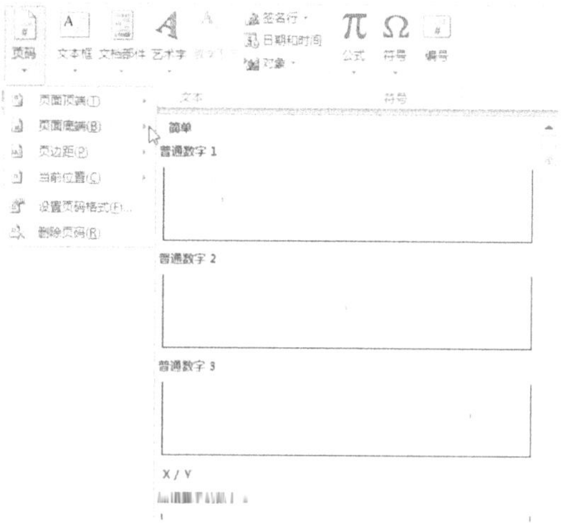


图 3-81 插入页码

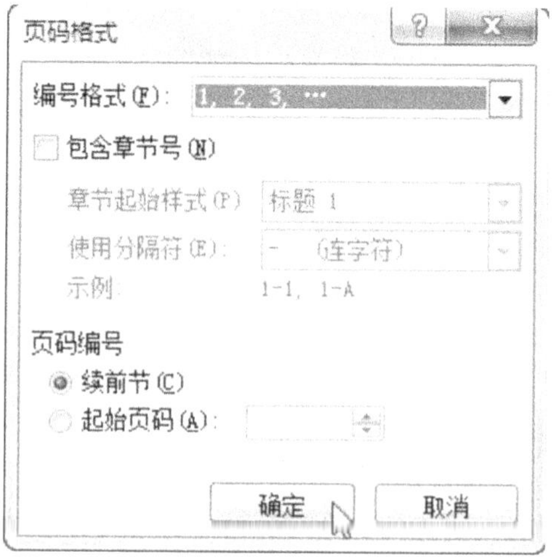


图 3-82 “页码格式”对话框

**3. 分隔符**

在 Word 文档中，分隔符有两种类型：分页符和分节符。分页符使文档的某些部分从新的一页开始；分节符主要为分档分节，可以为各节设置不同的格式，如页眉和页脚等。

(1)分页符

当文本或图形等内容填满一页时，Word 会插入一个自动分页符并开始新的一页，自动分页符又叫“软分页符”。如果要在某个特定位置强制分页，可插入“手动”分页符，又称为“硬分页符”，这样可以确保章节标题总在新的一页开始。插入“手动”分页符的操作方法如下：将插入点定位到需要分页的位置，然后下面的任何一种方法都可以插入“手动”分页符。

①切换到“页面布局”功能区。在“页面设置”分组中单击“分隔符”按钮，并在打开如图 3-83 所示的“分隔符”下拉列表中选择“分页符”选项。

②切换到“插入”功能区。在“页”分组中单击“分页”按钮即可。

③按＜Ctrl＞＋＜Enter＞组合键插入分页。

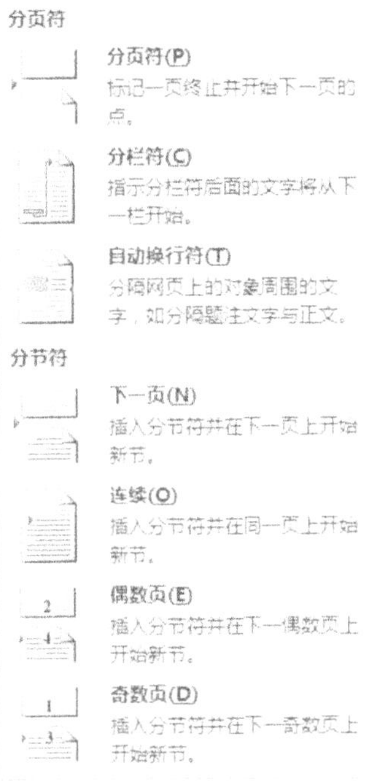


图 3-83　分隔符

(2)分节符

分节符是指为表示节的结尾插入的标记。分节符包含节的格式设置元素，如页边距、页面的方向、页眉和页脚，以及页码的顺序。分节符用一条横贯屏幕的双虚线表示。分节符有四种类型：“下一页”“连续”“奇数页”和“偶数页”，如图 3-83 所示。

“下一页”：插入一个分节符，新节从下一页开始。分节符中的“下一页”与“分页符”的区别在于，前者分页又分节，而后者仅仅起到分页的效果。

“连续”：插入一个分节符，新节从同一页开始。

“奇数页”/“偶数页”：插入一个分节符，新节从下一个奇数页或偶数页开始。

插入分节符的步骤如下：首先将光标定位到准备插入分节符的位置。然后切换到“页面布局”功能区，在“页面设置”分组中单击“分隔符”按钮。在打开的分隔符列表中，在 4 种不同类型的分节符中选择合适的分节符即可。

分节符起着分隔其前面文本格式的作用，如果删除了某个分节符，它前面的文字会合并到后面的节中，并且采用后者的格式设置。若想删除分节符同时保留分节符前面的格式，需要进入分节符后的页眉页脚编辑状态，并选择“链接到前一条页眉”，退出页眉页脚编辑状态，然后再删除分节符即可保留分节符前面的格式。

提示：通常情况下，分隔符只能在“普通”视图下看到，如果你想在页面视图或大纲视图中显示分隔符，只需选中“常用”工具栏中的“显示/隐藏编辑标记”按钮¶即可。

**4. 分栏**

设置分栏，就是将某一页、某一部分的文档或者整篇文档分成具有相同栏宽或者不同栏宽的多个分栏。分栏可使文档版面更生动、活泼，更具有可读性。分栏排版处理广泛应用于各种报纸、杂志的编排中。分栏操作的步骤如下：

(1)首先选中需要分栏的段落，切换“页面布局”选项卡，单击“页面设置”中的“分栏”按钮，在弹出的下拉列表中选择“更多分栏”，弹出“分栏”对话框。

(2)在该对话框中,选择“预设”选项组中的“两栏”或“三栏”,勾选“分隔线”和“栏宽相等”两个复选框,其他各选项使用默认设置,单击“确定”即可将所选段落分为两栏,如图 3-84 所示。

如果需要将整篇文章分栏,可在“分栏”对话框的“应用于”下拉列表框中选择“整篇文档”;若要取消分栏,在“预设”选项组中选择“一栏”,单击“确定”按钮,或直接在“分栏”按钮的下拉列表中选择“一栏”命令即可。

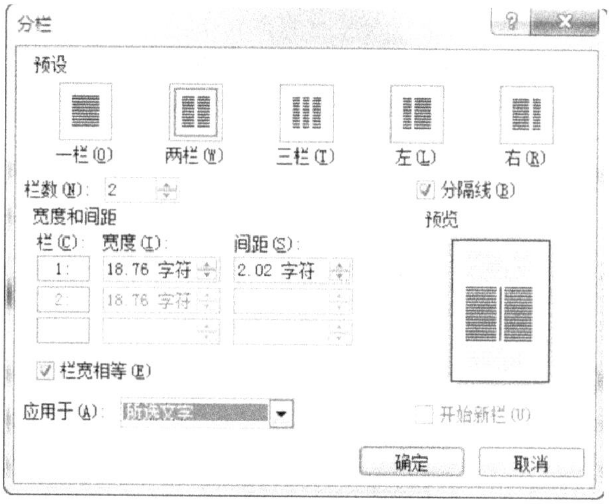


图 3-84　“分栏”对话框

**5. 页面背景**

(1)页面边框

页面边框主要用于在文档中设置页面周围的边框,可以设置普通的线型页面边框和各种图标样式的艺术型页面边框,从而使 Word 文档更加美观,更富有表现力。设置页面边框的方法如下:

①切换到“页面布局”选项卡。在“页面背景”分组中单击“页面边框”按钮。

②在打开的“边框和底纹”对话框中切换到“页面边框”选项卡,然后在“样式”列表或“艺术型”列表中选择边框样式,并设置边框宽度。设置完毕单击“确定”按钮即可,如图 3-85 所示。

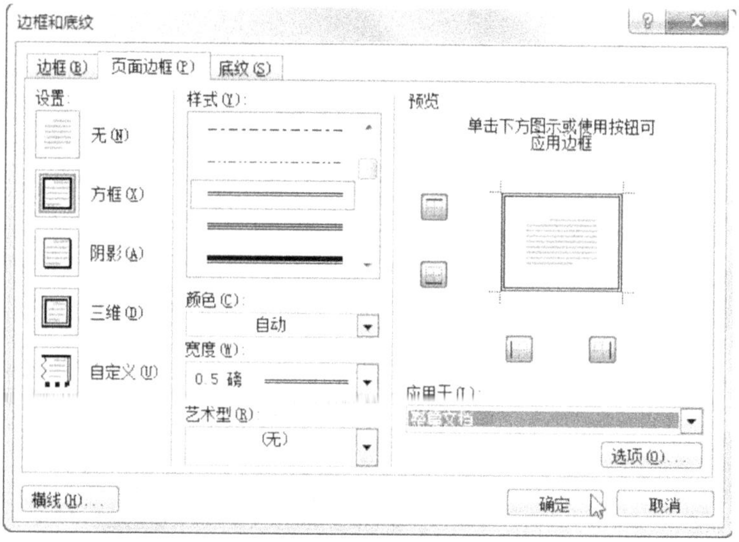


图 3-85　页面边框设置

(2)页面颜色

页面颜色可以为背景应用渐变、图案、图片、纯色或纹理。渐变、图案、图片和纹理将进行平铺或重复以填充页面。添加页面颜色的操作步骤如下：选择“页面布局”选项卡，单击“页面颜色”按钮，可以选择“主题颜色”或“标准色”中的特定颜色，或者单击“其他颜色”选项打开“颜色”对话框自定义颜色。单击“填充效果”选项，可打开“填充效果”对话框，用户可以以“渐变”“纹理”“图案”和“图片”的方式进行页面填充，如图 3-87 所示。

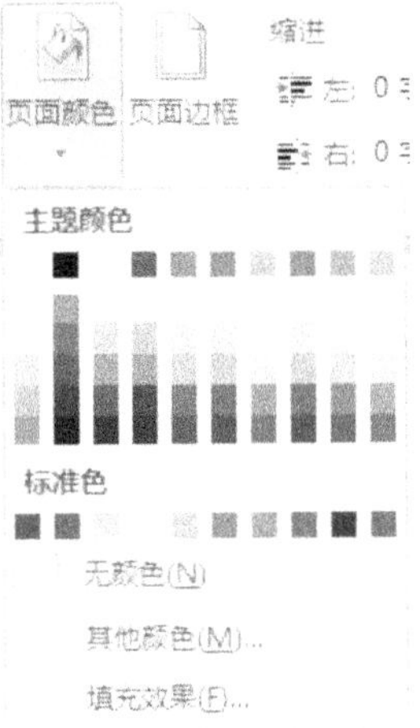


图 3-86　页面颜色

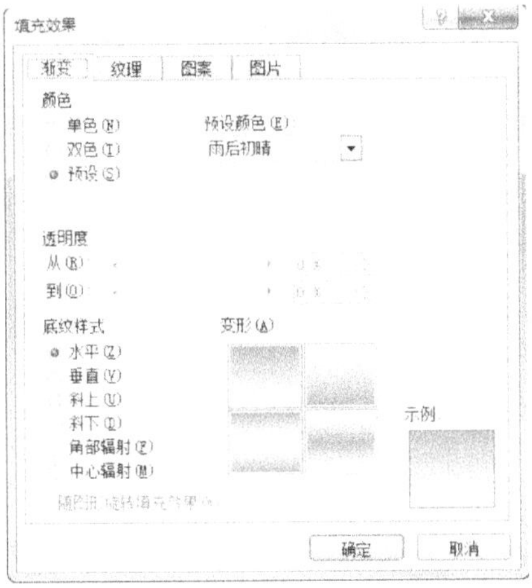


图 3-87　“填充效果”对话框

(3)水印

水印是文本或在文档文本后面显示的图片。Word 2010 具有添加文字和图片两种类型水印的功能，水印将显示在打印文档文字的后面，它是可视的，不会影响文字的显示效果。添加水印的方法如下：

①选择“页面布局”功能区，在“页面背景”分组中单击“水印”按钮，并在打开的水印面板中选择内置的“机密”或“紧急”水印样式，如果需要设置其他样式的水印，选择“自定义水印”命令。

②在打开的“水印”对话框中，如图 3-88 所示，可以选择图片水印或文字水印，选中“文字水印”单选框。在“文字”编辑框中输入自定义水印文字，然后分别设置字体、字号和颜色。选中“半透明”复选框，这样可以使水印呈现出比较隐蔽的显示效果，从而不影响正文内容的阅读。设置水印版式为“斜式”或“水平”，并单击“确定”按钮即可，添加水印后的文档如图 3-89 所示。

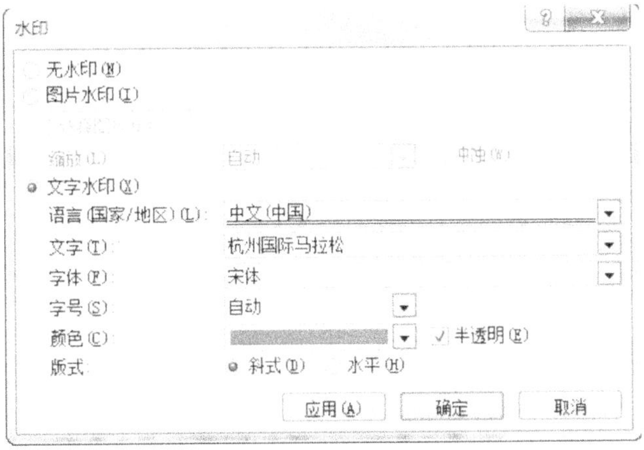


图 3-88　“水印”对话框

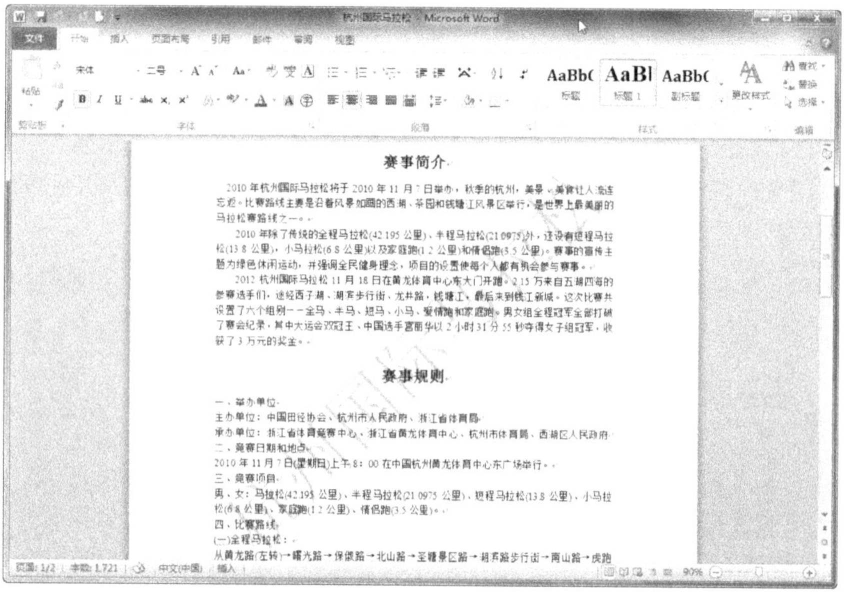


图 3-89　添加水印示例

### 3.3.4　特殊格式设置

#### 1. 首字下沉

首字下沉是指将文章段落开头的第 1 个或者前几个字符放大数倍,并以下沉或者悬挂的方式改变文档的版面样式,起到提醒或引人注意的效果。首字下沉通常用于文档的开头,通常在报纸杂志中应用。

设置首字下沉效果的具体操作步骤如下:

(1)将插入点光标定位到需要设置首字下沉的段落任意位置。然后切换到“插入”功能区,在“文本”分组中单击“首字下沉”按钮。

(2)在打开的首字下沉菜单中单击“下沉”选项设置首字下沉效果,如图 3-90 所示。

(3)如果需要设置下沉文字的字体或下沉行数等选项,可以在下沉菜单中单击“首字下沉选项”,打开如图 3-91 所示的“首字下沉”对话框,选中“下沉”选项,并选择字体或设置下沉行数,单击“确定”按钮完成设置,如图 3-92 所示。

图 3-90　“首字下沉”列表

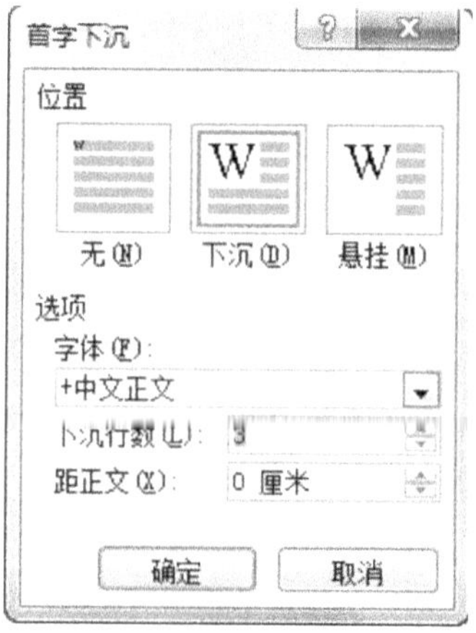


图 3-91　“首字下沉”对话框

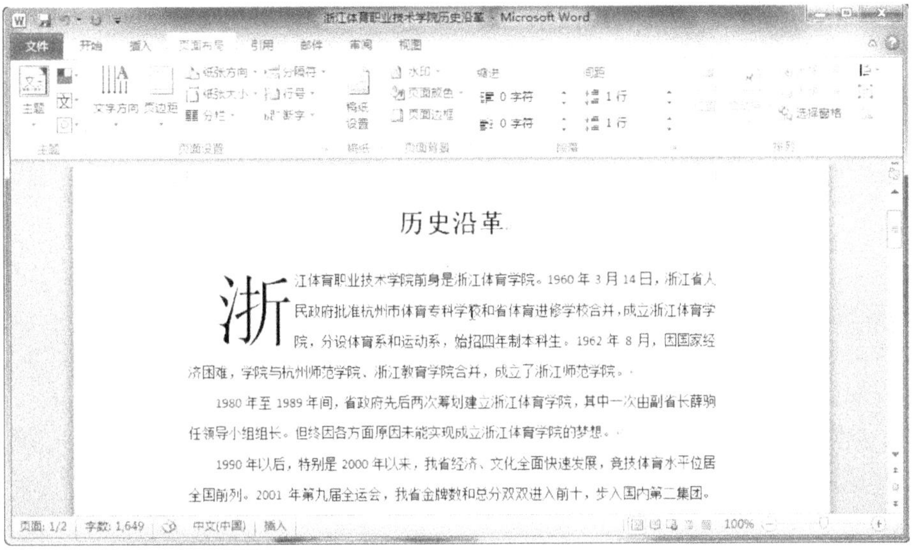


图 3-92　“首字下沉”示例

如果要设置多个字符的下沉，可将多个字符选中后再进行首字下沉操作。取消已有的首字下沉，只需在图 3-90 中首字下沉列表中选择“无”即可。

提示：设置首字下沉时，段落第一个字符前不能有空格，否则“首字下沉”按钮将处于不可选状态。

**2. 双行合一**

双行合一就是在原始行高不变的情况下，将选定文本以两行并为一行显示，实现单行、双行文字的混排效果。设置双行合一的具体操作方法如下：

(1)选择需要进行双行合一的文字，单击“开始”选项卡“段落”组中的“中文版式”按钮 ，在弹出的下拉列表中选择“双行合一”选项，如图 3-93 所示。选择文本时，可以只有一行，也可以选择多行。

(2)在弹出的“双行合一”对话框，可以选择是否要对合并的文字添加括号，如图 3-94 所示。设置完成后单击“确定”按钮，在返回的文档中即可查看效果，如图 3-95 所示。

设置双行合一后，用户仍然可以对该文字进行编辑。

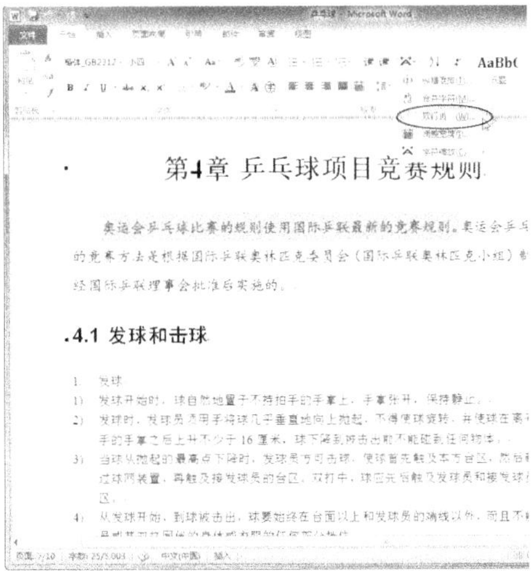


图 3-93　中文版式

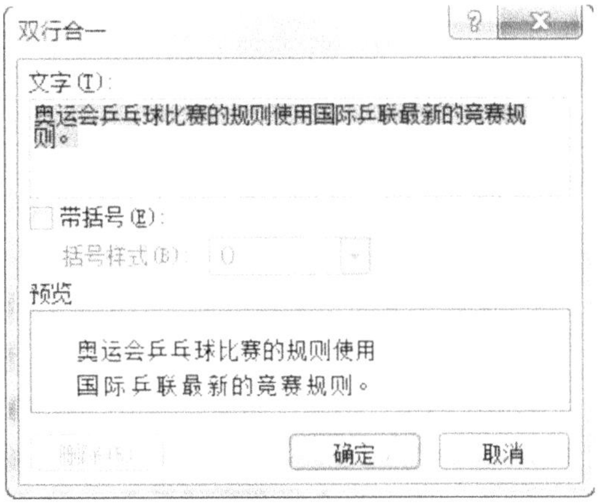


图 3-94　“双行合一”对话框

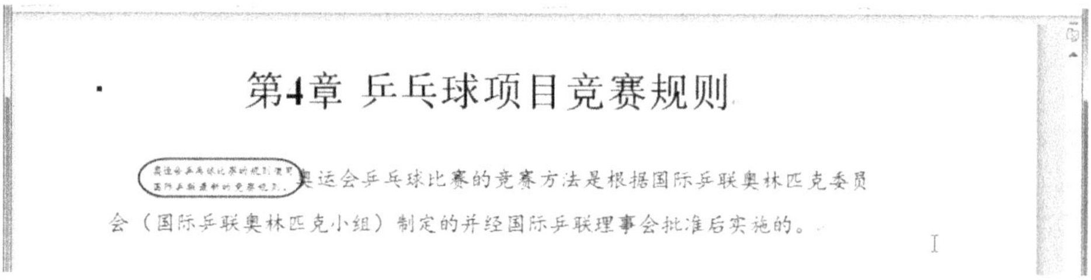


图 3-95　“双行合一”示例

**3. 拼音效果**

使用 Word 2010 拼音指南功能可以轻松地为文中的汉字添加拼音，只需将文档中需要添加拼音的内容选中，然后在“开始”选项卡中单击“拼音指南”按钮，打开如图 3-96 所示的“拼音指南”对话框，在该对话框中可以对拼音的对齐方式、字体、字号进行设置。单击“确定”按钮即可为选择的文字标注拼音，效果如图 3-97 所示。

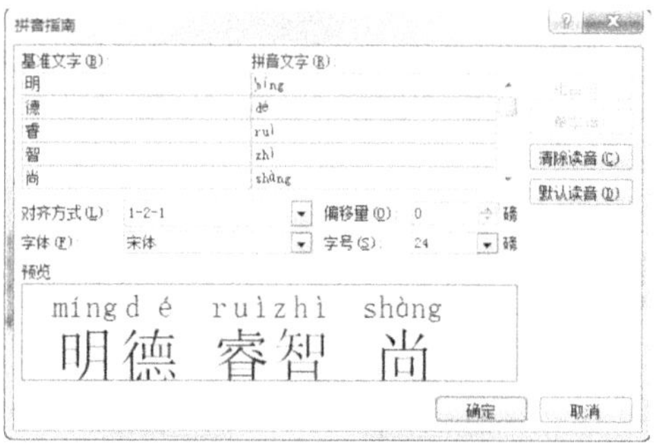


图 3-96　“拼音指南”对话框

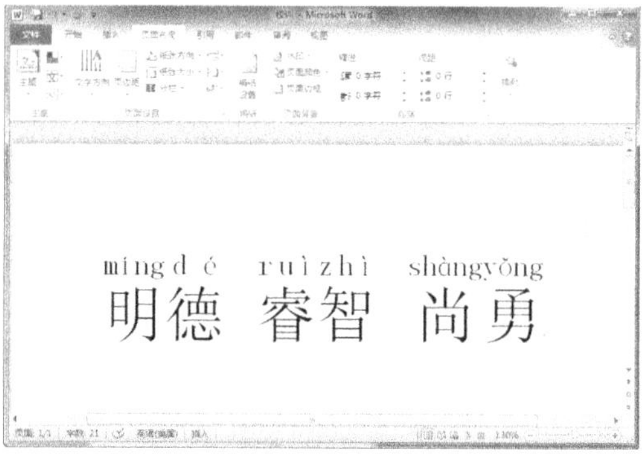


图 3-97　添加拼音效果

## 3.3.5　复制和清除格式

在 Word 2010 文档中编辑字体和段落格式或将其他文档中的文本复制到当前文档时，可以使用“格式刷”工具进行格式的复制，免去用户相同格式的重复设置，提高文档编辑效率。使用“格式刷”工具复制格式的具体操作步骤如下：

(1)选中已经设置好格式的文本或段落，在“开始”选项卡的“剪贴板”组中单击“格式刷”按钮，此时光标变为形状。

(2)按住鼠标左键拖选需要设置格式的文本，则格式刷刷过的文本将应用被复制的格式。

(3)完成格式的复制后，再次单击“格式刷”按钮关闭格式刷。

如果要清除已经设置好了的格式，可以先选定格式对象，然后单击“开始”选项卡的“清除格式”按钮，即可将应用的格式清除，使文本的格式恢复正文的样式。

提示：如果单击“格式刷”按钮，则格式刷记录的格式只能被复制一次，不利于同一种格式的多次复制。双击“格式刷”按钮，可以实现同一种格式的多次复制。

## 3.3.6　应用实例

**1. 实例 1**

已有一包含多页的初始文档，文档首页如图 3-98 所示，按照要求完成以下操作：

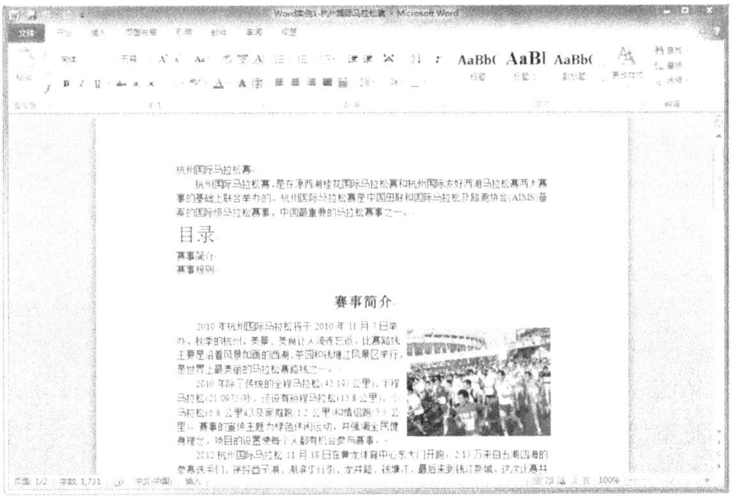


图 3-98　杭州国际马拉松赛

(1)将文档中所有的数字加粗,蓝色。

(2)将"杭州国际马拉松赛,是……"所在段落简体字转换为繁体字。将"目录"下的两行文字"赛事简介"和"赛事规则"设置为"双行合一",自动调整字体后,置于"目录"右侧。

(3)将第 1 行中的"杭州国际马拉松赛"设置为 28 磅文字大小,粗体并居中,所有内容设置行距为 1.2 倍行距。

(4)对所有的"一、二、三、…"改为编号列表(即当删除了前面的编号后,后面的编号自动改变)。

具体操作步骤如下:

①根据题目(1)的操作要求,使用替换功能实现所有数字的格式设置。鼠标指针移至任意位置,选择"开始"选项卡,在"编辑"功能组中单击替换按钮(或按＜Ctrl＞＋＜H＞组合键),打开"查找和替换"对话框;在该对话框中单击"更多＞＞"按钮,将光标停留在"查找内容"右侧的方框中,点击"特殊格式"按钮右侧的箭头,选择"任意数字",在"查找内容"右侧的方框中就会出现"^#",如图 3-99 所示,然后把光标定位在"替换为"右侧的方框,再按"格式"按钮,在随后弹出的快捷菜单中,选择"字体"选项,打开"替换字体"对话框,选中"字形"下面的"加粗"选项,"字体颜色"选择"蓝色",如图 3-100 所示。

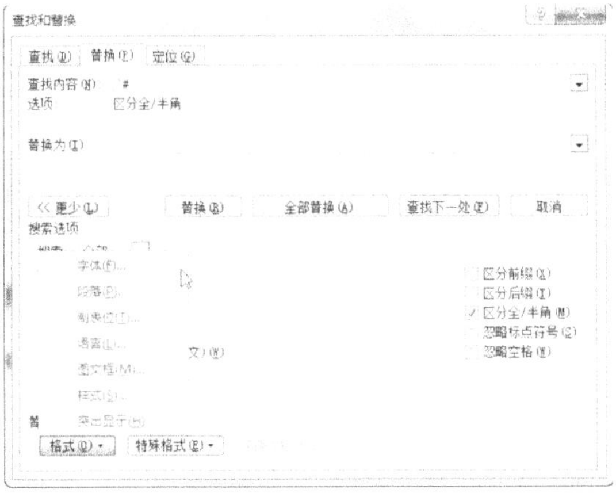

图 3-99　"查找和替换"对话框

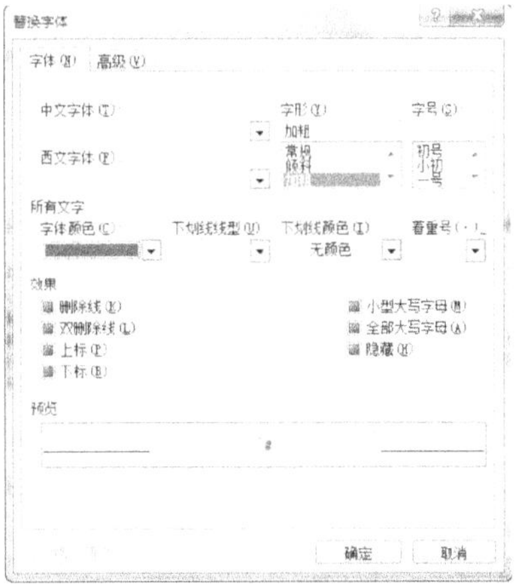

图 3-100　"替换字体"对话框

点击“确定”返回到“查找和替换”对话框；单击“全部替换”按钮，在弹出的如图 3-101 所示的对话框，单击“确定”完成设置。

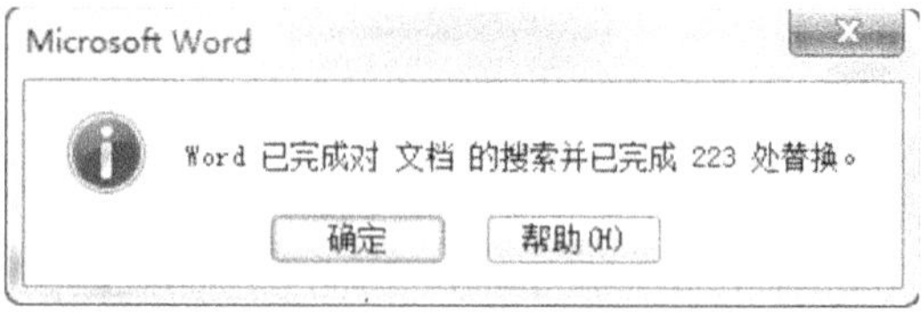


图 3-101 替换完成提示框

②根据题目(2)的操作要求，选中首行“杭州国际马拉松赛，是……”所在段落，切换到“审阅”选项卡，单击“中文简繁转换”组中的“简转繁”按钮，如图 3-102 所示，即可将所选文本从简体转换为繁体。

因为“双行合一”操作只能选择同一段落内相连的文本，所以将“目录”“赛事简介”和“赛事规则”三段文字调整到同一行；选中“赛事简介赛事规则”，单击“开始”选项卡“段落”组中的“中文版式”按钮，在其下拉菜单中选择“双行合一”选项，打开如图 3-103 所示的“双行合一”对话框，保持默认设置，单击“确定”按钮。选择合并为一行的“赛事简介”和“赛事规则”，将其字体字号调整为“小二”，以使之与“目录”齐平。

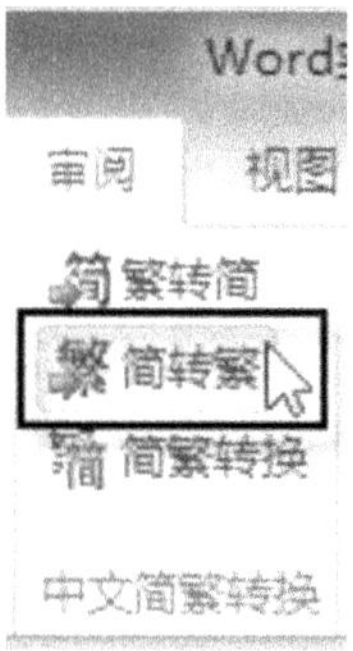


图 3-102 简繁转换

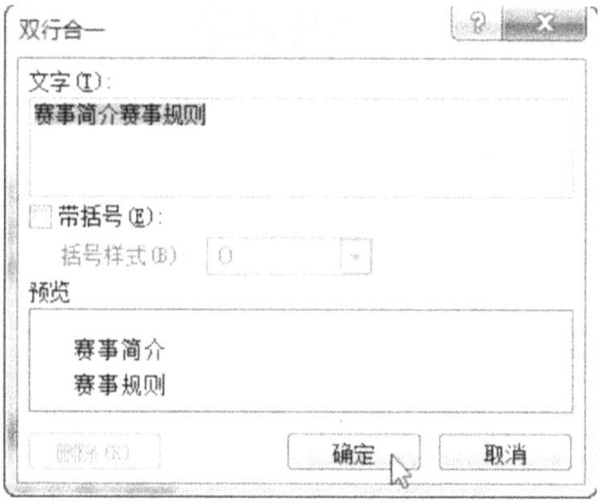


图 3-103 “双行合一”对话框

③选中第 1 行文字“杭州马拉松赛”，单击“开始”选项卡的“字体”组中的字号下拉框，选择字号“28”，然后单击“段落”组中的居中按钮(或按<Ctrl>+<E>组合键)使文字居中，再单击按钮**B**加粗文字。按<Ctrl>+<A>全选所有内容，单击“开始”选项卡“段落”组右下角的对话框启动器，打开“段落”对话框，在“间距”的“行距”设置中选择“多倍行距”，然后在“设置值”后的文本框中输入“1.2”，如图 3-104 所示，单击“确定”按钮完成设置。

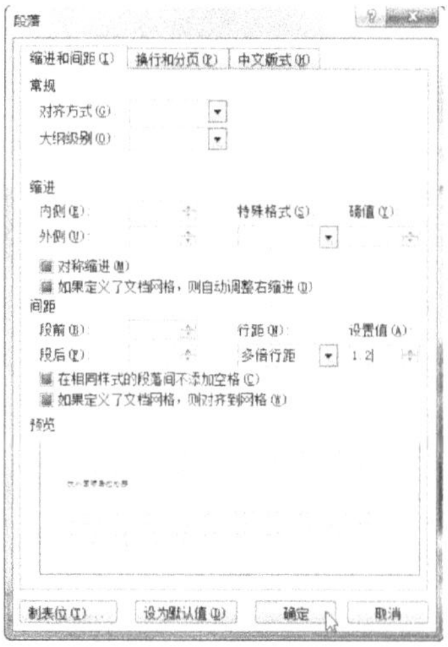


图 3-104 “段落”对话框

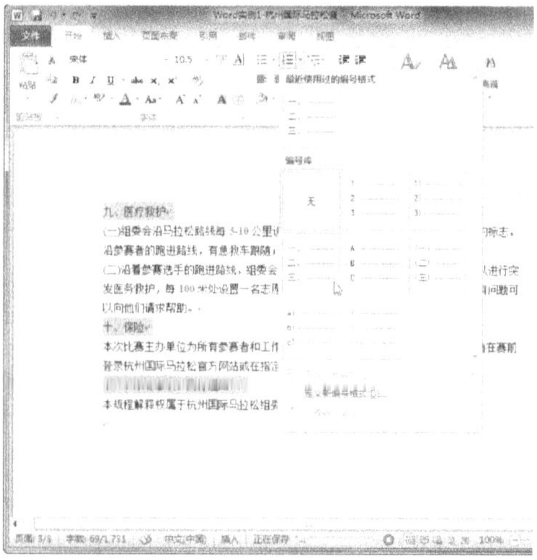

图 3-105 设置编号

④根据题目(4)的操作要求，按住<Ctrl>键的同时鼠标选中文档第 3 部分“赛事规则”中的“一、二、三、…”所在的行，单击“开始”选项卡“段落”组中的“编号”右侧下拉箭头，选择“编号库”中的“一、二、三”编号样式，如图 3-105 所示，设置后删除原有“二、三、四、…、十一”文字。

**2. 实例 2**

已有一包含多页的初始文档，文档首页如图 3-106 所示，按照要求完成以下操作：

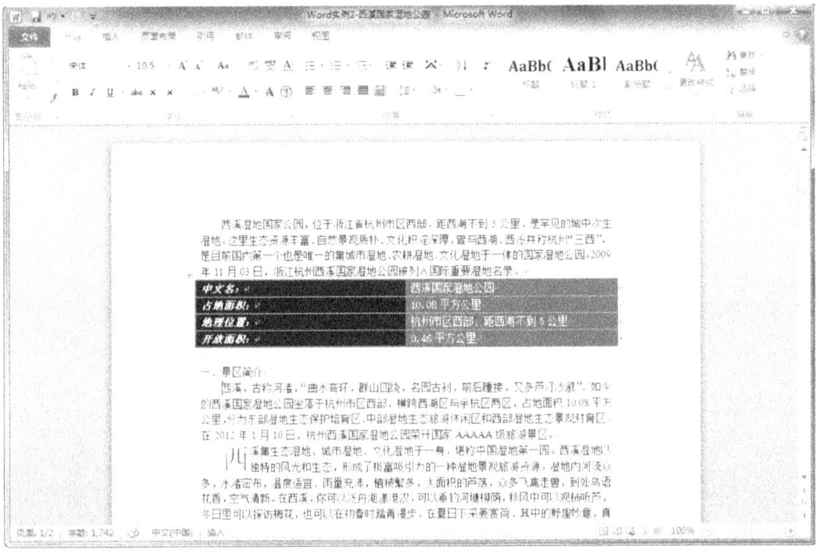

图 3-106　西溪国家湿地公园

(1)在第一行前插入一行，输入文字“西溪国家湿地公园”(不包括引号)，设置字号为 24 磅、加粗、居中、无首行缩进，段后距为 1 行。

(2)对“景区简介”下的第一段设置首字下沉 2 个字符，去除“景区简介”中的第二段的首字下沉效果。

(3)对“四、必游景点”之后开始的内容另起一页。

(4)对“四、必游景点”之前的每一页使用页面文字“西溪”，对其之后的每一页使用页面文字“西溪必游景点”。

(5)对“景区简介”“历史文化”“三堤五景”和“必游景点”，设置自动编号，编号格式为“一、二、三、四”。对“五景”中的“秋芦飞雪”和“必游景点”中的“洪园”重新编号，使其从 1 开始，后面的各编号应能随之改变。

具体操作步骤如下：

①将光标定位在第一行前，按回车键<Enter>插入一行，在新产生的行中输入文字“西溪国家湿地公园”，选中该行文字，单击“开始”选项卡“字体”组中的“字号”右侧小箭头，选择数字“24”，单击加粗按钮**B**和居中按钮；单击“段落”组右下角对话框启动器，打开“段落”对话框，将“特殊格式”选择为“无”，在“间距”的“段后”设置为“1 行”，如图 3-107 所示。

②根据题目(2)的操作要求，将光标定位到“景区简介”下第一段文本中的任意位置，切换到“插入”选项卡，单击“文本”组中的“首字下沉”按钮，在弹出的下拉列表中选择“首字下沉选项”命令，打开“首字下沉”对话框。在该对话框中，“位置”选择“下沉”，“下沉行数”改为“2”，单击“确定”按钮。光标定位到“景区简介”部分第二段任意位置，单击“首字下沉”按钮，在下拉列表中选择“无”，取消第二段的首字下沉效果，如图 3-108 所示。

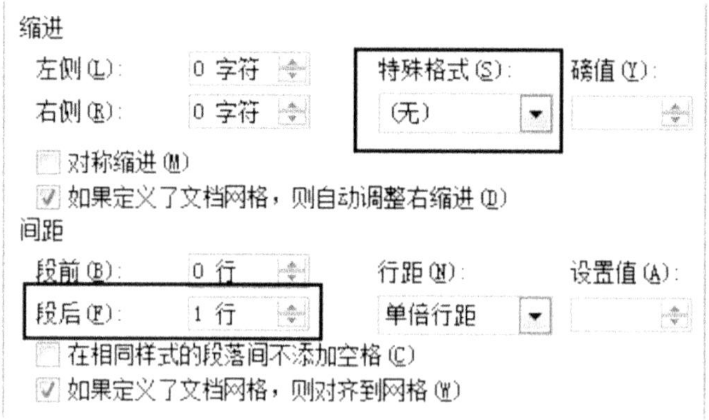


图 3-107　段落设置

图 3-108　设置和取消"首字下沉"效果

③根据题目(3)的操作要求，将光标定位到"四、必游景点"上(光标位于"四、"和"必游景点"之间)，切换到"页面布局"选项卡，单击在"页面设置"组中的"分隔符"按钮，在弹出的下拉列表中，选择"分节符"选项区中的"下一页"，如图 3-109 所示，使得从"四、必游景点"开始的内容另起一页。

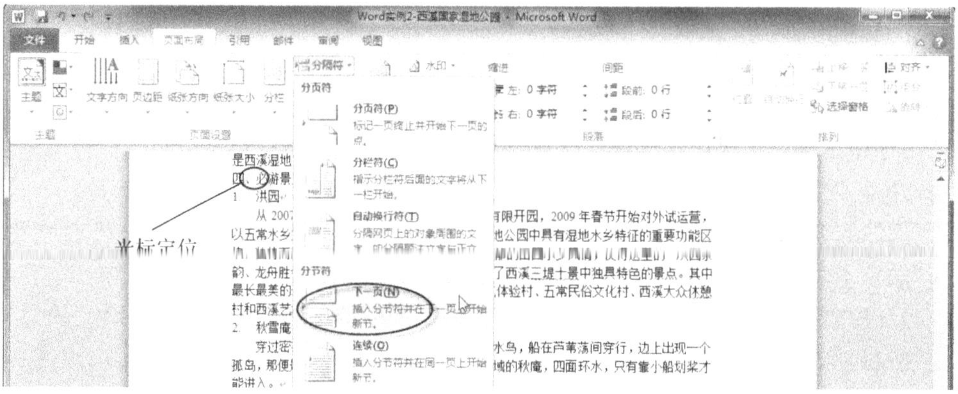


图 3-109　分页

④根据题目(4)的操作要求，单击“插入”选项卡“页眉和页脚”组中的“页眉”，在弹出的下拉列表中选择“编辑页眉”，或直接在页面的“页眉”大概位置双击，然后在页眉处输入“西溪”；将光标定位到“四、必游景点”所在页的页眉处，单击“页眉和页脚工具”选项卡“导航”组中的“链接到前一条页眉”，使其处于非选中状态，删除当前选定的页眉与上一节页眉和页脚的链接，然后将页眉原有的“西溪”改为“西溪必游景点”，单击“页眉和页脚工具”的“设计”选项卡上“关闭页眉和页脚”按钮。

⑤根据题目(5)的操作要求，选中“景区简介”“历史文化”“三堤五景”和“必游景点”，单击“开始”选项卡“段落”组中的“编号”按钮右侧的小箭头，在弹出的下拉列表中选择“编号库”中的“一、二、三、…”生成自动编号。光标定位到“4. 秋芦飞雪”，点击右键，在弹出的快捷菜单中选择“重新开始于 1”；再定位光标到“6. 洪园”，重复上一步操作。

**3. 实例 3**

已有一包含多页的初始文档，文档首页如图 3-110 所示，按照要求完成以下操作：

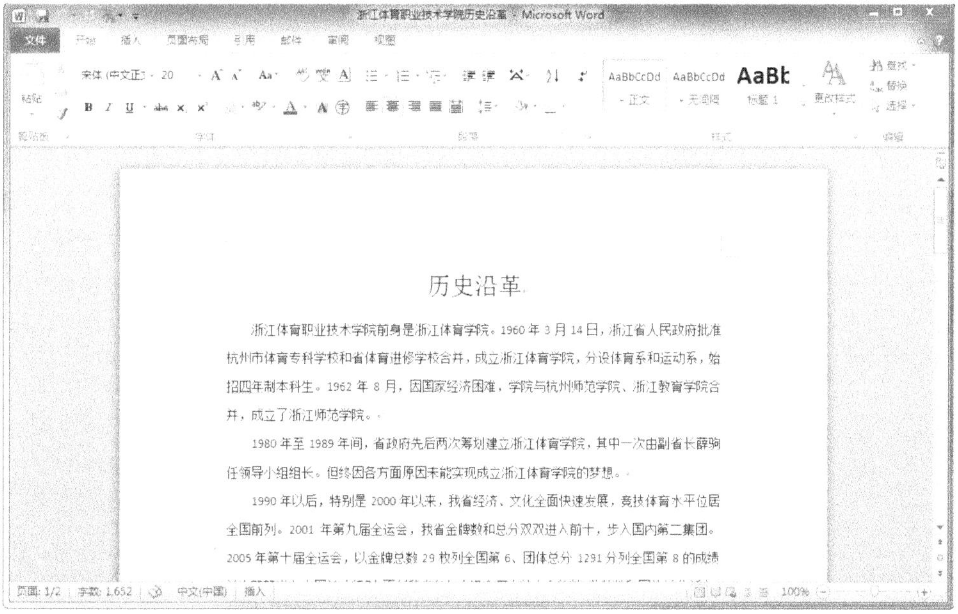


图 3-110　学院历史沿革

(1)将首行设置文本效果为“渐变填充，预设颜色：红日西斜，类型：射线”，并设置字号为“小一”及居中。

(2)为第一段开头的“浙江体育职业技术学院”文字设置青绿色以突出显示文本，并设置字符间距缩放 105%。

(3)对从文档第 3 段“1990 年以后，特别是……”内容进行分栏，要求分两栏，并设置分隔线。

(4)为文档设置页眉，奇数页页眉文字为“浙江体育职业技术学院”，偶数页页眉文字为“历史沿革”(均不包括引号)。

具体操作步骤如下：

①选中文字“历史沿革”，在“开始”选项卡“字体”组中，单击右下侧对话框启动器，打开“字体”对话框，在“字号”中选择“小一”，如图 3-111 所示；然后单击该对话框中的“文字效果”按钮，打开“设置文本效果格式”对话框，如图 3-112 所示，在右侧区域选中“渐变填充”，单击

“预设颜色”,在弹出的列表框中选择渐变颜色样式“红日西斜”,“类型”选择“射线”。单击“关闭”按钮返回“字体”对话框,再点击“确定”按钮退出字体设置,最后在“开始”选项卡“段落”组中单击居中按钮,将文字居中对齐。

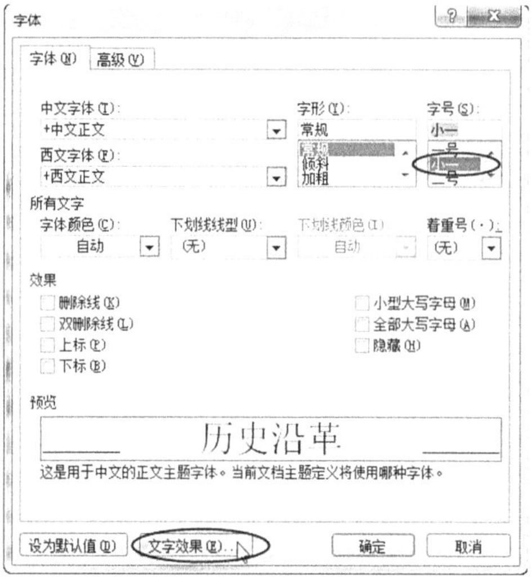


图 3-111 “字体”对话框

图 3-112 “设置文本效果格式”对话框

②根据题目(2)的操作要求,选中第一段开头“浙江体育职业技术学院”文字,在“开始”选项卡的“字体”组中单击“以不同颜色突出显示文本”按钮右侧的小箭头,选择“青绿色”,如图 3-113 所示;单击“字体”组右下角对话框启动器,在打开的“字体”对话框中,切换到“高级”选项卡,在“字符间距”选项区的“缩放”处,输入数字“105”,单击“确定”按钮,如图 3-114 所示。

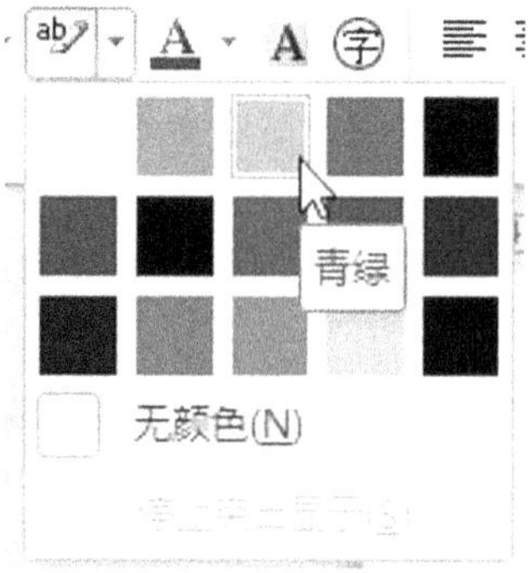


图 3-113 以不同颜色突出显示文本

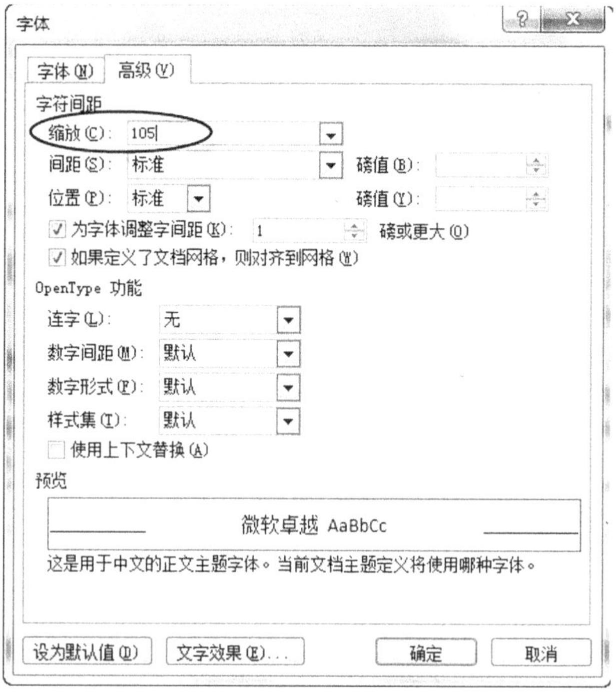


图 3-114 字符间距缩放

③选中文档第 3 段所有内容,切换到“页面布局”选项卡,单击“页面设置”组中的“分栏”按钮,在弹出的下拉列表中选择“更多分栏”命令,打开“分栏”对话框,然后在“预设”中选择“两

栏”，同时勾选“分隔线”复选框，如图 3-115 所示。点击“确定”按钮，即可完成段落的分栏设置，效果如图 3-116 所示。

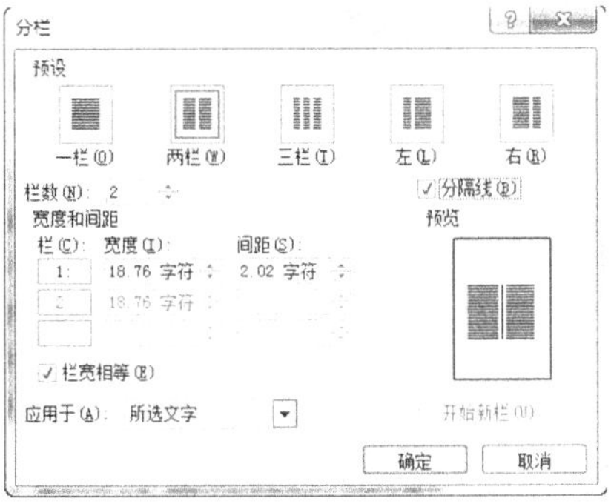


图 3-115　“分栏”对话框

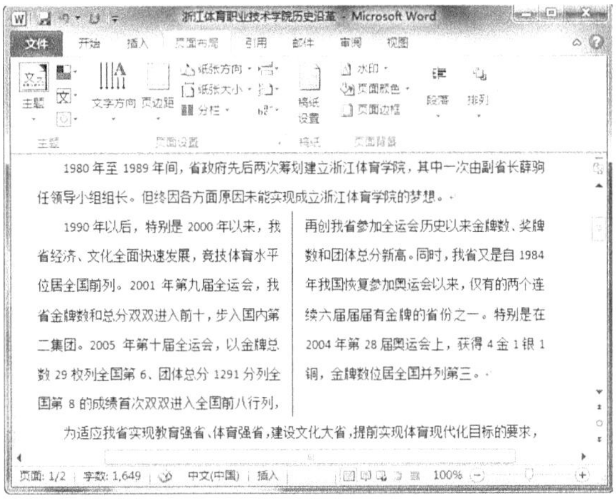


图 3-116　分栏效果

④根据题目(4)的操作要求，双击文档页眉处，在出现的“页眉和页脚工具”的“设计”选项卡“选项”组中勾选“奇偶页不同”复选框，然后在第 1 页页眉处输入文字“浙江体育职业技术学院”，在第 2 页的页眉处输入文字“历史沿革”。单击“关闭页眉和页脚”退出页眉编辑状态。

# 3.4　文档的表格处理

表格是由行、列和单元格组成，是表述信息的常用工具，表格可以使文本结构化、数据清晰化，便于数据的记录、计算和分析。Word 2010 为用户提供了强大的表格功能，用户可以方便地生成表格、编辑表格。

## 3.4.1　表格的创建

Word 2010 提供了多种创建表格的方法，既可以利用软件提供的内置表格样式来快速创建表格，也可以使用表格菜单或“插入表格”对话框插入表格，或者手动绘制表格，还可以将文本转换为表格。在文档中插入表格，首先要将光标定位到插入表格地方，切换到“插入”选项卡，在“表格”组中单击“表格”按钮，展开如图 3-117 所示的“插入表格”面板，在“插入表格”面板中，可以选择相应的命令选项创建表格。

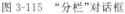

图 3-117　“插入表格”面板

**1. 创建规则表格**

(1)利用鼠标在网格(每一个网格代表一个单元格)中上下左右移动，会在面板顶端出现即将插入的表格的行数和列数，同时光标位置处可以看到即将插入的表格样式，然后单击鼠标，即可得到所需要的表格。使用此方法适合创建行数和列数较少的表格，最多可以创建 8 行 10 列的表格。

(2)在如图 3-117 所示的“插入表格”面板中选择“插入表格”命令，打开“插入表格”对话框,通过设置列数和行数进行创建,如图 3-118 所示。使用对话框可以创建更多行列数的表格,并且可以对表格的宽度进行调整,如图 3-119 所示。

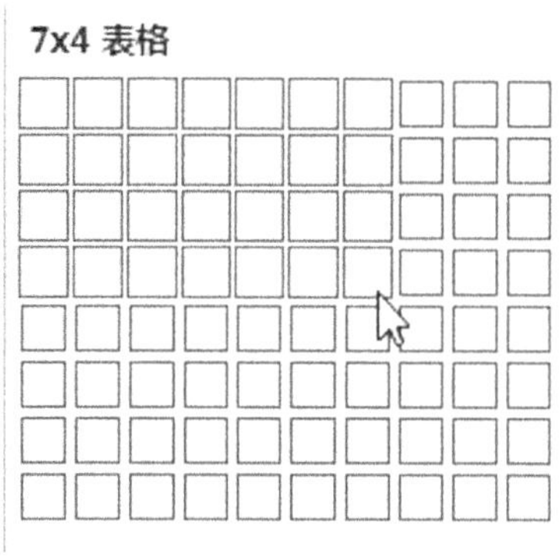

图 3-118　绘制 7×4 表格

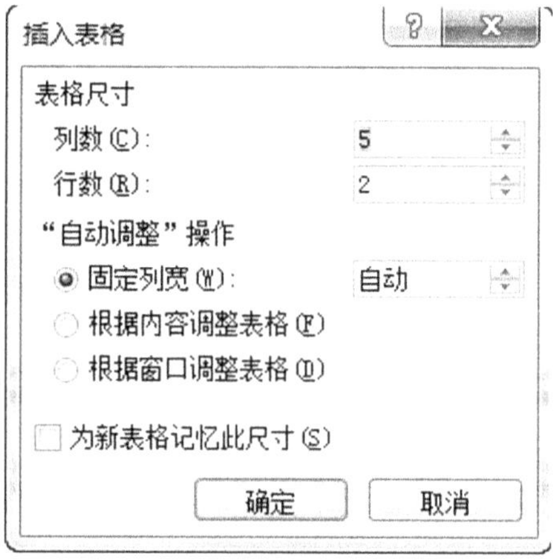


图 3-119　"插入表格"对话框

"自动调整"操作选项组中各选项的含义如表 3-4 所示。

**表 3-4　"自动调整"操作选项**

| 自动调整类型 | 描述 |
|---|---|
| 固定列宽 | 设定列宽的具体数值,单位是厘米。当选择"自动"时,表格将自动在窗口填满整行,并平均分配各列的固定值 |
| 根据内容调整表格 | 根据单元格的内容自动调整表格的列宽和行高 |
| 根据窗口调整表格 | 根据页面宽度自动调整表格的列宽和行高,列宽等于页面宽度除以列数 |

**2. 手动绘制表格**

选择图 3-117 中的"绘制表格"命令,鼠标变成笔的形状,在需要绘制表格的地方单击并拖曳鼠标,绘制出表格的外围框线,然后再根据需要画出内部框线的方法绘制不规则的表格(例如,在表格中添加斜线等),在表格外单击鼠标即可完成表格的绘制。

**3. 创建快速表格**

利用 Word 2010 提供的内置表格类型可以快速地创建表格。在图 3-117 中选择"快速表格"命令,在弹出的"内置"表格类型库中,选择所需要的表格类型即可,如图 3-120 所示。

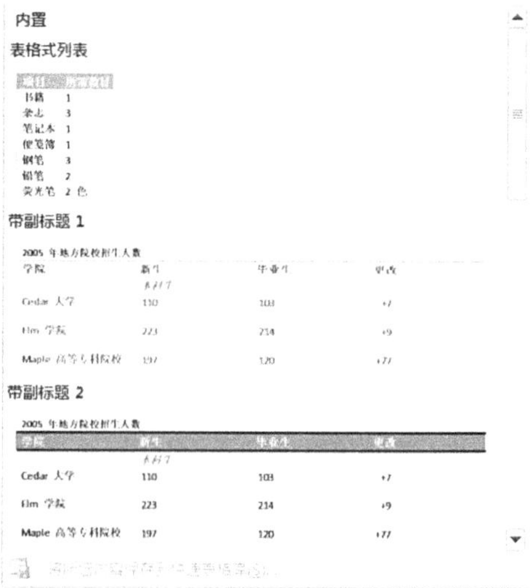


图 3-120　内置表格类型库

**4. 插入 Excel 表格**

选择图 3-117 中的"Excel 电子表格"命令,可以插入 Excel 表格,此表格中可以使用和 Excel 电子表格同样的功能,如使用函数、公式以及统计分析等,其操作和 Excel 2010 一致,具体操作见第 4 章 Excel 2010 部分。

**5. 文本转换成表格**

Word 2010 为用户提供了把已经输入的文字转换成表格的功能,在转换之前,需要对文本作如下处理:文本的一段(以硬回车结束)对应表格的一行;使用分隔符分隔文本,以便在转换时将文字依序放在不同的单元格中。Word 2010 能够识别的分隔符有：段落标记、制表符、逗号、空格等。将文本转换成表格的具体操作步骤如下：

(1)选定需要转换成表格的文本。

(2)切换到“插入”选项卡，在“表格”组中单击表格按钮，在图 3-117 中选择“文本转换成表格”命令（选定文本后，该命令选项可用），弹出“将文字转换成表格”对话框，如图 3-121 所示。

(3)在对话框的“表格尺寸”选项区设置表格行列数；在“自动调整操作”选项区设置表格的自动调整方式；在“文字分隔位置”选项区选择分隔符的类型。

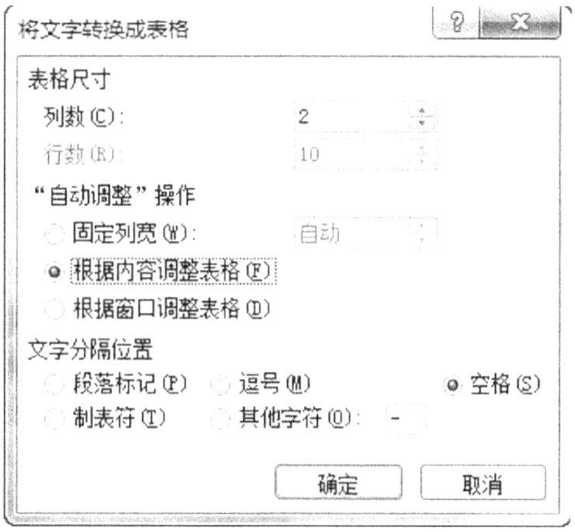


图 3-121　“将文字转换成表格”对话框

(4)单击“确定”按钮，即可将选定文本转换为表格，如图 3-122 所示。

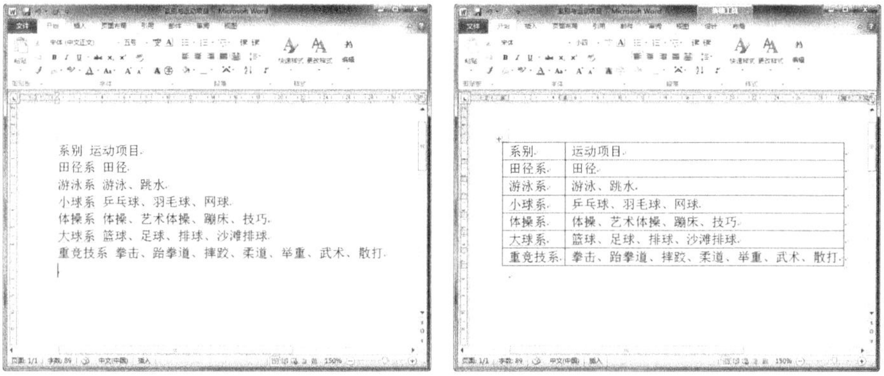


图 3-122　文本转换表格示例

## 3.4.2　表格的编辑

表格创建后，还需要对它进行编辑，例如插入或删除行、列和单元格，修改行高和列宽，对单元格的文字进行编辑和排版，等等。编辑表格主要有两种途径：可以将光标定位在表格中，自动显示“表格工具”功能区，包括“设计”和“布局”两个选项卡，使用功能区相应命令，如图 3-123 所示；也可以选中表格对象，右击鼠标，在弹出的快捷菜单中选择相应命令进行编辑。

图 3-123　“表格工具”功能区

**1. 常用的选定操作**

在对表格进行编辑前，首先应该选定要编辑的表格部分。在表格中，每一列的上边界和每一行每一个单元格的左边沿，都有一个看不见的选择区域。

选定表格内容的常用操作有：

(1)选定单个单元格：将光标指向单元格的左边沿内侧，光标变为斜向右上方的黑色实箭头时单击。

(2)选定多个单元格：将光标定位到单元格内，按住鼠标左键拖选。

(3)选定行：将光标指向表格左边沿外侧的行选择区，光标变为斜向右上方的空心箭头时单击。

(4)选定列：将光标指向表格列顶部外边框线，光标变成向下的实箭头时单击。

(5)选定整个表格：将光标移至表格左上角，出现“选定符号”时单击。

**2. 行列和单元格的插入和删除**

(1)行列的插入

定位光标后，在“表格工具”的“布局”选项卡中，单击“行和列”组中以光标所在单元格为基准的插入命令按钮，如要同时插入多行或多列时，必须选定同样数目的行或列。

图 3-124 中的“行和列”功能分组中有 4 种插入方式，其功能描述见表 3-5。

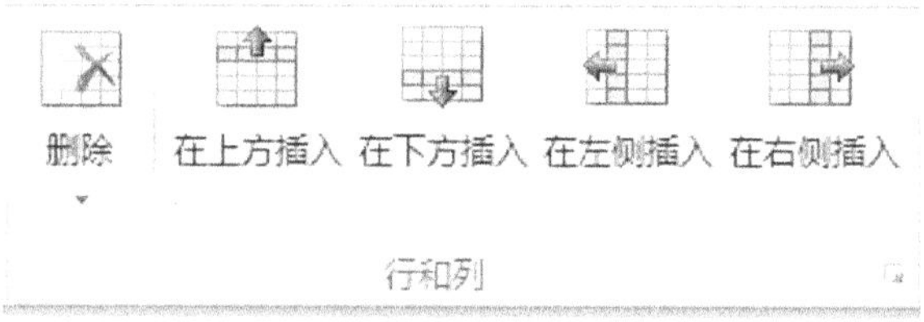


图 3-124　“布局/行和列”功能组

**表 3-5　行列插入方式及其功能描述**

| 插入方式 | 功能描述 |
|---|---|
| 在上方插入 | 在选定单元格所在行的上方插入一行 |
| 在下方插入 | 在选定单元格所在行的下方插入一行 |
| 在左侧插入 | 在选定单元格所在列的左侧插入一列 |
| 在右侧插入 | 在选定单元格所在列的右侧插入一列 |

插入表格行的快捷方法：定位光标到某一行最后一个单元格外的回车标记之前，按＜Enter＞回车键，就可以在当前行后插入新行；若定位光标到表格最右下角的单元格，按＜Tab＞键，可以在表格的最后插入一个新行。

提示：使用右键快捷菜单插入的行是在选定行的上方插入，而插入的列是在选定列的右侧插入。

(2)单元格插入

要向已有单元格中插入单元格，先定位光标，单击“行和列”组左下角的对话框启动器，或者右键菜单选择“插入”，在弹出的子菜单中选择“插入单元格”命令，打开“插入单元格”对话框，如图 3-125 所示。在该对话框中选择插入单元格后，当前活动单元格右移或是下移。单元格插入方式及其功能见表 3- 6。

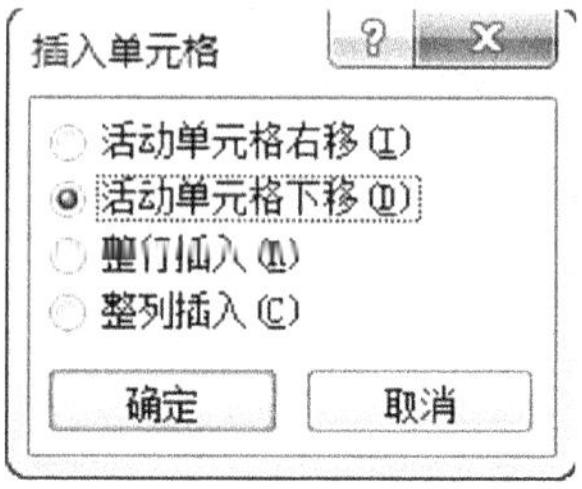


图 3-125　“插入单元格”对话框

**表 3-6　“插入单元格”对话框选项按钮及其功能描述**

| 选项按钮 | 功能描述 |
|---|---|
| 活动单元格右移 | 在选定单元格左边插入新单元格，选定单元格右移 |
| 活动单元格下移 | 在选定单元格上方插入新单元格，选定单元格下移 |
| 整行插入 | 在选定单元格所在行的上方插入一整行 |
| 整列插入 | 在选定单元格所在列的左边插入一整列 |

(3)行列和单元格的删除

选定需要删除的行、列或单元格，在图 3-124 中单击“删除”按钮，在弹出的快捷菜单中选择需要删除的表格对象，删除列、删除行或删除整个表格，选择“删除单元格”命令，打开“删除单元格”对话框，可以选择删除单元格后，其他单元格的位移情况。删除整行或者整列时，所在行的下方各行将上移，所在列的右侧各列将左移，如图 3-126 所示。

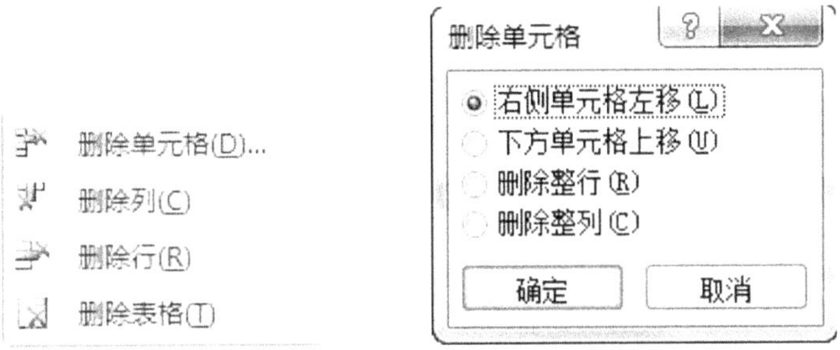


图 3-126　表格的删除操作

### 3. 单元格的合并和拆分

(1)合并单元格

合并单元格就是将选定的多个单元格合并为一个单元格。选定要合并的若干个单元格，在“表格工具/布局”选项卡的“合并”组中单击“合并单元格”按钮，或右击鼠标，在弹出的快捷菜单中选择“合并单元格”命令，如图 3-127 所示；还可以单击“设计”选项“绘图边框”组中的“擦除”按钮，光标变成形状后，直接擦除不需要的框线。

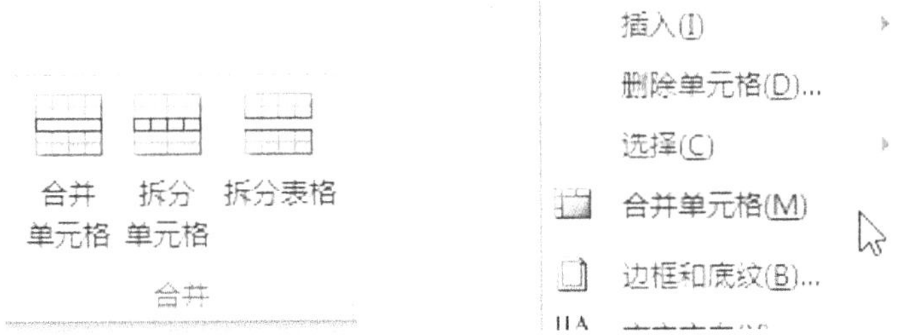


图 3-127　合并单元格命令

(2)拆分单元格

拆分单元格与合并单元格正好相反，是把一个单元格拆分成多个小单元格。将光标定位在要拆分的单元格，在“表格工具/布局”选项卡的“合并”组中，单击“拆分单元格”按钮，在弹出的“拆分单元格”对话框中设置拆分的行数和列数即可，如图 3-128 所示。

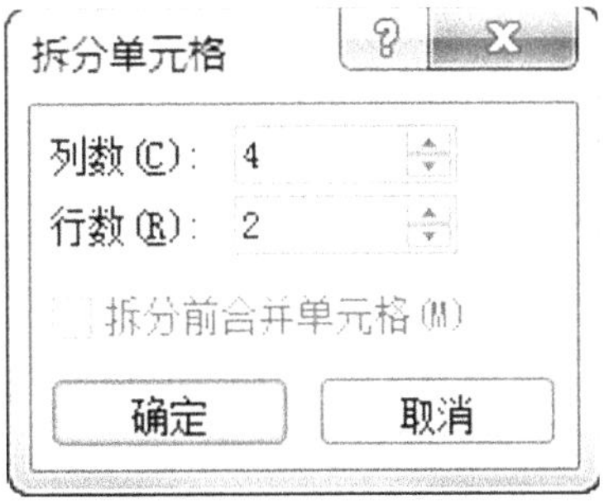


图 3-128　“拆分单元格”对话框

在“合并”组中，还可以进行拆分表格的操作，光标定位在要成为新表格的首行的任意单元格内，单击“拆分表格”按钮,即可将原表格拆分为两个表格。

#### 4. 调整表格的行高和列宽

在Word文档中插入表格后,可以根据需要调整整个表格中各行、各列的度量值,从而改变单元格的大小。将光标定位到要调整行高或列宽的行或列的任一单元格,在“表格工具/布局”选项卡的“单元格大小”组中的对应文本框输入调整后的值,如图3-129所示。在“单元格大小”组中,还可以根据单元格中的文字大小、内容多少、窗口大小自动调整列宽和进行平均分配行高和列宽的操作。

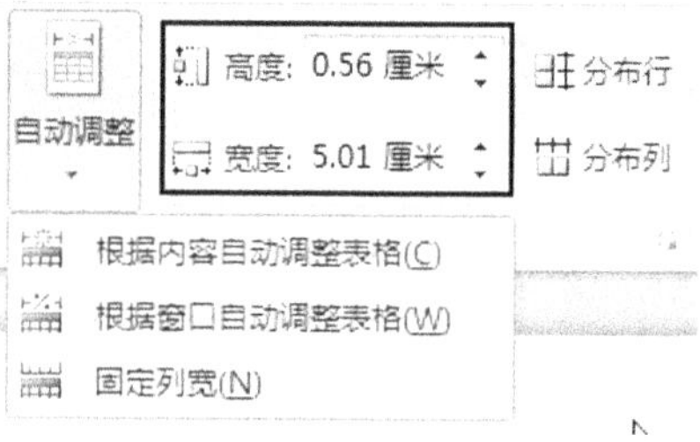

图3-129 “单元格大小”功能组

单元格的行高和列宽如果没有具体值的要求,还可以利用鼠标拖动来调整。操作方式:将光标指向欲改变行高或列宽的行列边框线上,当光标变成÷或+||+形状时,单击并拖动边框线就可以改变行高或列宽。

#### 5. 表格和单元格的对齐方式

(1)表格对齐方式

表格的对齐是指整张表格在文档页面中的相对位置。单击“选定符号”⊞,选定整个表格,单击“单元格大小”组右下角对话框启动器(或右击鼠标选择“表格属性”命令),打开“表格属性”对话框,如图3-130所示。

在对话框中选择“表格”选项卡,在“对齐方式”选项区域,可以选择表格的对齐方式:左对齐、居中和右对齐,在“文字环绕”选项区域中可选择是否文字环绕。

*提示:表格的对齐操作,可以直接单击“开始”选项卡的“段落”组中的对齐按钮。*

(2)单元格对齐方式

单元格对齐方式,是指单元格中文本的对齐方式。选定需要对齐操作的单元格,右击鼠标,在弹出的快捷菜单中,选择“单元格对齐方式”命令,在弹出的子菜单中选择相应的选项,即可实现不同的对齐方式。也可以单击“表格工具/布局”选项卡“对齐方式”组中的对齐方式按钮,如图3-131所示。

图3-130 “表格属性”对话框

图3-131 单元格对齐方式

**6. 设置单元格边距**

将光标定位在表格中，在“表格工具”的“布局”选项卡的“对齐方式”组单击“单元格间距”按钮，打开如图 3-132 所示的“表格选项”对话框，在“默认单元格间距”选项区域选中“允许调整单元格间距”复选框，并输入要设置的值。在该对话框中还可以设置文本内容距离单元格边界的距离。

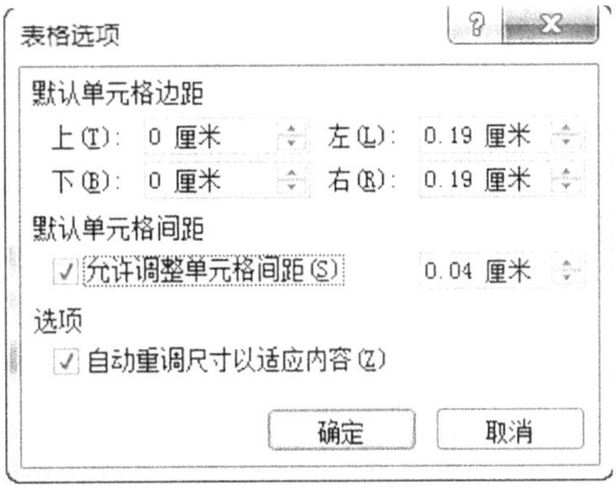


图 3-132　“表格选项”对话框

**7. 设置表格边框和底纹**

在 Word 文档中，用户可以为表格添加边框和底纹。选定要设置边框或底纹的单元格区域，在“表格工具/设计”选项卡的“表格样式”组中单击“边框”按钮右侧的小箭头，在展开的下拉列表中可以选择是否显示边框线，如图 3-133 所示。单击“边框和底纹...”命令，打开如图 3-134 所示的“边框和底纹”对话框，可以对单元格的边框线做相应的设置。切换到“底纹”选项卡，可以设置整个表格或单元格的底纹颜色样式。

图 3-133　“边框”列表

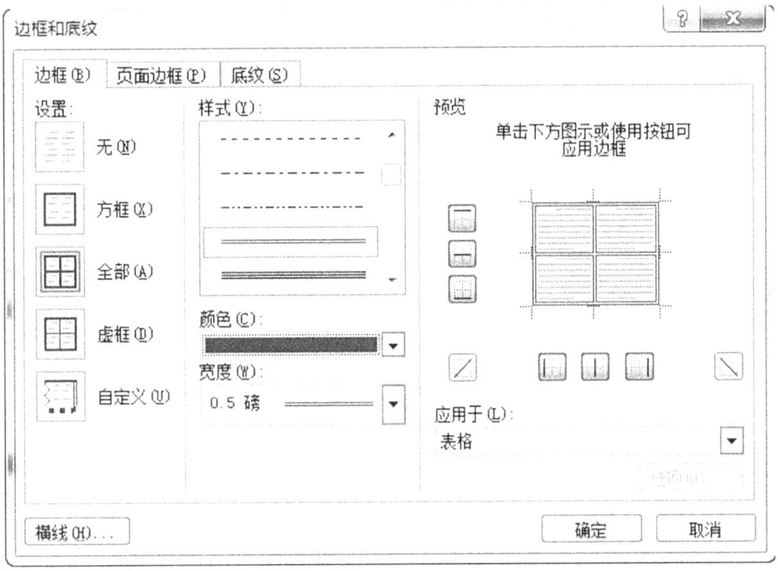


图 3-134　“边框和底纹”对话框

提示：设置表格的边框时，需要注意操作次序，先选择边框的线条样式，再设置线条的颜色和宽度，最后应用边框。

**8. 表格样式**

Word 2010 提供了预设格式的表格样式，用户可以直接选择应用这些表格样式，节约创建和设计表格的时间。将光标定位在表格的任意单元格内，在“表格工具/设计”选项卡的“表格样式”组中，单击表样式右侧的下拉箭头 ，在展开的内置中，选择要应用的表格样式即可，如图 3-135 所示。选择列表中的“修改表格样式”，可以打开“修改样式”对话框，对样式进行自定义修改，“表格样式选项”组的选项可以对表格样式的细节进行修改。

**9. 重复标题行**

当一张表格的长度超过一页，或同一张表格需要在多个页面中“跨页”显示时，往往需要在每一页的表格中都显示标题行。在 Word 2010 中可以使用“重复标题行”命令来实现。

将光标定位到第一页表格的第一行标题任意单元格中,或者选定多行标题,在“表格工具/布局”选项卡中,单击“数据”组中的“重复标题行”按钮,即可为第二页的表格添加标题行,但是该标题行不能被选定,如图 3-136 所示。

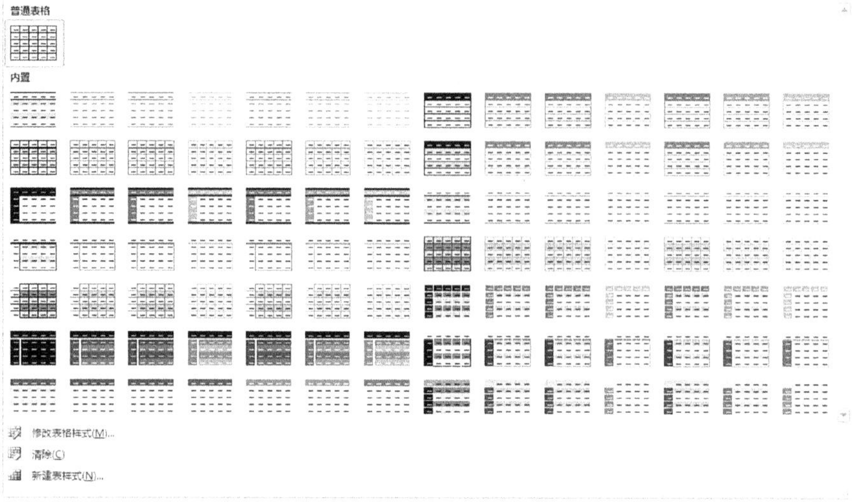


图 3-135 表格样式

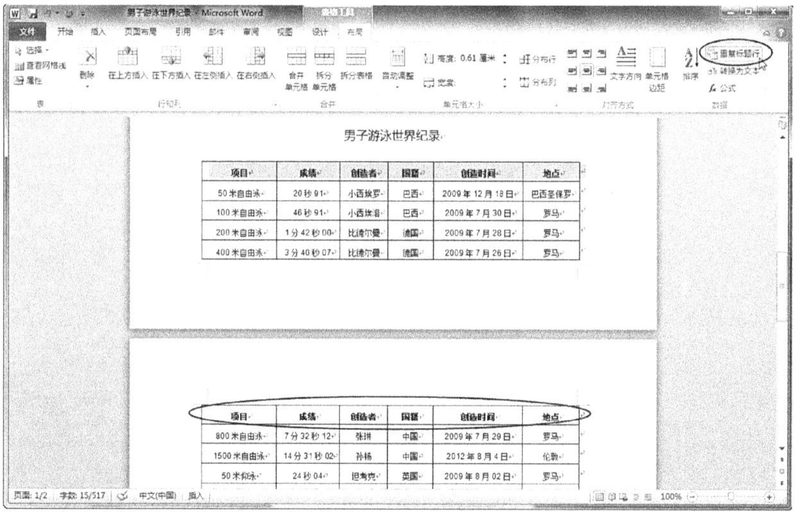


图 3-136 “重复标题行”示例

**10. 表格转换为文本**

将表格转换为文本是将文本转换为表格的反向操作,具体的操作步骤如下:

(1)选中需要转换为文本的单元格。如果需要将整张表格转换为文本,则只需单击表格任意单元格。

(2)在“表格工具”功能区切换到“布局”选项卡,然后单击“数据”分组中的“转换为文本”按钮。

(3)在打开的“表格转换成文本”对话框中,选中“段落标记”“制表符”“逗号”或“其他字符”单选框,如图 3-137 所示。

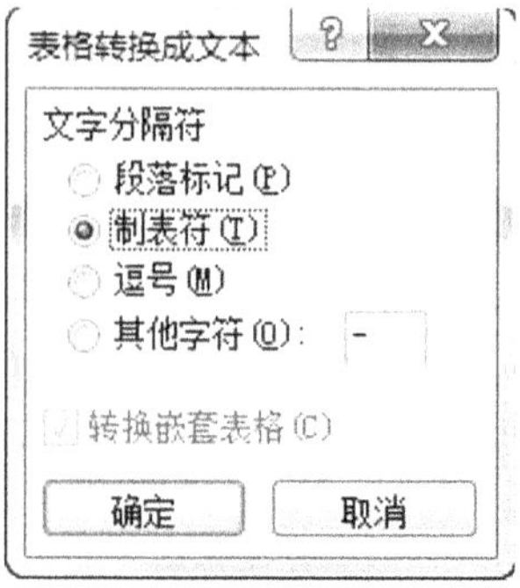


图 3-137 “表格转换成文本”对话框

选择任何一种标记符号都可以转换成文本，只是转换生成的排版方式或添加的标记符号有所不同。最常用的是“段落标记”和“制表符”两个选项。当选择“段落标记”作为文字分隔符时，可选中“转换嵌套表格”可以将嵌套表格中的内容同时转换为文本。

### 3.4.3　表格的数据处理

在 Word 的表格中，可以利用表格的计算功能对表格中的数据进行一些简单的运算，还可以对数据进行排序。为了方便定位，表格的每一列的列号依次用字母 A、B、C、… 表示，行号依次用数字 1、2、3、… 表示。用列和行坐标表示单元格地址，如 A1、B2。

**1. 数据计算**

Word 中提供了常用的数学和统计函数，包括求和(SUM)、乘积(PRODUCT)、平均值(AVERAGE)、绝对值(ABS)、最大值(MAX)、最小值(MIN)等，还提供了条件函数(IF)，逻辑函数(TURE 和 FALSE)，等等。

表格数据计算的具体操作步骤如下：

(1)将光标定位到要输入计算结果的单元格中。

(2)在“表格工具/布局”选项卡“数据”组中单击“公式”按钮 *fx*，打开“公式”对话框，如图 3-138 所示，在“公式”文本框的等号后输入函数名和要参与运算的单元格的地址，在“编号格式”下拉列表框中选择要应用的数字格式。

(3)单击“确定”按钮，计算机结果就会显示在光标所在的单元格中。

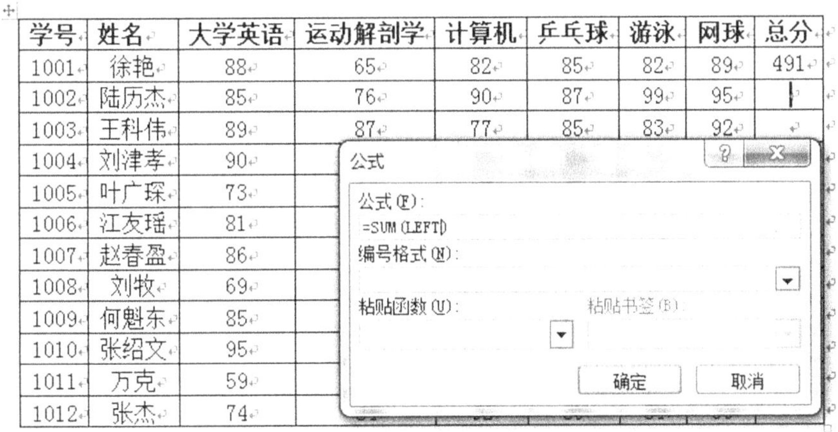


图 3-138　表格数据计算

**2. 数据排序**

在 Word 表格中，还可以对表格中的数据按笔画、数字、拼音及日期等以升序或降序等方式进行排序。还可以进行多列排序，即要选择主要关键字、次要关键字和第三关键字进行排序。

对表格进行排序的操作步骤如下：

(1)将光标定位到要排序的表格的任意单元格中。

(2)在“表格工具/布局”选项卡“数据”组中单击“排序”按钮，打开如图 3-139 所示的“排序”对话框。

(3)在“主要关键字”下拉列表中选择用于排序的主要关键字，在“类型”下拉列表框中选择一种排序类型。

(4)选中"升序"或"降序"单选按钮,设置排序方式。

(5)如果有需要,还可以指定"次要关键字"和"第三关键字",其设置方法与"主要关键字"相同。

(6)单击"确定"按钮,完成排序设置。

另外,"排序"对话框的"列表"选项区域有两个选项:"有标题行"和"无标题行"。选中"有标题行",表示排序时不把标题行算在排序范围内;若选中"无标题行",则表示对标题行进行排序,而且在关键字下拉列表中将只显示"列 1、列 2、列 3、…",而不会显示标题名称。

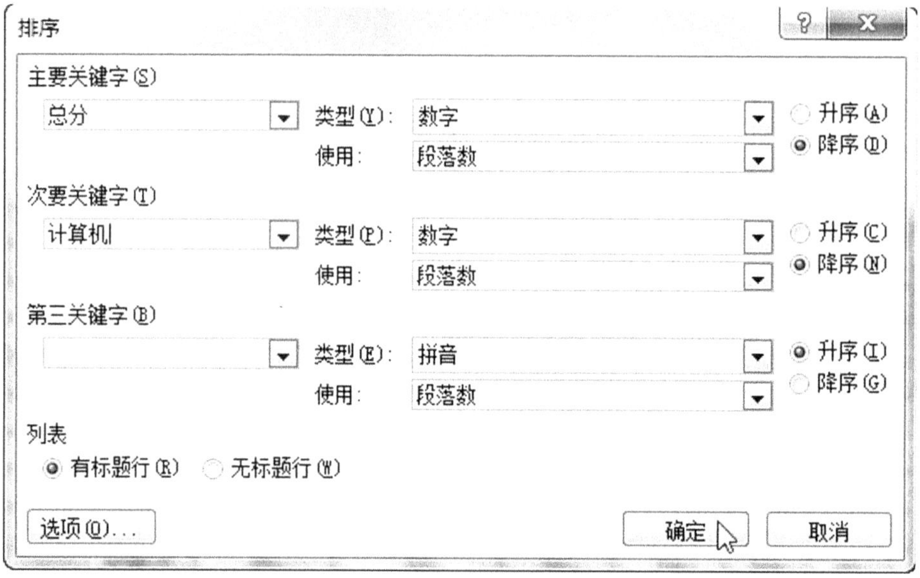


图 3-139　"排序"对话框

## 3.4.4　应用实例

### 1. 实例 1

已有一初始文档,文档内容如图 3-140 所示,按照要求完成以下对文档中表格的操作:

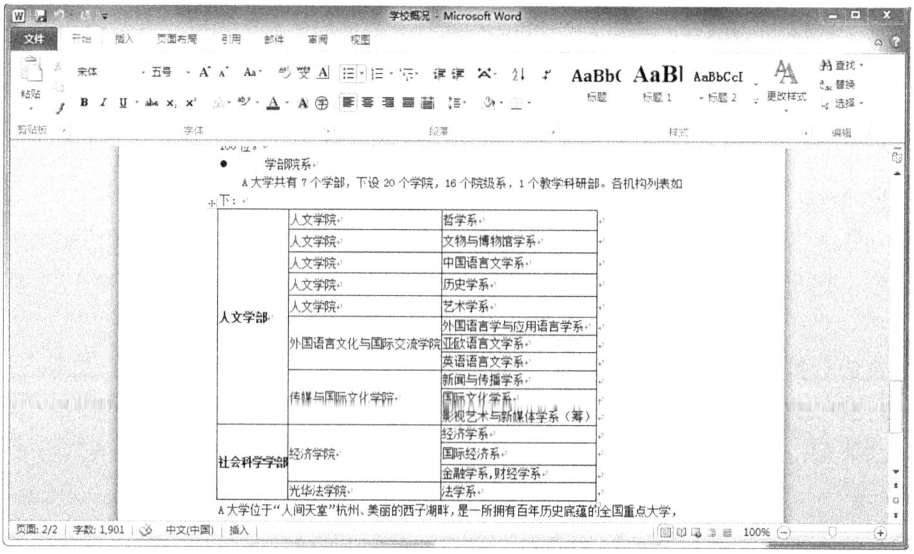


图 3-140　学校概况

(1)要求“根据窗口自动调整表格”，设置表格对齐方式为“中部两端对齐”。

(2)将表格中多个“人文学院”合并为只剩一个，且将该单元格设置为“中部两端对齐”。将“金融学系，财经学系”拆分成两行，分别为“金融学系”和“财经学系”。

(3)表格居中；整个表格的外框线使用红色双线。

具体操作步骤如下：

①根据题目(1)的操作要求，光标定位到表格中任意单元格，在出现的“表格工具”功能区中切换到“布局”选项卡，然后在“单元格大小”组中单击“自动调整”按钮，在弹出的下拉列表中选择“根据窗口自动调整表格”，如图 3-141 所示；单击“选定符号”⊞选中整个表格，在“布局”选项卡“对齐方式”组中单击“中部两端对齐”按钮，如图 3-142 所示。

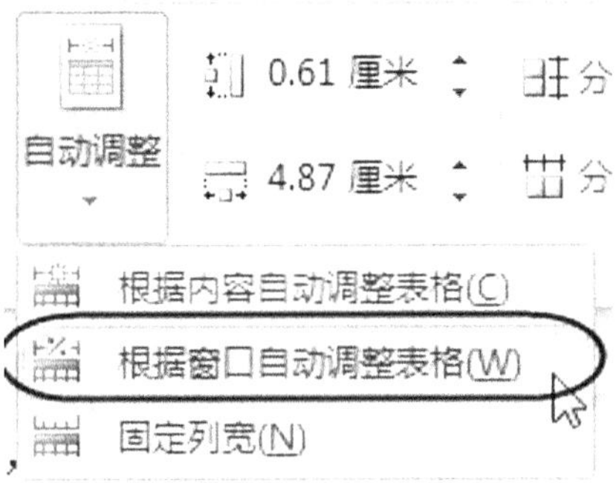


图 3-141　根据窗口自动调整表格

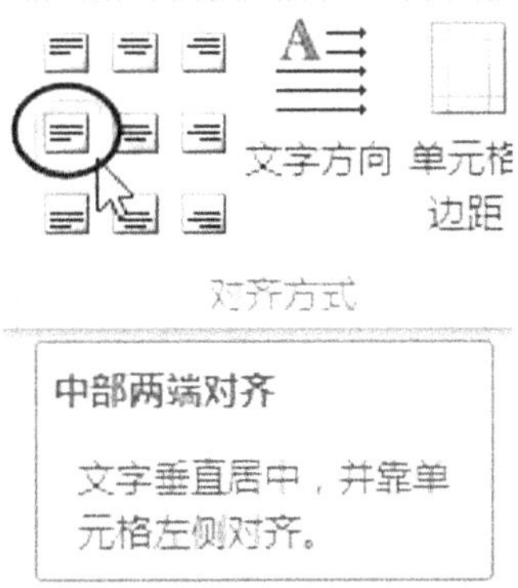


图 3-142　设置中部两端对齐

②根据题目(2)的操作要求，选中表格中包含“人文学院”的 5 个单元格，在“表格工具”功能区“布局”选项卡中单击“合并”组中的“合并单元格”按钮，或右击鼠标，在弹出的快捷菜单中选择“合并单元格”，如图 3-143 所示，删除合并后单元格内多余的文字，只剩一个“人文学院”，并在“对齐方式”功能组中选择单击“中部两端对齐”按钮，如图 3-142 所示。选中“金融学系，财经学系”所在单元格，单击“合并”组中的“拆分单元格”按钮，在弹出的“拆分单元格”对话框中，设置“列数”为“1”，“行数”为“2”，单击“确定”按钮，在原来的“金融学系，财经学系”单元格下增加了一个单元格，删除原“金融学系，财经学系”所在单元格中的“，财经学系”，然后在新增的单元格内输入“财经学系”。

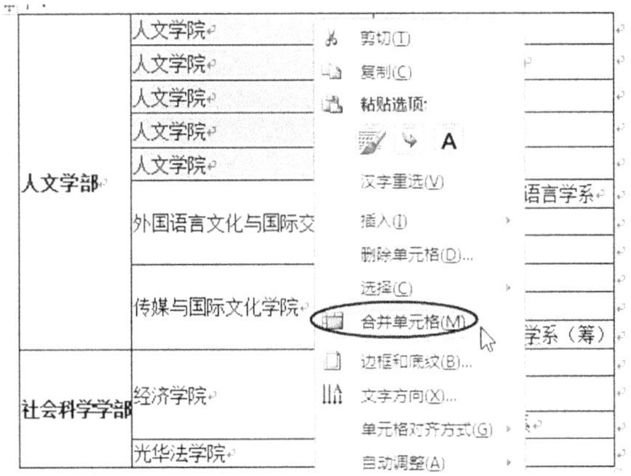


图 3-143　合并单元格

③根据题目(3)的操作要求，单击“选定符号”⊞选中整个表格，切换到“开始”选项卡，在

“段落”组中单击“居中”按钮。切换到“表格工具”功能区“设计”选项卡，在“绘图边框”组中在“线条样式”下拉列表中选择“双线”，在“笔颜色”中选择“红色”，默认“宽度”，然后在“表格样式”组中，单击“边框”按钮右侧的小箭头，在弹出的下拉列表中选择“外侧框线”，如图 3-144 所示。

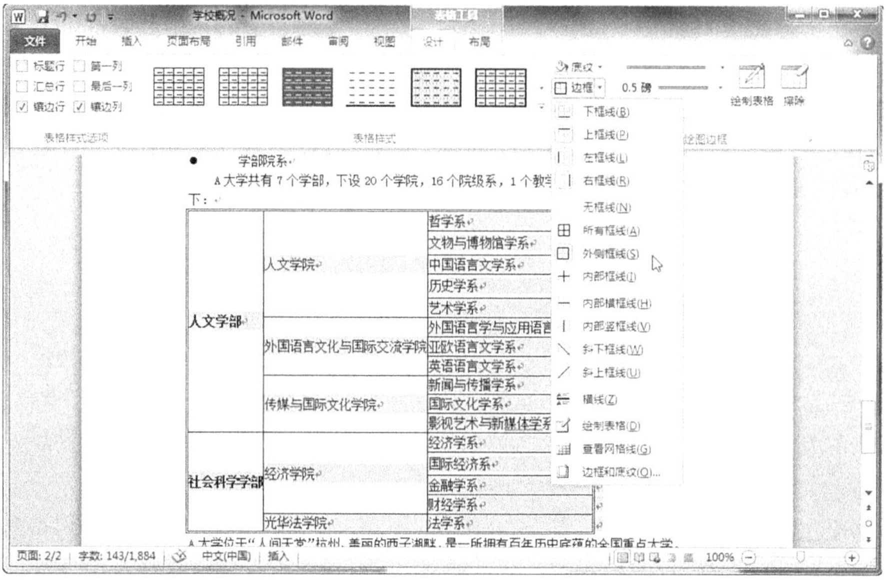


图 3-144　设置红色双线外边框

**2. 实例 2**

已有一初始文档，文档内容如图 3-145 所示，按照要求完成以下对文档中表格的操作：

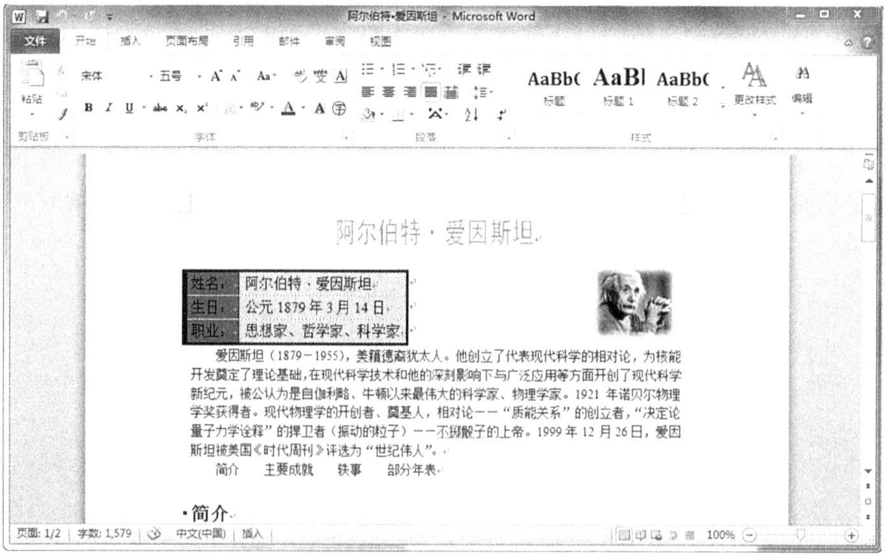


图 3-145　阿尔伯特·爱因斯坦

(1)将第 1 页中的表格转换为制表符分隔的文本。

(2)将“部分年表”中的内容转换成表格，设置无标题行，“根据内容调整表格”，

(3)将“部分年表”表格套用表格样式“彩色型 1”。

具体操作步骤如下：

①选中第 1 页中的表格，切换到“表格工具”功能区的“布局”选项卡，在“数据”功能组中单击“转换为文本”按钮，弹出“表格转换成文本”对话框，“文字分隔符”选择“制表符”，单击“确定”按钮退出。

②选中第 2 页的“部分年表”中的内容，切换到“插入”选项卡，单击“表格”组中的“表格”按钮，在弹出的下拉列表中，选择“文本转换成表格”命令，打开“将文字转换成表格”对话框，“表格尺寸”的“列数”设置为“2”，“自动调整”操作选择“根据内容调整表格”，“文字分隔位置”选择“制表符”，如图 3-146 所示，单击“确定”完成设置。

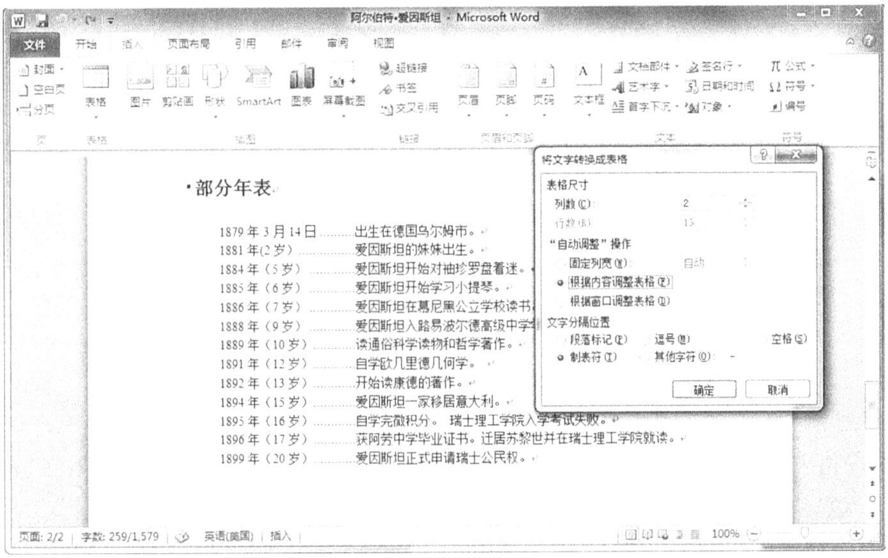


图 3-146　将文字转换成表格

③选中转换的表格，在“表格工具”功能区“设计”选项卡的“表格样式”组中，展开表格样式库面板，单击内置样式“彩色型 1”，即可套用该样式，如图 3-147 所示。

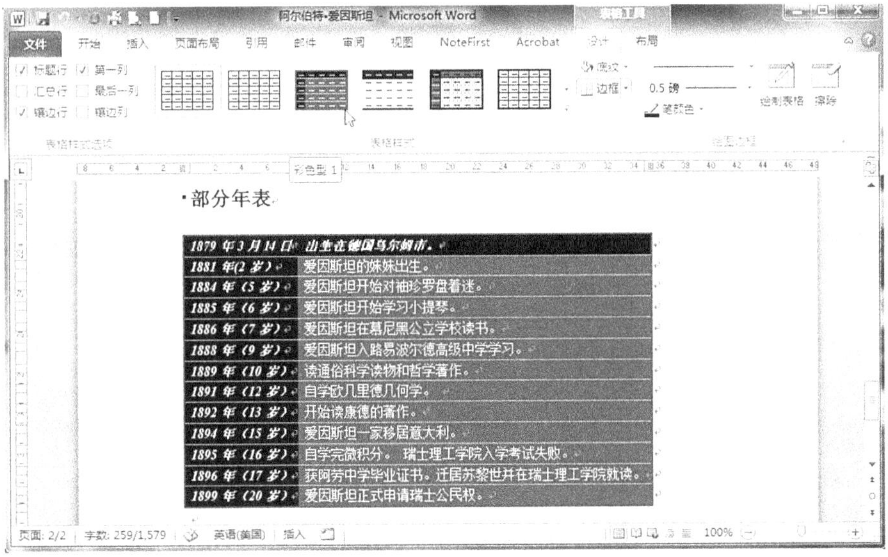


图 3-147　套用表格样式

**3. 实例 3**

已有一包含表格的文档,如图 3-148 所示,按照要求完成以下对文档中表格的操作:

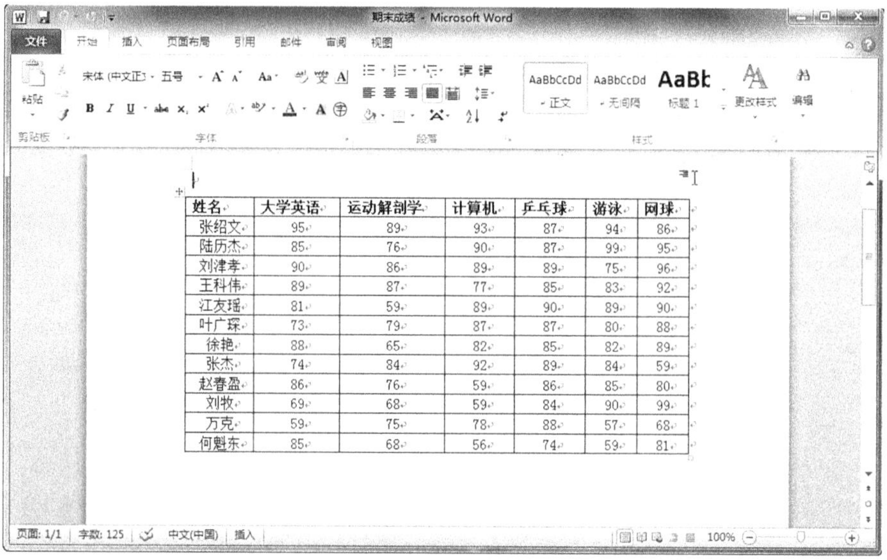

| 姓名 | 大学英语 | 运动解剖学 | 计算机 | 乒乓球 | 游泳 | 网球 |
| --- | --- | --- | --- | --- | --- | --- |
| 张绍文 | 95 | 89 | 93 | 87 | 94 | 86 |
| 陆历杰 | 85 | 76 | 90 | 87 | 99 | 95 |
| 刘津孝 | 90 | 86 | 89 | 89 | 75 | 96 |
| 王科伟 | 89 | 87 | 77 | 85 | 83 | 92 |
| 江友瑶 | 81 | 59 | 89 | 90 | 89 | 90 |
| 叶广琛 | 73 | 79 | 87 | 87 | 80 | 88 |
| 徐艳 | 88 | 65 | 82 | 85 | 82 | 89 |
| 张杰 | 74 | 84 | 92 | 89 | 84 | 59 |
| 赵春盈 | 86 | 76 | 59 | 86 | 85 | 80 |
| 刘牧 | 69 | 68 | 59 | 84 | 90 | 99 |
| 万克 | 59 | 75 | 78 | 88 | 57 | 68 |
| 何魁东 | 85 | 68 | 56 | 74 | 59 | 81 |

图 3-148　期末成绩

(1)将“姓名”笔画按升序排列,并设置“重复标题行”。

(2)在表格左上角“姓名”所在单元格内,添加左上右下斜线,斜线以上为“科目”,斜线以下为“姓名”。对其右边 6 个单元格,设置文字在单元格内垂直、水平都居中。

具体操作步骤如下:

①将光标定位到表格第一列任意单元格内。切换到“表格工具”功能区的“布局”选项卡,单击“数据”组中的排序按钮,打开“排序”对话框,选择“主要关键字”为“姓名”,“类型”为“笔画”,选中“升序”按钮,在“列表”选项区域选择“有标题行”,如图 3-149 所示,单击“确定”按钮,完成排序设置。

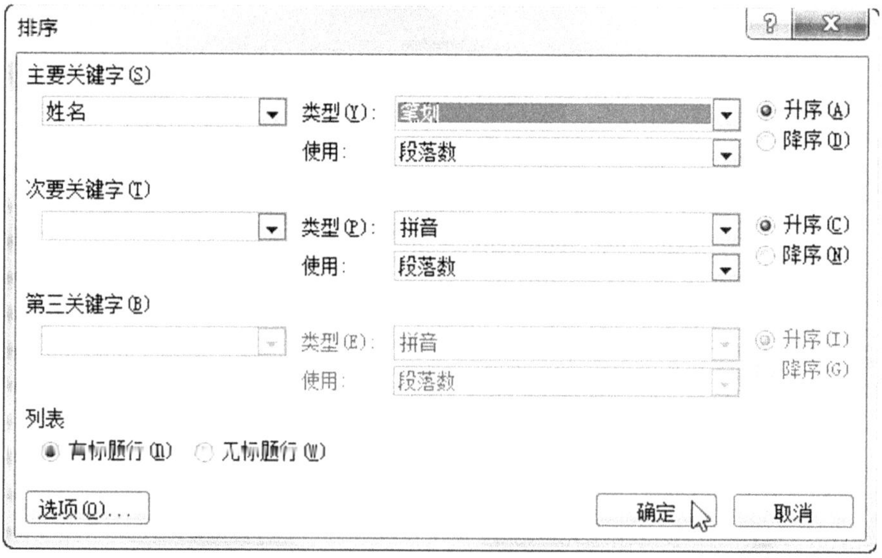


图 3-149　按姓名笔画排序

②根据题目(2)的操作要求，将光标定位到表格左上角“姓名”所在单元格，切换到“表格工具”的“设计”选项卡，单击“表格样式”组中的“边框”按钮右侧小箭头，在弹出的下拉菜单中选择“斜下框线”命令，如图 3-150 所示，即可为单元格添加一条左上右下的斜线。或者切换到“开始”选项卡，单击“段落”组中的边框按钮下拉菜单，可以实现同样的操作效果。将光标定位到“姓名”两字之前位置，按<Enter>回车键，使第一行增加一倍的行高，光标重新定位到上方回车符之前，输入“科目”，切换到“开始”选项卡，单击“段落”组中的“右对齐”按钮，使“科目”右对齐，位于斜线上方；选中表格右边 6 列，在“表格工具”功能区“布局”选项卡中，单击“对齐方式”组的“水平居中”按钮，使文字在单元格内水平和垂直都居中，如图 3-151 所示。

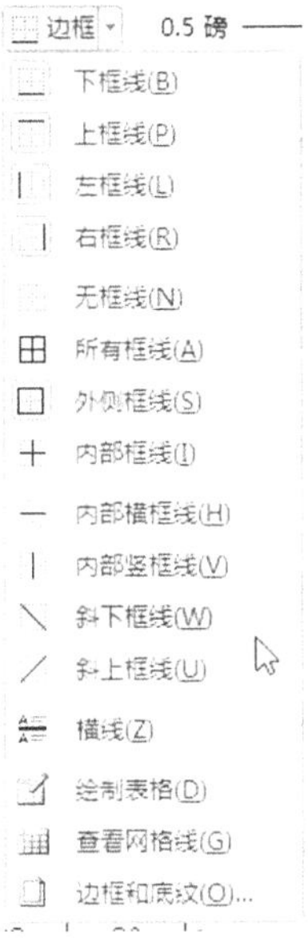


图 3-150　绘制斜线

| 科目/姓名 | 大学英语 | 运动解剖学 | 计算机 | 乒乓球 | 游泳 | 网球 |
|---|---|---|---|---|---|---|
| 万克 | 59 | 75 | 78 | 88 | 57 | 68 |
| 王科伟 | 89 | 87 | 77 | 85 | 83 | 92 |
| 叶广琛 | 73 | 79 | 87 | 87 | 80 | 88 |
| 刘牧 | 69 | 68 | 59 | 84 | 90 | 99 |
| 刘津幸 | 90 | 86 | 89 | 89 | 75 | 96 |
| 江友瑶 | 81 | 59 | 89 | 90 | 89 | 90 |
| 何魁东 | 85 | 68 | 56 | 74 | 59 | 81 |
| 张杰 | 74 | 84 | 92 | 89 | 84 | 59 |
| 张绍文 | 95 | 89 | 93 | 87 | 94 | 86 |
| 陆历杰 | 85 | 76 | 90 | 87 | 99 | 95 |
| 赵春盈 | 86 | 76 | 59 | 86 | 85 | 80 |
| 徐艳 | 88 | 65 | 82 | 85 | 82 | 89 |

图 3-151　表格对齐效果

# 3.5　文档的图形功能

Word 2010 具有非常强大的图形处理功能，不仅本身能够绘制多种图形，而且还能对图片进行样式、色彩、艺术效果的处理，在编辑文档时，可以在文档中插入相关的图片、剪贴画和各种形状以增加文档的可读性，使整个文档图文并茂，更加生动。

## 3.5.1　插入图片

### 1. 图片

Word 文档中可插入多种格式的图片，如 JPG、BMP、GIF、PNG、TIF 等。首先将光标移动到需要插入图片的位置，切换到“插入”选项卡(见图 3-152)，在“插图”分组中单击“图片”按钮，弹出“插入图片”对话框，指定图片路径，选择要插入的图片，单击“插入”按钮，如图 3-153 所示，即可将所

图 3-152　“插入/插图”功能分组

选图片插入到文档中。

图 3-153 “插入图片”对话框

**2. 剪贴画**

剪贴画是用各种图片和素材剪贴合成的图片，通常用来制作海报或作为文档的小插图。Word 2010 自带了内容丰富的剪贴画库，可以直接调用这些剪贴画。

插入剪贴画，需要先将光标定位到需要插入剪贴画的位置，切换至“插入”选项卡，单击图 3-152 中的“剪贴画”按钮，在 Word 窗口右侧，弹出“剪贴画”窗格，如图 3-154 所示。用户可以在“搜索文字”文本框中输入关键字进行检索，例如，搜索与“车”有关的剪贴画，勾选“包括 Office.com 内容”复选框将会得到更多的剪贴画；还可以在“结果类型”下拉列表框中选择剪贴画的类别。单击选中的分类的图片，即可将剪贴画插入文档。

图 3-154 “剪贴画”窗格

**3. 屏幕截图**

Word 2010 提供了屏幕截图功能，首先切换到“插入”选项卡，在图 3-152 所示“插图”组中单击“屏幕截图”按钮，打开“可用视图”面板，Word 2010 将显示智能监测到的可用窗口，如图 3-155 所示。单击需要截图的窗口即可。如果仅需要将特定窗口中的一部分作为截图插入到文档中，则可以只保留该特定窗口为非最小化状态，然后在“可用视窗”面板中选择“屏幕剪辑”命令，进入屏幕裁剪状态后，拖动鼠标选择需要的部分窗口，则可将其插入到当前文档中。

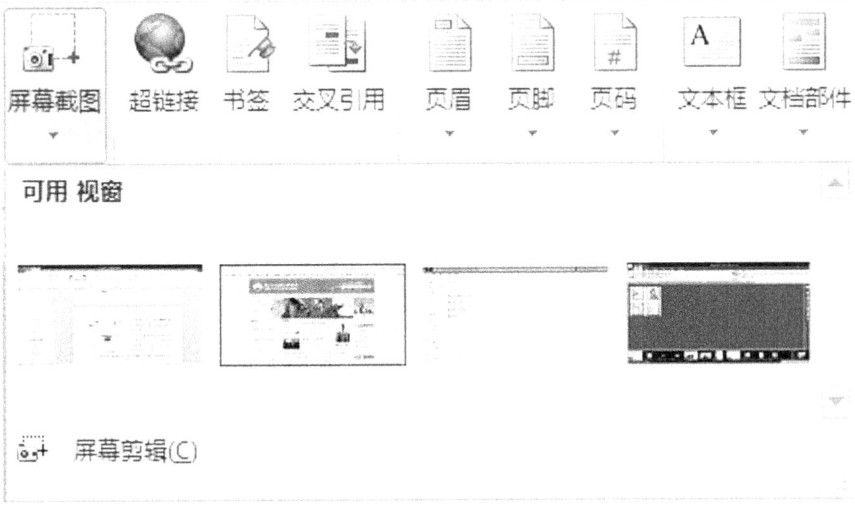


图 3-155 屏幕截图/可用视窗

### 3.5.2 绘制图形

Word 2010 除了可以在文档中插入来自外部文件的图片外，还提供了内置的图形样式，用户可以根据需要选择适合的类型进行绘制和创建。

**1. 形状**

“形状”是 Word 提供的一套现成的基本图形，包括线条、矩形、基本形状、箭头、公式形状、流程图、星与旗帜、标注等，用户可以在“形状”下拉面板中方便地使用这些图形，并对这些图形进行组合、编辑等。

(1)绘制图形

绘制图形的一般操作步骤如下：

①切换至“插入”选项卡，单击“插图”组中的“形状”按钮，弹出“形状”面板，如图 3-156 所示，在面板中选择所需的图形类型及具体图形。

②将光标移动到要插入图形的位置，当光标变成十字形时，单击并拖动鼠标到所需的大小后释放即可绘制得到所选的图形形状。

提示：在绘制形状的过程中，若要保持图形的高宽比，只需在拖动时按住<Shift>键即可。

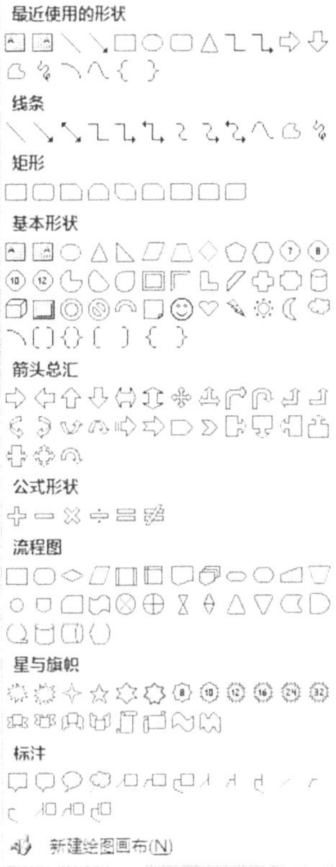


图 3-156 形状面板

(2)在图形中添加文字

除去线条形状外，其他图形都可以添加文字，具体的操作步骤是：选定要添加文字的图形，在图形上右击，从弹出的快捷菜单中选择“添加文字”命令，在光标插入点输入文字即可。或选定图形后，直接键入文字。

(3)绘图工具

在 Word 2010 文档中插入图形对象后，自动显示“绘图工具”功能区“格式”选项卡，在编辑过程中,双击图形,可直接切换到该选项卡下,如图 3-157 所示。“绘图工具”功能区包括“插入形状”“形状样式”“艺术字样式”“文本”“排列”和“大小”6 个功能分组。在“插入形状”组中,可以选择各种图形对象插入到文档中。在“形状样式”组实现形状的填充、轮廓、效果设置,还可以直接套用内置的样式。“艺术字样式”主要是对艺术字的格式化操作。“排列”组包括调整图形的位置,以及层级和对齐、组合等操作。“大小”组是对图形高宽的调整。

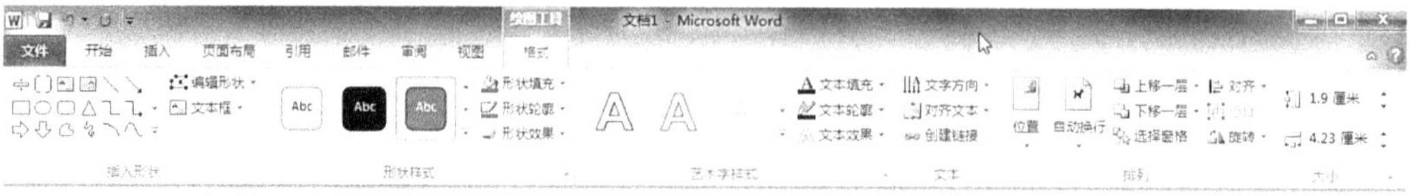


图 3-157　“绘图工具/格式”功能区

提示:如果不希望改变多个图形对象的位置关系,可以将它们组合成一个对象。按住<Ctrl>键选中多个图形对象并右击(或单击“绘图工具/格式”选项卡“排列”组中的“组合”按钮),在弹出的快捷菜单中选择“组合”命令,组合成为一个对象,可以整体移动或缩放。

(4)绘图画布

绘图画布可用来绘制和管理多个图形对象。使用绘图画布,可以将多个图形对象作为一个整体,在文档中移动、调整大小或设置文字环绕方式。也可以对其中的单个图形对象进行格式化操作,且不影响绘图画布。绘图画布内可以放置自选图形、文本框、图片、艺术字等多种不同的图形。

新建绘图画布的方法:切换到“插入”功能区,在“插图”分组中单击“形状”按钮,并在打开的形状菜单中选择“新建绘图画布”命令,绘图画布将根据页面大小自动被插入到文档中,用户可在画布范围内增加各种图形,如图 3-158 所示。

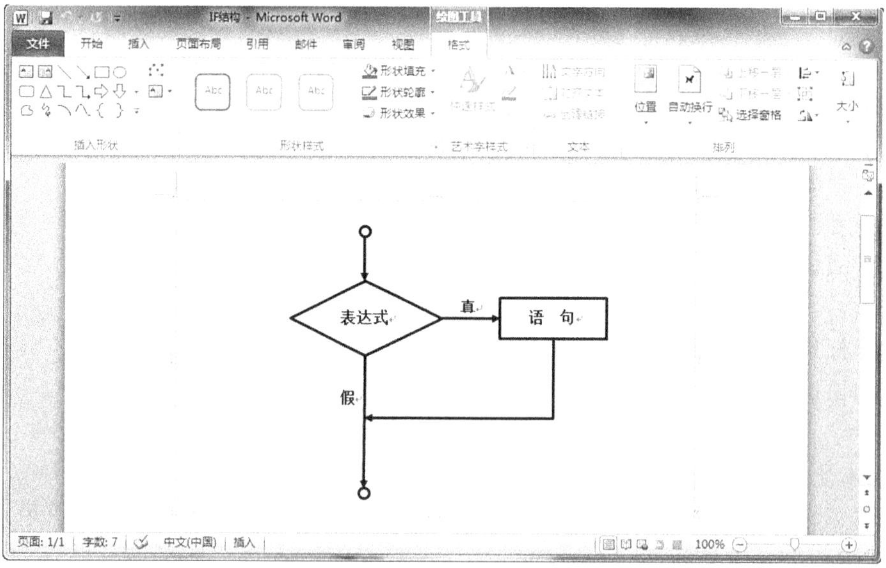


图 3-158　绘图画布

**2. 文本框**

文本框是指一种可移动、可调大小的文字或图形容器,可以放置一段文字、一张表格,一个图形或者它们的混合,是将文字、表格、图形精确定位的有力工具。

(1)插入文本框

根据文本框中文本的排列方向,文本框有横排和竖排两种。插入文本框的具体操作步骤如下:

将光标置于需要插入文本框的位置。单击“插入”选项卡“文本”组中的“文本框”按钮,在展开的列表中选择要插入的文本框样式,也可以通过选择“绘制文本框”和“绘制竖排文本框”命令,手工绘制文本框,如图 3-159 所示。

图 3-159　文本框面板

(2)设置文本框格式

在 Word 中文本框是作为图形处理的,用户可以通过与设置图形格式相同的方法对文本框的格式进行设置。对文本框的格式设置,主要聚集在图 3-157 所示的“绘图工具/格式”功能区中,包括添加颜色,设置填充、边框、大小与旋转角度,以及调整其位置。还可以右击文本框边框,在弹出的快捷菜单中,选择“设置形状格式”命令,在弹出的“设置形状格式”对话框中进行设置。

**3. SmartArt 图形**

SmartArt 图形是信息和观点的视觉表示形式,便于用户能够直观、轻松、有效地传达信息,使制作精美的文档图形对象变得简单易行。SmartArt 图形包括图形列表、流程图,以及更复杂的图形,例如,思维图、组织结构图等。图 3-160 展示了两个 SmartArt 图形的应用示例。

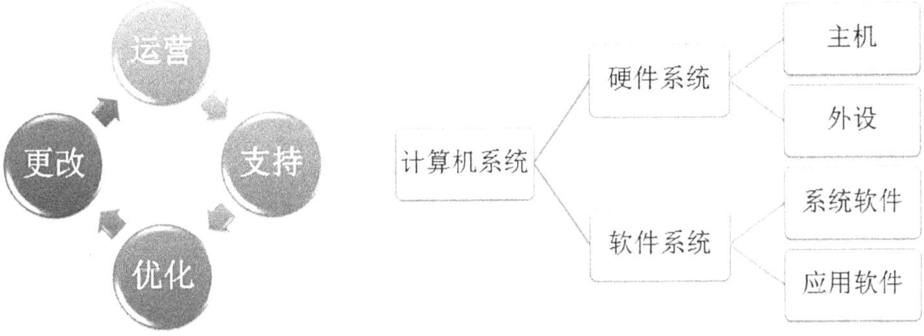


图 3-160　SmartArt 图形示例

要在文档中加入 SmartArt 图形,需先将光标移动到要插入 SmartArt 图形的位置,切换至“插入”选项卡,单击“插图”组中的“SmartArt 图形”按钮,在打开的“选择 SmartArt 图形”对话框中,单击左侧的类别名称选择合适的类别,然后再在对话框右侧选择需要的 SmartArt 图形,并单击“确定”按钮即可,如图 3-161 所示。

插入 SmartArt 图形后,自动显示“SmartArt 工具”功能区,包括“设计”和“格式”两个选项卡,如图 3-162 所示,可实现创建图形、修改元素布局、样式、形状、形状样式、艺术字样式等功能。单击已插入的 SmartArt 图形左侧的按钮,打开“在此处键入文字”对话框,可输入、修改

SmartArt 图形中的文字,也可直接在 SmartArt 图形上进行输入和修改。

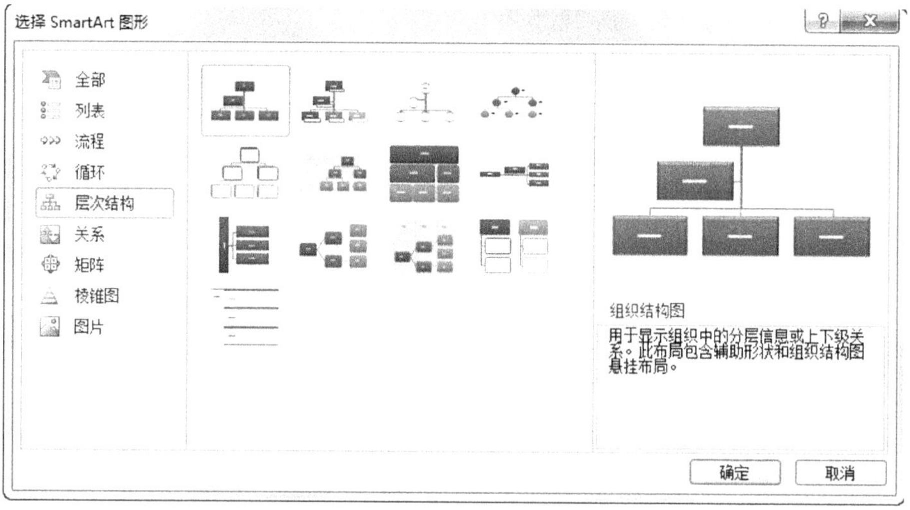


图 3-161　“插入 SmartArt 图形”对话框

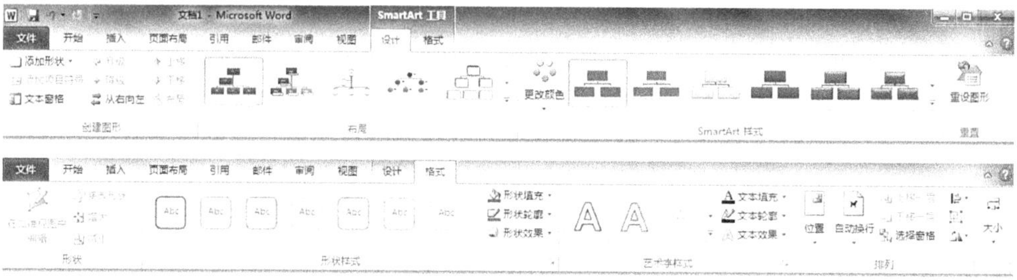


图 3-162　“SmartArt 工具”功能区

**4. 图表**

图表是一种很好地将对象属性数据直观、形象地“可视化”手段。

在文档中插入图表,需要先将光标定位到要插入图标的位置,切换到“插入”选项卡,在“插图”组中单击“图表”按钮,打开“插入图表”对话框,在左侧的图表类型列表中选择需要创建的图表类型,在右侧图表子类型列表中选择合适的图表,并单击“确定”按钮,如图 3-163 所示。

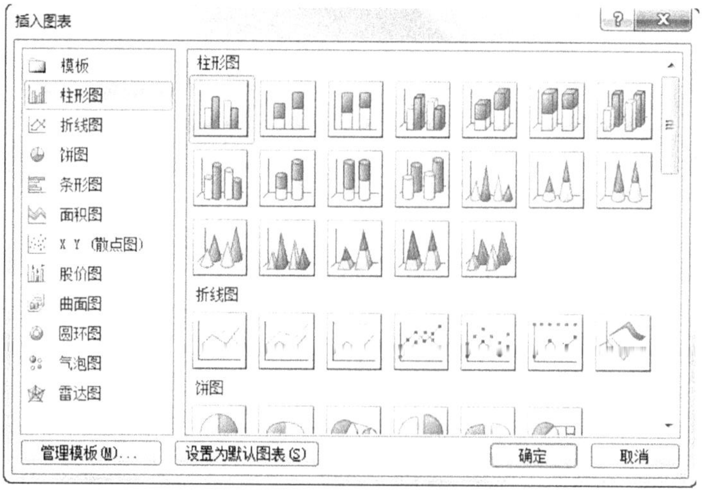


图 3-163　“插入图表”对话框

在并排打开的 Word 窗口和 Excel 窗口中，首选在 Excel 窗口中编辑图表数据。例如，修改系列名称和类别名称，并编辑具体数值。在编辑 Excel 表格数据的同时，Word 窗口中将同步显示图表结果，如图 3-164 所示。完成 Excel 表格数据的编辑后，关闭 Excel 窗口，在 Word 窗口中可以看到创建完成的图表。

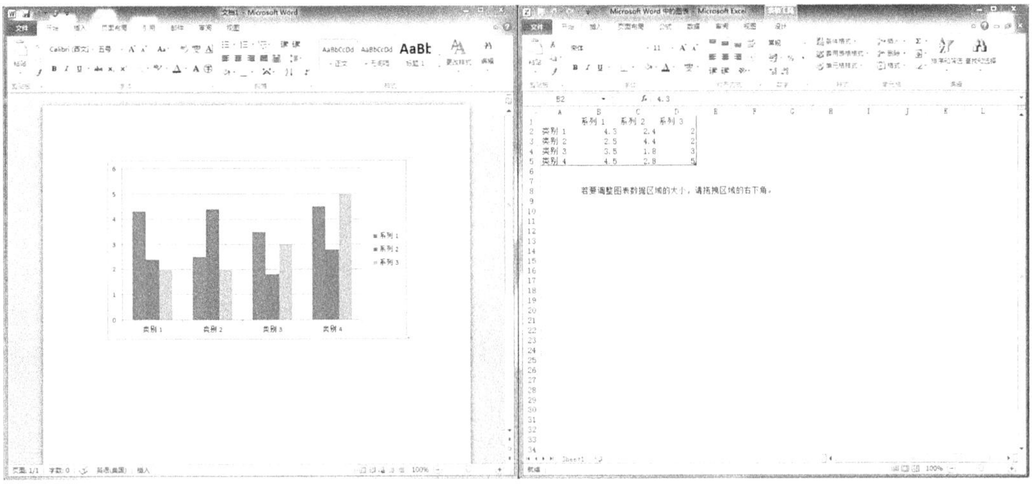

图 3-164　Word 图表编辑

**5. 艺术字**

艺术字是一种具有特殊效果的文字，常用于海报及文档的标题等，以增强视觉效果。Word 将艺术字视为一种图形对象，因此可以和其他图形一样利用“绘图工具”功能区中的命令按钮进行旋转、移动、调整大小、扭曲等操作。

(1)插入艺术字

要在文档中插入艺术字，先将光标移动到准备插入艺术字的位置，在“插入”选项卡的“文本”组中单击“艺术字”按钮，并在打开的艺术字预设样式面板中选择合适的艺术字样式，如图 3-165 所示。光标插入点处出现“请在此放置您的文字”占位符，输入的文字将自动覆盖占位符，并自动显示“绘图工具/格式”功能区，如图 3-166 所示。

图 3-165　艺术字面板

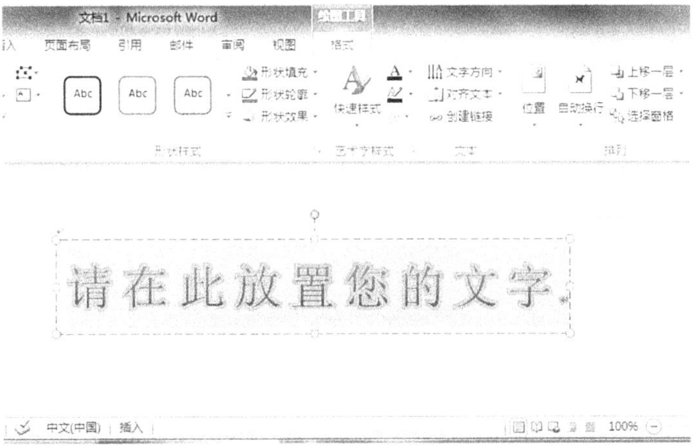


图 3-166　编辑艺术字

(2)编辑艺术字

若要对插入的艺术字进行编辑，只需单击艺术字即可进入编辑状态，利用自动显示的“绘图工具/格式”功能区,可修改样式、填充、轮廓、效果等。如果修改“字体”“字号”“颜色”,则需要切换到“开始”选项卡,在“字体”组中进行设置。

### 3.5.3 图片编辑

Word 2010 提供了强大的图片编辑功能。双击图片,自动显示并切换到“图片工具/格式”选项卡,如图 3-167 所示。

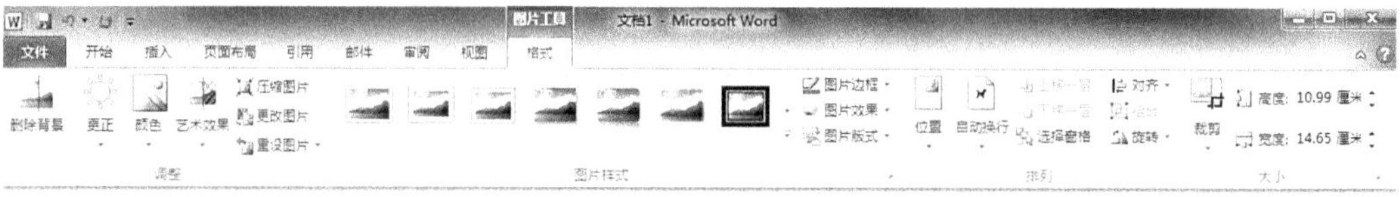

图 3-167 “图片工具/格式”功能区

在“格式”选项卡中,共有“调整”“图片样式”“排列”和“大小”4 个分组,用户可以选择相应的功能按钮,对图片进行编辑和修改,如大小的处理、饱和度、明暗度的调整等,以及为图片添加艺术效果,设置图片在文本的位置,等。

**1. 图片的基本操作**

(1)移动和删除

图片的移动和删除操作与正文相同,可使用剪切 、复制 、粘贴 、删除命令,还可以用鼠标拖动到文档中任意位置。在“开始”选项卡的“剪贴板”组或右键菜单中都可以进行相关操作。

(2)图片的提取

如果需要将 Word 文档中显示的图片保存为单独的图片文件,Word 2010 提供了“另存为图片”功能,可以方便地将文档中的图片提取出来。具体操作方法是:选择需要提取的图片,右击鼠标,在弹出的快捷菜单中选择“另存为...”命令,如图 3-168 所示,在弹出的“保存文件”对话框中,指定文件保存的位置,输入文件名,单击“保存”按钮,即可完成图片的提取,如图 3-169 所示。

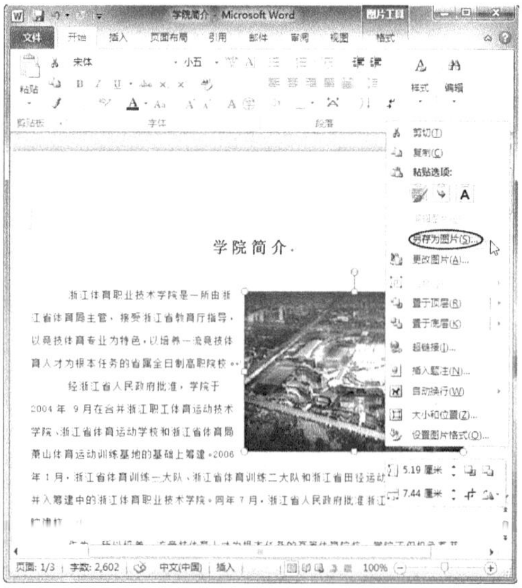

图 3-168 另存为图片

图 3-169 “保存文件”对话框

(3)图片尺寸调整

图片插入到文档中后,可根据需要调整其大小,以满足排版的需要。单击图片,图片的周围会出现 8 个方向的控制手柄，以及一个绿色旋转控制手柄，如图 3-170 所示，拖动旋转控制手柄，可以对图片进行旋转操作，拖动四角的控制手柄可以按照宽高比例放大或缩小图片的尺寸，拖动四边的控制手柄可以向对应方向放大或缩小图片，但图片宽高比例将发生变化，从而导致图片变形。如果希望对图片尺寸进行精确的设置，可以在“图片工具/格式”选项卡“大小”组的宽度和高度文本框中分别设置“宽度”和“高度”数值，还可以打开“布局”对话框的“大小”选项卡进行设置。

右键单击需要设置尺寸的图片，在弹出快捷菜单中选择如图 3-171 所示的“大小和位置”命令，或者单击“图片工具/格式”选项卡“大小”组的对话框启动器，打开如图 3-172 所示的“布局”对话框，在“高度”“宽度”区域可以设置图片的高度和宽度尺寸；在“缩放”区域选中“锁定纵横比”和“相对原始图片大小”复选框，并设置高度或宽度的缩放百分比，对应的宽度或高度缩放百分比将自动调整，且保持纵横比不变；如果改变图片尺寸后不满意，可以单击“重设”按钮恢复图片原始尺寸。设置完毕单击“关闭”按钮即可。

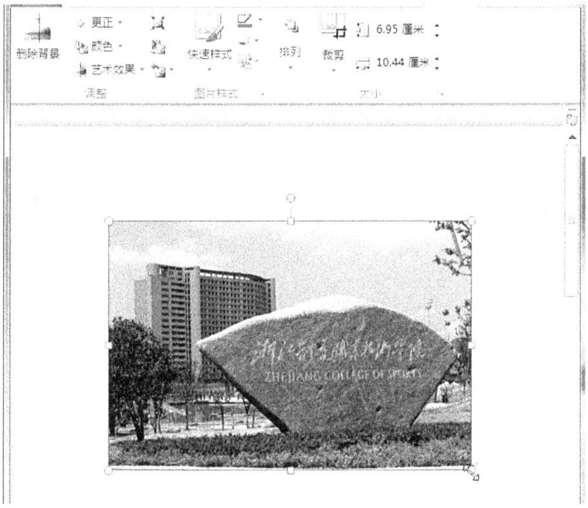


图 3-170　图片控制点

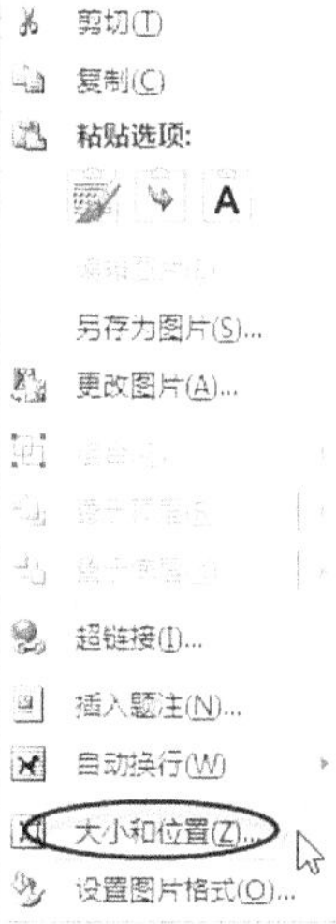


图 3-171　图片右键快捷菜单

图 3-172　“布局”对话框

(4)图片裁剪

图片裁剪操作通过减少垂直或水平边缘来删除或屏蔽不希望显示的图片区域。裁剪通常用来隐藏或修整部分图片,以便进行强调或删除不需要的部分。

选择要裁剪的图片,在“图片工具”下“格式”选项卡上的“大小”组中,单击“裁剪”按钮,在图片四周出现八个裁剪控制点,只需单击并拖动控制点即可对图片进行裁剪,同时可配合<Shift>和<Ctrl>键操作,完成后按<Esc>键或者单击文档其他位置退出裁剪。如图 3-173 所示,图片中半透明灰色遮盖部分将被裁剪掉。如需恢复原始图片,重新单击“裁剪”按钮,拖动控制点到图片边缘即可。

此外,点击“裁剪”按钮下方的小箭头,在展开的下拉列表中,选择“裁剪为形状”命令,可将图片裁剪为特定形状。

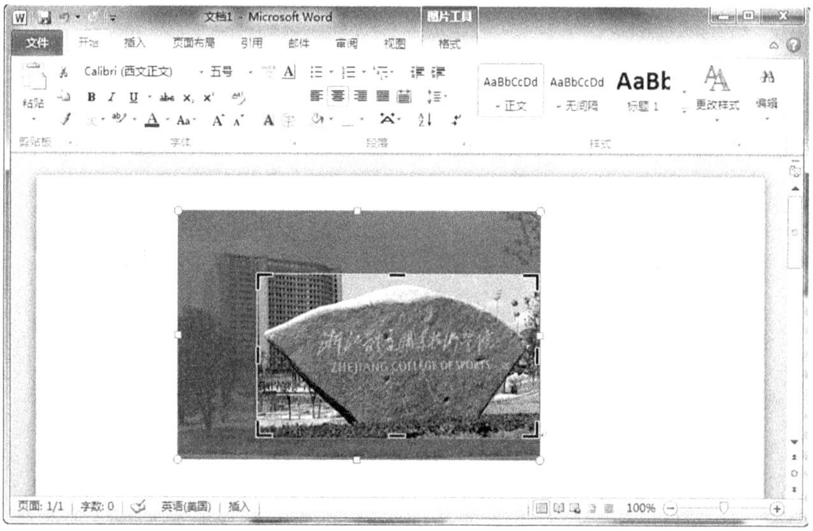


图 3-173 图片裁剪示例

**2. 图片调整**

在 Word 文档中,可以对图片进行柔化和锐化处理,调整亮度和饱和度;可以调整图片的颜色浓度(饱和度)和色调(色温)、对图片重新着色或者更改图片中某个颜色的透明度;可以为图片添加艺术效果,一张图片可以应用多个效果。

(1)图片更正

单击需要进行锐化和柔化、调整亮度和饱和度的图片,在“图片工具/格式”选项卡上的“调整”组中,单击“更正”按钮,弹出如图 3-174 所示的图片更正面板,共有“锐化和柔化”和“亮度和对比度”两个选项区域。

(2)图片颜色

单击需要调整色彩的图片,单击“颜色”按钮,弹出图片颜色调整面板,如图 3-175 所示。

在颜色调整面板中可以更改图片的颜色饱和度,饱和度是颜色的浓度。饱和度越高,图片色彩越鲜艳;饱和度越低,图片越黯淡。还可以在面板中调整图片的色调,对图片重新着色,以及更改颜色透明度。

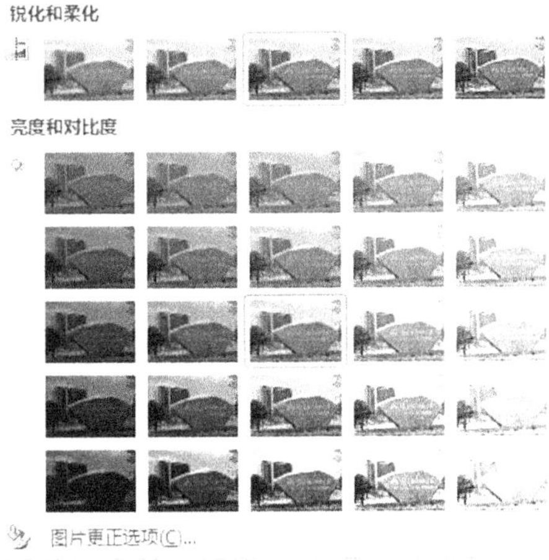


图 3-174　图片更正面板

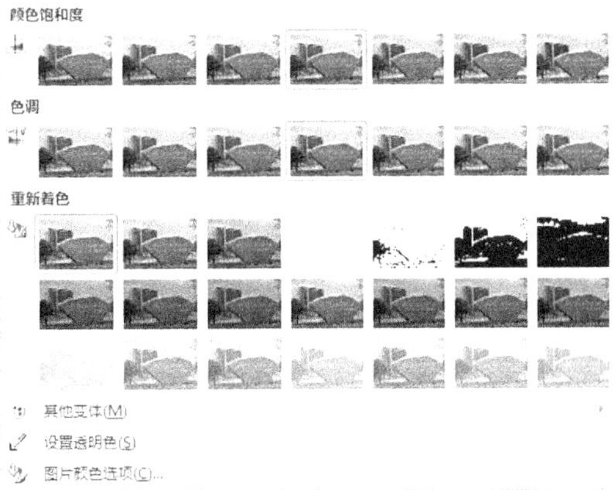


图 3-175　图片颜色调整面板

(3)艺术效果

Word 2010 提供了多种图片的艺术效果，如包括铅笔素描、影印、图样、马赛克、纹理等多种效果，可以使文档中的图片具有艺术的效果。选中准备设置艺术效果的图片。在“图片工具”功能区的“格式”选项卡中，单击“调整”分组中的“艺术效果”按钮，在打开的艺术效果面板中，单击选中合适的艺术效果选项即可，如图 3-176 所示。

**3. 图片样式**

在 Word 2010 文档中，用户可以为选中的图片应用多种图片样式，包括透视、映像、边框、投影等多种样式，在“格式”功能区的“图片样式”分组中，可以使用预置的快速样式设置图片的效果，如图 3-177 所示。除了使用预置的样式外，还可以根据需要，对图片边框、图片效果、图片版式进行调整，单击“图片边框”按钮，可对图片添加边框，指定“颜色”“宽度”“线型”等；单击“图片效果”按钮，可对图片应用某种视觉效果，如“阴影”“发光”“映像”“棱台”“三维旋转”等；单击“图片版式”按钮，可将所选图片转换为 SmartArt 图形。

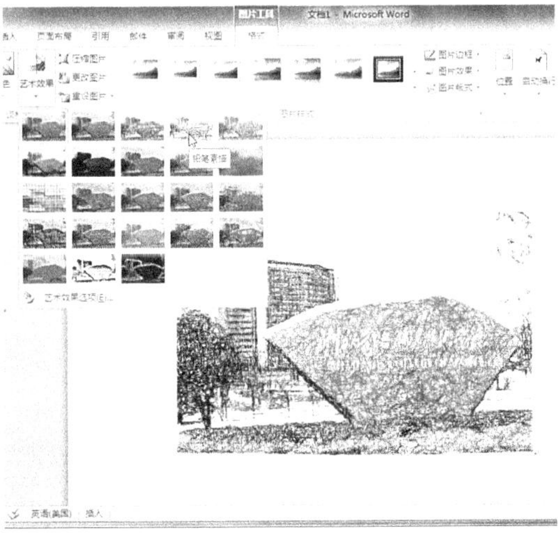

图 3-176　图片艺术效果

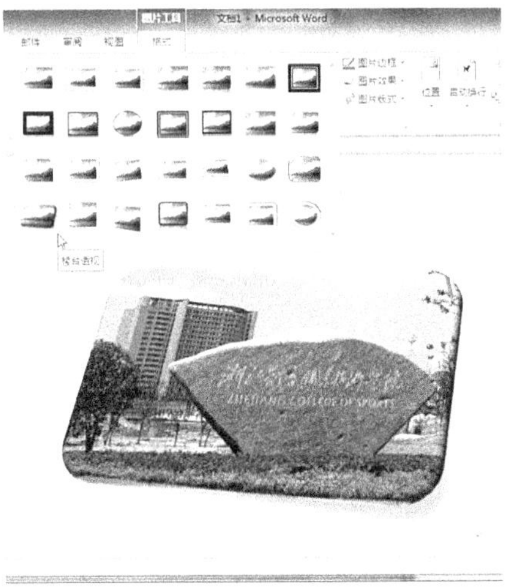

图 3-177　图片样式

**4. 图片排列**

(1)图片位置

Word 2010 内置了 10 种图片位置，用户可以通过选择这些内置的图片位置来确定图片在文档中的准确位置。一旦确定这些位置,则无论文字和段落位置如何改变,图片位置都不会发生变化。选中需要设置位置的图片,在“图片工具”功能区的“格式”选项卡中,单击“排列”分组中的“位置”按钮,并在位置列表中选择合适的位置选项即可,如图 3-178 所示。在“位置”面板中选择“其他布局选项”,打开“布局”对话框的“位置”选项卡,还可以进行更精确的位置定位,如图 3-179 所示。

图 3-178　图片位置

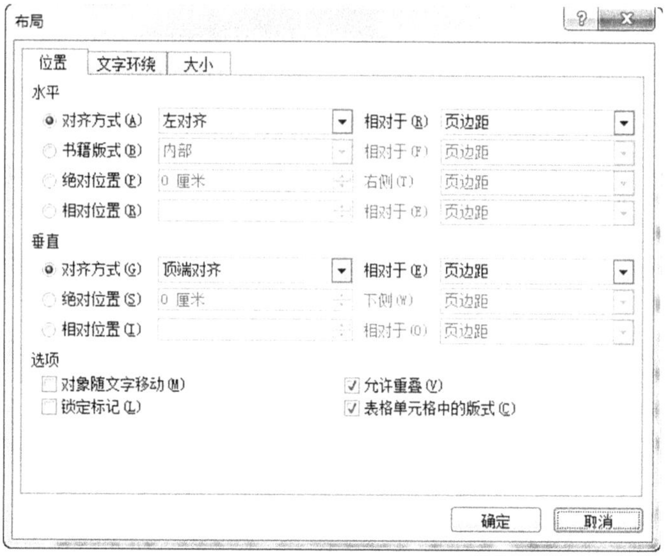


图 3-179　“布局/位置”选项卡

(2)文字环绕

文字环绕方式是指 Word 2010 文档图片周围的文字以何种方式环绕图片,默认设置为“嵌入型”环绕方式。选中图片,在“图片工具/格式”选项卡中,单击“排列”分组中的“自动换行”按钮,弹出如图 3-180 所示的下拉列表,Word 2010 提供了嵌入型、四周型、紧密型、衬于文字下方、浮于文字上方、上下型、穿越型等多种文字环绕方式。如选择“其他布局选项”,打开“布局”对话框的“文字环绕”选项卡,可以对环绕方式做更详细的设置,如图3-181所示。

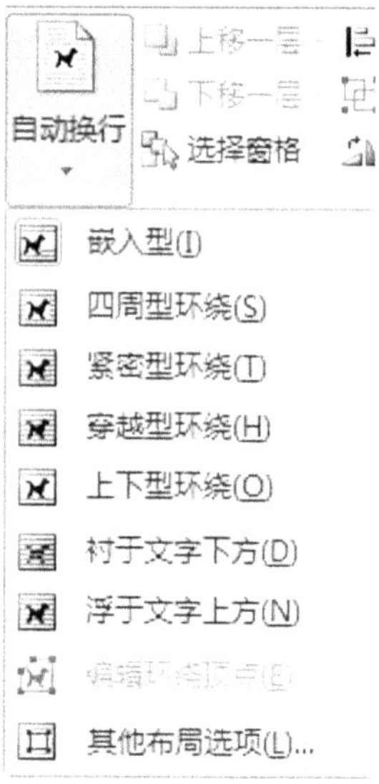


图 3-180　文字环绕

图 3-181　“布局/文字环绕”选项卡

## 3.5.4　应用实例

**1. 实例 1**

已有一包含多张图片的初始文档，内容如图 3-182 所示，按照要求完成以下对文档中图片的操作：

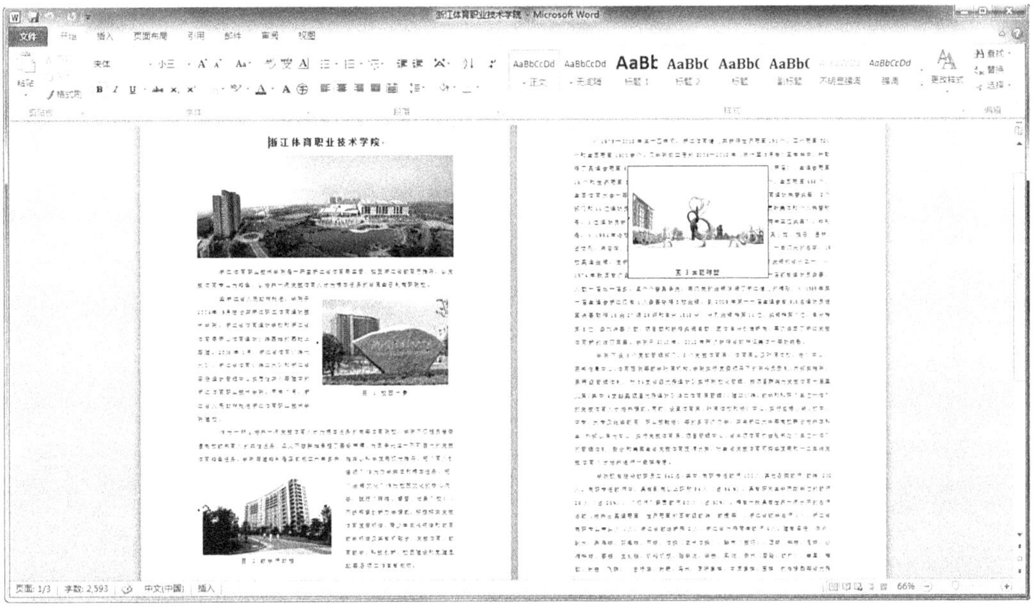


图 3-182　浙江体育职业技术学院

(1)为标题下方的图设置“柔化边缘矩形”的图片样式。

(2)将文档中图 1“校园一景”设置图片效果为“发光：红色，8 pt 发光，强调文字颜色 2”，设置其文本框所在的填充颜色为绿色。

(3)将图 2“教学行政楼”，设置“锐化 50%，色温：7200K”。

(4)将图 3“主题雕塑”放到“从 1979－2012 年三十四年间，浙江体育健儿……”所在段落右侧，设置环绕方式为“四周环绕”，并去掉边框线(提示：同“图 2”的显示方式相同)。

具体操作步骤如下：

①根据题目(1)的操作要求，双击选中标题下方的图片，在出现的“图片工具/格式”选项卡下，单击“图片样式”右下侧的下拉箭头，在弹出的快速样式库面板中单击选择“柔化边缘矩形”的图片样式缩略图，如图 3-183 所示。

②根据题目(2)的操作要求，选中图 1“校园一景”，切换至“图片工具/格式”选项卡，单击“图片样式”组中的“图片效果”按钮，选择“发光”选项，在弹出的子菜单中，单击选择“发光变体”选项区域中的“红色，8 pt 发光，强调文字颜色 2”，如图 3-184 所示。选中图 2 所在的文本框(当光标移至图片周围空白处，形状变成箭头时单击)，切换至“绘图工具/格式”选项卡”，在“形状样式”组中单击“形状填充”按钮 形状填充 右侧的“形状填充”字样，如图 3-185 所示，在弹出的下拉面板的“标准色”中选择绿色。

③选中图 2“教学行政楼”，切换“图片工具/格式”选项卡，在“调整”组中单击“更正”按钮，弹出如图 3-186 所示的面板，在“锐化和柔和”选项区中选择“锐化 50%”，单击“颜色”按钮，在弹出的面板中选择“色调”选项区的“色温：7200K”，如图 3-187 所示。

图 3-183　设置图片样式

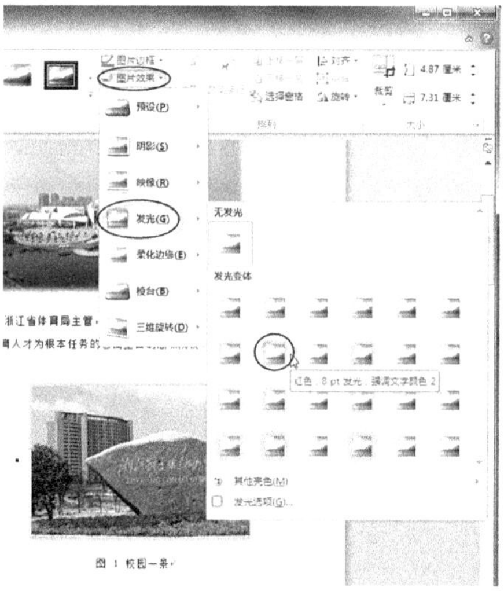


图 3-184　设置图片发光效果

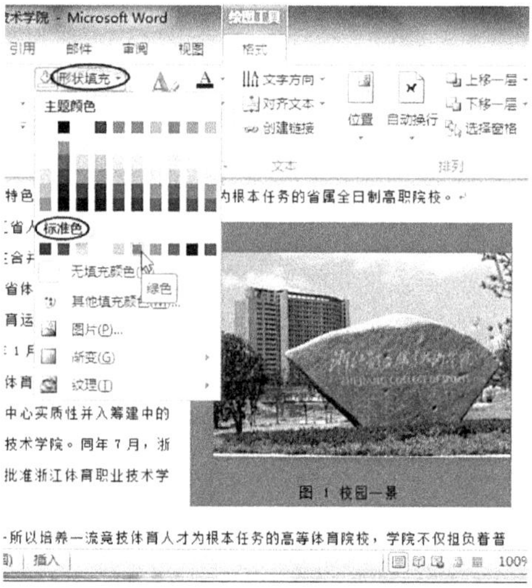


图 3-185　文本框形状填充

图 3-186　图片锐化

图 3-187　图片色调调整

④选中图 3“主题雕塑”所在的文本框，切换至“绘图工具/格式”选项卡，单击“排列”组中的“自动换行”按钮，在弹出的下拉列表中选择“四周型环绕”，然后使用鼠标拖动文本框使图片的上边沿与“从 1979－2012 年三十四年间，浙江体育健儿……”的上沿对齐，图片的右边沿与右边段落对齐。由于题目中要求的段落文字刚好从页面的第一行开始，因此可以单击“位置”按钮，在下拉列表中选择“顶端居右，四周型文字环绕”样式，如图 3-188 所示。单击“形状轮廓”按钮，在弹出的下拉列表中，选择“无轮廓”命令，取消图 3 所在文本框的框线。

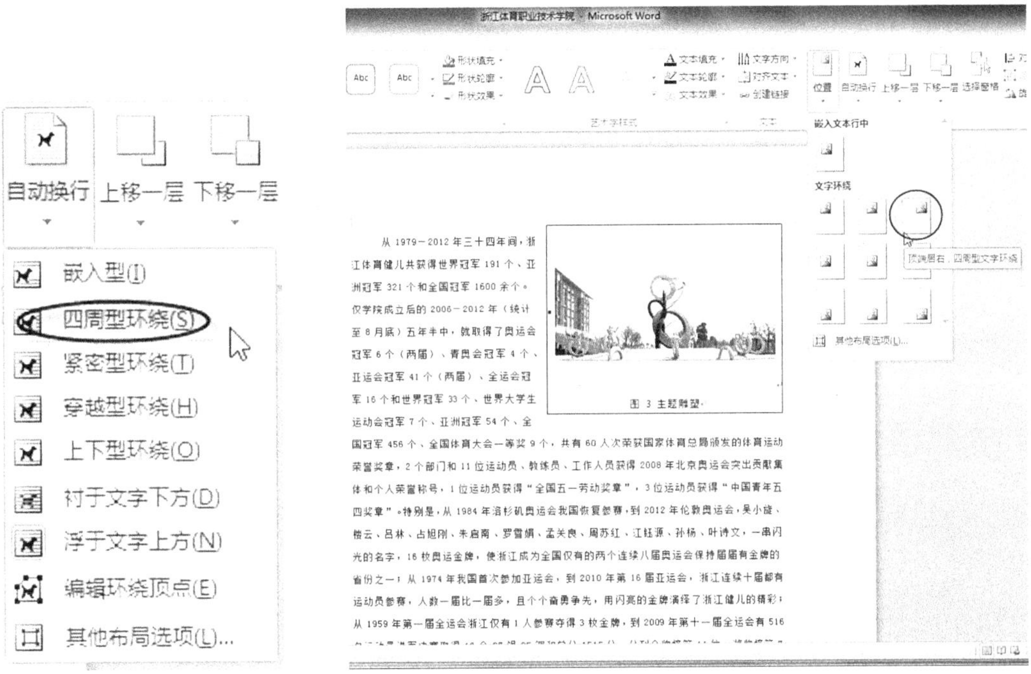


图 3-188　设置文字环绕效果

# 3.6　高级功能和打印管理

## 3.6.1　样式和多级列表

### 1. 样式

样式是文档中字符、段落、标题、题注以及正文等多个文本元素的格式化设置特性的组合。使用样式可以加快排版速度，并得到风格一致的文字效果。样式根据应用对象不同，可分为段落样式、字符样式、链接段落和字符样式、表格样式和列表样式。

(1)应用样式

“样式集”是为了一起使用某些样式而创建的样式集合，它通常包含一个文档中需配合使用的所有样式，包括用于若干标题级别、正文文本、引用的样式等。Word 2010 提供了多种样式集合，在使用中，可以直接套用快速样式集中的专业样式。单击“开始”选项卡下“样式”组中的更改样式按钮，在弹出的下拉菜单中选择“样式集”，选择子菜单中的样式集即可，如图 3-189所示。

选择样式集后,用户可以对文档中特定的文本、段落应用某一特定的样式。单击“样式”组的对话框启动器,打开“样式”任务窗格,选择需要的样式,或者单击“开始”选项卡下“样式”组的面板展开按钮,显示“快速样式库”,如图 3-190 和图 3-191 所示。

图 3-189 样式集

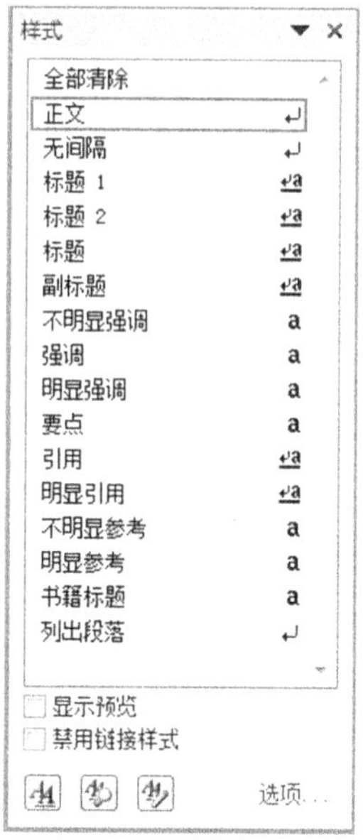


图 3-190 “样式”任务窗格

图 3-191 “快速样式库”面板

(2)创建和修改样式

Word 2010 在提供许多内置样式的同时,还提供了创建新样式的功能,用户可以根据需要创建新的样式,或者通过修改已有样式得到新的样式。新建样式的方法:单击图 3-190 所示的“样式”任务窗格中左下角的“新建样式”按钮,打开“根据格式设置创建新样式”对话框,在“名称”中输入样式名,选择“样式类型”“样式基准”和“后续段落样式”等,在对话框下半部分,详细设置字体和段落的格式,如图 3-192 所示。

图 3-192　“根据格式设置创建新样式”对话框

对于已有样式的修改，右击快速样式库中的样式，选择“修改”命令，在弹出的“修改样式”对话框中修改该样式即可，如图 3-193 所示。

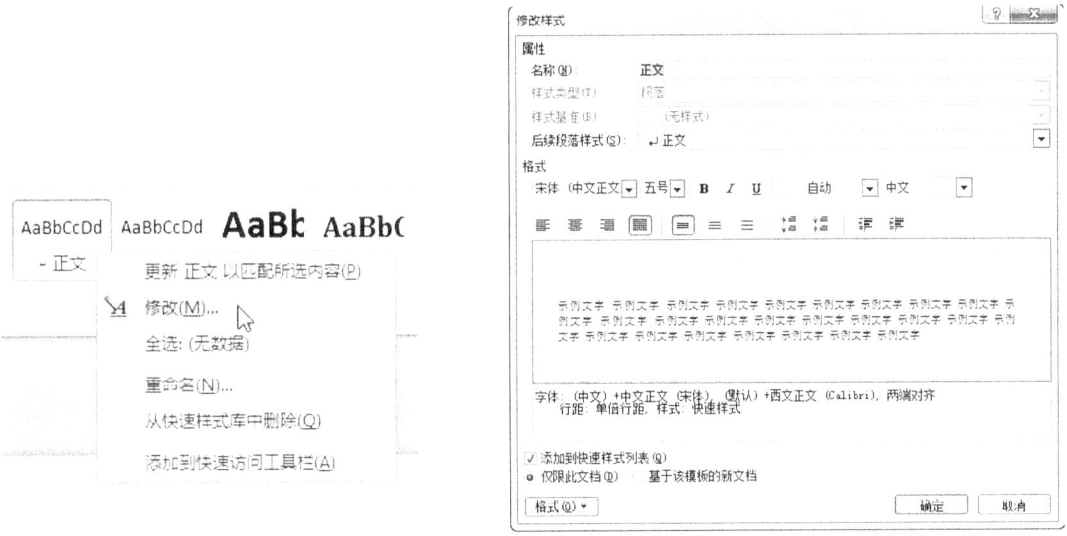


图 3-193　修改样式

**2. 多级列表**

多级列表是指 Word 文档中编号或项目符号列表的嵌套，以实现层次效果，使逻辑关系更加清晰。“多级列表”功能可以自动生成最多达九个级别的符号或编号，并可进一步生成文档目录。

(1)应用多级列表

在“开始”选项卡的“段落”组中单击“多级列表”按钮，打开“多级列表”面板(见图 3-194)，在“列表库”中选择需要的多级列表样式，单击选定后，“更改列表级别”选项变为可用状态，在其级联子菜单中可以调整标题段落的级别，如图 3-195 所示。还可以通过“项目符号”面板和“编号”面板中的“更改列表级别”更改级别。

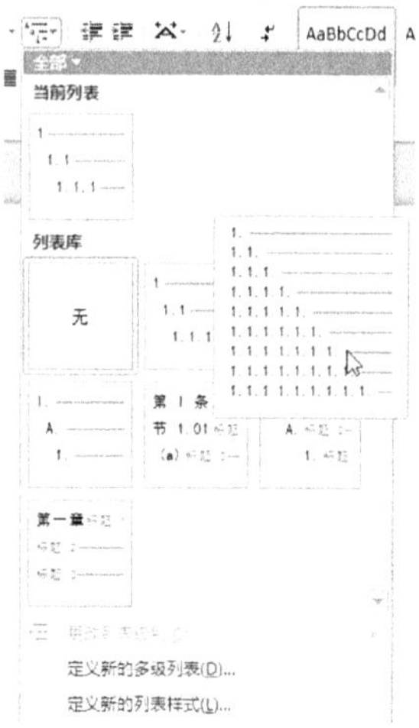


图 3-194 “多级列表”面板

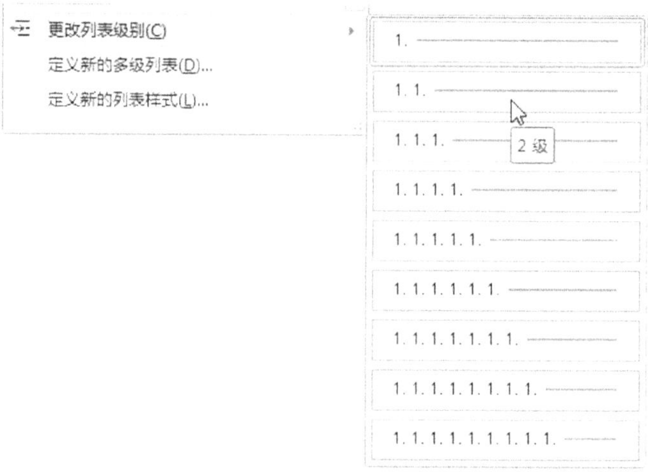


图 3-195 更改列表级别

(2)定义多级列表

除了使用 Word 提供内置的多级列表样式外,用户还可以定义新的多级列表样式。单击“开始”选项卡“段落”组中的“多级列表”按钮,在展开的列表中选择“定义新的多级列表”命令,打开“定义新多级列表”对话框,单击“更多”按钮,如图 3-196 所示。

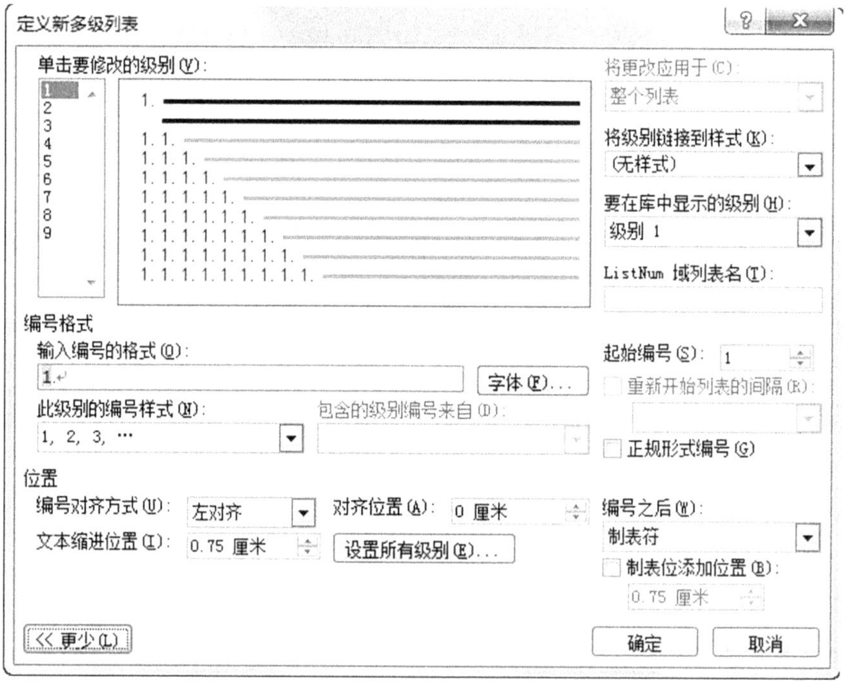


图 3-196 “定义新多级列表”对话框

在“定义新多级列表”对话框中,可以对每一个级别进行格式设置,并链接到具体的样式中。例如,设置一级标题时,需要在“单击要修改的级别”中单击选择数字序号“1”,在“编号格式”中设置编号的格式和样式,然后在“将级别链接到样式”下拉列表框中选择“标题 1”,“要在库中显示的级别”选择“级别 1”,如图 3-197 所示。二级、三级标题以此类推。

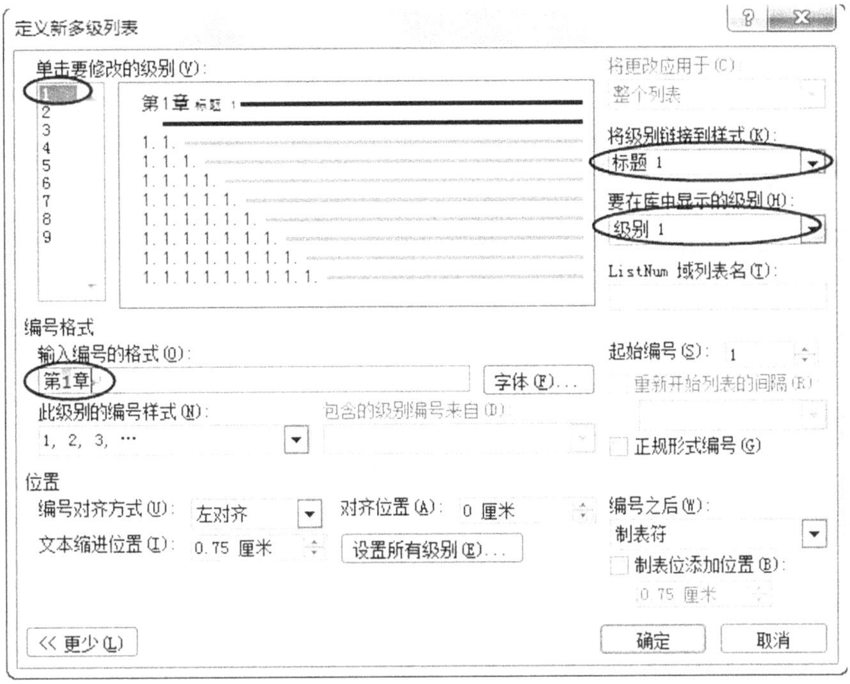


图 3-197　定义一级标题示例

提示:“编号格式”中“输入编号的格式”显示的数字应该是灰色底色才能根据当前章节显示相应的多级列表序号。

### 3.6.2　题注、脚注和尾注

#### 1. 题注

题注就是为图片、表格、图表、公式等项目添加的名称和编号。如在本书的图片中,就在图片下面输入了图编号和图题,以方便读者的查找和阅读。使用题注功能可以保证长文档中图片、表格或图表等项目能够顺序地自动编号。如果移动、插入或删除带题注的项目,Word 可以自动更新题注的编号。而且一旦某一项目带有题注,还可以对其进行生成图表目录和交叉引用。

下面以添加图片题注为例(表格题注类似),介绍添加题注的操作方法:

(1)选中准备插入题注的图片对象。切换至“引用”选项卡,在“题注”分组中单击“插入题注”按钮,或者在选中图片后右击,在打开的快捷菜单中选择“插入题注”命令,打开“题注”对话框,如图 3-198 所示。在“题注”对话框中,“题注”编辑框中会自动出现“Figure 1”字样,用户可以在其后输入图片名称。

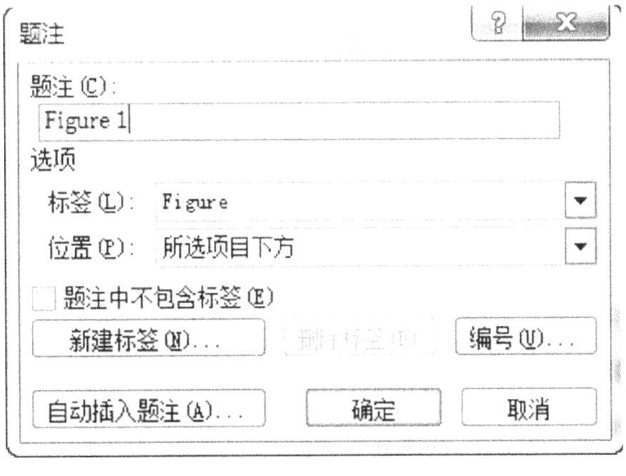


图 3-198　“题注”对话框

(2)单击“新建标签”按钮,打开“新建标签”对话框(见图 3-199),用户可以在“标签”编辑框中输入“图”或“表”等标签,单击“确定”按钮后返回到“题注”对话框，“题注”编辑框将自动改成“图 1”或“表 1”。

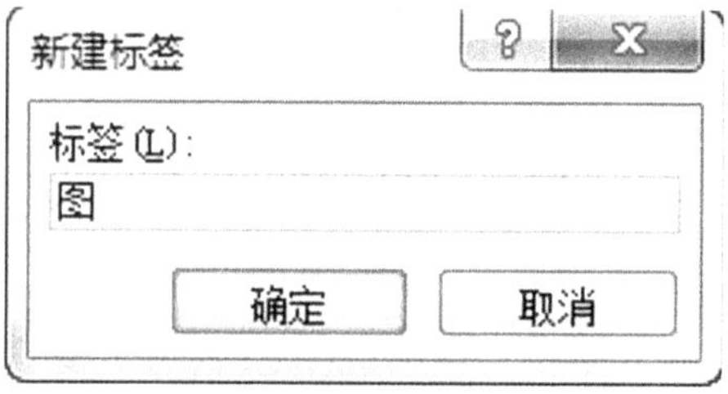


图 3-199　“新建标签”对话框

(3)单击“编号”按钮，在打开的“题注编号”对话框中，单击“格式”下拉三角按钮，选择合适的编号格式。如果选中“包含章节号”复选框，则标号中会出现章节号(需先对文档章节设置多级列表)，如图 3-200 所示。设置完毕单击“确定”按钮，返回“题注”对话框，如果选中“题注中不包含标签”复选框，则图片题注中将不显示“图”字样，而只显式编号和用户输入的图片名称。单击“位置”下拉三角按钮，在位置列表中可以选择“所选项目上方”或“所选项目下方”，如图 3-201 所示。设置完毕单击“确定”按钮。

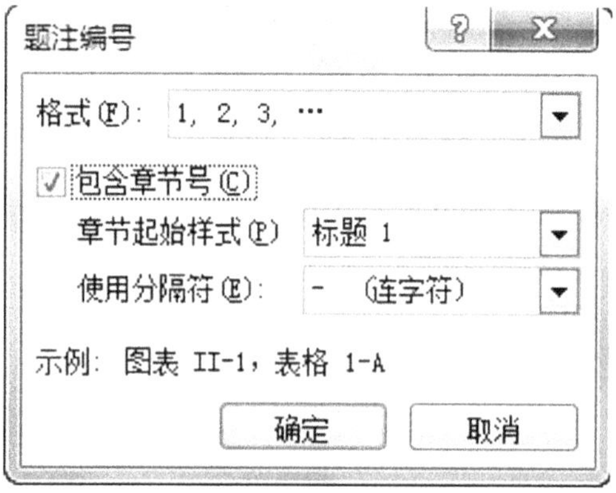


图 3-200　“题注编号”对话框

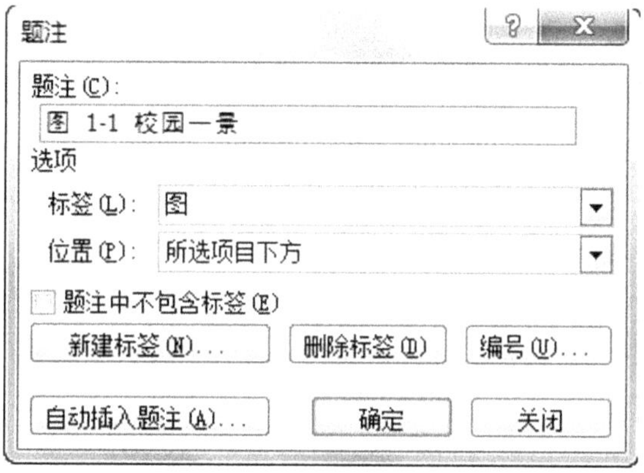


图 3-201　题注设置示例

提示：插入的图片题注默认位于图片左下方，而表格题注则位于表格左上方，用户可以在“开始”功能区设置对齐方式(如居中对齐)。

**2. 脚注和尾注**

脚注和尾注是对文本的补充说明。脚注一般位于页面的底部，可以作为文档某处内容的注释；尾注一般位于文档的末尾，列出引文的出处等。脚注和尾注由两个关联的部分组成，包括注释引用标记和其对应的注释文本。用户可让 Word 自动为标记编号或创建自定义的标记。在添加、删除或移动自动编号的注释时，Word 将对注释引用标记重新编号。

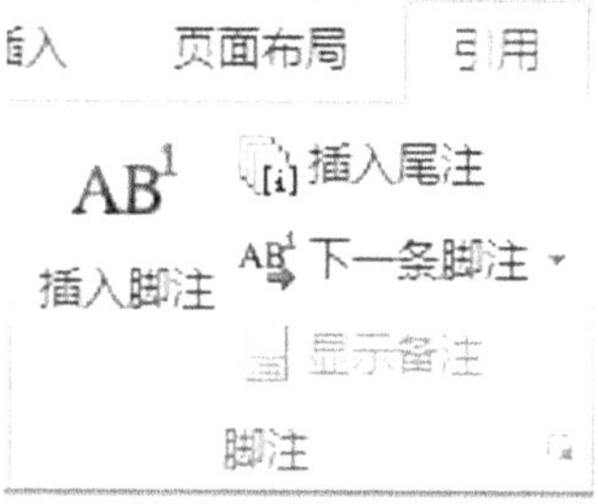


图 3-202　“脚注”功能组

插入脚注的方法：将光标定位到插入脚注的地方，切换至“引用”选项卡，在“脚注”功能组(见图 3-202)中单击“插入脚注”按钮，此时在需要插入脚注的地方出现序号“1”，光标自动跳转到当页底部，在“1”后面输入注释信息即可。

插入尾注的方法与脚注类似，单击“插入尾注”按钮，出现编号“i”，光标跳转到文档最后一页底部，然后在“i”后输入尾注信息。

此外，还可以单击“引用”组右下角对话框启动器，打开“脚注和尾注”对话框，进行自定义设置，如图 3-203 所示。可在“位置”中的“脚注”“尾注”中选择脚注和尾注的位置，“格式”中可自己设置格式，并能在“应用更改”中选择是应用于全篇文档还是部分文档，最后单击“插入”即可插入脚注或尾注。

图 3-203　“脚注和尾注”对话框

### 3.6.3　目录和索引

**1. 目录**

目录是文档中各级标题以及页码的列表，通常放在正文之前。Word 目录分为文档目录、图目录、表格目录等多种类型。“引用”选项卡的“目录”组和“题注”功能分组提供了目录编制功能。

图 3-204　“引用”功能区

单击“目录”组中的“目录”按钮，在弹出的下拉列表中有三种内置的目录编制方式：手动目录、自动目录 1 和自动目录 2。手动目录需要自己手动输入目录中要显示的各级标题名称和所在页码。下面主要介绍自动目录的生成方法。

(1)正文目录

要想让 Word 自动生成目录，就必须建立系统能识别的多级标题样式或大纲索引，这是自动生成目录的前提。多级列表的知识已经在上一节中做了介绍，应用了多级列表的标题样式，即可方便地生成自动目录。例如，有一设置多级标题样式的文档，需要在文档首页插入目录，操作方法如下：

①首先对文档作分节处理，在文档开头插入一空白页。

②切换至“引用”选项卡，单击“目录”按钮，在弹出的如图 3-205 所示的“目录”下拉列表中，选择“自动目录 1”或“自动目录 2”，自动生成目录。

若需要对目录样式做更详细的设置，可以选择“插入目录”命令，打开“目录”对话框的“目录”选项卡，在该选项卡下，可以设置页码的显示、对齐方式、目录的显示级别等，如图 3-206 所示。

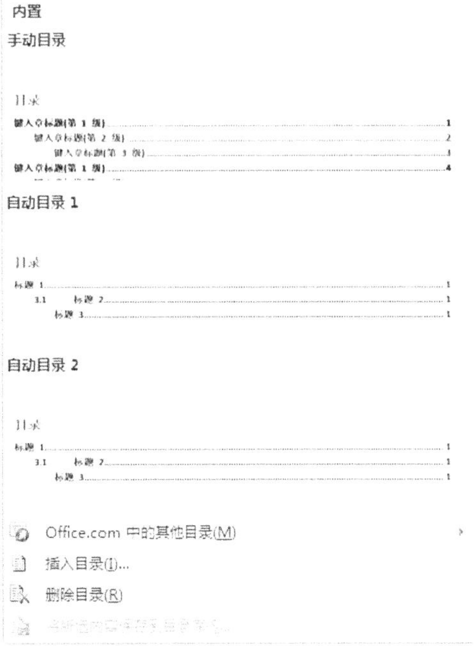


图 3-205　“目录”下拉列表

当文档中的内容或页码有变化时，可在目录中的任意位置单击右键，选择“更新域”命令，显示“更新目录”对话框，如图 3-207 所示。如果只是页码发生改变，可选择“只更新页码”。如果有标题内容的修改或增减，可选择“更新整个目录”。

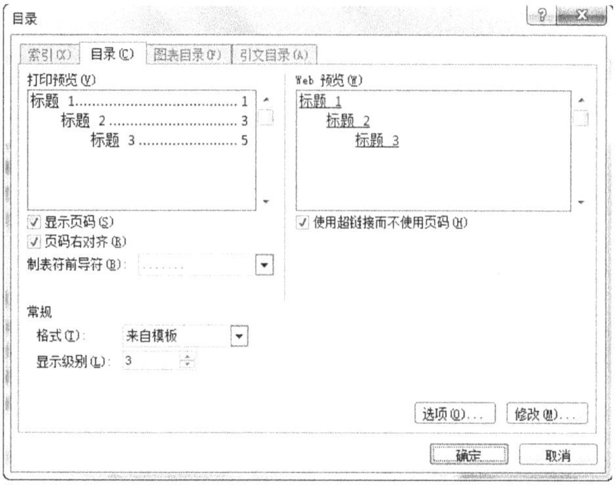


图 3-206　“目录”对话框

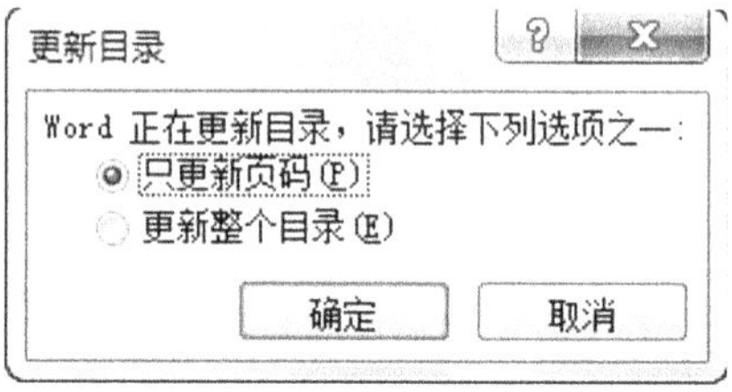


图 3-207　“更新目录”对话框

此外，还可以使用“大纲视图”中的“大纲工具”自动生成目录。单击“视图”选项卡中“文档视图”组的“大纲视图”按钮，切换至大纲模式，如图 3-208 所示。

大纲模式下清楚显示文档各段落的级别。选定文章标题，将之定义为“1 级”，接着依次选定需要设置为目录项的文字，将之定义为“2 级”。当然，若有必要，可继续定义“3 级”目录项。定义完毕，单击“关闭大纲视图”按钮返回页面视图，将光标定位到文档中欲创建目录处，再执行“插入目录”命令，即可生成目录，如图 3-209 所示。

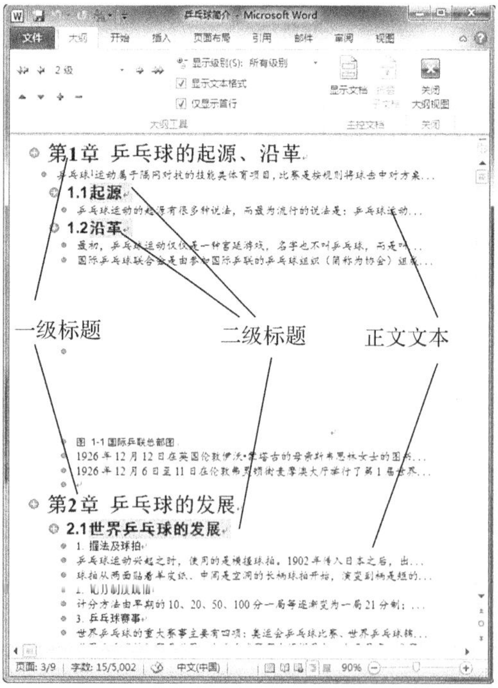


图 3-208　大纲视图

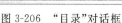

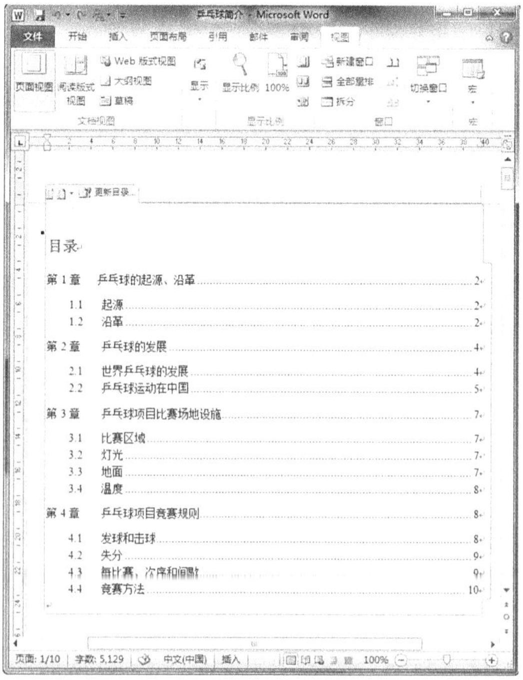


图 3-209　目录示例

(2)图表目录

图表目录是指文档中的插图或表格之类的目录。图表目录的创建主要依据文中为图片或表格添加的题注。在“引用”选项卡“题注”组中单击“插入表目录”按钮，打开“图表目录”对话框，在“图表目录”中，可在“常规”选项区的“题注标签”选择框中选择是生成图目录还是表目录，如图 3-210 所示。

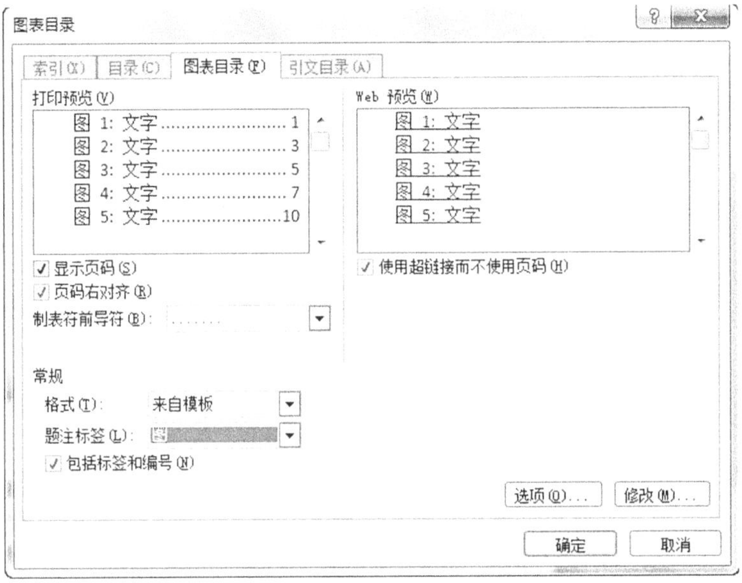


图 3-210　“图表目录”对话框

**2. 书签**

Word 2010 的书签功能，用于以指定的名称标记某个特定位置或选中的文本，并且在需要时通过书签快速定位到特定位置或文本处。需要注意的是，书签既不能显示也不能被打印出来。若要添加书签，首先应在文档中标记要定位到的位置。然后，可以跳转到该位置，或者在文档中添加指向该位置的链接。

(1)添加书签

选择要为其指定书签的文本或项目，或者单击要插入书签的位置。在“插入”选项卡下的“链接”组中，单击“书签”按钮，打开“书签”对话框，在“书签名”下，键入或选择书签名。书签名必须以字母或文字开头，可包含数字但不能有空格，单击“添加”按钮，即可添加书签，如图 3-211 所示。

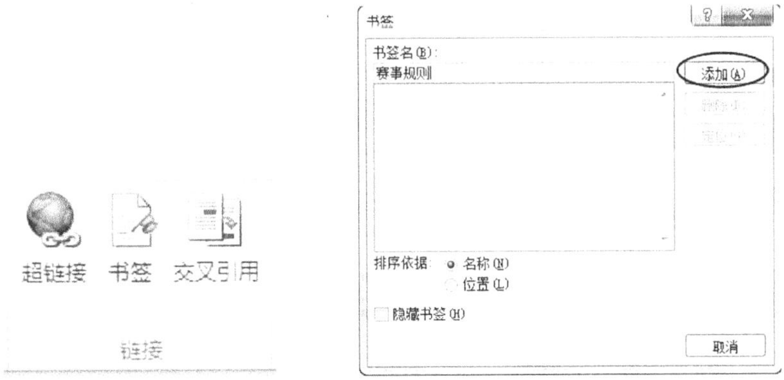


图 3-211　添加书签

(2)超链接到书签

选中需要设置链接的文字,切换至“插入”选项卡,单击“链接”组中的“超链接”按钮,打开“插入超链接”对话框,如图3-212所示,在“请选择文档中的位置”选项区中,选择要链接到的标题或书签即可。

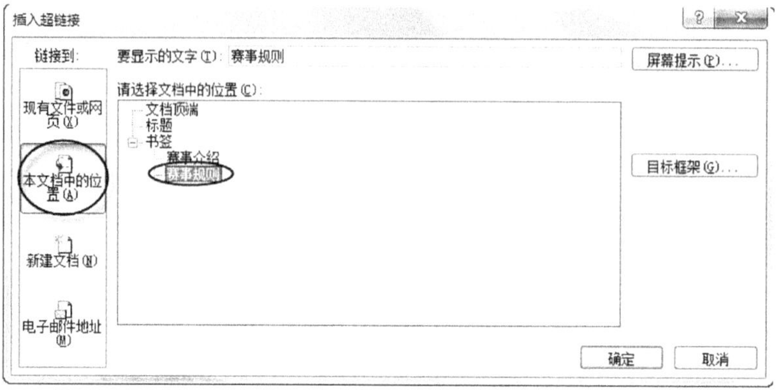


图3-212 “插入超链接”对话框

### 3.6.4 打印设置

#### 1. 页面设置

页面设置是对文档的总体版面的设置,包括纸张大小、页边距、版式和文档网格等。

(1)页边距

页边距是指每页中文本与纸张边界的距离,用户可根据实际需要调整其尺寸。Word通常在页边距以内打印文档内容,而页码、页眉和页脚等都打印在页边距上。切换至“页面布局”功能区,在“页面设置”分组中单击“页边距”按钮,并在打开的常用页边距列表中选择合适的页边距,如图3-213所示。如果常用页边距列表中没有合适的页边距,选择“自定义边距”命令,在打开的“页面设置”对话框中切换到“页边距”选项卡,在“页边距”区域分别设置上、下、左、右的数值,并单击“确定”按钮即可,如图3-214所示。

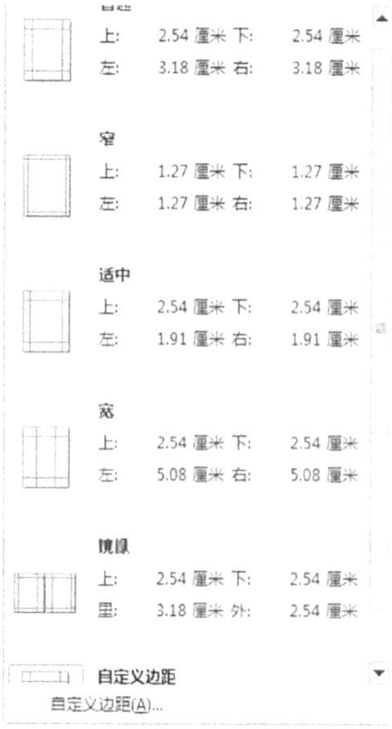


图3-213 页边距列表

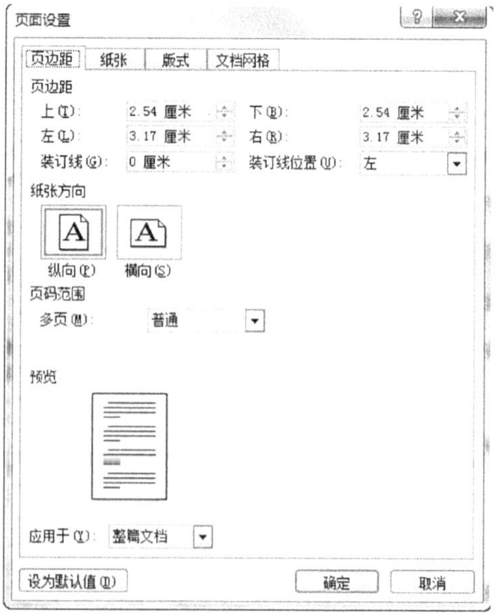


图3-214 “页面设置/页边距”选项卡

(2)纸张大小和方向

Word 提供了一系列的标准纸张，如 A3、A4、B5、16 开、32 开等，单击“页面设置”组中的“纸张大小”按钮，即可在弹出的下拉列表中选择需要的纸张类型，若这些纸张不能满足需要，还可选择“其他页面大小”，并在“宽度”和“高度”栏中自行输入纸张的尺寸，如图 3-215 所示。

纸张的打印方向分为纵向和横向，单击“页面设置”组中的“纸张方向”按钮，在弹出的下拉列表中选择即可，如图 3-216 所示。还可以在“页面设置”对话框“页边距”选项卡的“纸张方向”选项区中选择方向。

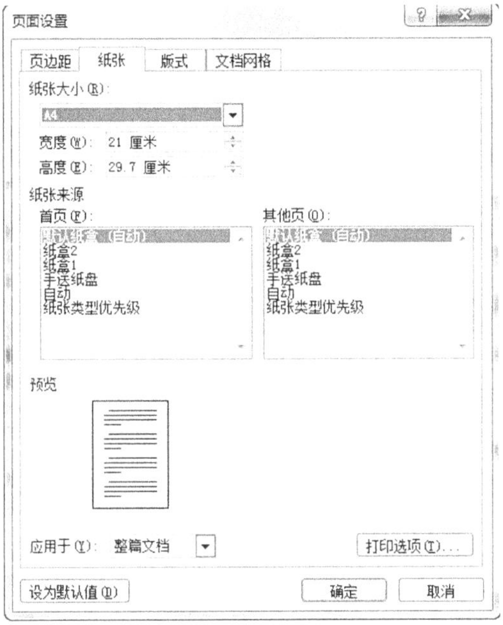


图 3-215　“页面设置/纸张”选项卡

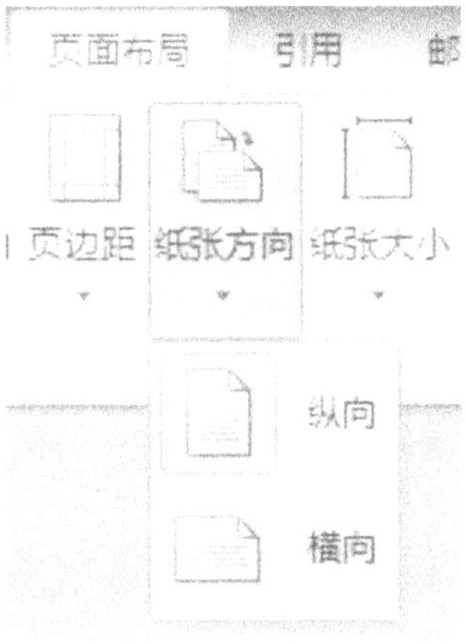


图 3-216　设置纸张方向

(3)文档网格

在 Word 文档中，文档的行与字符叫作“网格”，文档网格就是对文档每行的固定字数以及每页的固定行数进行控制。此外，文档网格还可以设置文字的排列方向。单击“页面布局”选项卡下“页面设置”组的对话框启动器，打开“页面设置”对话框，单击“文档网格”标签，切换到文档网格设置选项，如图 3-217 所示。

用户可以根据编辑文档的类型，选择是否使用文档网格和所选网格的类型。在“文字排列”的“方向”中有两个选项，如果选择“水平 ”，表示横向显示文档中的文本；如果选择“垂直”，则表示纵向显示文档中的文本。现代文本一般都采用横排方式。单击“字体设置”按钮，可以设置当前整个文档的正文字体。在“应用于”按钮中，要根据需要选择合适的应用范围，一般选择“整篇文档”。单击“确定”按钮，确认设置并退出对

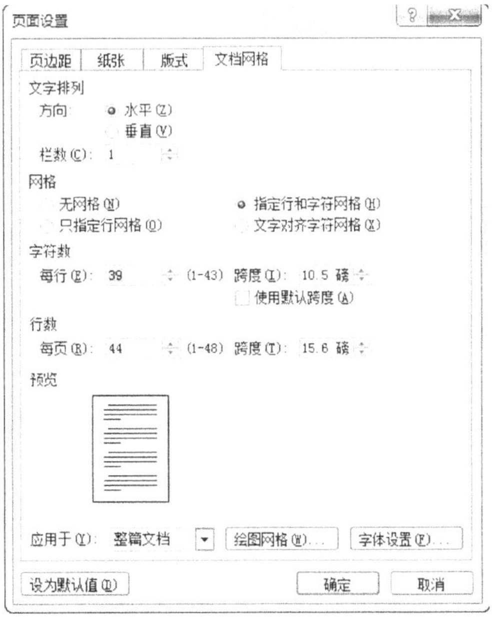


图 3-217　“文档网格”选项卡

话框。

**2. 打印文档**

编辑排版后的文档大多数最后要通过打印机输出到纸质材料上。在打印前,用户可以先进行预览,然后再打印。Word采用的是“所见即所得”的预览方式,用户在预览窗口看到的效果将被真实地打印出来。

(1)打印预览

打印预览就是在打印文档之前预先查看文档的打印效果。单击“文件”选项卡中的“打印”命令。在打开的“打印”窗口右侧预览区域可以查看Word 2010文档打印预览效果,用户所做的纸张方向、页面边距等设置都可以通过预览区域查看效果。并且用户还可以通过调整预览区下面的滑块改变预览视图的大小,如图3-218所示。“打印预览”的快捷键是＜Ctrl＞+＜F2＞。

图3-218　打印窗口

(2)打印输出

用户可以打印整篇文档,也可以只打印文档中的某一页,几页或文档中的部分内容。

在如图3-218所示的打印窗口中,“打印”选项区的“份数”可以设置打印的数量;在“打印机”选项区,可以挑选要使用的打印机;在“设置”选项区,可以设置打印的范围——“打印所有页”“打印所选内容”“打印当前页”和“打印自定义范围”;在“页数”对话框中,输入需要打印的页码范围。还可以在打印窗口中设置单面打印还是双面打印(需要打印机的功能支持),当打印多份时是按套打印还是按组打印,等等。设置完成后,单击“打印”按钮,即可打印输出。

## 3.6.5　应用实例

**1. 实例1**

已有一包含多页的初始文档,内容如图3-219所示,按照要求完成以下对文档的操作:

(1)设置页面纸张方向为横向。

(2)设置文字对齐字符网格,每行 65 个字符数。

(3)在“周边住宿”对应的表格上方添加题注,题注行内容为“表Ⅰ西湖住宿”(不包括引号),其中的Ⅰ使用编号格式“Ⅰ,Ⅱ,Ⅲ,…”(如果前面插入另一张表并添加题注,则这边的Ⅰ自动变为Ⅱ)。

(4)为第 1 页表格中的“基本信息”“名称由来”“历史沿革”“周边住宿”设置超链接,分别链接到后面的“1.基本信息”“2.名称由来”“3.历史沿革”“4.周边住宿”处(链接点位置在编号后、汉字前,如“基本信息”的“基”字之前)。

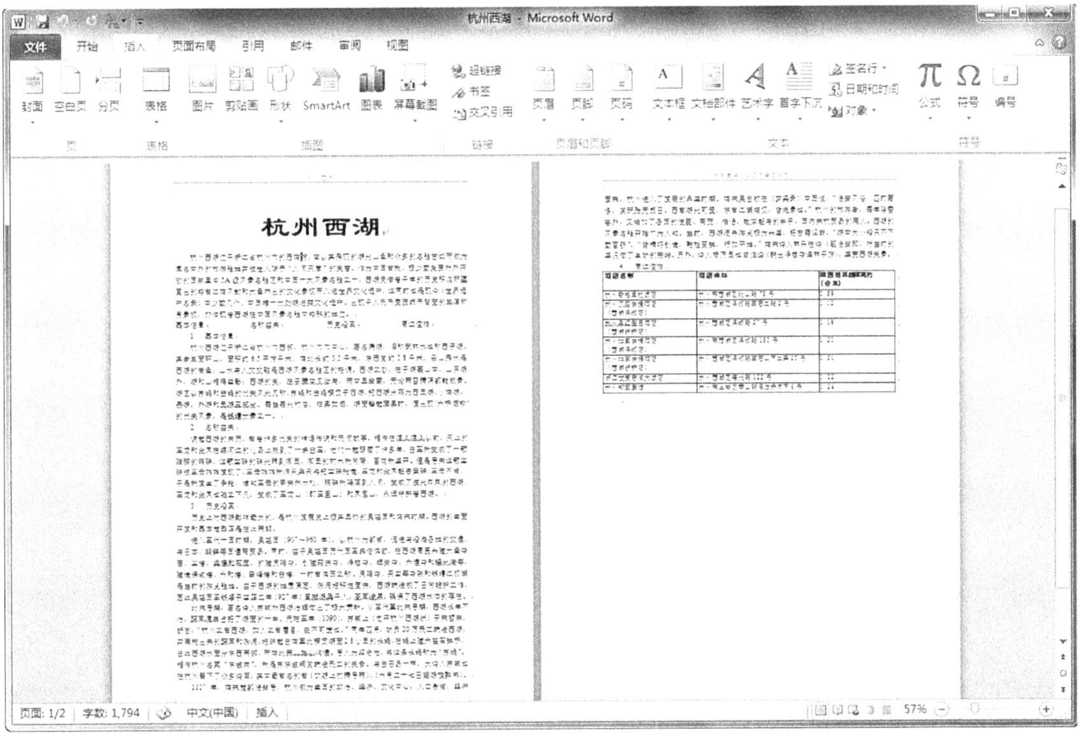


图 3-219　杭州西湖

具体操作步骤如下:

①单击切换至“页面布局”选项卡,在“页面设置”组中单击“纸张方向”按钮,在弹出的下拉列表中选择“横向”。

②单击“页面布局”选项卡“页面设置”功能组右下角的对话框启动器,打开“页面设置”对话框,切换至“文档网格”选项卡,在“网格”选项区域选择“文字对齐字符网格”,“字符数”的“每行”中输入“65”,单击“确定”按钮,如图 3-220 所示。

③根据题目(3)的操作要求,选择“周边住宿”对应的表格,切换至“引用”选项卡,单击“题注”组中的“插入题注”按钮,或者右击菜单,选择“插入题注”命令,打开“题注”对话框,如图 3-221所示,单击“新建标签”按钮,打开“新建标签”对话框,在该对话框中的“标签”文本框中输入“表”,如图 3-222 所示,单击“确定”按钮,返回“题注”对话框。

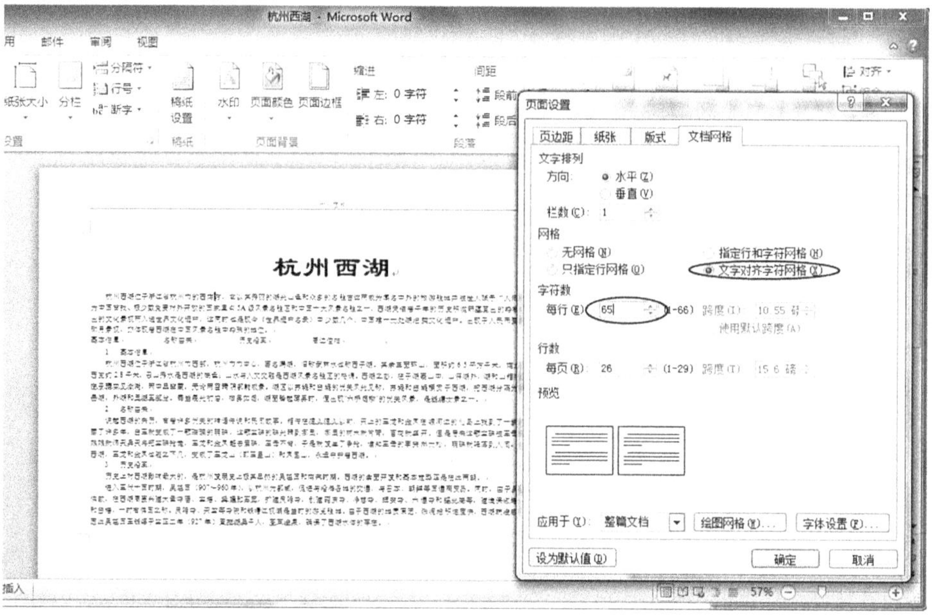


图 3-220　设置文档网格

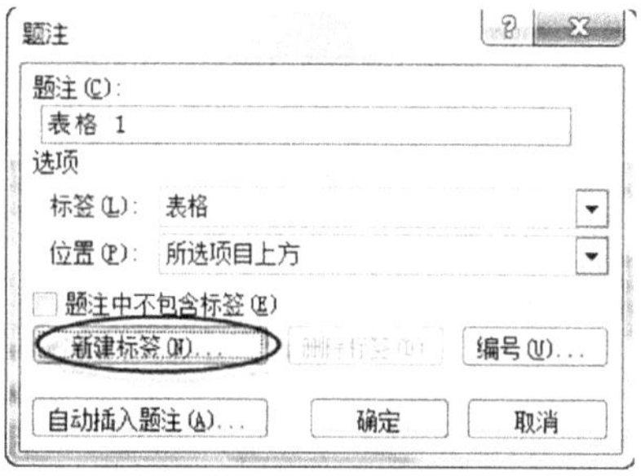


图 3-221　“题注”对话框

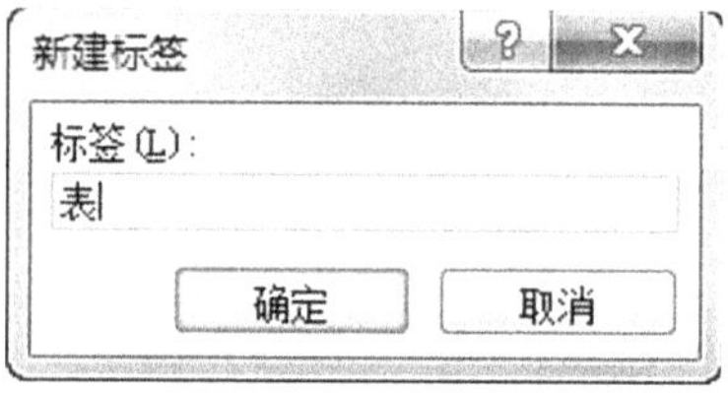


图 3-222　“新建标签”对话框

单击“编号”按钮，打开“题注编号”对话框，在“格式”下拉列表框中选择“Ⅰ，Ⅱ，Ⅲ，…”编号格式，如图 3-223 所示，单击“确定”按钮再返回到“题注”对话框，在“题注”文本编辑框中输入“西湖住宿”(先输入 1 个空格，再输入文字)，“位置”选择“所选项目上方”，单击“确定”按钮添加题注，如图 3-224 所示。

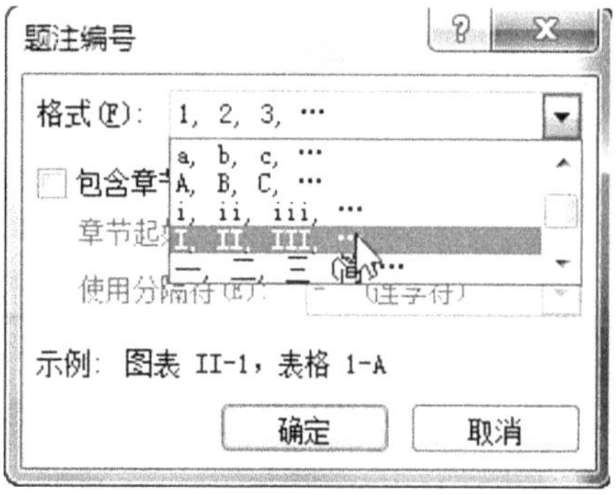


图 3-223　“题注编号”对话框

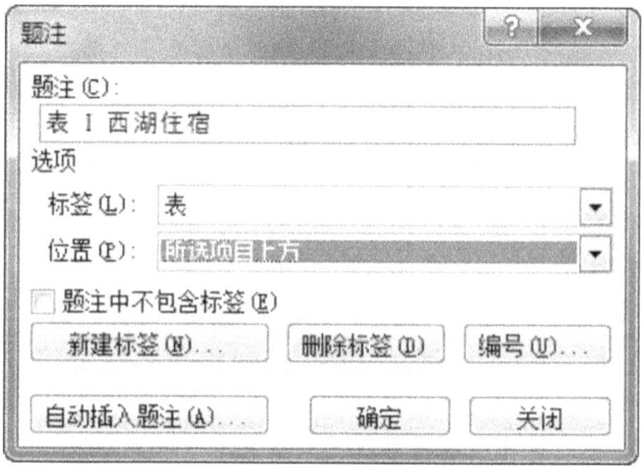


图 3-224　添加题注

④根据题目(4)的操作要求，将光标定位到“1. 基本信息”的“基”字之前，编号“1.”之后，切换至“插入”选项卡，单击“链接”组中的“书签”按钮，打开“书签”对话框，如图 3-225 所示。在“书签名”中输入“基本信息”，单击“添加”按钮。选中第五行中的“基本信息”，单击“链接”组中的“超链接”按钮，打开“超链接”对话框，如图 3-226 所示，在“链接到”选择“本文档中的位置”，在“请选择文档中的位置”中选择“书签”下的“基本信息”，“名称由来”“历史沿革”和“周边住宿”可执行相同的操作设置超链接。

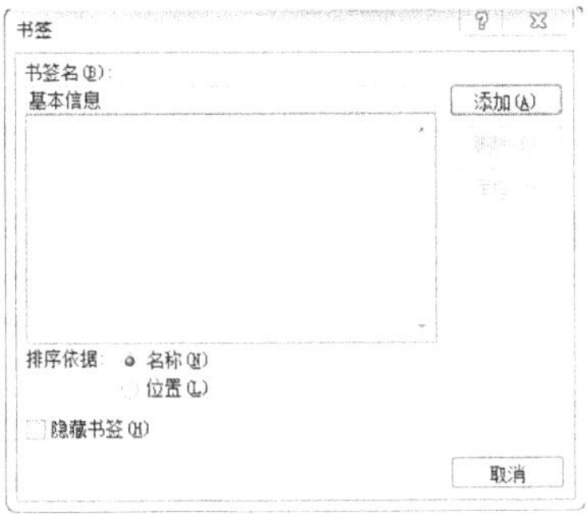


图 3-225　“书签”对话框

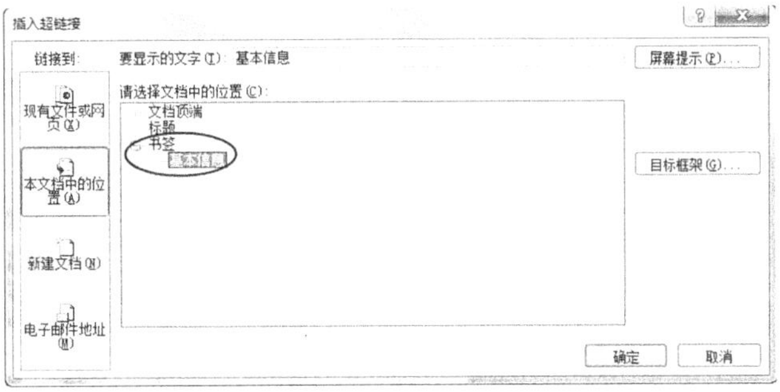


图 3-226　“插入超链接”对话框

**2. 实例 2**

已有一包含多页的初始文档，内容如图 3-227 所示，按照要求完成以下对文档的操作：

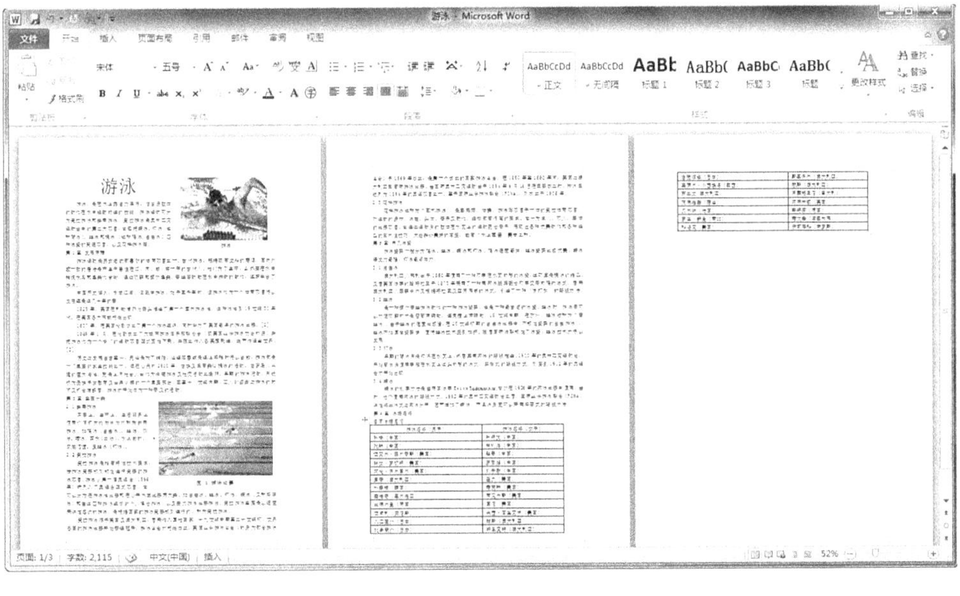


图 3-227　游泳

(1)为第 1 行中的“游泳”添加尾注，尾注文字为“文档内容来自百度百科”(不包括引号)。

(2)为图“游泳”设置题注“图 1”(居中)，使后面的图 1 自动变成图 2(或更新域后变为图 2)。

(3)使用多级符号对已有的章名、小节进行自动编号。即对“第 1 章　发展历程”、“第 2 章　主要分类”、“2.1　实用游泳”、“2.2　竞技游泳”、“2.3　花样游泳”……“第 4 章　泳坛名将”进行自动编号。要求：

①章号的自动编号格式为：第 X 章(例：第 1 章)，其中：X 为自动排序，阿拉伯数字序号。将级别链接样式“标题 1”，编号对齐方式为“居中。”

②小节名自动编号格式为：X. Y，X 为章数字序号，Y 为节自动排序(例：1. 1)，X、Y 为阿

拉伯数字序号。将级别链接到样式“标题 2”，编号对齐方式为“左对齐”。

具体操作步骤如下：

①将光标定位到第 1 行中的“游泳”字之后，切换至“引用”选项卡，单击“脚注”组中的“插入尾注”按钮，光标会自动跳转到文档尾部，在“i”后输入尾注文字“文档内容来自百度百科”，如图 3-228 所示。

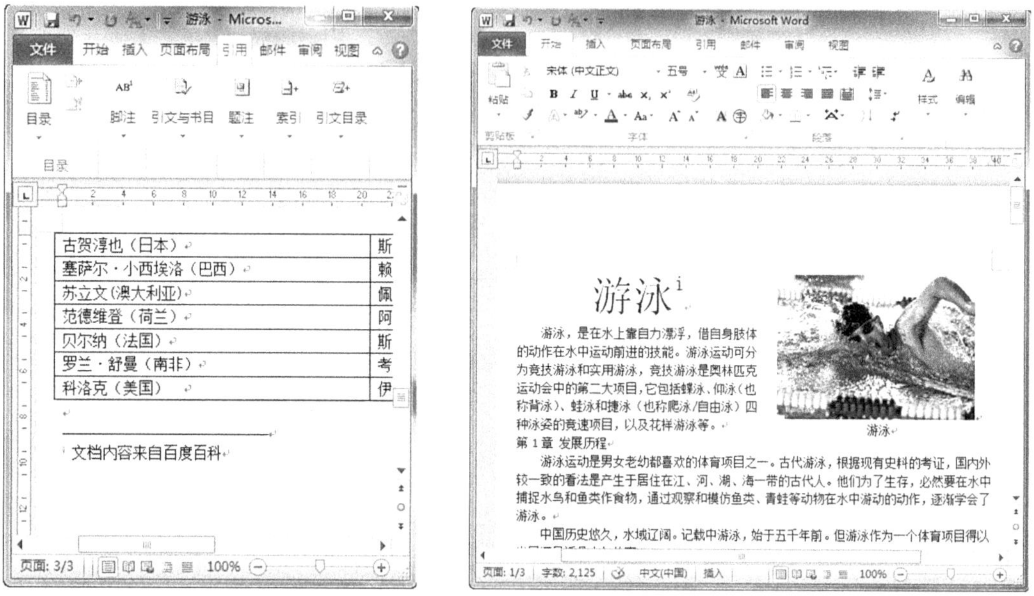


图 3-228　添加尾注

②根据题目(2)的操作要求，选中“游泳”图，切换至“引用”选项卡，单击“题注”组中的“插入题注”按钮，或者右键单击图片，在弹出的快捷菜单中选择“插入题注”命令，打开“题注”对话框，单击“新建标签”按钮，弹出“新建标签”对话框，在“标签”文本编辑框中输入文字“图”，单击“确定”按钮返回“题注”对话框，在“题注”文本编辑框中输入“游泳”，单击“确定”按钮添加题注，然后删除题注后多余的内容，单击“段落”组“居中”按钮，如图 3-229 所示。

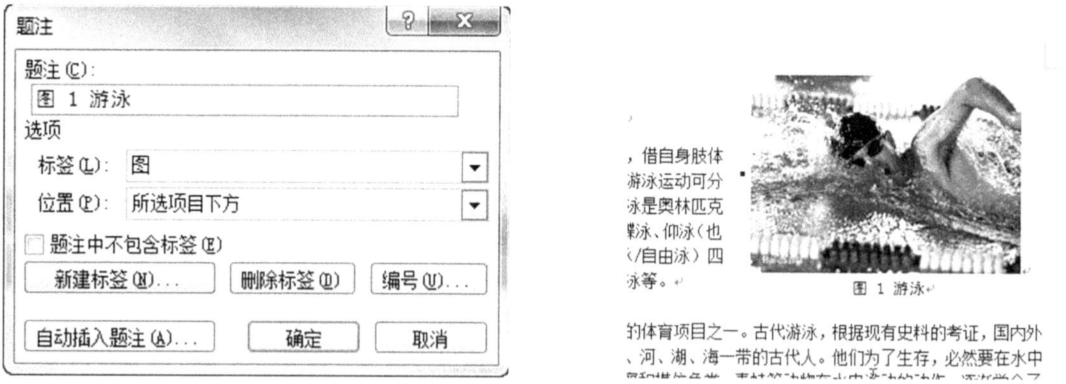


图 3-229　添加题注

③根据题目(3)的操作要求，在“开始”选项卡中，单击“段落”组中的“多级列表”按钮，选择“定义新的列表样式”，打开“定义新的列表样式”对话框。在“输入编号格式”中的“1”之前和之后分别输入“第”和“章”(带灰色底纹的 1 不能自行删除或添加)，“编号对齐方式”选择“居中”，单击“更多”按钮，在对话框右半部分的“将级别链接到样式”下拉框中选择“标题 1”，如图

3-230 所示;在“单击要修改的级别”中选择“2”,“编号对齐方式”选择“左对齐”,“将级别链接到样式”选择“标题 2”,“要在库中显示的级别”选择“级别 2”,单击“确定”按钮,如图 3-231 所示。

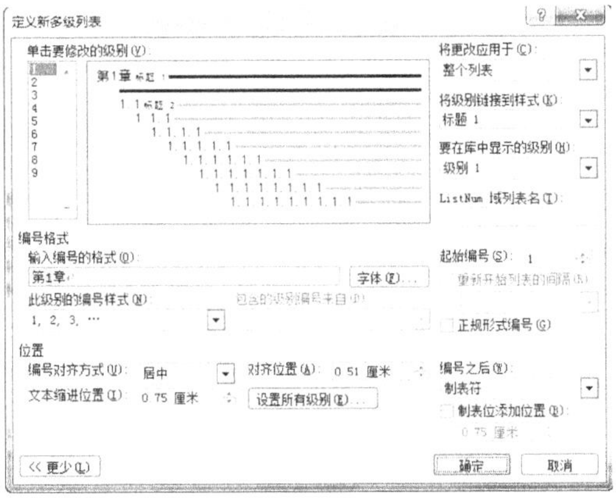


图 3-230　定义标题 1 样式

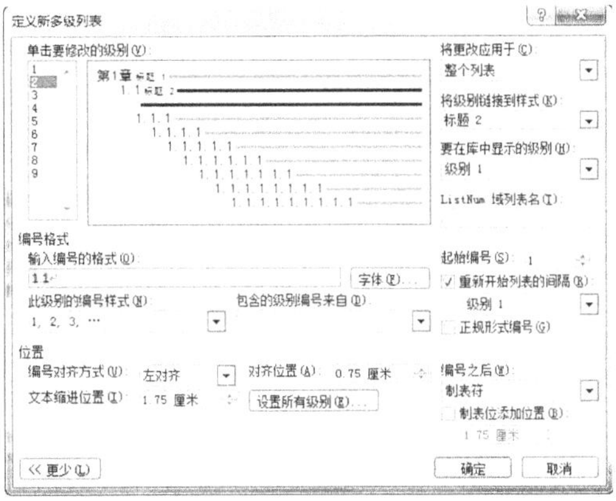


图 3-231　定义标题 2 样式

将光标定位到“第 1 章　发展历程”所在行任意位置,单击“开始”选项卡“样式”组中的“标题 1”,并删除多余的章号(自动生成的带灰色底纹的不能删除),再单击“段落”组中的“居中”按钮。“第 2 章　主要分类”、“第 3 章　常见泳姿”和“第 4 章　泳坛名将”同理,或者使用格式刷复制标题格式。光标定位到“2.1　使用游泳”中任意位置,单击“样式”组中的“标题 2”,并删除多余的节号,其余各节同理。

# 本章小结

本章介绍了 Word 2010 文字处理软件的基本功能和常用操作。主要内容涉及 Word 的工作界面和视图概念,文档的创建、打开和保存、文本的录入、编辑等基本操作;重点介绍了文档的格式化,包括文本、段落和页面的格式化设置以及某些特殊格式的设置;文档中插入和编辑表格的处理,图形图片绘制、插入和编辑;文档样式和多级列表的操作,在文档中添加题注、脚注和尾注,利用多级列表和大纲生成自动目录等。

# 习题三

## 一、单选题

1. Word 具有的功能是(　　)。

A. 表格处理　　B. 绘制图形　　C. 自动更正　　D. 以上三项都是

2. Word 文档文件的扩展名是(　　)。

A. .txt　　B. .wps　　C. .dotx　　D. .docx

3. 在 Word 中,文件打开操作会实现(　　)。

A. 将文件从内存调入寄存器　　B. 将文件从外存调入内存

C. 将文件从 U 盘调入硬盘　　D. 将文件从硬盘调入寄存器

4. Word 快速访问工具栏中的按钮可以通过(　　)进行增减。

A.“文件”菜单中的“选项”命令

B.“页面布局”功能区的“页面设置”命令

C.“视图”功能区“窗口”分组中的命令

D.“引用”功能区中的命令

5. Word 文档的保存类型默认为（　　）。

A.“Word 97－2003 模板”（即扩展名为 dot）

B.“Word 文档”（即扩展名为 docx）

C.“Word 97－2003 文档”（即扩展名为 doc）

D.“Word 模板”（即扩展名为 dotx）

6. 改变插入与改写状态的方法为（　　）。

A. 按＜Shift＞键　　B. 按＜Insert＞键

C. 按＜Ctrl＞键　　D. 按＜Alt＞键

7. 在 Word 2010 编辑状态中，能设定文档行间距的功能按钮是位于（　　）选项卡中。

A.“文件”　　B.“开始”　　C.“插入”　　D.“页面布局”

8. 选定全文的快捷键为（　　）。

A. ＜Ctrl＞＋＜A＞　　B. ＜Shift＞＋＜A＞

C. ＜Alt＞＋＜A＞　　D. ＜Tab＞＋＜A＞

9. Word 中，如果用户选中了大段文字后，按了空格键，则（　　）。

A. 在选中的文字后插入空格　　B. 在选中的文字前插入空格

C. 选中的文字被空格代替　　D. 选中的文字被送入回收站

10. 段落缩进的格式有（　　）种。

A. 1　　B. 2　　C. 3　　D. 4

11.（　　）调节段落首行相对于其他行的缩进量。

A. 首行缩进　　B. 左缩进　　C. 右缩进　　D. 悬挂缩进

12. 在同一行文本中使用不同对齐方式的效果可以由（　　）实现。

A. 首行缩进　　B. 制表符　　C. 右缩进　　D. 悬挂缩进

13. 双击格式化按钮可以使格式刷处于（　　）复制格式状态。

A. 不能　　B. 一直　　C. 只能一次　　D. 只能两次

14. 在 Word 2010 窗口中，如果双击某行文字左端的空白处（此时鼠标指针将变为空心头状），可选择（　　）。

A. 一行　　B. 多行　　C. 一段　　D. 一页

15. 在 Word 的“段落”对话框中，不能设定文本的（　　）。

A. 缩进方式　　B. 字符间距　　C. 行间距　　D. 对齐方式

16. 尾注可以出现在文档（　　）处。

A. 文档结尾　　B. 页面底端　　C. 文字下方　　D. 页面上端

17. 在 Word 2010 编辑状态中，如果要给段落分栏，在选定要分栏的段落后，首先要单击（　　）选项卡。

A.“开始”　　B.“插入”　　C.“页面布局”　　D.“视图”

18. 在 Word 2010 中，下面关于页眉和页脚的叙述错误的是（　　）。

A. 一般情况下，页眉和页脚适用于整个文档

B. 在编辑“页眉与页脚”时可同时插入时间和日期

C. 在页眉和页脚中可以设置页码

D. 一次可以为每一页设置不同的页眉和页脚

19. 在 Word 2010 中，表格和文本是可以互相转换的，有关它的操作，不正确的是(　　)。

A. 文本能转换成表格　　B. 表格能转换成文本

C. 文本与表格可以相互转换　　D. 文本与表格不能相互转换

20. 在 Word 中编辑一篇毕业论文，若想为其建立便于更新的目录，应先对各行标题设置(　　)。

A. 字体　　B. 字号　　C. 样式　　D. 居中

**二、判断题**

1. 页面设置应用于某一节、所选文字或整篇文档。(　　)

2. 在“视图”选项卡可以设定“标尺”显示与否。(　　)

3. 非段落处不回车，满行时系统自动换行。(　　)

4. 在页面视图中分页符、分节符不能查看到。(　　)

5. 在选定栏中三击或<Ctrl>＋单击可以选定一个段落(　　)

6. “双行合一”操作只适用于内容最多的 6 个字符的文本。(　　)

7. 清除所选内容的格式后会保留文本。(　　)

8. 一次可以为每一页设置不同的页眉和页脚。(　　)

9. 在 Word 2010 中，设置的各栏宽度和间距与页面宽度无关。(　　)

10. 可以将某一个单元格拆分为若干个单元格，这些单元格均在同一列。(　　)

11. 在 Word 2010 中，每种自动套用的格式已经固定，不能对其进行任何形式的更改。(　　)

12. 在 Word 2010 的编辑状态，执行“开始”选项卡中的“复制”命令按钮后被选择的内容被复制到插入点。(　　)

13. 在 Word 2010 中，可以进行“组合”图形对象的操作，也可以进行“取消组合”操作。(　　)

14. 在 Word 2010 中，可以把预先定义好的多种格式的集合全部应用在选定的文字上的特殊文档称为样式。(　　)

15. Word 2010 生成的自动目录不能更新。(　　)

# 电子表格 Excel 2010

Excel 2010 是 Microsoft Office 2010 重要的组成部分，是专业化的电子表格处理工具。它具有能够方便快捷地生成、编辑表格及表格数据，具有对表格数据进行各种公式、函数计算、数据排序、筛选和分类汇总，生成各种图表及数据透视图表等数据处理和统计分析等功能，可以广泛地应用于会计、金融、财经、统计、管理等众多领域。

## 4.1 Excel 2010 概述

### 4.1.1 Excel 2010 的基本功能

Excel 具有如下基本功能：

(1)制表功能：在 Excel 中创建一个工作簿，输入数据后，能够方便地制作出各种电子表格。

(2)数据管理：使用公式和函数对表格中的数据进行运算。

(3)数据分析：可以对工作表中的数据进行检索、分类、排序、筛选等操作，还可以进行数据透视表、方案管理统计分析等操作。

(4)数据图表：利用数据创建各种类型的统计图表，形象、生动、直观地呈现数据间的相互关联和内在规律。

(5)打印发布：可以对数据表格进行打印操作，并将整个工作簿或其中的一部分保存为 Web 页面进行网络发布，供用户远程查看和使用。

### 4.1.2 Excel 2010 的启动和退出

**1. 启动 Excel 2010**

与 Word 2010 应用程序一样，启动 Excel 2010 也有多种方法，常用的启动方法有：

(1)“开始”菜单启动

选择“开始”按钮→“所有程序”→“Microsoft Office”→“Microsoft Excel 2010”命令，即可启动 Excel 2010。

(2)快捷方式启动

安装 Office 后，可在桌面建立 Excel 2010 快捷方式(见图 4-1)，或将 Excel 程序锁定到任务栏(见图 4-2)，然后双击快捷图标(或任务栏 Excel 图标)即可启动。

(3)文档启动

在桌面或窗口工作区空白处右击，在弹出的快捷菜单中选择“新建”命令，单击“Microsoft

Excel 工作表”，即可创建一个 Excel 文档(见图 4-3)，双击文件图标，在打开该文件的同时，启动 Excel 程序。

图 4-1　Excel 桌面快捷方式

图 4-2　任务栏 Excel 快速启动

图 4-3　Excel 文件图标

**2. 退出 Excel 2010**

用户在完成对 Excel 2010 文档的操作后，可以通过多种方法关闭当前文档窗口，常用的方法有：

(1)单击标题栏右上角的关闭按钮。

(2)右击标题栏空白处，在弹出的快捷菜单中选择“关闭”命令。

(3)单击标题栏左上角控制菜单按钮，在弹出的快捷菜单中选择“关闭”命令，如图 4-4 所示。

(4)选择菜单栏“文件”→“退出”命令。

(5)指向任务栏，预览窗口右上角点击关闭按钮(见图 4-5)，或右键跳转列表中“关闭窗口”。

(6)使用组合键<Alt>+<F4>退出。

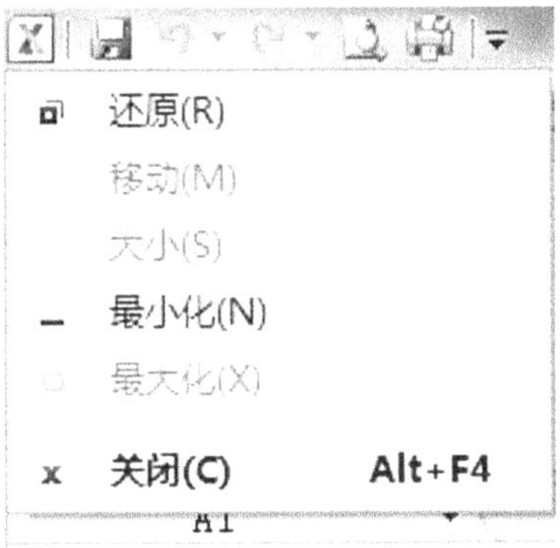

图 4-4　控制菜单

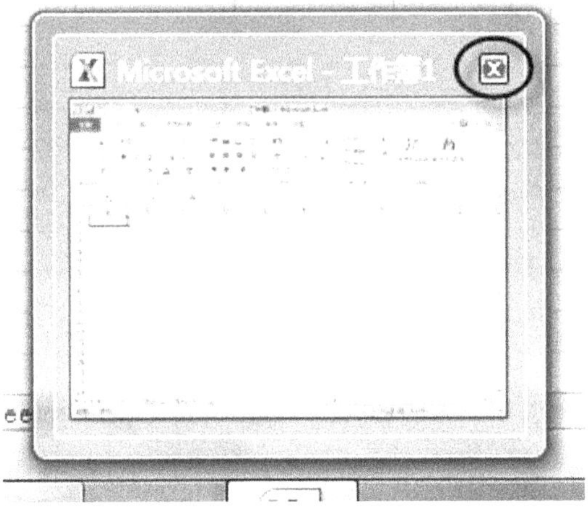
图 4-5　预览面板

### 4.1.3　Excel 2010 工作界面

Excel 2010 启动后，将打开 Excel 2010 的工作界面，如图 4-6 所示。窗口界面主要由快速访问工具栏、标题栏、功能选项卡、功能区、工作区、状态栏、视图栏、缩放比例工具等组成，有关这些元素的作用及使用方法与第 3 章 Word 2010 相似，除此之外，Excel 2010 的工作界面也有自己的特色。

(1)数据编辑框：

①名称框：显示当前选中的对象的名称，包括单元格、区域、图片、图表等。

②工具栏：单击“确定”按钮 ✓ 和“取消”按钮 ✗ 可确定和取消编辑。单击“插入函数”按钮 $f_x$ 可打开“插入函数”对话框，如图 4-7 所示。

③编辑栏:显示单元格中输入或编辑的内容,也可在此处直接输入和编辑数据、公式函数。

(2)行号:当前单元格所在的行,起坐标作用,以数字显示。

(3)列标:当前单元格所在的列,起坐标作用,以大写字母显示。

(4)工作表:由许多矩形的小方格组成,每个小方格叫作单元格,是组成工作表的基本单位。

(5)工作表标签:显示每个工作表的名称以及工作表标签滚动显示按钮,进行切换操作。“插入工作表”功能可以在工作簿中新建工作表。

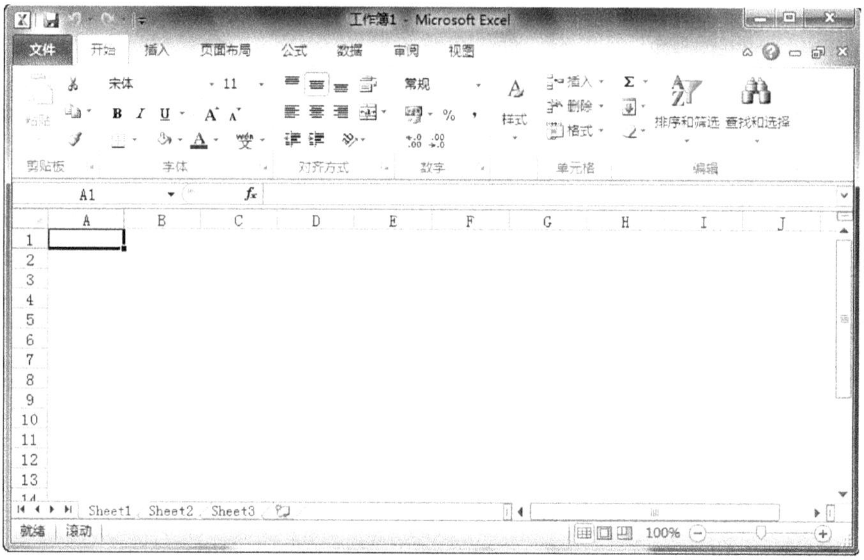


图 4-6 Excel 2010 工作界面

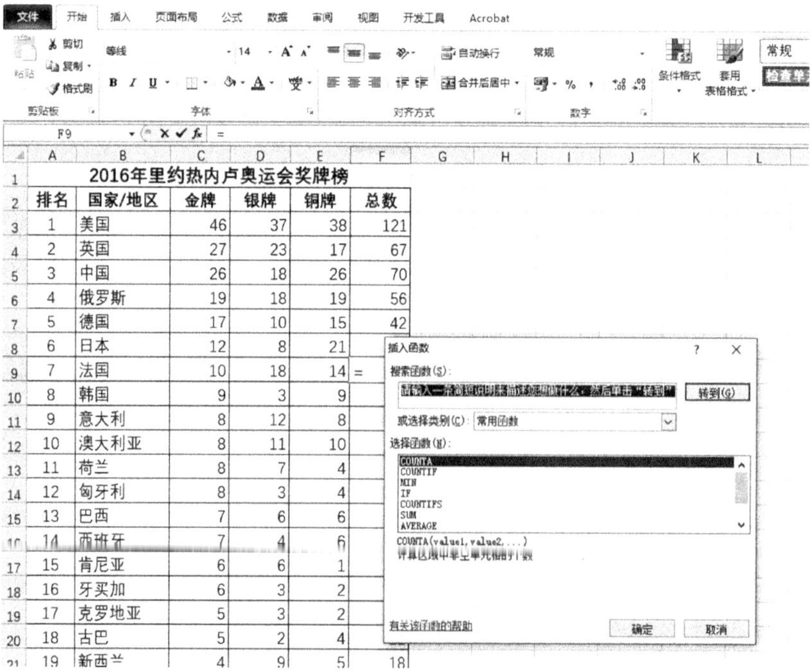


图 4-7 数据编辑框和“插入函数”对话框

(6)鼠标指针:鼠标在 Excel 2010 窗口界面移动时,在不同的区域会显示不同的形状,其功能也不相同。鼠标指针的各种形状及其功能见表 4-1。

**表 4-1　鼠标指针形状及其功能**

| 形状 | 出现位置 | 功能 |
|---|---|---|
|  | 单元格中 | 选择单元格或区域 |
|  | 编辑栏、文字框、单元格 | 进入编辑状态 |
|  | 标题栏、选项卡、功能区、状态栏、工作表标签等 | 选择工作表、工具、选项卡等 |
|  | 两个列标或行号之间的分割线 | 调整行高或列宽 |
|  | 列标和行号 | 选取整列或整行 |
| 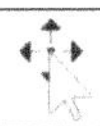 | 活动单元格粗线框 | 移动单元格 |
|  | 活动单元格粗线框右下角 | 拖动填充单元格 |

# 4.2　Excel 2010 基本操作

## 4.2.1　工作簿、工作表和单元格

### 1. 工作簿

在 Excel 中,用来储存并处理工作数据的文件叫作工作簿,也就是说 Excel 文件就是工作簿。每个工作簿可包含多个工作表,数量由内存容量确定。启动 Excel 2010 后,系统会自动打开一个新的空白工作簿,并自动命名为“工作簿 1”,扩展名为“. xlsx”。用户在保存工作簿时,可根据需要重新命名。

### 2. 工作表

工作表是工作簿的重要组成部分,主要用于存储和处理数据。在新创建的 Excel 空白工作簿中,默认有三个工作表“Sheet1”“Sheet2”“Sheet3”,用户可根据实际需要插入新的工作表。每个工作表由 1048576($2^{20}$)行和 16384($2^{14}$)列组成,通常行号用自然数 1,2,3,…表示,列标使用大写的英文字母 A,B,C,…,AA,AB,…,AAA,AAB,…表示。

Excel 窗口工作区当前显示的工作表称为当前工作表或活动工作表,通过单击工作表标签可选择当前工作表。

### 3. 单元格

单元格是工作表中行与列的交叉部分,它是组成工作表最小的、不可分割的基本存储单位,单个数据的输入和修改都是在单元格中进行的。每个工作表都由 1048576×16384 个单元格构成,每个单元格最多能保存 32767 个字符。通常采用由列号及行号组成的字符表示每个单元格的名称,比如“A1”“B2”,该名称又称为单元格地址。每个工作表中只有一个单元格为当前工作的单元格,也称活动单元格,只能在活动单元格中输入或编辑数据。

**4. 工作表标签**

工作表标签位于窗口的工作区底部，用于标记工作表的名称，默认工作表命名为“SheetX”(X为自然数1,2,3,…)。用户可根据需要增加、删除、重命名工作表。若工作表较多时，可通过单击工作表标签左侧的箭头按钮 |◀ ◀ ▶ ▶| 来显示前后的工作表标签。

## 4.2.2 工作簿的基本操作

**1. 创建工作簿**

启动Excel 2010后，会自动创建一个空白的工作簿，名为“工作簿1”，等待用户输入数据。用户还可以根据自己的实际需要，创建新的工作簿。

(1)新建空白工作簿

如果Excel 2010已经启动，单击“文件”选项卡→“新建”命令，在左边“可用模板”区中，选择双击“空白工作簿”或单击右下方“创建”按钮(或按快捷键<Ctrl>+<N>)，即可创建新工作簿，如图4-8所示。

图4-8 新建空白工作簿

(2)利用内置模板创建工作簿

在图4-8所示的界面中，选择单击“样本模板”，在“样本模板”的“可用模板”中选择双击“销售报表”，即可创建一个名为“销售报表1”的工作簿，如图4-9所示。利用模板可以快速建立具有专业水准的工作簿，还可以节约设计工作簿的时间。

提示：除了“样本模板”，用户还可以创建Office. com模板，从“Office. com模板”区中选择或者在文本框中输入关键字搜索模板。Office. com模板需要系统连接网络才能进行下载创建。

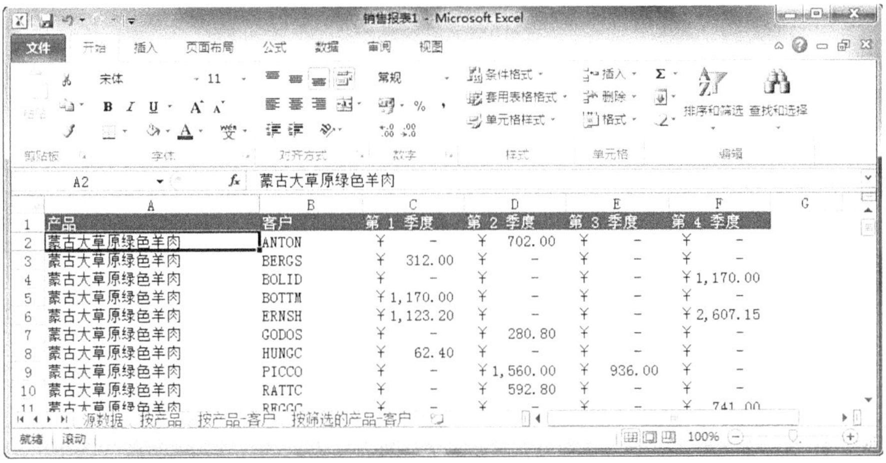


图 4-9　销售报表 1

## 2. 打开工作簿

单击“文件”选项卡中的“打开”命令，在“打开”对话框中，选择目标文件所在的文件夹，单击该文件，点击“打开”按钮或直接双击文件（或使用快捷键<Ctrl>+<O>），即可在工作界面打开该文件，如图 4-10 所示。

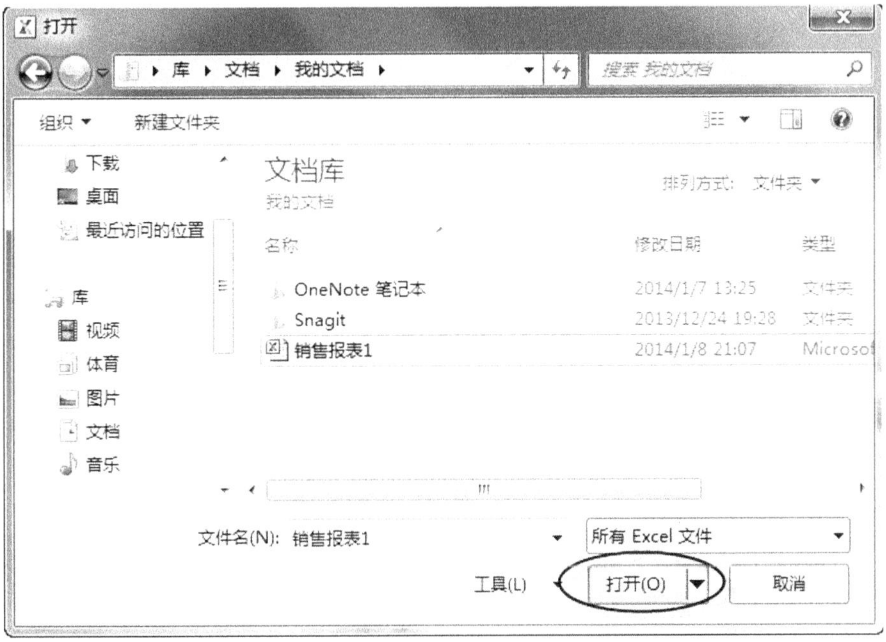


图 4-10　打开工作簿

## 3. 保存工作簿

(1)保存新建的工作簿

单击“文件”选项卡中的“保存”或“另存为”命令（或单击左上角快速访问工具栏中的“保存”按钮），在弹出的“另存为”对话框中，从左边导航窗格表中选择保存此工作簿的位置，在“文件名”文本框中输入一个新的文件名，单击“保存”按钮即可，如图 4-11 所示。使用<Ctrl>+<S>快捷键也能快速保存文件。

(2)保存已有的工作簿

单击“文件”选项卡中的“保存”命令或单击左上角快速访问工具栏中的“保存”按钮 (或按快捷键<Ctrl>+<S>),则当前编辑的工作簿将以原文件名保存在原来的位置,不会出现“另存为”对话框。保存后,工作簿仍然保留在当前编辑窗口中,用户可继续进行操作。

提示:在编辑工作簿的过程中,应随时进行保存,以免出现意外情况,造成数据和操作的丢失。

(3)另存为另一个工作簿

若希望将正在编辑或已经保存过的工作簿以另外的文件名、文件类型保存或存储到其他位置,可单击“文件”选项卡的“另存为”命令,弹出如图 4-11 所示的“另存为”对话框,选择位置,输入新文件名保存即可。

图 4-11　保存工作簿

## 4.2.3　工作表的基本操作

**1. 新建工作表**

(1)在当前工作表之前新建

①单击“开始”选项卡,在“单元格”分组中,单击“插入”下拉按钮,在弹出的下拉列表中选择“插入工作表”命令,如图 4-12 所示。

②右键单击当前工作表标签,在弹出的快捷菜单中选择“插入”命令,然后在“插入”对话框中选择“工作表”,再单击“确定”按钮即可,如图 4-13 和图 4-14 所示。

③按快捷键<Shift>+<F11>新建工作表。

图 4-12　“插入”按钮下拉列表

图 4-13　快捷菜单“插入”命令

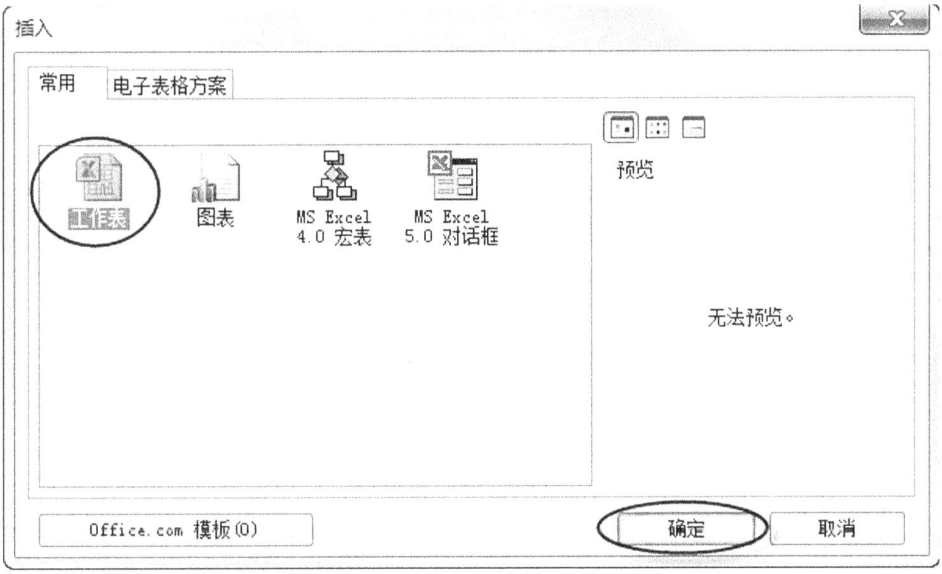


图 4-14　“插入”对话框

(2)在所有工作表之后新建

单击工作表标签最右侧“插入工作表”按钮  ，如图 4-15 所示，即可在所有工作表的最后新建一个工作表。

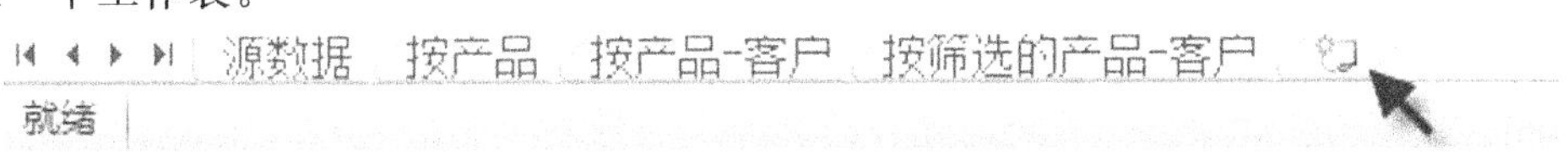


图 4-15　“插入工作表”按钮

**2. 移动或复制工作表**

Excel 可以在同一个工作簿或不同的工作簿中进行工作表的移动或复制操作。用户首先打开需要进行移动或复制操作的一个或多个工作簿，选择要进行移动或复制操作的工作表，右键单击该工作表标签，在弹出的快捷菜单中选择“移动或复制数据”命令，如图 4-16 所示。在弹出的如图 4-17 所示的“移动或复制工作表”对话框中,在“工作簿”中选择需要移动或复制(勾选“建立副本”)的工作簿,选择某个工作表或者“移至最后”,即可将该工作表移动到本工作簿的指定位置或其他工作簿的某个位置上。比如可以将“销售报表 1”中的“源数据”工作表移动到“销售报表 2”的最后,如图 4-18 所示,或将“源数据”复制到“销售报表 2”的工作表 Sheet1 之前,如图 4-19 所示。

图 4-16　快捷菜单“移动或复制”

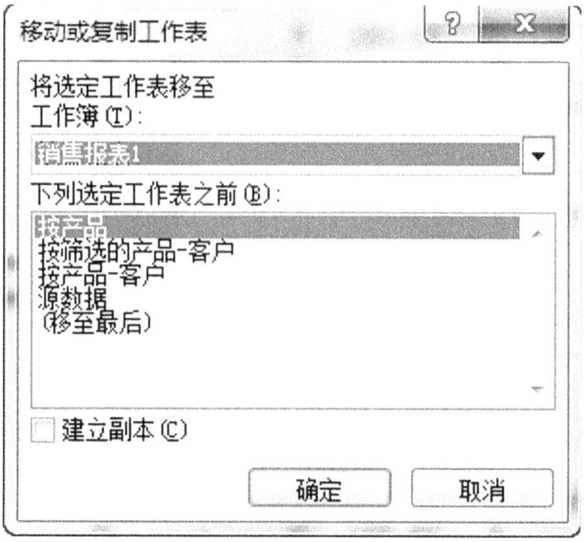


图 4-17　“移动或复制工作表”对话框

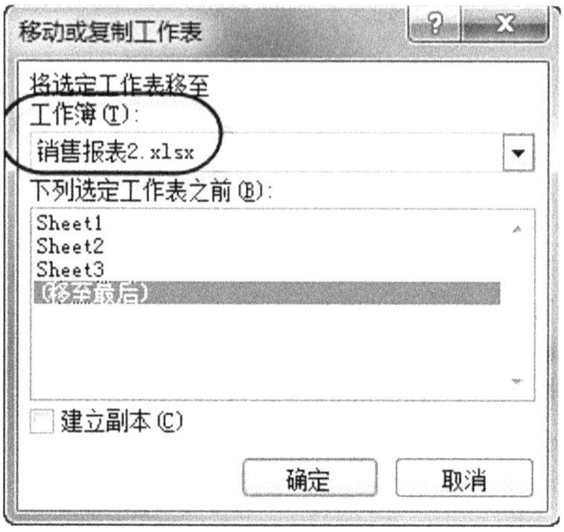


图 4-18　移动工作表

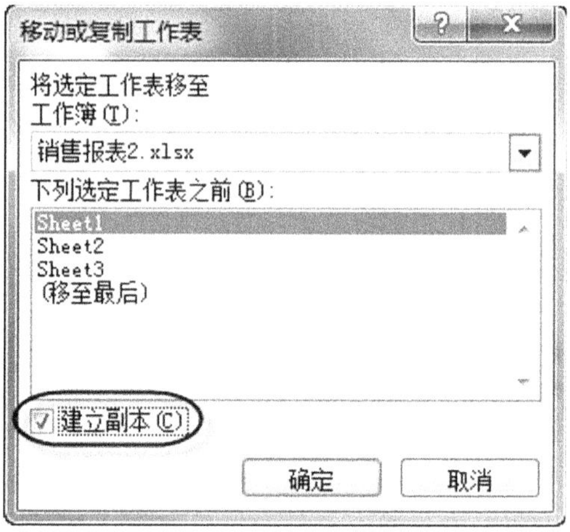


图 4-19　复制工作表

提示:单击工作表标签并按住鼠标左键不放,可拖放当前工作表到黑色小箭头▼指向的任何位置。如果在拖动的同时按住<Ctrl>键,此时在黑色小三角的右侧出现一个“+”号表示工作表复制,但此方法只适用于在同一个工作簿中移动或复制工作表。

**3. 删除工作表**

选定要删除的一个或多个(按住<Ctrl>键)工作表标签,右键单击,在弹出的快捷菜单中选择“删除”命令,如图 4-20 所示,也可以使用“开始”→“单元格”→“删除”→“删除工作表”命令。删除的工作表是永久性的删除,如图 4-21 所示,不能使用快速访问工具栏中的“撤销”按钮恢复,也不影响其他工作表名。

图 4-20　删除工作表

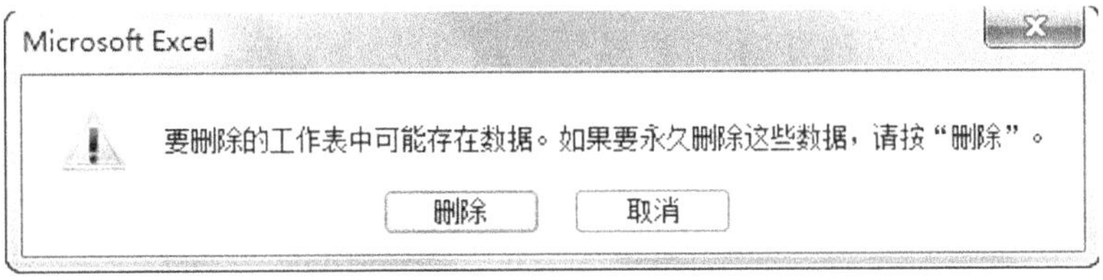


图 4-21　删除确认提示框

**4. 重命名工作表**

单击要重命名的工作表标签(比如 Sheet2 重命名为“决赛成绩”)，选定该工作表为活动工作表，右键单击，在弹出的快捷菜单中选择“重命名”命令，此时工作表 Sheet2 的标签将变成高亮反白显示，如图 4-22 所示，输入“决赛成绩”，然后按回车键，即可将工作表 Sheet2 重命名为“决赛成绩”。

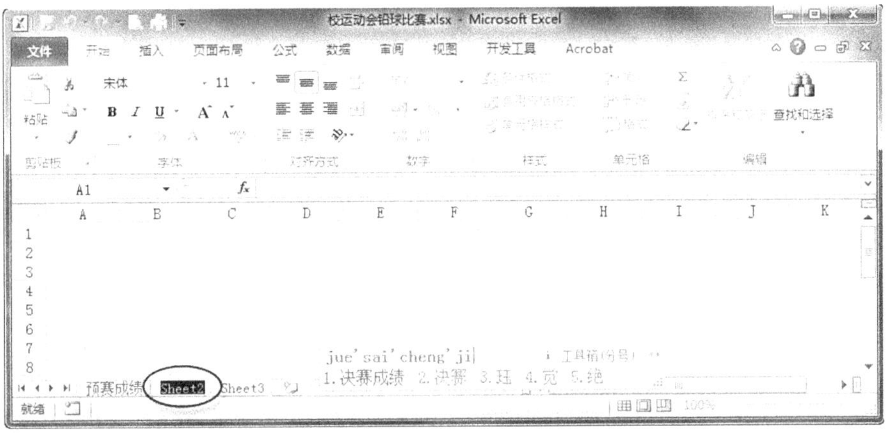


图 4-22　重命名工作表

## 4.2.4　数据的输入

在 Excel 2010 中，可以输入两类数据：一类是常量，可以是数字形式的，比如日期、时间、货币形式、百分比等，也可以是中英文字符或特殊字符，其特点是编辑之后数据不会自动改变；另一类是公式，由常量、单元格引用(变量)、函数及运算符等组成的序列，其特点是编辑之后，单元格中输入的公式内容自动变成公式的计算结果。在输入数据时，应用鼠标选取相应的单元格，使其处于激活可编辑状态。输入数据的方法共有三种，分别为在单元格中双击输入数据、选择单元格输入数据和在编辑栏中单击输入数据。

**1. 输入文本**

文本数据包括：汉字字符、英文字母、数字及其他符号，文本数据在单元格中的对齐方式默认为左对齐。在输入文本型的数字时，应以英文状态下的单引号“'”开头。如果输入的字符超过单元格的宽度时，系统会自动扩展到右侧单元格，超出部分自动隐藏。

**2. 输入数值**

数值数据包括：数字(0～9)、符号(＋、－、/、$、￥、%、E)、小数点(.)和分位符号(,)等字符。数值数据在单元格中的对齐方式默认为右对齐。数字最多可输入 11 位，超过 11 位自动采用科学计数法表示。

输入数字时需要注意：

(1)输入正数时，不用在数字前加正号(＋)。

(2)输入负数时，需要在数字前加负号(－)，或将数值用括号括起来，如“(123)”，表示－123。

(3)输入分数时，应在分数前加 0 和空格。如要输入分数“1/5”，应输入“0 1/5”，否则直接输入“1/5”将显示为“1 月 5 日”。

(4)输入长数字时，单元格可能会显示“＃＃＃＃”而不是数字，此时需要调整列宽，才能正确显示。

(5)输入以 0 开头的数值或将数字作为文本处理时，在输入时应先输入一个单引号，如“'0001”(输入身份证号码时，可按此方法正确输入)。单引号表示其后的数字按文本处理，并使显示的数字在单元格中左对齐，单引号自动隐藏不可见。

**3. 输入日期和时间**

日期和时间是一种特殊的数据格式，不同于数值和字符格式。如要输入日期 2019 年 1 月 9 日，可以采用以下格式输入：2019 年 1 月 9 日、2019/1/9、2019－1－9、1 月 9 日、1/9、9－Jan 等。按组合快捷键“＜Ctrl＞＋；(分号)”，可以输入系统当天的日期，按“＜Ctrl＞＋＜Shift＞＋；(分号)”可以输入系统当前的时间，输入效果如图 4-23 所示。

提示：在 Excel 中输入单引号、逗号(分位号)、斜杠等符号时，都需要在英文状态下输入。

| 日期 | 项目类型 | 费用项目 | 预算成本 | 实际成本 | 差额 |
|---|---|---|---|---|---|
| 2015/3/3 | 支出 | 官员 | 1,000.00 | ¥850.00 | ¥150.00 |
| 2015/3/11 | 支出 | 安全 | 2,500.00 | ¥2,150.00 | ¥350.00 |
| 2015/4/1 | 支出 | 活动工作人员 | 2,000.00 | ¥2,100.00 | -¥100.00 |
| 2015/4/17 | 支出 | 非员工活动工作人员 | 7,500.00 | ¥7,240.00 | ¥260.00 |
| 2015/5/5 | 支出 | 制服 | 6,700.00 | ¥7,330.00 | -¥630.00 |
| 2015/5/11 | 收入 | 门票收入 | 7,100.00 | ¥7,500.00 | -¥400.00 |
| 2015/5/18 | 支出 | 用品，一般 | 1,600.00 | ¥1,450.00 | ¥150.00 |
| 2015/6/13 | 支出 | 学生省内旅游 | 4,900.00 | ¥3,500.00 | ¥1,400.00 |
| 2015/6/13 | 支出 | 学生省内旅游 | 7,600.00 | ¥7,250.00 | ¥350.00 |
| 2015/6/22 | 支出 | 一般用品 | 8,500.00 | ¥4,750.00 | ¥3,750.00 |
| 2015/6/23 | 支出 | 办公用品 | 6,600.00 | ¥2,000.00 | ¥4,600.00 |
| 2015/7/4 | 支出 | 转出 | 8,600.00 | ¥3,500.00 | ¥5,100.00 |

图 4-23　学校体育开支

**4. 数据的自动输入**

在 Excel 2010 中有多种快速输入数据的功能，可以大大提高用户的工作效率。

(1)输入相同的数据

选中需要输入相同内容的单元格，输入数据后，按＜Ctrl＞＋＜Enter＞(回车键)，这时，所有选中的单元格都具有相同的内容，如图 4-24 所示。

(2)自动填充

单击单元格，将鼠标指针指向单元格边框右下角会出现“填充柄”(黑色十字“**＋**”)，鼠标左键拖动“填充柄”(或双击左键)即可实现自动填充,如图 4-25 所示。

图 4-24　<Ctrl>+<Enter>快捷键输入相同的数据

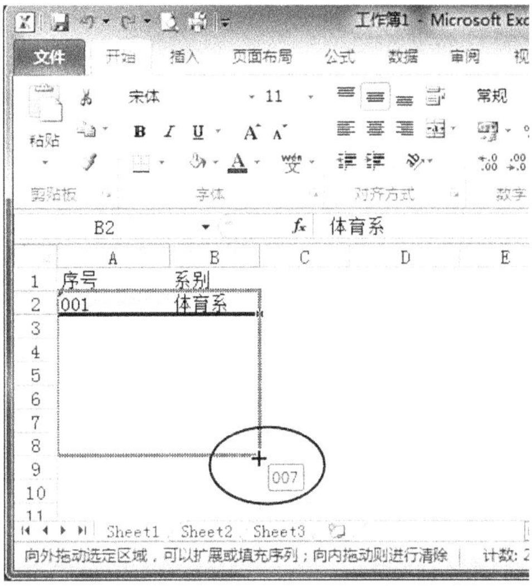


图 4-25　自动填充

①复制式填充

当输入的内容为纯文本或纯数字时,直接拖动单元格的“填充柄”,默认情况下是以复制单元格的方式填充到同一行或列的其他单元格。

②序列式填充

当输入有规律的数据时,例如等差数列、星期、日期、月份等,可采用序列式填充。选定单元格,输入初始值,拖动单元格“填充柄”,如果是数字,在拖动“填充柄”的同时按住<Ctrl>键,即可完成序列填充,如图 4-26 所示。

自动填充还可以使用“自动填充选项”下拉按钮实现,如图 4-27 所示,拖动“填充柄”后,在下拉列表中选择“复制单元格”或“填充序列”,可以完成填充操作。

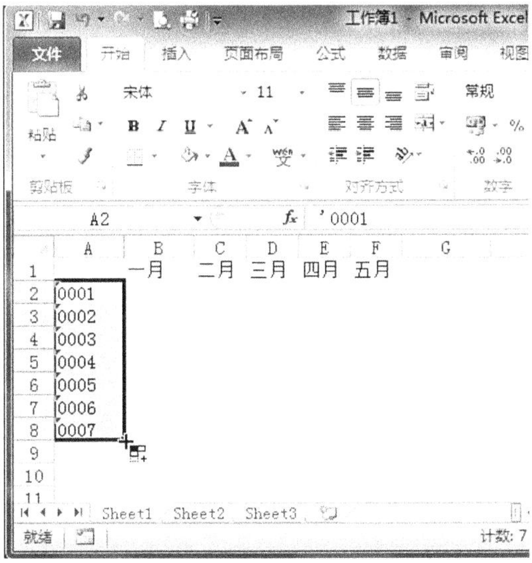


图 4-26　序列式填充

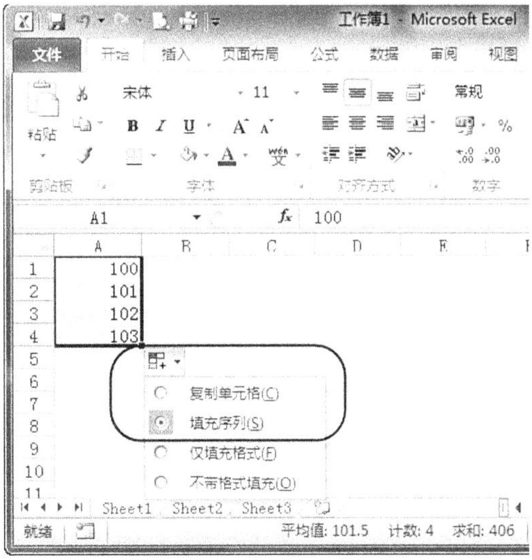


图 4-27　自动填充选项下拉列表

(3)创建序列

在序列的第一个单元格内输入一个数据作为初始值,使用鼠标右键拖动“填充柄”选定序列填充的单元格区域，释放鼠标后，会弹出快捷菜单，如图 4-28 所示，在快捷菜单中选择“序列”命令，可打开“序列”对话框，如图 4-29 所示。用户可根据需要选择对应的序列产生“类型”和“步长值”。

此外，还可以单击“开始”功能区的“编辑”分组，选择“填充”按钮打开“序列”对话框进行操作。

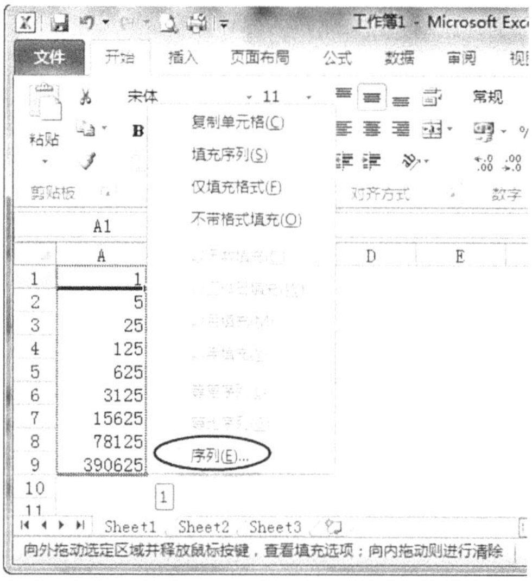


图 4-28　快捷菜单中的填充序列

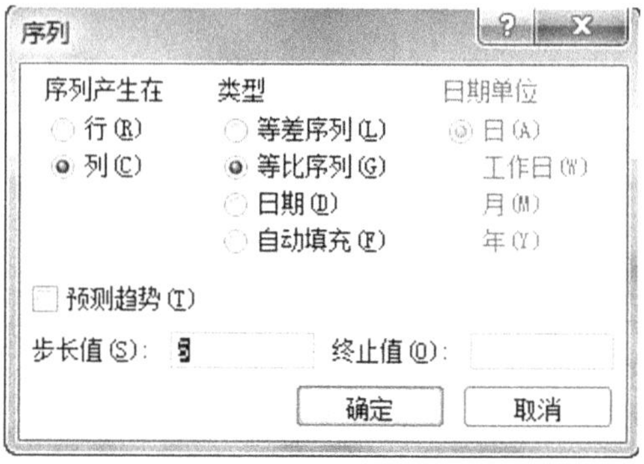


图 4-29　“序列”对话框

如果用户要用到的序列不是以上所述的常见序列，那么用户可以自己创建序列。建立“自定义序列”的操作方法是：单击“文件”选项卡→“选项”，系统会弹出如图 4-30 所示的“Excel 选项”对话框，在对话框中选择“高级”→“编辑自定义列表”，系统会弹出“自定义序列”对话框，如图 4-31 所示。

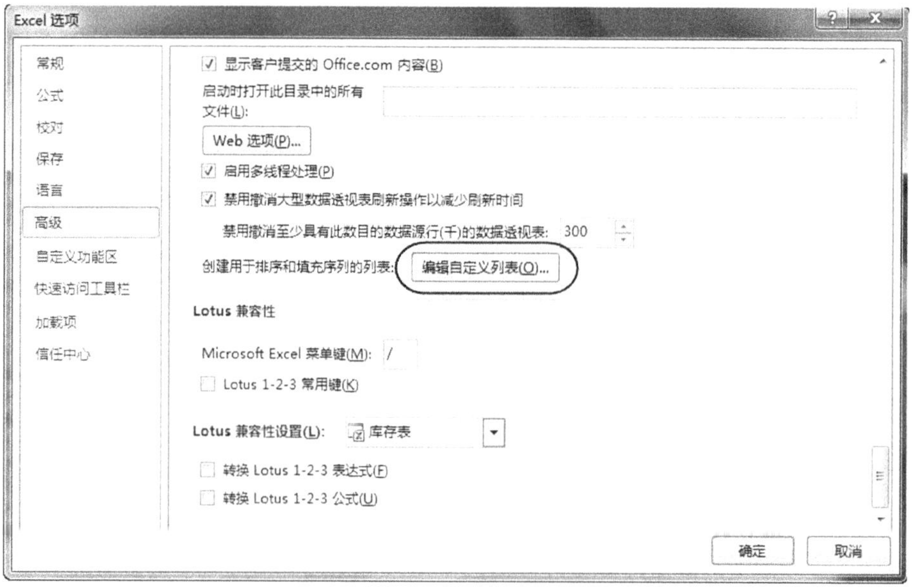


图 4-30　“Excel 选项”对话框

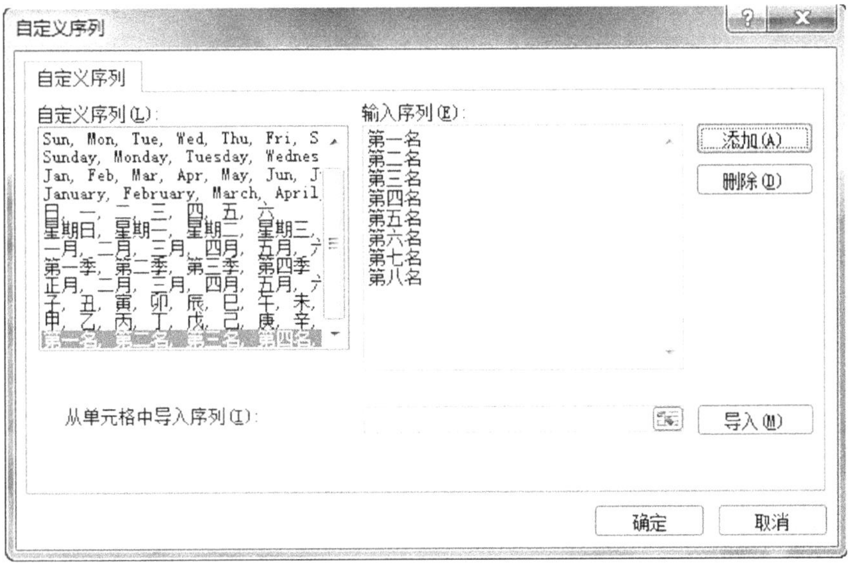


图 4-31　自定义序列

"自定义序列"对话框左侧是已设定的自定义序列，对于这些序列用户可以直接应用，只要输入序列中的一项，然后拖动"填充柄"，就可以产生该序列的其他项。若要设定新的序列，则需要先定义，然后使用。

如，在对话框右侧的"输入序列"文本框中依次输入"第一名，第二名，…，第八名"(每输入一项按回车键)，然后单击"添加"按钮，该序列就会出现在左侧的自定义序列中，如图 4-31 所示。此时，用户只需在工作表单元格中输入序列的其中一项，然后拖动"填充柄"，即可产生该序列的其他项。

### 4.2.5　数据的编辑

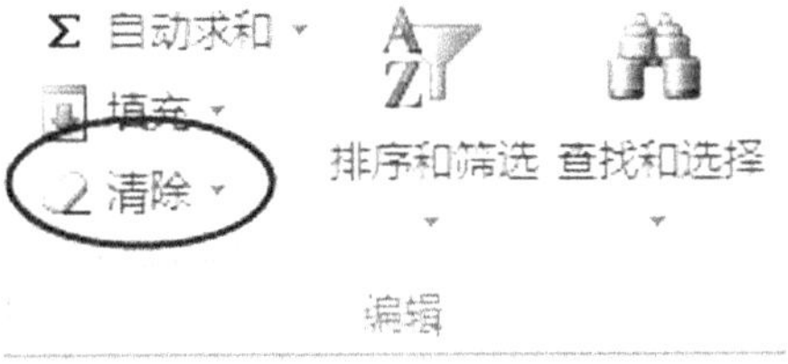


图 4-32　"开始"选项卡"编辑"分组

**1. 修改与删除数据**

(1)修改数据

选中单元格直接输入数据，可以删除单元格以前的内容，保留重新输入的内容。若只需对单元格的部分数据进行修改，可双击单元格定位光标于修改点进行修改，也可单击单元格后在编辑栏中进行修改。

(2)删除数据

删除数据时，选中单元格或区域，单击"开始"选项卡→"编辑"分组→"全部清除"命令，在弹出的面板中选择需要的删除方式，如图 4-32 和图 4-33 所示。

1)全部清除：清除所选单元格或区域中的全部内容，包括格式和注释。

2)清除格式：仅清除应用于所选单元格或区域的格式。

3)清除批注：清除附加到所选单元格的任何注释。

4)清除超链接：清除所选单元格中的超链接。

也可以使用右键快捷菜单"清除内容"命令删除数据。

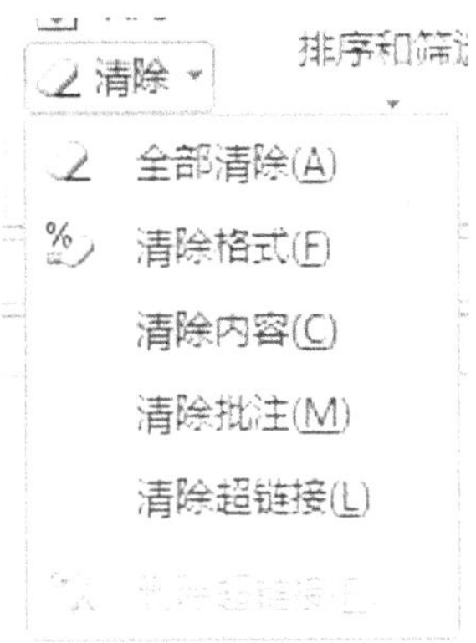


图 4-33　"清除"列表

还可以选中单元格或区域后按<Delete>键清除单元格或区域中的内容，但该方法会保留单元格格式。

**2. 移动和复制数据**

首先选中单元格或区域，在“开始”选项卡→“剪贴板”分组(见图4-34)中单击“复制”按钮(或<Ctrl>+<C>快捷键)或“剪切”按钮(<Ctrl>+<X>快捷键)，再选中目标单元格或区域，再次单击“剪贴板”中的“粘贴”按钮，即可完成移动和复制操作。其中，粘贴会将单元格内的“数值”“公式”“格式”“批注”等一起粘贴过来。

如果需要粘贴数据，可以单击“粘贴”按钮下方的下拉按钮▼，选择相应的粘贴选项，如图4-35所示，或右击目标单元格，在弹出的快捷菜单中选择粘贴选项，如图4-36所示。

图4-34　剪贴板

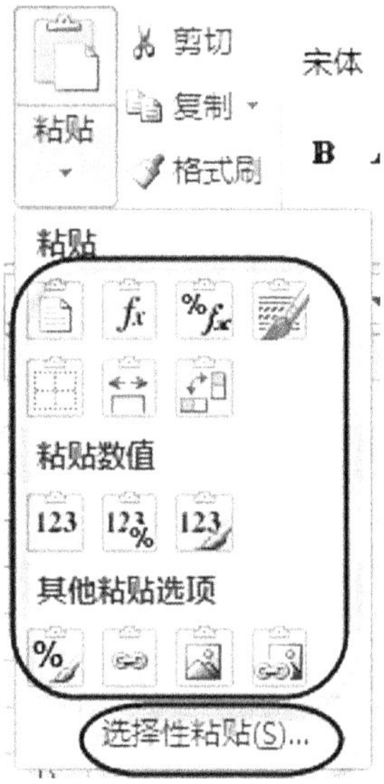


图4-35　粘贴选项

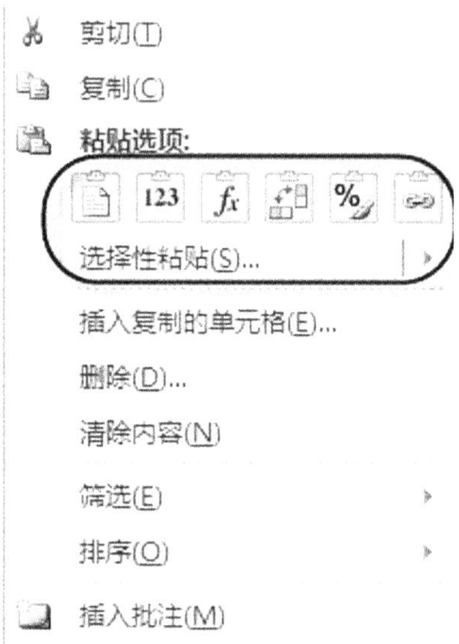


图4-36　快捷菜单中的粘贴选项

左键单击图4-35或图4-36中的“选择性粘贴”，弹出如图4-37所示“选择性粘贴”对话框，可以进行更详细的粘贴设置。

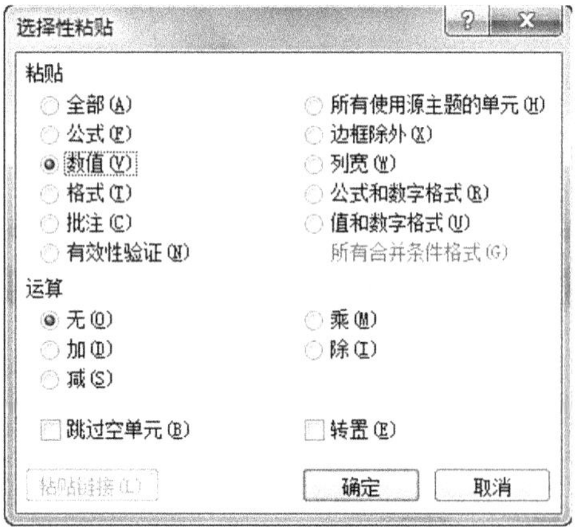


图4-37　“选择性粘贴”对话框

图4-38　鼠标拖动

提示：移动和复制操作还可以使用鼠标拖动来实现，选定要移动和复制的单元格或区域后，将鼠标移到选定区域的边框处，此时，鼠标指针变成如图 4-38 所示的形状，若是移动数据，只要拖动鼠标左键/右键到目标区域后释放即可，若是复制，拖动鼠标左键/右键的同时按住<Ctrl>键到目标区域后释放。

**3. 查找和替换数据**

利用 Excel 2010 查找和替换功能，可以快速定位到满足检索条件的单元格，并将单元格中的数据替换为其他数据。

单击“开始”选项卡→“编辑”分组→“查找与选择”下拉按钮，弹出如图 4-39 所示的下拉菜单。选择“查找”选项，打开如图 4-40 所示的“查找和替换”对话框(<Ctrl>+<F>)，输入要查找的数据并设置相应选项后，单击“查找全部”或“查找下一个”按钮开始查找。单击对话框中的“替换”选项卡，设置要替换的内容，单击“全部替换”或“替换”按钮即可完成数据替换，如图 4-41 所示，<Ctrl>+<H>快捷键也可打开替换界面。

通过单击“查找和替换”对话框中的“选项”按钮，还可以进行附加条件的查找和替换操作。如图 4-42 所示。

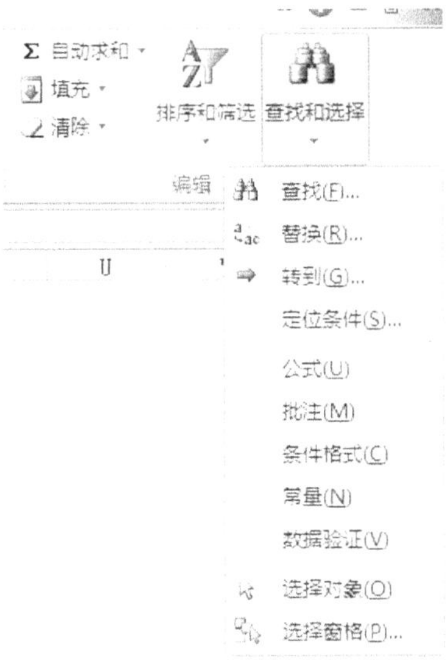


图 4-39　“查找和选择”下拉菜单

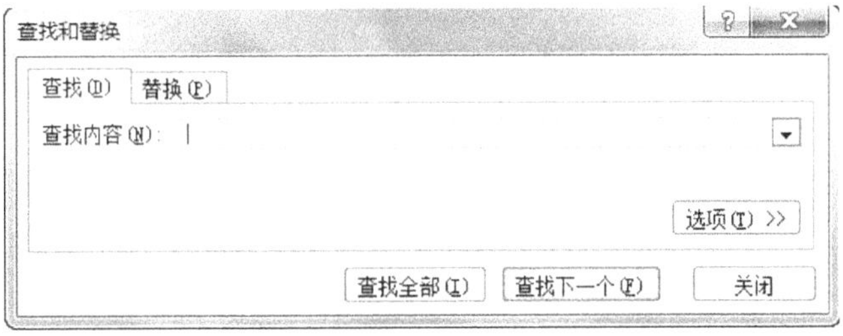


图 4-40　查找

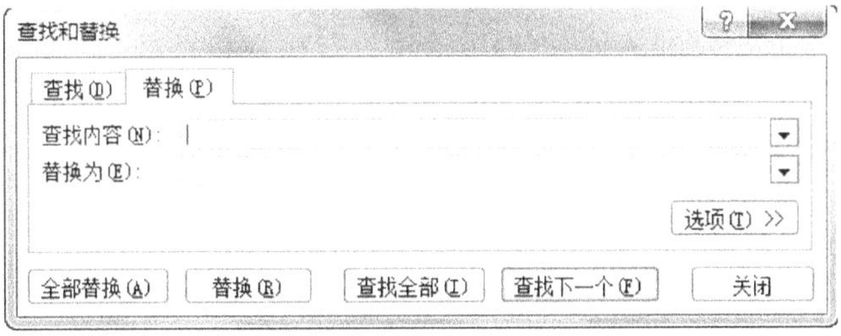


图 4-41　替换

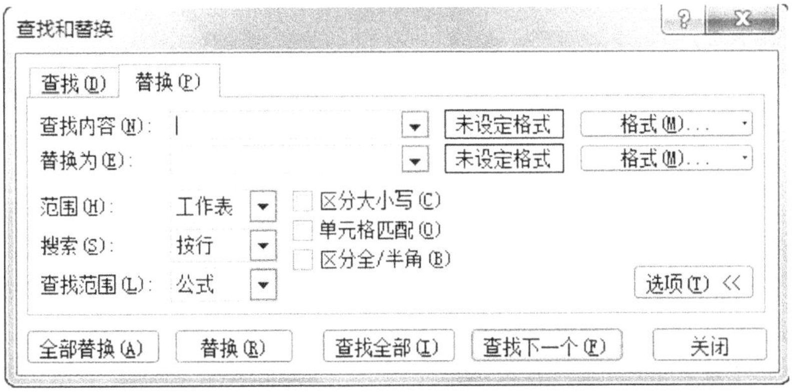


图 4-42　高级条件替换

**4. 数据有效性设置**

在现实工作中,表格对输入的数据是由一定的范围要求的。因此输入数据时,需要对输入的数据加以限制,防止输入数据时输入非法的数据。如,输入百分制的成绩时,成绩要求为整数且有效范围为 0~100;可进行如下操作:

(1)选定要设置有效性检查的单元格或区域。选择“数据”选项卡→“数据工具”分组→“数据有效性”按钮,如图 4-43 所示。

(2)在其下拉菜单中选择“数据有效性”命令,弹出如图 4-44 所示的“数据有效性”对话框。

(3)在“允许”下拉框中选择允许输入的数据类型,如“任何值”、“整型”、“小数”、“时间”、“序列”等,在此,选择“整数”,在“数据”下拉框中选择“介于”,在“最小值”和“最大值”文本框中分别输入 0 和 100 即可。

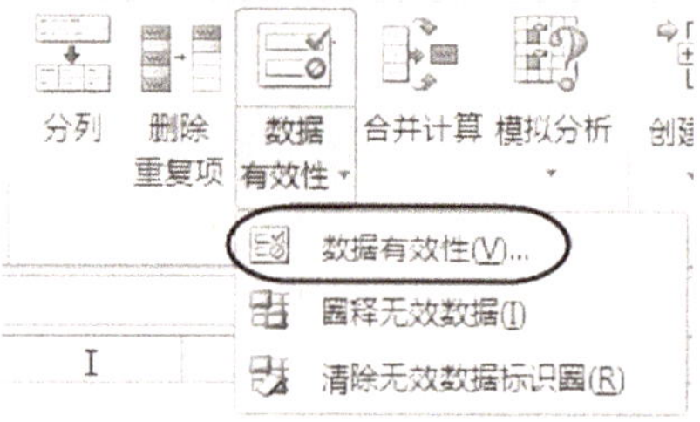

图 4-43 “数据有效性”按钮

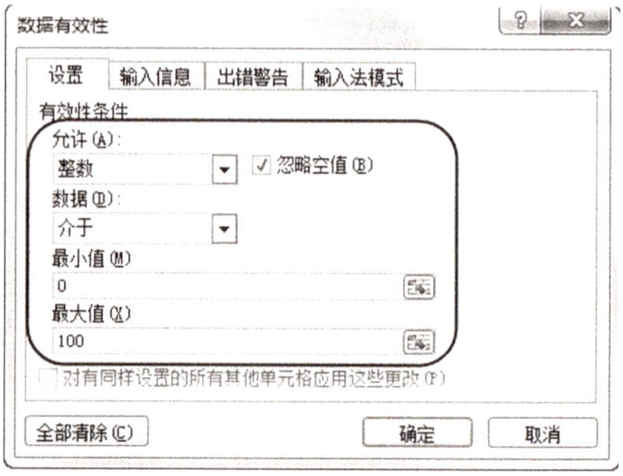

图 4-44 数据有效性“设置”

(4)在“输入信息”选项卡中设置输入信息,比如“标题”文本框中输入“提示:”,“输入信息”文本框中输入“0~100”,如图 4-45 所示。当用户选定设置了有效数据的单元格时,该信息会出现在单元格旁边,提示用户应输入的数据或数据的范围,输入完后提示信息将自动消失,显示效果如图 4-46 所示。

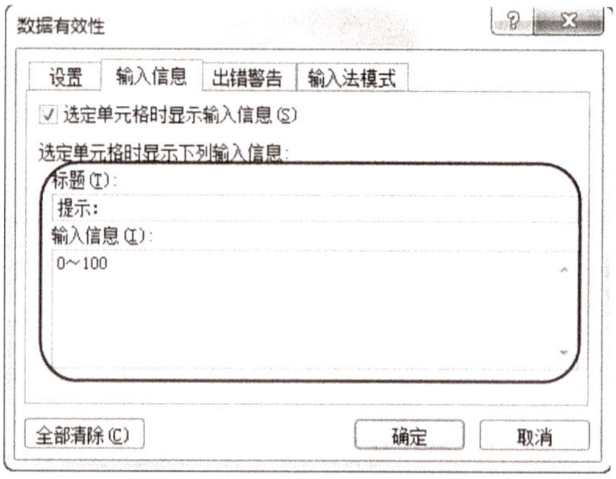

图 4-45 数据有效性“输入信息”

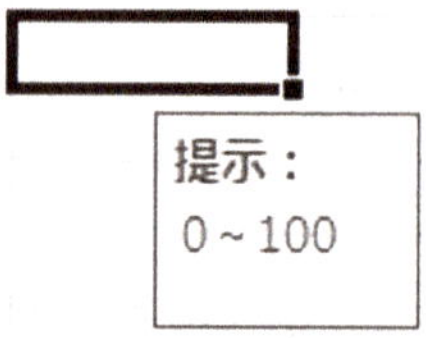

图 4-46 提示信息

(5)在“出错警告”选项卡中设置出错信息,如标题文本框输入“成绩有效范围为 0~100”,错误信息文本框中输入“数据输入有误,请重新输入!”,如图 4-47 所示。设置完成后若输入超出范围的成绩时,系统会自动弹出如图 4-48 所示的错误警告信息。

(6)在有效数据单元格内允许出现空值,可在“设置”选项卡中,勾选“忽略空值”复选框。单击“全部清除”按钮可取消该数据有效性的所有设置。

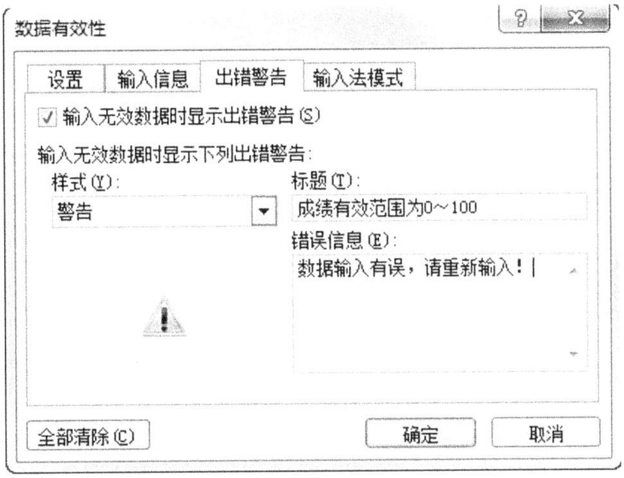


图 4-47　数据有效性“出错警告”

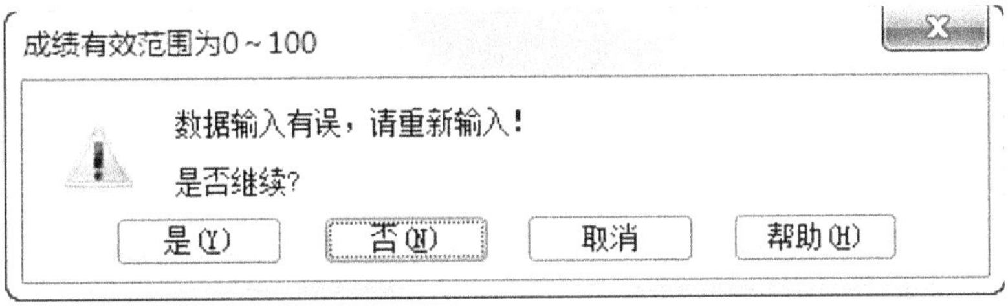


图 4-48　出错警告信息

## 4.2.6　应用实例

### 1. 实例 1

以如图 4-49 所示的材料表为源数据，完成以下操作要求：

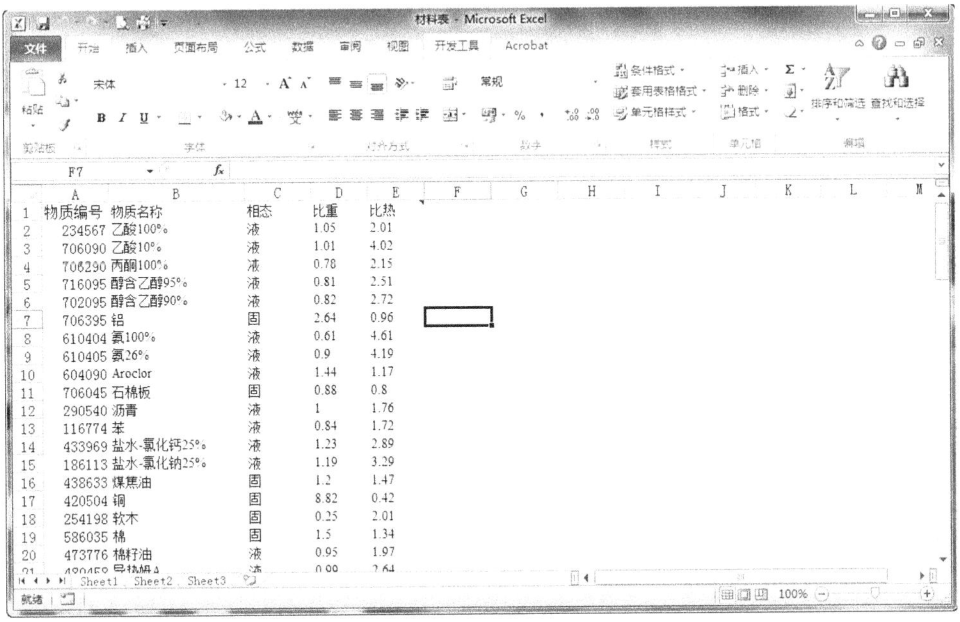

| | A | B | C | D | E |
|---|---|---|---|---|---|
| 1 | 物质编号 | 物质名称 | 相态 | 比重 | 比热 |
| 2 | 234567 | 乙酸100%。 | 液 | 1.05 | 2.01 |
| 3 | 706090 | 乙酸10%。 | 液 | 1.01 | 4.02 |
| 4 | 706290 | 丙酮100%。 | 液 | 0.78 | 2.15 |
| 5 | 716095 | 醇含乙醇95%。 | 液 | 0.81 | 2.51 |
| 6 | 702095 | 醇含乙醇90%。 | 液 | 0.82 | 2.72 |
| 7 | 706395 | 铝 | 固 | 2.64 | 0.96 |
| 8 | 610404 | 氨100%。 | 液 | 0.61 | 4.61 |
| 9 | 610405 | 氨26%。 | 液 | 0.9 | 4.19 |
| 10 | 604090 | Aroclor | 液 | 1.44 | 1.17 |
| 11 | 706045 | 石棉板 | 固 | 0.88 | 0.8 |
| 12 | 290540 | 沥青 | 液 | 1 | 1.76 |
| 13 | 116774 | 苯 | 液 | 0.84 | 1.72 |
| 14 | 433969 | 盐水-氯化钙25%。 | 液 | 1.23 | 2.89 |
| 15 | 186113 | 盐水-氯化钠25%。 | 液 | 1.19 | 3.29 |
| 16 | 438633 | 煤焦油 | 固 | 1.2 | 1.47 |
| 17 | 420504 | 铜 | 固 | 8.82 | 0.42 |
| 18 | 254198 | 软木 | 固 | 0.25 | 2.01 |
| 19 | 586035 | 棉 | 固 | 1.5 | 1.34 |
| 20 | 473776 | 棉籽油 | 液 | 0.95 | 1.97 |



图 4-49　材料表

(1)将 Sheet1 复制到 Sheet2 和 Sheet3 中，并将 Sheet1 更名为“材料表”。

(2)将 Sheet3 中“物质编号”和“物质名称”分别改为“编号”和“名称”，为“比重”(D1 单元格)添加批注，文字是“15.6 至 21℃”，并将所有比重等于 1 的行删除。

操作步骤如下：

①单击工作表最左上角的全选按钮　(A 列和 1 行之间)，或按快捷键<Ctrl>＋<A>全选工作表所有内容，如图 4-50 所示。右键单击在弹出的快捷菜单中选择“复制”(或按<Ctrl>＋<C>快捷键)，然后点击工作表标签 Sheet2，选择 Sheet2，在全选按钮上右键单击在弹出的快捷菜单中选择“粘贴”(或按<Ctrl>＋<V>快捷键)。相同方式复制到 Sheet3。

②在工作表标签 Sheet1 处右键单击在弹出的快捷菜单中选择“重命名”(或双击 Sheet1)，输入“材料表”完成更名，如图 4-51 所示。

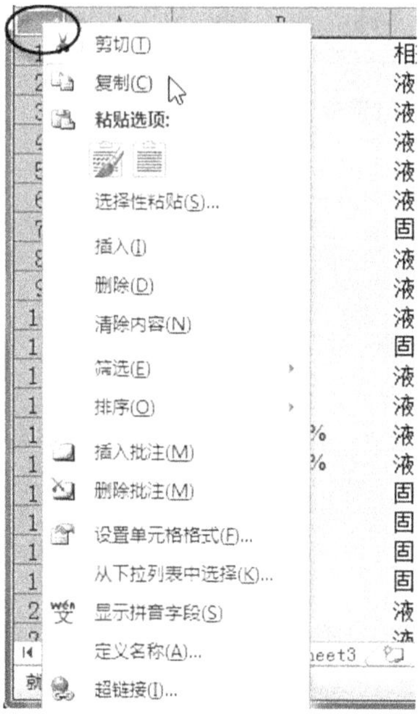


图 4-50　工作表复制

图 4-51　工作表重命名

③选择 Sheet3，双击 A1 进入编辑状态，删除“物质”，同样方式删除 B1 中的“物质”。选择 D1 单元格，右键单击在弹出的快捷菜单中选择“插入批注”，在弹出的文本框中，删除原有文字，输入“15.6 至 21℃”，如图 4-52 和图 4-53 所示。

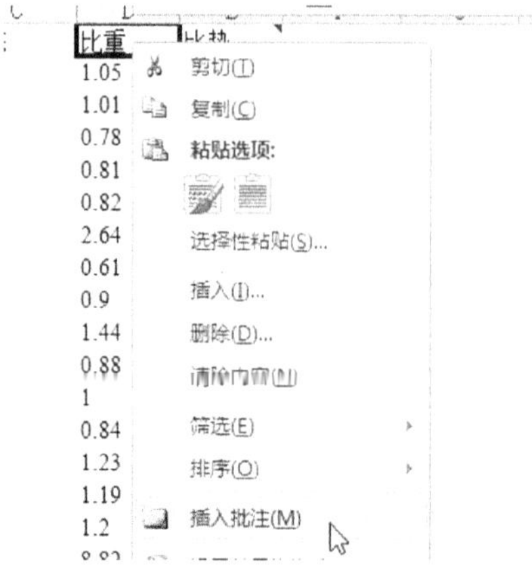


图 4-52　“插入批注”命令

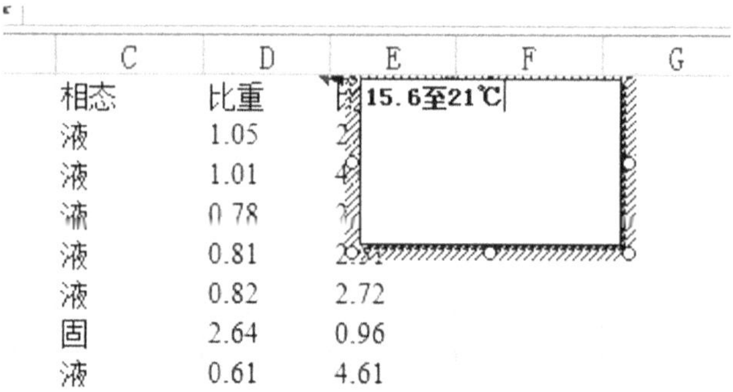


图 4-53　添加批注

④找到比重为 1 的行，先选择第 12 行，然后按住＜Ctrl＞键，选择第 71 行和 75 行，右键单击在弹出的快捷菜单中选择“删除”。

# 4.3　工作表的格式化

为了使工作表的外观更美观、排列更整齐、重点更突出，创建好工作表后，通常需要对工作表进行适当的格式化设置，以此提高工作表的美观性和易读性。改变单元格内容的字体、颜色、对齐方式等，称为格式化单元格。对工作表的显示方式进行格式化，称为格式化工作表。

## 4.3.1　单元格格式

单元格格式化操作可以在“开始”选项卡的 5 个功能分组中的相应命令实现。包括“字体”、“对齐方式”、“数字”、“样式”、“单元格”，如图 4-54 所示。也可以在“单元格”分组中的“格式”下拉菜单(见图 4-55)中或者单击单元格右键快捷菜单(见图 4-56)中选择“设置单元格格式”命令，或单击各功能分组右下角的对话框启动器按钮，都能弹出如图 4-57 所示的“设置单元格格式”对话框。该对话框中各项命令与功能区的命令按钮基本相同。

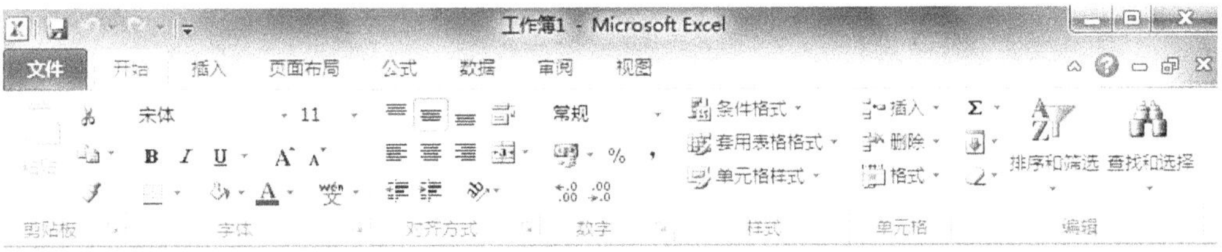


图 4-54　“开始”选项卡

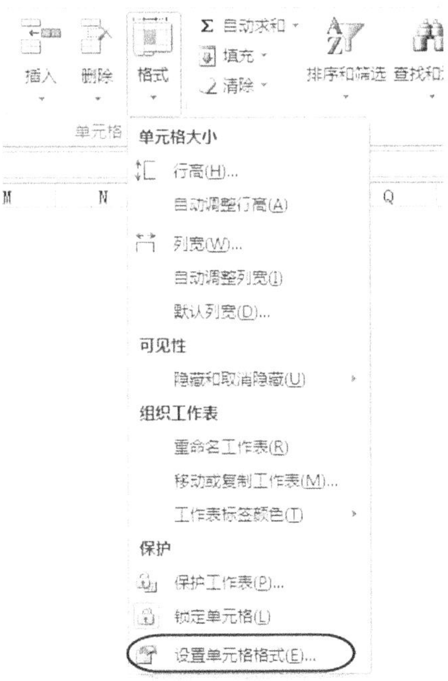


图 4-55　“格式”下拉菜单

图 4-56　单元格右键快捷菜单

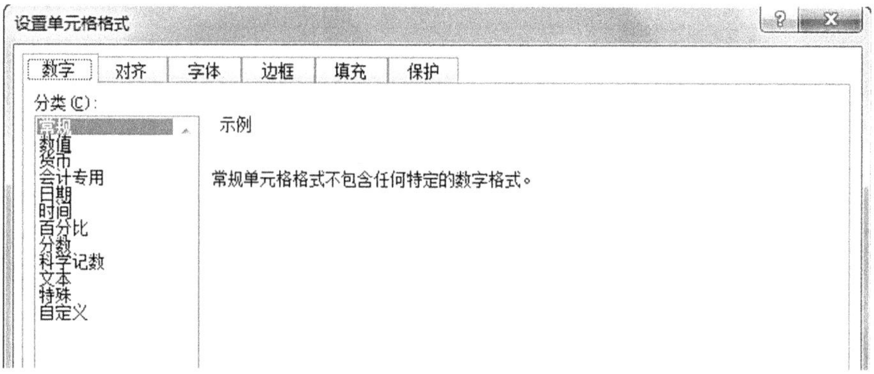


图 4-57 “设置单元格格式”对话框

**1. 数据格式**

数据格式包括字体和数字格式。

(1)字体格式

通过功能区“字体”分组按钮进行相应设置,如图 4-58 所示,或使用 Excel 2010 中的浮动工具栏进行快捷操作,如图 4-59 所示。还可以在“设置单元格格式”对话框的“字体”选项卡下,详细设置“字体”“字形”“字号”“颜色”“特殊效果”等,如图 4-60 所示。

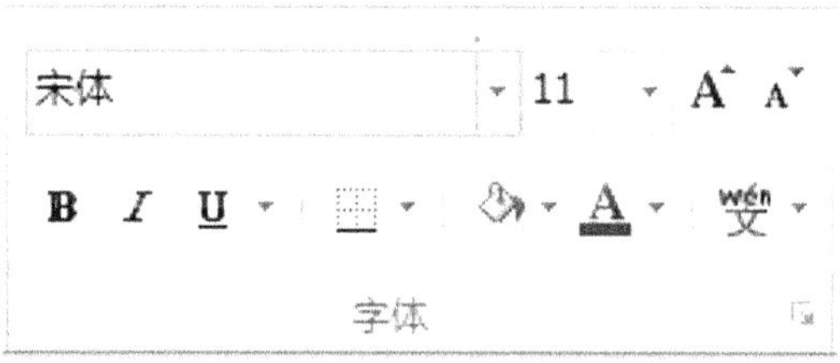


图 4-58 “字体”功能分组

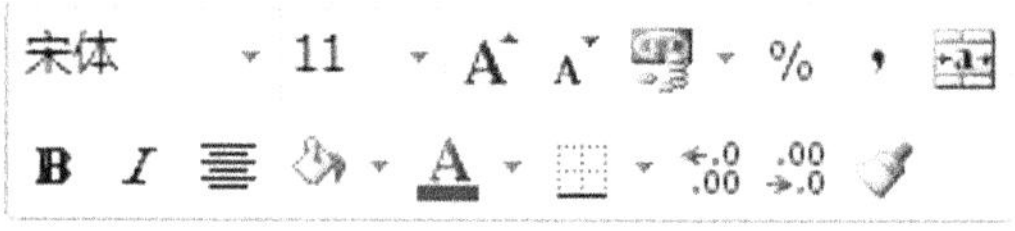


图 4-59 浮动工具栏

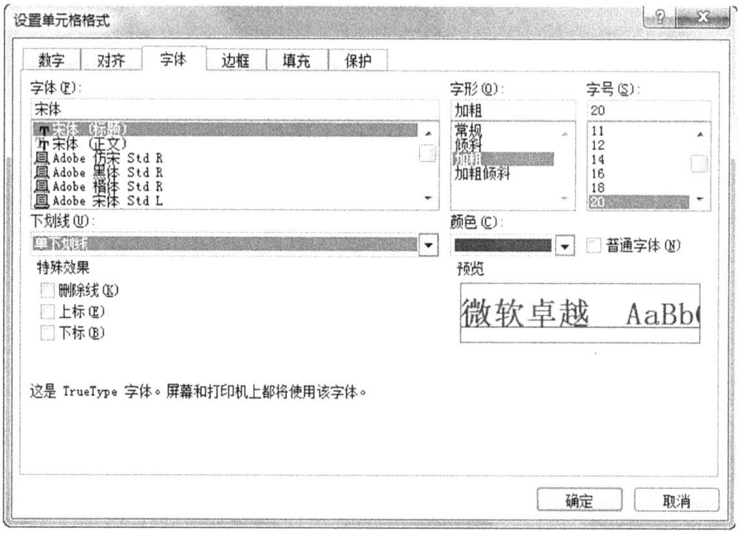


图 4-60 字体格式设置

提示:如果在空白单元格中先设置好字体格式,再输入数据,那么输入的数据将会自动应用设置的格式。

**2. 对齐方式**

“对齐方式”功能组中提供了 6 种对齐方式，分别为顶端对齐、垂直居中、底端对齐、左对齐、居中对齐和右对齐，使用这些对齐方式可以设置表格内容的水平与垂直对齐方式。在“设置单元格格式”对话框的“对齐”选项卡提供了比“对齐方式”组更多的对齐方式，如图 4-61 所示，用户可根据需要自行选择适用的对齐方式。

有时为了符合要求，需要将单元格合并或跨列居中，此时可勾选“文本控制”组中的“合并单元格”，将需要合并的单元格区域合并，如图 4-62 所示，或直接单击功能区“对齐方式”组的按钮。

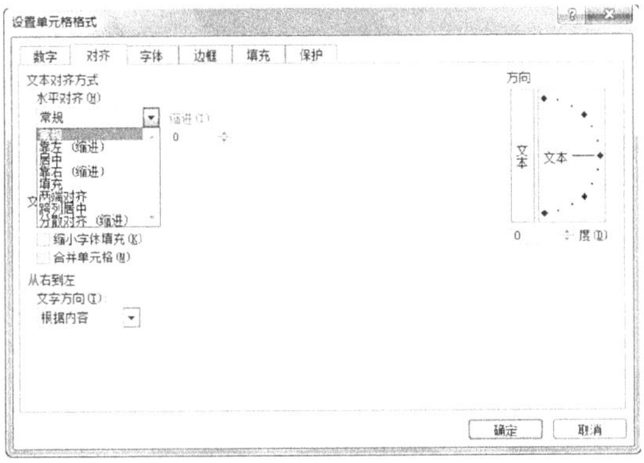


图 4-61　对齐方式

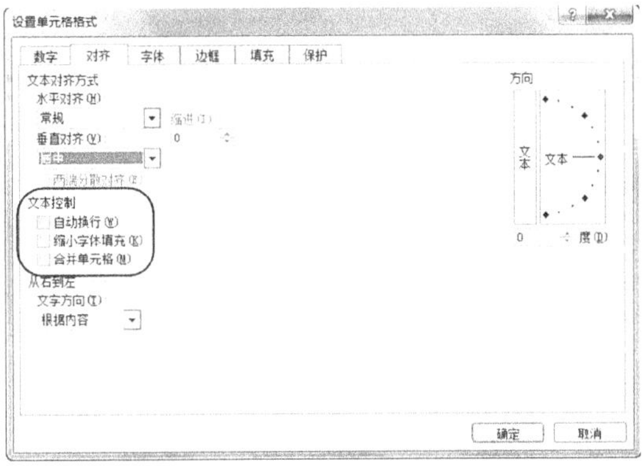


图 4-62　文本控制

**3. 边框和填充**

Excel 的灰色细边框线在打印时是不可见的，要打印出边框线，需要自行进行边框的设置。用户可在“设置单元格格式”对话框的“边框”选项卡下设置边框线的线条样式、颜色、边框类型，如图 4-63 所示，或是在功能区“字体”分组选择“边框”下拉菜单，如图 4-64 所示。另外，在“填充”选项卡下可以对表格设置“背景色”“填充效果”“填充图案”等。

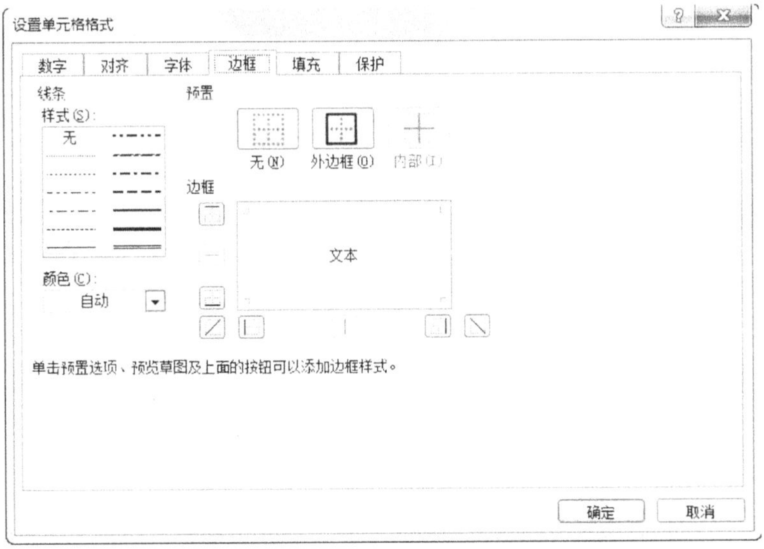


图 4-63　边框设置

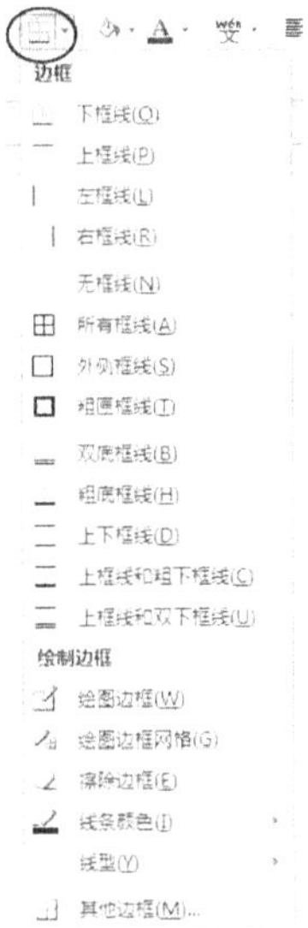


图 4-64　“边框”下拉菜单

**4. 自动套用格式**

Excel 提供了多种单元格样式和表格样式,用户可以直接套用到表格中,以快速美化表格。单元格样式已经设置好了“字体格式”“边框样式”和“填充颜色”等。选中单元格区域,在“开始”选项卡中的“样式”功能分组,单击“单元格样式”下拉按钮,弹出如图 4-65 所示的面板,选择相应的式样即可。若面板中没有需要的样式,还可以通过“新建单元格样式”选项来进行创建。

通过套用表格样式,如图 4-66 所示,可以将现成的表格样式应用到工作表中,图 4-67 所示为应用表格样式后的效果。

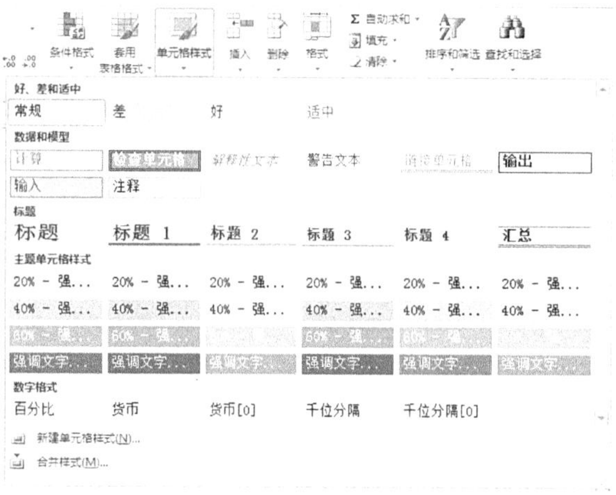


图 4-65　单元格样式

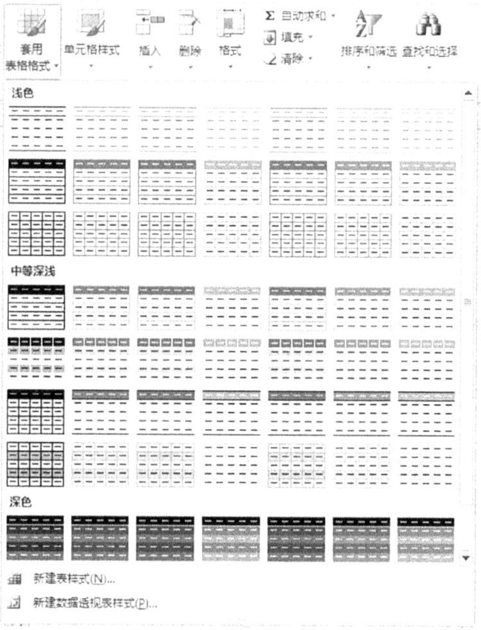


图 4-66　表格格式

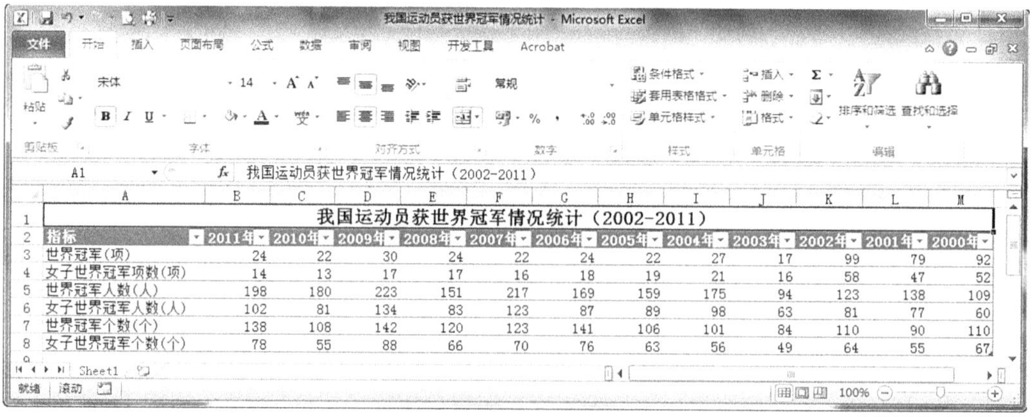


图 4-67　套用表格样式

提示:套用表格样式后,可以将鼠标移到表区域右下角蓝色标记处,当指针变成斜向双箭头时,拖动鼠标可改变表格样式应用的范围。

**5. 设置条件格式**

在实际应用中,用户可能需要将某些满足条件的单元格以指定的样式显示,Excel 2010 为用户提供了条件格式功能。条件格式功能可根据指定的公式或数值来确定条件，并将指定的格式应用到符合条件的选定单元格中。

选定设置条件格式的区域。在“样式”功能分组中单击“条件格式”，弹出“条件格式”下拉菜单，如图 4-68 所示。下拉菜单中的“突出显示单元格规则”选项可以提供常用的条件设置。通过执行菜单中的命令，可以为不同层次的数据添加不同的颜色。例如，将成绩低于 60 分的单元格以红色文本标记，可选择“小于”命令，在弹出的如图 4-69 所示的“小于”对话框中，输入设置单元格的条件值“60”，在“设置为”下拉框中，用户可选择需要的数据格式，或选择“自定义格式”设置数据的字体、颜色，以及单元格的边框、填充背景等。设置完毕后，单击“确定”按钮，其所有低于 60 的单元格成绩将以红色数字显示。

图 4-68　“条件格式”下拉菜单

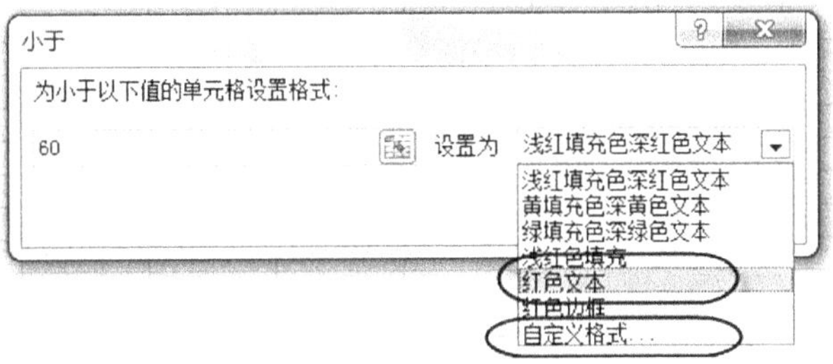


图 4-69　条件格式设置对话框

突出显示单元格规则：

大于：突出显示大于设置条件数值的单元格。

小于：突出显示小于设置条件数值的单元格。

介于：突出显示介于设置条件范围内数值的单元格。

等于：突出显示等于设置条件数值的单元格。

文本包含：突出显示包含有设置条件文本的单元格。

发生日期：突出显示符合设置日期信息的单元格。

重复值：突出显示有重复内容的单元格。

其他规则：可进行详细的规则设置，还有“小于等于”和“大于等于”等条件。

**6. 插入和删除批注**

用户可以通过使用批注向工作表添加注释。批注可为工作表中包含的数据提供更多说明信息，有助于工作表更易于理解。当单元格附有批注时，该单元格的边角上将出现红色标记。将指针停留在该单元格上时，将显示批注。

选择要向其中添加批注的单元格。在“审阅”选项卡上的“批注”组中，单击“新建批注”，或右击单元格，在弹出的快捷菜单中选择“插入批注”命令，出现如图 4-71 所示的文本框，在文本区中输入注释文字即可。

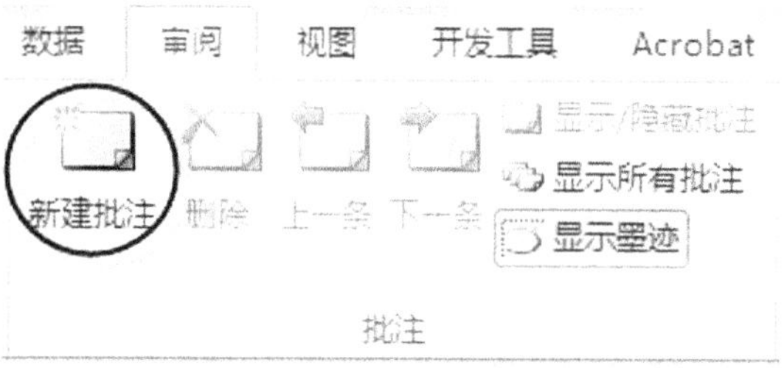


图 4-70　“批注”功能分组

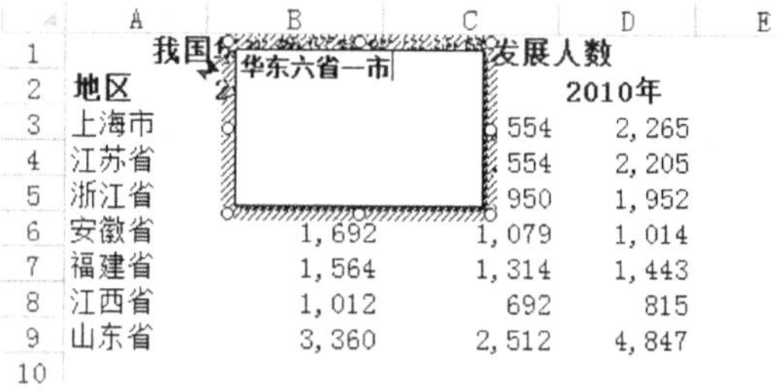


图 4-71　添加批注

添加批注后,可以编辑批注文本并设置其格式,移动或调整批注的大小,复制批注,显示或隐藏批注或者控制批注及其标记的显示方式。当不再需要批注时,可以将其删除。删除时,右键单击批注,在弹出菜单中选择“删除批注”命令即可。

**7. 复制和清除格式**

对已格式化的数据区域,如果其他区域也要使用相同的格式,不必重复设置格式,可以通过格式复制来快速完成。所有设置的格式都可以清除。

(1)复制格式

复制格式一般使用“开始”选项卡“剪贴板”组中的“格式刷”按钮。首先选定要复制的格式区域,然后单击“格式刷”按钮,鼠标指针变成刷子形状,将鼠标移动到目标区域,拖动鼠标,鼠标拖过的地方会被设置成指定的格式。还可以使用“选择性粘贴”命令,选择“格式”单选框,即可以将所复制区域的格式复制过来。

(2)清除格式

普通的自定义格式和条件格式:选定要清除格式的区域,在“开始”选项卡的“编辑”组中单击“清除”按钮,在弹出的下拉菜单中选择“清除格式”命令,即可清除格式。

对于自动套用的表格格式,需要先将自动套用格式后的表格转换为普通单元格区域后,才能按照上述的方法清除表格格式。转换为普通单元格区域的方法:选中表格,自动显示“表格工具”功能区,单击“设计”选项卡,如图 4-72 所示,单击“转换为区域”,在弹出的对话框中单击“是”按钮,即可将表格转换为普通的单元格区域。

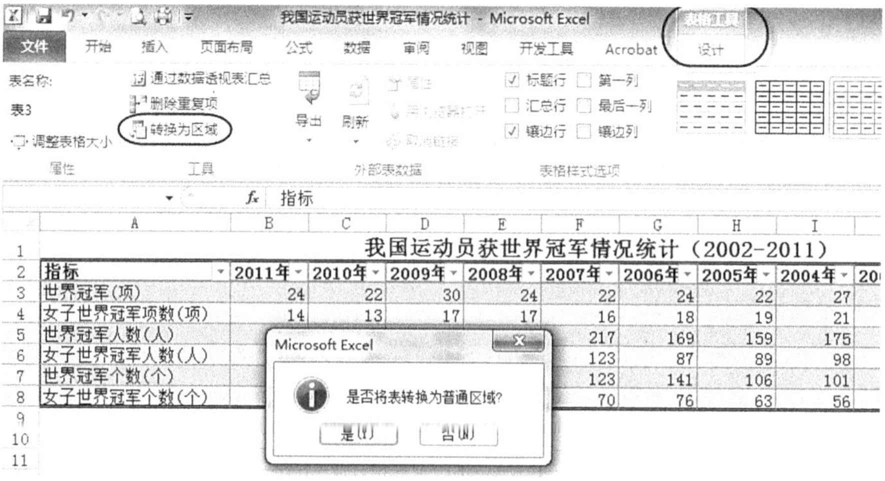


图 4-72　表格转换为区域

## 4.3.2　行、列的插入和删除

**1. 行和列的插入**

选定要插入的位置(行或列),可选择一行(一列)或多行(多列),也可以选择一个单元格,若选择一行,则插入一行,若选择多行,则插入多行。使用快捷菜单中的“插入”命令,如图 4-73 所示,或采用“单元格”组中的“插入”下拉按钮的“插入工作表行(插入工作表列)”命令,如图 4-74 所示,或右击单元格,在弹出的快捷菜单中选择“插入”命令,会弹出如图 4-75 所示的“插入”对话框。选择“整行”或“整列”插入方式后,其他的行或列会自动下移或右移。

图 4-73　菜单“插入”命令

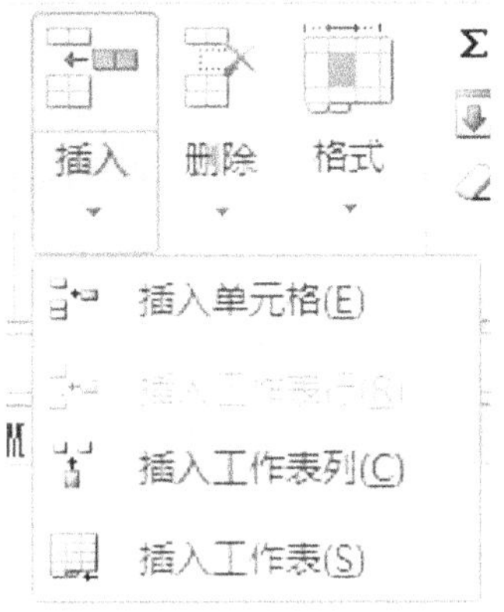


图 4-74　“插入”下拉菜单

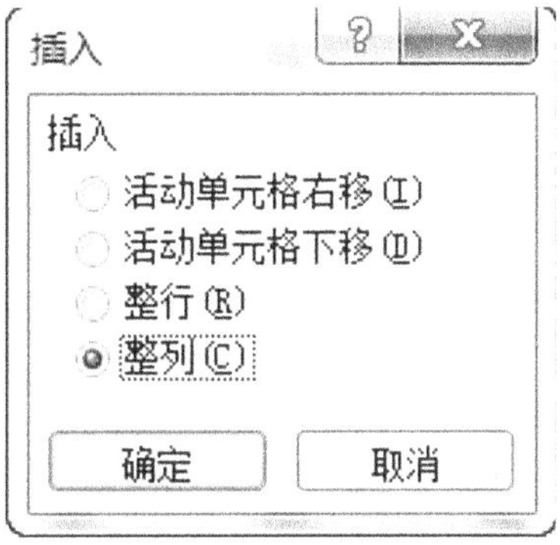


图 4-75　“插入”对话框

**2. 行和列的删除**

首先选定要删除的区域,使用右键快捷菜单中的“删除”命令,或单击“单元格”组中的“删除”下拉按钮,选择“删除工作表行(或列)”,如果删除行或列,其他的行或列将会自动上移或左移。如果要恢复刚刚删除的行或列,单击快速启动工具栏中的“撤销”按钮,或按＜Ctrl＞+＜Z＞快捷键即可。

提示:按＜Delete＞键只删除所选单元格的内容,而不会删除单元格本身。

## 4.3.3　设置行高和列宽

在开始建立工作表时,工作区的行高、列宽均是固定的。在实际工作中,每个表的行高与列宽,应根据需要随机调整,可以一次性设置一行(列)的行高(列宽),也可以一次性设置多行(列)的行高(列宽),也可以根据内容自动调整行高、列宽。其操作方法可以采用鼠标拖动、左键双击,或其他相关的命令。

**1. 自动调整**

选中要设置行高、列宽的工作表区域,选择“开始”选项卡,单击“单元格”组中的“格式”下拉按钮,在弹出的下拉菜单中选择“自动调整行高”或“自动调整列宽”命令,如图 4-76 所示,程序将以最适合单元格内容的方案来调整行高或列宽。

**2. 手动调整**

将鼠标移向行号(列标)的右边缘处,鼠标指针变成双向箭头✛时,拖动鼠标上下(或左右)移动,行高(列宽)随之改变。当鼠标指针停留在右边缘上时,双击左键,该行(列)将以最适合的行高(列宽)显示,如图 4-77 所示。

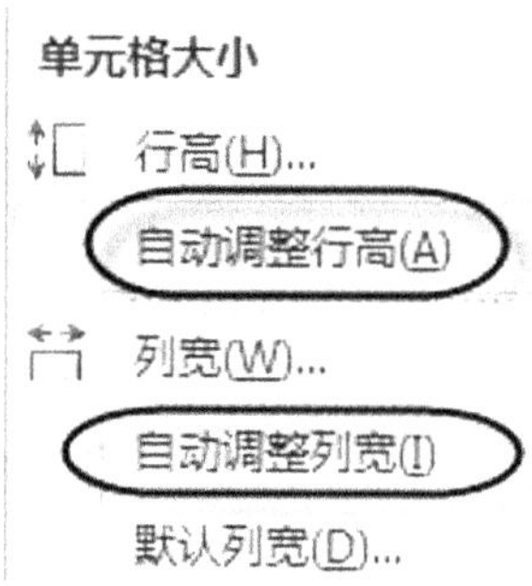


图 4-76 自动调整行高和列宽

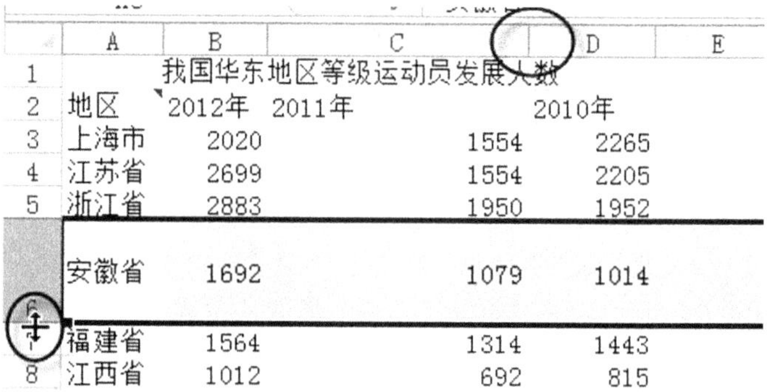


图 4-77 手动调整行高

**3. 对话框调整**

选中要设置行高(列宽)的表格区域,选中"单元格"组中的"格式"下拉按钮,在其下拉菜单中选择"行高(列宽)"命令,或是在行号(列标)上右击,在弹出的快捷菜单中选择"行高(列宽)"命令,均会弹出如图 4-78 和图 4-79 所示的对话框,在对话框中输入适当的数值即可。

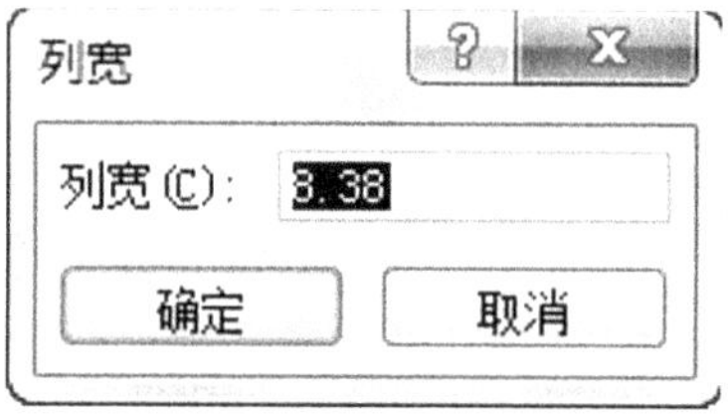


图 4-78 列宽设置对话框

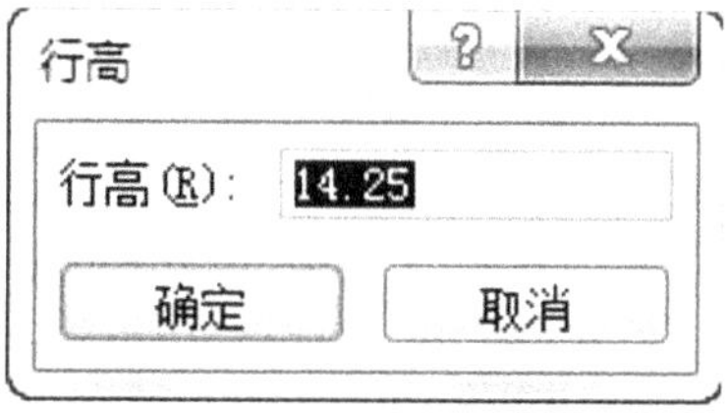


图 4-79 行高设置对话框

## 4.3.4 工作表行和列的隐藏

**1. 工作表的隐藏和取消隐藏**

选定要隐藏的工作表标签,右键单击,在弹出的快捷菜单中选择"隐藏"命令,如图 4-80 所示,则选定的工作表即被隐藏。或在"单元格"组中选择"格式"下拉按钮的"隐藏和取消隐藏"命令,如图 4-81 所示,然后选择隐藏工作表,也可完成隐藏操作。

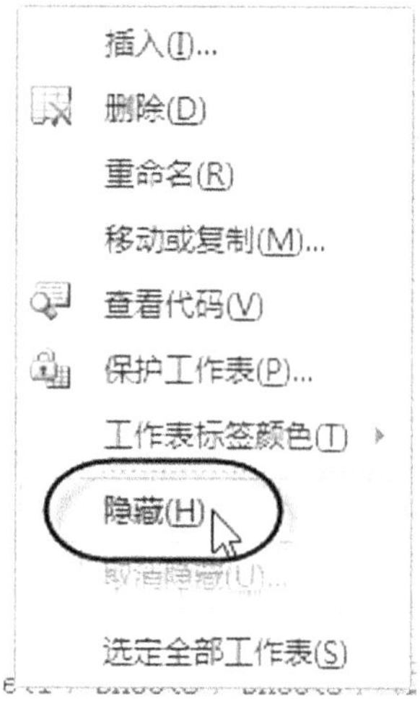


图 4-80 右键隐藏菜单

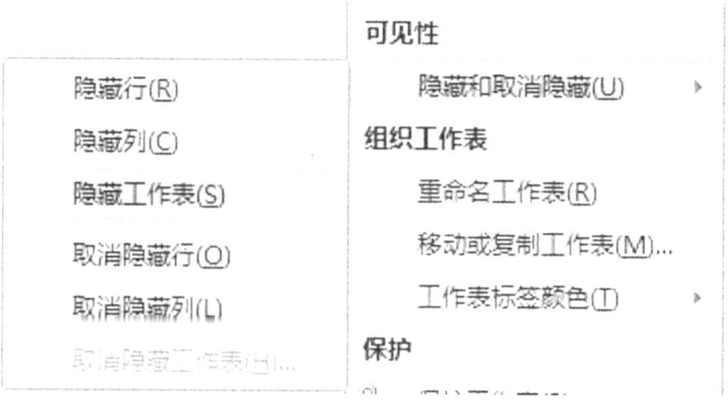


图 4-81 "隐藏和取消隐藏"快捷菜单

当需要再次查看该工作表时，使用快捷菜单中的“取消隐藏”命令，或选择“隐藏和取消隐藏”快捷菜单中的“取消隐藏工作表”命令，弹出如图 4-80 所示的“取消隐藏”对话框，选择需要显示的工作表标签名即可。

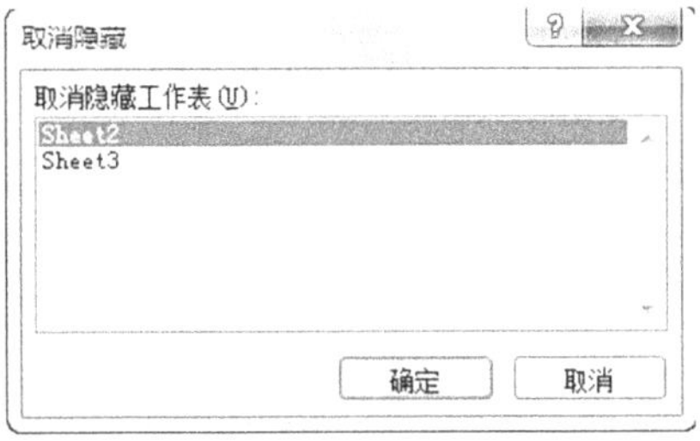


图 4-80　“取消隐藏”对话框

**2. 行和列的隐藏与取消隐藏**

行和列的隐藏与取消隐藏操作与工作表的操作方式类似，不同的是：隐藏时，先选定要隐藏的行或列，取消隐藏时，先要选定包含隐藏内容的行或列，然后再执行取消隐藏的命令和操作。另外，也可以使用鼠标拖动的方法实现隐藏与取消隐藏操作，将鼠标移向行号(列标)的右边缘时，鼠标指针会变成如图 4-83 和图 4-84 所示的形状，然后只要拖动鼠标向上(向左)移动即可将相应的行(列)叠(隐藏)起来，或向下(向右)将隐藏的行(列)展开(取消隐藏)。

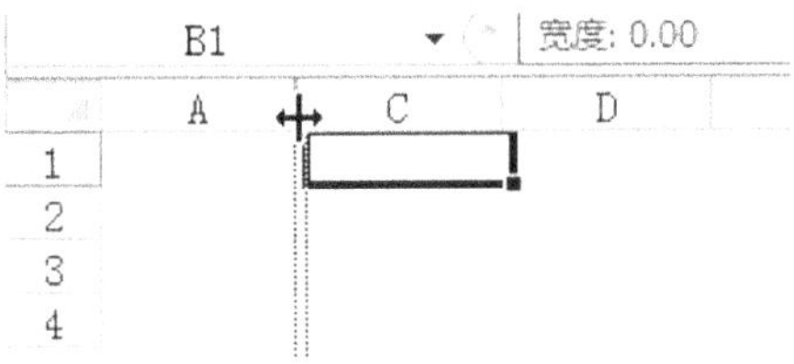


图 4-83　隐藏列

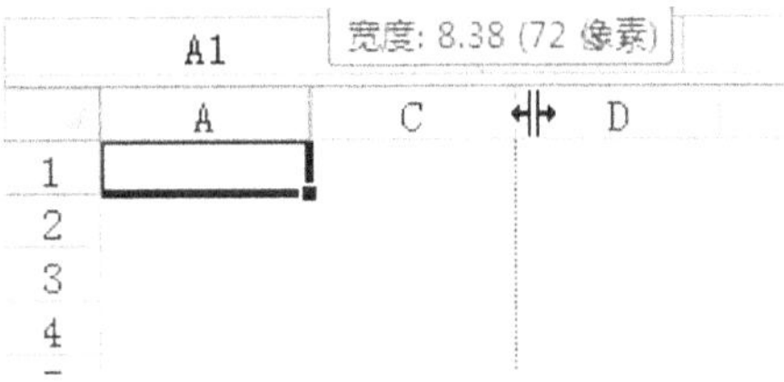


图 4-84　显示列

## 4.3.5　工作表窗口的拆分和冻结

**1. 工作表窗口的拆分**

Excel 提供了一种查看相同工作表的多个部分的选项，就是指将一个窗口拆分成几个窗口，以便在不同的窗口中显示同一工作表的不同部分。最多可拆分 4 个窗口。选择“视图”选项卡→“窗口”→“拆分”命令，即可将活动单元格拆分成 2 个或 4 个独立的窗格。拆分发生在单元格指针位置处。图 4-85 所示的工作表被拆分成 4 个窗格。如果单元格指针在第一行或 A 列，则该命令将把活动单元格拆分成两个窗格。否则，它将拆分成 4 个窗格。可以用鼠标拖放单个窗格来调整它们的大小。要取消拆分的窗格，只需再次选择“视图”→“窗口”→“拆分”命令即可。

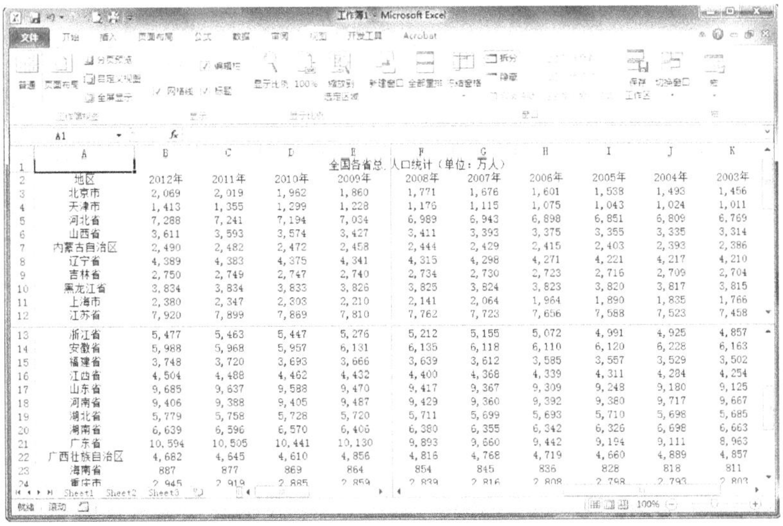


图 4-85　工作表窗口的拆分

提示:另外一种拆分和取消拆分的方法是拖动垂直或水平拆分条。拆分条位于垂直滚动条上方,水平滚动条右方。当把鼠标指针移动到拆分条上时,鼠标指针会变为两条平行线,两端各有一个箭头向外伸出。若要使用鼠标取消拆分窗格,只需把窗格拆分条拖到窗口的边缘,或者双击它。

**2. 工作表窗口的冻结**

如在滚动窗口时希望某些数据(如标题行)不随窗口的移动而移动,可以采用冻结窗格命令实现。与拆分不同,拆分有 4 个窗口,可以各自操作,冻结只有一个窗口。选定一个单元格,然后选择“视图”→“窗口”→“冻结窗格”命令,如图 4-86 所示,在其下拉菜单中,用户若选择“冻结拆分窗格”命令,此刻,显示为黑色的冻结线的上面、左面的行、列会被锁定,当用户查看工作表数据时,可视第 1 行或第 A 列保持不变,如图 4-87 所示。如果需要冻结某一行(列),只需选定该行的上一行冻结。若要取消冻结,选择“取消冻结窗格”命令即可。

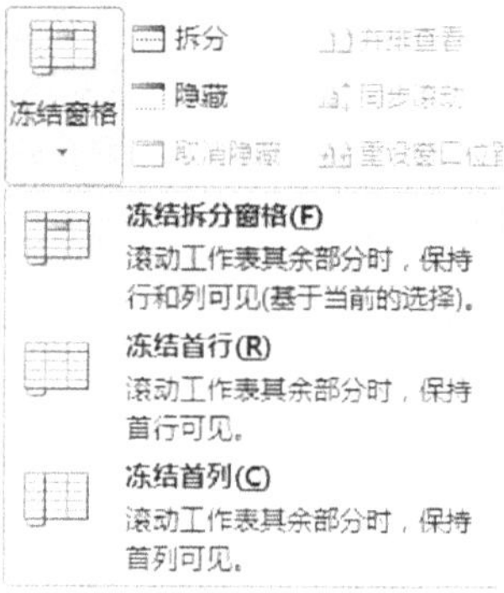


图 4-86　“冻结窗格”菜单

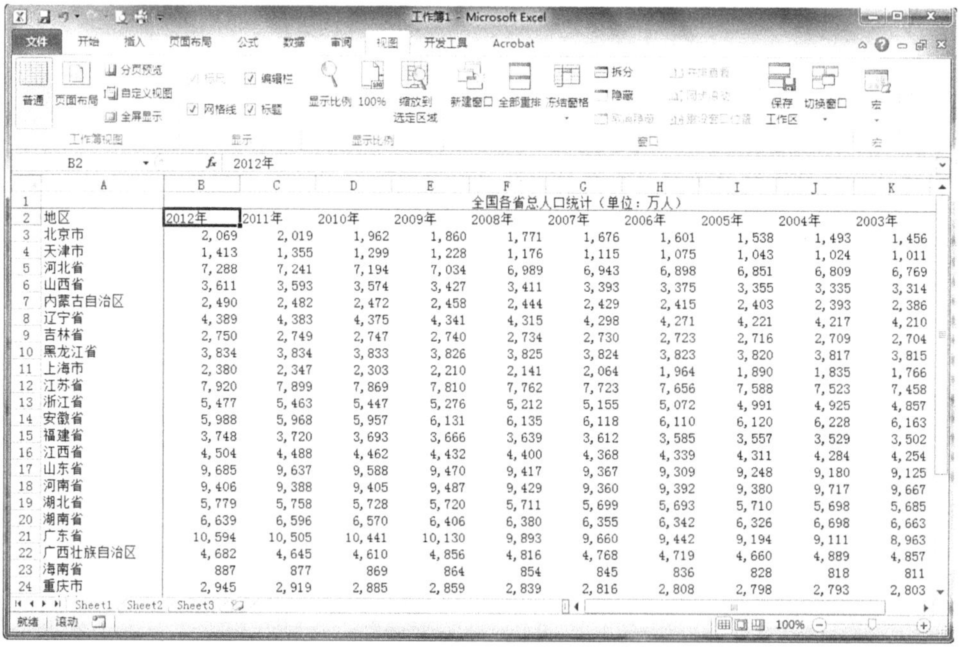

| | A | B | C | D | E | F | G | H | I | J | K |
|---|---|---|---|---|---|---|---|---|---|---|---|
| 1 | | | | | | 全国各省总人口统计（单位：万人） | | | | | |
| 2 | 地区 | 2012年 | 2011年 | 2010年 | 2009年 | 2008年 | 2007年 | 2006年 | 2005年 | 2004年 | 2003年 |
| 3 | 北京市 | 2,069 | 2,019 | 1,962 | 1,860 | 1,771 | 1,676 | 1,601 | 1,538 | 1,493 | 1,456 |
| 4 | 天津市 | 1,413 | 1,355 | 1,299 | 1,228 | 1,176 | 1,115 | 1,075 | 1,043 | 1,024 | 1,011 |
| 5 | 河北省 | 7,288 | 7,241 | 7,194 | 7,034 | 6,989 | 6,943 | 6,898 | 6,851 | 6,809 | 6,769 |
| 6 | 山西省 | 3,611 | 3,593 | 3,574 | 3,427 | 3,411 | 3,393 | 3,375 | 3,355 | 3,335 | 3,314 |
| 7 | 内蒙古自治区 | 2,490 | 2,482 | 2,472 | 2,458 | 2,444 | 2,429 | 2,415 | 2,403 | 2,393 | 2,386 |
| 8 | 辽宁省 | 4,389 | 4,383 | 4,375 | 4,341 | 4,315 | 4,298 | 4,271 | 4,221 | 4,217 | 4,210 |
| 9 | 吉林省 | 2,750 | 2,749 | 2,747 | 2,740 | 2,734 | 2,730 | 2,723 | 2,716 | 2,709 | 2,704 |
| 10 | 黑龙江省 | 3,834 | 3,834 | 3,833 | 3,826 | 3,825 | 3,824 | 3,823 | 3,820 | 3,817 | 3,815 |
| 11 | 上海市 | 2,380 | 2,347 | 2,303 | 2,210 | 2,141 | 2,064 | 1,964 | 1,890 | 1,835 | 1,766 |
| 12 | 江苏省 | 7,920 | 7,899 | 7,869 | 7,810 | 7,762 | 7,723 | 7,656 | 7,588 | 7,523 | 7,458 |
| 13 | 浙江省 | 5,477 | 5,463 | 5,447 | 5,276 | 5,212 | 5,155 | 5,072 | 4,991 | 4,925 | 4,857 |
| 14 | 安徽省 | 5,988 | 5,968 | 5,957 | 6,131 | 6,135 | 6,118 | 6,110 | 6,120 | 6,228 | 6,163 |
| 15 | 福建省 | 3,748 | 3,720 | 3,693 | 3,666 | 3,639 | 3,612 | 3,585 | 3,557 | 3,529 | 3,502 |
| 16 | 江西省 | 4,504 | 4,488 | 4,462 | 4,432 | 4,400 | 4,368 | 4,339 | 4,311 | 4,284 | 4,254 |
| 17 | 山东省 | 9,685 | 9,637 | 9,588 | 9,470 | 9,417 | 9,367 | 9,309 | 9,248 | 9,180 | 9,125 |
| 18 | 河南省 | 9,406 | 9,388 | 9,405 | 9,487 | 9,429 | 9,360 | 9,392 | 9,380 | 9,717 | 9,667 |
| 19 | 湖北省 | 5,779 | 5,758 | 5,728 | 5,720 | 5,711 | 5,699 | 5,693 | 5,710 | 5,698 | 5,685 |
| 20 | 湖南省 | 6,639 | 6,596 | 6,570 | 6,406 | 6,380 | 6,355 | 6,342 | 6,326 | 6,698 | 6,663 |
| 21 | 广东省 | 10,594 | 10,505 | 10,441 | 10,130 | 9,893 | 9,660 | 9,442 | 9,194 | 9,111 | 8,963 |
| 22 | 广西壮族自治区 | 4,682 | 4,645 | 4,610 | 4,856 | 4,816 | 4,768 | 4,719 | 4,660 | 4,889 | 4,857 |
| 23 | 海南省 | 887 | 877 | 869 | 864 | 854 | 845 | 836 | 828 | 818 | 811 |
| 24 | 重庆市 | 2,945 | 2,919 | 2,885 | 2,859 | 2,839 | 2,816 | 2,808 | 2,798 | 2,793 | 2,803 |

图 4-87　冻结窗格

## 4.3.6　应用实例

**1. 实例 1**

以如图 4-88 所示的学生成绩表为源数据,完成以下操作要求:

(1)将 Sheet1 中第 2、4、6、8、10 行以及 D 列删除。

(2)对 Sheet1 设置套用表格样式为“表样式浅色 10”格式,各单元格内容水平对齐方式为“居中”,各列数据以“自动调整列宽”方式显示,各行数据以“自动调整行高”方式显示。

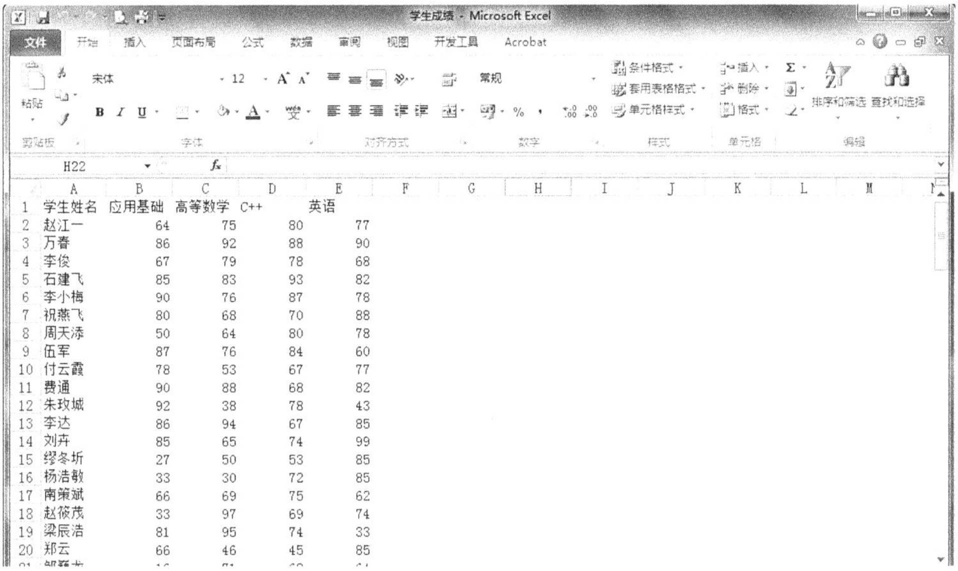


图 4-88　学生成绩表

操作步骤如下：

①先选择第 2 行，并按住<Ctrl>键依次选择 4、6、8、10 行，选中 D 列，右击，在弹出的快捷菜单中选择“删除”命令。

②选中 Sheet1 中数据区域的任一单元格(或用鼠标拖选全部数据区域)，选择“开始”选项卡，在“样式”组中单击“自动套用格式”，如图 4-89 所示。选择“表样式浅色 10”，在弹出的“套用表格格式”对话框中确认数据范围为“＝＄A＄1：＄D＄101”，点击“确定”按钮即可，如图 4-90 所示。

③选中 A 列至 D 列，选择“开始”选项卡，单击“单元格”组中“格式”下拉按钮，在弹出的下拉菜单中选择“自动调整列宽”。选择第 1 至 101 行，和列宽同样的操作，在下拉菜单中选择“自动调整行高”。

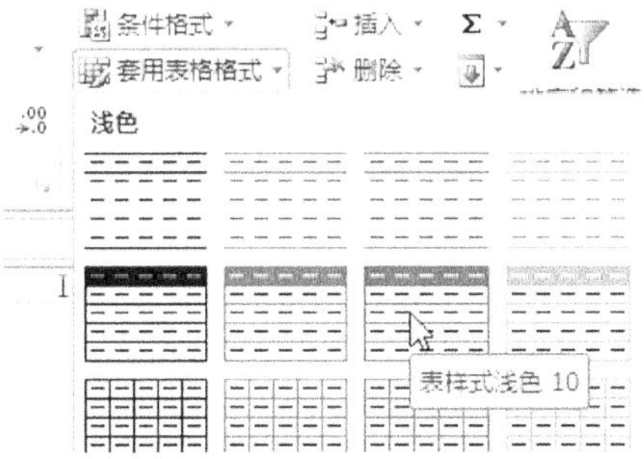


图 4-89　自动套用格式

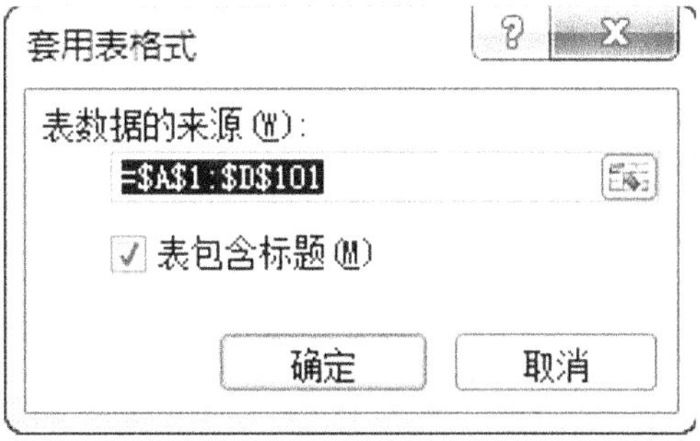


图 4-90　“套用表格式”对话框

**2. 实例 2**

以如图 4-88 所示的学生成绩表为源数据，完成以下操作：

(1)将 Sheet1 中 A1:E1 区域的各单元格“水平居中”及“垂直居中”。

(2)对 A2:E101 区域，设置条件格式：凡是不及格(小于 60)的，使用红色加粗显示；凡是大于等于 90 的，使用红、绿、蓝颜色成分为 100、255、100 的背景色填充。

操作步骤如下：

①选择 A1:E1 区域单元格,右击,在弹出的快捷菜单中选择“设置单元格格式”,在弹出的“设置单元格格式”对话框中,“对齐”选项卡,“水平对齐”和“垂直对齐”选择“居中”,如图 4-91 所示。或直接单击“开始”选项卡的“对齐方式”组中的命令按钮,如图 4-92 所示。

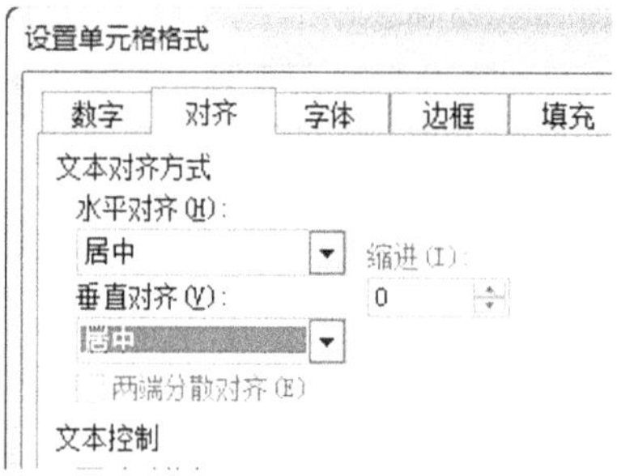


图 4-91　设置对齐方式

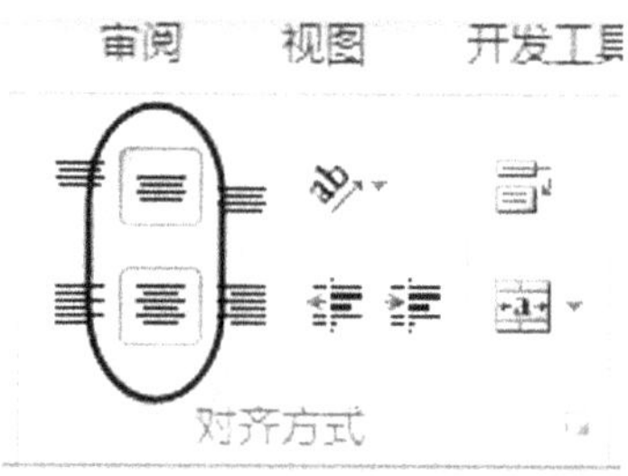


图 4-92　对齐方式按钮

②选择 A2:E101 区域单元格,选择“开始”选项卡,单击“样式”组的“条件格式”→“突出显示单元格规则”→“小于”,在“小于”对话框文本框中输入“60”,在“设置为”下拉列表中选择“自定义”,在弹出的对话框“文本”选项卡中,设置字形加粗,颜色红色。

③单击“样式”组的“条件格式”→“突出显示单元格规则”→“其他规则”,在“编辑规则说明”中,依次设置单元格值为“大于或等于”、“90”,如图 4-93 所示;再单击“格式”按钮,在“填充”选项卡中点击“其他颜色”,然后选择“自定义”,在红色、绿色、蓝色中分别输入 100、255、100,如图 4-94 所示。

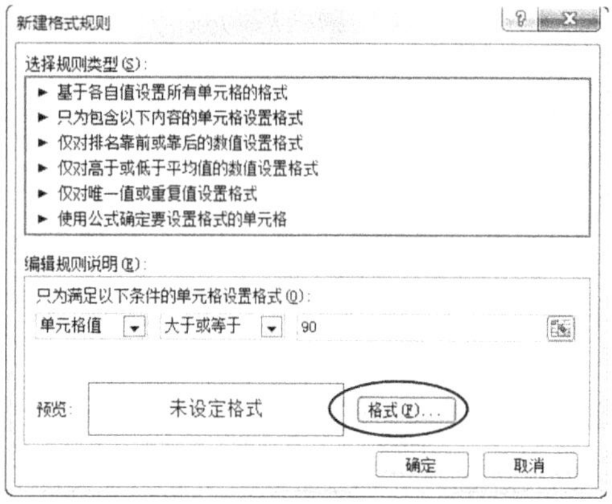


图 4-93　新建格式规则

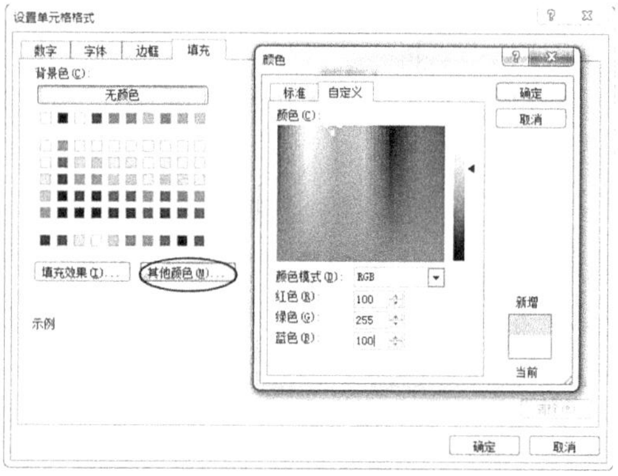


图 4-94　设置背景填充颜色

# 4.4　公式和函数

数值计算是 Excel 的重要功能之一。Excel 2010 提供了丰富的功能来创建复杂的公式,并提供了大量的函数以满足运算的需求,充分灵活地应用公式与函数,可以实现数据处理的自动化。

## 4.4.1　公式

Excel 2010 中的公式是由常量、变量、运算符和函数等组成的表达式。在单元格汇总输入公式以等号“＝”开头,例如“＝A1＋B1”。其中“＝”并不是公式本身的组成部分,而是系统识别公式的标识。公式的输入应遵循特定的语法顺序,即先输入“＝”,再依次输入参与运算的参数和运算符。参数可以是常量数值、函数、引用的单元格或单元格区域等。运算符是数学中常见的符号。

**1. 运算符**

在公式中使用的运算符有 4 种:算术运算符、比较运算符、文本运算符、引用运算符。

(1)算术运算符

算术运算符可以完成基本的数学运算,如加、减、乘、除等,还可以连接数字并产生数字结果。算术运算符包括加号、减号、乘号、除号等,见表 4-2。使用这些运算符计算时,必须符合算术运算的优先原则,如"先乘除,后加减"等。例如:计算 3 个单元格的平均值公式为"=(A1+B1+C1)/3",而不是"=A1+B1+C1/3"。

**表 4-2　算术运算符**

| 算术运算符 | 含义 | 示例 |
|---|---|---|
| +(加号) | 加法 | 3+3 |
| -(减号) | 减法、负数 | 3-1、-1 |
| *(星号) | 乘法 | 3*3 |
| /(正斜杠) | 除法 | 3/3 |
| %(百分号) | 百分比 | 20% |
| ^(脱字号) | 乘方 | 3^2 |

(2)比较运算符

比较运算符用于比较两个数值的大小、相等与不等,当比较的条件成立时,其计算结果为逻辑值 True(真),否则为 False(假)。

**表 4-3　比较运算符**

| 比较运算符 | 含义 | 示例 |
|---|---|---|
| =(等号) | 等于 | A1=B1 |
| >(大于号) | 大于 | A1>B1 |
| <(小于号) | 小于 | A1<B1 |
| >=(大于等于号) | 大于或等于 | A1>=B1 |
| <=(小于等于号) | 小于或等于 | A1<=B1 |
| <>(不等号) | 不等于 | A1<>B1 |

(3)文本运算符

可以使用与号"&"连接一个或多个文本字符串,以生成一段文本。例如,在单元格 A1 中输入"This is　",B1 中输入"Excel 2010",则在 C1 单元格输入公式"=A1&B1",C1 显示的运算结果为"This is Excel 2010"。

(4)引用运算符

引用运算符用于对单元格区域进行合并计算,常见的引用运算符有":"(冒号),","(逗号),"　"(空格),见表 4-4。

**表 4-4　引用运算符**

| 引用运算符 | 含义 | 示例 |
|---|---|---|
| :(冒号) | 区域运算符,生成一个对两个引用之间所有单元格的引用(包括这两个引用) | B5:B15 |
| ,(逗号) | 联合运算符,将多个引用合并为一个引用 | SUM(B5:B15,D5:D15) |
| (空格) | 交集运算符,生成一个对两个引用中共有单元格的引用 | B7:D7 C6:C8 |

各种运算符的优先顺序依次为算术运算符、文本运算符、比较运算符。运算符优先级相同

时，按从左到右的顺序计算，通过“(　　)”可改变原有运算的优先级。

**2. 常量、变量**

常量是指在单元格中输入的值，输入之后不会发生改变。常量可以是文字、数值、日期及True、False等。例如，日期“2014/1/13”、数字“100”以及文本“比赛成绩”都是常量。表达式或从表达式得到的值不是常量。如果在公式中使用常量而不是对单元格的引用(例如，＝10＋50)，则只有在修改公式中的常量数值时结果才会发生变化。

变量是指单元格名称，其对应单元格中输入的内容就是它的值，与数学中的变量含义相似。

**3. 单元格引用**

Excel 2010通过对单元格的引用，可以在某个公式中使用工作表或者工作簿上任何位置的数据，或者多个公式同时使用某一个单元格中的数据，甚至使用其他工作簿中的数据。一个单元格引用是由单元格所在位置的列标、行号构成。在单元格的引用中，根据单元格地址被复制到其他单元格时是否会有改变，可分为相对引用、绝对引用和混合引用三种。

(1)相对引用

单元格或单元格区域的相对引用(如A1)是指包含公式和单元格引用的单元格的相对位置。如果公式所在单元格的位置改变，引用也随之改变。如果多行或多列地复制或填充公式，引用会自动调整。默认情况下，新公式使用相对引用。例如，在如图4-95所示的工作表Sheet1中，E列计算各省(直辖市)等级运动员发展人数的三年综合，在E3单元格中输入公式“＝B3＋C3＋D3”，按回车键后，E3得到结果“5839”，通过拖动填充柄向下自动填充到E9(相当于将E3单元格中的公式分别复制到了E4:E9单元格区域)，得到如图4-96结果，单击E9单元格可在编辑栏中看到，E9中的公式自动变成了“＝B9＋C9＋D9”，公式随着行的变化而相应改变。

Excel中默认使用的是相对引用。

E3　fx　=B3+C3+D3

| | A | B | C | D | E | F |
|---|---|---|---|---|---|---|
| 1 | 我国华东地区等级运动员发展人数 | | | | | |
| 2 | 地区 | 2012年 | 2011年 | 2010年 | 3年总和 | |
| 3 | 上海市 | 2020 | 1554 | 2265 | 5839 | |
| 4 | 江苏省 | 2699 | 1554 | 2205 | | |
| 5 | 浙江省 | 2883 | 1950 | 1952 | | |
| 6 | 安徽省 | 1692 | 1079 | 1014 | | |
| 7 | 福建省 | 1564 | 1314 | 1443 | | |
| 8 | 江西省 | 1012 | 692 | 815 | | |
| 9 | 山东省 | 3360 | 2512 | 4847 | | |
| 10 | | | | | | |
| 11 | | | | | | |
| 12 | | | | | | |
| 13 | | | | | | |

图4-95　相对引用示例(a)

E9　fx　=B9+C9+D9

| | A | B | C | D | E | F |
|---|---|---|---|---|---|---|
| 1 | 我国华东地区等级运动员发展人数 | | | | | |
| 2 | 地区 | 2012年 | 2011年 | 2010年 | 3年总和 | |
| 3 | 上海市 | 2020 | 1554 | 2265 | 5839 | |
| 4 | 江苏省 | 2699 | 1554 | 2205 | 6458 | |
| 5 | 浙江省 | 2883 | 1950 | 1952 | 6785 | |
| 6 | 安徽省 | 1692 | 1079 | 1014 | 3785 | |
| 7 | 福建省 | 1564 | 1314 | 1443 | 4321 | |
| 8 | 江西省 | 1012 | 692 | 815 | 2519 | |
| 9 | 山东省 | 3360 | 2512 | 4847 | 10719 | |
| 10 | | | | | | |
| 11 | | | | | | |
| 12 | | | | | | |
| 13 | | | | | | |

图4-96　相对引用示例(b)

(2)绝对引用

如果希望在复制公式时，公式中引用的单元格地址不发生变化，需要采用绝对引用。采用绝对引用时，其单元格列标、行号之前必须加上“$”符号，如$A$1、$B$1等。此时，被引用的单元格地址称为绝对地址。含有绝对引用的公式无论粘贴到哪个单元格，所引用的始终是同一个单元格地址。例如，在图4-95中，若在F3单元格输

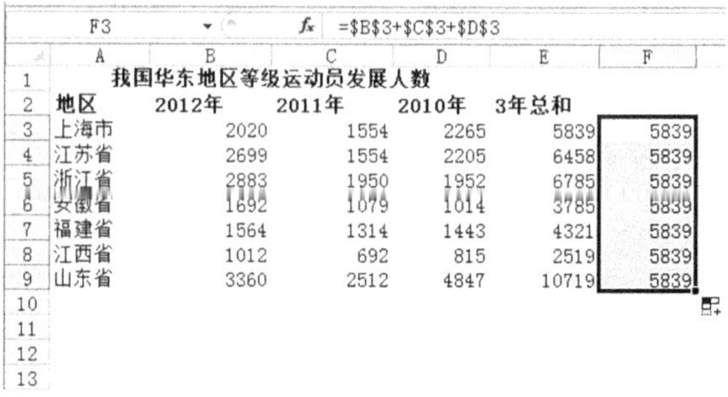

F3　fx　=$B$3+$C$3+$D$3

| | A | B | C | D | E | F |
|---|---|---|---|---|---|---|
| 1 | 我国华东地区等级运动员发展人数 | | | | | |
| 2 | 地区 | 2012年 | 2011年 | 2010年 | 3年总和 | |
| 3 | 上海市 | 2020 | 1554 | 2265 | 5839 | 5839 |
| 4 | 江苏省 | 2699 | 1554 | 2205 | 6458 | 5839 |
| 5 | 浙江省 | 2883 | 1950 | 1952 | 6785 | 5839 |
| 6 | 安徽省 | 1692 | 1079 | 1014 | 3785 | 5839 |
| 7 | 福建省 | 1564 | 1314 | 1443 | 4321 | 5839 |
| 8 | 江西省 | 1012 | 692 | 815 | 2519 | 5839 |
| 9 | 山东省 | 3360 | 2512 | 4847 | 10719 | 5839 |
| 10 | | | | | | |
| 11 | | | | | | |
| 12 | | | | | | |
| 13 | | | | | | |

图4-97　绝对引用示例

入公式"＝$B$3＋$C$3＋$D$3",拖动填充柄填充后,F4:F9 区域间单元格的所有结果都和 F3 一样,即复制公式后,公式内容仍然保持不变。利用函数进行排名操作时,需要使用绝对引用。

(3)混合引用

在复制公式时,有时需要行或列的其中之一保持不变,既有相对引用,又有绝对引用,这种引用方式就被称为混合引用。例如:$A1 表示 A1 固定,A$1 表示第一行固定。

(4)相对引用与绝对引用之间的切换

如果创建了一个公式并希望将相对引用更改为绝对引用(反之亦然),只需在列标或行号中添加(或删除)引用符号"$"即可。另外,还可以按＜F4＞键进行切换,每次按＜F4＞键时,Excel 会在以下组合间切换:

| = =$A$1*$A$2 | = =A$1*$A$2 | = =$A1*$A$2 | = =A1*$A$2 |
|---|---|---|---|
| 按一次 F4 | 按两次 F4 | 按三次 F4 | 按四次 F4 |

图 4-98　F4 键切换引用方式

(5)不同工作表的引用

在上述公式引用中,若公式中的引用是在同一个工作簿中的不同工作表之间进行,则应在单元格地址前加工作表名,其格式为:

**＜工作表名!＞＜列表＞＜行号＞**

例如,工作表 Sheet2 中的 A1 单元格中的公式"＝Sheet1! A1＋Sheet1! B1"表示单元格引用了 Sheet1 表中的 A1 和 B1 的数据。

(6)不同工作簿的引用

若公式中引用的是不同工作簿中某个工作表的单元格地址,则应在单元格地址前加上相应的工作簿名与工作表名,其格式为:

**＜[工作簿名.xlsx]＞＜工作表名!＞＜列表＞＜行号＞**

### 4.4.2　函数

函数是预先定义好的公式,使用函数可以进行复杂的计算,减少输入的工作量,还可以减少输入时的出错概率。

**1. 函数类别**

Excel 2010 提供了有 300 多个函数,按用途分类,可分为财务、统计、文本、逻辑、查找与引用、日期和时间、数学与三角函数、工程、多维数据集、信息等,还允许用户自己创建函数。通过按＜Shift＞＋＜F3＞组合键打开"插入函数"对话框,在类别下拉列表中将会罗列函数的默认分类名称。

在"插入函数"的下拉列表中,除了以上类别外,Excel 2010 还提供了 3 类特殊的函数类别。

(1)常用函数:微软根据用户的反馈从各类函数中提取若干使用较频繁的函数集中在一起,方便用户调用。

(2)全部:包括了其他所有类别的函数。

(3)兼容性:指与 Excel 2003 和 2007 兼容的函数。Excel 2010 改进了部分函数的精确度,并扩展了部分函数的功能,改进后的新函数使用旧版函数名称前加前缀或者后缀的方式命名以示区别。

函数的语法形式：

**函数名称(参数1,参数2,…)**,其中参数可以是常量、单元格引用,名称或其他函数。

函数可以没有参数,或只有一个参数、多个参数,在绝大多数情况下,函数的参数多少决定了函数的强大程度,而参数所支持的类型也会影响函数的使用范围。

**2. 函数的录入方式**

Excel有几百个函数,且部分函数名称较长,很难记住这些函数的名称,用户采用多种函数录入方式可以有助于准确而快速地录入函数。

(1)使用“函数库”

Excel 2010的“公式”选项卡中有一个“函数库”组,如图4-99所示,在该组中提供了所有函数的类别库,可以单击函数名称在单元格中录入函数。

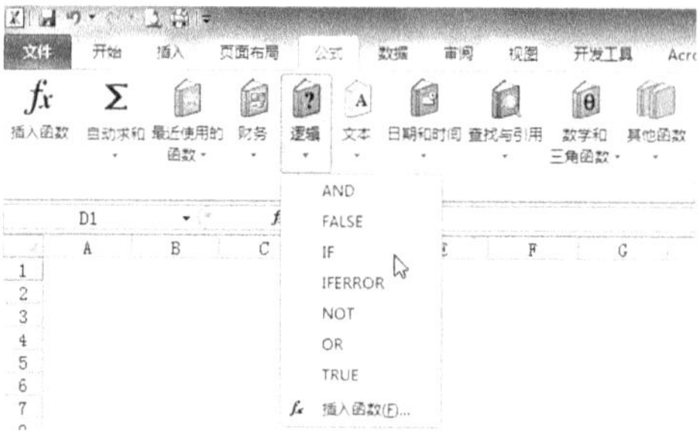


图4-99 函数库

例如,录入IF函数,在图4-99“逻辑”下拉菜单中选择IF函数,Excel会打开“函数参数”对话框,如图4-100所示。用户可根据需要在对话框中录入参数,当单击“确定”按钮后,程序会自动产生括号将公式补充完整:

**＝IF(G2＞＝60,“合格”,“不合格”)**

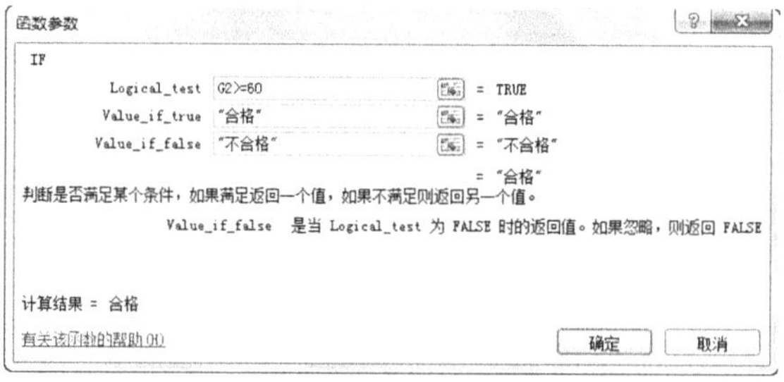


图4-100 IF函数“函数参数”对话框

在“公式”选项卡中,Excel会记忆最近经常使用的函数名称,并产生在“最近使用的函数”下拉列表中。

提示:“公式”选项卡的函数库适合对函数的分类较熟悉的用户使用,它要求用户记得当前需要插入的函数类别。

(2)使用“插入函数”对话框

用户还可以使用“插入函数”对话框录入函数。用户可以根据功能描述搜索函数,或从下拉列表中选择函数类别,如图4-101所示。

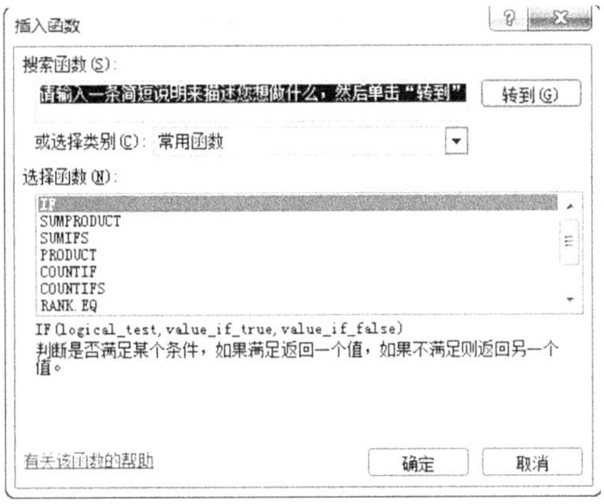


图 4-101　“插入函数”对话框

打开“插入函数”对话框的方法有以下几种：

①选择“公式”选项卡→“插入函数”按钮 $f_x$ 。

②单击编辑框“插入函数”按钮 $f_x$ 。

③按＜Shift＞＋＜F3＞组合键。

图中搜索条件为“求平均”，推荐的函数都是与求平均相关，用户可根据实际需要进一步选择使用的函数，如图 4-102 所示。当然 Excel 推荐的列表并非都那么准确，在列表中偶尔会存在与搜索条件无关的函数，因此在输入搜索条件时应掌握一定的技巧，提高搜索结果的准确度。

(3)直接录入

对于熟悉函数或者至少知道函数首个字母的用户，建议直接在单元格中录入函数，即“公式记忆式键入”，在单元格录入函数首字母，将产生该字母开头的所有函数列表。例如，在单元格输入字母“r”，在列表中罗列出了如图 4-103 所示的“R”开头的所有函数名称，而且会显示当前所选函数的功能描述。继续录入字母“o”，函数列表会自动更新，列出匹配“RO”的函数，如图 4-104 所示，图中第二个函数即为需要的四舍五入函数(ROUND)。按下＜Tab＞键，Excel 会自动录入整个函数的名称(包括左括号)，并等待用户继续录入函数的参数，如图 4-105 所示。

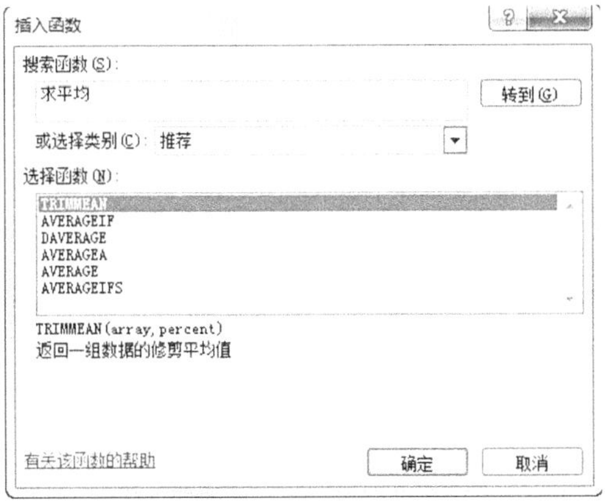


图 4-102　搜索“求平均”函数

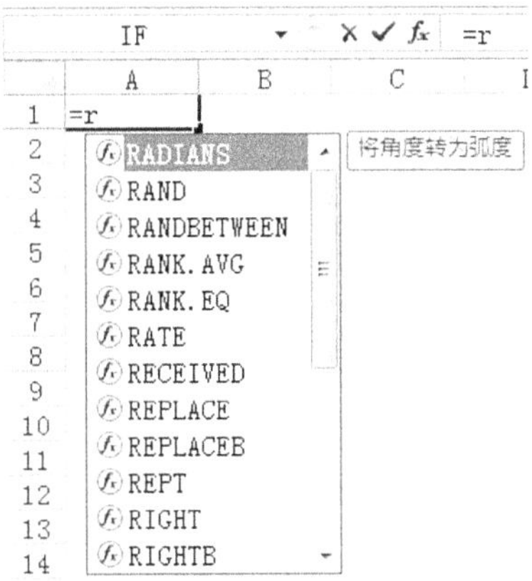


图 4-103　R 开头的函数列表

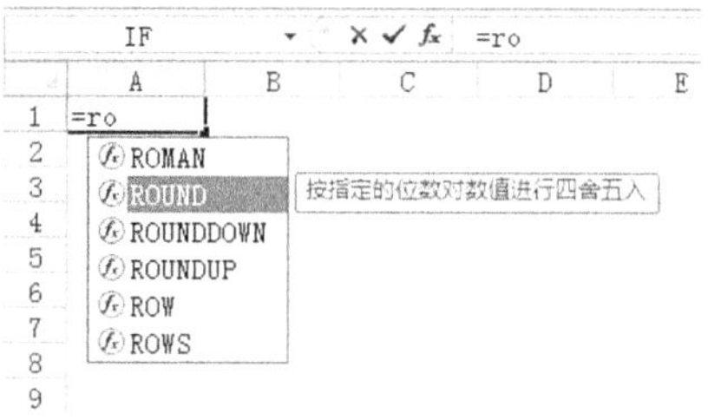


图 4-104　RO 开头的函数列表

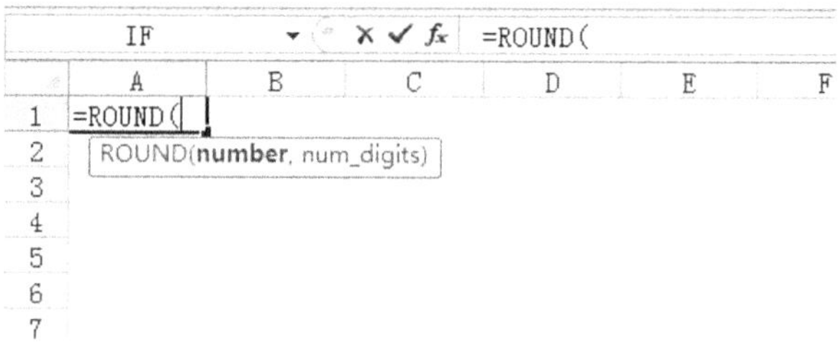


图 4-105　自动录入的函数名称及左括号

**3. 常用函数介绍**

(1)数学运算

①求和 SUM

函数功能:用于计算所有参数之和。

语法格式:

**SUM(number1,[number2],…)**

SUM 函数有 1～255 个参数,除第一个 number1 外,方括号[number2],…中的每个参数都是可选参数。SUM 函数的参数支持所有数据类型。

**表 4-4　SUM 函数使用说明**

| 公式 | 说明 |
| --- | --- |
| =SUM(3,2) | 将 3 和 2 相加。结果为 5 |
| =SUM("5",15,TRUE) | 将 5、15 和 1 相加。文本值"5"首先被转换为数字,逻辑值 TRUE 被转换为数字 1。结果为 21 |
| =SUM(A1:A4) | 将单元格 A1 至 A4 中的数字相加 |
| =SUM(A1:A4,15) | 将单元格 A1 至 A4 中的数字相加,然后将结果与 15 相加 |
| =SUM(A5,A6,2) | 将单元格 A5 和 A6 中的数字相加,然后将结果与 2 相加 |

②条件求和 SUMIF

函数功能:对区域中符合指定条件的值求和。

语法格式:

**SUMIF(range, criteria, [sum_range])**

SUMIF 有 3 个参数,前两个是必选参数,第 3 个是可选参数。其中,range 表示用于条件计算的单元格区域,criteria 是求和的条件,sum_range 表示要求和的实际单元格,如果省略 sum_range 参数,则 Excel 会对第 1 个参数中指定的单元格(即应用条件的单元格)求和。

**案例**:计算单价>25 的货物的总价和,如图 4-106 所示。G2 单元格中使用了以下公式:

=SUMIF(D2:D11,">25",E2:E11)

则表示对 D2:D11 区域中小于 25 的数值求和,求和区域与条件区域是 E2:E11。

如果省略第 3 个参数“E2:E11”,将公式改为:

= SUMIF(D2:D11, ">25")

则表示对 D2:D11 区域中小于 25 的数值求和,求和区域与条件区域都是 D2:D11。

③多条件求和 SUMIFS

函数功能:对区域中满足多个条件的单元格求和。

语法格式:

**SUMIFS(sum_range, criteria_range1, criteria1, [criteria_range2, criteria2], …)**

SUMIFS 和 SUMIF 函数的参数顺序有所不同。sum_range 参数在 SUMIFS 中是第一

G2　　$f_x$ =SUMIF(D2:D11,">25",E2:E11)

| | A | B | C | D | E | F | G |
|---|---|---|---|---|---|---|---|
| 1 | 货号 | 品名 | 库存量 | 单价 | 库存总价 | | 单价>25的货物的总价之和 |
| 2 | 1001 | 单芯塑线 | 150 | 20 | 3000 | | 13370 |
| 3 | 1002 | 双芯塑线 | 90 | 22 | 1980 | | |
| 4 | 1003 | 三芯塑线 | 5 | 19 | 95 | | |
| 5 | 2001 | 单芯花线 | 203 | 21 | 4263 | | |
| 6 | 2003 | 双芯花线 | 173 | 22 | 3806 | | |
| 7 | 2005 | 三芯花线 | 86 | 35 | 3010 | | |
| 8 | 3002 | 高频电缆 | 112 | 30 | 3360 | | |
| 9 | 3007 | 七芯电缆 | 250 | 28 | 7000 | | |
| 10 | 3012 | 九芯电缆 | 302 | 25 | 7550 | | |
| 11 | 4004 | 漆包线 | 73 | 24 | 1752 | | |
| 12 | | | | | | | |

图 4-106　计算单价＞25 的总价之和

个参数，而在 SUMIF 中则是第三个参数。从第二个参数开始必须成对出现，条件区域和条件最多可以有 127 对。

**案例**：计算“2000＜货物总价＜3000”的货物量之和。如图 4-107 所示。使用了以下公式：

＝SUMIFS(C2:C11,D2:D11,"＞2000",D2:D11,"＜3000")

F2　　$f_x$ =SUMIFS(C2:C11,D2:D11,">2000",D2:D11,"<3000")

| | A | B | C | D | E | F |
|---|---|---|---|---|---|---|
| 1 | 名称 | 单价 | 货物量 | 货物总价 | | 计算“2000<货物总价<3000”的货物量之和 |
| 2 | 雪菜 | 0.85 | 1465 | 1245.25 | | 6238 |
| 3 | 藕 | 1.23 | 2363 | 2906.49 | | |
| 4 | 土豆 | 1.9 | 1065 | 2023.5 | | |
| 5 | 山药 | 1.85 | 2630 | 4865.5 | | |
| 6 | 榨菜 | 0.82 | 1265 | 1037.3 | | |
| 7 | 生姜 | 1.45 | 1830 | 2653.5 | | |
| 8 | 韭菜 | 1.13 | 3465 | 3915.45 | | |
| 9 | 西红柿 | 2.5 | 980 | 2450 | | |
| 10 | 芹菜 | 1.53 | 1002 | 1533.06 | | |
| 11 | 豆芽 | 1.76 | 2350 | 4136 | | |
| 12 | | | | | | |
| 13 | | | | | | |

图 4-107　多条件求和

④求积 PRODUCT

函数功能：计算用作参数的所有数字的乘积，然后返回乘积。

语法格式：

**PRODUCT(number1, [number2], …)**

如果单元格 A1 和 A2 含有数字，则可以使用公式“＝PRODUCT(A1,A2)”计算这两个数字的乘积。也可以使用乘法( * )数学运算符来执行相同的操作，例如“＝A1 * A2”。如果需要让许多单元格相乘，则使用 PRODUCT 函数很有用。例如，公式＝PRODUCT(A1:A3,C1:C3)等同于“＝A1 * A2 * A3 * C1 * C2 * C3”。PRODUCT 函数用法如表 4-5 所示。

**表 4-5　PRODUCT 函数用法**

| 公式 | 说明 |
|---|---|
| ＝PRODUCT(A1:A4) | 计算单元格 A1 至 A4 中数字的乘积 |
| ＝PRODUCT(A1:A4,2) | 计算单元格 A1 至 A4 中数字的乘积，然后再将结果乘以 2 |
| ＝A1 * A2 * A3 * A4 | 使用数学运算符而不是 PRODUCT 函数来计算单元格 A1 至 A4 中数字的乘积 |

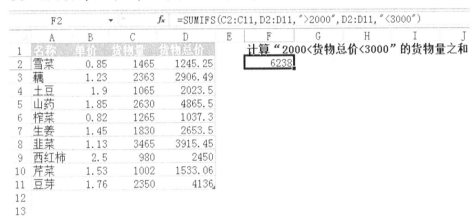

⑤求余数 MOD

函数功能：求出两数相除的余数。

语法格式：

**MOD(number, divisor)**

number 表示被除数，divisor 表示除数，两者都必须是数值，否则会返回错误值。

⑥绝对值 ABS

函数功能：求数字的绝对值

语法格式：

**ABS(number)**

number 表示需要计算其绝对值的实数。

⑦四舍五入 ROUND

函数功能：将某个数字四舍五入为指定的位数。

语法格式：

**ROUND(number, num_digits)**

number 表示要四舍五入的数字。num_digits 表示位数，按此位数对 number 参数进行四舍五入。如果 num_digits 大于 0，则将数字四舍五入到指定的小数位。如果 nim_digits 等于 0，则将数字四舍五入到最接近的整数。如果 num_digits 小于 0，则在小数点左侧进行四舍五入。

**案例：**如果单元格 A1 为 9.5823 并且希望将该数字四舍五入到小数点后一位，则可以使用以下公式：

＝ROUND(A1,1)

函数的结果为 9.6。

(2)逻辑运算

①真假运算 TRUE/FALSE

函数功能：返回逻辑值 TRUE 或 FALSE。

TRUE 和 FALSE 两个函数没有参数，他们返回的值分别是逻辑值 TRUE 和 FALSE。TRUE 函数与逻辑值 TRUE 的区别是函数虽然没有参数，但仍然保留括号：

**TRUE()**

可以直接在单元格和公式中键入值 TRUE，而不使用此函数。

②逻辑与或 AND/OR

函数功能：用于判断参数是否符合条件。

语法格式：

**AND(logical1,[logical2],…)**

“logical1,logical2,…”表示待测试的条件值或表达式，最多可包含 255 个参数。

所有参数的计算结果为 TRUE，AND 函数返回 TRUE；只要有一个参数的计算结果为 FALSE 则返回 FALSE。而所有参数中只要有一个参数为 TRUE，OR 函数就会返回 TRUE；所有参数都是 FALSE 时，OR 函数才返回 FALSE。

③条件判断 IF

函数功能：用于判断是否满足条件，满足条件时返回一个值，不满足条件时返回另一个值。

语法格式：

**IF(logical_test,[value_if_true],[value_if_false])**

IF 函数有 3 个参数,第一个参数是必选参数,其他两个参数是可选参数。其中参数 logical_test 是一个计算结果为 TRUE 或 FALSE 的任意值或表达式,通过它能判断是否满足条件;value_if_true参数则表示满足条件时所返回的值;value_if_false 参数表示不满足条件时返回的值。

**案例**:判断成绩是否合格,如图 4-108 所示,如果计算机成绩≥60 为"合格",否则为"不合格",公式如下:

=IF(B2>=60,"合格","不合格")

C2 　 =IF(B2>=60,"合格","不合格")

| 姓名 | 计算机成绩 | 是否合格 |
|---|---|---|
| 李方环 | 72 | 合格 |
| 陆历杰 | 81 | 合格 |
| 王科伟 | 85 | 合格 |
| 刘津孝 | 52 | 不合格 |
| 雷韵玛 | 75 | 合格 |
| 江友瑶 | 81 | 合格 |
| 赵春盈 | 78 | 合格 |
| 刘牧 | 72 | 合格 |
| 何魁东 | 42 | 不合格 |

图 4-108 判断成绩是否合格

**案例**:判断图书是否畅销,如图 4-109 所示。条件为年总销售量≥5000 册,返回结果为"畅销"和"不够畅销",公式如下:

=IF(SUM(B3:B14)>=5000,"畅销","不够畅销")

B15 　 =IF(SUM(B3:B14)>=5000,"畅销","不够畅销")

图书销售统计表

| 月份 | 文艺小说 | 教学参考 | 自然科学 | 社会科学 | 其他 | 合计 | 平均 |
|---|---|---|---|---|---|---|---|
| 一月 | 159 | 610 | 93 | 229 | 424 | 1515 | 303 |
| 二月 | 441 | 534 | 611 | 60 | 305 | 1951 | 390.2 |
| 三月 | 338 | 442 | 61 | 378 | 598 | 1817 | 363.4 |
| 四月 | 99 | 573 | 611 | 146 | 119 | 1548 | 309.6 |
| 五月 | 368 | 454 | 570 | 473 | 98 | 1963 | 392.6 |
| 六月 | 202 | 541 | 427 | 438 | 349 | 1957 | 391.4 |
| 七月 | 570 | 278 | 628 | 186 | 130 | 1792 | 358.4 |
| 八月 | 210 | 518 | 460 | 111 | 81 | 1380 | 276 |
| 九月 | 528 | 599 | 343 | 621 | 236 | 2327 | 465.4 |
| 十月 | 105 | 579 | 83 | 531 | 514 | 1812 | 362.4 |
| 十一月 | 429 | 277 | 250 | 589 | 388 | 1933 | 386.6 |
| 十二月 | 57 | 524 | 580 | 327 | 102 | 1590 | 318 |
| 是否畅销 | 不够畅销 | 畅销 | 不够畅销 | 不够畅销 | 不够畅销 | | |

图 4-109 判断图书是否畅销

公式中,第 1 个参数判断年总销售量是否大于等于 5000,返回 TRUE 或者 FALSE。这里,不是单纯引用的单元格,而是直接将求和计算的 SUM 函数放入参数中进行运算。

**案例**:IF 函数的嵌套应用

以图 4-110 所示的数据为例,要求:如果总分≥510 的为"优秀",如果 450≤总分<510,则为"合格",否则为"不合格"。在这个题目中,有两个条件,需要使用两个 IF 函数。

J3 =IF(I3>=510,"优秀",IF(I3>=450,"合格","不合格"))

| | A | B | C | D | E | F | G | H | I | J |
|---|---|---|---|---|---|---|---|---|---|---|
| 1 | 第一小组全体同学期中考试成绩表 | | | | | | | | | |
| 2 | 学号 | 姓 名 | 高等数学 | 大学语文 | 英语 | 德育 | 体育 | 计算机 | 总 分 | 总评 |
| 3 | 001 | 杨 平 | 88 | 65 | 82 | 85 | 82 | 89 | 491 | 合格 |
| 4 | 002 | 张小东 | 85 | 76 | 90 | 87 | 99 | 95 | 532 | 优秀 |
| 5 | 003 | 王晓杭 | 89 | 87 | 77 | 85 | 83 | 92 | 513 | 优秀 |
| 6 | 004 | 李立扬 | 90 | 86 | 89 | 89 | 75 | 96 | 525 | 优秀 |
| 7 | 005 | 钱明明 | 73 | 79 | 87 | 87 | 80 | 88 | 494 | 合格 |
| 8 | 006 | 程坚强 | 81 | 59 | 89 | 90 | 89 | 90 | 498 | 合格 |
| 9 | 007 | 叶明放 | 86 | 76 | 59 | 86 | 85 | 80 | 472 | 合格 |
| 10 | 008 | 周学军 | 69 | 68 | 59 | 84 | 90 | 99 | 469 | 合格 |
| 11 | 009 | 赵爱军 | 85 | 68 | 56 | 74 | 59 | 81 | 423 | 不合格 |
| 12 | 010 | 黄永抗 | 95 | 89 | 93 | 87 | 94 | 86 | 544 | 优秀 |
| 13 | 011 | 梁水冉 | 59 | 75 | 78 | 88 | 57 | 68 | 425 | 不合格 |
| 14 | 012 | 任广品 | 74 | 84 | 92 | 89 | 84 | 59 | 482 | 合格 |
| 15 | | | | | | | | | | |

图 4-110 IF 函数的嵌套应用

上图中,在判断时使用了如下公式:

=IF(I3>=510,"优秀",IF(I3>=450,"合格","不合格"))

或

=IF(I3<450,"不合格",IF(I3<510,"合格","优秀"))

在以上两个公式中,使一个 IF 函数作为另一个 IF 函数的参数之一,即为 IF 函数的嵌套使用。

提示:使用 IF 函数嵌套时需要注意,条件取值的方向一定要一致。

(3)统计运算

①平均值 AVERAGE

函数功能:计算参数的平均值(算术平均值)。

语法格式:

**AVERAGE(number1,[number2],…)**

AVERAGE 函数的参数及其用法与 SUM 函数相似,只不过 AVERAGE 需要根据参数中的数据个数进行求值。例如,如果区域 A1:A20 中包含数字,则公式"=AVERAGE(A1:A20)"将返回这些数字的平均值。

②单元格计数 COUNT

函数功能:计算包含数字的单元格以及参数列表中数字的个数。

语法格式:

**COUNT(value1,[value2],…)**

COUNT 最多有 255 个参数,例如,输入以下公式可以计算区域 A1:A20 中包含数字的单元格个数。对于单元格中的逻辑值和错误值,COUNT 函数会忽略不计。

语法格式:**=COUNT(A1:A20)**

③非空单元格计数 COUNTA

函数功能:计算区域中不为空的单元格的个数。

语法格式:

**COUNTA(value1,[value2],…)**

COUNTA 函数可对包含任何类型信息的单元格进行计数,这些信息包括错误值和空文本("")。例如,如果区域包含一个返回空字符串的公式,则 COUNTA 函数会将该值计算在内。COUNTA 函数不会对空单元格进行计数。

④条件计数 COUNTIF

函数功能:对区域中满足单个指定条件的单元格进行计数。

语法格式:

**COUNTIF(range, criteria)**

参数 range 表示要对其进行计数的一个或多个单元格,其中包括数字或名称、数组或包含数字的引用。空值和文本值将被忽略。参数 criteria 表示计数的条件,可以使用比较运算符表示条件范围。

**案例:**在如图 4-111 所示数据中,要求统计单价低于 10 元(不含 10 元)的货物种类数。使用如下公式:

=COUNTIF(D2:D9,"<10")

B12　　fx　=COUNTIF(D2:D9,"<10")

| | A | B | C | D | E | F | G |
|---|---|---|---|---|---|---|---|
| 1 | 编号 | 名称 | 规格 | 单价 | 货物量 | 货物总价 | |
| 2 | 103698 | 小礼盒娃娃A | AC-1A | 8.3 | 2456 | 20384.8 | |
| 3 | 105896 | 小礼盒娃娃B | AC-3B | 8.7 | 3363 | 29258.1 | |
| 4 | 103798 | 小礼盒娃娃C | AC-2C | 9.2 | 1065 | 9798 | |
| 5 | 105496 | 水笔 | DB-3 | 8.5 | 3369 | 28636.5 | |
| 6 | 106698 | 中性笔 | DB-1 | 7.6 | 2155 | 16378 | |
| 7 | 106896 | 地垫 | GB-2A | 10.1 | 4720 | 36863.2 | |
| 8 | 113698 | 简装DVD | GB-1A2 | 8.6 | 2105 | 18103 | |
| 9 | 115896 | 口杯 | GB-3B0 | 8.86 | 1360 | 12049.6 | |
| 10 | | | | | | | |
| 11 | | 单价低于10元（不含10元)的货物种类数 | | | | | |
| 12 | | 7 | | | | | |
| 13 | | | | | | | |
| 14 | | | | | | | |

图 4-111　统计货物种类数

**案例:**在如图 4-112 中所示数据中,统计男生人数。使用如下公式:

=COUNTIF(B2:B10,"男")

另外,还可以使用单元格引用作为条件参数,也会得到同样的结果。如:

=COUNTIF(B2:B10,B3)

E2　　fx　=COUNTIF(B2:B10,"男")

| | A | B | C | D | E | F |
|---|---|---|---|---|---|---|
| 1 | 姓名 | 性别 | 成绩 | | 男生人数 | |
| 2 | 李方环 | 女 | 72 | | 5 | |
| 3 | 陆历杰 | 男 | 81 | | | |
| 4 | 王科伟 | 男 | 85 | | | |
| 5 | 刘津孝 | 男 | 62 | | | |
| 6 | 雷韵玛 | 女 | 75 | | | |
| 7 | 江友瑶 | 女 | 81 | | | |
| 8 | 赵春盈 | 女 | 78 | | | |
| 9 | 刘牧 | 男 | 72 | | | |
| 10 | 何魁东 | 男 | 42 | | | |
| 11 | | | | | | |

图 4-112　统计男生人数

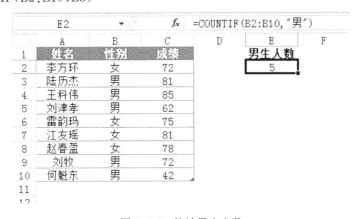

⑤多条件计数 COUNTIFS

函数功能:计算一个或多个区域中符合一个或多个条件的单元格数量。

语法格式:

**COUNTIFS(criteria_range1,criteria1,[criteria_range2, criteria2],…)**

条件数量与区域数量对应,最多可设置 127 个区域和条件。

**案例**:在如图 4-113 所示数据中,统计 600≤总销量≤650 的月份数。使用如下公式:

=COUNTIFS(I3:I14,">=600",I3:I14",<=650)

A17 　 =COUNTIFS(I3:I14,">=600",I3:I14,"<=650")

| | A | B | C | D | E | F | G | H | I |
|---|---|---|---|---|---|---|---|---|---|
| 1 | 1997年全年销售量统计表 | | | | | | | | |
| 2 | 月份 | 产品一 | 产品二 | 产品四 | 产品五 | 产品六 | 产品七 | 产品八 | 总销售量 |
| 3 | 一月 | 88 | 98 | 82 | 85 | 82 | 89 | 75 | 599 |
| 4 | 二月 | 100 | 98 | 100 | 97 | 99 | 100 | 87 | 681 |
| 5 | 三月 | 89 | 87 | 87 | 85 | 83 | 92 | 59 | 582 |
| 6 | 四月 | 98 | 96 | 89 | 99 | 100 | 96 | 68 | 646 |
| 7 | 五月 | 91 | 79 | 87 | 97 | 80 | 88 | 96 | 618 |
| 8 | 六月 | 97 | 94 | 89 | 90 | 89 | 90 | 88 | 637 |
| 9 | 七月 | 86 | 76 | 98 | 96 | 85 | 80 | 85 | 606 |
| 10 | 八月 | 96 | 92 | 86 | 84 | 90 | 99 | 86 | 633 |
| 11 | 九月 | 85 | 68 | 79 | 74 | 85 | 81 | 98 | 570 |
| 12 | 十月 | 95 | 89 | 93 | 87 | 94 | 86 | 87 | 631 |
| 13 | 十一月 | 87 | 75 | 78 | 96 | 57 | 68 | 84 | 545 |
| 14 | 十二月 | 94 | 84 | 98 | 89 | 84 | 94 | 79 | 622 |
| 15 | | | | | | | | | |
| 16 | 统计600≤总销量≤650的月份数 | | | | | | | | |
| 17 | 7 | | | | | | | | |

图 4-113　多条件统计月份数

⑥最小值 MIN

函数功能:求一组值中的最小值。

语法格式:

**MIN(number1,[number2],…)**

参数可以是数字或者是包含数字的名称、数组或引用。例如,A1:A5 中依次包含数值 2,7,3,21 和 32,那么公式 MIN(A1:A5)的返回值为 2。

⑦最大值 MAX

函数功能:求一组值中的最大值。

语法格式:

**MAX(number1, [number2],…])**

参数说明与 MIN 函数完全一致。

⑧排名 RANK/RANK. EQ/RANK. AVG

函数功能:统计一个数字在数字列表中的排名。

语法格式:

**RANK. EQ(number, ref, [order])**

RANK 函数是 Excel 2007 及以前版本的排名函数,在 2010 中用 RANK. EQ 和 RANK. AVG 来取代 RANK 函数,但对排名进行了区分,使数据列表中具有相同值时可根据需求采用不同的方法处理。RANK. EQ 函数中参数 number 表示要计算排名的数字,ref 表示需要在该组值中排名,是一列或一行单元格引用,此参数只能是区域引用且是加"$"的绝对引用,order 表示排名的方式,即升序或降序,当参数值为 FALSE 或者忽略参数时表示降序,否则表示升序。

(4)日期和时间运算

①系统当前日期 TODAY

函数功能:返回系统当前日期。

语法格式:

**TODAY()**

TODAY 函数语法没有参数。如果在输入函数前,单元格的格式为“常规”,Excel 会将单元格格式更改为“日期”。如果需要无论何时打开工作簿时工作表上都能显示当前日期,可以使用 TODAY 函数实现这一目的。例如,公式“=TODAY()”的返回结果是“2014/1/14”,如图 4-114 所示。

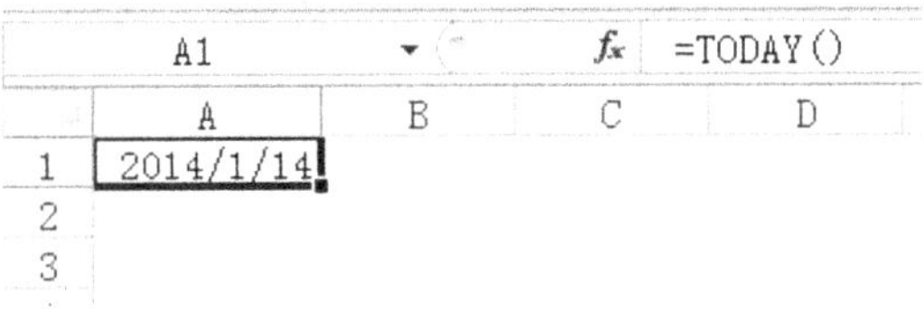


图 4-114　获取系统当前日期

②系统当前日期时间 NOW

函数功能:返回系统当前日期和时间

语法格式:

**NOW()**

NOW 函数语法没有参数。当需要在工作表上显示当前日期和时间或者需要根据当前日期和时间计算一个值并在每次打开工作表时更新该值时,使用 NOW 函数很有用。如,公式“=NOW()”的返回结果是“2014/1/14 14:12”,如图 4-115 所示。

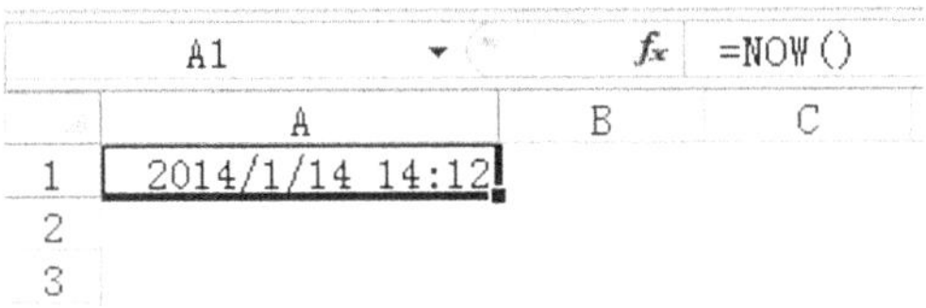


图 4-115　获取系统当前日期和时间

③获取年月日 YEAR/MONTH/DAY

函数功能:分别用于从日期中提取年、月和日。

语法格式:

**YEAR(serial_number)**

**MONTH(serial_number)**

**DAY(serial_number)**

三个函数都只有一个表示日期的参数,serial_number 必须是数字或者日期格式的数字。

(5)文本处理

①文本合并 CONCATENATE

函数功能:将多个文本字符串合并为一个文本字符串。

语法格式:

**CONCATENATE(text1,[text2],…)**

参数 text1 为必选参数,其他为可选参数,最多可以有 255 个参数。公式“=CONCATENATE(A1,B1)”等价于“=A1&B1”。

②字符比较 EXACT

函数功能:比较两个字符串是否相同。如果它们完全相同,则返回 TRUE;否则返回 FALSE。

语法格式:

**EXACT(text1,text2)**

函数 EXACT 区分大小写,但忽略格式上的差异。如图 4-116 所示,公式"=EXACT(A1,B1)"返回值为 FALSE。

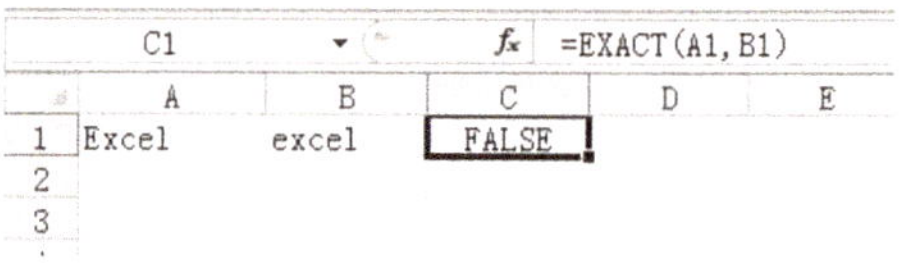


图 4-116 字符串比较

③字符长度计算 LEN

函数功能:计算字符串的字符数量。

语法格式:

**LEN(text)**

LEN 函数只有一个必选参数,text 表示需要计算字符数量的字符串,可以是引用、字符串、表达式等任意类型。例如"=LEN(A1)"或"=LEN("Microsoft")"(返回值为 9)。

④提取左边字符 LEFT

函数功能:提取字符串左边指定长度的字符。

语法格式:

**LEFT(text,[num_chars])**

参数 text 表示包含要提取字符的文本字符串,参数 num_chars 是可选参数,指定要提取的字符的数量,如果省略该参数时默认当作 1 处理,表示取左边第一个字符。num_chars 必须大于或等于零。例如,"=LEFT("浙江体育",2)"返回值为"浙江"。

⑤提取右边字符 RIGHT

函数功能:提取字符串右边指定长度的字符。

语法格式:

**RIGHT(text,[num_chars])**

参数 text 表示包含要提取字符的文本字符串,参数 num_chars 是可选参数,指定要提取的字符的数量,如果省略该参数时默认当作 1 处理,表示取右边第一个字符。num_chars 必须大于或等于零。例如,"=RIGHT("浙江体育",2)"返回值为"体育"。

⑥取中间字符 MID

函数功能:从字符串中的指定位置提取指定长度的字符串。

语法格式:

**MID(text, start_num, num_chars)**

参数 text 表示包含要提取字符的文本字符串,start_num 参数表示文本要提取的第一个字符的位置,num_chars 参数表示长度。例如,"=MID("浙江体育职业技术学院",3,4)"表示从"浙江体育职业技术学院"中的第 3 个字开始提取 4 个字符,结果为"体育职业"。

⑦字符替换 REPLACE

函数功能:使用其他文本字符串并根据所指定的字符数替换某文本字符串中的部分文本。

语法格式:

**REPLACE(old_text, start_num, num_chars, new_text)**

REPLACE 函数有四个必选参数,old_text 参数表示需替换某部分字符的文本,start_num 参数表示开始替换的位置,num_chars 参数表示长度,即需替换的字符个数。new_text

参数表示用于替换 old_text 中字符的文本。例如，公式"=REPLACE("浙江体育职业技术学院",5,4,"*")"的结果为"浙江体育*学院"。

**案例**：如图 4-117 所示数据。电话号码位数升级，将原 7 位数升级为 8 位，升级方法是在区号"0571"后加"8"。使用如下公式：

=REPLACE(E2,5,0,"8")

其中第 3 个参数"0"表示不替换任何字符，而是在第 5 个字符后插入一个"8"。

F2　　fx　=REPLACE(E2, 5, 0, "8")

| | A | B | C | D | E | F | G | H |
|---|---|---|---|---|---|---|---|---|
| 1 | 姓 名 | 性 别 | 出生年月 | 所在区域 | 原电话号码 | 升级后号码 | | |
| 2 | 王一 | 男 | 1967/6/15 | 西湖区 | 05716742801 | 057186742801 | | |
| 3 | 张二 | 女 | 1974/9/27 | 上城区 | 05716742802 | 057186742802 | | |
| 4 | 林三 | 男 | 1953/2/21 | 下城区 | 05716742803 | 057186742803 | | |
| 5 | 胡四 | 女 | 1986/3/30 | 拱墅区 | 05716742804 | 057186742804 | | |
| 6 | 吴五 | 男 | 1953/8/3 | 下城区 | 05716742805 | 057186742805 | | |
| 7 | 章六 | 女 | 1959/5/12 | 上城区 | 05716742806 | 057186742806 | | |
| 8 | 陆七 | 女 | 1972/11/4 | 拱墅区 | 05716742807 | 057186742807 | | |
| 9 | 苏八 | 男 | 1988/7/1 | 上城区 | 05716742808 | 057186742808 | | |
| 10 | 韩九 | 女 | 1973/4/17 | 西湖区 | 05716742809 | 057186742809 | | |
| 11 | 徐一 | 女 | 1954/10/3 | 下城区 | 05716742810 | 057186742810 | | |
| 12 | 项二 | 男 | 1964/3/31 | 江干区 | 05716742811 | 057186742811 | | |
| 13 | 贾三 | 男 | 1995/5/8 | 余杭区 | 05716742812 | 057186742812 | | |

图 4-117　电话号码位数升级

(6)查找和引用

①列查找 VLOOKUP

函数功能：搜索某个单元格区域的第一列，然后返回该区域相同行上任何单元格中的值。

语法格式：

**VLOOKUP(lookup_value, table_array, col_index_num, [range_lookup])**

参数 lookup_value 表示要在表格或区域的第一列中搜索的值。参数 table_array 包含数据的单元格区域。参数 col_index_num 表示必须返回的匹配值的列号。参数 range_lookup 是一个逻辑值，指定希望 VLOOKUP 查找精确匹配值还是近似匹配值：如果 range_lookup 为 TRUE 或被省略，则返回精确匹配值或近似匹配值。如果找不到精确匹配值，则返回小于 lookup_value 的最大值。range_lookup 为 FALSE，则不需要对 table_array 第一列中的值进行排序，VLOOKUP 将只查找精确匹配值。

**案例**：根据停车收费表，计算停车费用，如图 4-118 所示。

F3　　fx　=VLOOKUP(E3, $A$2:$B$4, 2, FALSE)

| | A | B | C | D | E | F | G | H |
|---|---|---|---|---|---|---|---|---|
| 1 | 停车价目表 | | | 停车情况记录表 | | | | |
| 2 | 小汽车 | 5 | | 车牌号 | 车型 | 单价 | | |
| 3 | 中客车 | 8 | | 浙A12345 | 小汽车 | 5 | | |
| 4 | 大客车 | 10 | | 浙A32581 | 大客车 | 10 | | |
| 5 | | | | 浙A21584 | 中客车 | 8 | | |
| 6 | | | | 浙A66871 | 小汽车 | 5 | | |
| 7 | | | | 浙A51271 | 中客车 | 8 | | |
| 8 | | | | 浙A54844 | 大客车 | 10 | | |
| 9 | | | | 浙A56894 | 小汽车 | 5 | | |
| 10 | | | | 浙A33221 | 中客车 | 8 | | |
| 11 | | | | 浙A68721 | 小汽车 | 5 | | |
| 12 | | | | 浙A33547 | 大客车 | 10 | | |

图 4-118　VLOOKUP 函数示例

②行查找 HLOOKUP

函数功能：搜索某个单元格区域的第一行，然后返回该区域相同行上任何单元格中的值。

语法格式：

**HLOOKUP(lookup_value, table_array, row_index_num, [range_lookup])**

HLOOKUP 函数的参数与 VLOOKUP 函数所有参数的含义一致，区别只在于查找的方式。VLOOKUP 是在区域的第一列中查找，而 HLOOKUP 是在区域的第一行中查找。

### 4.4.3 自动求和

#### 1. 自动求和

自动求和是 Excel 2010 提供的用以快捷地输入常用函数的功能。单击“公式”选项卡→“函数库”组，然后单击“∑自动求和”按钮，即可实现 SUM 函数的自动输入，点击下拉按钮▼会弹出如图 4-119 所示的下拉列表，列表中罗列了常用的平均值函数 AVERAGE、计数函数 COUNT、最大值函数 MAX、最小值函数 MIN 等。

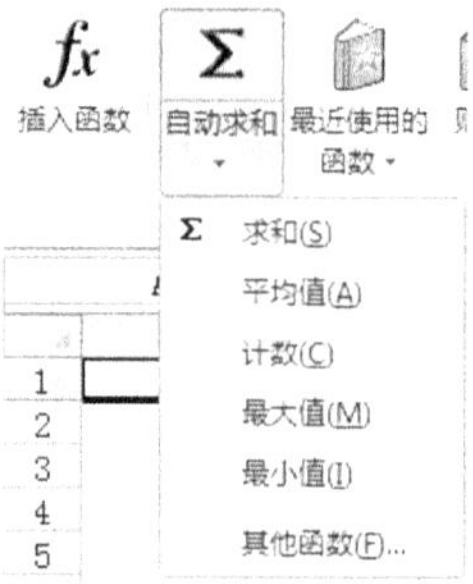


图 4-119 自动求和列表

如果要对一个区域中的各行分别求和，首先选定计算区域的最右侧一列单元格，然后单击“∑自动求和”按钮，即可同时自动对所有数据行进行求和操作，如图 4-120 所示。

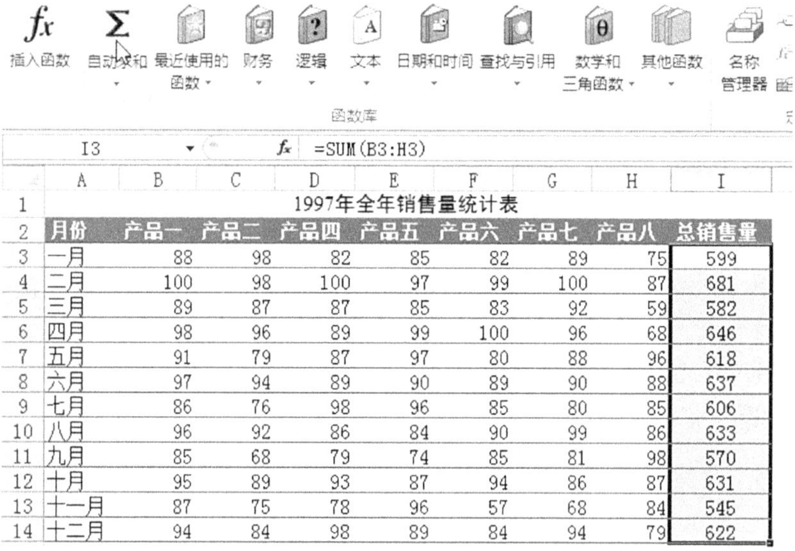


1997年全年销售量统计表

| 月份 | 产品一 | 产品二 | 产品四 | 产品五 | 产品六 | 产品七 | 产品八 | 总销售量 |
|---|---|---|---|---|---|---|---|---|
| 一月 | 88 | 98 | 82 | 85 | 82 | 89 | 75 | 599 |
| 二月 | 100 | 98 | 100 | 97 | 99 | 100 | 87 | 681 |
| 三月 | 89 | 87 | 87 | 85 | 83 | 92 | 59 | 582 |
| 四月 | 98 | 96 | 89 | 99 | 100 | 96 | 68 | 646 |
| 五月 | 91 | 79 | 87 | 97 | 80 | 88 | 96 | 618 |
| 六月 | 97 | 94 | 89 | 90 | 89 | 90 | 88 | 637 |
| 七月 | 86 | 76 | 98 | 96 | 85 | 80 | 85 | 606 |
| 八月 | 96 | 92 | 86 | 84 | 90 | 99 | 86 | 633 |
| 九月 | 85 | 68 | 79 | 74 | 85 | 81 | 98 | 570 |
| 十月 | 95 | 89 | 93 | 87 | 94 | 86 | 87 | 631 |
| 十一月 | 87 | 75 | 78 | 96 | 57 | 68 | 84 | 545 |
| 十二月 | 94 | 84 | 98 | 89 | 84 | 94 | 79 | 622 |

图 4-120 自动求和示例

#### 2. 自动计算

有时只是需要对表格中的数据的计算结果进行预览，而不要保留计算的结果，可以在“自定义状态栏”中选择相应的自动计算命令，即可实现要求。右键单击状态栏任意位置，会弹出如图 4-121 所示的“自定义状态栏”快捷菜单，选择要执行的自动计算功能，然后选定要查看计算结果的单元格区域，计算结果将会在状态栏中显示出来，其结果可以包括选定区域数值的总和、平均值、最小值、最大值和数量等，如图 4-122 所示。

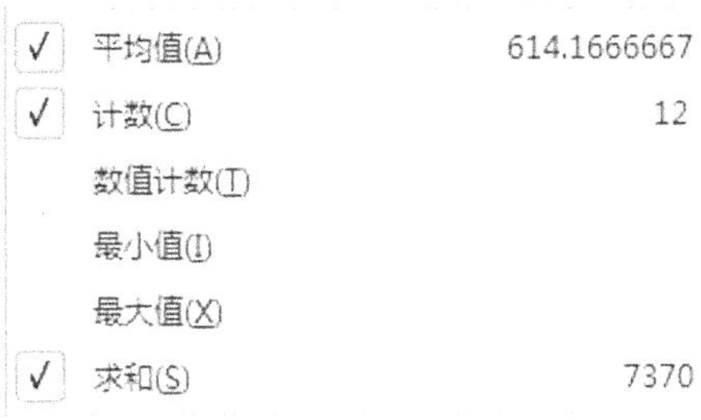


图 4-121　“自定义状态栏”自动计算选项

图 4-122　状态栏显示的计算结果

## 4.4.4　公式错误信息

### 1. 常见错误类型

当 Excel 不能正确处理输入的公式时，会在单元格中显示错误信息。错误信息以“#”开头。表 4-6 简要罗列了常见的错误类型及其产生原因。

**表 4-6　Excel 中函数公式常见的错误类型**

| 错误代码 | 错误名称 | 错误原因 |
|---|---|---|
| #DIV/0! | 被“零”除错误 | 除以零(0)或不包含任何值的单元格 |
| #N/A | “值不可用”错误 | 常见于查找函数未能找到匹配的值 |
| #NAME? | “无效名称”错误 | 使用了 Excel 不能识别的名称或者函数 |
| #NUM! | 数字错误 | 在数学函数中使用了错误的参数 |
| #VALUE! | 值错误 | 公式中使用了错误的数据类型，无法正确计算出结果 |
| #REF! | “无效的单元格引用”错误 | 引用了无效的单元格地址 |

### 2. 错误检查

Excel 对于公式错误不仅用错误代码和绿色三角形进行标识，单击三角形时还提供菜单讲解错误的原因。图 4-123 中 A3 单元格左上角的绿色三角形表明了该单元格中的公式无法返回结果。如果单击该单元格，将在旁边出现一个错误警告图标◈，单击该图标，会弹出如图 4-124 所示的下拉菜单，通过菜单选项，用户可以了解错误的类型，出错原因及解决办法。

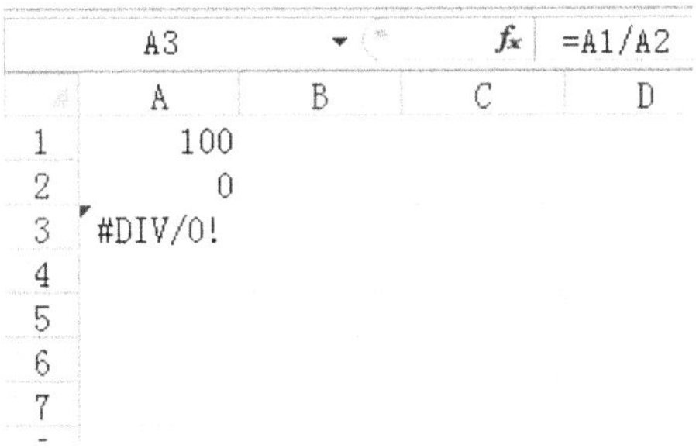


图 4-123　错误绿色箭头标识

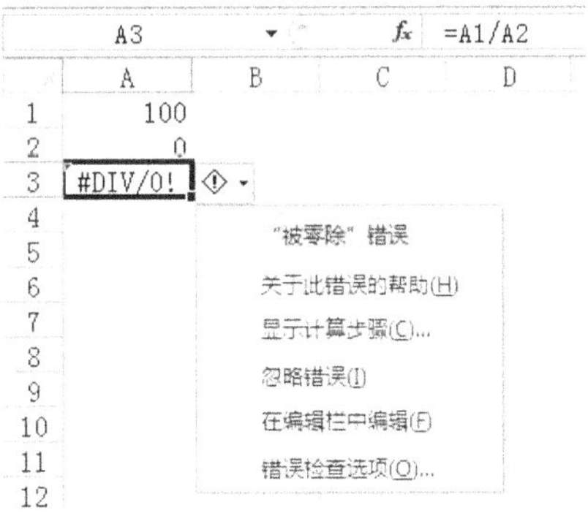


图 4-124　错误下拉菜单

## 4.4.5　应用实例

### 1. 实例 1

以如图 4-125 所示的书籍销售表为源数据，完成以下操作要求：

(1)在 Sheet1 的 G2 单元格输入“小计”，A126 单元格输入“合计”，求出第 G 列和第 I26 行有关统计值(G126 单元格不计算)。

（2）在 Sheet1 中利用公式统计周销售量在 650 以上（含 650）的图书种类，并把数据放入 J2 单元格。

操作步骤如下：

①单击选中 G2 单元格，输入"小计"，单击 G3 单元格，选中"公式"选项卡，点击"自动求和"按钮Σ，确认单元格范围正确后，按回车键，如图 4-125 所示。鼠标移动到 G3 单元格右下角，拖动填充柄向下到 G125 即可。同样方法，在 A126 单元格输入"合计"，在 B126 单元格使用自动求和函数，向右拖动填充柄到 F126 即可。

| IF | | ▾ ( × ✓ fx | =SUM(B3:F3) | | | | | |
|----|-----|-----|-----|-----|-----|-----|-----|-----|
| | A | B | C | D | E | F | G | H | I |
| 1 | 书籍销售周报表 | | | | | | | | |
| 2 | | 星期一 | 星期二 | 星期三 | 星期四 | 星期五 | 小计 | | |
| 3 | 计算机网络（上） | 120 | 101 | 204 | 168 | 173 | =SUM(B3:F3) | | |
| 4 | 计算机网络（下） | 100 | 98 | 120 | 86 | 75 | SUM(number1, [number2], ...) | | |
| 5 | 多媒体教程（一） | 138 | 84 | 120 | 188 | 69 | | | |
| 6 | 多媒体教程（二） | 200 | 185 | 160 | 205 | 193 | | | |
| 7 | Office2010教程 | 488 | 321 | 230 | 385 | 367 | | | |

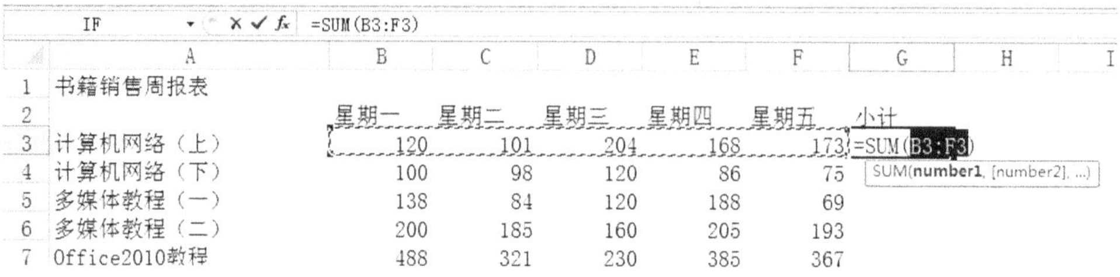

图 4-125　书籍销售表

②点击选中 J2 单元格，选中"公式"选项卡，在"函数库"组中点击"其他函数"下拉菜单，展开"统计"子菜单，选择函数"COUNTIF"，如图 4-126 所示。然后在"函数参数"对话框的"Range"文本框中选择"G3:G125"区域，在"Criteria"输入"＞＝650"，单击"确定"按钮，如图 4-127 所示。J2 单元格的生成公式为：

　　＝COUNTIF(G3:G125,"＞＝650")

结果为 29。

图 4-126　选择 COUNTIF 函数

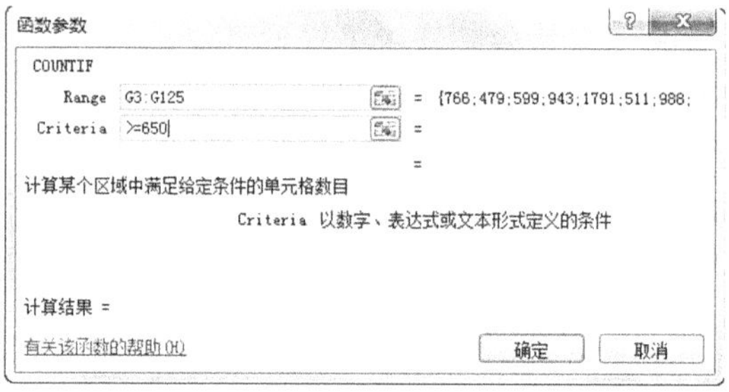

图 4-127　COUNTIF 函数参数设置

**2. 实例 2**

以实例 1 中完成的书籍销售表为源数据，完成以下操作要求：

（1）在 Sheet1 中利用公式统计 650≤周销售量＜1000 的图书种类，并把数据放入 J3 单元格。

（2）在 Sheet1 的"小计"列后 H2 单元格输入"销售情况"，如果小计≥650，则显示"量多"，否则显示"量少"。

操作步骤如下：

①单击 J3 单元格，选中"公式"选项卡，在"函数库"组中点击"其他函数"下拉菜单，展开"统计"子菜单，选择函数"COUNTIFS"。然后在"函数参数"对话框的"Criteria_range1"文本框选择"G3:G125"区域，在"Criteria1"输入"＞＝650"，在"Criteria_range2"文本框选择"G3:G125"区域，在"Criteria2"输入"＜1000"，单击"确定"按钮，如图 4-128 所示。J2 单元格的生成公式为：

　　＝COUNTIFS(G3:G125,"＞＝650",G3:G125,"＜1000")

结果为 27。

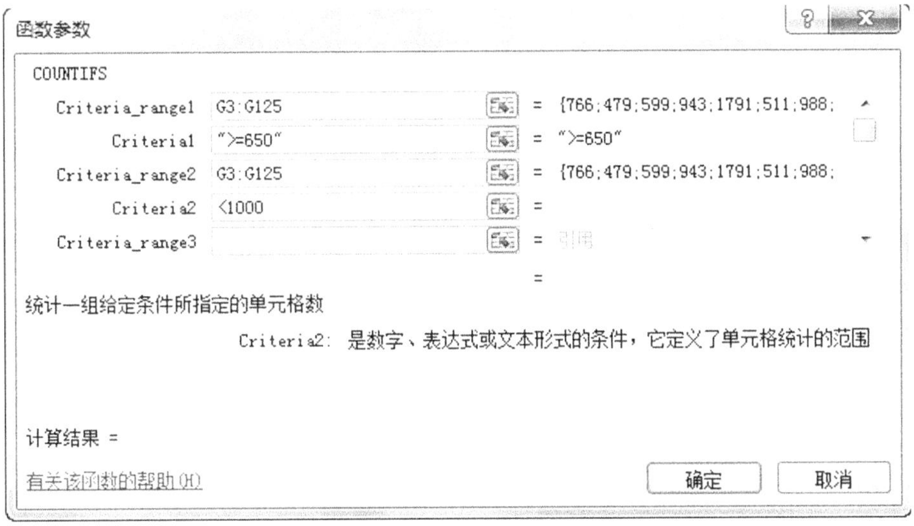


图 4-128　COUNTIFS 函数参数设置

②单击 H2 单元格，输入“销售情况”，然后单击 H3 单元格，选中“公式”选项卡，在“函数库”组中点击“逻辑”下拉菜单，选择函数“IF”。然后在“函数参数”对话框中设置参数，鼠标定位到“Logical_test”，单击 G3 单元格，在文本框中会自动填入“G3”，再输入“>=650”，在“Value_if_true”输入“量多”，在“Value_if_false”输入“量少”，单击“确定”按钮，如图 4-129 所示。H3 单元格的生成公式为：

=IF(G3>=650,"量多","量少")

鼠标移动到 H3 单元格右下角，拖动填充柄向下到 H125 即可。

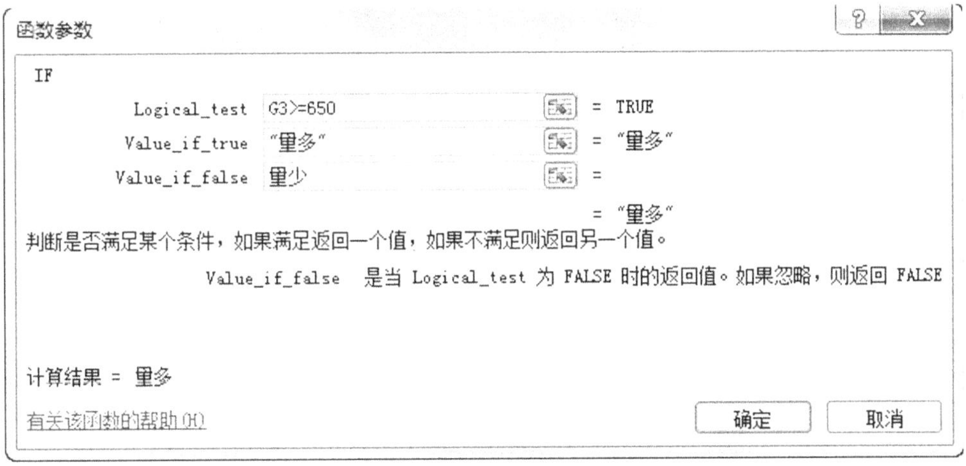


图 4-129　IF 函数参数设置

**3. 实例 3**

以如图 4-130 所示的期中考试成绩表为源数据，完成以下操作要求：

在 Sheet1 中的“总分”列后增加一列“等级”，要求利用公式计算每位学生的等级。要求：如果“高等数学”和“大学语文”的平均分大于等于 85 为“优秀”，否则显示为空。

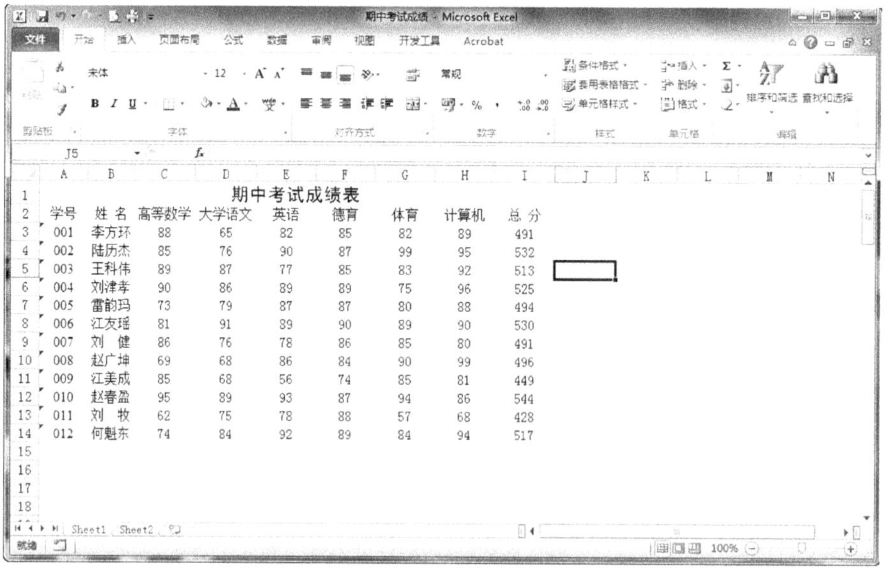


图 4-130 期中考试成绩表

操作步骤如下：

①单击 J2 单元格，输入“等级”，点击 J3 单元格，选中“公式”选项卡，在“函数库”组中点击“逻辑”下拉菜单，选择函数“IF”。“Logical_test”中输入“>=85”，在“Value_if_true”中输入“优秀”，“Value_if_false”中输入“""”(英文状态下的两个双引号，中间无空格，表示空值)，单击“确定”按钮，出现如图 4-131 所示“函数参数”对话框。H3 单元格的生成公式为：

=IF(>=85,"优秀","")

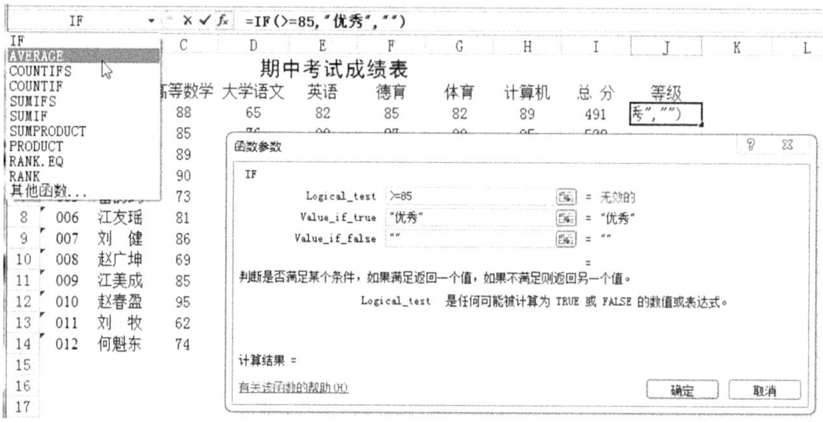


图 4-131 IF 函数参数设置

②此时 Logical_test 提示“无效的”，说明测试条件错误或不完整，根据题目要求，需要计算“高等数学”和“大学语文”的平均分，因此要在 IF 参数中嵌套平均值函数 AVERAGE，将鼠标定位到 Logical_test 的“>=85”大于号之前，点击工作表左上角 IF 处的小箭头，在弹出的下拉列表中选择“AVERAGE”，然后在 AVERAGE 的“函数参数”中设置 Number1 为“C3:D3”，如图 4-132 所示。点击“确

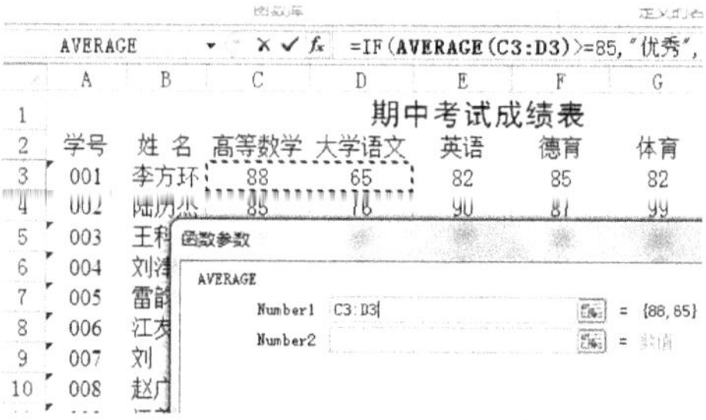


图 4-132 AVERAGE 函数参数设置

定”后，即可生成最后的函数公式：

=IF(AVERAGE(C3:D3)>=85,"优秀","")

鼠标移动到 J3 单元格右下角，拖动填充柄向下到 H125 即可，结果如图 4-133 所示。

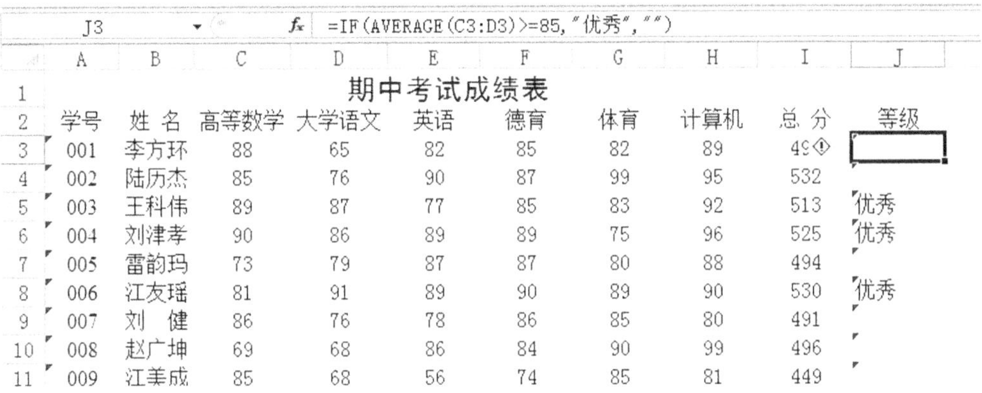

J3　$f_x$　=IF(AVERAGE(C3:D3)>=85,"优秀","")

| | A | B | C | D | E | F | G | H | I | J |
|---|---|---|---|---|---|---|---|---|---|---|
| 1 | 期中考试成绩表 | | | | | | | | | |
| 2 | 学号 | 姓 名 | 高等数学 | 大学语文 | 英语 | 德育 | 体育 | 计算机 | 总 分 | 等级 |
| 3 | 001 | 李方环 | 88 | 65 | 82 | 85 | 82 | 89 | 49 | |
| 4 | 002 | 陆历杰 | 85 | 76 | 90 | 87 | 99 | 95 | 532 | |
| 5 | 003 | 王科伟 | 89 | 87 | 77 | 85 | 83 | 92 | 513 | 优秀 |
| 6 | 004 | 刘津孝 | 90 | 86 | 89 | 89 | 75 | 96 | 525 | 优秀 |
| 7 | 005 | 雷韵玛 | 73 | 79 | 87 | 87 | 80 | 88 | 494 | |
| 8 | 006 | 江友瑶 | 81 | 91 | 89 | 90 | 89 | 90 | 530 | 优秀 |
| 9 | 007 | 刘　健 | 86 | 76 | 78 | 86 | 85 | 80 | 491 | |
| 10 | 008 | 赵广坤 | 69 | 68 | 86 | 84 | 90 | 99 | 496 | |
| 11 | 009 | 江羊成 | 85 | 68 | 56 | 74 | 85 | 81 | 449 | |

图 4-133　操作结果

# 4.5　数据图表

Excel 2010 提供了强大的图表功能，根据工作表中的数据，可以创建直观、形象的图表，使枯燥、复杂的数据变得生动形象、层次分明、条理清楚、易于理解。Excel 2010 提供了多种图表类型，用户可以选择适当的方式表达数据信息，并且可以自定义图表，设置图表各部分的格式，还可以对图表进行适当的美化。

## 4.5.1　图表结构与类型

图表主要由坐标轴、网格线、数据系列、数据标签、图例等部件组成，如图 4-134 所示。

**1. 图表结构**

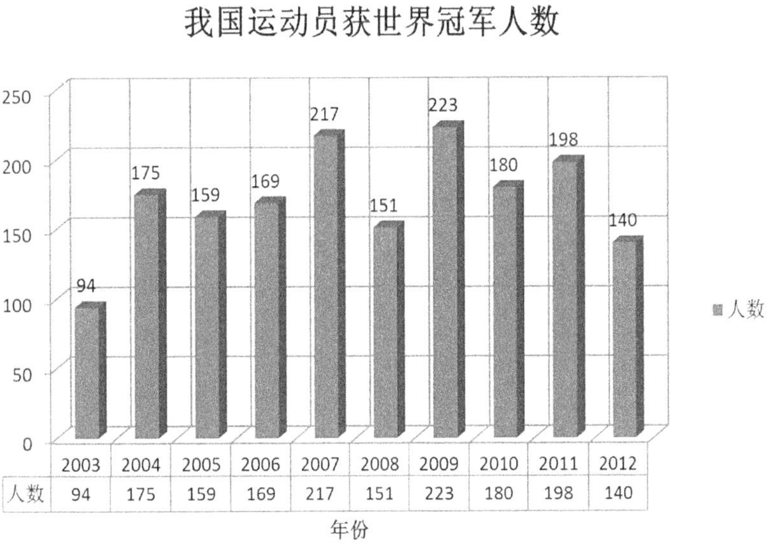


图 4-134　常见图标结构

(1)坐标轴

坐标轴是界定图表绘图区的线条，用于度量的参照标准。图表通常有两个用于对数据进行度量和分类的坐标轴：垂直轴(也称数值轴或 $y$ 轴)和水平轴(也称分类轴或 $x$ 轴)。三维柱形图、三维圆锥图或三维棱锥图还有第三个坐标轴，即竖坐标轴(也称系列轴或 $z$ 轴)，以便能够根据图表的深度绘制数据。雷达图没有水平(分类)轴，而饼图和圆环图没有任何坐标轴。

(2)网格线

网格线是界定数据系列的数值分布边界，对应坐标轴的刻度。调整坐标轴的刻度可以改变网格线的疏密程度。饼图和圆环图没有网格线。

(3)数据系列

数据系列是图表的核心，它对应数据源。也就是说图表主要通过数据系列来展示数据的变化与趋势。一个图表可以有多个数据系列，数据系列由多个系列点组成，但一个系列也可能仅包含一个系列点。

(4)数据标签

数据标签用于显示数据系列的值，每一个标签对应一个系列点。数据标签是一组数值，来源于图表的源数据，当修改数据源时标签也会发生相应变化。在图表中可以随意移动标签的位置。

(5)基底、背景墙、背面墙和侧面墙

只有三维图表才有基底、背景墙、背面墙和侧面墙，它们用于构建三维空间，使图表显示三维效果。

(6)图例

图例用于补充说明数据系列与该系列所对应的标题间的关系。当只有一个数据系列时，可以忽略图例。

(7)纵坐标轴刻度值单位标签

纵坐标轴刻度值单位标签用于指示纵坐标轴的刻度单位。

**2. 图表分类**

根据用途和外观，可以将图表分为多种类型，主要有柱形图、折线图、饼图、条形图、面积图、散点图等。用户在使用时可根据需求选择合适的图表类型。

(1)柱形图

柱形图用于显示一段时间内的数据变化或说明各项数据之间的比较情况。在柱形图中，通常横坐标轴代表类别，纵坐标轴数值刻度。

柱形图包括二维柱形图(见图 4-135)、三维柱形图(见图 4-136)、圆柱图(见图 4-137)、圆锥图(见图 4-138)和棱锥图。

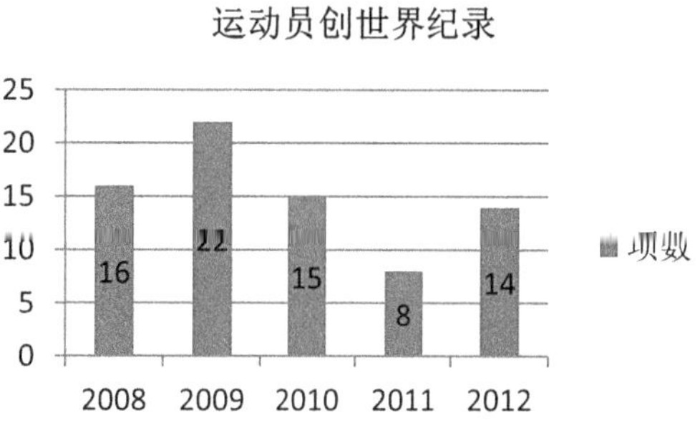


图 4-135　簇状柱形图

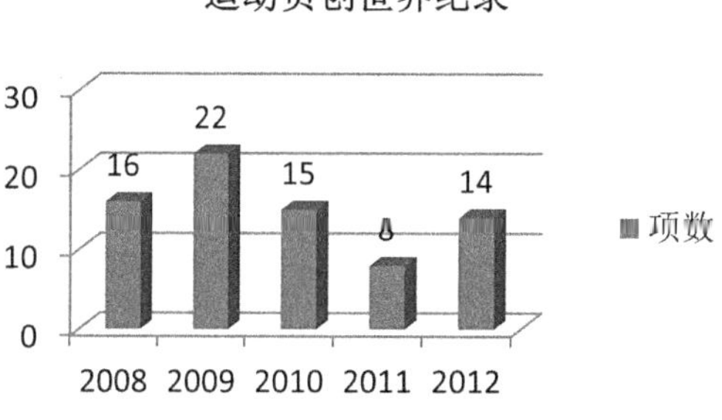


图 4-136　三维簇状柱形图

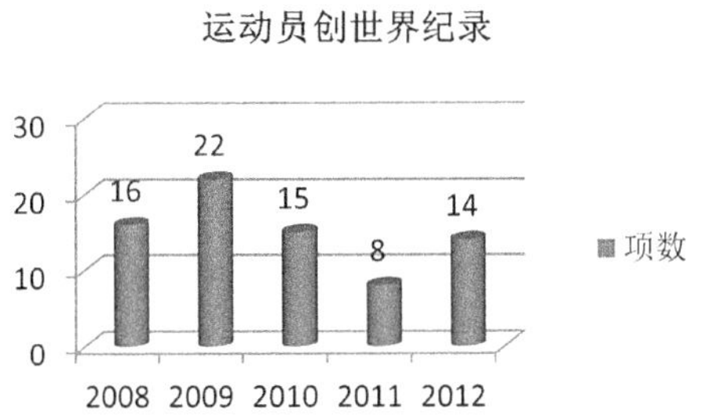


图 4-137　簇状圆柱图

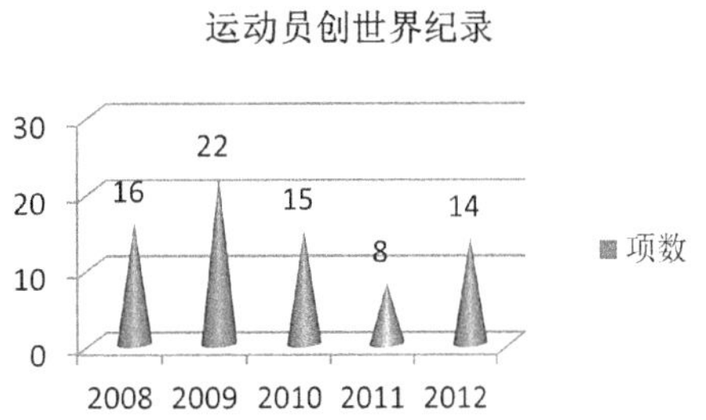


图 4-138　簇状圆锥图

(2)折线图

折线图可以显示随时间而变化的连续数据(根据常用比例设置),适用于显示在相等时间间隔下数据的变化趋势,如图 4-139 所示。在折线图中,类别数据沿水平轴均匀分布,数据沿垂直轴均匀分布。

图 4-139　折线图

(3)饼图

饼图显示一个数据系列中各项的占比分布。饼图包括常规饼图(见图 4-140)、分离型饼图、复合饼图、三维饼图(见图 4-141)和分离形三维饼图(见图 4-142)等。

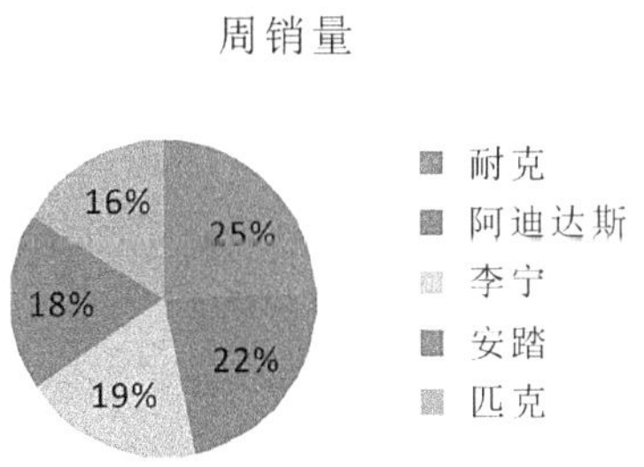


图 4-140　饼图

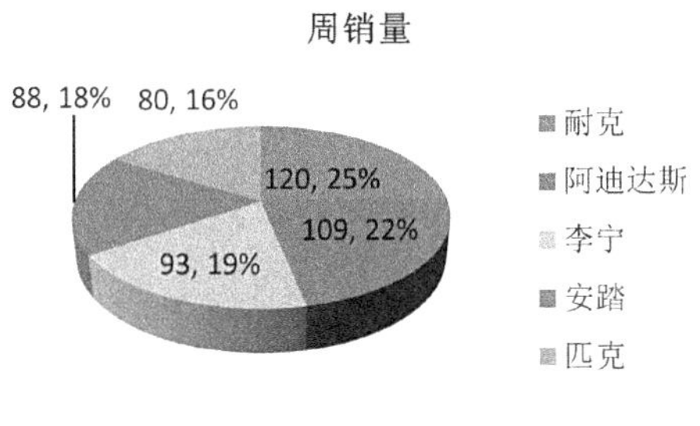


图 4-141　三维饼图

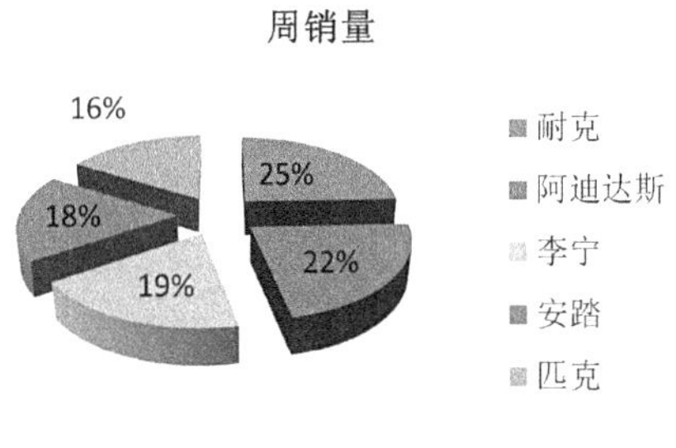


图 4-142　分离型三维饼图

(4)条形图

条形图显示各项之间的比较情况。条形图其实就是柱形图的倒置效果,如图 4-143 所示。通常在类别轴的描述性文字过长时可采用条形图。

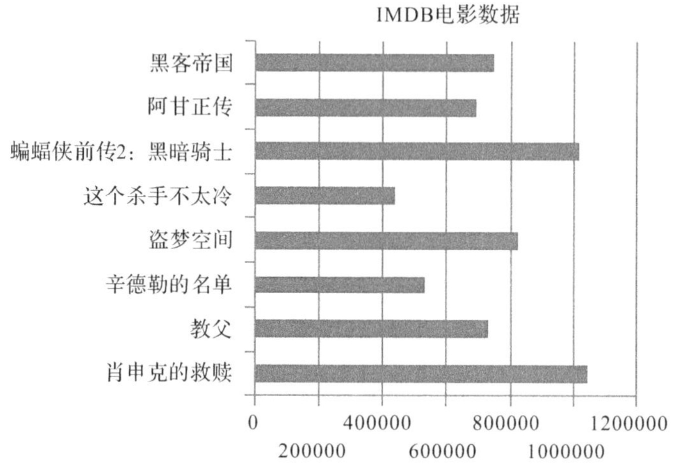


图 4-143 簇状条形图

(5)迷你图

迷你图是 Excel 2010 新增的功能,包括折线图、柱形图和盈亏图,在“插入”选项卡中可以看到迷你图的三个按钮。迷你图没有坐标轴、刻度值和数据标签,只能用于简单地指示数据发展趋势,不适合精确的数值比较。迷你图只能存放在单元格中,图 4-144 所示为三种迷你图的外观和功能展示。

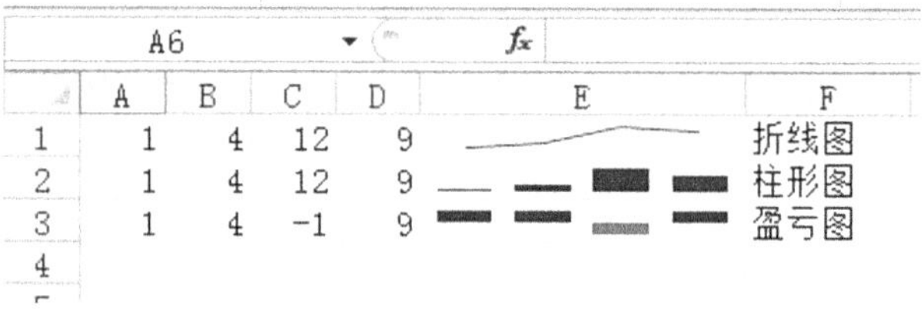


图 4-144 迷你图示例

## 4.5.2 创建图表

Excel 2010 使用功能区按钮创建图表,摒弃了 2003 版本中的图表向导方式,可以大大提升工作效率。

**1. 图表功能区**

Excel 提供了 4 个和图表相关的选项卡,包括“插入”“设计”“布局”“格式”。其中后面 3 个属于上下文选项卡,选择图表时才能调出功能区界面。

“插入”选项卡中和图表相关的功能组有“图表”和“迷你表”两个组。“图表”组中包括各种类型图表的弹出式下拉菜单,在下拉菜单中选择某一类别的图表类型即可生成图表,如图 4-145所示。

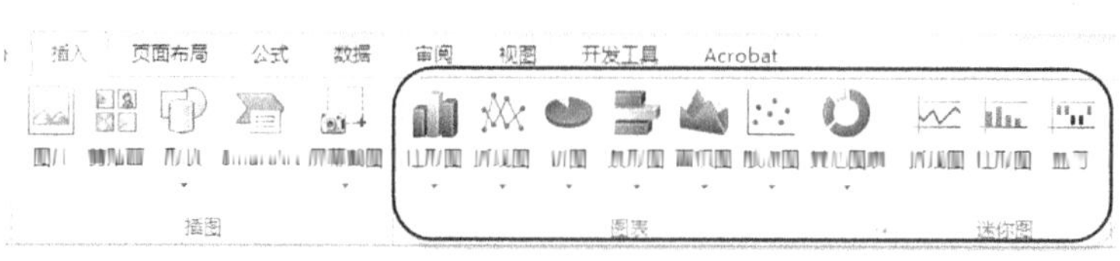


图 4-145 “插入”选项卡图表相关分组

“设计”选项卡包括“类型”“数据”“图表布局”“图表样式”和“位置”5 个组(见图 4-146)。

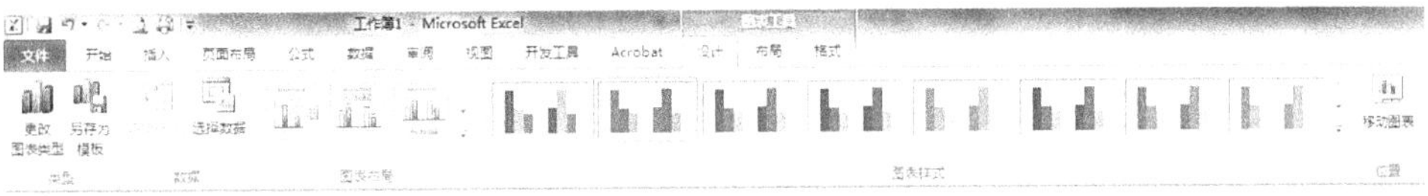


图 4-146　“设计”选项卡

“布局”选项卡包括“当前所选内容”“插入”“标签”“坐标轴”“背景”等组(见图 4-147)。其中“标签”组包括“图标标题”“坐标轴标题”“图例”“数据标签”等,主要用于图表外观的设置。

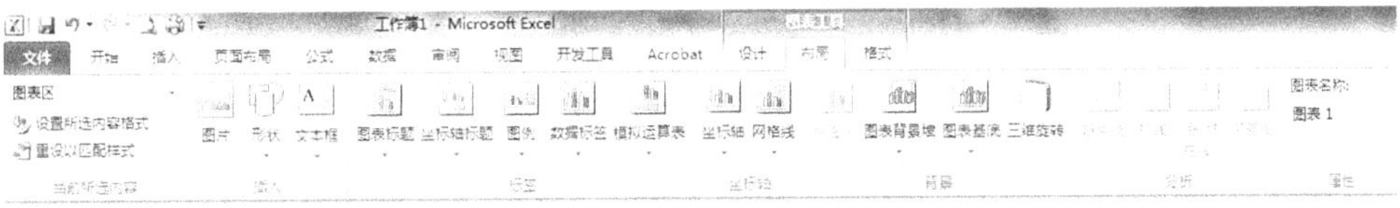


图 4-147　“布局”选项卡

“格式”选项卡包括“形状样式”“艺术字体样式”“排列”“大小”等组。

除以上 4 个选项卡的按钮外,在右键快捷菜单中也有与图表相关的菜单选项。

**2. 创建图表**

要创建图表,首先要选择建立图表的数据区域,该数据区域至少含有一行或一列数值或由公式产生的数据,否则将无法创建图表。

以如图 4-148 所示的工作表为例,创建图表的步骤如下:

①选择要建立图表的数据区域。选定数据时,需要包含行、列标题文字,这样在生成图表时,Excel 会自动将他们用作图例文字和图表标题。

②选择“插入”选项卡→“图表”组,单击下拉按钮▼,在弹出的下拉列表中选择要使用的图表子类型,如选柱形图中“二维柱形图”组中的“簇状柱形图”,如图 4-149 所示。

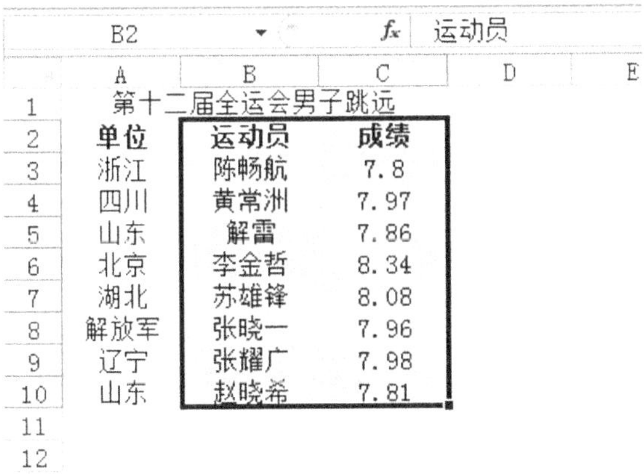
B2　$f_x$　运动员

| | A | B | C | D | E |
|---|---|---|---|---|---|
| 1 | 第十二届全运会男子跳远 | | | | |
| 2 | 单位 | 运动员 | 成绩 | | |
| 3 | 浙江 | 陈畅航 | 7.8 | | |
| 4 | 四川 | 黄常洲 | 7.97 | | |
| 5 | 山东 | 解雷 | 7.86 | | |
| 6 | 北京 | 李金哲 | 8.34 | | |
| 7 | 湖北 | 苏雄锋 | 8.08 | | |
| 8 | 解放军 | 张晓一 | 7.96 | | |
| 9 | 辽宁 | 张耀广 | 7.98 | | |
| 10 | 山东 | 赵晓希 | 7.81 | | |
| 11 | | | | | |
| 12 | | | | | |

图 4-148　跳远成绩表

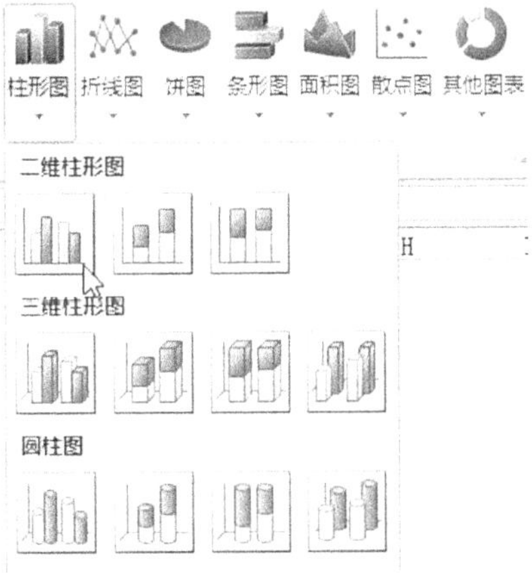


图 4-149　柱形图菜单

③设置图表的格式,包括数值的刻度值、是否显示图例、图标标题和数据标签等,如图 4-150所示。

④调整图表的位置和比例,单击图表空白处,使其处于激活状态,当鼠标变成十字箭头时,拖动鼠标可以移动图表,将鼠标指向图表的边角,指针变成形状时,可以调整图表的大小和缩放比例。

二维簇状柱形图创建效果如图 4-151 所示。

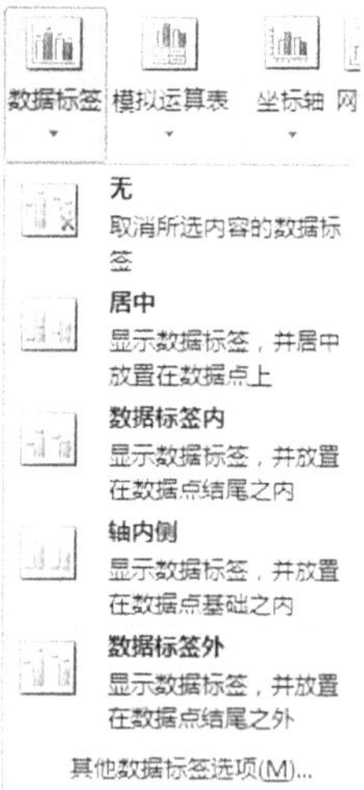


图 4-150　添加数据标签

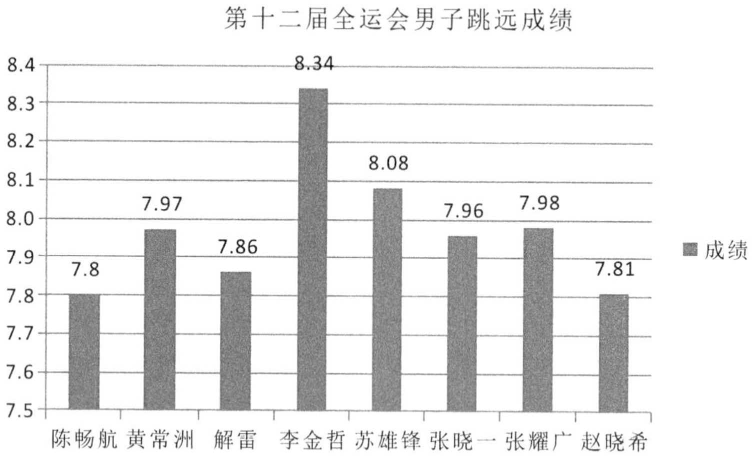


图 4-151　跳远成绩簇状柱形图

## 4.5.3　编辑图表

在工作表中创建图表后，用户可以通过“设计”“布局”“格式”3 个选项卡对图表进行编辑和美化工作。

**1. 更改图表类型**

对已创建的图表可以根据需要改变图表的类型。具体方法如下：

(1)删除原有图表，重新创建。

(2)选中激活图表，单击“插入”→“图表”，然后选择要使用的图表子类型。

(3)选中激活图表，单击“图表工具”→“设计”→“类型”，单击更改图表类型按钮(或右键菜单“更改系列图表类型”)，在弹出的“更改图表类型”对话框中选择需要使用的图表类型即可，如图 4-152 所示。

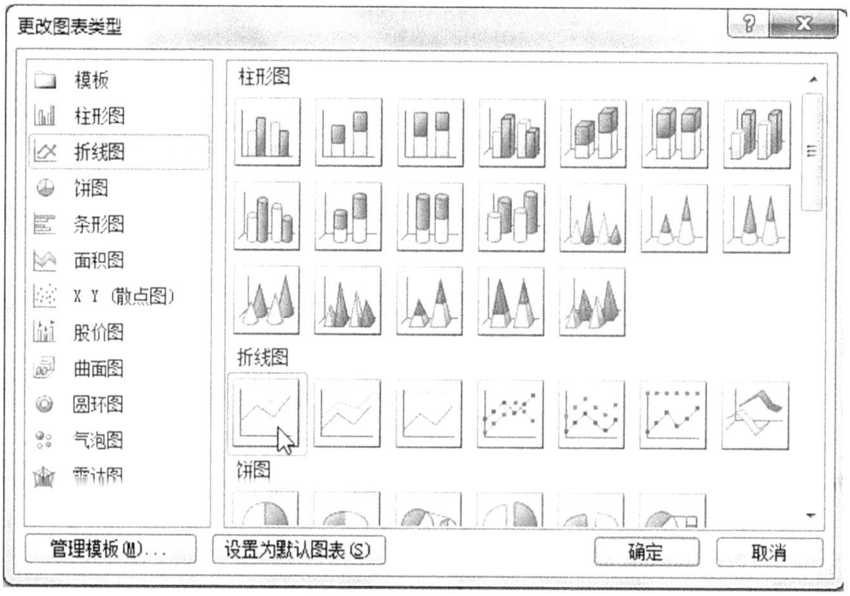


图 4-152　更改图表类型

**2. 更改图表数据**

当希望更改图表中的数据源，可以选中图表，单击"图表工具"→"设计"→"数据"组中的"选择数据"按钮，打开如图 4-153 所示的"选择数据源"对话框，在"图例项(系列)"列表框中添加、编辑或删除系列，并编辑"水平(分类)轴标签"，单击"确定"按钮即可。

若要更改工作表行和列在图表中的绘制方式，选中图表，单击"图表工具"→"设计"→"数据"组中的"切换行/列"按钮。

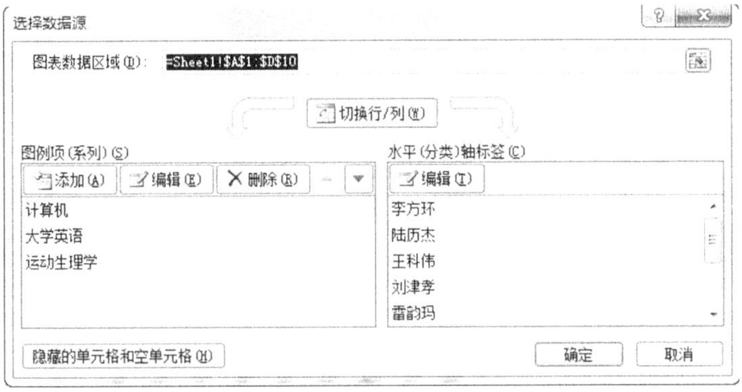


图 4-153　选择数据源

**3. 设置图表布局和样式**

在 Excel 2010 中，默认设计了多种图表布局和样式。选中图表，单击"图表工具"→"设计"，在"图表布局"组中，单击下拉按钮，在弹出的图表布局库中选择需要的布局，即可快速完成布局，在"图表样式"分组中选择需要的样式，即可自动套用图表布局和样式，如图 4-154 所示。

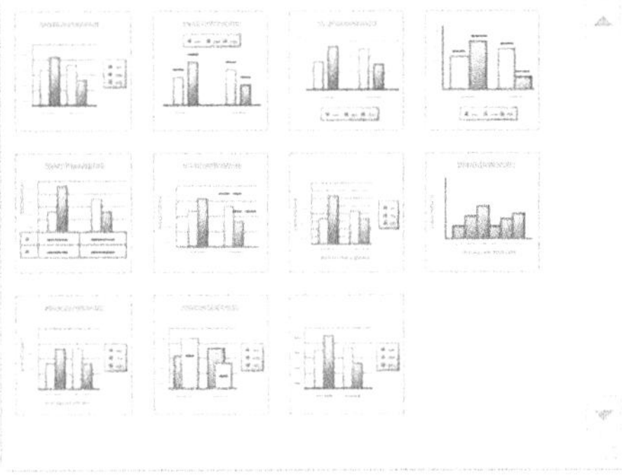

图 4-154　图标快速布局库

用户还可以根据具体需求，手动设置图表的布局。选中图表，单击"图表工具"→"布局"，在"标签"组中可以设置图表标题、坐标轴标题、数据标签等。在"坐标轴"组中，可以设置"坐标轴"和"网格线"等。

**4. 设置图表格式**

选中图表或图表中的元素，在自动显示的"图表工具"→"形状样式"组，可以设置"形状填充""形状轮廓""形状效果"等。在"艺术字样式"组，还可以设置图表中字体元素的"文本填充""文本轮廓"和"文本效果"。

### 4.5.4　应用实例

以如图 4-155 所示的图书销售统计表为源数据，对星期一到星期五的数据，生成"分离型三维饼图"。

要求如下：

①图例项为"星期一、星期二、…、星期五"(图例项位置默认)。

②图表标题改为"图书合计"，并添加数据标签。

③数据标签格式为值和百分比(如:1234,15%)。

④将图表置于 A6:G20 的区域。

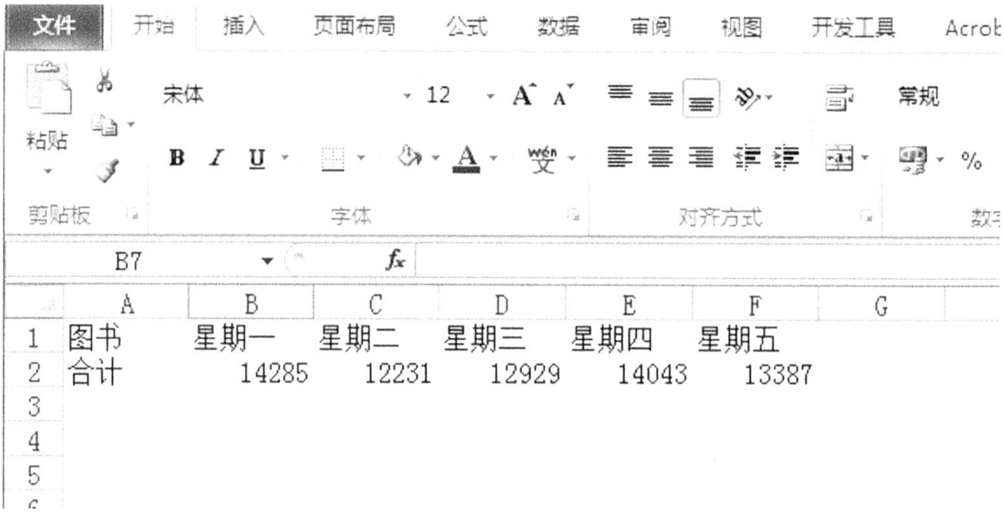


图 4-155　图书销售统计

操作步骤如下:

选中 A1:F2 区域单元格,选择“插入”选项卡,在“图表”组中单击“饼图”的“三维饼图”→“分离型三维饼图”,如图 4-156 所示。在生成的饼图上,将原有的标题“合计”直接修改为“图书合计”,选中图表区域,选择“图表工具”→“布局”,在“标签”组中单击“数据标签”下拉按钮,在弹出的下拉列表中选择“其他数据标签选项”,如图 4-157 所示。在弹出的对话框中勾选“百分比”,单击“关闭”按钮,如图 4-158 所示。最后将图表缩放拖动并覆盖到 A6:G20 区域,如图 4-159 所示。

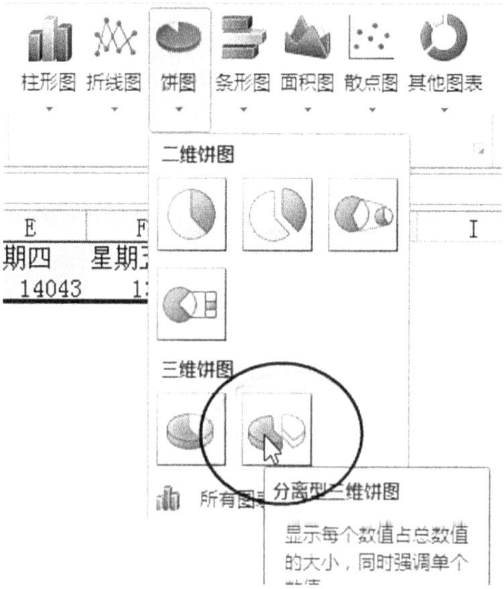


图 4-156　选择图表类型

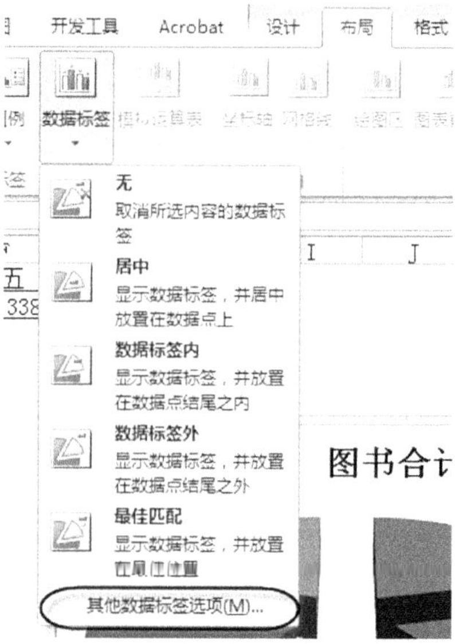


图 4-157　添加数据标签

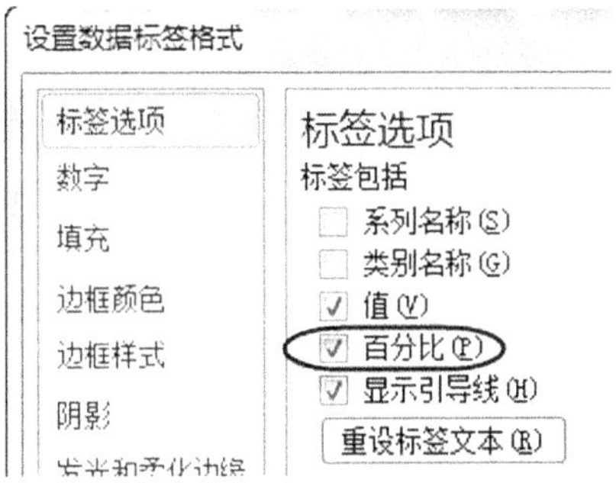


图 4-158　添加数据标签百分比

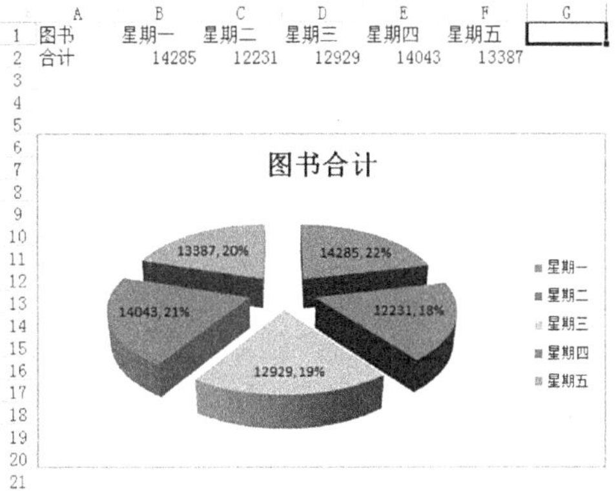


图 4-159　图表操作结果

# 4.6　数据管理和分析

Excel 2010 为用户提供了强大的数据排序、筛选、分类汇总和透视图等功能，利用这些功能可以方便地从工作表中取得有用的数据，并重新整理数据，让用户可以从不同的角度去观察分析数据。

## 4.6.1　数据排序

数据排序是指按照一定规则对数据进行排列。Excel 2010 提供了多种方法对数据进行排序，用户也可以自定义排序方法。对数据进行排序有助于快速直观地显示数据并更好地理解数据，有助于做出更有效的决策。

**1. 简单排序**

简单排序是指只按照某一列数据为排序依据进行的(升序或降序)排序。操作步骤如下：

①将鼠标单击选中需要排序的列数据的任一单元格，如，要对“合计”列进行排序，只需将鼠标定位到“合计”列的任一个单元格，如图 4-160 所示。

②选择“数据”选项卡，根据需要，单击“排序和筛选”组的降序按钮、升序按钮，即可实现数值从大到小或从小到大排序的功能。

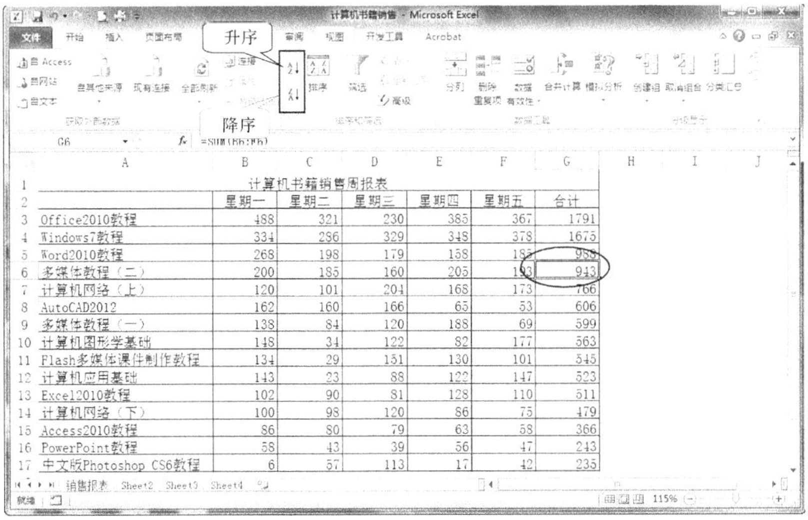


| | 星期一 | 星期二 | 星期三 | 星期四 | 星期五 | 合计 |
|---|---|---|---|---|---|---|
| Office2010教程 | 488 | 321 | 230 | 385 | 367 | 1791 |
| Windows7教程 | 334 | 286 | 329 | 348 | 378 | 1675 |
| Word2010教程 | 268 | 198 | 179 | 158 | 18[illegible] | 958 |
| 多媒体教程（二） | 200 | 185 | 160 | 205 | 193 | 943 |
| 计算机网络（上） | 120 | 101 | 204 | 168 | 173 | 766 |
| AutoCAD2012 | 162 | 160 | 166 | 65 | 53 | 606 |
| 多媒体教程（一） | 138 | 84 | 120 | 188 | 69 | 599 |
| 计算机图形学基础 | 148 | 34 | 122 | 82 | 177 | 563 |
| Flash多媒体课件制作教程 | 134 | 29 | 151 | 130 | 101 | 545 |
| 计算机应用基础 | 143 | 23 | 88 | 122 | 147 | 523 |
| Excel2010教程 | 102 | 90 | 81 | 128 | 110 | 511 |
| 计算机网络（下） | 100 | 98 | 120 | 86 | 75 | 479 |
| Access2010教程 | 86 | 80 | 79 | 63 | 58 | 366 |
| PowerPoint教程 | 58 | 43 | 39 | 56 | 47 | 243 |
| 中文版Photoshop CS6教程 | 6 | 57 | 113 | 17 | 42 | 235 |

图 4-160　简单排序

**2. 复杂排序**

当数据需要按某一列的相同值进行分组,但又需要对该组相同值中的另一列进行排序时,可采用“自定义排序”。操作步骤如下:

①选择具有两列或更多列数据的单元格区域,或者确保活动单元格在包含两列或更多列的表中。

②在“数据”选项卡的“排序和筛选”组中,单击“排序”按钮,弹出如图 4-161 所示的“排序”对话框。

③在“主要关键字”的下拉列表中选择“合计”,“次序”选择“降序”。然后单击“添加条件”按钮,在下方出现的“次要关键字”中选择“星期五”,“次序”选择“降序”,如还需增加第三个排序条件,可再添加条件。按“确定”按钮后即可完成排序。

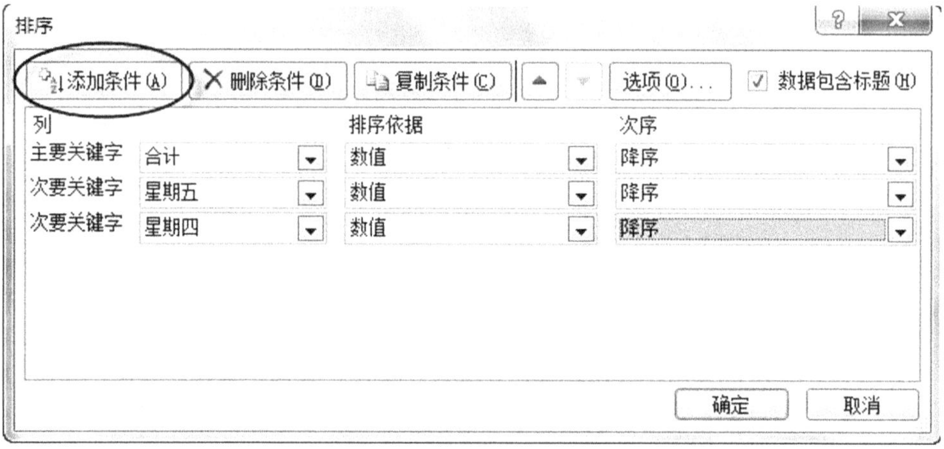


图 4-161 “排序”对话框

*提示:排序时需要特别注意列和列之间的数据关联,对一列数据排序,其他列也应随之变动顺序。*

### 4.6.2 数据筛选

数据筛选是从工作表中查找和分析特定条件的数据记录的快捷方法,经过筛选后只显示满足条件的记录,不符合要求的数据,系统会自动隐藏起来。Excel 2010 提供了三种筛选方式:自动筛选、自定义筛选和高级筛选。

**1. 简单自动筛选**

自动筛选适用于简单条件的筛选,通常是在工作表的一个列中,查找出符合条件的值。利用“自动筛选”功能,用户可在大量的数据记录中快速查找出符合多重条件的数据。

操作步骤如下:

①单击数据区域的任意单元格,选择“数据”选项卡→“排序和筛选”组,单击“筛选”按钮,此刻数据列标题的右侧均显示一个倒三角按钮,如图 4-162 所示。

②单击“总评”右侧的下拉按钮,取消“全选”复选框,勾选“不合格”,然后单击“确定”按钮即可完成筛选,筛选结果如图 4-163 所示,此时,除了总评为“不合格”的,其他学生的所有数据都将隐藏。如要显示其他数据,在图 4-162 中勾选“全选”即可。

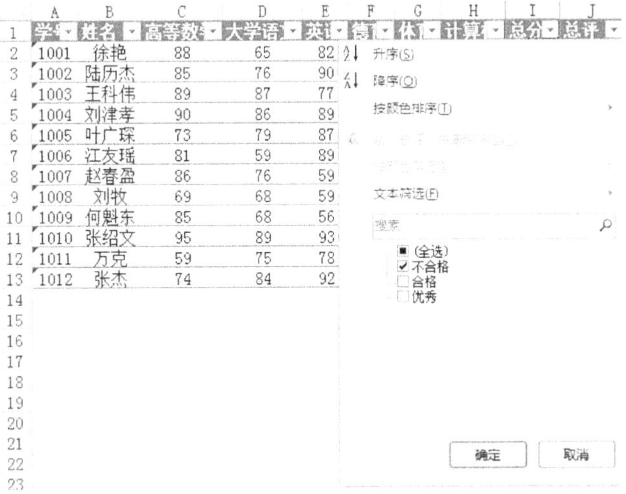


图 4-162　筛选数据列标记

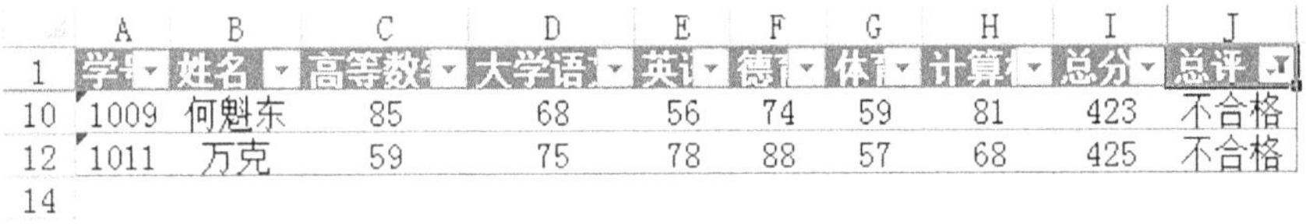

| | 学号 | 姓名 | 高等数学 | 大学语文 | 英语 | 德育 | 体育 | 计算机 | 总分 | 总评 |
|---|---|---|---|---|---|---|---|---|---|---|
| 10 | 1009 | 何魁东 | 85 | 68 | 56 | 74 | 59 | 81 | 423 | 不合格 |
| 12 | 1011 | 万克 | 59 | 75 | 78 | 88 | 57 | 68 | 425 | 不合格 |

图 4-163　自动筛选结果

**2. 自定义自动筛选**

当自动筛选无法满足筛选操作时，可采用“自定义筛选”。在图中单击“计算机”右侧的按钮，在弹出的下拉菜单中选择“数字筛选”，如图 4-164 所示。然后在展开的子菜单中选择“自定义筛选”，系统弹出如图 4-165 所示的“自定义自动筛选方式”对话框，在对话框中输入条件数值即可。

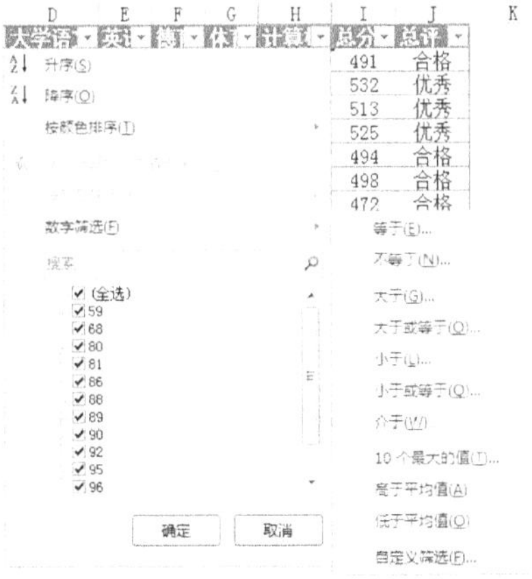


图 4-164　“数字筛选”选项

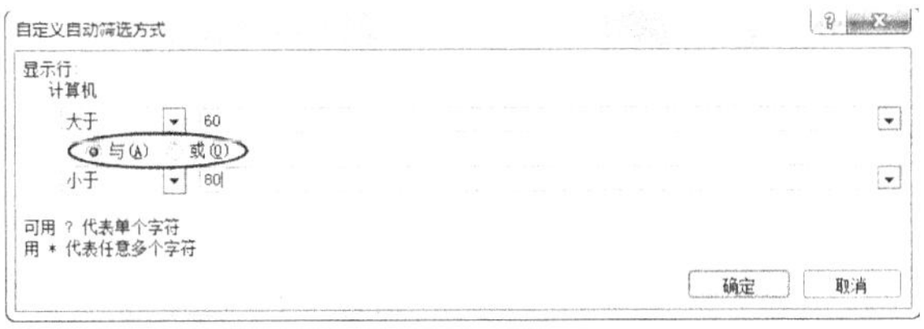


图 4-165　自定义自动筛选方式

提示：在自定义自动筛选方式时，需注意条件“或”和“与”的使用。

**3. 高级筛选**

如果有多个条件重叠，则可以使用高级筛选来筛选数据。操作步骤如下：

①首先在表的任意一个空白区域输入高级筛选条件，如图 4-166 所示。

②单击数据区域的任意单元格，选择“数据”选项卡，在“排序和筛选”组中单击“高级”按钮，在弹出的如图 4-166 所示的“高级筛选”对话框中，“列表区域”文本将会自动选择筛选的数

据区域,如需调整,单击按钮自行选择。

③单击“条件区域”按钮,选择自定义的筛选条件区域。单击“确定”按钮后,即可完成高级筛选。

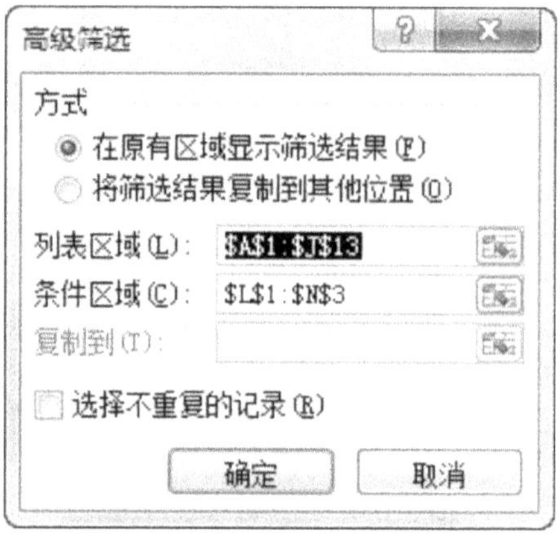


图 4-166

在如图 4-167 中右侧条件区域表示的条件是:大学语文≥90 且计算机≥90,或者英语≥90。也就是当条件在一行中的时候,说明所设条件是“与(且)”的关系,而不在同一行,则说明是“或”的关系。

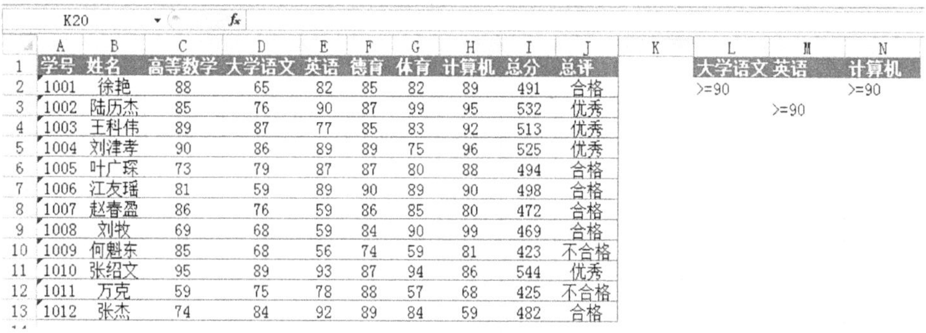

K20

| | A | B | C | D | E | F | G | H | I | J | K | L | M | N |
|---|---|---|---|---|---|---|---|---|---|---|---|---|---|---|
| 1 | 学号 | 姓名 | 高等数学 | 大学语文 | 英语 | 德育 | 体育 | 计算机 | 总分 | 总评 | | 大学语文 | 英语 | 计算机 |
| 2 | 1001 | 徐艳 | 88 | 65 | 82 | 85 | 82 | 89 | 491 | 合格 | | >=90 | | >=90 |
| 3 | 1002 | 陆历杰 | 85 | 76 | 90 | 87 | 99 | 95 | 532 | 优秀 | | | >=90 | |
| 4 | 1003 | 王科伟 | 89 | 87 | 77 | 85 | 83 | 92 | 513 | 优秀 | | | | |
| 5 | 1004 | 刘津孝 | 90 | 86 | 89 | 89 | 75 | 96 | 525 | 优秀 | | | | |
| 6 | 1005 | 叶广琛 | 73 | 79 | 87 | 87 | 80 | 88 | 494 | 合格 | | | | |
| 7 | 1006 | 江友瑶 | 81 | 59 | 89 | 90 | 89 | 90 | 498 | 合格 | | | | |
| 8 | 1007 | 赵春盈 | 86 | 76 | 59 | 86 | 85 | 80 | 472 | 合格 | | | | |
| 9 | 1008 | 刘牧 | 69 | 68 | 59 | 84 | 90 | 99 | 469 | 合格 | | | | |
| 10 | 1009 | 何魁东 | 85 | 68 | 56 | 74 | 59 | 81 | 423 | 不合格 | | | | |
| 11 | 1010 | 张绍文 | 95 | 89 | 93 | 87 | 94 | 86 | 544 | 优秀 | | | | |
| 12 | 1011 | 万克 | 59 | 75 | 78 | 88 | 57 | 68 | 425 | 不合格 | | | | |
| 13 | 1012 | 张杰 | 74 | 84 | 92 | 89 | 84 | 59 | 482 | 合格 | | | | |

图 4-167　高级筛选设置

**4. 取消筛选**

直接单击“排序和筛选”组中的“筛选”按钮,就可以取消所有列标识中的“自动筛选”按钮,同时,还原筛选之前的全部数据。

## 4.6.3　分类汇总

分类汇总是指按某个字段分类,把该字段值相同的记录放在一起,在对这些记录的其他数值字段进行求和、求平均值或计数等汇总运算。操作前必须要先按分类的列进行排序,然后再进行分类汇总。分类汇总的结果将插入并显示在字段相同值记录行的下边,同时,自动在数据底部插入一个总计行。

以图 4-168 所示的数据为例,具体的操作步骤如下:

①对“产品”列作升序排序。

②选择“数据”选项中的“分级显示”组中的“分类汇总”按钮,在弹出的如图 4-169 所示的“分类汇总”对话框中,对“分类字段”选择“产品”“汇总方式”选择“计数”“选定汇总项”中分别选择

“每盒数量”、“采购盒数”，单击“确定”按钮后，即可完成分类汇总操作，如图 4-170 所示。

| | A | B | C | D | E | F | G |
|---|---|---|---|---|---|---|---|
| 1 | 产品 | 瓦数 | 寿命（小时） | 商标 | 单价 | 每盒数量 | 采购盒数 |
| 2 | 白炽灯 | 200 | 3000 | 上海 | 4.50 | 4 | 3 |
| 3 | 白炽灯 | 80 | 1000 | 上海 | 0.20 | 40 | 3 |
| 4 | 白炽灯 | 200 | 3000 | 北京 | 5.00 | 3 | 2 |
| 5 | 白炽灯 | 100 | 未知 | 北京 | 0.25 | 10 | 5 |
| 6 | 白炽灯 | 10 | 800 | 上海 | 0.20 | 25 | 2 |
| 7 | 白炽灯 | 60 | 1000 | 北京 | 0.15 | 25 | 0 |
| 8 | 白炽灯 | 80 | 1000 | 北京 | 0.20 | 30 | 2 |
| 9 | 白炽灯 | 100 | 2000 | 上海 | 0.80 | 10 | 5 |
| 10 | 白炽灯 | 40 | 1000 | 上海 | 0.10 | 20 | 5 |
| 11 | 氖管 | 100 | 2000 | 上海 | 2.00 | 15 | 2 |
| 12 | 氖管 | 100 | 2000 | 北京 | 1.80 | 20 | 5 |
| 13 | 其他 | 10 | 8000 | 北京 | 0.80 | 25 | 6 |
| 14 | 其他 | 25 | 未知 | 北京 | 0.50 | 10 | 3 |
| 15 | 日光灯 | 100 | 未知 | 上海 | 1.25 | 10 | 4 |
| 16 | 日光灯 | 200 | 3000 | 上海 | 2.50 | 15 | 0 |
| 17 | | | | | | | |

图 4-168　灯泡采购表

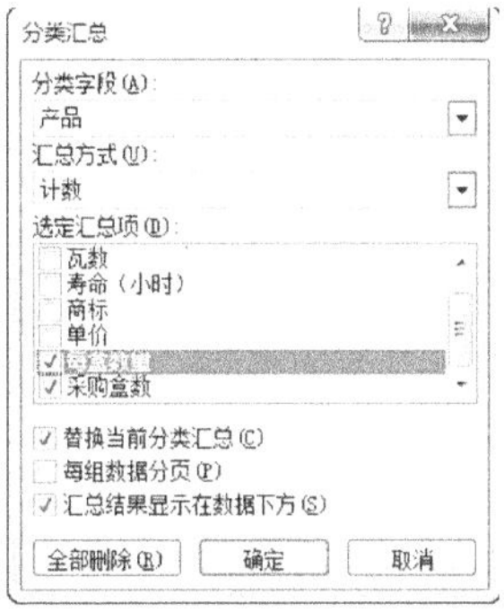


图 4-169　“分类汇总”对话框

| | A | B | C | D | E | F | G |
|---|---|---|---|---|---|---|---|
| 1 | 产品 | 瓦数 | 寿命（小时） | 商标 | 单价 | 每盒数量 | 采购盒数 |
| 2 | 白炽灯 | 200 | 3000 | 上海 | 4.50 | 4 | 3 |
| 3 | 白炽灯 | 80 | 1000 | 上海 | 0.20 | 40 | 3 |
| 4 | 白炽灯 | 200 | 3000 | 北京 | 5.00 | 3 | 2 |
| 5 | 白炽灯 | 100 | 未知 | 北京 | 0.25 | 10 | 5 |
| 6 | 白炽灯 | 10 | 800 | 上海 | 0.20 | 25 | 2 |
| 7 | 白炽灯 | 60 | 1000 | 北京 | 0.15 | 25 | 0 |
| 8 | 白炽灯 | 80 | 1000 | 北京 | 0.20 | 30 | 2 |
| 9 | 白炽灯 | 100 | 2000 | 上海 | 0.80 | 10 | 5 |
| 10 | 白炽灯 | 40 | 1000 | 上海 | 0.10 | 20 | 5 |
| 11 | 白炽灯 计数 | | | | | 9 | 9 |
| 12 | 氖管 | 100 | 2000 | 上海 | 2.00 | 15 | 2 |
| 13 | 氖管 | 100 | 2000 | 北京 | 1.80 | 20 | 5 |
| 14 | 氖管 计数 | | | | | 2 | 2 |
| 15 | 其他 | 10 | 8000 | 北京 | 0.80 | 25 | 6 |
| 16 | 其他 | 25 | 未知 | 北京 | 0.50 | 10 | 3 |
| 17 | 其他 计数 | | | | | 2 | 2 |
| 18 | 日光灯 | 100 | 未知 | 上海 | 1.25 | 10 | 4 |
| 19 | 日光灯 | 200 | 3000 | 上海 | 2.50 | 15 | 0 |
| 20 | 日光灯 计数 | | | | | 2 | 2 |
| 21 | 总计数 | | | | | 15 | 15 |

图 4-170　分类汇总结果

## 4.6.4　应用实例

**1. 实例 1**

以图 4-171 所示的学生成绩表为源数据，完成以下操作：

(1)在 Sheet1 的 A 列之前增加一列“学号，0001，0002，0003，…，0012”。

(2)在 F 列后增加一列“总分”，计算各科成绩总和。在“总分”列后增加“平均分”，在最后一行后增加一行“各科平均”，并求出相应平均值(不包括 H 列)。

(3)对 Sheet1 中的数据以“总分”为第一关键字降序排列，以“平均分”为第二关键字升序排序(“各科平均”行位置不变)。

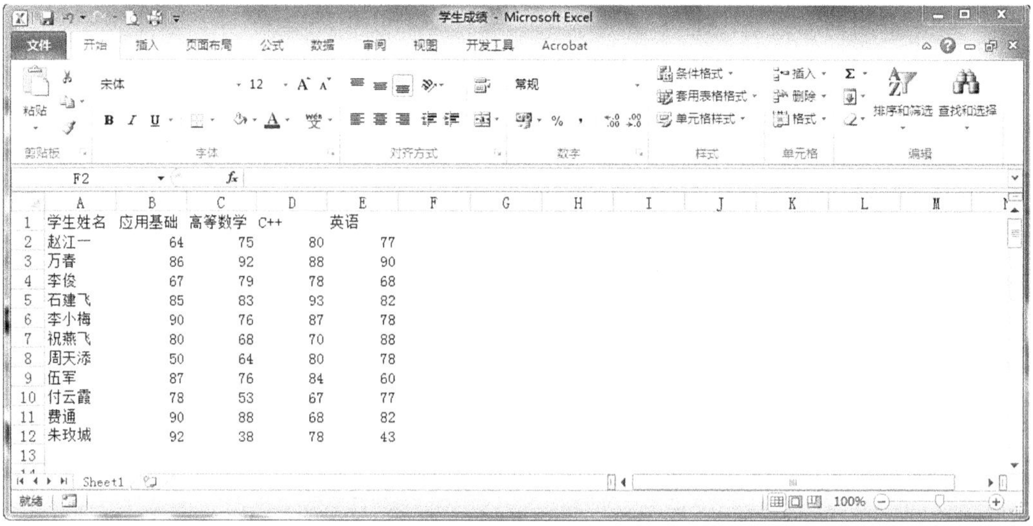

| | A | B | C | D | E |
|---|---|---|---|---|---|
| 1 | 学生姓名 | 应用基础 | 高等数学 | C++ | 英语 |
| 2 | 赵江一 | 64 | 75 | 80 | 77 |
| 3 | 万春 | 86 | 92 | 88 | 90 |
| 4 | 李俊 | 67 | 79 | 78 | 68 |
| 5 | 石建飞 | 85 | 83 | 93 | 82 |
| 6 | 李小梅 | 90 | 76 | 87 | 78 |
| 7 | 祝燕飞 | 80 | 68 | 70 | 88 |
| 8 | 周天添 | 50 | 64 | 80 | 78 |
| 9 | 伍军 | 87 | 76 | 84 | 60 |
| 10 | 付云霞 | 78 | 53 | 67 | 77 |
| 11 | 费通 | 90 | 88 | 68 | 82 |
| 12 | 朱玫城 | 92 | 38 | 78 | 43 |

图 4-171　学生成绩表

操作步骤如下：

①选中 A 列，在右击鼠标菜单中选择“插入”，完成插入 1 列，如图 4-172 所示。在 A1 单元格输入“学号”，A2 单元格输入“'0001”，然后拖动 A2 单元格右下角的填充柄向下到 A12 单元格。

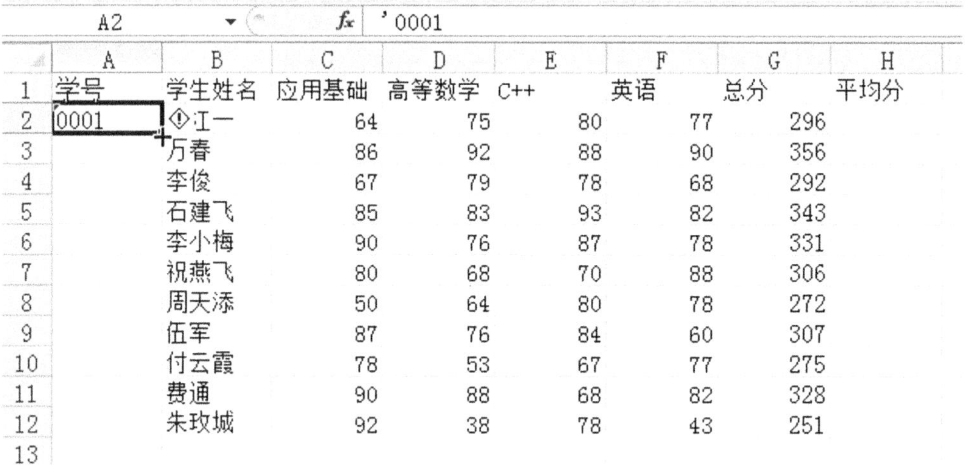

| | A | B | C | D | E | F | G | H |
|---|---|---|---|---|---|---|---|---|
| 1 | 学号 | 学生姓名 | 应用基础 | 高等数学 | C++ | 英语 | 总分 | 平均分 |
| 2 | 0001 | 赵江一 | 64 | 75 | 80 | 77 | 296 | |
| 3 | | 万春 | 86 | 92 | 88 | 90 | 356 | |
| 4 | | 李俊 | 67 | 79 | 78 | 68 | 292 | |
| 5 | | 石建飞 | 85 | 83 | 93 | 82 | 343 | |
| 6 | | 李小梅 | 90 | 76 | 87 | 78 | 331 | |
| 7 | | 祝燕飞 | 80 | 68 | 70 | 88 | 306 | |
| 8 | | 周天添 | 50 | 64 | 80 | 78 | 272 | |
| 9 | | 伍军 | 87 | 76 | 84 | 60 | 307 | |
| 10 | | 付云霞 | 78 | 53 | 67 | 77 | 275 | |
| 11 | | 费通 | 90 | 88 | 68 | 82 | 328 | |
| 12 | | 朱玫城 | 92 | 38 | 78 | 43 | 251 | |

图 4-172　自动填充学号

②选中 G1 单元格，输入“总分”，选择“公式”选项卡，单击“函数库”库中的“自动求和”按钮，在 G2 中生成公式“=SUM(C2:F2)”，按回车键后，拖动填充柄向下到 G12 单元格。选中 H1 单元格，输入“平均分”，单击“函数库”组中的“自动求和”下拉列表的“平均值”命令，选择参数 number1 的求值范围为“C2:F2”(不包括 G2 单元格)，如图 4-173 所示，完成后，使用填充柄自动填充。同理，在第 13 行的 A13 单元格输入“各科平均”，利用 AVERAGE 函数求平均。

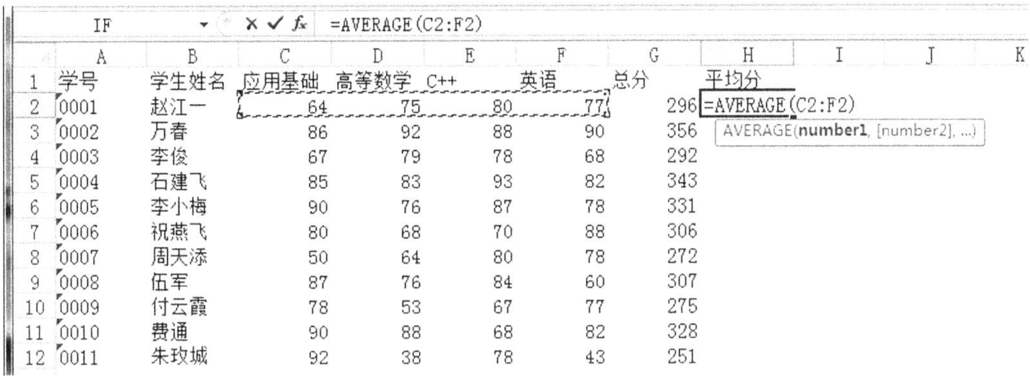
IF　=AVERAGE(C2:F2)

| | A | B | C | D | E | F | G | H |
|---|---|---|---|---|---|---|---|---|
| 1 | 学号 | 学生姓名 | 应用基础 | 高等数学 | C++ | 英语 | 总分 | 平均分 |
| 2 | 0001 | 赵江一 | 64 | 75 | 80 | 77 | 296 | =AVERAGE(C2:F2) |
| 3 | 0002 | 万春 | 86 | 92 | 88 | 90 | 356 | AVERAGE(number1, [number2], ...) |
| 4 | 0003 | 李俊 | 67 | 79 | 78 | 68 | 292 | |
| 5 | 0004 | 石建飞 | 85 | 83 | 93 | 82 | 343 | |
| 6 | 0005 | 李小梅 | 90 | 76 | 87 | 78 | 331 | |
| 7 | 0006 | 祝燕飞 | 80 | 68 | 70 | 88 | 306 | |
| 8 | 0007 | 周天添 | 50 | 64 | 80 | 78 | 272 | |
| 9 | 0008 | 伍军 | 87 | 76 | 84 | 60 | 307 | |
| 10 | 0009 | 付云霞 | 78 | 53 | 67 | 77 | 275 | |
| 11 | 0010 | 费通 | 90 | 88 | 68 | 82 | 328 | |
| 12 | 0011 | 朱玫城 | 92 | 38 | 78 | 43 | 251 | |

图 4-173　求平均值

③选中数据区域任一单元格，选择“数据”选项卡，单击“排序和筛选”组中的排序按钮，在弹出的“排序”对话框中，“主要关键字”选择“总分”，“次序”为“降序”；单击左上角“添加条件”，在“次要关键字”中选择“平均分”，“次序”选择“升序”，单击“确定”按钮，如图 4-174 所示。

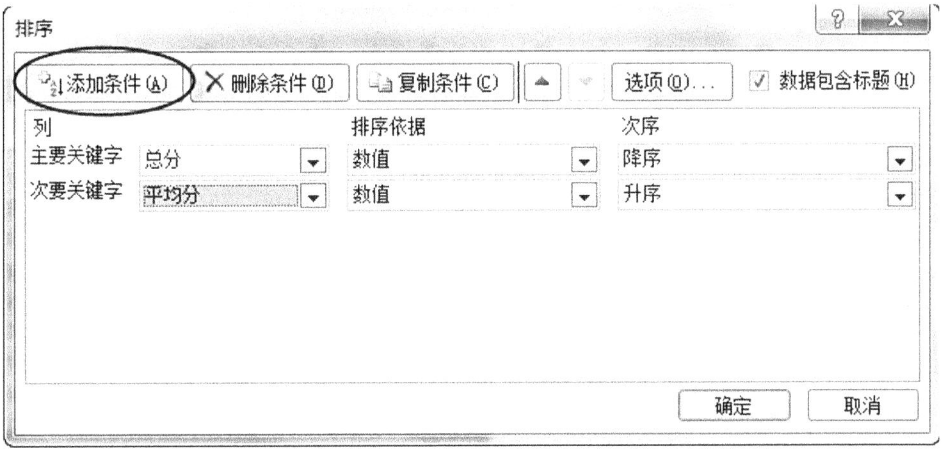


图 4-174　排序设置

**2. 实例 2**

以图 4-175 所示的工作表数据为源数据，完成以下操作：

(1)将 Sheet1 复制到 Sheet2 和 Sheet3 中。在 Sheet1 中启用筛选，筛选出仪器名称中含有“表”或“仪”字，并且单价大于等于 200 的数据行。其中筛选含有“表”和“仪”的操作要求采用自定义筛选方式。

(2)对 Sheet2 进行筛选操作，筛选出单价最高的 20 项。

(3)对 Sheet3 采用高级筛选，筛选出单价在 300～600 之间(含 300 和 600)或库存大于等于 80 的数据行(提示：在原有区域显示筛选结果，高级筛选的条件可以写在 H 列和 J 列之间的任意区域)。

| | A | B | C | D | E | F | G |
|---|---|---|---|---|---|---|---|
| 1 | 仪器编号 | 仪器名称 | 进货日期 | 单价 | 库存 | 库存总价 | |
| 2 | 102002 | 电流表 | 2012/2/12 | 195 | 38 | 7410 | |
| 3 | 102004 | 电压表 | 2012/10/12 | 185 | 45 | 8325 | |
| 4 | 102008 | 万用表 | 2012/1/8 | 120 | 9 | 1080 | |
| 5 | 102009 | 绝缘表 | 2012/2/1 | 315 | 17 | 5355 | |
| 6 | 105605 | X型腰部按摩仪器 | 2012/11/17 | 214 | 37 | 7918 | |
| 7 | 106430 | 涂镀层测厚仪 | 2012/8/3 | 704 | 16 | 11264 | |
| 8 | 107349 | 两线自垂仪 | 2012/12/9 | 544 | 92 | 50048 | |
| 9 | 110947 | X型13.5米超声波测距仪 | 2012/1/25 | 103 | 10 | 1030 | |
| 10 | 112472 | X型测电笔 | 2012/2/8 | 114 | 70 | 7980 | |
| 11 | 117715 | 迷你型噪音计/声级计 | 2012/12/9 | 104 | 43 | 4472 | |
| 12 | 118600 | 温度计 | 2012/2/23 | 34 | 53 | 1802 | |
| 13 | 118803 | X型环境测试仪 | 2012/3/1 | 803 | 93 | 74679 | |
| 14 | 120936 | X型自动量程专业数字万用表防水 | 2012/6/3 | 314 | 58 | 18212 | |
| 15 | 124294 | X型袖珍型自动量程万用表 | 2012/3/13 | 94 | 60 | 5640 | |
| 16 | 129575 | 激光测距仪 | 2012/12/5 | 394 | 38 | 14972 | |
| 17 | 130588 | 新型全保护自动量程数字万用表 | 2012/4/6 | 153 | 6 | 918 | |
| 18 | 134590 | 迷你型红外线测温仪 | 2012/9/10 | 104 | 12 | 1248 | |

图 4-175 仪器库存表

操作步骤如下:

①单击左上角全选按钮,全选 Sheet1 工作表,在右击鼠标菜单中选择“复制”(或按<Ctrl>+<C>快捷键),单击工作表标签,切换到 Sheet2 工作表界面,在全选按钮处右键弹出的快捷菜单中选择“粘贴”(或按<Ctrl>+<V>快捷键),执行同样的操作粘贴到 Sheet3。单击选中 A1 单元格,选择“数据”选项卡,在“排序和筛选”功能组中单击“筛选”按钮,在第 1 行的标题栏各单元格右边出现向下的小箭头▼,点击“仪器名称”右边的小箭头,在下拉菜单中选择“文本筛选”→“自定义筛选”,如图 4-176 所示,弹出“自定义自动筛选方式”对话框,在左侧框中分别选择“包含”,在右侧框中分别输入“表”和“仪”,组合条件选择“或”,单击“确定”即可,如图 4-177 所示。然后选择“单价”右边的小箭头,选择“数字筛选”→“大于或等于”,在弹出的如图 4-178 所示的对话框中,输入“200”,点击“确定”按钮即可完成全部筛选操作,筛选结果如图 4-179 所示。

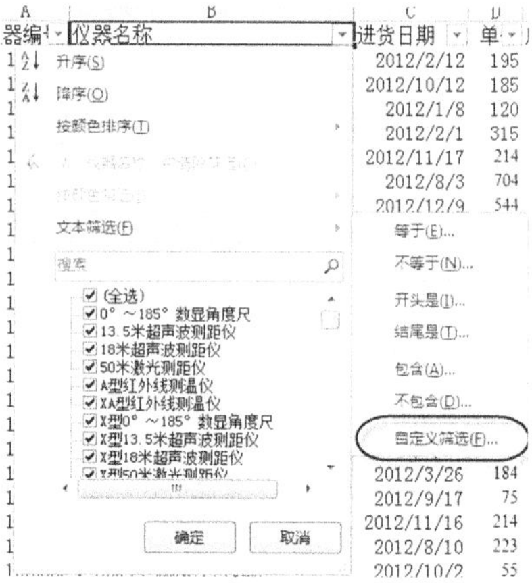


图 4-176 自定义文本筛选

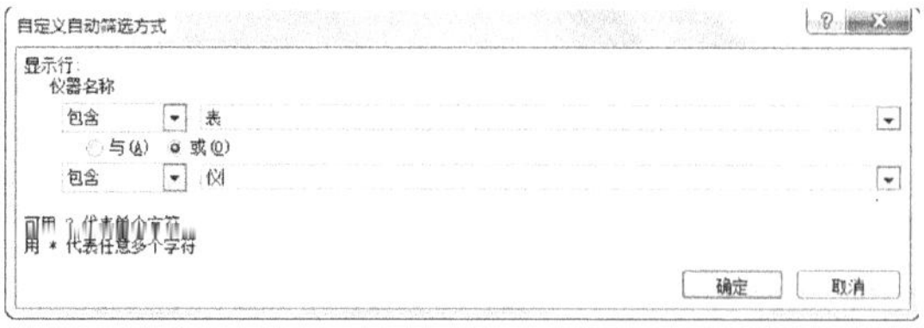


图 4-177 文本筛选条件设置

图 4-178 数字筛选条件设置

| | 仪器编 | 仪器名称 | 进货日期 | 单 | 库存 | 库存总 |
|---|---|---|---|---|---|---|
| 5 | 102009 | 绝缘表 | 2012/2/1 | 315 | 17 | 5355 |
| 6 | 105605 | X型腰部按摩仪器 | 2012/11/17 | 214 | 37 | 7918 |
| 7 | 106430 | 涂镀层测厚仪 | 2012/8/3 | 704 | 16 | 11264 |
| 8 | 107349 | 两线自垂仪 | 2012/12/9 | 544 | 92 | 50048 |
| 13 | 118803 | X型环境测试仪 | 2012/3/1 | 803 | 93 | 74679 |
| 14 | 120936 | X型自动量程专业数字万用表防水 | 2012/6/3 | 314 | 58 | 18212 |
| 16 | 129575 | 激光测距仪 | 2012/12/5 | 394 | 38 | 14972 |
| 21 | 142142 | X型红外线人体测温仪 | 2012/11/16 | 214 | 37 | 7918 |
| 22 | 151545 | 微波辐射泄漏测试仪 | 2012/8/10 | 223 | 12 | 2676 |
| 25 | 160608 | 笔形可燃气体泄漏探测仪 | 2012/5/5 | 604 | 60 | 36240 |
| 27 | 171889 | 云服务激光测距仪（云测量） | 2012/5/22 | 873 | 54 | 47142 |
| 28 | 174190 | 手持数字转速表（马达/发动机） | 2012/9/11 | 293 | 7 | 2051 |
| 29 | 178447 | X型多功能探测仪 | 2012/11/17 | 314 | 8 | 2512 |

图 4-179　自定义筛选结果

②选择 Sheet2，选中 D1 单元格，单击“筛选”按钮，在 D1 单元格右边出现下拉小箭头，单击弹出下拉菜单，选择“数字筛选”→“10 个最大的值”，在弹出的对话框中选择“最大的 20 项”，单击“确定”按钮，如图 4-180 所示。

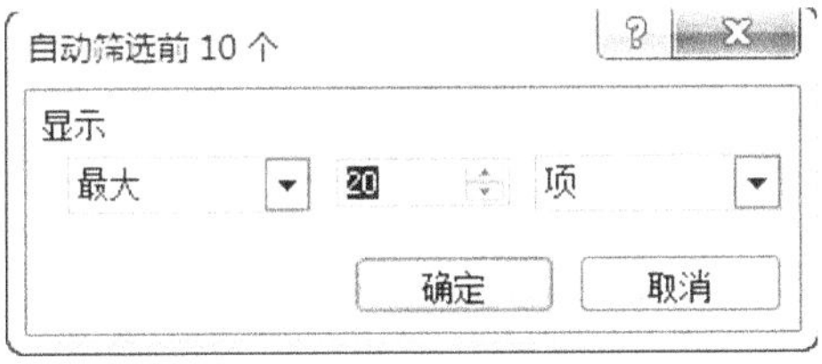


图 4-180　筛选 20 个最大的值

③选择 Sheet3，在 G1 和 H1 单元格输入“单价”，在 J1 单元格输入“库存”；G2 和 H2 单元格输入“>=300”和“<=600”，J3 单元格输入“>=80”，如图 4-181 所示。选中数据区域任一单元格，单击“排序和筛选”组中的“高级”按钮，在弹出的“高级筛选”对话框中，“列表区域”自动选择“$A$1:$F$102”，“条件区域”选择“Sheet3! $H$1:$J$3”，单击“确定”按钮即可，如图 4-182 所示。

| G | H | I | J |
|---|---|---|---|
| | 单价 | 单价 | 库存 |
| | >=300 | <=600 | |
| | | | >=80 |

图 4-181　高级筛选的条件区域

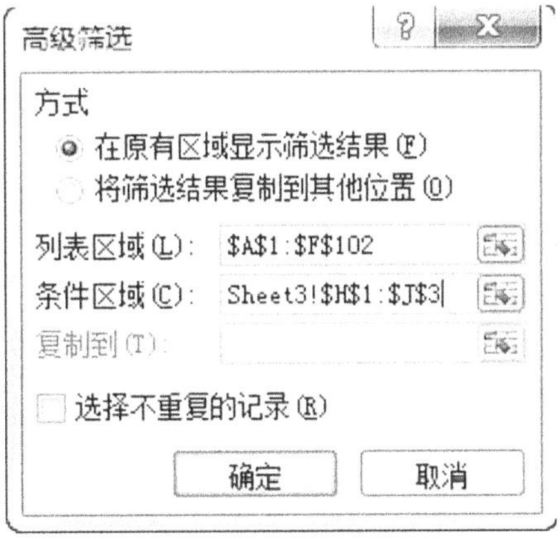


图 4-182　高级筛选区域设置

**3. 实例 3**

以图 4-183 所示的学生成绩表为源数据，完成以下操作：

对 Sheet1 进行分类汇总，按“通过否”统计学生人数（显示在“学号”列），要求先显示通过的学生人数，再显示未通过的学生人数，显示到第 2 级(即不显示具体的学生信息)。

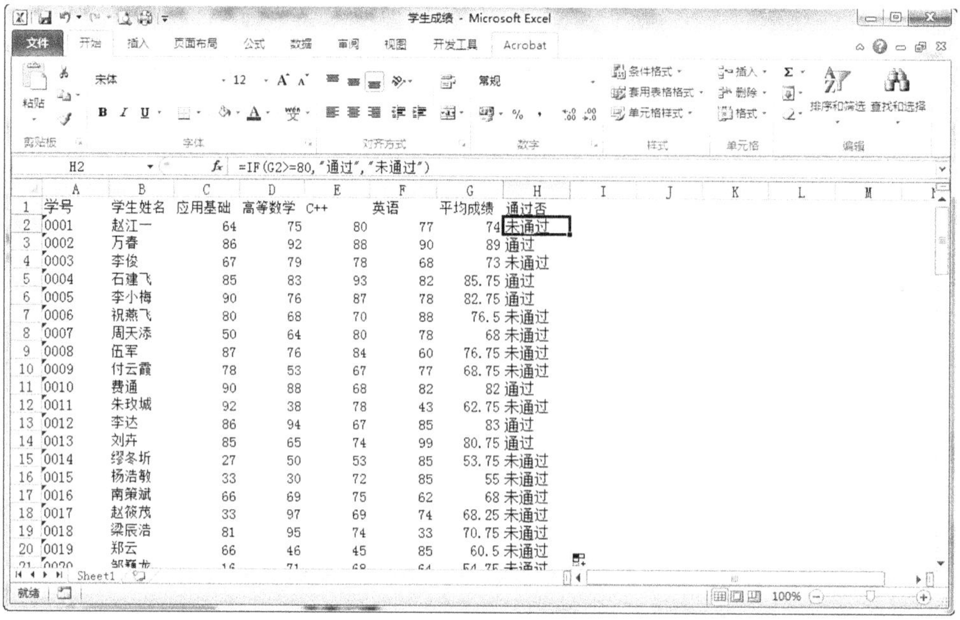


图 4-183　学生成绩表

操作步骤如下：

①选中 H 列(“通过否”列)数据区域任一单元格，选择“数据”选项卡，单击“排序和筛选”组中的“排序”按钮，在弹出的对话框中，在“主要关键字”区域选择“平均成绩”，“次序”选择“降序”，单击“确定”按钮完成排序，如图 4-184 所示。

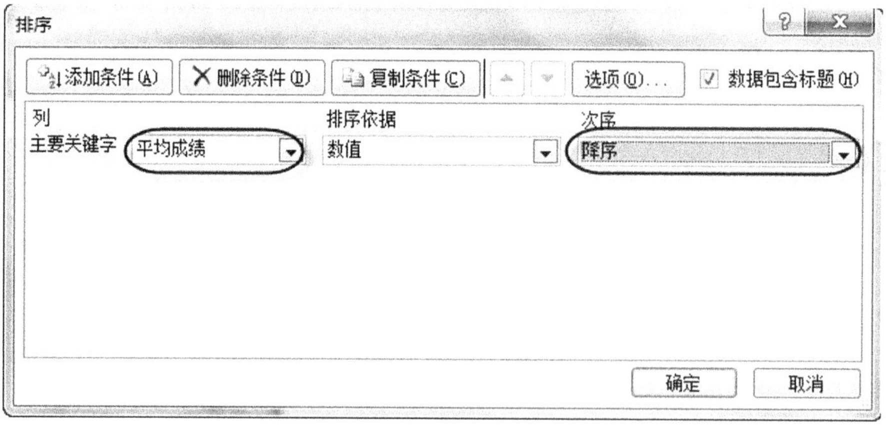


图 4-184　按“平均成绩”降序排序

②选择“数据”选项卡，单击在“分级显示”组中的“分类汇总”按钮，如图 4-185 所示。在弹出的“分类字段”对话框中，“分类字段”选择“通过否”，“汇总方式”选择“计数”，“选定汇总项”列表框中勾选“学号”，如图 4-186 所示。完成分类汇总后，要显示到第 2 级，则单击图 4-187 中工作表左上角的“2”，即可实现不显示具体的学生信息，只显示汇总数据。

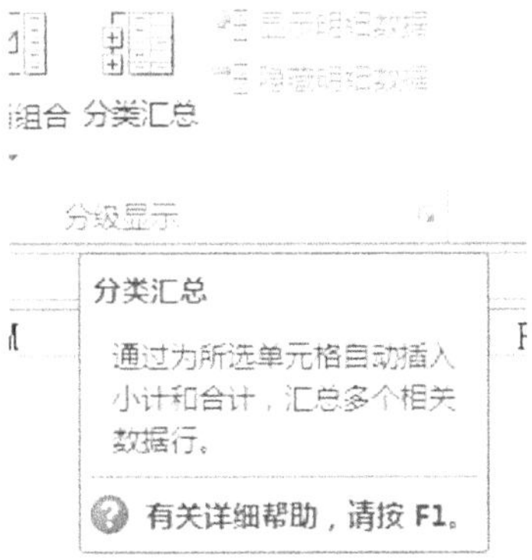


图 4-185　启动"分类汇总"

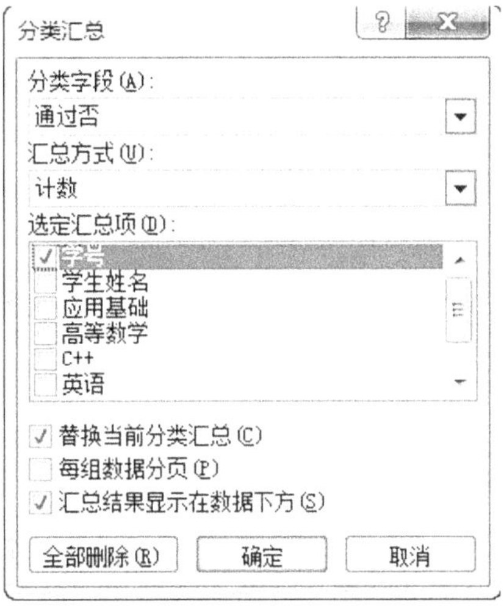


图 4-186　分类汇总设置

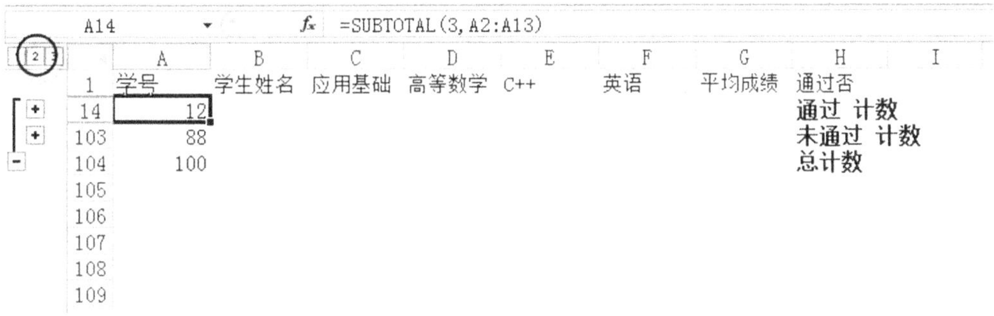


图 4-187　分类汇总结果

# 本章小结

本章对 Excel 2010 电子表格软件的基本功能做了介绍。主要介绍了工作簿概念与相应创建、打开、关闭、保存等操作；工作表、单元格的概念与选择、插入、删除、移动、复制、重命名等操作；工作表中数据的输入、编辑、修改，格式的设置及修改等操作；重点介绍了数据处理中的公式、函数、单元的引用；图表建立、修改、编辑等操作；工作表中数据的排序、筛选、分类汇总等数据处理操作与应用。

# 习题四

**一、单选题**

1. 在 Excel 环境中用来存储并处理工作表数据的文件称为(　　)。

A. 单元格　　B. 工作区　　C. 工作簿　　D. 工作表

2. 在 Excel 中，运算符 & 表示(　　)。

A. 逻辑值的与运算　　B. 子字符串的比较运算

C. 数值数据的无符号相加　　D. 字符型数据的连接

3. 在 Excel 中,当公式中出现被零除的现象时,产生的错误值是(　　)。

A. #N/A!　　B. #DIV/0!　　C. #NUM!　　D. #VALUE!

4. Excel 软件属于(　　)。

A. 系统软件　　B. 应用软件　　C. 工具软件　　D. 数据库软件

5. 在 Excel 工作表中,第 29 列的列标是(　　)。

A. 29　　B. R29　　C. C29　　D. AC

6. 通过"窗口拆分"操作将工作表拆分成四个窗口,用户在当前文档窗口中同时看到(　　)。

A. 不同工作簿的内容　　B. 不同工作表的内容

C. 同一个工作表的不同部分　　D. 以上 3 项均对

7. 在 Excel 工作簿中,有关移动和复制工作表的说法,正确的是(　　)。

A. 工作表只能在所在工作簿内移动,不能复制

B. 工作表只能在所在工作簿内复制,不能移动

C. 工作表可以移动到其他工作簿内,不能复制到其他工作簿内

D. 工作表可以移动到其他工作簿内,也可以复制到其他工作簿内

8. 下列单元格引用中属于混合引用的是(　　)。

A. A$5　　B. $A$5　　C. A5　　D. R5C1

9. 在 Excel 中,单元格引用地址不随公式位置变化而变化的是(　　)。

A. 相对引用　　B. 绝对引用　　C. 混合引用　　D. 计算引用

10. 在 Excel 2010 中,工作簿文件的扩展名是(　　)。

A. XLS　　B. XLSX　　C. DOC　　D. PPT

11. 在 Excel 中,获得系统当前日期的函数是(　　)。

A. TODAY(　　)　　B. DATE(　　)　　C. TIME(　　)　　D. CTOD("13/01/18")

12. 在 Excel 直接输入操作中,下列能够输入数值型数值 1/2 的是(　　)。

A. 1/2　　B. 0 1/2　　C. '1/2　　D. "1/2"

13. 在 Excel 中,运算符优先级最低的是(　　)。

A. 算术运算符　　B. 文本运算符　　C. 逻辑运算符　　D. 比较运算符

14. 在 Excel 中,区域 A2:B4、E2:F4,包含的单元格个数是(　　)。

A. 12　　B. 2　　C. 4　　D. 10

15. 在 Excel 中,填充手柄位于(　　)。

A. 状态栏中　　B. 功能区中

C. 当前单元格右下角　　D. 行号或列标边缘

16. 下列(　　)公式,能完成计算 A1:A10 区域的单元格内数值的最大值。

A. SUM(A1:A10)　　B. COUNT(A1:A10)

C. AVERAGE(A1:A10)　　D. MAX(A1:A10)

17. 当工作表中的数据被修改时,由此产生的图表会(　　)。

A. 保持原状态不变　　B. 随着改变而自动更新

C. 变更图表类型　　D. 变更图表颜色

18. 执行自动筛选后,其自动筛选按钮会出现在(　　)。

A. 所有数据单元格中　　B. 空白单元格中

C. 表头字段名右侧　　D. 标题单元格的右侧

19. 执行自动筛选后，不符合筛选条件的行会被(　　)。

A. 删除　　B. 隐藏　　C. 显示　　D. 与筛选前相同

20. 要对工作表数据按照某个关键字进行分类汇总，首先要做的操作是按此关键字(　　)。

A. 排序　　B. 筛选　　C. 合并计算　　D. 求和

**二、多选题**

1. 在 Excel 中，单元格的删除只能将(　　)。

A. 上方单元格下移　　B. 下方单元格上移

C. 右侧单元格左移　　D. 左侧单元格右移

2. 下列关于对 Excel 中“清除”和“删除”功能的表述，正确的是(　　)。

A.“清除”不能删掉单元格中某些类型的数据

B.“删除”单元格有可能影响其他单元格的位置和内容

C.“清除”的对象只是单元格中的内容

D.“删除”的对象不只是单元格中的内容，而且还有单元格本身

3. 在 Excel 中，关于函数的说法，正确的是(　　)。

A. 函数名和左括号之间允许有空格

B. 相邻两个参数之间用逗号分隔

C. 参数可以代表一个区域

D. 参数可以代表数值或单元格

4. 在 Excel 中，不考虑相应单元格中存放的是数值还是文字，与公式“=SUM(B1:B4)”等价的是(　　)。

A. =SUM(B1+B2,B3+B4)

B. =SUM(B1+B4)

C. =SUM(A1:B4 B1:G4)

D. =SUM(B1,B2,B3,B4)

5. 有关 Excel 嵌入式图表，下面表述正确的是(　　)。

A. 对生成后的图表进行编辑时，首先要选中图表

B. 图表生成后不能改变图表类型，如三维变二维

C. 表格数据修改后，相应的图表数据也随之变化

D. 图表生成后可以向图表中添加新的数据

6. 在 Excel 中，关于排序问题下列说法正确的是(　　)。

A. 如果只有一个排序关键字，可以直接使用工具栏中的“升序”或“降序”按钮

B. 可实现按列纵向排序

C. 可实现按行横向排序

D. 只能对列排序，不能对行实现排序

7. 在 Excel 中，下列关于分类汇总的说法正确的是________。

A. 在进行分类汇总之前，必须先对数据列表中需进行分类汇总的列排序

B. Excel 只对分类的数据具有求和汇总功能

C. Excel 可以对数据列表中的字符型数据项统计个数

D. 在进行分类汇总时，在工作表窗口左边会出现分级显示区

8. 关于筛选,叙述正确的是(　　)。

A. 自动筛选可以同时显示数据清单和筛选结果

B. 高级筛选可以进行更复杂条件的筛选

C. 高级筛选不需要建立条件区,只要数据清单就可以了

D. 高级筛选可以将筛选结果放在指定的区域

9. 在 Excel 中,若只需打印工作表的一部分数据,可以(　　)。

A. 直接用“文件”选项卡下的“打印”命令,单击“打印”按钮

B. 隐藏不要打印的行或列,再用“文件”选项卡下的“打印”命令,单击“打印”按钮

C. 先设置打印区域,再用“文件”选项卡下的“打印”命令,单击“打印”按钮

D. 先选中打印区域,再用“文件”选项卡下的“打印”命令,单击“打印”按钮

10. 在 Excel 中,下列叙述正确的是(　　)。

A. Excel 是一种表格数据综合管理与分析系统,并实现了图、文、表的完美结合

B. 使用条件格式可以直观地查看和分析数据,它可以突出显示所关注的单元格或单元格区域

C. 在 Excel 中,图表一旦建立,其标题的字体、字形是不可改变的

D. 在 Excel 中,工作簿是由工作表组成的

**三、判断题**

1. Excel 2010 应用程序可以打开 Excel 2003 工作簿。(　　)

2. 在 Excel 中,用鼠标单击某单元格,则该单元格变为活动单元格。(　　)

3. 在 Excel 中,可以同时对行和列冻结拆分窗格。(　　)

4. 在 Excel 中可以利用单元格中的数据创建折线图、饼图、面积图等多种不同类型的图表。(　　)

5. 在一个 Excel 工作簿中,几张工作表可以使用相同的工作表名称。(　　)

6. 在 Excel 操作中,若要在工作表中选择不连续的区域,应当按住<Shift>键再单击需要选择的单元格。(　　)

7. Excel 工作表单元格中,系统默认的数据对齐方式是数值数据右对齐,文本数据左对齐。(　　)

8. 对 Excel 数据列表做分类汇总操作时,应该先对分类字段进行排序。(　　)

9. 在 Excel 中,当数字格式显示为“####.##”,则 1234.529 显示为 1234.53。(　　)

10. 在 Excel 中,所有的公式都是以“=”开始的,后面由常量、单元格引用、函数、运算符组成。(　　)

11. 输入公式时,所有的运算符、标点符号及引用必须是英文半角。(　　)

12. 在创建条件格式时,只能引用同一工作表上的其他单元格。(　　)

13. 在 Excel 中,使用 SUMIF 对满足条件的单元格区域求和。(　　)

14. 调整行高、列宽只能使用鼠标拖动方式。(　　)

15. 在不同工作簿、工作表之间移动、复制数据时,采用鼠标拖动的方法比较简单。(　　)

16. 可以同时将相同的数据及格式输入到多个工作表中。(　　)

17. 激活图表后,图表工具变为可用状态,并显示“设计”“布局”“格式”选项卡。(　　)

18. 迷你图只能用于简单地指示数据发展趋势,不适合精确的数值比较。(　　)

19. 编辑图表时,删除某一数据系列,工作表中的数据也同时被删除。(　　)

20. 使用 Excel 的数据筛选功能,是将满足条件的数据显示出来,而删除掉不满足条件的数据。(　　)

第5章

# 演示文稿 PowerPoint 2010

PowerPoint，简称 PPT，和 Word、Excel 等应用软件一样，都是 Microsoft 公司推出的 Office办公系列产品，因此它们之间具有良好的信息交互性和相似的操作方法。PowerPoint 2010 是 Office 2010 又一重要组成部分，是一个专门制作演示文稿的应用软件，主要用于演示文稿的创建，即幻灯片的制作，可有效增强演讲、教学及产品演示的效果，已经成为人们日常学习和工作中使用较为广泛和完善的多媒体演示软件。

## 5.1　PowerPoint 2010 概述

### 5.1.1　PowerPoint 2010 的启动和退出

PowerPoint 2010 常见的启动和退出方法与 Word 2010、Excel 2010 应用程序相似。

**1. 启动 PowerPoint 2010**

(1)选择“开始”按钮→“所有程序”→“Microsoft Office”→“Microsoft PowerPoint 2010”命令。

(2)双击桌面或任务栏快捷图标。

(3)双击 PowerPoint 演示文稿文件。

**2. 退出 PowerPoint 2010**

(1)单击标题栏右上角关闭按钮。

(2)右击标题栏空白处，在弹出的快捷菜单中选择“关闭”命令。

(3)单击标题栏左上角控制菜单按钮。

(4)菜单栏“文件”→“退出”命令。

(5)指向任务栏，预览窗口右上角点击关闭按钮，或右键跳转列表中“关闭窗口”。

(6)使用组合键＜Alt＞＋＜F4＞。

### 5.1.2　PowerPoint 2010 工作界面

启动 PowerPoint 2010 后，屏幕上就会出现如图 5-1 所示的 PowerPoint 2010 工作界面，该窗口界面和 Microsoft Office 2010 其他应用程序的窗口类似，前面已经介绍过 Word 2010 和 Excel 2010 的窗口，这里简单介绍 PowerPoint 部分界面功能。

PowerPoint 窗口主要由标题栏、快速访问工具栏、选项卡和功能区、幻灯片编辑区、幻灯片/大纲窗格、备注窗格、状态栏和视图切换区组成，如图 5-1 所示。

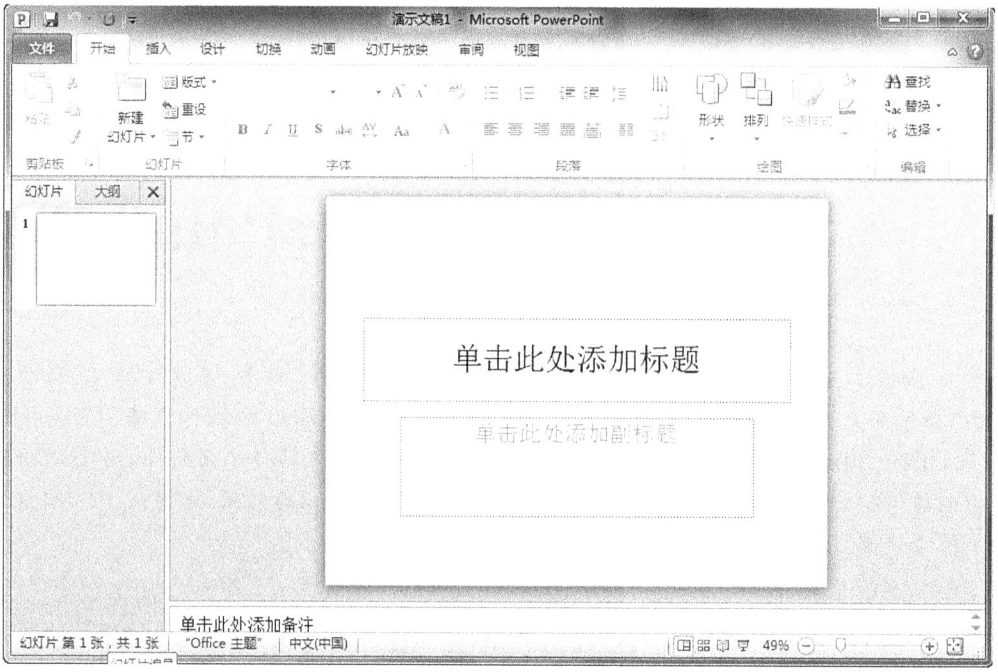


图 5-1　PowerPoint 2010 工作界面

**1. 选项卡和功能区**

在 PowerPoint 2010 的工作窗口中包含有 9 个选项卡：文件、开始、插入、设计、切换、动画、幻灯片放映、审阅、视图。

(1)“文件”选项卡

PowerPoint 文件的新建、打开、保存、另存为、打印和退出等文件操作。

(2)“开始”选项卡

包括剪贴板组、幻灯片组、字体组、段落组、绘图组、编辑组。默认情况下，启动 PowerPoint 后该选项卡处于打开状态。

(3)“插入”选项卡

该选项卡分为表格、图像、插图、链接、文本、符号和媒体 7 个组，用于向幻灯片中插入对象，对象包括表格、图片、剪贴画、图表、超链接、文本框、幻灯片编号、日期和时间、符号，以及影片和声音等。

(4)“设计”选项卡

该选项卡由页面设置、主题和背景 3 个组组成。分别用来设置页面、幻灯片方向、设置主题和设置幻灯片的背景图形及填充效果和透明度等。

(5)“切换”选项卡

该选项卡由预览、切换到此幻灯片和计时 3 个组组成。分别用来预览、控制幻灯片切换方式、持续时间和切换速度等。

(6)“动画”选项卡

该选项卡包含 4 个组：预览、动画、高级动画、计时。主要用来设置幻灯片中对象的动画效果。

(7)“幻灯片放映”选项卡

用于设置幻灯片的放映方式，开始放映位置、隐藏幻灯片等。

(8)"视图"选项卡

该选项卡包含 7 个组:演示文稿视图、母版视图、显示/隐藏、显示比例、颜色/灰度、窗口、宏。用于在不同的演示文稿视图之间切换、显示或隐藏标尺和网格线、设置显示比例、设置适应窗口大小而最大限度地显示幻灯片、选择查看演示文稿的颜色模式和进行窗口的新建、重排和切换等操作。

随着用户的操作,系统还会自动增加一些选项卡,比如:插入表格会自动显示"表格工具"的"设计"和"布局"两个选项卡;选定占位符、文本框等图形对象,会增加"绘图工具"的"格式"选项卡;插入图片,会显示"图片工具"的"格式"选项卡。

(9)"审阅"选项卡

该选项卡中有 5 个组:校对、语言、中文简繁转换、批注、比较。其中"比较"组可以设置演示文稿的访问权限。

**2. 幻灯片/大纲窗格**

"幻灯片/大纲"窗格位于 PowerPoint 工作窗口的左侧,由"幻灯片"和"大纲"两个选项卡组成。单击选项卡标签可以在"大纲"和"幻灯片"之间进行切换。用鼠标拖动该窗格和幻灯片编辑区之间的分割线,可以调整两个窗格的大小;窗格左上角的"关闭"按钮可以关闭"幻灯片/大纲"窗格,单击"视图"选项卡中的"普通视图"便可恢复显示。选择"视图"选项卡→"显示比例"→"适应窗口大小"可以设置最佳显示比例,使幻灯片充满窗口,最大限度地显示幻灯片画面。

"大纲"窗格中,幻灯片按照编号从小到大的顺序排列,只显示幻灯片的大纲文本而不显示任何图形,如图 5-2 所示。在此窗格中可以快速输入、编辑和重新组织幻灯片中的文本。

"幻灯片"窗格中,按顺序显示各张幻灯片的编号和缩略图,单击幻灯片图标,可以切换幻灯片,如图 5-3 所示。编号下方的"播放动画"按钮☆,可以直接观看当前幻灯片的播放效果而不必放映幻灯片。

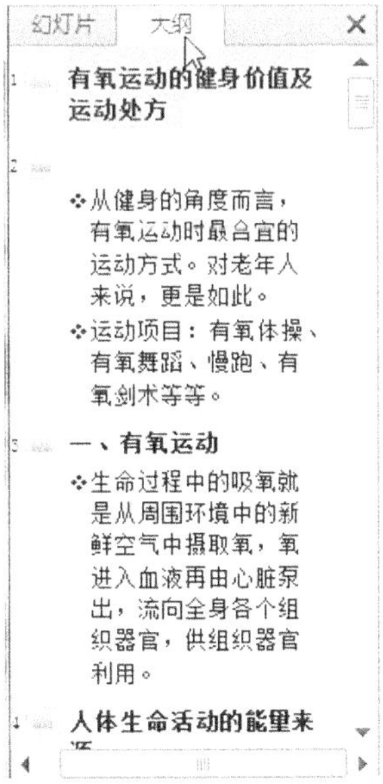


图 5-2　"大纲"选项卡

图 5-3　"幻灯片"选项卡

**3. 幻灯片编辑区**

幻灯片窗格是 PowerPoint 的主要工作区,窗格中显示的是当前幻灯片,可以进行输入和各种编辑操作。窗格画面的显示大小可以通过“视图”选项卡→“显示比例”进行调整，如图 5-4 所示，或者通过窗口右下角的缩放比例工具实现如图 5-5 所示。

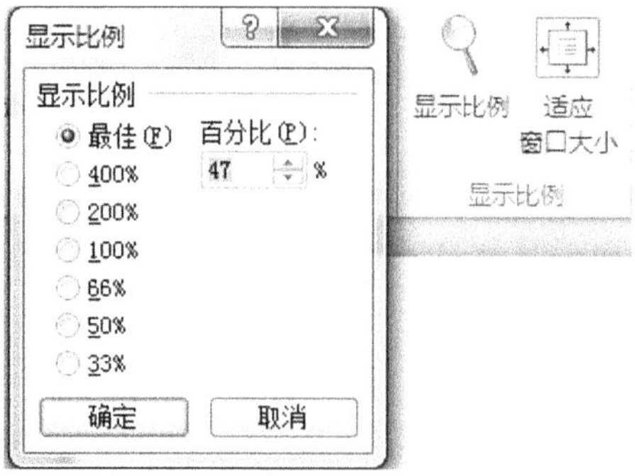


图 5-4　显示比例

图 5-5　缩放比例工具

**4. 备注窗格**

备注窗格中用来输入和幻灯片内容相关的一些注释性内容，以便演讲者在演讲时参考。在放映时，备注窗格中的内容不会显示出来。

**5. 视图切换区**

视图切换区位于窗口界面右下角，包含 4 个视图切换按钮，依次为普通视图，幻灯片浏览视图，阅读视图和幻灯片放映视图。

### 5.1.3　PowerPoint 2010 视图模式

PowerPoint 2010 的视图模式是指演示文稿在电脑屏幕上的显示方式，包括普通视图、幻灯片浏览视图、备注页视图、阅读视图和幻灯片放映视图(包括演示者视图)5 种。只要分别单击其界面右下方视图栏中的切换按钮或单击“视图”选项卡中的按钮就可以切换到相应的视图。

**1. 普通视图**

普通视图是主要的编辑视图，可用于撰写和设计演示文稿。如图 5-1 所示的视图就是普通视图模式，是 PowerPoint 的默认视图方式。普通视图由“幻灯片/大纲”窗格、幻灯片编辑区、备注窗格 3 部分组成，包括组织演示文稿的整体结构，对幻灯片进行插入、删除、移动、复制、删除等编辑操作，编辑单张幻灯片的内容或大纲等，在备注窗格中对当前幻灯片添加备注内容。

如果当前视图没在普通视图下，可以用右下角视图切换按钮切换，也可以在“视图”选项卡下的“演示文稿视图”中选择单击“普通视图”按钮，如图 5-6 所示。

图 5-6　“视图”选项卡

**2. 幻灯片浏览视图**

幻灯片浏览视图可以浏览演示文稿文件中所有幻灯片的整体布局，所有的幻灯片在该视图下以缩略图的形式按编号从小到大整齐地排列，如图 5-7 所示。在该视图下，可以进行幻灯片的设计和设置幻灯片的切换效果，还可以进行幻灯片的插入、移动、复制和删除等编辑操作。

提示：在幻灯片浏览视图中不能修改单张幻灯片的内容，如果需要修改，双击幻灯片切换到普通视图下进行编辑。

**3. 阅读视图**

阅读视图是指将演示文稿作为适应窗口大小的幻灯片放映的视图方式。在阅读视图中，用户可以查看幻灯片的整体放映效果，如图 5-8 所示。

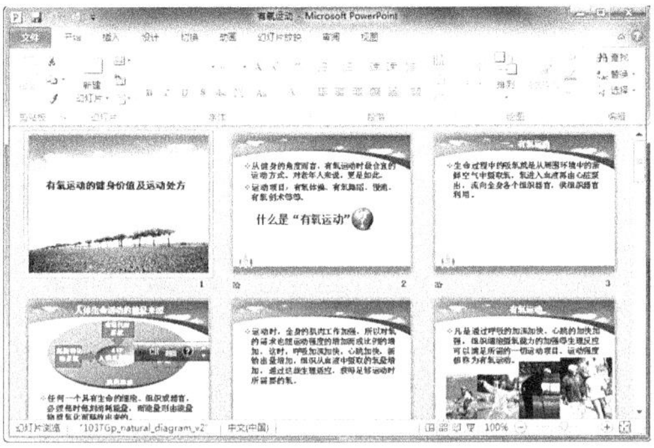

图 5-7　幻灯片浏览视图

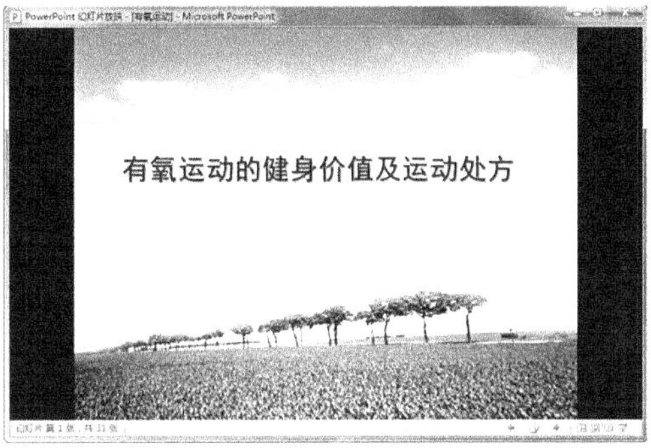


图 5-8　阅读视图

**4. 备注页视图**

备注视图用于查看或编辑用户在备注窗格里为每一张幻灯片添加的备注。在该视图下，幻灯片和它的备注页同时显示在窗口中。备注页中的内容是演示者对每一张幻灯片添加的注释或提示，不会在放映时显示。

**5. 幻灯片放映视图**

幻灯片放映视图以一种全屏幕的方式显示幻灯片，就像播放真实幻灯片一样，幻灯片的切换效果和幻灯片上设置的动画都能显示。这种视图常用来预览幻灯片的实际效果，以便及时修改完善。

# 5.2　PowerPoint 2010 基本操作

## 5.2.1　创建演示文稿

**1. 创建空白演示文稿**

(1)单击“文件”选项卡，在弹出的下拉菜单中选择“新建”菜单项。

(2)在“可用的模板和主题”面板中选择“空白演示文稿”，单击“创建”按钮，如图 5-9 所示。或按＜Ctrl＞＋＜N＞快捷键，也可直接创建空白演示文稿，新创建的演示文稿名称为“演示文稿 1”。

**2. 利用模板创建演示文稿**

PowerPoint 2010 提供了强大的模板功能，为用户增加了比以往更加丰富的内置模板，因此用户可以根据已安装的内置模板快速地创建新的演示文稿。单击“文件”→“新建”命令，在

“可用的模板和主题”→“样本模板”面板中列出了 PowerPoint 2010 内置的各种模板,如图5-10所示。选择合适的模板,双击模板图标或单击“创建”按钮。系统会生成包含多张幻灯片的演示文稿,用户需要做的就是用自己的内容替换示例文本即可。

此外,用户还可以在 Office.com 模板中搜索适合的模板。在“我的模板”中存放的是用户自定义和设计的模板,选择该选项可以用自己定义的模板来创建新的演示文稿。创建模板时只需要把设计好的演示文稿另存为模板文件就可以了。

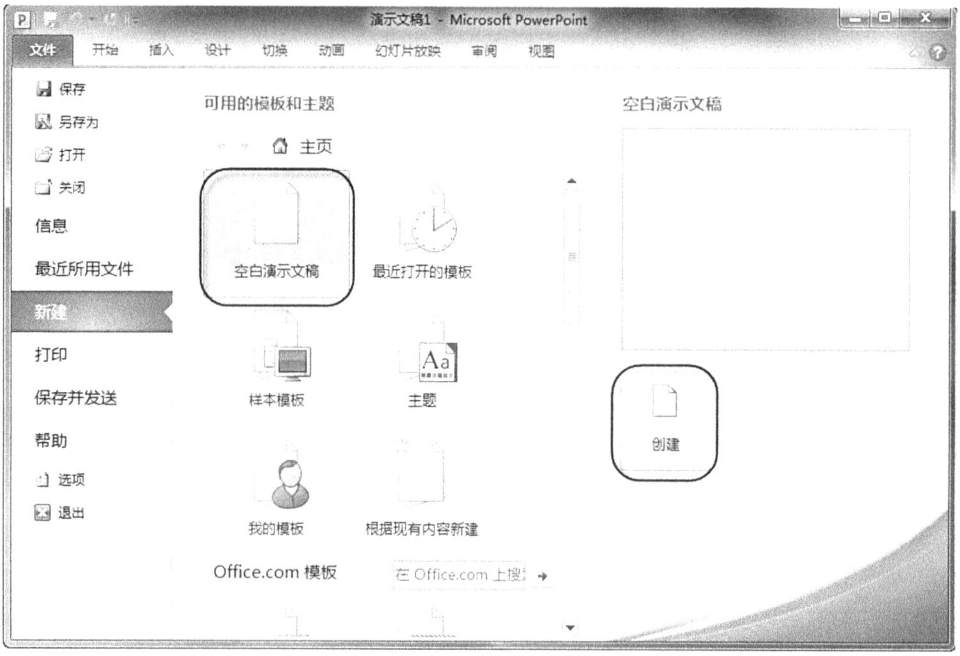


图 5-9 创建空白演示文稿

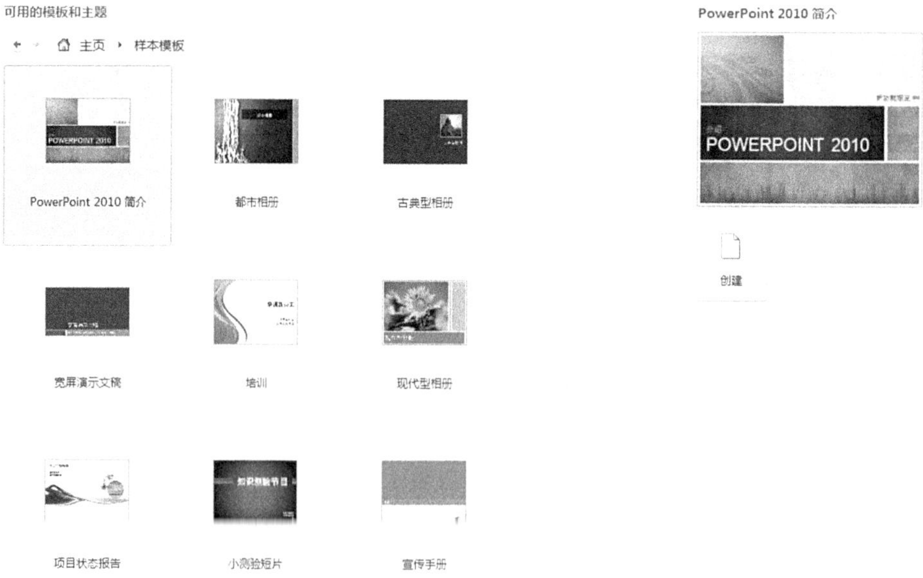


图 5-10 样本模板

**3. 创建包含主题的演示文稿**

PowerPoint 2010 不仅提供了一些模板，还提供了一些主题，用户可以依据主题，创建包含主题的演示文稿。使用主题创建演示文稿的具体步骤如下：

(1)单击“文件”按钮，从弹出的下拉菜单中选择“新建”菜单项，在“可用的模板和主题”面板中选择“主题”选项。

(2)在“主题”面板中选择合适的模板，双击模板图标或单击“创建”按钮，即可新创建一个包含该主题的演示文稿。

## 5.2.2 打开演示文稿

演示文稿的打开方式和其他 Office 应用软件创建的文件的打开方式相似。单击“文件”选项卡→“打开”命令，在弹出的“打开”对话框中找到需要打开的演示文稿文件，双击文件图标或单击文件图标后再单击“打开”按钮即可打开文件，如图 5-11 所示。

图 5-11　打开演示文稿文件

提示：单击“打开”按钮右边的下三角按钮，在展开的列表中可以选择以何种方式打开文件：打开、以只读方式和以副本方式打开。如果文件以只读方式打开，则打开的文件只能浏览，无法修改；如果是以副本的方式打开，则对副本文件修改后会保存为一个副本，不会影响原文件。

## 5.2.3 保存演示文稿

**1. 直接保存演示文稿**

创建好的演示文稿应该及时保存，方便以后使用。首次保存演示文稿，单击快速访问工具栏上的保存按钮或单击“文件”选项卡→“保存”或“另存为”，都会打开如图 5-12 所示的“另存为”对话框，在“保存位置”下拉列表中选择演示文稿保存的位置，在“文件名”文本框中输入文件名称，单击“保存”按钮即可。默认选择保存类型为“PowerPoint 演示文稿(＊.pptx)”，还可以选择其他保存类型，比如“PowerPoint 模板(＊.potx)”“PowerPoint 97－2003 演示文稿

(*.ppt)”“PowerPoint 放映(*.ppsx)”等，如图 5-13 所示。

**2. 把演示文稿另存为副本**

使用“文件”→“另存为”命令也可以对演示文稿进行保存，不过它保存的是演示文稿的副本。打开如图 5-12 所示的“另存为”对话框后，选择保存文件的位置，和原文件不同的文件名，单击“保存”按钮即可。

提示：如果发送给其他用户的计算机中安装了低级版本的 PowerPoint(比如 PowerPoint 2003)，则保存文件时，需要选择“PowerPoint 97－2003 演示文稿(*.ppt)”保存类型，用户就能用 PowerPoint 2003 打开了。但是某些在 PowerPoint 2010 中独有的效果将会失效。

图 5-12 保存演示文稿

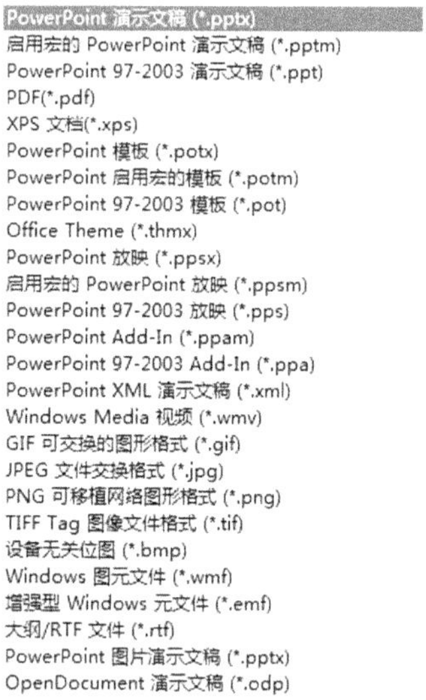


图 5-13 演示文稿保存类型

## 5.2.4 幻灯片的基本操作

**1. 选择幻灯片**

对幻灯片进行相关操作前必须先将其选中。只需单击普通视图的“幻灯片窗格”或幻灯片浏览视图中的某张幻灯片的缩略图，即可选中该幻灯片，并在幻灯片编辑区显示幻灯片内容。如果选定多张不连续的幻灯片，按下<Ctrl>键后用鼠标单击。选定连续的若干张幻灯片，先选定第一张，然后按下<Shift>键单击最后一张。按<Ctrl>+<A>快捷键，可选中当前演示文稿中的所有幻灯片。

取消选定，只需要在空白处单击鼠标即可，如果需要取消部分幻灯片的选定，则按下<Ctrl>键，单击要取消选定的幻灯片。

**2. 插入幻灯片**

(1)在“幻灯片/大纲”窗格中，鼠标右击某一张幻灯片，在弹出的快捷菜单中选择“新建幻灯片”命令，即可在该幻灯片之后新建一张幻灯片，如图 5-14 所示。

(2)在两张幻灯片的中间空白位置，鼠标右击，在弹出的快捷菜单中选择“新建幻灯片”命令，此时即可在选定的插入点之后新建一张幻灯片。

图 5-14 新建幻灯片

(3)确定插入点后，单击“开始”选项卡，选择“幻灯片”组，单击“新建幻灯片”下拉按钮，在弹出的面板中选择需要的幻灯片版式，如图 5-15 所示，即可在插入点后面增加一张新的幻灯片。

提示：在“幻灯片/大纲”窗格中选中某张幻灯片，按＜Enter＞键即可快速地在该张幻灯片后新建一张同样版式的幻灯片。

**3. 删除幻灯片**

对于不需要的幻灯片可以将其删除，删除幻灯片的方法很简单，选中需要删除的幻灯片，按＜Delete＞键或者右键快捷菜单中选择“删除幻灯片”命令即可。

**4. 移动幻灯片**

选中要移动的幻灯片，然后按下鼠标左键直接拖拽幻灯片即可。另外还可以单击窗口右下角的“幻灯片浏览”按钮切换到幻灯片浏览视图中，选中要移动的幻灯片，然后按住鼠标左键不放将其拖拽至合适的位置后释放鼠标可以实现幻灯片的移动操作。

另外，还可以剪切要移动的幻灯片到目标位置粘贴。

**5. 复制幻灯片**

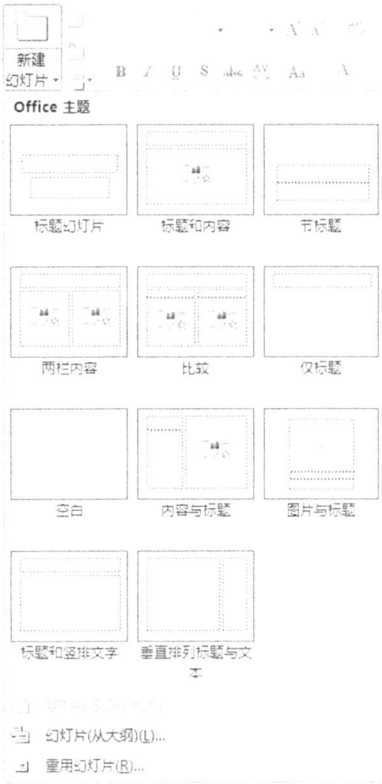


图 5-15　幻灯片版式

选中要复制的幻灯片单击鼠标右键，在弹出的快捷菜单中选择“复制幻灯片”命令或者选择“开始”选项卡→“幻灯片”组→“新建幻灯片”→“复制所选幻灯片”，即可在该幻灯片之后插入一张具有相同内容和版式的幻灯片。

复制幻灯片也可以按下＜Ctrl＞键后用鼠标拖动要复制的幻灯片到目标位置放开，也可以使用右键菜单复制命令到目标位置粘贴。

**6. 设置幻灯片版式**

幻灯片版式是指幻灯片内容的布局结构，指定幻灯片上使用哪些占位符及它们的位置。在“普通视图”或“幻灯片预览”视图模式下，选中幻灯片，单击“开始”选项卡→“版式”按钮，在弹出的面板中选择需要的版式即可。或在“幻灯片/大纲”窗格中选定的幻灯片缩略图上（或幻灯片编辑区空白处）单击鼠标右键，在弹出的快捷菜单中选择“版式”级联菜单，即可在面板中选择版式。

### 5.2.5　应用实例

利用“项目状态报告”模板生成演示文稿，如图 5-16 所示，保存文件名为“项目状态报告.pptx”，完成如下操作：

(1)将第 3 张幻灯片的版式设置为“垂直排列标题与文本”。

(2)删除第 6 张和最后一张幻灯片（第 11 张），然后将第 2 张幻灯片移动到最后。

(3)在最后插入一张标题幻灯片。

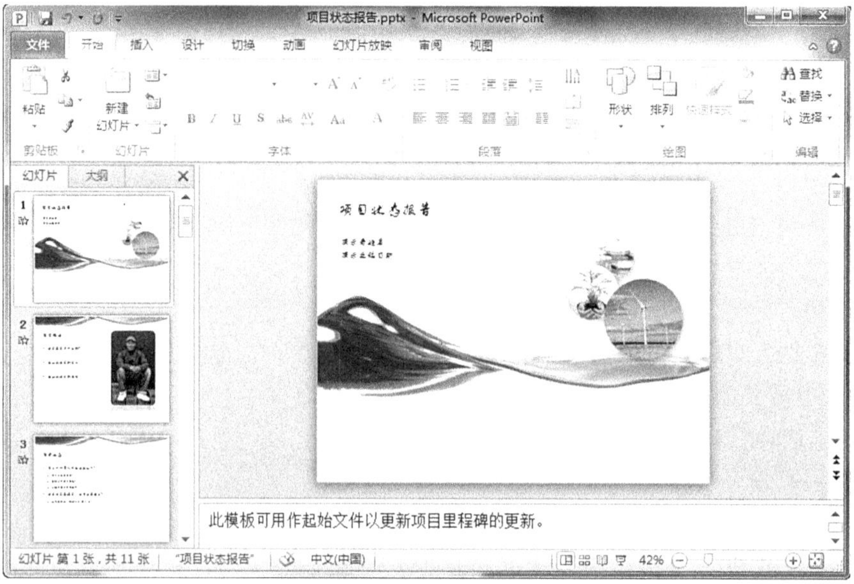


图 5-16　项目状态报告

操作步骤如下：

①启动 PowerPoint 2010 后，单击“文件”选项卡→“新建”，在“可用的模板和主题”面板中选择打开“样本模板”，选择“项目状态报告”，然后双击创建完成。单击快速访问工具栏上的保存按钮，将演示文稿保存到“我的文档”，命名为“项目状态报告”。

②选中第 3 张幻灯片，右键单击，在弹出的快捷菜单中选择“版式”命令，在弹出的面板中选择“垂直排列标题和文本”版式。

③选中第 6 张幻灯片后，按住<Ctrl>键，再单击滚动条向下，单击选中第 11 张幻灯片，鼠标右键快捷菜单，选择“删除幻灯片”命令。再选中第 2 张幻灯片，按住鼠标左键，拖放到最后释放鼠标即可完成移动操作。

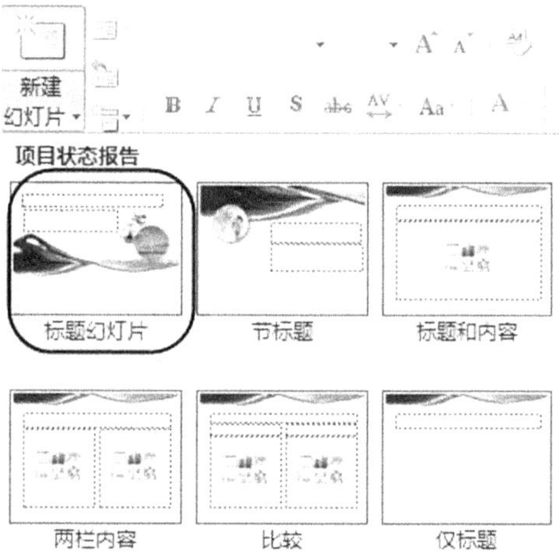


图 5-17　插入标题幻灯片

④鼠标定位到第 9 张幻灯片后，选择“开始”选项卡→“新建幻灯片”，在弹出的面板中选择“标题幻灯片”，如图 5-17 所示。

# 5.3　编辑演示文稿

## 5.3.1　文本的输入和编辑

输入和编辑文本通常在普通视图的幻灯片编辑区中进行，也可以在大纲窗格中进行。

**1. 输入和编辑文本**

在幻灯片编辑区中有 4 种方式可以输入文本：占位符、文本框、自选图形和艺术字。

(1)占位符

占位符是一种带有虚线框的矩形框,不同版式的幻灯片占位符也不同。在占位符中可以放置标题、正文、SmartArt 图形、图表、表格和图片等。每个占位符中都有提示性的文字,单击占位符框内的提示性文本,如“单击此处添加标题”、“单击此处添加副标题”,提示文字会自动消失,用户可以输入相应的内容,如图 5-18 所示。

图 5-18　占位符

提示:占位符只能在普通视图中可见。当用户选择了一种幻灯片版式时,幻灯片上的占位符不能再添加,但可以移动,删除和改变大小。

(2)文本框

在幻灯片中输入文本,首先要插入文本框,选中某张需要插入文本框的幻灯片后,选择“插入”选项卡→“文本”组,单击“文本框”图标,在幻灯片上要插入文本框的位置按住左键拖动鼠标便可以画出一个横排的文本框,然后在文本框中输入文本。也可以单击“文本框”的下拉按钮,在弹出的菜单中选择“垂直文本框”,以便输入竖排文本。

图 5-19　文本框

提示:如果插入文本框后没有输入文字,单击文本框之外的其他地方,文本框便会消失。

(3)自选图形

自选图形是指一组现成的形状,包括如矩形和圆这样的基本形状,以及各种线条、连接符、箭头总汇、流程图符号、星与旗帜和标注等,如图 5-20 所示。在自选图形中输入文本,先要插入自选图形,选择“插入”选项卡→“插图”组,单击“形状”图标,在弹出的下拉面板中,选择要插入的形状,在幻灯片上按住左键拖动鼠标即可绘制一个选定的图形。选中图形后,即可直接输入文本,也可以在图形上右击,在弹出的快捷菜单中选择“编辑文字”后,输入文本。

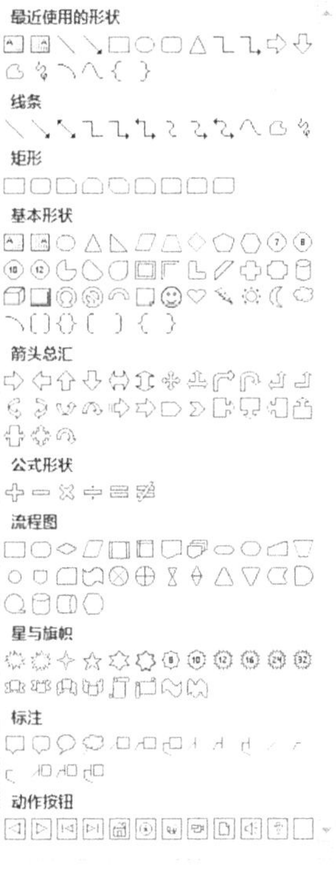


图 5-20　PowerPoint 自选图形

提示:不是所有的图形都能输入文本。

(4)艺术字

艺术字的表现形式是文字,但实质是图形,艺术字的插入和格式的设置和图片类似。在 PowerPoint 2010 中,选定要插入艺术字的幻灯片,选择“插入”选项卡→“文本”组,单击“艺术字”按钮,在弹出如图 5-21 所示的艺术字样式面板中,选择一种样式后,在幻灯片上便显示“请在此放置您的文字”文本框,直接输入文字替换提示性内容即可,如图 5-22 所示。编辑完成后,任何时候想修改艺术字的内容,都可以直接单击艺术字进行修改。

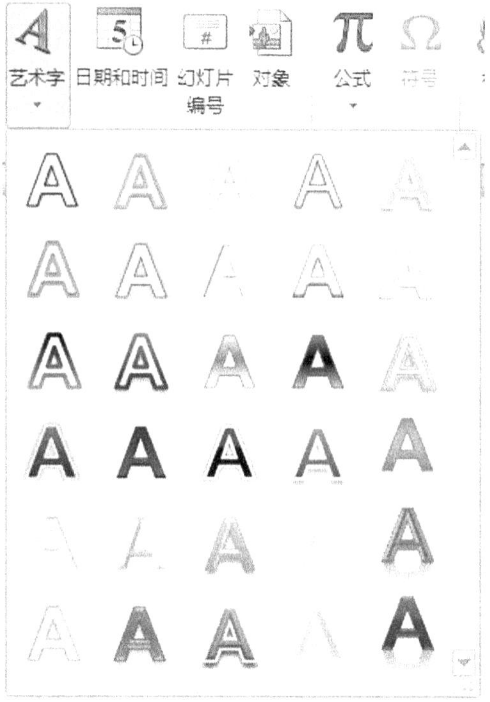


图 5-21　艺术字样式

图 5-22　编辑艺术字

**2. 格式化文本**

为了使幻灯片看起来更加美观，还需要设置幻灯片上的文本格式，包括设置字体格式、段落格式、项目符号等，如图 5-23 所示。这些操作和 Word 基本相同，可以选定文本后用浮动工具栏，如图 5-24 所示。也可以用“开始”选项卡中的“字体”和“段落”组对选定的文本进行格式化。通常对文本的格式化操作可直接在幻灯片编辑区中进行。

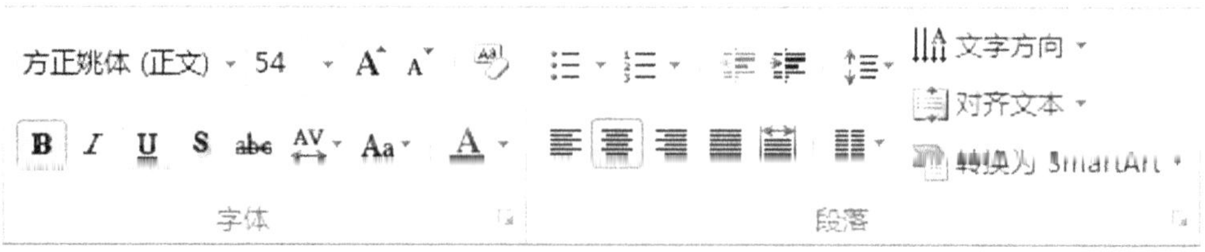


图 5-23　字体和段落

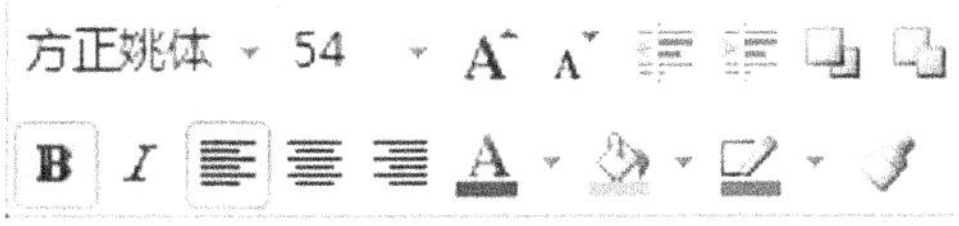


图 5-24　浮动工具栏

### 5.3.2　对象的插入和编辑

PowerPoint 2010 提供了非常丰富的多媒体信息对象，包括图形、图片、SmartArt、图表、表格、声音、视频等。

**1. 插入图形和图像**

图形和图像包括了图片、剪贴画、屏幕截图、相册、形状、SmartArt 图形等。图形和图像的插入都可以通过“插入”选项卡中的“图像”和“插图”2 个组来进行操作，如图 5-25 所示。

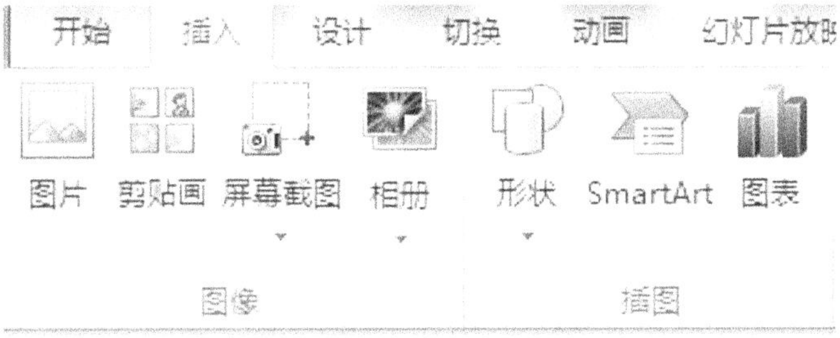


图 5-25　图像和插图

(1)插入图片

在“插入”选项卡中，单击“图像”组中的“图片”按钮，在弹出的“插入图片”对话框中，选择要插入的图片，单击“打开”按钮即可插入图片，也可以在文件夹窗口直接用鼠标将图片拖到幻灯片编辑区中。PowerPoint 2010 支持大部分的图片格式。

(2)插入剪贴画

剪贴画是 Microsoft Office 提供的插图、照片和图像的通用名称。在“插入”选项卡中，单击“图像”中的“剪贴画”按钮，“剪贴画”工作窗口会显示在屏幕的右侧。在“剪贴画”工作窗口的“搜索”框中，输入与剪贴画相关的关键字，然后单击“搜索”。例如输入“运动”，即会显示与“运动”相关的插图和照片的列表，如图 5-26 所示。然后单击要使用的插图，即可将剪贴画插入到幻灯片正中间位置。

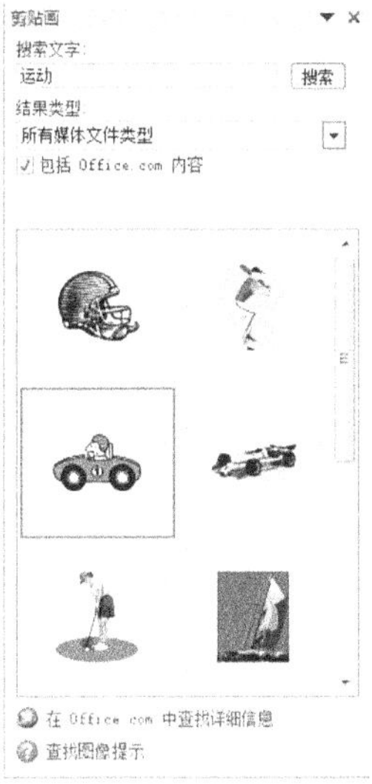


图 5-26　插入剪贴画

(3)插入屏幕截图

选择“插入”选项卡，单击“屏幕截图”按钮时，可以插入整个程序窗口，也可以使用“屏幕剪辑”工具选择窗口的一部分，如图 5-27 所示。屏幕截图只能捕获没有最小化到任务栏的窗口。

(4)插入 SmartArt 图形

SmartArt 图形是信息和观点的视觉表示形式。可以通过从多种不同布局中进行选择来创建 SmartArt 图形，从而快速、轻松、有效地传达信息。选择“插入”选项卡，单击“SmartArt”按钮，在弹出的窗口面板中选择相应的 SmartArt 图形类型，如图 5-28 所示。插入图形后，用户可以在图形中添加文字信息，通过单击“文本”，输入文字信息即可如图 5-29 所示。单击图形,系统将会增加“设计”和“格式”两个选项卡,用户可对图形样式和字体等进行设置。

图 5-27 插入屏幕截图

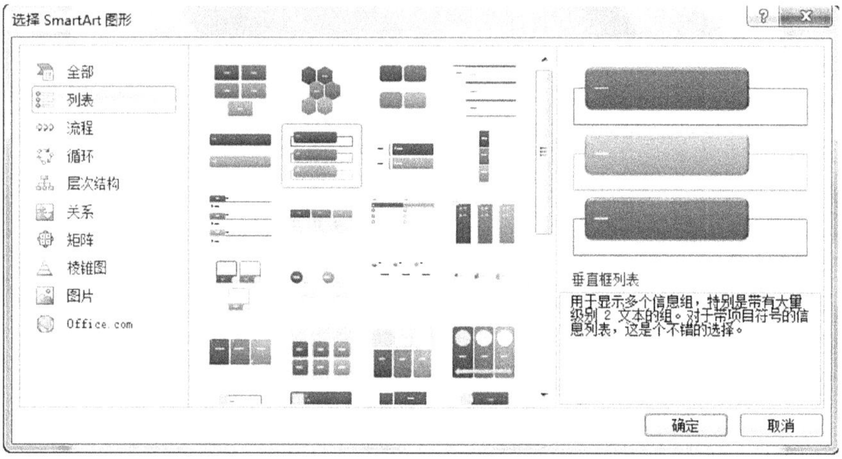


图 5-28 选择 SmartArt 图形

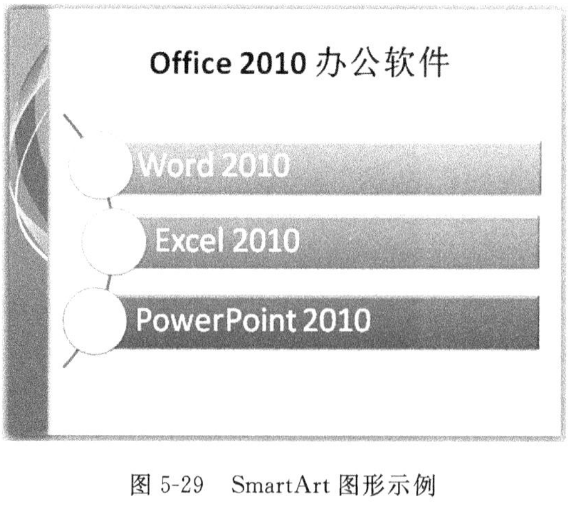


图 5-29 SmartArt 图形示例

**2. 插入表格和图表**

要在幻灯片中插入表格和图表,可在“插入”选项卡中,单击“表格”下拉按钮,可直接选择行列数,也可以单击“插入表格”命令,打开“插入表格”对话框,指定表格具体的行和列数,如图 5-30和图 5-31 所示。另外，还可以单击“绘制表格”按钮，绘制表格轮廓，同时系统打开表格工具“设计”选项卡，利用“绘图边框”组的相应工具绘制表格。

图 5-30　插入表格

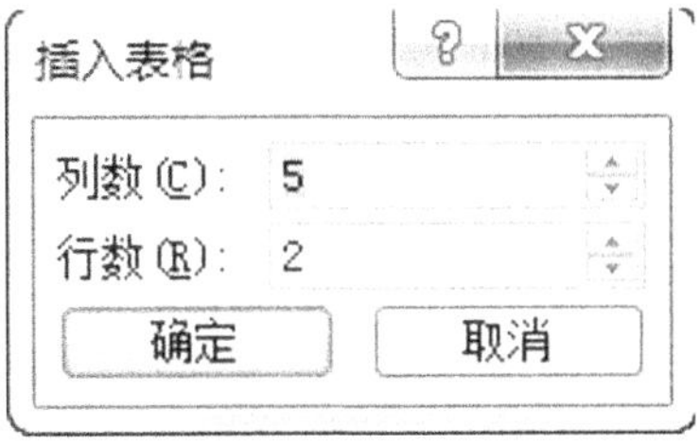


图 5-31　设置行和列数

表格插入幻灯片后，系统会自动打开“表格工具”的“设计”和“布局”两个选项卡，“设计”选项卡可设置表格样式选项，选择表格的样式，设置底纹，添加表格外观效果如阴影、映像等。在“布局”选项卡中可以进行表格行列的插入、单元格合并拆分、单元格大小设置、对齐方式选择、表格尺寸和叠放次序设置等操作。

单击“图表”按钮，弹出“插入图表”对话框，选择图表类型，即可在幻灯片中插入图表。插入图表后，会自动打开名为“Microsoft PowerPoint 中的图表”的 Excel 工作表，用户可以根据需要，编辑图表所需数据，如图 5-32 所示。

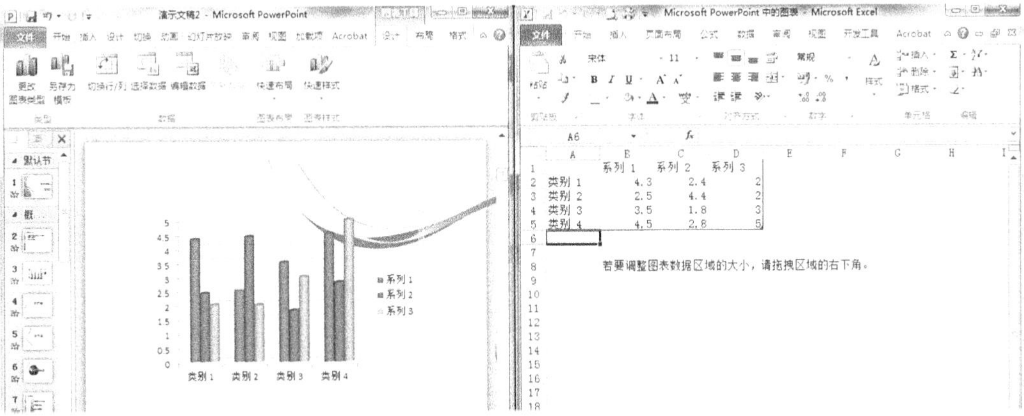


图 5-32　插入图表

**3. 插入声音和视频**

幻灯片中可以插入声音和视频，使幻灯片的放映更加完美。在 PowerPoint 2010 中可以插入多种音频和视频格式。

(1)插入声音

插入声音有 3 种方式：文件中的音频、剪贴画音频、录制音频。声音插入到幻灯片中表现为一个小喇叭状的图标，该图标可以移动和改变大小，并且能对声音图标更改图片和设置效果。同时，在功能区增加了“音频工具”的“格式”和“播放”选项卡，如图 5-33 所示。

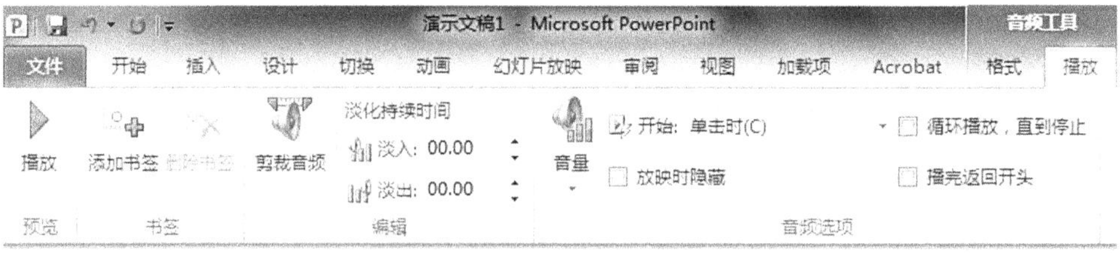


图 5-33 "音频工具"选项卡

选择"播放"选项卡中的"预览",点击播放按钮,可以试听插入的声音。单击幻灯片中的声音图标,在图标下方出现声音控制选项,可以播放声音以及设置声音音量,如图 5-34 所示。

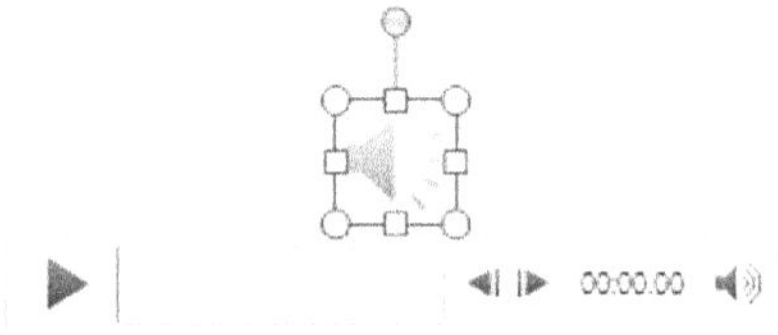


图 5-34 声音控制

提示:在 PowerPoint 2010 中,插入的声音是完全嵌入,不需要再像 2003 中那样,需要把声音文件一起打包。

(2)设置声音效果

在图 5-33 所示的"音频工具"的"播放"选项卡中,可以设置声音开始播放的方式(单击时、自动)、声音音量、放映时隐藏声音图标、在该张幻灯片放映期间是否连续重复播放。还可以对音频进行剪裁,以及设置声音的淡入淡出效果。

如果需要在放映多张幻灯片时连续播放声音,需要在"效果选项"中设置。具体步骤如下:

①选择"插入"选项卡,单击插入音频按钮,选中插入的声音。

②选择"动画"选项卡,单击"高级动画"组中的"动画窗格",在打开的"动画窗格"下拉列表中选择"效果选项",如图 5-35 所示。

③在弹出的如图 5-36 所示的"播放音频"对话框中,在"停止播放"选项区域中选择"在第几张幻灯片后"单选按钮,输入数字,就可以实现声音的连续播放,若是声音一直播放到所有幻灯片放映结束,只需输入最后一张幻灯片的编号即可。

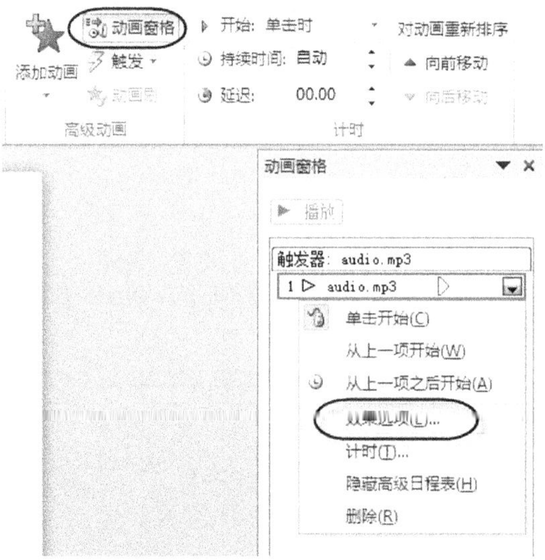


图 5-35 音频效果选项

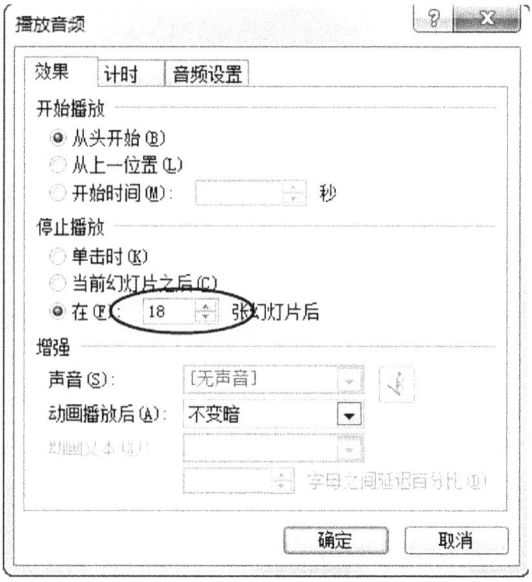


图 5-36 "播放音频"对话框

(3)插入视频

在"普通"视图下,单击要向其中嵌入视频的幻灯片,选择"插入"选项卡上的"媒体"组,单击"视频"的下拉箭头,然后单击"文件中的视频",在"插入视频"对话框中,找到并单击要嵌入的视频,然后单击"插入"即可。在 PowerPoint 2010 中可以链接外部视频文件或电影文件,通过链接视频,减小演示文稿的文件大小。在"插入视频文件"对话框中,单击"插入"按钮右侧下拉箭头,选择"链接到文件"命令即可链接外部视频。

**4. 插入页眉和页脚**

在 PowerPoint 2010 中,也可以像在 Word 和 Excel 中一样,插入页眉和页脚。在 PowerPoint 中插入页眉页脚,首先要选定幻灯片,然后在"插入"选项卡的"文本"组中,单击"页眉和页脚""日期和时间"或"幻灯片编号"都可以打开"页眉和页脚"对话框。在该对话框中,用户可以在幻灯片下方显示日期、编号、页脚,如图 5-37 所示,选中某个复选框时,能在对话框右下角的预览框中看到在幻灯片上的显示位置(以黑色矩形块标记)。如果选择对话框最下方的"标题幻灯片中不显示",则演示文稿版式为"标题幻灯片"的幻灯片不显示页脚。"全部应用"和"应用"按钮的区别是:"应用"按钮只在选定的幻灯片上显示,而"全部应用"则是在所有的幻灯片上都显示。在幻灯片上插入的日期、页脚和幻灯片编号都可以进行修改和设置格式,用鼠标单击日期、页脚和编号区后,即可进行编辑。

图 5-37　"页眉和页脚"对话框

## 5.3.3　PowerPoint 与 Word、Excel 的交互

用户可以将 Word 文档和 Excel 表格图表直接插入到 PowerPoint 演示文稿中,同时 PowerPoint 演示文稿还可以转换为 Word 文档。

**1. 在 PowerPoint 演示文稿中插入 Word 文档**

在 PowerPoint 2010 中,可以插入 Word 文档。选择"插入"选项卡,单击"文本"→"对象"命令,即可打开"插入对象"对话框,单击"由文件创建"按钮,单击"浏览"按钮,找到要插入的 Word 文档,单击"确定"按钮,就能够把 Word 文档作为一个图形对象插入到幻灯片中,如图 5-38所示。选定插入的 Word 文档对象,可以在"绘图工具"的"格式"命令中设置图形格式,同时,双击该对象便进入到 Word 环境中,用户可以像在 Word 中一样编辑文本内容,单击图形之外的任意位置,退出 Word 环境,重新进入 PowerPoint 窗口环境。

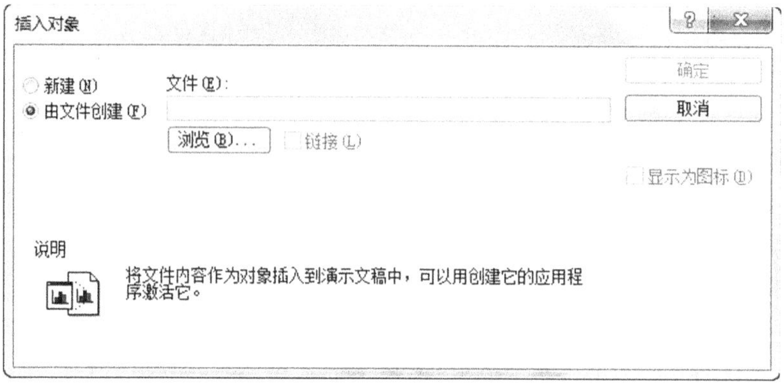


图 5-38 插入 Word 对象

**2. 将演示文稿转换成 Word 文档**

在 PowerPoint 2010 中,可以将演示文稿转换为 Word 文档。选择"文件"选项卡,单击"保存并发送"→"文件类型",在弹出的级联子菜单中选择"创建讲义"命令,打开如图 5-39 所示的"发送到 Microsoft Word"对话框。

(1)选择在 Word 中使用的版式,如果选择的是"只使用大纲"版式,那么只能将演示文稿中的文字发送到 Word 中。

(2)选择将幻灯片添加到 Word 的方式,选择"粘贴链接",不但可以将演示文稿发送到 Word 文档,而且在演示文稿发生改变时,打开该 Word 文档,会显示"链接文件已改变,是否更新"的提示,单击"是"便可以更新内容。

(3)可以双击 Word 中的演示文稿内容,便可进入 PowerPoint 环境进行编辑。

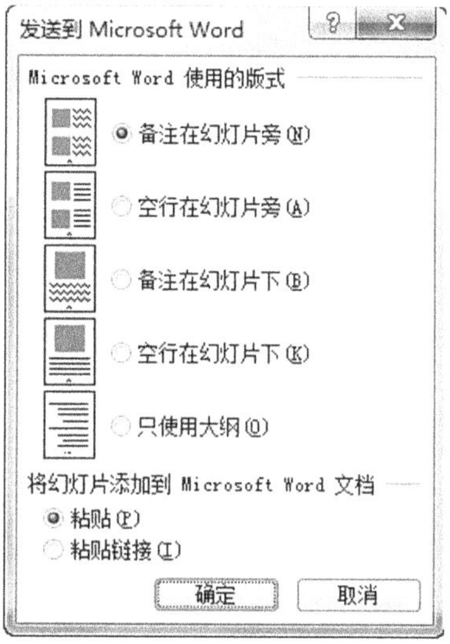


图 5-39 发送到 Word 文档

**3. 在 PowerPoint 演示文稿中插入 Excel 表格和图表**

在 PowerPoint 中,插入 Excel 电子表格的方法有:通过"插入"→"表格"→"Excel 电子表格",可导入 Excel 表格,或可通过"插入"→"文本"→"对象"导入。此外,还可以直接将 Excel 工作表中的数据区域或图表进行复制,然后粘贴到幻灯片中,点击表格或图表可进行编辑操作。

### 5.3.4 应用实例

**1. 实例 1**

利用"项目状态报告"模板生成演示文稿,如图 5-40 所示,保存文件名为"项目状态报告 pptx",完成如下操作:

(1)将第 1 张幻灯片的主标题的字体设置为"华文彩云",字号为 66。

(2)将第 2 张幻灯片中的一级文本的项目符号设置为"√"。

(3)将第 16 张幻灯片中的"指导计划"上升到上一个较高的标题级别。

(4)将“摘要”所在幻灯片的文本区,设置行距为1.2行。

(5)在最后添加一张“空白”版式的幻灯片,在新添加的幻灯片上插入一个文本框,文本框内的内容为“The End”,字体为“Times New Roman”。

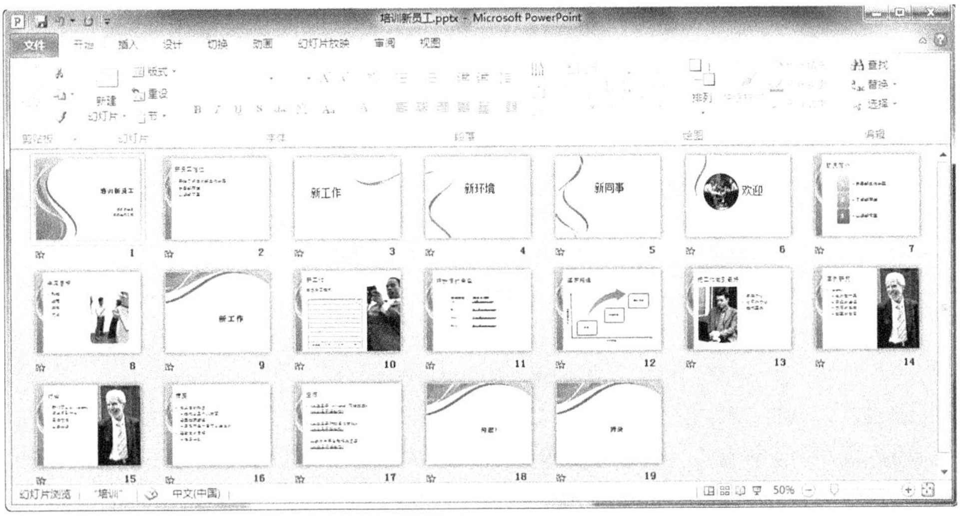

图5-40 培训新员工

操作步骤如下:

①根据题目(1)的要求,选择第1张幻灯片的主标题“培训新员工”,在“开始”选项卡的“字体”组中,点击字体设置选择按钮,选择“华文彩云”,再点击字号设置按钮,选择“66”(或直接在字号文本框中输入数字“66”),如图5-41所示。

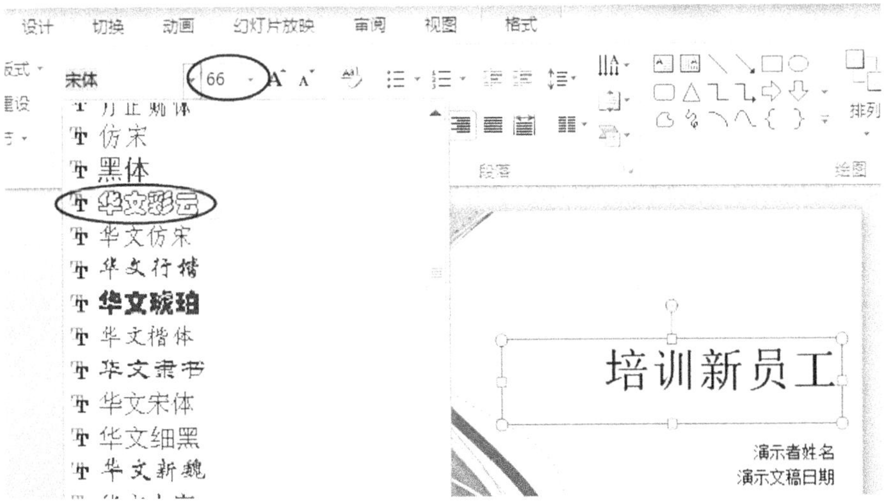


图5-41 设置字体字号

②选中第2张幻灯片,在文本框中选择所有含有项目符号“·”的文本内容,鼠标右击,在弹出的菜单中选择“项目符号”,在其级联子菜单中选择“√”符号即可,如图5-42所示。

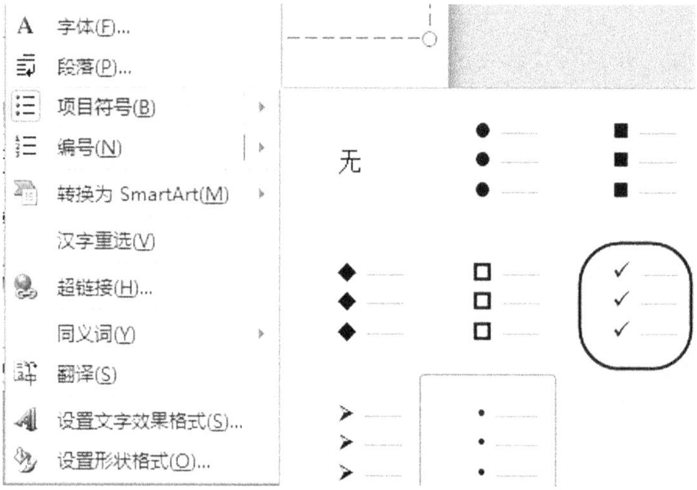


图 5-42　修改项目符号

③根据题目(3)的要求,选择第 16 张幻灯片,鼠标移至文字“指导计划”前单击选中,在“开始”选项卡的“段落”组中点击“降低列表级别”按钮 ,减小缩进级别,即可将“指导计划”上升到高一级的标题级别。如图 5-43 所示。

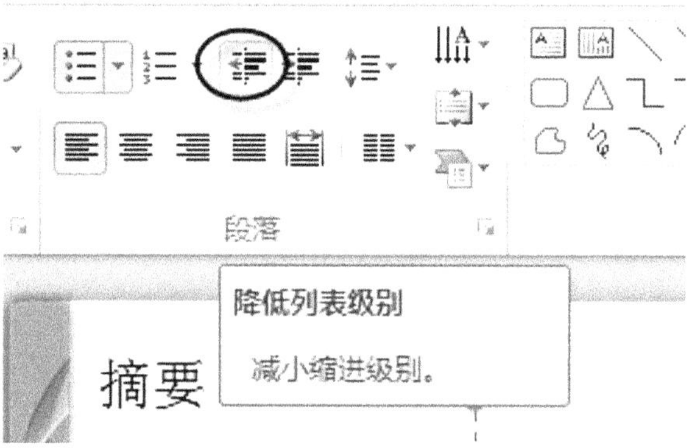


图 5-43　提升标题级别

④选中“摘要”所在的第 16 张幻灯片,选择该幻灯片中的文本区,在“开始”选项卡中的“段落”组中,点击“行距”按钮右边的下三角,选择“行距选项”命令,如图 5-44 所示,在打开的“段落”设置对话框中,在“行距”栏中选择“多倍行距”,并在设置值中输入“1.2”,单击“确定”按钮,如图 5-45 所示。

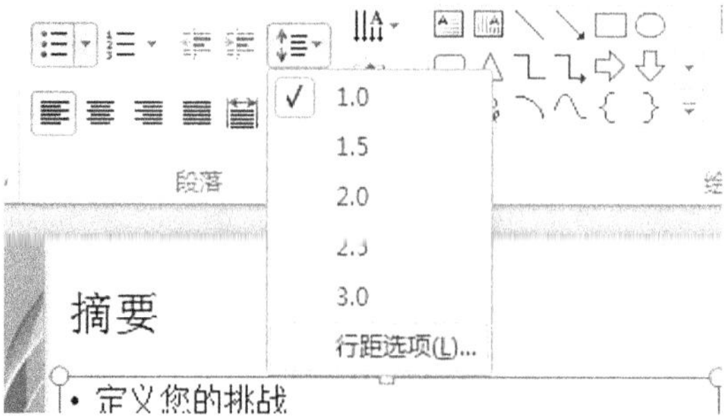


图 5-44　行距选项

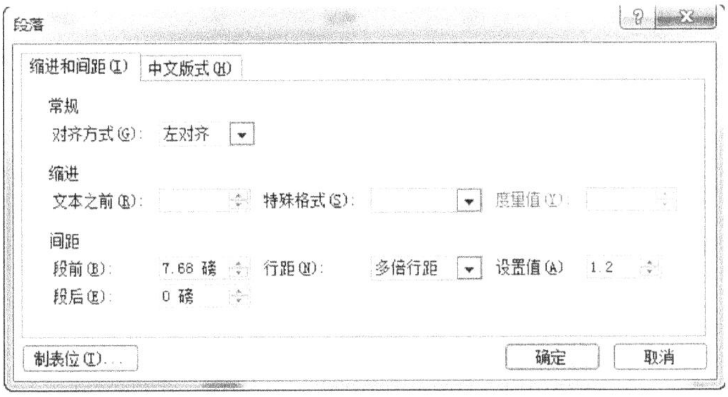


图 5-45　段落设置

⑤根据题目(5)的要求，点击选择最后一张幻灯片，在“开始”选项卡中，点击“幻灯片”组中的“新建幻灯片”下拉按钮，在弹出的幻灯片版式列表中选择“空白”版式即可添加一张“空白”幻灯片。选择新添加的幻灯片，选择“插入”选项卡，在“文本”组中点击文本框按钮，如图 5-46 所示，在当前幻灯片上单击，然后输入“The End”。选择“开始”选项卡，在“文字”组中设置字体为“Times New Roman”。

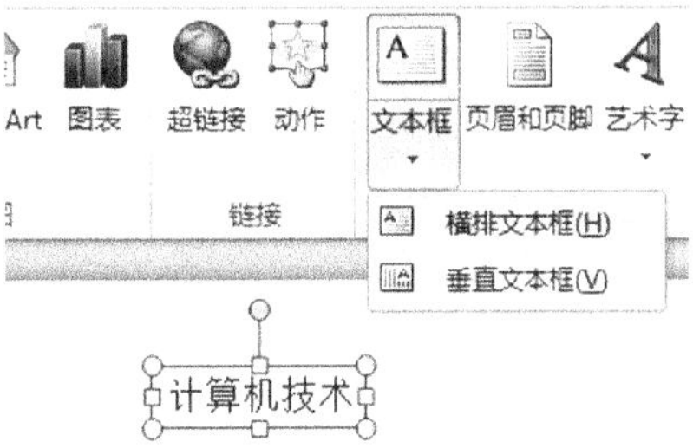


图 5-46　新建幻灯片

**2. 实例 2**

打开如图 5-47 所示的演示文稿，完成如下操作：

(1)将第 1 张幻灯片的艺术字样式设置成“红色，18 pt 发光，强调文字颜色 2”。

(2)在第 4 张幻灯片的“江南民俗馆”和“古戏台”之间插入一项“茅盾故居”(不包括引号)，并设其与“江南民俗馆”具有相同的大小。并设置新插入的“茅盾故居”为 28 磅，“竖排”文字。

(3)设置页脚，使除标题版式幻灯片外，所有幻灯片(即第 2 张到第 6 张)的页脚文字为“乌镇简介”(不包括引号)。

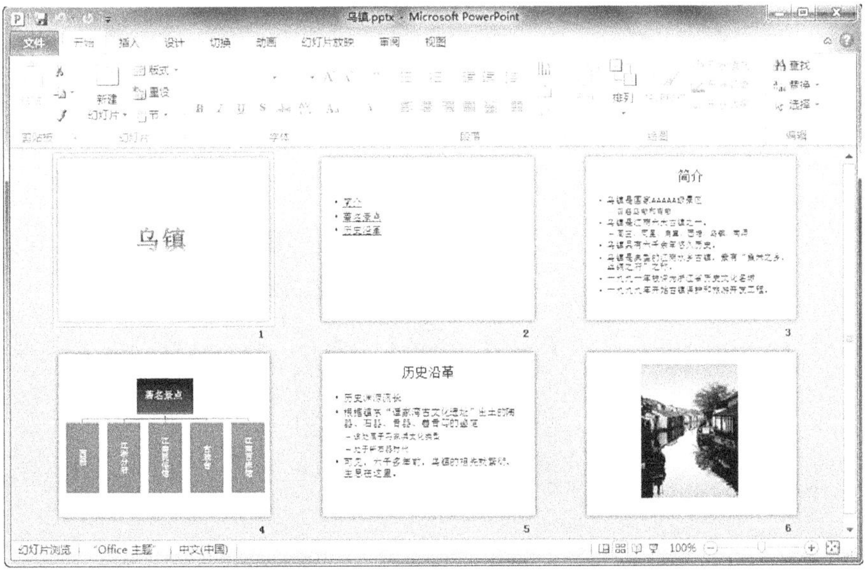


图 5-47　乌镇

操作步骤如下：

①选择第 1 张幻灯片，选中艺术字“乌镇”，选择“绘图工具”选项卡的“格式”子选项卡，在“艺术字样式”组中，点击文本效果按钮图标，在弹出的菜单中选择“发光”命令，在弹出的发光字体列表中选择“红色，18pt 发光，强调文字颜色 2”样式，如图 5-48 所示。

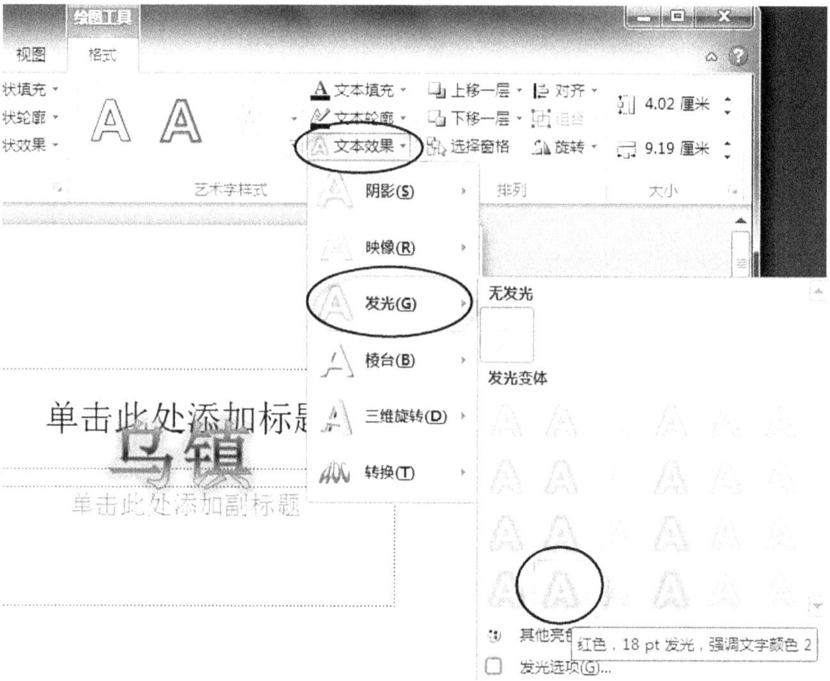


图 5-48 设置艺术字效果

②选择第 4 张幻灯片，点击 SmartArt 组织结构图的任意位置，弹出所图 5-49 所示的文字编辑窗格，点击定位到“江南民俗馆”后按回车键即可插入图形，键入文字“茅盾故居”。

拖动图形的边框控制点，使之与其他相关图形长宽大小一致。还可以先右击其他图形，在弹出的菜单中，选择“大小和位置”命令，在弹出的“设置形状格式”对话框中，记录形状高度和宽度，再右击“茅盾故居”图形同样的操作，在高度和宽度对话框中输入之前记录的数值，如图 5-50 和图 5-51 所示。

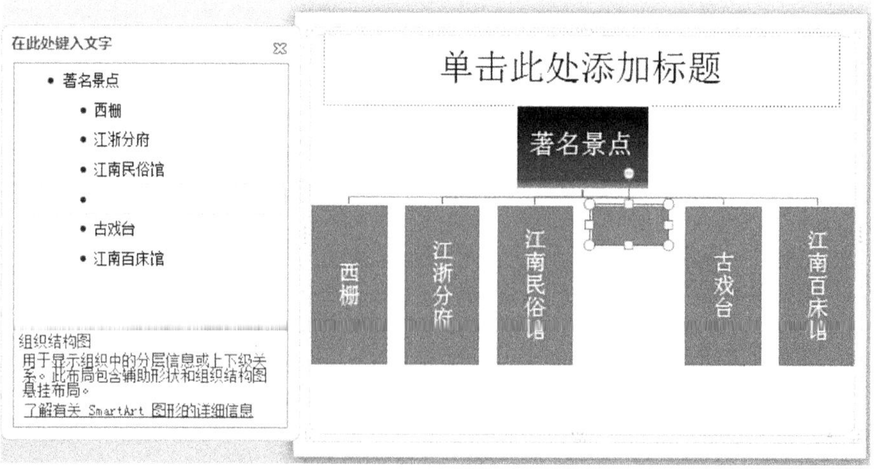


图 5-49 添加形状

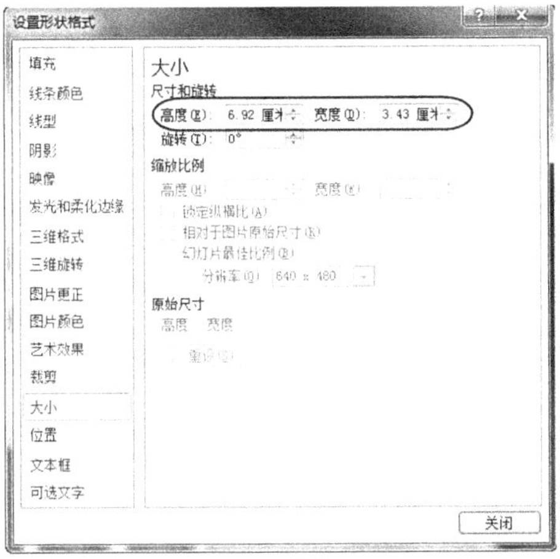


图 5-50　设置形状大小

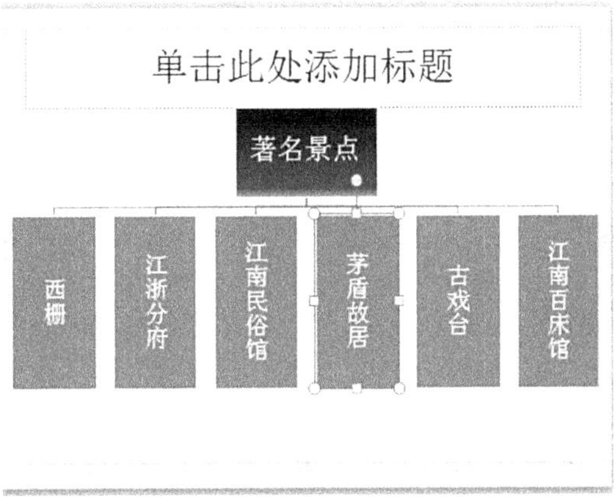


图 5-51　形状添加后效果

③选择“插入”选项卡，在“文本”组中，点击“页眉和页脚”按钮（或“日期和时间”、“幻灯片编号”），在弹出的“页眉和页脚”对话框中，勾选“页脚”选项及“标题幻灯片中不显示”选项，并在“页脚”文本框中输入“乌镇简介”，点击对话框右上角的“全部应用”按钮，设置页脚应用到除标题以外的所有幻灯片，如图 5-52 所示。

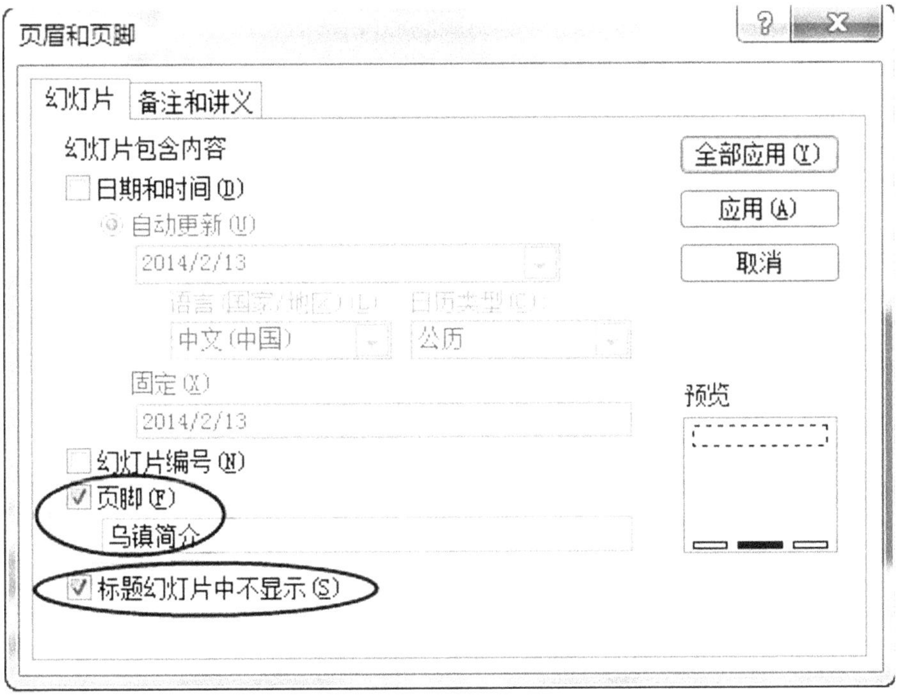


图 5-52　设置页眉和页脚

# 5.4 设计演示文稿的外观

## 5.4.1 主题设计和应用

主题是一组统一的设计元素，包括特定的颜色和字体形式等效果方案，可以使演示文稿具有统一的风格。PowerPoint 2010 给用户提供了多种专业设计的主题，可以根据需要直接应用，或自定义主题的配色方案、字体和效果等。

**1. 主题的设置**

主题由颜色、字体和效果组成。通常情况下，新建幻灯片时，软件自动应用系统默认的内置主题，用户可以更改主题也可以自定义主题。在当前演示文稿窗口中，选择“设计”选项卡，即可看到如图 5-53 所示的“主题”分组。

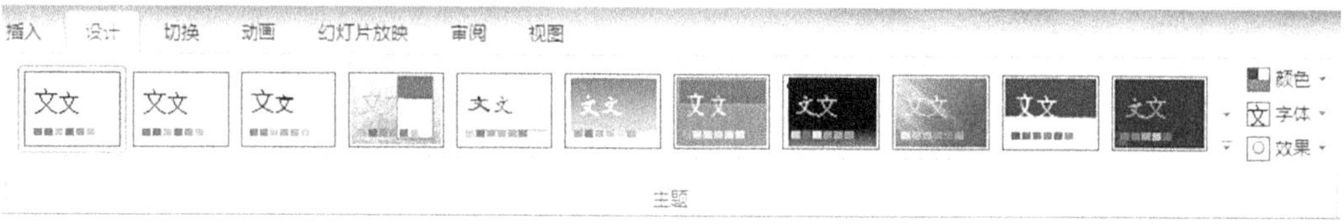


图 5-53 “主题”组

在普通视图或幻灯片预览视图下选定幻灯片，单击“主题”组中的某个主题缩略图(按右侧上下滚动按钮可以选择更多的主题)，或单击“主题”区右下角的“更多”按钮打开“所有主题”面板进行选择；还可以网络搜索 Office. com 上的其他主题，如图 5-54 所示。

鼠标指针停留在某个主题缩略图上，可以显示该主题的名称。点击选择某个主题的缩略图后，该主题将被应用到演示文稿的所有幻灯片中。在某个主题缩略图上右击，则可以选择该主题是应用到选定的幻灯片或应用到全部幻灯片。

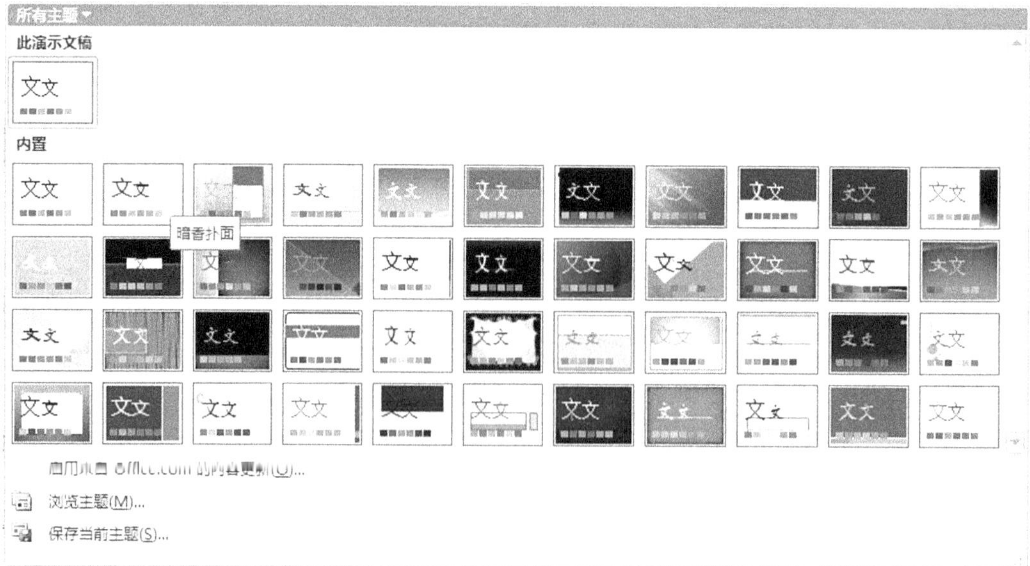


图 5-54 所有主题

**2. 主题的修改和自定义**

在演示文稿中,可以更改主题样式中的"颜色""字体"和"效果"。

"主题"分组中点击"颜色"按钮 颜色 ,可以重新选择系统内置的主题颜色搭配方案,也可以直接单击"颜色"→"新建主题颜色",自定义主题的颜色方案,如图 5-55 所示。输入新的主题颜色名称,点击"保存"按钮,这样便可以将自定义的配色方案添加到系统库。保存好的配色方案不仅可以在当前演示文稿中使用,在新建的其他演示文稿中也可以直接使用。

图 5-55 新建主题颜色

单击"字体"按钮 字体 ,可以修改主题样式中的字体。如果在内置主题字体库中没有适合的字体方案,可以单击"新建主题字体"命令,在弹出的"新建主题字体"对话框中设置所需的主题字体方案。

单击"效果"按钮 效果 ,可以更改主题的效果,如图 5-56 所示。

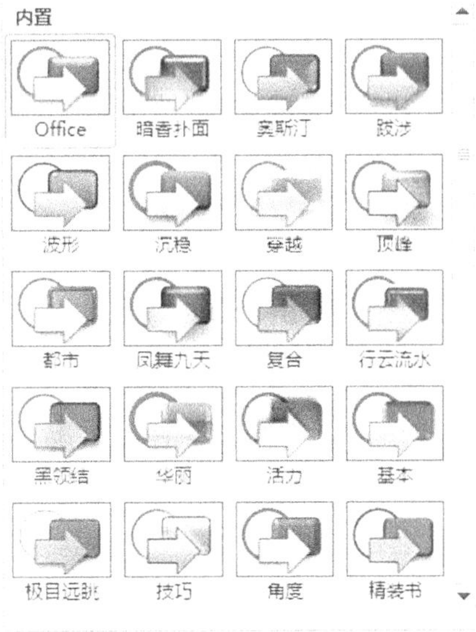


图 5-56 更改主题效果

### 5.4.2 背景和填充效果

背景样式是当前演示文稿“主题”中的颜色和背景的组合，当更改演示文稿中使用的主题时，背景样式也会随之发生改变，从而反映新的主题颜色和背景。用户可以使用 PowerPoint 2010 中提供的内置背景色样式，也可以根据需要自定义其他背景样式，如纯色、渐变色或图片等。背景的使用分两种情况：一种是直接使用系统内置的背景样式，另一种是用户自定义背景样式。

**1. 系统的内置背景样式**

在“设计”选项卡的“背景”功能分组中，单击“背景样式”按钮 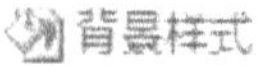，在弹出的面板中，背景样式显示为缩略图，如图 5-57 所示。单击选择需要的背景样式，即可更改演示文稿中所有幻灯片的背景样式。如果只想更改指定的幻灯片，则可以在某个要应用的背景样式缩略图上右击，在弹出的快捷菜单中选择“应用于所选幻灯片”命令。在右键快捷菜单中，还可以选择将该背景样式添加到快速访问工具栏。

在应用背景样式时，如果勾选“背景”组中的“隐藏背景图形”复选框，如图 5-58 所示，则在幻灯片中将不显示所应用主题中包含的背景图形。

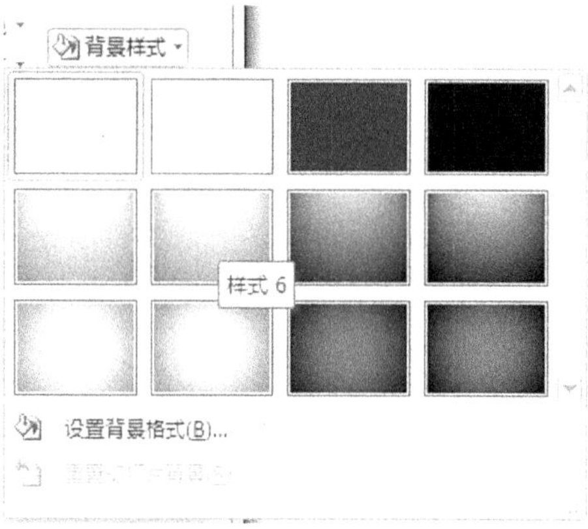


图 5-57 系统内置背景样式

图 5-58 隐藏背景图形

**2. 自定义背景填充**

自定义背景样式，首先选中要添加背景的幻灯片，然后单击“背景”→“背景样式”→“设置背景格式”，或直接单击图 5-58“背景”分组右下角的“设置背景格式”按钮，或在幻灯片缩略图处(或幻灯片编辑区空白处)右击，在弹出的快捷菜单中选择“设置背景格式”命令，都可以打开如图 5-59 所示的“设置背景格式”对话框。

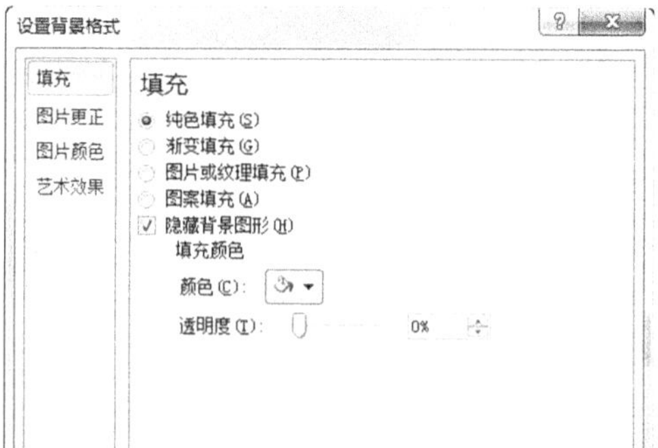


图 5-59 “设置背景格式”对话框

在该对话框中，可以选择“填充”和“图片”背景。“填充”背景可以是“纯色”“渐变”和“图片或纹理”。如果采用“渐变填充”，用户可以设置渐变样式，或直接使用系统预设颜色，如图 5-60 所示。如果选择了“图片或纹理填充”，则可以选择系统内置的纹理填充，如图 5-61 所示。如果选择用图片填充，单击“插入自”选项区的“文件”按钮，打开“插入图片”对话框，找到需要的背景图片，单击“插入”按钮，返回到“设置背景格式”对话框，单击“关闭”按钮，则图片背景将被插入到选定的幻灯片中。

在进行设置的同时可以看到 PowerPoint 编辑窗口中的变化，单击“关闭”按钮，将对当前幻灯片应用已完成的设置。如果希望将背景设置作用于演示文稿中的所有幻灯片，需要在单击“关闭”按钮之前先单击“全部应用”按钮；如果发现对背景进行了错误的设置，可以单击“重置背景”按钮，将背景恢复为初始状态。

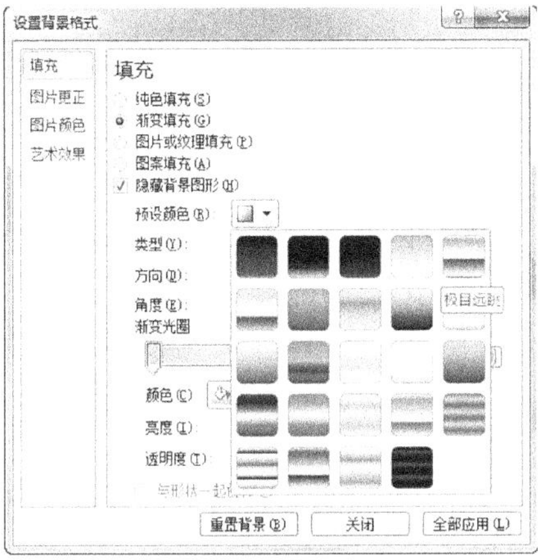


图 5-60　渐变填充

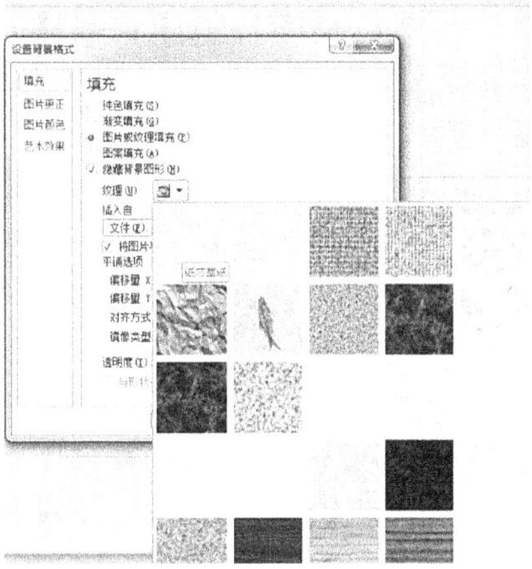


图 5-61　背景纹理填充

### 5.4.3　母版的设计和使用

在演示文稿中使用母版可以统一设置所有幻灯片的格式，如果要统一修改多张幻灯片的外观，不必对每一张幻灯片进行修改，只需在母版上做一次修改即可。PowerPoint 2010 提供了三种母版：幻灯片母版、讲义母版和备注母版。

**1. 幻灯片母版**

幻灯片母版是存储着有关应用的设计模板信息的幻灯片，包括字形、占位符大小或位置、背景设计和配色方案。在“视图”选项卡的“母版视图”功能分组中，单击“幻灯片母版”按钮，即可在演示文稿中打开母版视图，如图 5-62 所示。

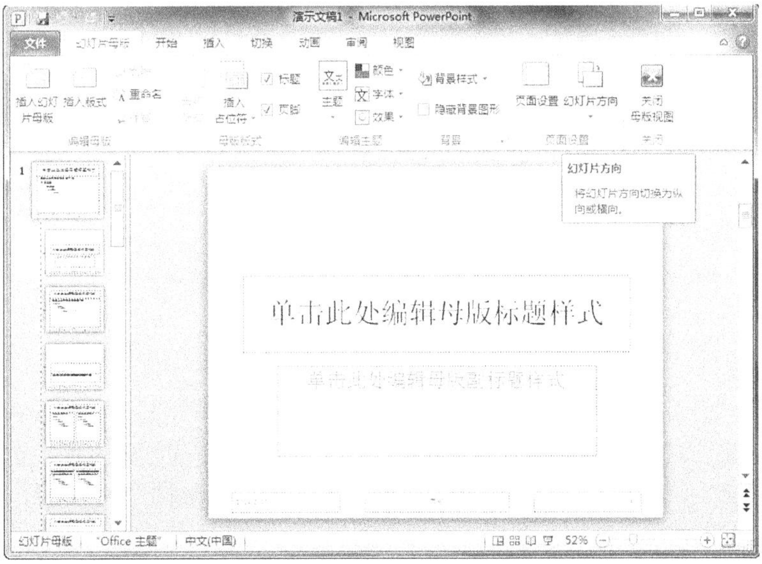


图 5-62　幻灯片母版视图

在 PowerPoint 2010 中，幻灯片母版和主题及版式是密切相关的，一个演示文稿中如果只使用了一个主题，那么该演示文稿对应的有一组不同版式的幻灯片母版。在图 5-62 所示的幻灯片母版视图中，我们可以看到在左侧窗格中有一组幻灯片缩略图，分别是不同版式的幻灯片母版。如果演示文稿中应用了多个主题，则在该幻灯片母版视图中能看到对应的多组幻灯片母版，分别控制不同主题不同版式的幻灯片的格式。

在演示文稿幻灯片母版中，标题母版只包含应用到标题幻灯片的样式，而幻灯片母版的样式会应用到除标题幻灯片之外的所有幻灯片，其中最为常用的是“标题幻灯片”版式和“标题和内容”版式，如图 5-62 和图 5-63 所示。这两个幻灯片母版中都包含了 5 个区域，分别用来设置标题文本的位置、字体、字号和格式等，设置正文文本的位置、字体、字号、格式以及项目符号的样式等，添加时间和日期、页脚和幻灯片编号并控制这些内容的位置、字体和大小及格式等。标题母版中“副标题样式”占位符和幻灯片母版不同，其他的都相同。

PowerPoint 2010 还提供了母版的编辑功能，比如插入幻灯片母版、插入版式、重命名母版、复制和保留母版等。在 PowerPoint 2010 中如果要用母版来控制某些幻灯片的格式，应该首先进入母版视图进行格式设置，然后返回到普通视图下进行编辑。

*提示：并不是所有的幻灯片在每个细节部分都必须与幻灯片母版相同。若需要使某张幻灯片的格式与其他幻灯片的格式不同，可以通过更改该幻灯片布局的方法对其进行修改，这种修改不会影响其他幻灯片或母版。*

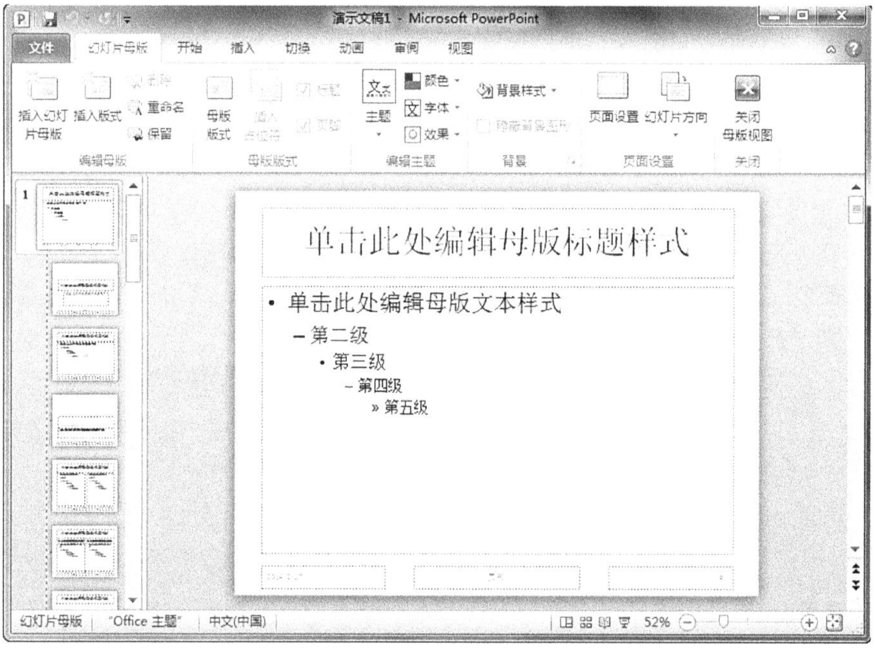


图 5-63 “标题和内容”母版

**2. 讲义母版**

PowerPoint 2010 提供了讲义的制作方式。用户可以将幻灯片的内容以多张幻灯片为一页的方式打印成讲义。讲义母版主要用于控制幻灯片以讲义形式打印的格式。在“视图”选项卡中，单击“母版视图”→“讲义母版”选项，即可打开讲义母版视图，如图 5-64 所示。

**3. 备注母版**

备注母版的主要功能是进一步补充幻灯片的内容，演讲者可以在播放幻灯片之前事先将补充的内容输入到备注中，备注母版主要用来控制备注使用的空间以及设置备注幻灯片的格式。在“视图”选项卡中，单击“母版视图”→“备注母版”选项，即可打开备注母版视图，如图 5-65 所示。

图 5-64　讲义母版视图

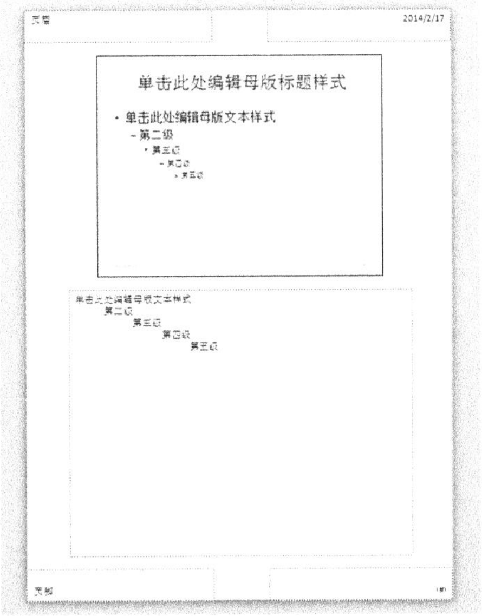


图 5-65　备注母版视图

### 5.4.4　应用实例

打开如图 5-66 所示的演示文稿，完成如下操作：

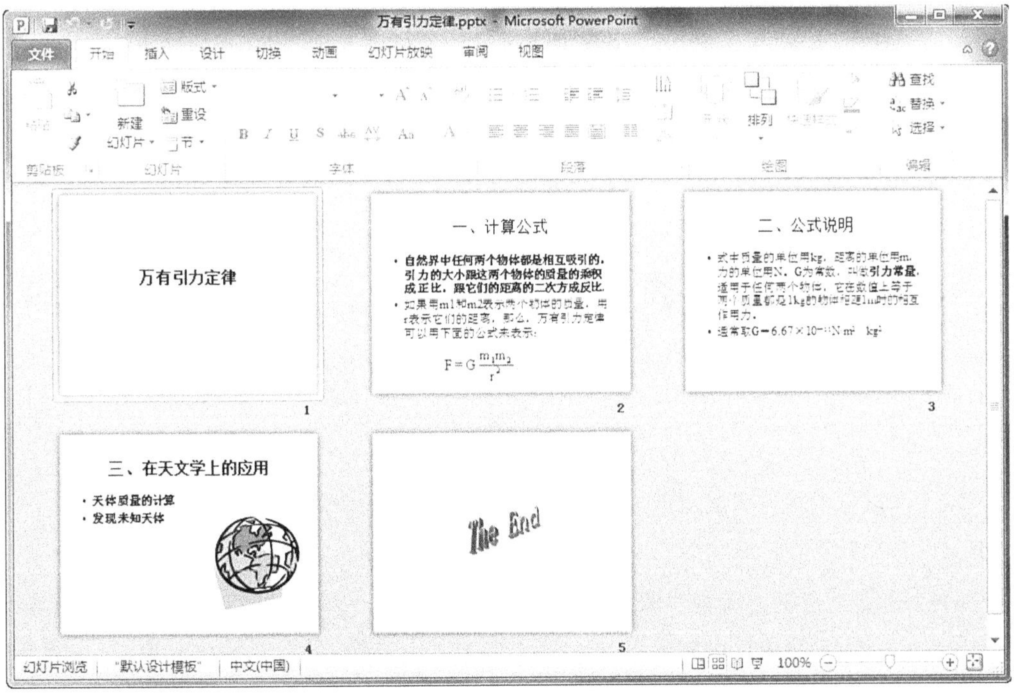


图 5-66　“万有引力定律”演示文稿

(1)将演示文稿的主题设置为“暗香扑面”，并应用于所有幻灯片。

(2)将第 1 张幻灯片的背景渐变填充颜色预设为“茵茵绿原”，类型为“标题的阴影”。

(3)将第 3 张幻灯片的背景纹理设置为“蓝色面巾纸”。

打开“万有引力定律”演示文稿文件，操作步骤如下：

①根据操作要求(1)，选择“设计”选项卡，在“主题”功能分组中的设计主题样式面板中，找到“暗香扑面”主题样式缩略图并单击，即可将主题样式应用到所有幻灯片，如图 5-67 所示。

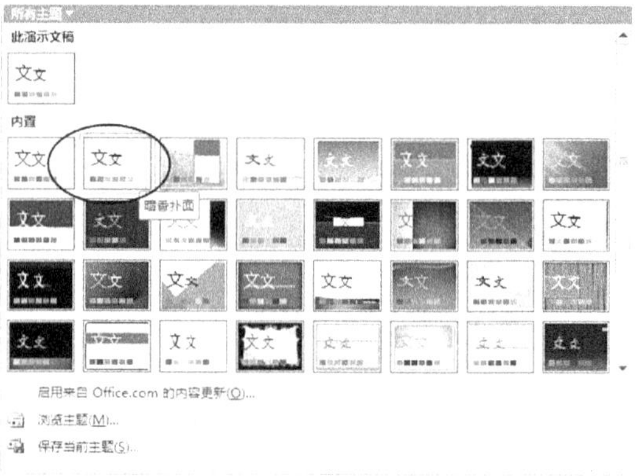

图 5-67　设置主题

②根据操作要求(2)，选择第 1 张幻灯片，单击“设计”→“背景”选项(或右键菜单“设置背景格式”命令)，打开“设置背景格式”对话框，在该对话框中勾选“渐变填充”复选框，单击“预设颜色”按钮，选择“茵茵绿原”，如图 5-68 所示；单击“类型”下拉列表，选择“标题的阴影”，如图 5-69 所示，单击“关闭”按钮。

③选择第 3 张幻灯片，右键菜单“设置背景格式”命令，在弹出的“设置背景格式”对话框中，勾选“图片或纹理填充”复选框，单击纹理下拉列表，在面板区中选择“蓝色面巾纸”(鼠标在缩略图上停留几秒钟即可显示名称)。

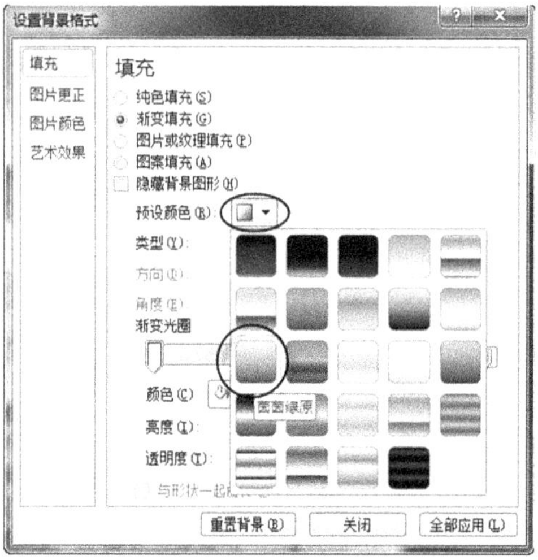

图 5-68　渐变填充预设

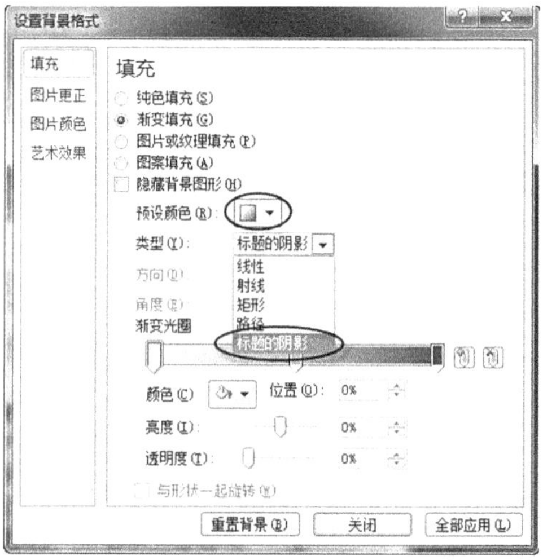

图 5-69　渐变填充类型

## 5.5　动画效果和超链接

PowerPoint 2010 的动画效果设置包括针对整张幻灯片的设置和针对幻灯片中的某个对象的设置。对幻灯片的动画设置主要是指幻灯片的切换效果，对幻灯片中对象，如占位符、文本框、自选图形、图片和剪贴画等对象的动画设置，主要有系统预设的动画和用户自定义的动画效果。

### 5.5.1　幻灯片切换

幻灯片的切换效果是指在幻灯片播放过程中，从一张幻灯片移到下一张幻灯片时出现的过渡动画效果。用户可以控制切换效果的速度，添加声音，甚至还可以对切换效果的属性进行自定义设置。PowerPoint 2010 提供了 34 种内置的幻灯片切换效果，可以为幻灯片之间的过渡设置丰富的切换效果。

在普通视图下，选择“切换”选项卡，该选项卡包括“预览”“切换到此幻灯片”和“计时”3 个功能分组，幻灯片的切换效果都在这些分组中设置，如图 5-70 所示。

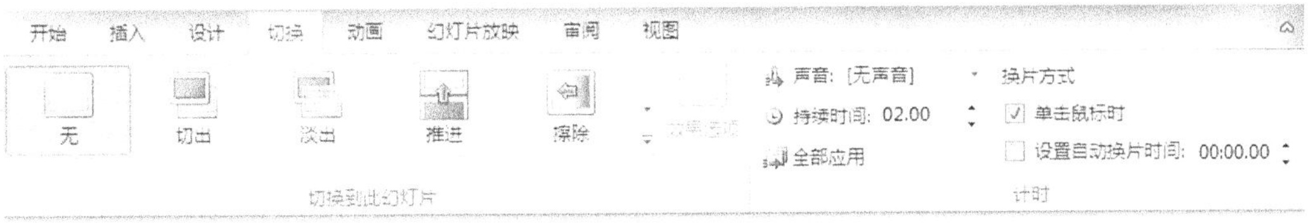


图 5-70　“切换”选项卡

**1. 添加切换效果**

选中需要设置切换方式的幻灯片，在“切换”选项卡的“切换到此幻灯片”功能分组中，单击右侧下拉箭头按钮，可弹出如图 5-71 所示的切换方案库面板，用鼠标指向某个切换方案的缩略图，在幻灯片上便能看到预览效果，单击该缩略图即可设置选定幻灯片的切换效果。单击“全部应用”按钮，可以设置演示文稿中所有的幻灯片都具有相同的切换效果。

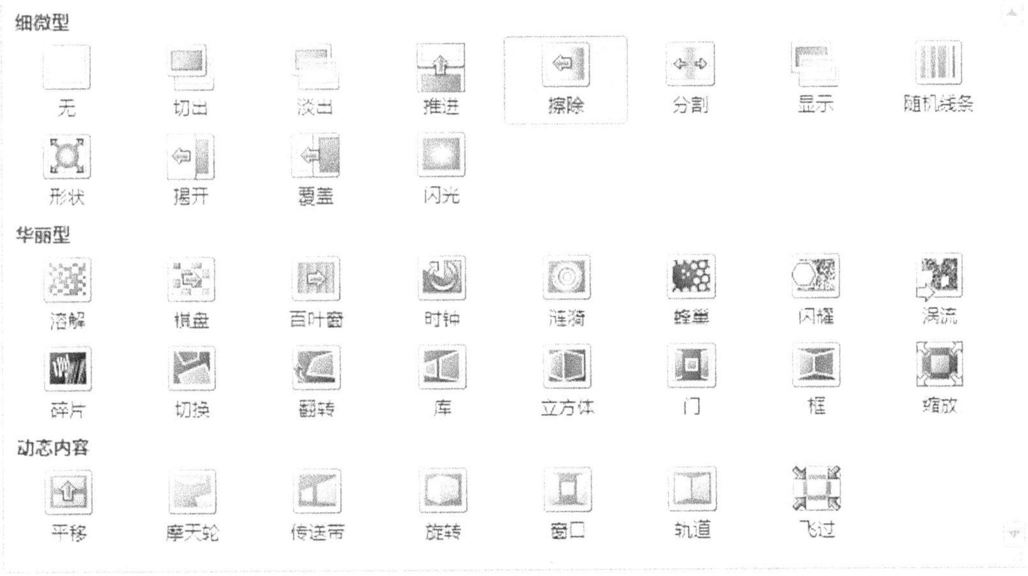


图 5-71　幻灯片切换效果库

选择应用某种切换效果后，可以选择该切换效果的效果选项。每一种切换动画，都具有各自的效果选项。例如“随机线条”，有“垂直”和“水平”两种效果选项，而“擦除”，有“自右侧”“自顶部”“自左侧”“自底部”“从右上部”“从右下部”“从左上部”和“从左下部”8 种效果。

**2. 设置切换声音效果**

PowerPoint 2010 预设了多种幻灯片切换时的声音效果，用来配合幻灯片的播放。单击“切换”选项卡，在“计时”分组中单击“声音”下拉按钮，然后在出现的列表中进行选择即可。鼠标指向某个声音，就能听到该声音的效果，单击便可以给选定的幻灯片设置音效，单击“全部应用”按钮，选择的声音效果将设置到所有幻灯片中。

如果想用其他声音文件，则可以选择下拉列表最后的“其他声音”命令，打开“添加音频”对话框，从该对话框中可以选择电脑中已经保存的 WAV 格式的声音文件。

**3. 设置切换速度**

在“计时”组中还可以通过“持续时间”来控制幻灯片切换时动画的播放速度，默认情况下两张幻灯片之间的切换动画的时间间隔为 2 秒，用户可以根据实际情况修改这个时间。

**4. 设置换片方式**

默认情况下，在播放演示文稿时，都是由演讲者通过单击鼠标手工从上一张幻灯片切换到下一张幻灯片。如果希望以固定的时间间隔自动切换幻灯片，实现演示文稿的自动放映，可以对切换方式进行设置。选择要设置的幻灯片，在“计时”组中的“换片方式”区中改变幻灯片的切换方式，具体分为“单击鼠标时”和“设置自动换片时间”两个选项。在“设置自动换片时间”的时间对话框中设置每张幻灯片的播放时间(00:03.00，3 秒)，则幻灯片放映时，不需要手动控制，每隔设定的时间间隔，系统会自动换片。如果两个复选框都选中，则可以用两种方式控制幻灯片的切换，既可以用鼠标单击换片，也可以自动播放。

**5. 删除切换效果**

删除幻灯片中已设置好的切换动画和音效，只需在“切换”选项卡的“切换到此幻灯片”组中选择“无”选项，去除切换时的动画效果；在“计时”组“声音”下拉列表中选择“无声音”选项，去除切换时的声音效果。

## 5.5.2 动画效果

**1. 添加动画效果**

给幻灯片中的对象添加动画效果，可以直接使用系统预设的动画效果，也可以设置自定义动画效果。最简单的方法是使用预设的动画效果。动画效果是 PowerPoint 2010 提供给用户的一种精致的效果序列，用户可以通过简单的操作将它应用到几个幻灯片或整个演示文稿中。PowerPoint 2010 中有以下四种不同类型的动画效果：

“进入”效果。例如，可以使对象逐渐淡入焦点、从边缘飞入幻灯片或者跳入视图中。

“退出”效果。这些效果包括使对象飞出幻灯片、从视图中消失或者从幻灯片旋出。

“强调”效果。这些效果的示例包括使对象缩小或放大、更改颜色或沿着其中心旋转。

动作路径。使用这些效果可以使对象上下移动、左右移动或者沿着星形或圆形图案移动(与其他效果一起)。

添加动画可以单独使用任何一种动画，也可以将多种动画效果组合在一起。

(1)向对象添加动画

使用系统预设的动画效果创建动画的操作步骤如下：

在普通视图下，选择要添加动画的对象所在幻灯片，单击选定要添加动画的对象，在“动画”选项卡上的“动画”组中，单击“其他”按钮▾，弹出如图 5-72 所示的动画样式库列表，选择需要的动画效果即可为所选对象添加相应的动画效果。类似于幻灯片切换，选择动画效果后，还可以在动画效果选项中选择动画的方向或形状。

提示：如果没有看到所需的进入、退出、强调或动作路径动画效果，请单击“更多进入效果”“更多强调效果”“更多退出效果”或“其他动作路径”。

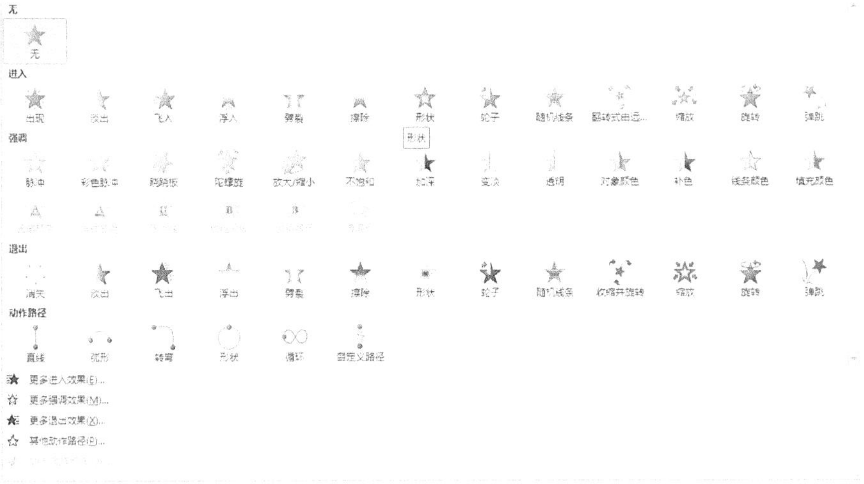


图 5-72　动画效果选项列表

(2)对单个对象应用多个动画效果

若要对同一对象应用多个动画效果，需要使用功能区“动画”选项卡“高级动画”组中的“添加动画”按钮，如图 5-73 所示。设置多个动画的方法与设置一个动画类似，只要在一个对象上设置好一个动画后，继续为该对象添加其他动画效果即可。需要注意的是，在使用“动画”组下拉列表中的选项为同一个对象添加动画时，即使反复选择了多个动画效果，最终为对象设置的动画均为最后一次选择的动画，而不是将每次选择的动画叠加到该对象上，使用列表中的选项只能为同一个对象设置一个动画。当为同一对象设置多个动画效果后，可以看到该对象左侧会有多个顺序编号的动画标记，如图 5-74 所示。

图 5-73　添加动画

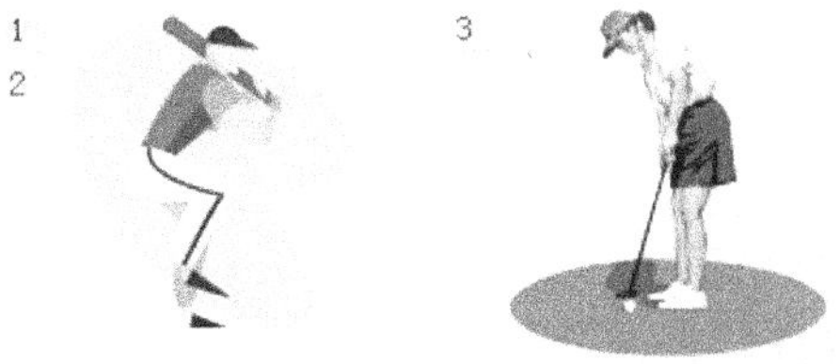


图 5-74　动画序号标记

(3)利用动画刷设置动画

PowerPoint 2010 新增了一个“动画刷”的功能，类似于 Word 中的格式刷，其功能是可以快速将一个对象上的动画效果复制到其他对象上。动画刷的操作很简单，单击包含要复制的动画效果的对象，然后选择“动画”选项卡，在“高级动画”组中单击如图 5-75 所示的“动画刷”按钮，此时光标将更改为形状，再单击另一个对象，即可为后者设置之前复制的动画效果。

图 5-75　动画刷

(4)查看动画列表

用户可以在“动画”任务窗格中查看幻灯片上所有动画的列表。“动画”任务窗格显示有关动画效果的重要信息，如效果的类型、多个动画效果之间的相对顺序、受影响对象的名称以及效果的持续时间。在“动画”选项卡上的“高级动画”组中，单击“动画窗格”，即可打开“动画”任务窗格，如图 5-76 所示。

该任务窗格中的编号表示动画效果的播放顺序，编号名称右侧的淡黄色矩形框表示动画效果的持续时间，数字编号后的图标表示动画效果的类型(进入、强调、退出等)。选择列表中的项目后会看到相应的菜单图标(向下箭头)，单击该图标即可显示相应菜单。

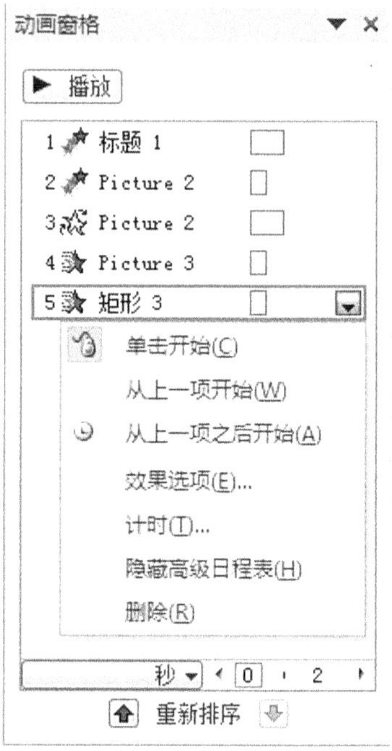

图 5-76　动画窗格

**2. 修改动画效果**

给幻灯片中的对象添加了动画效果后，还可以对其进行修改。在普通视图下，选定要修改动画效果的幻灯片，打开“动画窗格”任务窗格，在自定义动画列表框中选择要修改的动画，单击“动画”选项卡，在“动画”组中重新选择动画。

如果需要调整多个动画间的播放顺序，打开如图 5-76 所示的“动画窗格”，在动画列表中单击要调整顺序的动画，再单击或按钮将其向上或向下移动，或单击“计时”组中的“向前移动”和“向后移动”按钮，或直接通过鼠标拖拽调整动画播放顺序。单击任务窗格左上方的“播放”按钮，可以依次预览动画列表中的每一个动画。

当在动画列表中选择了一个动画，或单击添加动画效果的对象，即可激活“动画”选项卡中的“计时”组。在“计时”组中可以设置动画的开始方式、持续时间、延迟计时以及对动画进行排序。如图 5-77 所示。

图 5-77　“计时”组

若要为动画设置开始计时，请在“计时”组中单击“开始”菜单右侧的箭头，然后选择所需的计时。开始计时共有以下三种方式：

(1)“单击开始”(鼠标图标，如图 5-76 所示)：动画效果在单击鼠标时开始。

(2)“从上一项开始”(无图标)：动画效果开始播放的时间与列表中上一个效果的时间相同。此设置在同一时间组合多个效果。

(3)“从上一项之后开始”(时钟图标)：动画效果在列表中上一个效果完成播放后立即开始。

若要设置动画运行的持续时间，请在“计时”组中的“持续时间”框中输入所需的秒数(例如，00.50 表示半秒)。

若要设置动画开始前的延时，请在“计时”组中的“延迟”框中输入所需的秒数。

此外，还可以直接在某个动画效果上右击(或单击右侧下拉箭头)，在弹出的菜单中选择“效果选项”和“计时”命令，进行更详细的设置，如图 5-78 和图 5-79 所示。

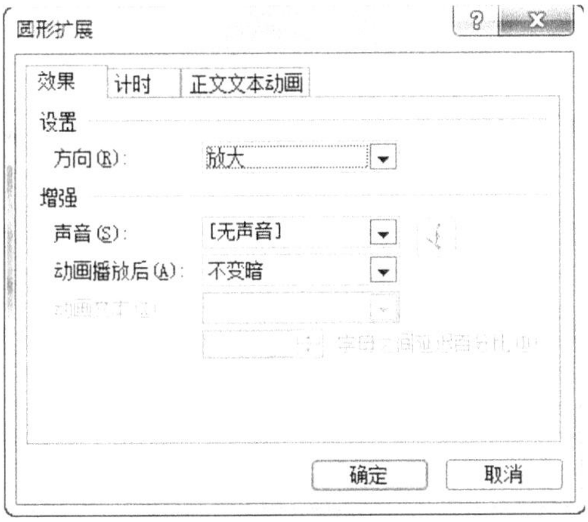


图 5-78　动画“效果”选项

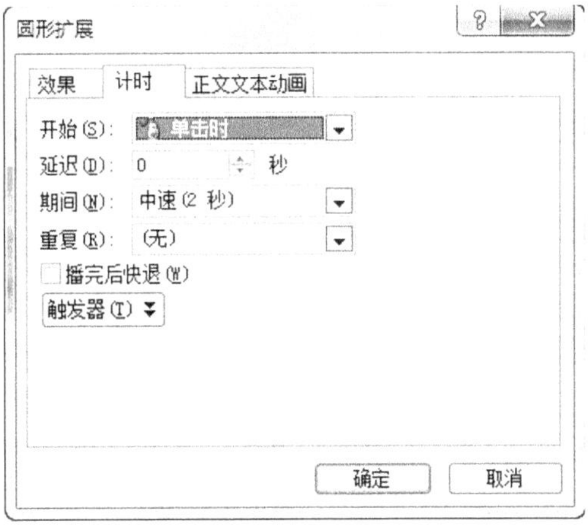


图 5-79　动画“计时”选项

在图 5-78 的“效果”选项中，“方向”对应动画效果，“增强”选区中，可以设置播放时的各种音效。图 5-79 中的“期间”对应“计时”组中的“持续时间”，分为非常慢(5 秒)、慢速(3 秒)、中速(2 秒)、快速(1 秒)和非常快(0.5 秒)。

**3. 删除动画效果**

在“动画”选项卡上的“高级动画”组中，单击“动画窗格”，然后在“动画窗格”中，右键单击要删除的动画效果，单击“删除”命令。

(1)删除单个对象上的所有动画，选择要删除动画的对象。在“动画”选项卡上的“动画”组中，然后选择“无”。

(2)删除幻灯片中所有对象的动画，在“开始”选项卡上的“编辑”组中，单击“选择”，然后单击“全选”。在“动画”选项卡上的“动画”组中，然后选择“无”。

### 5.5.3　超链接

在 PowerPoint 2010 演示文稿中，超链接可以是从一张幻灯片到同一演示文稿中另一张幻灯片的链接(如指向自定义放映的超链接)，也可以是从一张幻灯片到不同演示文稿中另一张幻灯片、到电子邮件地址、网页或文件的链接。设置超链接的对象包括文本、图形、图片、表格、图表等。在演示文稿放映过程中，鼠标指针指向设置超链接的对象时会变成“手形”图标，单击该对象即可实现跳转。

**1. 设置超链接**

PowerPoint 2010 中建立超链接的方法与 Word 2010 类似。选定要设置超链接的对象，选择“插入”，在“链接”组中单击“超链接”按钮，打开“插入超链接”对话框，如图 5-80 所示。

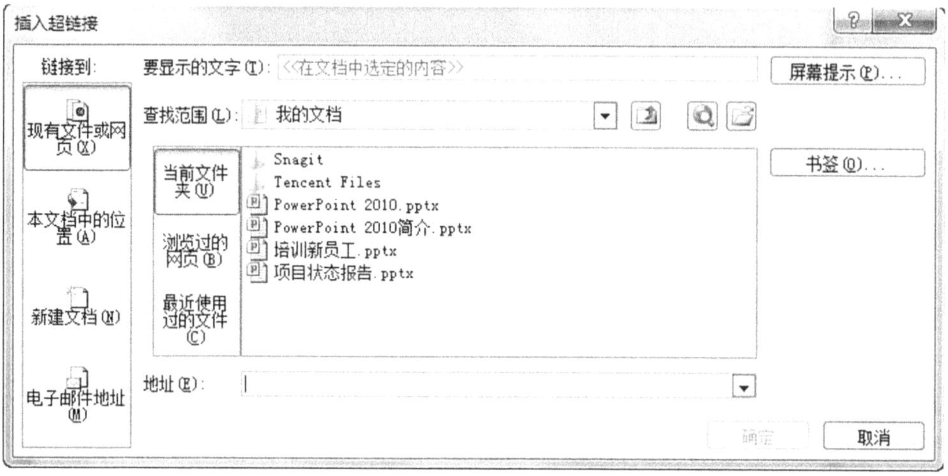


图 5-80　“插入超链接”对话框

在该对话框中，用户可以根据需要将链接目标设置为同一演示文稿中的其他幻灯片、其他演示文稿中的幻灯片、电子邮件、网页等。

(1)链接到某个文件或 Web 页面

在“插入超链接”对话框中选择“现有文件或网页”，给出查找范围确定要链接到的文件，地址会在“地址”列表框中自动生成。选择某个演示文稿文件后，单击右侧的“书签”按钮，可打开“在文档中选择位置”对话框，在其中设置链接到该演示文稿中的某张幻灯片。也可以直接在“地址”栏中输入 Web 页网址(如 www.163.com)。

(2)链接到当前演示文稿的其他幻灯片

点击选择“本文档中的位置”，然后在“请选择文档中的位置”列表中确定要链接到的目标幻灯片；可选择当前演示文稿的“第一张幻灯片”“最后一张幻灯片”“上一张幻灯片”和“下一张幻灯片”，以及具体的某一张幻灯片，如图 5-81 所示。

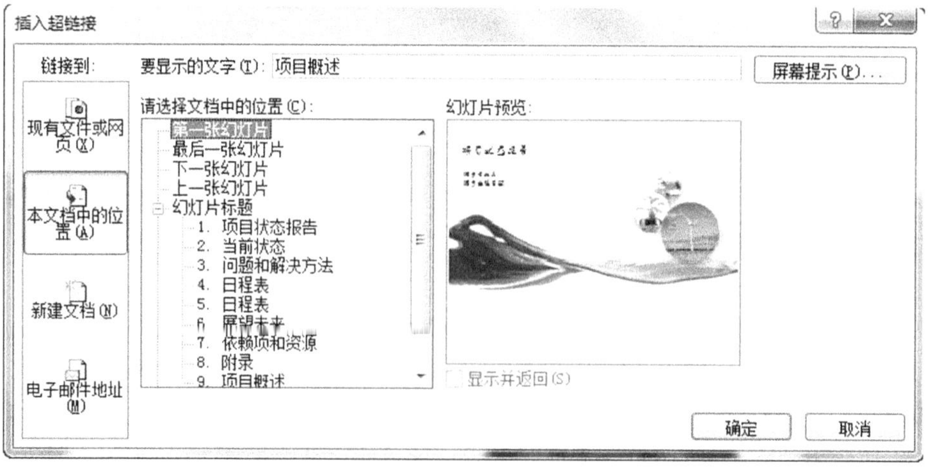


图 5-81　链接到本文档中的位置

(3)链接到电子邮件

在“链接到”下单击“电子邮件地址”。在“电子邮件地址”框中，键入要链接到的电子邮件地址，或在“最近用过的电子邮件地址”框中，单击电子邮件地址，然后在“主题”框中，键入电子邮件的主题。

提示：在“插入超链接”对话框的右上角有一个“屏幕提示”按钮，单击该按钮，输入提示信息，当鼠标指向超链接变成“手形”标志时会显示设置的提示信息。

**2. 修改和删除超链接**

对超链接进行的修改，包括改变超链接的颜色、更改超链接的目标和删除超链接等。

(1)改变超链接的颜色

选定设置超链接的对象所在的幻灯片，选择“设计”选项卡，在“主题”组中单击“颜色”按钮，选择需要的系统预设颜色方案，也可以单击“新建主题颜色”命令，对“超链接”和“已访问的超链接”颜色进行修改。

(2)改变超链接的目标

选定设置超链接的对象，在“插入”选项卡中单击“超链接”按钮，打开“编辑超链接”对话框，重新设置超链接的目标对象。

(3)删除超链接

单击选定设置了超链接的对象，单击“插入”选项卡的“超链接”命令，打开“编辑超链接”对话框，单击“删除链接”命令即可，如图 5-82 所示，或右键单击，在弹出的如图 5-83 所示的快捷菜单中选择“取消超链接”命令删除超链接。

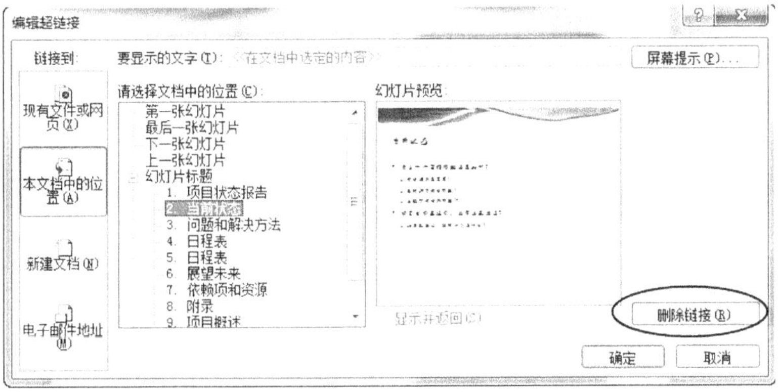


图 5-82　删除超链接

图 5-83　取消超链接

**3. 动作按钮**

PowerPoint 2010 提供了一组动作按钮，动作按钮是指可以添加到演示文稿中的内置按钮形状(位于形状库中)。利用这些动作按钮，用户可以在放映演示文稿时，跳转到本演示文稿的其他幻灯片、其他文件或网页等，还可以启动外部应用程序、播放声音或影片。

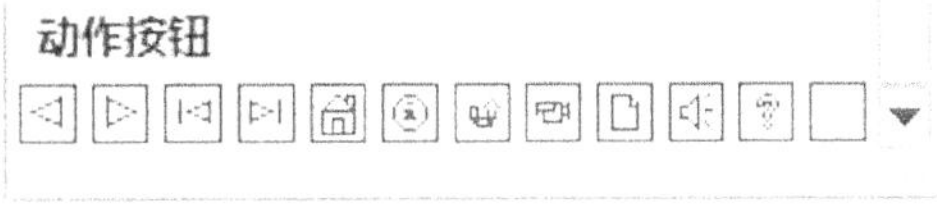


图 5-84　动作按钮

在“普通视图”下选定要添加动作按钮的幻灯片，在“插入”选项卡的“插图”组中点击“形状”按钮，在弹出面板的最下方有 12 种动作按钮，最后一个是“自定义”动作按钮，如图 5-84 所示。单击要添加的按钮形状，然后在幻灯片指定位置单击左键；即可添加系统定义大小的一个动作按钮，同时打开“动作设置”对话框。也可以按住鼠标左键拖动绘制自定义大小的动作按钮，放开鼠标左键的同时也会打开"动作设置"对话框,如图 5-85 所示。

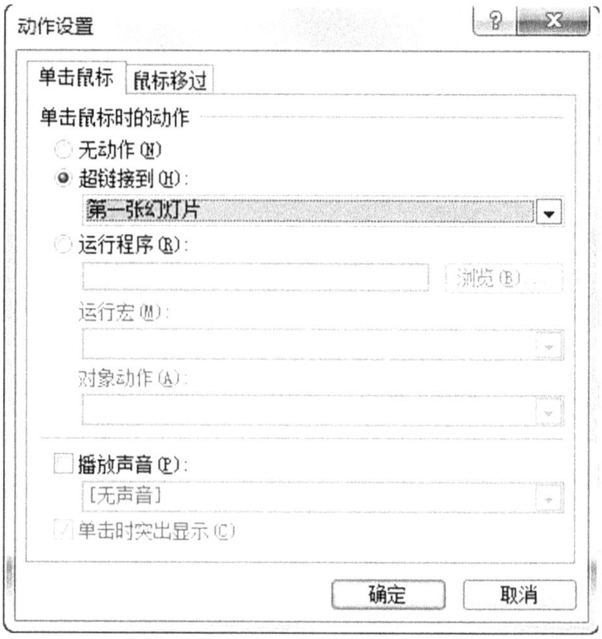


图 5-85　"动作设置"对话框

在"动作设置"对话框中,有两个选项卡:"鼠标单击"和"鼠标移过",分别用来设置在放映幻灯片时,是鼠标单击还是在鼠标移过该动作按钮时跳转到链接目标;在"鼠标单击"选项卡中,"超链接到"下拉列表框显示链接目标。"运行程序"单元框给出程序所在的路径和程序名,在放映时单击该按钮会运行相应的程序。单击"确定"按钮即可完成动作设置。

若是在绘制了动作按钮后没有立即设置动作,可以在选定动作按钮后,在"插入"选项卡的"链接"组中单击"动作"按钮进行设置。

若是希望对幻灯片中的对象(如添加图片或剪贴画等)添加动作按钮,只需单击所添加的图片或剪贴画,然后在"插入"选项卡的"链接"组中,单击"动作"按钮,在弹出"动作设置"对话框中进行设置即可。

### 5.5.4　应用实例

**1. 实例 1**

打开如图 5-86 所示的演示文稿,完成如下操作:

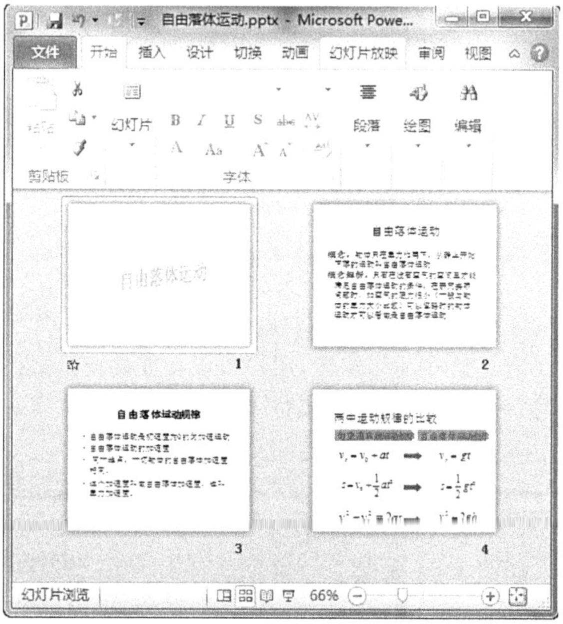


图 5-86　"自由落体运动"演示文稿

(1)将第 1 张幻灯片中艺术字对象“自由落体运动”动画效果设置为自顶部“飞入”。

(2)将所有幻灯片的切换效果设置为“水平百叶窗”,持续时间为“02.00”。

(3)在第 4 张幻灯片右上角插入一个自定义动作按钮,链接到第 2 张幻灯片。

具体操作步骤如下:

①选择第 1 张幻灯片,在幻灯片编辑区选择“自由落体运动”艺术字对象,选择“动画”选项卡,单击“高级动画”组中的“添加动画”按钮,在弹出的系统动画样式列表中选择“飞入”,如图 5-87 所示。单击效果选项,在弹出的效果列表中选择“自顶部”,如图 5-88 所示。

②根据操作要求(2),选择“切换”选项卡,点击样式列表窗口右侧的下拉按钮,在切换方案库列表中选择“百叶窗”样式。然后单击“切换到此幻灯片”组右侧的“效果选项”,在弹出的效果选项列表中选择“水平”,如图 5-89 所示。设置“计时”分组中的切换效果的持续时间为 02.00,并点击“全部应用”完成操作,如图 5-90 所示。

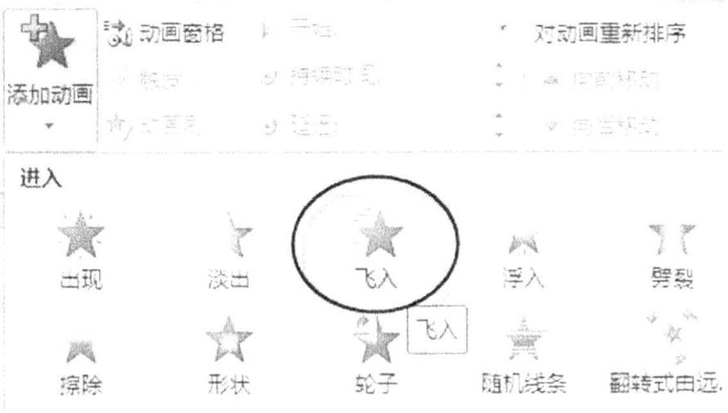


图 5-87　添加“飞入”动画

图 5-88　设置效果选项

图 5-89　设置幻灯片切换效果

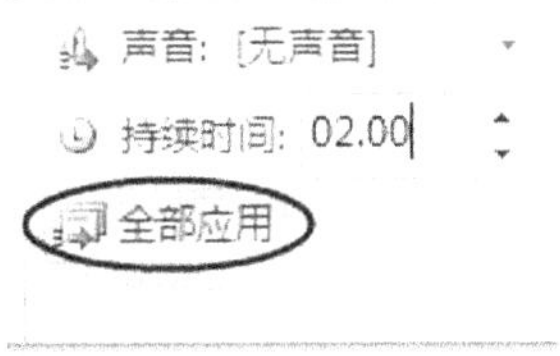


图 5-90　设置幻灯片切换时间

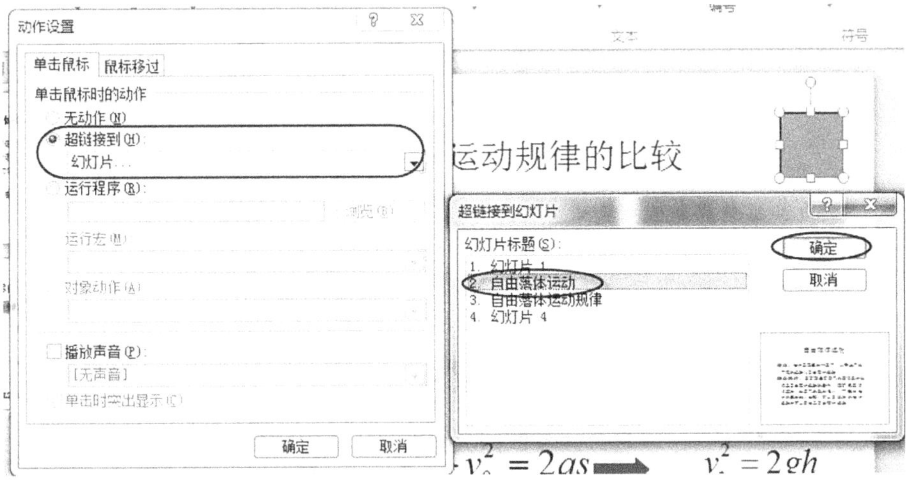


图 5-91　添加自定义动作按钮

③根据操作要求(3)，选定第 4 张幻灯片，选择“插入”选项卡，在“插图”组中点击“形状”按钮，在弹出的形状样式列表底部选择“动作按钮：自定义”(最后一个按钮)，然后在当前幻灯片的右上角点击，即添加自定义按钮图形，同时弹出“动作设置”对话框，选择“单击鼠标”选项卡，勾选“超链接到”；在其下方的下拉列表框中选择“幻灯片…”，在弹出的“超链接到幻灯片”对话框中，选择“2. 自由落体运动”，单击“确定”按钮返回“动作设置”对话框，再单击“确定”按钮。

**2. 实例 2**

打开如图 5-92 所示的演示文稿，完成如下操作：

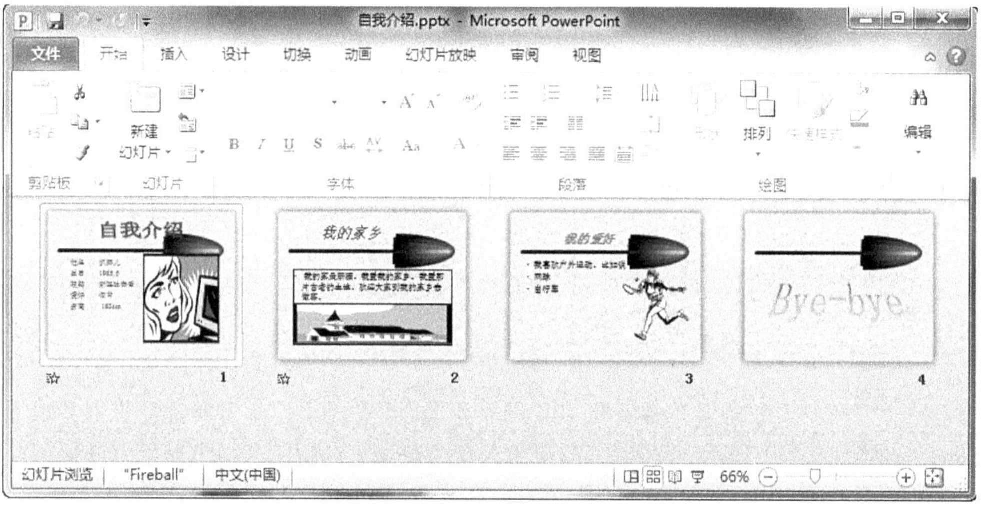


图 5-92　“自我介绍”演示文稿

(1)删除第 2 张幻灯片中的文本(非标题)原来设置的动画效果，重新设置动画效果为“进入”“缩放”，并且次序上比图片早出现。

(2)对第 3 张幻灯片中的图片建立超链接，链接到第一张幻灯片。

(3)将第 4 张幻灯片的切换效果设置为“立方体”“自左侧”。

操作步骤如下：

①选定第 2 张幻灯片，选择文本，点击“动画”选项卡“高级动画”组中的“动画窗格”按钮，打开动画窗格，其中的文本框动画已被选中，右键菜单中选择“删除”命令，如图 5-93 所示，或直接按<Delete>键删除。

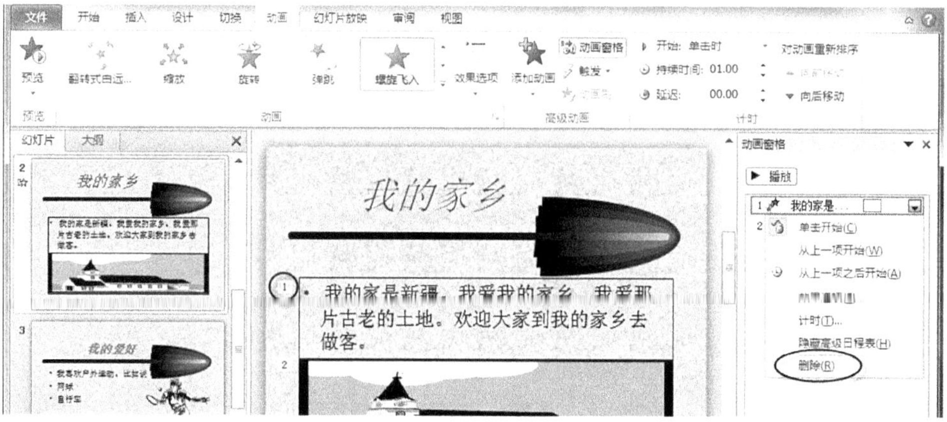


图 5-93　删除动画效果

重新选择文字，在“动画”选项卡的“高级动画”组中，点击“添加动画”，然后在弹出的动画样式列表中选择“进入”中的“缩放”效果，即可完成文本框新的动画效果的设置，如图 5-94 所示。

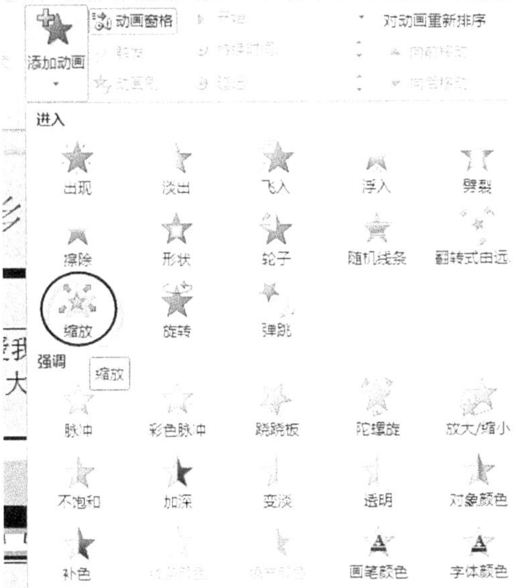


图 5-94　重新设置动画效果

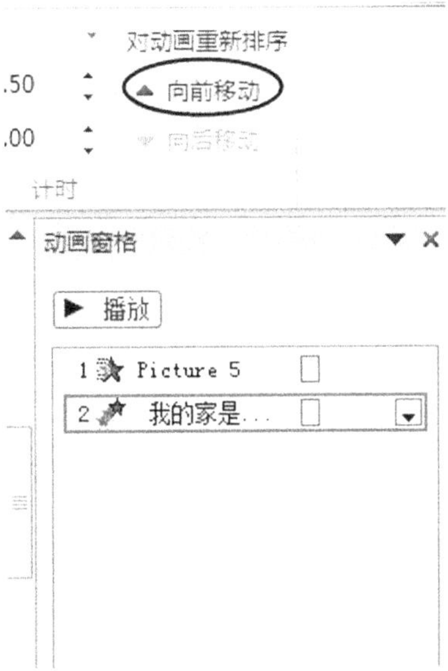


图 5-95　设置文本动画向前移动

然后在“动画”选项卡的“计时”组中对动画重新排序，单击“向前移动”，即可实现文本动画的播放在图片动画之前出现，如图 5-95 所示。或者在“动画窗格”的底部，单击向上按钮也可以实现。

②根据操作要求(2)，选定第 3 张幻灯片，选择图片，点击“插入”选项卡“链接”组中的“超链接”按钮(或右击图片，在弹出的快捷菜单中选择“超链接”命令)，在弹出的“插入超链接”对话框中选择“链接到”栏的“本文档中的位置”，在“请选择文档中的位置”列表中选择“第一张幻灯片”，如图 5-96 所示。

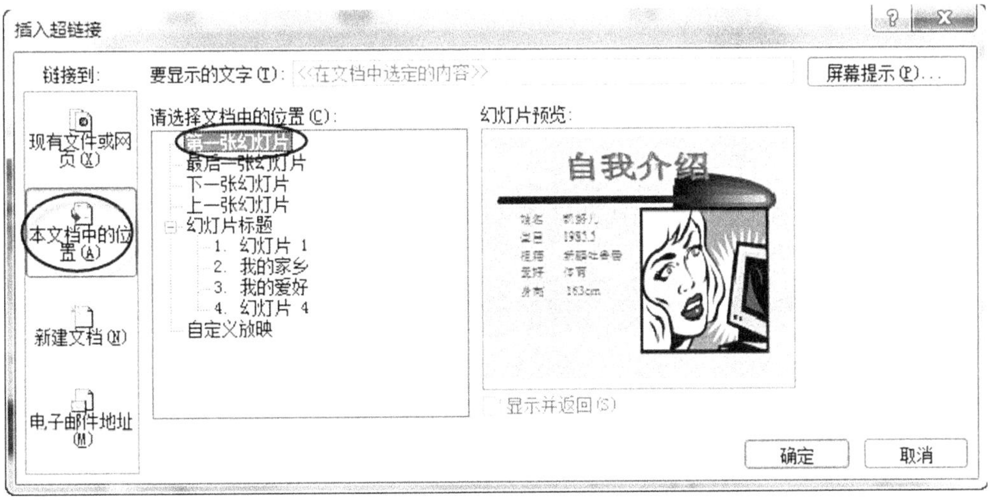


图 5-96　设置超链接

③选定第 4 张幻灯片，选择“切换”选项卡，在“切换到此幻灯片”组中单击幻灯片切换效果列表窗口右侧的下拉按钮，在弹出的幻灯片切换效果列表中选择“华丽型”栏中的“立方体”；然

后点击“效果选项”按钮，在弹出的效果选项列表中选择“自左侧”按钮，如图 5-97 所示。

图 5-97　设置切换效果

**3. 实例 3**

打开如图 5-98 所示的演示文稿，完成如下操作：

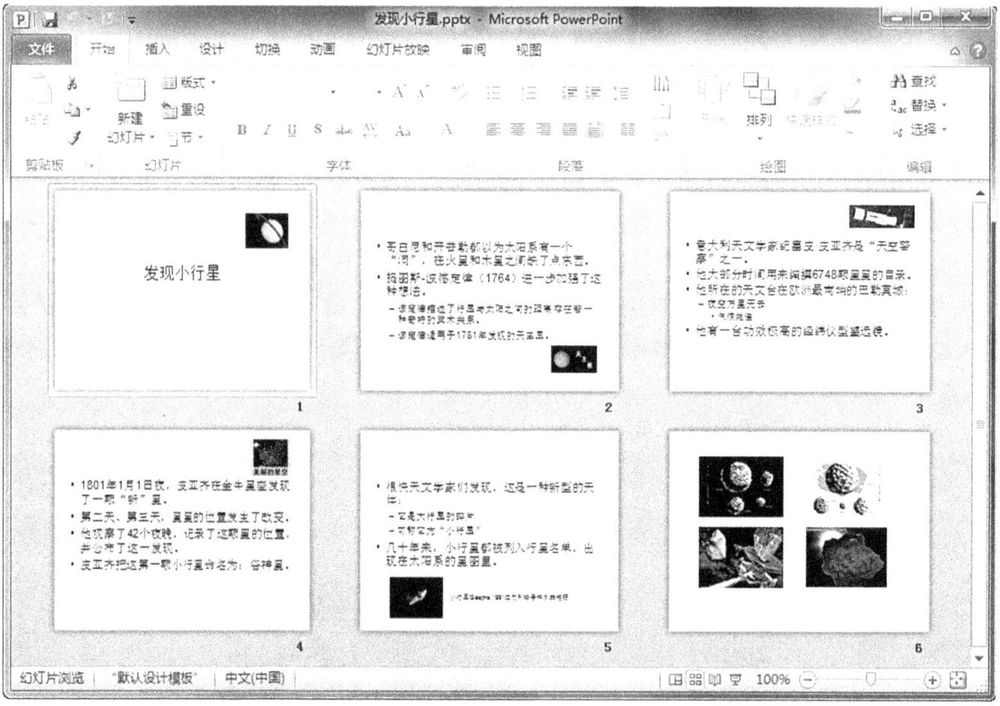


图 5-98　“发现小行星”演示文稿

(1)对第 2 张幻灯片中的文字，设置每一条文本的动画方式为“螺旋飞入”(共 4 条)。

(2)对第 6 张含有 4 幅图片的幻灯片，设置从左到右，从上到下的出现顺序，设置该 4 幅图片的动画效果为：每张图片均采用“翻转式由远及近”。

(3)对第 3 张幻灯片中的文字“纪塞皮・皮亚齐”建立超链接，链接地址为：http://baike.baidu.com。

操作步骤如下：

①选定第 2 张幻灯片，选择内容文本框，单击“动画”选项卡，在“高级动画”组中点击“添加动画”按钮，在弹出的动画效果列表底部选择“更多进入效果”，在弹出的“更多进入效果”列表框中选择“华丽型”栏下的“螺旋飞入”，如图 5-99 所示，然后在“计时”功能组的“开始”栏设置为“单击时”（对于所有动画条目），此时动画编号显示为从 1 到 4，如图 5-100 所示。

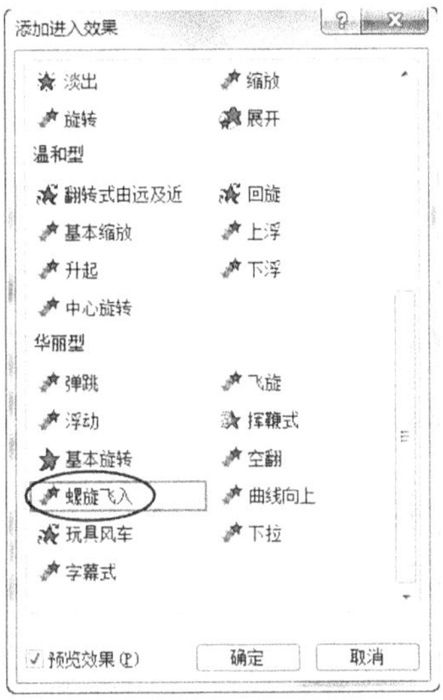


图 5-99　添加“螺旋飞入”动画效果

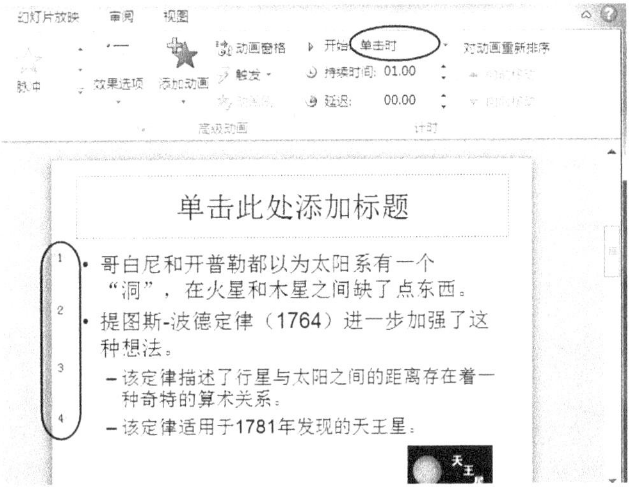


图 5-100　设置开始计时方式

②选定第 6 张幻灯片，同时选中该幻灯片上的 4 张图片（鼠标全选或按＜Shift＞键点选）；选择“动画”选项卡，在“高级动画”组中点击“添加动画”按钮，在弹出的动画样式列表中选择“进入”栏下的“翻转式由远及近”；然后在“计时”组的“开始”栏设置为“单击时”。

③选定第 3 张幻灯片，选择文字“纪塞皮 · 皮亚齐”，点击“插入”选项卡“链接”组中的“超链接”按钮（或右击图片，在弹出的快捷菜单中选择“超链接”命令），在弹出的“插入超链接”对话框中选择“链接到”栏的“现有文件或网页”，然后在“地址”栏输入“http://baike.baidu.com”（不包括双引号），如图 5-101 所示。

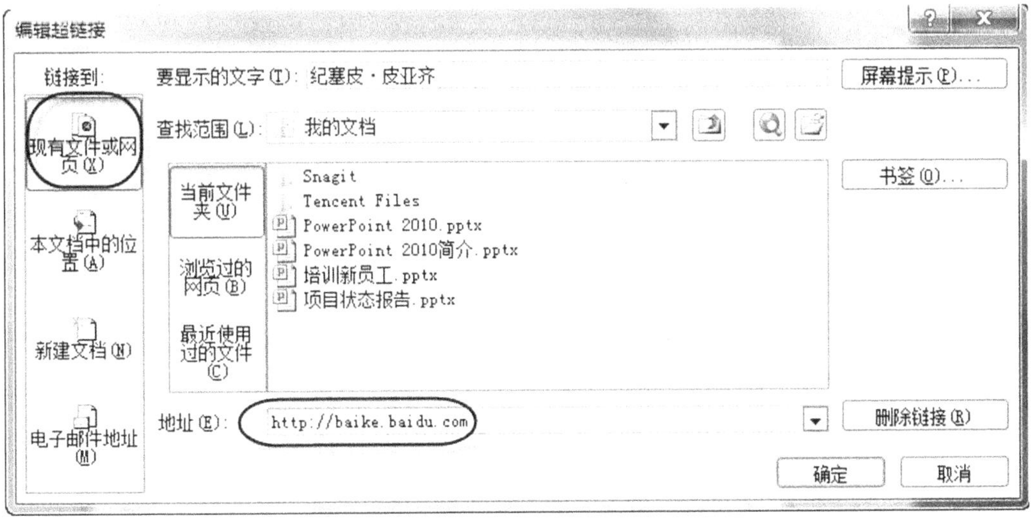


图 5-101　超链接到网页

# 5.6 演示文稿的放映和打包

## 5.6.1 演示文稿的放映

### 1. 放映幻灯片

“幻灯片放映”选项卡中的“开始放映幻灯片”组控制幻灯片的放映，如图 5-102 所示。单击“从头开始”按钮(或直接按＜F5＞键)，从第一张幻灯片开始放映，单击“从当前幻灯片开始”(或直接按＜Shift＞＋＜F5＞组合键)则从选定的幻灯片开始放映。

图 5-102 开始放映幻灯片

在幻灯片放映过程中，可以通过单击鼠标向后翻页，按↑(←)和↓(→)方向键(或＜Page UP＞和＜Page Down＞键)前后翻页，或者右击幻灯片，在弹出的快捷菜单中选择“定位至幻灯片”命令进行跳转。按＜Esc＞键可以快速退出幻灯片放映模式。

### 2. 设置自定义放映

单击“自定义幻灯片放映”按钮，打开如图 5-103 所示的“自定义放映”对话框，再点击“新建”按钮，打开“定义自定义放映”对话框，即可根据实际需要自定义放映方式，包括设置幻灯片的放映顺序和幻灯片放映的张数等，如图 5-104 所示。

图 5-103 “自定义放映”对话框

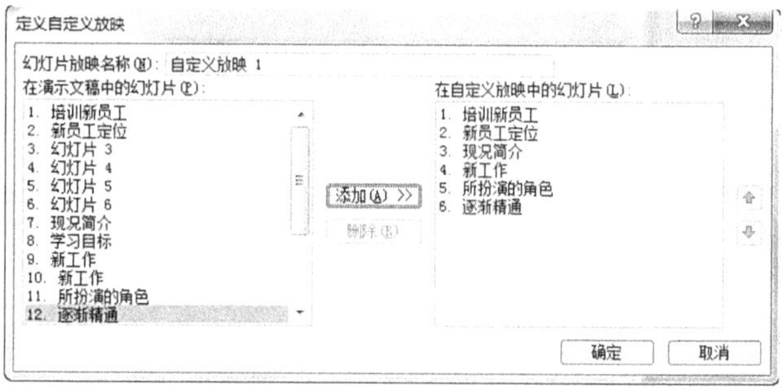


图 5-104 “定义自定义放映”对话框

### 3. 隐藏幻灯片

如果在放映时不希望放映某些幻灯片，可以隐藏这些幻灯片。单击选定要隐藏的幻灯片，在“幻灯片放映”选项卡的“设置”组中，单击“隐藏幻灯片”按钮，即可将该幻灯片隐藏，放映时不显示。在普通视图或幻灯片预览视图下，鼠标右击所选幻灯片缩略图，在弹出的菜单中，选择“隐藏幻灯片”命令也可以实现放映时隐藏该幻灯片。幻灯片被隐藏后，其缩略图左侧(或下侧)的幻灯片编号上加了一个带对角线的矩形框，如图 5-105 所示。

选定被隐藏的幻灯片，再次单击“隐藏幻灯片”按钮即可取消隐藏。

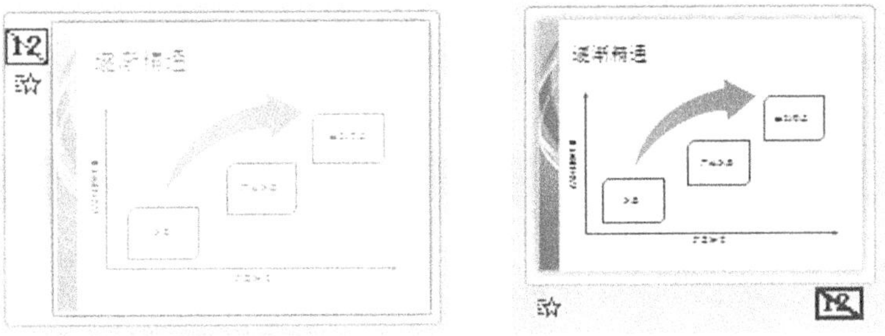

图 5-105　隐藏幻灯片标识

**4. 设置放映方式**

PowerPoint 2010 为用户提供了“演讲者放映(全屏幕)”“观众自行浏览(窗口)”和“在展台浏览(全屏幕)”三种放映方式,用户可以根据具体需求设定幻灯片的放映方式。

在“幻灯片放映”选项卡的“设置”分组中,单击“设置幻灯片放映”按钮,打开如图 5-106 所示的“设置放映方式”对话框,可以设置“放映类型”“放映选项”“放映范围”和“换片方式”等参数。

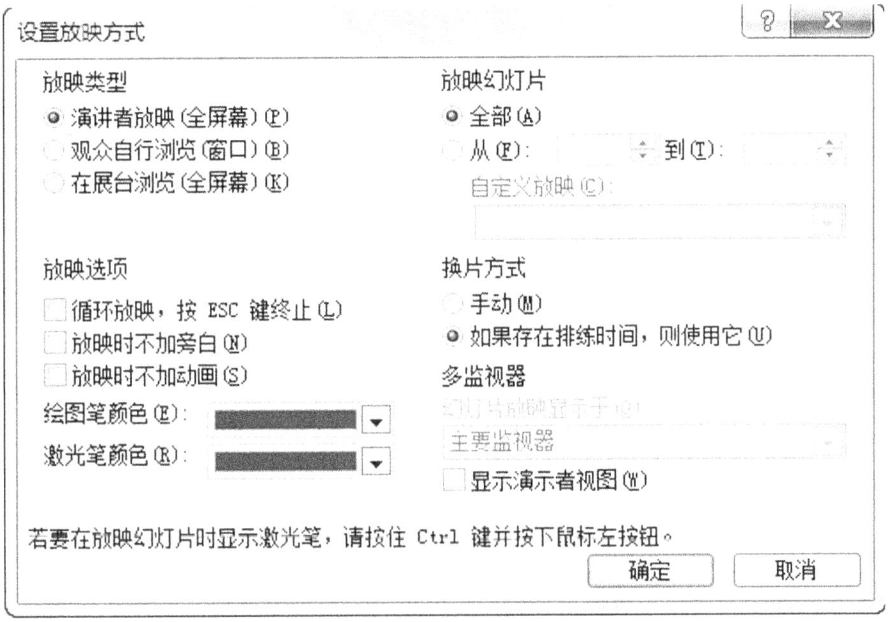


图 5-106　“设置放映方式”对话框

“演讲者放映”单选按钮:演讲者放映方式是最常用的放映方式,在放映过程中以全屏显示幻灯片。演讲者能控制幻灯片的放映,暂停演示文稿,添加会议细节,还可以录制旁白。

“观众自行浏览”单选按钮:可以在标准窗口中放映幻灯片。在放映幻灯片时,可以拖动右侧的滚动条,或滚动鼠标上的滚轮来实现幻灯片的放映。

“在展台浏览”单选按钮:在展台浏览是 3 种放映类型中最简单的方式,这种方式将自动全屏放映幻灯片,并且循环放映演示文稿,在放映过程中,除了通过超链接或动作按钮来进行切换以外,其他的功能都不能使用,如果要停止放映,只能按<Esc>键来终止。

在“放映幻灯片”选项区选择放映幻灯片的范围:全部、部分或自定义放映。在“换片方式”选项区选中“手动”单选按钮,可通过鼠标实现幻灯片的切换,选中“如果存在排练时间,则使用它”单选按钮,设置的排练时间将起作用,即演示文稿按照指定的时间间隔自动放映。单击“幻灯片放映”→“设置”组中的“排练计时”按钮，进入幻灯片放映视图并弹出“录制”工具栏，如图 5-107 所示。从头开始播放演示文稿，系统自动记录每张幻灯片的放映时间，播放完毕后，弹出如图 5-108 所示的对话框，提示是否保留新的幻灯片排练时间，单击“是”按钮即可。

图 5-107　“录制”工具栏

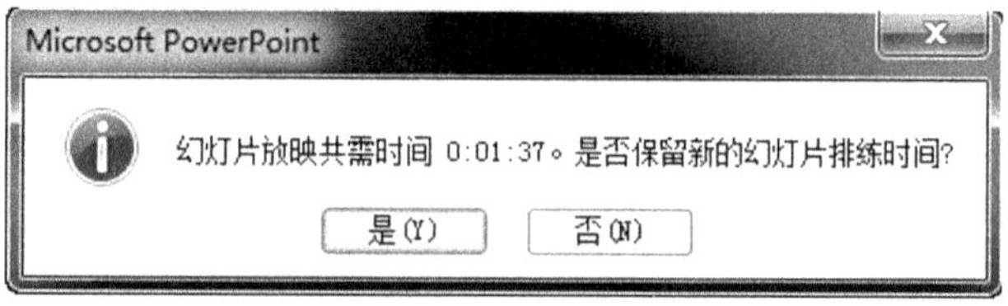


图 5-108　录制时间消息框

## 5.6.2　演示文稿的发布

### 1. 打包成 CD

演示文稿打包可以方便用户携带和传送。打开演示文稿，在普通视图下，单击“文件”选项卡，选择“保存并发送”命令，在级联子菜单中选择“将演示文稿打包成 CD”，如图 5-109 所示。

图 5-109　“保存并发送”菜单

点击“打包成 CD”按钮，打开“打包成 CD”对话框，如图 5-110 所示。

单击该对话框中的“选项”按钮，打开如图 5-111 所示的“选项”对话框，可以根据需要设置打包是否包含链接的文件或字体等，以及打开或修改演示文稿时是否有密码保护等选项。如果要打包多份演示文稿，则可以单击“打包成 CD”对话框中的“添加”按钮，打开“添加”对话框添加相应的演示文稿文件。

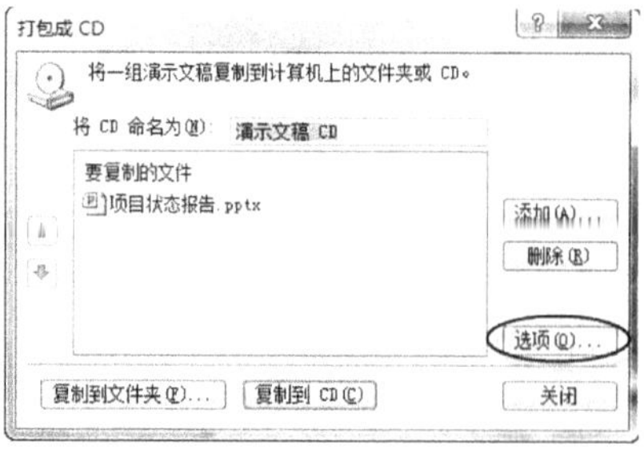


图 5-110　“打包成 CD”对话框

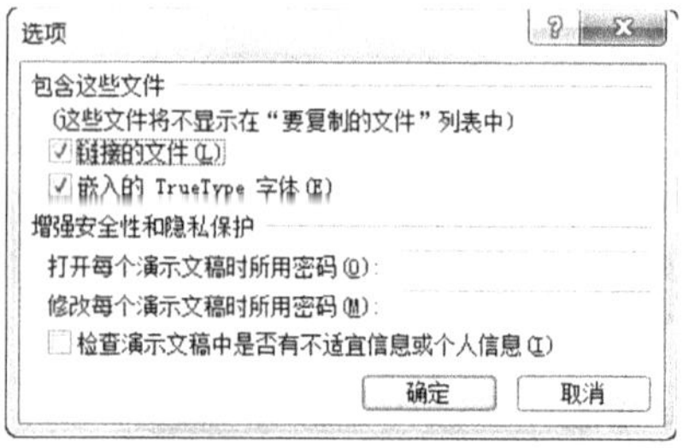


图 5-111　“选项”对话框

**2. 转换为视频**

在 PowerPoint 2010 中，可以将演示文稿另存为 Windows Media 视频(.wmv)文件，这样可以确信自己演示文稿中的动画、旁白和多媒体内容可以顺畅播放，分发时可更加放心。在“保存并发送”菜单中，选择“创建视频”选项，用户可以在选项区内设置视频的质量和文件大小，以及放映每张幻灯片的时间。点击“创建视频”按钮，打开“另存为”对话框，保存类型为 Windows Media 视频(*.wmv)，点击“保存”按钮后程序开始转换为视频。

图 5-112　创建视频

**3. 发布为 PDF 文件**

PDF 是 Adobe 公司开发的作为全世界可移植电子文档的通用格式，它能够正确保存源文件的字体、格式、颜色和图片，使文件的交流可以轻易跨越应用程序和系统平台的限制。PowerPoint 2010 支持用户将演示文稿发布为 PDF 文件，在“保存并发送”菜单中选择“创建 PDF/XPS 文档”，打开“发布为 PDF 或 XPS”对话框，在对话框中选择保存的文件类型和位置，点击“发布”按钮，即可将演示文稿发布为 PDF 文件。

## 5.6.3　演示文稿的打印

**1. 页面设置**

在打印演示文稿之前，用户需要对幻灯片的页面和打印参数进行设置。在普通视图下，单击“设计”选项卡下“页面设置”分组中的“页面设置”按钮，打开“页面设置”对话框，如图 5-113 所示。在该对话框中，可以设置“幻灯片大小”和“方向”。

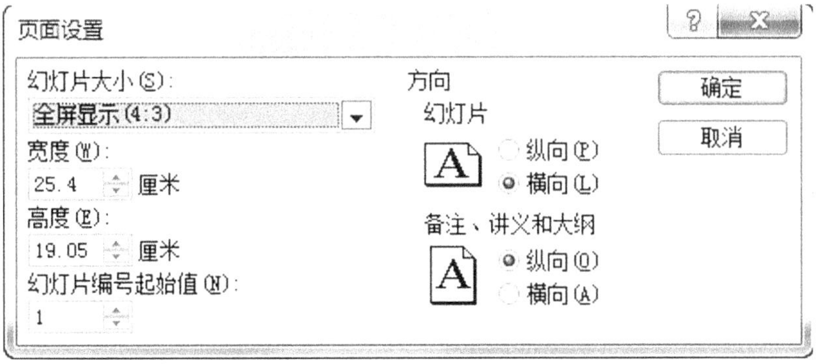


图 5-113　幻灯片页面设置

**2. 打印演示文稿**

单击“文件”选项卡，选择“打印”命令，在打开的“打印”窗口右侧“预览”区域可以查看文档打印预览效果，用户所做的纸张方向、页面边距等设置都可以通过“预览”区域查看。在“打印”左侧的选项区中，可以设置打印的份数，选择打印机、修改打印的范围、打印的版式(每页打印几张幻灯片)等，如图 5-114 所示。

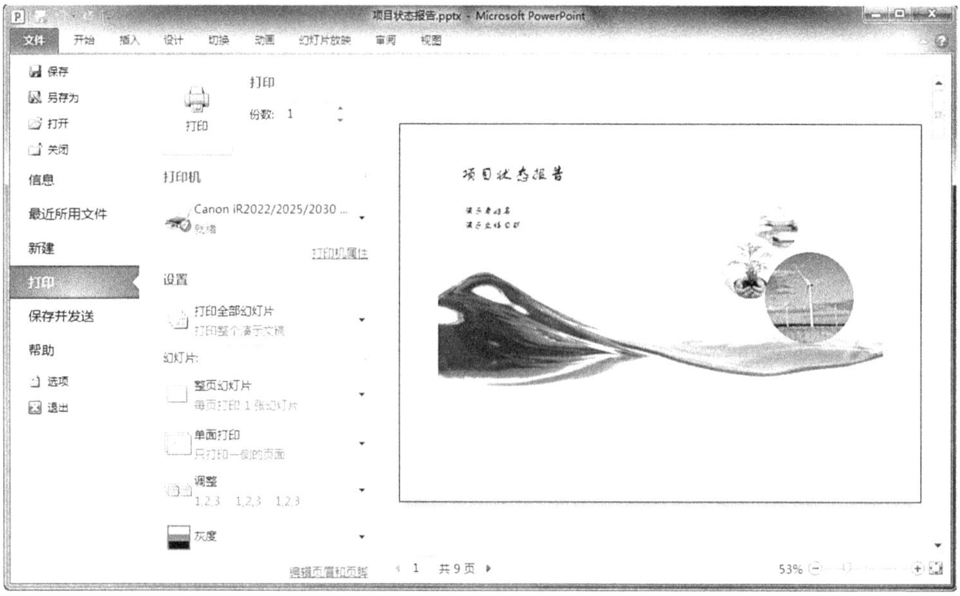


图 5-114　打印演示文稿

### 5.6.4　应用实例

打开如图 5-115 所示的演示文稿，完成如下操作：

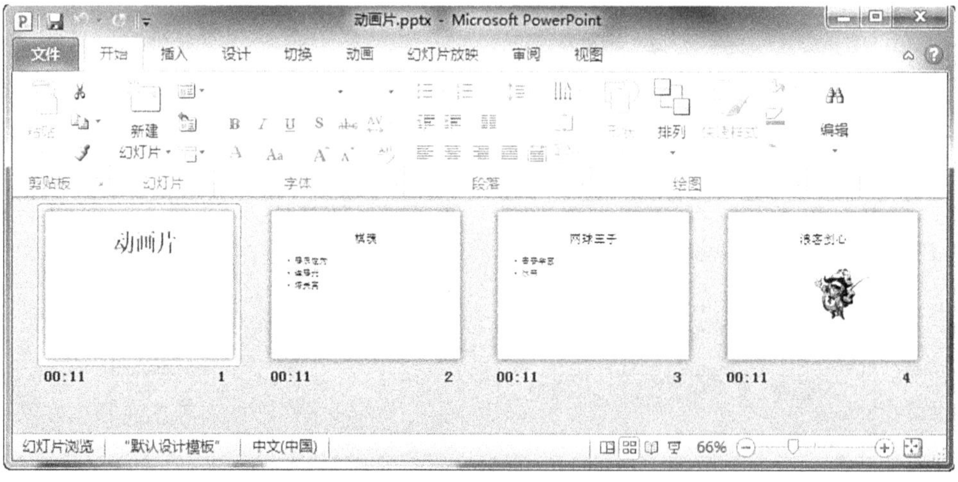


图 5-115　"动画片"演示文稿

(1)将演示文稿的幻灯片高度设置为"20.4 厘米(8.5 英寸)"。

(2)隐藏最后 1 张幻灯片。

(3)在每张幻灯片的日期区插入演示文稿的日期和时间，并设置为自动更新(采用默认日期格式)。

操作步骤如下：

①选择"设计"选项卡，在"页面设置"组中点击"页面设置"按钮，在打开的如图 5-113 所示的"页面设置"对话框中设置"高度"为"20.4 厘米"，点击"确定"。

②普通视图下，在左侧幻灯片窗格中选择最后一张(第 4 张)幻灯片，右击幻灯片缩略图，在弹出的快捷菜单中选择"隐藏幻灯片"命令，或通过"幻灯片放映"→"设置"→"隐藏幻灯片"

命令实现隐藏幻灯片，隐藏后的幻灯片显示状态如图 5-116 所示。

③在“插入”选项卡的“文本”组中点击“日期和时间”按钮，在弹出的“页眉和页脚”对话框中，选择“幻灯片”选项卡，勾选“日期和时间”以及“自动更新”，单击“全部应用”，如图 5-117 所示。

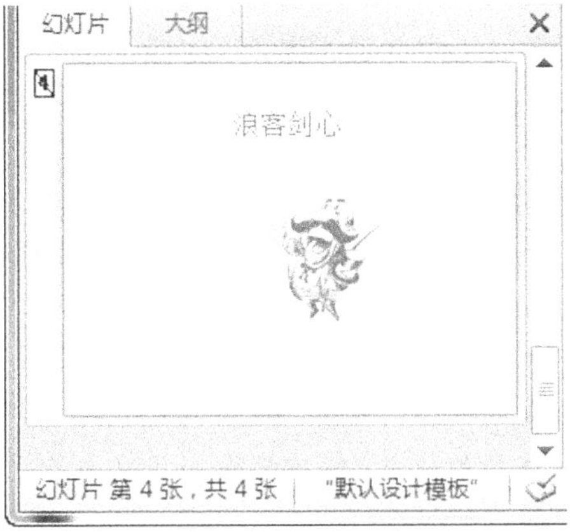


图 5-116　隐藏后的幻灯片

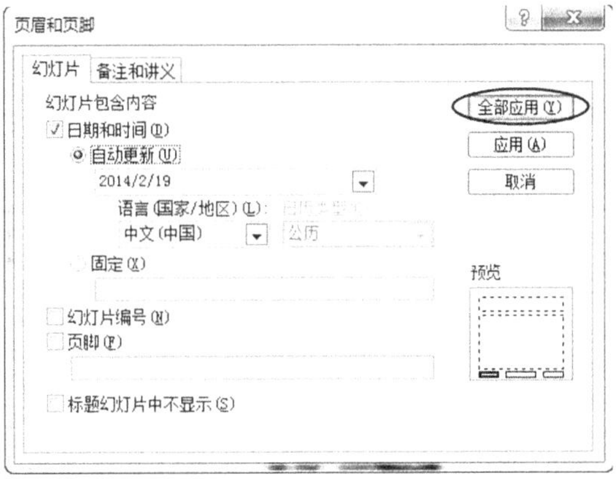


图 5-117　插入自动更新的“日期和时间”

# 本章小结

本章介绍了 PowerPoint 2010 中一些最基本、最常用的功能，包括演示文稿的创建、打开和保存等基本操作，演示文稿中文本的输入和编辑，图形、图片、表格等对象的插入和编辑，演示文稿的外观设计，包括主题、背景、母版等。重点介绍了幻灯片的动画效果设置，幻灯片的切换，对象的动画设置，以及超链接。最后介绍了演示文稿的放映、发布和打印。

# 习题五

**一、单选题**

1. PowerPoint 的主要功能是(　　)。

A. 文字处理　　B. 表格处理　　C. 图标处理　　D. 电子演示文稿处理

2. PowerPoint 的大纲窗格中，不可以(　　)。

A. 插入幻灯片　　B. 删除幻灯片　　C. 移动幻灯片　　D. 添加文本框

3. 编辑演示文稿时，要在幻灯片中插入表格、剪贴画或照片等图形，应在(　　)中进行。

A. 备注页视图　　B. 幻灯片预览视图

C. 幻灯片窗格　　D. 大纲窗格

4. PowerPoint 文档不可以保存为(　　)文件。

A. 演示文稿　　B. 文稿模板　　C. PDF 文件　　D. 纯文本

5. 以下(　　)文件类型属于视频文件格式且被 PowerPoint 所支持。

A. avi　　B. wpg　　C. jpg　　D. winf

6. 新建一个空白的演示文稿，最快捷的方法就是使用快捷键，这组快捷键是(　　)。

A. <Ctrl>+<N>　B. <Ctrl>+<H>

C. <Ctrl>+<X>　D. <Ctrl>+<C>

7. 在 PowerPoint 2010 中，保存文件默认保存为“演示文稿”，扩展名为(　　)。

A. . pot　B. . ppt　C. . potx　D. . pptx

8. 由 PowerPoint 产生的(　　)类型文件，可以在 Windows 环境下双击而直接放映。

A. . pptx　B. . ppsx　C. . potx　D. . ppax

9. 当用户选择了一种幻灯片版式时，幻灯片上的(　　)将不能再添加，但可以移动，改变大小，也可以删除。

A. 文本框　B. 占位符　C. 自选图形　D. 艺术字

10. 在 PowerPoint 中建立的文档文件，不能用 Windows 操作系统中的记事本打开编辑，这是因为(　　)。

A. 文件是以.pptx 为扩展名　B. 文件中含有汉字

C. 文件中含有特殊控制符　D. 文件中的西文有“全角”和“半角”之分

11. 在演示文稿中使用(　　)可以统一设置一组幻灯片的格式，包括标题和正文文本的字体、字号大小、位置、背景、图片以及项目符号的样式等等。

A. 配色方案　B. 母版　C. 背景　D. 主题

12. 下列说法错误的是(　　)。

A. 一个演示文稿文件中的所有幻灯片必须使用相同的版式

B. 幻灯片版式是指幻灯片上的内容在幻灯片上的排列方式

C. 幻灯片上的内容不能在母版视图下输入

D. 给幻灯片添加背景，可以增强幻灯片的对比度，突出文本的显示效果

13. 在 PowerPoint 2010 中，关于动画效果，说法正确的是(　　)。

A. 添加动画后就不能再修改　B. 同一个对象只能添加一种动画效果

C. 可以对动画进行重新排序　D. SmartArt 图形不能添加动画效果

14. 如果给某张幻灯片上的若干对象都设置了动画，想重新调整动画播放的顺序，应该打开(　　)任务窗格。

A. 幻灯片版式　B. 幻灯片切换

C. 动画窗格　D. 幻灯片设计

15. 在演示文稿中设置超链接，可以实现幻灯片从幻灯片的某个位置跳转到其他位置，不能实现一张幻灯片与(　　)之间的跳转。

A. 本演示文稿中的其他幻灯片　B. 其他演示文稿中的幻灯片

C. Web 页或电子邮件地址　D. 某个 Word 文档中的页面

16. 取消超链接功能，而不删除设置超链接对象的方法是(　　)。

A. 右击该对象，在弹出的快捷菜单中选择“删除”命令

B. 选中设置超链接的对象，按<Delete>键

C. 选中设置超链接的对象，按<Backspace>键

D. 打开“编辑超链接”对话框，单击“删除超链接”按钮

17. 单击“从当前幻灯片开始”按钮或按(　　)键则从选定的幻灯片开始放映。

A. <Shift>+<F5>　B. <Ctrl>+<F5>

C. <Alt>+<F5>　D. <F5>

18. 幻灯片的放映过程中，结束放映可以按(　　)键。

A. ＜Esc＞　　B. ＜Break＞　　C. ＜Shift＞　　D. ＜Tab＞

19. 如果要将 PowerPoint 演示文稿用 Adobe Reader 阅读器打开，则文件的保存类型应为(　　)。

A. 演示文稿　　B. PDF

C. 演示文稿设计模板　　D. XPS 文档

20. PowerPoint 中提供安全性方面的功能，可以(　　)。

A. 清除引导扇区分区表病毒　　B. 清除感染可执行文件的病毒

C. 清除任何类型的病毒　　D. 防止宏病毒

**二、多选题**

1. 演示文稿创建方法有(　　)

A. 利用模板创建　　B. 根据现有演示文稿创建

C. 创建空白演示文稿　　D. 创建设计模板

2. PowerPoint 中，下列裁剪图片的说法正确的是(　　)。

A. 裁剪图片是指保存图片的大小不变，而将不希望显示的部分隐藏起来

B. 当需要重新显示被隐藏的部分时，还可以通过“裁剪”工具进行恢复

C. 如果要裁剪图片，单击选定图片，再单击“图片”工具栏中的“裁剪”按钮

D. 按住鼠标右键向图片内部拖动时，可以隐藏图片的部分区域

3. 在幻灯片预览视图下，可以进行的操作有(　　)。

A. 添加切幻灯片换效果　　B. 插入图片

C. 添加动画效果　　D. 插入页眉和页脚

4. 下列属于“设计”选项卡工具命令的是(　　)。

A. 页面设置、幻灯片方向

B. 主题样式、主题颜色、主题字体、主题效果

C. 背景样式

D. 动画

5. 在 PowerPoint 中可以使用(　　)方法进行向后翻页操作。

A. 单击鼠标　　B. 按＜↓＞方向键

C. 按＜Page Down＞　　D. 按＜End＞键

6. 在 PowerPoint 中，有关创建表格的说法，正确的有(　　)。

A. “表格工具”有“设计”和“布局”两个选项卡

B. “插入表格”对话框中可以设置行和列的数量

C. 插入后的表格行数和列数无法修改

D. 在演示文稿中可以导入 Excel 表格

7. 在 PowerPoint 中，有关幻灯片母版中的页眉/页脚说法错误的是(　　)。

A. 页眉/页脚是添加在演示文稿中的注释性内容

B. 典型的页眉/页脚内容是日期、时间及幻灯片编号

C. 在打印演示文稿幻灯片时，页眉/页脚的内容也可打印出来

D. 不可以设置页眉/页脚的文本格式

8. PowerPoint 的打印内容可以是(　　)。

A. 幻灯片　　B. 大纲　　C. 讲义　　D. 备注

9. 下列关于放映幻灯片的方式,说法正确的是(　　)。

A. 幻灯片只能按顺序播放

B. 幻灯片可以自动播放

C. 幻灯片可以不按顺序播放

D. 播放中可以隐藏部分幻灯片

10. 在 PowerPoint 中,下面(　　)的说法是正确的。

A. 幻灯片放映时必须从头到尾按顺序播放

B. 每一张幻灯片都可以使用不同的背景

C. 每一张幻灯片都可以使用不同的版式

D. 可以利用幻灯片母版,快捷地一次性给所有幻灯片加上标志性图案

**三、判断题**

1. PowerPoint 2010 主要提供了 4 种不同的视图方式方便用户操作和观察幻灯片的效果。(　　)

2. 幻灯片预览视图是 PowerPoint 2010 的默认视图方式,也是最常用的一种视图。(　　)

3. 在普通视图下基本能够进行幻灯片的所有操作。(　　)

4. 在幻灯片窗格中输入文本只能在占位符中输入。(　　)

5. 占位符只能在普通视图中可见。(　　)

6. 幻灯片母版控制一系列幻灯片的格式,修改某张幻灯片会影响到母版。(　　)

7. 一个演示文稿只能应用一种主题样式。(　　)

8. 在 PowerPoint 中设置文本的段落格式时,可以根据需要,把选定的图形也作为项目符号。(　　)

9. 在 PowerPoint 2010 中可以对插入的声音进行编辑。(　　)

10. 在 PowerPoint 2010 的设计选项卡中可以进行幻灯片页面设置、主题模板的选择和设计。(　　)

11. 应用了某个背景填充样式后,背景的颜色和字体便不能再更改。(　　)

12. PowerPoint 2010 的动画包括针对整张幻灯片设置动画效果和针对幻灯片中的某个对象设置动画效果两种情况。(　　)

13. 在 PowerPoint 2010 中,“动画刷”工具可以快速设置相同动画。(　　)

14. 设置幻灯片的“水平百叶窗”“盒状展开”等切换效果时,不能设置切换的速度。(　　)

15. 对幻灯片中对象设置的动画主要是指幻灯片的切换效果方案。(　　)

16. 可以对幻灯片中的一个对象添加多种动画效果。(　　)

17. 选中设置超链接的对象,按<Delete>键,可以只删除超链接而保留对象。(　　)

18. 动作按钮实质上是超链接,可以实现在幻灯片之间跳转或直接链接到其他的演示文稿文件中。(　　)

19. 如果在演示文稿放映时,不希望放映某些幻灯片,可以设置这些幻灯片隐藏。(　　)

20. 演示文稿文件可以另存为 wmv 视频格式。(　　)

**四、操作题**

设计并制作一份自己的电子相册：

(1)应用幻灯片母版设计幻灯片外观。

(2)设置文字、图形、图片对象的动画效果。

(3)设置幻灯片切换效果。

(4)在最后一张幻灯片上插入表格，输入自己的联系方式，并为电子邮件和 QQ 号设置超链接。

(5)插入声音并设置连续播放、设置幻灯片自动放映。

(6)转换为视频文件上交。

**第6章**

# 计算机网络与信息安全

计算机网络是计算机技术和通信技术的有机结合。随着计算机及通信技术的发展，计算机网络已经成为我们工作、学习和生活离不开的环境，网络也为我们的工作、学习和生活提供了方方面面的服务。本章介绍计算机网络的基础知识，重点介绍 Internet 及其基本应用。

## 6.1 计算机网络基础知识

### 6.1.1 计算机网络技术概述

**1. 计算机网络的概念**

计算机网络，是指将地理位置不同的具有独立功能的多台计算机及其外部设备，通过通信线路连接起来，在网络操作系统、网络管理软件及网络通信协议的管理和协调下，实现资源共享和信息传递的计算机系统。计算机网络是现代通信技术与计算机技术相结合的产物，涉及通信技术和计算机技术两个领域。

最简单的网络就是两台计算机互联，而最复杂的计算机网络则是将全世界的计算机连接在一起的 Internet 网。

**2. 计算机网络的发展**

计算机网络的发展按照年代划分，经历了以下四个阶段：

(1)20 世纪 60 年代末到 20 世纪 70 年代初：面向终端的计算机网络。将地理位置分散的多个终端通信线路连接到一台中心计算机上，用户可以在自己办公室内的终端键入程序，通过通信线路传送到中心计算机，分时访问和使用资源进行信息处理，处理结果再通过通信线路回送到用户终端显示或打印。这种以单个为中心的联机系统称为面向终端的远程联机系统。第一个远程分组交换网叫 ARPANET，是由美国国防部于 1969 年建成的。它第一次实现了由通信网络和资源网络复合构成计算机网络系统，标志着计算机网络的真正产生。

(2)20 世纪 70 年代中后期：互联计算机网络。将分布在不同地点的计算机通过通信线路互连成为计算机-计算机网络。联网用户可以通过计算机使用本地计算机的软件、硬件与数据资源，也可以使用网络中的其他计算机软件、硬件与数据资源，以达到资源共享的目的。

(3)20 世纪 80 年代：标准化网络。ISO 制订的 OSI/RM 成为研究和制订新一代计算机网络标准的基础。各种符合 OSI/RM 与协议标准的远程计算机网络、局部计算机网络与城市地区计算机网络开始广泛应用。

(4)20 世纪 90 年代初至今：网络互连和高速网络。各种网络进行互连，形成更大规模的互联网络。伴随数字通信的出现和光纤的接入，计算机网络技术得到迅速的发展，特点是网络化、综合化、高速化及计算机协同能力。

**3. 计算机网络的功能**

计算机网络有很多功能，其中最重要的三个功能是：数据通信、资源共享、分布处理。

(1)数据通信

数据通信是计算机网络最基本的功能。它可以快速传送计算机与终端、计算机与计算机之间的各种信息，包括文字信件、新闻消息、咨询信息、图片资料、报纸版面等。利用这一特点，可实现将分散在各个地区的单位或部门用计算机网络联系起来，进行统一的调配、控制和管理。QQ 等即时通讯软件以及电子邮件等为数据通信的典型应用。

(2)资源共享

资源共享包括网络中所有的软件、硬件和数据资源。软件共享是指计算机网络内的用户可以共享计算机网络中的软件资源，包括各种语言处理程序、应用程序和服务程序。硬件共享是指可在网络范围内提供对处理资源、存储资源、输入输出资源等硬件资源的共享，特别是对一些高级和昂贵的设备，如巨型计算机、大容量存储器、绘图仪、高分辨率的激光打印机等。数据共享是对网络范围内的数据进行共享。网上信息包罗万象，无所不有，可供用户浏览、咨询、下载。

(3)分布处理与负载均衡

当某台计算机负担过重时，或该计算机正在处理某项工作时，网络可将新任务转交给空闲的计算机来完成，这样处理能均衡各计算机的负载，提高处理问题的实时性；对大型综合性问题，可将问题各部分交给不同的计算机分头处理，充分利用网络资源，扩大计算机的处理能力，即增强实用性。对解决复杂问题来讲，多台计算机联合使用并构成高性能的计算机体系，这种协同工作、并行处理要比单独购置高性能的大型计算机便宜得多。云计算技术就体现了这一功能。

## 6.1.2　计算机网络系统的组成和分类

**1. 计算机网络的组成**

一般而言，计算机网络有三个主要组成部分：若干个主机，它们为用户提供服务；一个通信子网，它主要由节点交换机和连接这些节点的通信链路所组成；一系列的协议，这些协议是为在主机和主机之间或主机和子网中各节点之间的通信而采用的，它是通信双方事先约定好的和必须遵守的规则。为了便于分析，按照数据通信和数据处理的功能，一般从逻辑上将网络分为通信子网和资源子网两个部分，如图 6-1 所示。

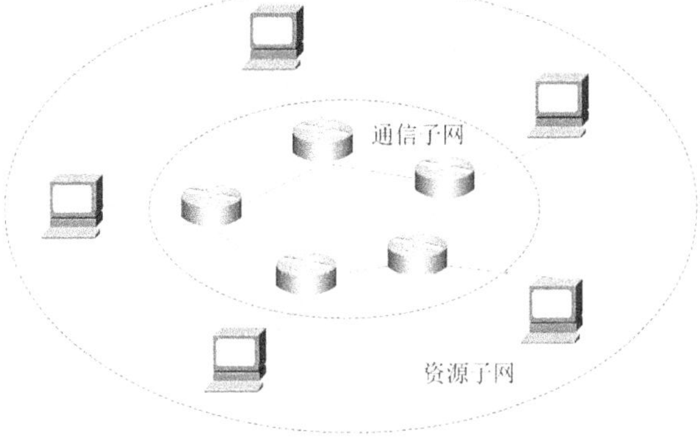


图 6-1　计算机网络的组成

(1)通信子网

通信子网是由用作信息交换的节点计算机终端和通信线路组成的独立的通信系统,它承担全网的数据传输、转接、加工和交换等通信处理工作。通信控制处理机在网络拓扑结构中被称为网络节点。它一方面作为与资源子网的主机、终端联结的接口,将主机和终端连入网内;另一方面它又作为通信子网中的分组存储转发节点,完成分组的接收、校验、存储、转发等功能,实现将源主机报文准确发送到目的主机的作用。

通信线路为通信控制处理机与通信控制处理机、通信控制处理机与主机之间提供通信信道。计算机网络采用了多种通信线路,如电话线、双绞线、同轴电缆、光缆、无线通信信道、微波与卫星通信信道等。

(2)资源子网

资源子网是计算机网络中面向用户的部分,负责全网络面向应用的数据处理工作;而通信双方必须共同遵守的规则和约定就称为通信协议,它的存在与否是计算机网络与一般计算机互联系统的根本区别。

资源子网由主计算机系统、终端、终端控制器、联网外设、各种软件资源与信息资源组成。资源子网由联网的服务器、工作站、共享的打印机和其他设备及相关软件所组成(对于局域网而言);对于广域网而言,资源子网由上网的所有主机及其外部设备组成。资源子网的功能是负责全网的数据处理业务,向网络用户提供各种网络资源与网络服务。

**2. 计算机网络的分类**

了解网络的分类方法和类型特征是熟悉网络技术的重要基础之一。从不同的角度对网络进行分类则有不同的分类方法,以下是常见的几种网络分类方法:

(1)按计算机网络规模和覆盖范围分类

计算机网络按其地理位置和分布范围分类可以分成局域网、广域网和城域网三类。

①局域网(LAN)

局域网是指一个局部区域内的、近距离的计算机互联组成的网,通常采用有线方式连接,分布范围一般在几米到几公里之间(小于10公里)。例如一座大楼内或相邻的几座楼之间互联的网。一个单位内部的联网多为局域网。

②广域网(WAN)

广域网是指远距离的计算机互联组成的网,分布范围可达几千公里乃至上万公里,甚至跨越国界、洲界,遍及全球范围。因特网就是一种典型的广域网。

③城域网(MAN)

城域网的规模主要局限在一个城市范围内,是一种介于广域网和局域网之间的网络,分布范围一般在十几公里到上百公里之间。在实际应用中常常被广域网所取代。

(2)按传输介质分类

计算机网络按其传输介质分类可以分成有线网和无线网两大类。

①有线网

有线网又有两种之分,一是采用同轴电缆和双绞线连接的网络,二是采用光导纤维作传输介质的网络。后者又称为光纤网。采用同轴电缆和双绞线连接的网络比较经济,安装方便,但传输距离相对较短,传输率和抗干扰能力一般;光纤网则传输距离长,传输率高(可达数千兆bps),且抗干扰能力强,安全性好。

②无线网

采用空气作传输介质、用电磁波作传输载体的网络。联网方式灵活方便，但联网费用较高，目前正在发展，前景看好。

(3)按通信方式分类

①点对点传输网络

网络中每两台计算机之间都存在一条单独的物理信道，即在进行数据信息传输时，该数据信息只在指定的计算机之间进行传输。

②广播式传输网络

网络中所有联网计算机都共享一个公共通信信道，当一台计算机利用该信道发送数据信息时，所有其他计算机都将会收到并处理这个数据信息。

(4)按网络的服务范围

①公用网络

为全社会所有人提供服务的网络，只要符合拥有者要求的用户就能使用这个网络。公用网一般是国家电信部门建造的网络，例如 CHINANET、CERNET 等。

②专用网络

某个部门为本系统的特殊业务工作需要而建立的网络。它为拥有者提供服务，一般不对本系统外的人提供服务。

(5)按网络的拓扑结构分类

按网络的拓扑结构分类可分为星型网络、树型网络、总线型网络、环型网络和网状网络等。网络拓扑结构将在下一节阐述。

### 6.1.3 计算机网络的拓扑结构

网络的拓扑结构是指网络中通信线路和站点(计算机或设备)的几何排列形式。常见的计算机网络拓扑结构有总线型、星型、环型、树型和网状型等。

**1. 总线型拓扑**

总线型拓扑结构是用一条无源通信线路作主干，所有的计算机都连接到这条线路上，如图 6-2 所示。在某段时间内有一个节点发送数据时，其他节点只能接收数据。如果有两个或多个节点同时发送数据，就会因冲突而丢失数据，因而使用总线型拓扑结构需要解决的问题是确保用户发送数据时不能出现冲突。总线型结构的优点是结构简单，布线容易，易于扩展，

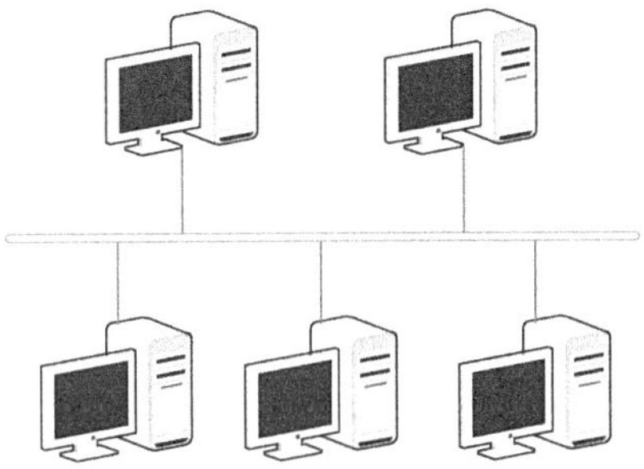

图 6-2 总线型拓扑结构

**2. 星型拓扑**

星型结构中有一个中心节点，其他计算机以放射状连接到中心节点，如图 6-3 所示。在这种结构中，任何两个节点的通信均要通过中心节点。另外，星型结构简单，易于实现，也便于管理。但要求中心节点的计算机应非常可靠，否则，它的故障会造成整个网络瘫痪。

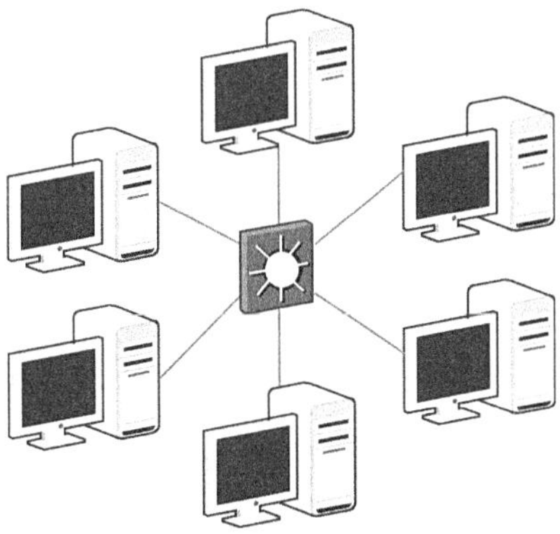

图 6-3 星型拓扑结构

### 3. 环型拓扑

环型结构是用线路把所有计算机连成一个闭合的环路,如图 6-4 所示。数据在环中沿一个方向逐点传送。环型结构的特点是结构简单,传输效率比较高,但是维护困难。任何节点或者任何一段通信线路出现故障都会造成整个网络瘫痪。

### 4. 树型拓扑

树型拓扑是一种分级结构,如图 6-5 所示。在树型结构的网络中,任意两个节点之间不产生回路,每条通路都支持双向传输。这种结构的特点是扩充方便、灵活,成本低,易推广,适合于分主次或分等级的层次型管理系统。

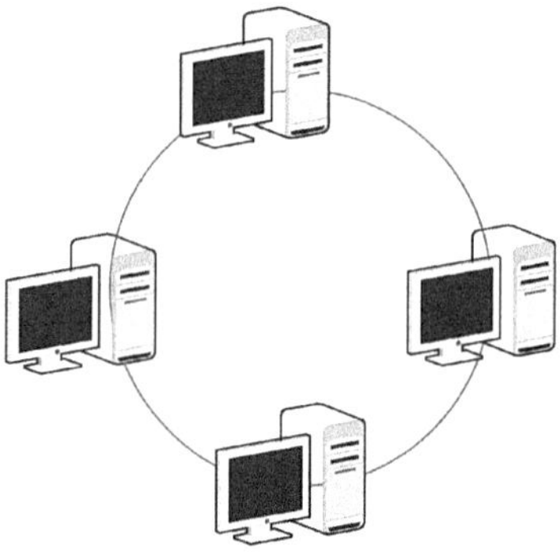

图 6-4 环型拓扑结构

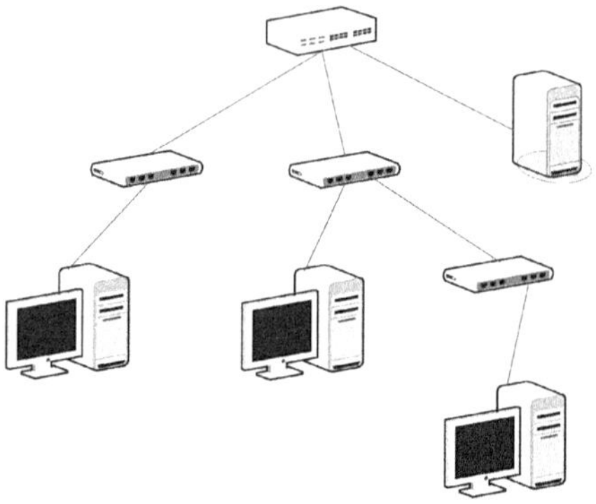

图 6-5 树型拓扑结构

### 5. 网型拓扑

通常大型网络使用的是网状结构,所谓网状结构就是任何两个节点之间都可能有连接线路。它的特点是结构复杂,而且任何一个节点或任何一段线路出现故障对整个网络的影响都不大,因此网络的整体性能很高。因特网就是这种结构。

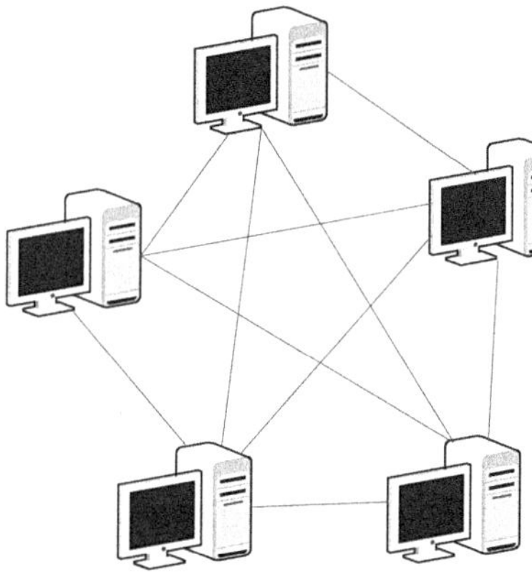

图 6-6 网型拓扑结构

### 6. 蜂窝拓扑

蜂窝拓扑结构是无线局域网中常用的结构,如图 6-7 所示。它以无线传输介质(微波、卫星、红外等)点到点传输和多点传输为特征,是一种无线网,适用于城市网、校园网、企业网。它是星型网络与总线型的结合体,克服了星型网络分布的空间限制问题。

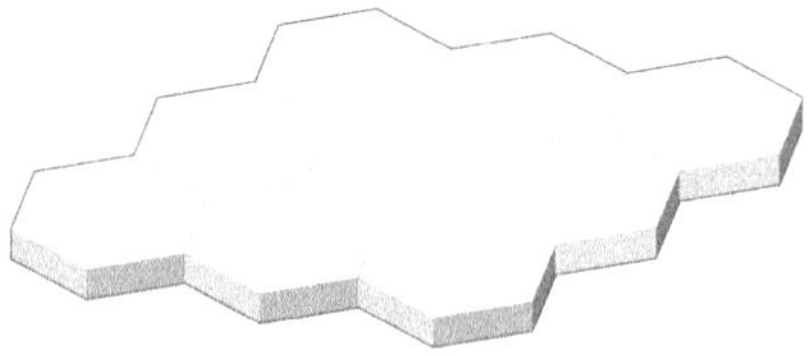

图 6-7 蜂窝拓扑结构

## 6.1.4 计算机网络体系结构与协议

### 1. 计算机网络体系结构

计算机网络体系结构是一种网络功能层次化的模型,是使整个计算机网络及其部件所应该完成的功能的精确定义。具体讲,就是指为了完成计算机间的通信合作,把每台计算机互连的功能划分成有明确定义的层次，并规定了同层次进程通信的协议及相邻之间的接口和服务。

常见的计算机网络体系结构有 DEC 公司的 DNA(数字网络体系结构)、IBM 公司的 SNA(系统网络体系结构)等。为解决异种计算机系统、异种操作系统、异种网络之间的通信，国际标准化组织(ISO)以国际上其他的一些标准化团体，在各厂家提出的计算机网络体系结构的基础上，提出了开放系统互联参考模型(OSI/RM)。

**2. OSI/RM 模型层次结构**

开放系统互联参考模型 OSI/RM 是国际标准化组织(ISO)制定的标准化开放式的计算机网络层级结构模型。OSI/RM 模型在逻辑上将计算机网络的体系结构分成 7 层，由低到高依次为物理层、数据链路层、网络层、传输层、会话层、表示层和应用层，如图 6-8 所示。

在计算机网络的体系层次结构中，层与层之间的连接部分称为接口，在接口处由低层向高层提供服务。

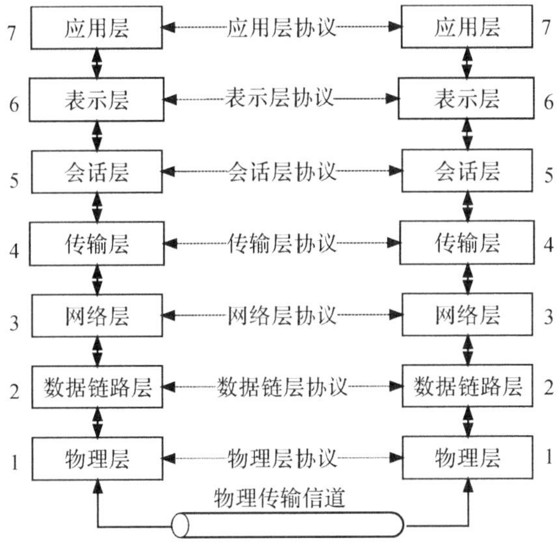


图 6-8　OSI/RM 模型层次结构

**3. TCP/IP 参考模型**

TCP/IP 参考模型是最早的计算机网络 ARPANET 和其后继的因特网使用的参考模型。TCP/IP 是一组用于实现网络互连的通信协议。Internet 网络体系结构以 TCP/IP 为核心。基于 TCP/IP 的参考模型将协议分成四个层次，它们分别是：网络接口层、网际互联层、传输层(主机到主机)和应用层。TCP/IP 四层模型与 OSI/RM 七层模型的对照关系，如图 6-9 所示。

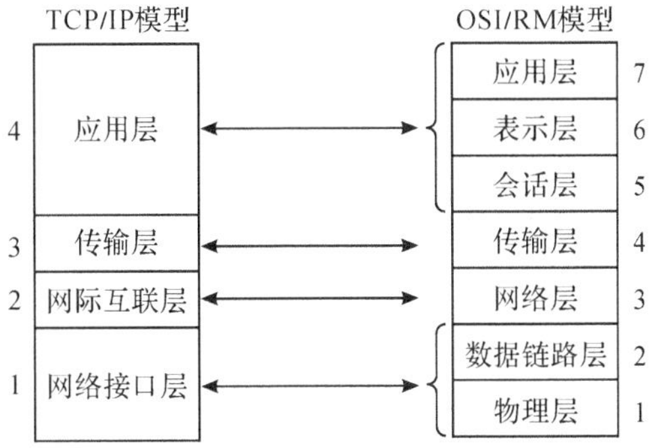


图 6-9　TCP/IP 模型与 OSI/RM 模型对照图

**4. 计算机网络协议**

计算机网络的主要功能是相互通信和交流信息。由于联网的计算机类型可以各不相同，各自所使用的操作系统和应用软件也不尽相同，因此，为保证彼此之间的联系畅通，就应该有一个共同遵守的协议，这就是网络协议。

网络协议本质上是一种网上交流的约定，即规定了计算机在网上互通信息的规则。比如，两台计算机之间交换信息，必须按约定的格式传送才能被对方理解。这约定的格式一般包括发送方信息、发送的数据、接收方信息以及发送成功与否等状态信息。

一个网络协议主要包含以下三个要素：

语法(Syntax)：数据与控制信息的结构和格式，包括数据格式、编码及信号电平等。

语义(Semantics)：用于协调和差错处理的控制信息。如需要发出何种控制信息完成何种动作以及做出何种应答等。

定时(Timing)：对有关事件实现顺序的详细说明，如速度匹配、排序等。

目前，全球最大的网络是因特网，它所采用的网络协议是 TCP/IP 协议。

# 6.2 局域网基础知识

## 6.2.1 局域网概述

局域网是目前应用最为广泛的计算机网络系统，它是一种在有限的地理范围内利用通信线路和通信设备将各种计算机和数据设备互连起来，实现数据通信和资源共享的计算机网络，具有组网灵活、成本低、应用广泛、使用方便、技术简单等特点，常用于通信距离短、数据传输速率高及资源共享的场合。

**1. 局域网的特点**

局域网一般为一个部门或单位所有，建网、维护以及扩展等较容易，系统灵活性高。其主要特点是：

(1)网络覆盖范围小，传输距离有限，一般为 10m～10km。

(2)具有较高的数据传输率(10Mbps～10Gbps)。

(3)通信延迟时间短，误码率低，通常可靠性较高。

(4)具有对不同速率的适应能力，低速或高速设备均能接入。

(5)使用拓扑结构多为星型、总线型或环型。

(6)支持多种传输介质(同轴电缆、双绞线、光纤、无线)。

(7)能支持简单的组播或广播式通信方式。

(8)具有良好的兼容性和互操作性，不同厂商生产的不同型号的设备均能接入。

**2. 局域网的分类**

按网络拓扑结构分类，可分为总线型、星型、环型、树型、混合型等；若按传输介质所使用的访问控制方法分类，又可分为以太网、令牌环网、FDDI 网和无线局域网等。其中，以太网是当前应用最普遍的局域网技术。

**3. 局域网的用途**

(1)网络资源共享

LAN 内的硬件资源和软件资源都可以进行有效的共享。昂贵的硬件资源，如打印机、高级绘图仪等，连入 LAN 便可以共享使用，既方便了用户，又提高了资源的使用率。软件资源包括各种数据资料(如数据库)、文件信息和各种应用软件。网络中的各工作站在使用服务器端的软件资源时都可像使用本机资源一样使用这些软件资源。

(2)数据传送

数据和文件的传输是网络的重要功能，现代局域网不仅能传送文件、数据信息，还可以传送声音、图像。

(3)电子邮件

E-mail 是 LAN 中必不可少的重要功能，是快捷方便、经济有效的一种通信方式，极大地方便了网络用户之间的通信联系。

(4)办公自动化

LAN 内的用户可以通过办公自动化系统查看办公信息。各单位可以根据具体的工作方式自行定义办公流程，规范工作程序，提高办公效率，从而实现无纸化、现代化办公。

**4. TCP/IP 协议**

TCP/IP 协议实际上代表了因特网所使用的一组协议，TCP/IP 协议是这其中最基本的、也是最重要的两个协议；TCP(Transmission Control Protocol)称为传输控制协议，IP(Internet Protocol)称为网际协议。

TCP/IP 协议本质上采用的是分组交换技术，其基本思想是把信息分割成一个个不超过一定大小的信息包来传送。目的是：一可以避免单个用户长时间地占用网络线路，二可以在传输出错时不必重新传送全部信息，只需重传出错的信息包就行了。

TCP/IP 协议组织信息传输的方式是四层协议方式。用户通过应用层软件提出服务请求，该请求经传输层控制信息的完整发送；到达网际层便需对信息进行分组发送；最后进入某个具体子网的网内层，到达这一步 TCP/IP 协议的使命便完成了。

### 6.2.2 局域网的组成

LAN 组成包括硬件和软件。网络硬件包括资源硬件和通信硬件。资源硬件包括构成网络主要成分的各种计算机和输入/输出设备。利用网络通信硬件将资源硬件设备连接起来，在网络协议的支持下，实现数据通信和资源共享。软件资源包括系统软件和应用软件。系统软件主要是网络操作系统。

一个典型的交换式局域网如图 6-10 所示。这个交换式局域网主要由服务器、工作站、线路集线器、交换机以及通信线路等组成。

**1. 传输介质**

传输介质是通信网络中连接计算机的具体物理设备和数据传输物理设备，常见的有双绞线、同轴电缆、光纤等有线传输介质，还有无线电波、卫星、红外线等无线传输介质。

(1)双绞线

双绞线是由两条相互绝缘的导线按照一定的规格互相缠绕(一般以逆时针缠绕)在一起而制成的一种通用配线，属于信息通信网络传输介质。按照屏蔽层的有无分类，双绞线可分为屏蔽双绞线(STP)与非屏蔽双绞线(UTP)，屏蔽双绞线在双绞线与外层绝缘封套之间有一个金属屏蔽层。

局域网中非屏蔽双绞线分为三类、四类、五类和超五类、六类、超六类、七类等。现在计算机网络通常用的是五类、超五类、六类的双绞线。

UTP 网线由一定长度的双绞线和 RJ45 水晶头组成，如图 6-11 和图 6-12 所示。

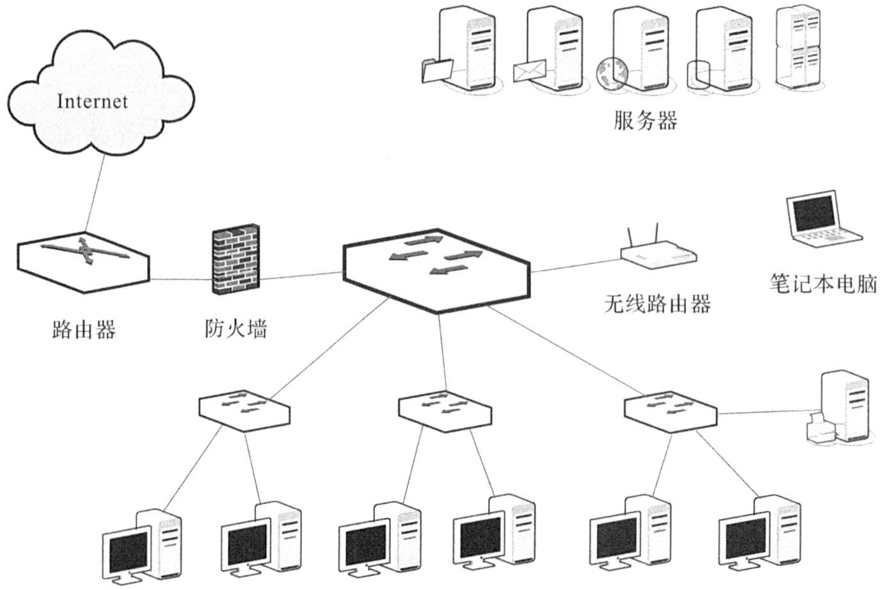


图 6-10　局域网 LAN

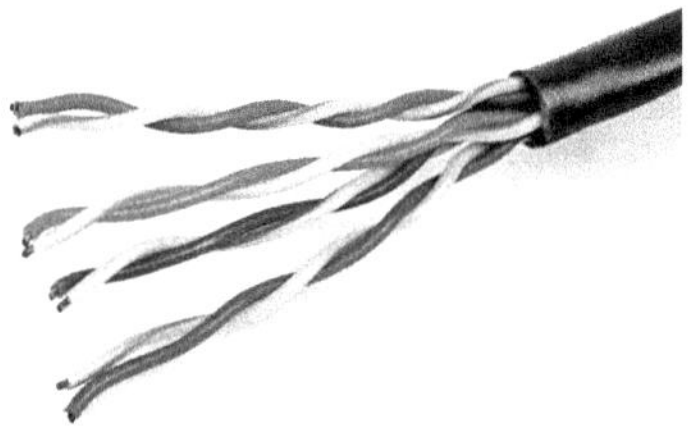

图 6-11　5 类非屏蔽双绞线

图 6-12　RJ45 头(水晶头)

(2)同轴电缆

同轴电缆(Coaxial)是指有两个同心导体，而导体和屏蔽层又共用同一轴心的电缆，如图 6-13 所示。同轴电缆分 50Ω 基带电缆和 75Ω 宽带电缆两类。基带电缆又分细同轴电缆和粗同轴电缆。基带电缆仅仅用于数字传输，数据率可达 10Mbps。75Ω 同轴电缆常用于 CATV 网，故称为 CATV 电缆，传输带宽可达 1GHz，目前常用 CATV 电缆的传输带宽为 750MHz。50Ω 同轴电缆主要用于基带信号传输，传输带宽为 1～20MHz，总线型以太网就是使用 50Ω 同轴电缆，在以太网中，50Ω 细同轴电缆的最大传输距离为 185 米，粗同轴电缆可达 1000 米。

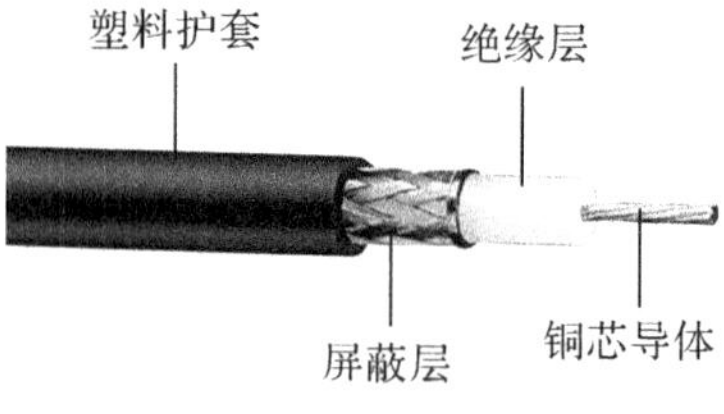


图 6-13　同轴电缆

(3)光纤

光纤又称为光缆或光导纤维，由光导纤维纤芯、玻璃网层和能吸收光线的外壳组成。是由一组光导纤维组成的用来传播光束的、细小而柔韧的传输介质。应用光学原理，由光发送机产生光束，将电信号变为光信号，再把光信号导入光纤，在另一端由光接收机接收光纤上传来的光信号，并把它变为电信号，经解码后再处理。与其他传输介质比较，光纤的电磁绝缘性能好、信号传输衰耗小、频带宽、传输速度快、传输距离大。主要用于要求传输距离较长、布线条件特殊的主干网连接。光纤传输具有不受外界电磁场的影响，无限制的带宽等特点，可以实现每秒几十兆位的数据传送，尺寸小、重量轻，数据可传送几百千米，但价格昂贵。光纤分为单模光纤和多模光纤：

单模光纤：由激光作光源，仅有一条光通路，传输距离长，20～120km。

多模光纤：由二极管发光，低速短距离，2 千米以内。

图 6-14　光纤

(4)无线通信介质

无线通信介质中的红外线、微波、激光和其他无线电波由于不需要任何物理介质，非常适用于特殊场合。无线电波很容易产生，可以传播很远，很容易穿过建筑物的阻挡，被广泛应用于通信，不管是室内还是室外。蓝牙技术就是利用无线电波作为传输介质的，目前大部分的无线网络采用的都是扩展频谱技术来发送信号。

**2. 局域网常用设备**

为使处于不同网络的用户能够相互通信，实现资源共享，须将若干性质相同或不同的网络互连在一起。这时，往往要用到网间连接设备。常用的网络互联设备有网卡、调制解调器、中继器、集线器、网桥、交换机、路由器、网关等。

(1)网卡

网卡是连接计算机与网络的硬件设备，是计算机与网络之间的逻辑和物理链路，计算机主要通过网卡连接网络。在网络中网卡的工作是双重的：一方面负责接收网络上传过来的数据包，解包后将数据通过主板上的总线传输给本地计算机；另一方面将本地计算机上的数据打包后送入网络。

网卡有多种不同的分类方法，其中按带宽分为 10M、100M、1000M 网卡，按总线接口分为 ISA、PCI、USB 网卡等。常用的网卡类型有内置板载网卡、内置无线网卡、USB 无线网卡，如图 6-15 至图 6-17 所示，此外，网卡还可作为模块集成到主板中。

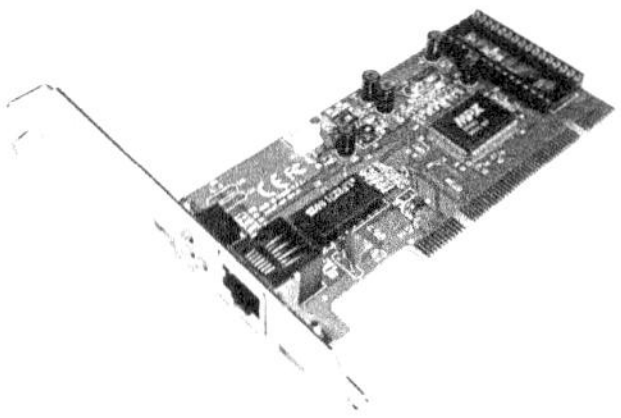

图 6-15　内置 PCI 网卡

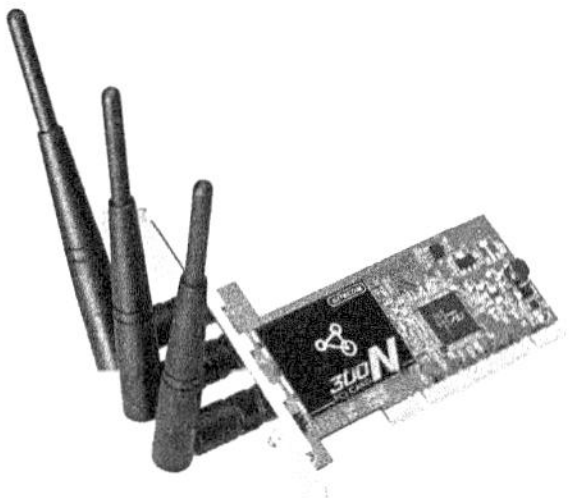

图 6-16　内置无线网卡

图 6-17　USB 无线网卡

(2)调制解调器

调制解调器也叫 Modem(俗称“猫”),它是接入 Internet 的必备硬件设备,如图 6-18 所示。所谓调制,就是把数字信号转换成电话线上传输的模拟信号;解调,即把模拟信号转换成数字信号,两者合称为调制解调器。调制解调器可分为内置和外置两类。现在还有 ISDN 调制解调器和一种称为 Cable Modem 的调制解调器,以及 ADSL 调制解调器。ADSL 调制解调器是目前宽带上网的主流设备。

图 6-18　调制解调器(Modem)

(3)中继器

中继器是在物理层上实现局域网网段互联的设备,它负责连接各个电缆段,对信号进行放大和整形,用来驱动长线电缆,起到在不同电缆段间复制信号的作用。严格说来,中继器不能称为网间连接器,它只是一种网段扩展的设备。在以太网中最多使用 4 个中继器。

(4)集线器

集线器又叫 Hub,如图 6-19 所示,主要功能是对接收到的信号进行再生整形放大,以扩大网络的传输距离,同时把所有节点集中在以它为中心的节点上。目前集线器正逐步被小型化的交换机所替代。

图 6-19　集线器(Hub)

(5)网桥

网桥(Bridge)是一种数据链路层上的网络互联设备,负责在数据链路层(LLC 层)将信息帧进行存储转发,一般不对转发帧进行修改。

网桥可用于连接同构型局域网,也可用于连接异构网。按路由选择算法不同,可分为透明网桥(Transparent Bridge)和源路由选择网桥(Source Routing Bridge)两种。透明网桥技术主要用于以太网环境,源路由网桥技术主要用于令牌环网。

(6)交换机

交换式集线器简称交换机,如图 6-20 所示,是集线器的升级产品,同时具备了集线器和网桥的功能。交换机是一种具有高性价比、高性能、简单实用且端口密集的网络设备,可将收到的数据包根据目的地址转发到相应的端口。交换机可以增加局域网带宽、改善局域网的性能和服务质量。

图 6-20　交换机(Switch)

(7)路由器

路由器是一种可以在不同网络之间进行信号转换的互联设备,能实现 LAN 之间、LAN 与 WAN 之间的互联,在不同的网络之间存储转发分组数据,能识别多种网络协议,因此能联接多种形式的 LAN,使得大中型的网络组建起来更加方便。路由器的主要功能包括过滤、存储转发、路径选择、流量管理、介质转换等。无线路由器就是带有无线覆盖功能的路由器,如图 6-22 所示。

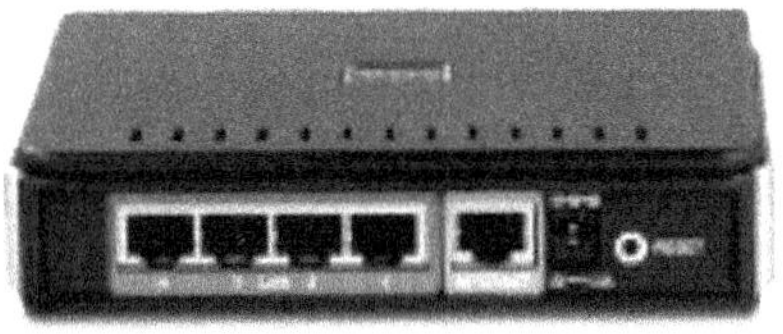

图 6-21　路由器

图 6-22　无线路由器

(8)网关

网关是传输层及传输层以上的网络互联设备。联接两个或多个不同的网络,使之能相互通信。网关可用来联接异构网络,因此被称作协议转换器。由于网关要将一种协议转换成另一种协议,且仍要保留原有的功能,故它是网间互联设备中最复杂的一种。由于工作的复杂性,因而利用网关互联网络时效率较低,而且透明性不好,往往都用于针对某种特殊用途的专用联接。

**3. 网络软件系统**

计算机网络软件主要是指网络操作系统和网络应用软件。

(1)网络操作系统

网络操作系统(NOS)是网络的心脏和灵魂,是向网络计算机提供服务的特殊的操作系统。它的主要功能是控制和管理网络的运行,包括资源管理、文件管理、通信管理、用户管理和系统管理等。网络服务器必须安装网络操作系统,以便对网络资源进行管理。目前,常用的网络操作系统有 Windows NT、Netware、UNIX、Linux 等。

(2)网络应用软件

网络应用软件是根据用户的具体需要而开发的应用软件,能为用户提供各种应用服务。如浏览软件、通信软件、电子邮件管理软件、传输软件等。

## 6.3　Internet 基础知识

### 6.3.1　Internet 概述

Internet,中文正式译名为因特网,又叫作国际互联网。它是通过公用语言将全球数亿台计算机连接起来而实现数据通信和资源共享的全球性网络。因特网采用 TCP/IP 协议进行通信,是目前世界上最大的计算机网络,该网络组建的最初目的是为研究部门和大学服务,便于研究人员及其学者探讨学术方面的问题,因此也有科研教育网(或国际学术网)之称。进入90年代,因特网向社会开放,利用该网络开展商贸活动成为热门话题。大量的人力和财力的投入,使得因特网得到迅速的发展,逐渐成为企业生产、制造、销售、服务,人们日常工作、学习、娱乐等活动中不可缺少的一部分。

**1. Internet 的发展**

1969年,美国国防部高级研究计划局 ARPA 建立了 ARPANET,该网络是 Internet 的雏形。

20世纪80年代,ARPANET 派生出两个网络:纯军用网络 MILNET 和民用网络 NSFNET,1990年 ARPANET 停止运行,NSFNET 成功取代 ARPANET 成为第二代 Internet。

1992年,Internet 协会成立,Internet 开始进入商业化发展,随着商业机构的介入,极大地丰富了 Internet 的服务和内容,Internet 进入高速发展时期,开始向全世界普及。

**2. Internet 提供的服务**

(1)WWW 万维网

WWW(World Wide Web)中文译名为万维网,或者就简称为3W 或 Web,是当前 Internet 上最受欢迎、最为流行的信息检索服务系统。WWW 能把各种类型的信息(文本、静态图像、声音和动画视频等元素)集成起来,它不仅提供了图形界面的快速信息查找,还可以通过同样的图形界面(GUI)与 Internet 的其他服务器对接。

(2)E-mail 电子邮件

E-mail 中文译名为电子邮件,是 Internet 最重要的服务功能之一。Internet 用户可以向 Internet 上的任何人发送和接受信息。上网用户使用 E-mail 服务需要向服务提供商申请个人电子邮箱,从而获得电子邮件地址,通过电子邮件地址,可以方便、快速地交换信息。此外,还可以通过电子邮件订阅各种电子报纸杂志,订阅成功后它们将定时投递到你的电子邮箱中。

(3)Telnet 远程登录

远程登录是指在网络通信协议 Telnet 的支持下,用户的计算机通过因特网暂时成为远程计算机终端的过程。当然,要在远程计算机上登录,必须首先成为该系统的合法用户并拥有相应的账户和口令。一旦登录成功,用户便可以使用远程计算机提供的共享资源。在世界上的许多大学图书馆都通过 Telnet 对外提供联机检索服务。一些研究机构也将他们的数据库对外开放,并提供各种菜单驱动的用户接口和全文检索接口,供用户通过 Telnet 查阅。用户可以从自己的计算机上发出命令运行其他计算机上的软件。

(4)FTP 文件传输

文件传输服务也是 Internet 提供的最基本的服务之一,它能实现网络中计算机之间文件的传送,允许 Internet 上的用户将一台计算机上的文件传送到另一台计算机上。这与远程登录有些类似,它是一种实时的联机服务,在进行工作时首先要登录到对方的计算机上。但与远程登录不同的是,用户在登录后仅可进行与文件搜索和文件传送有关的操作,如改变当前工作目录、列文件目录、设置传输参数、传送文件等。FTP 远程服务器称为 FTP 站点,分为注册用户 FTP 服务器和匿名 FTP 服务器两类。

(5)IM 即时通讯

即时通讯(Instant Messaging,IM)是一种基于 Internet 的即时交流消息的业务,允许两人或多人使用网络即时地传递文字、图像、语音与视频等信息。Internet 上的即时通讯可分个人、商务、企业和行业等。个人即时通讯软件常用的有腾讯公司的微信和 QQ、WhatsApp、

Line、YY、Skype 等。其他的即时通讯软件还有阿里旺旺、Anychat 等。

(6)社交网络服务(SNS)

社交网络服务(Social Networking Service,SNS),是一种旨在帮助人们建立社会性网络的互联网应用服务。社交网络服务为拥有相同兴趣、活动、背景或现实生活联系的人们创建社会网络或社会关系提供了平台。社交网络服务通常由个人用户及其社会联系以及各种附加服务组成,此类服务往往都是基于互联网,为用户提供各种交流联系的渠道。在线社区服务通常也被认为是一种社交网络服务的形式,社交网站让用户在网络中分享想法、照片、文章、个人活动和兴趣爱好。早期社交网络的服务网站呈现为在线社区的形式,包括 BBS/论坛、聊天室等,后期出现了博客、播客、微博等。社交网络服务网站目前在世界上有许多,在国外流行的有 Facebook、Twitter、Google+、LinkedIn、Tumblr,在国内有 QQ 空间、百度贴吧、新浪微博、豆瓣、天涯、知乎等。

(7)其他服务

Internet 还提供其他多种服务,如休闲娱乐的各种在线网络游戏、网络影音,以及购物消费的电子商务,等等。

### 6.3.2　Internet 接入方式

要想成为 Internet 的用户,首先是要接入 Internet。随着技术的发展,互联网拥有了众多的接入方式,下面介绍与一般用户有关的一些基本的接入方式。

**1. PSTN 电话线拨号接入**

20 世纪 90 年代互联网刚兴起时,普通家庭用户上网使用的最为普通的一种方式就是通过 PSTN 技术——利用电话线拨号上网。这种接入方式只需要有电话接入并安装好调制解调器(Modem)就能连接进入 Internet,但最高速率不超过 56Kbps。随着多媒体技术在 Internet 上的广泛应用,该接入方式已不能适应网络对速度的要求,已被淘汰出市场。

**2. ADSL 接入**

ADSL(非对称数字用户环路)技术能够利用现有的普通电话线,再加上专用 ADSL 调制解调器,为用户同时提供宽带数据业务和电话业务,是一种被广泛采用的 Internet 接入方式。通常 ADSL 可以提供最高 1Mbps 的上行速率和最高 8Mbps 的下行速率,它采用频分复用技术把普通的电话线分成了电话、上行和下行三个相对独立的信道,从而避免了信道相互之间的干扰。最新的 ADSL2+技术可以提供最高 24Mbps 的下行速率,ADSL2+打破了因 ADSL 接入方式导致的带宽限制,使其应用范围更加广阔。

**3. FTTx+LAN 接入**

FTTx+LAN 技术是一种利用光纤加超五类网络线方式实现宽带接入的方案,它利用千兆光纤到小区(大楼)中心交换机,中心交换机和楼道交换机以百兆光纤或五类网络线相连,楼道内采用综合布线,用户上网速率可达 20Mbps,且网络可扩展性强,投资规模小。另有光纤到办公室、光纤到户、光纤到桌面等多种接入方式来满足不同用户的需求。

**4. HFC 接入**

HFC,即混合光纤同轴电缆混合网,是采用光纤和有线电视网络传输数据的宽带接入技术。HFC 通常由光纤干线、同轴电缆支线和用户配线网络三部分组成,从有线电视台出来的节目信号先变成光信号在干线上传输;到用户区域后把光信号转换成电信号,经分配器分配后通过同轴电缆送给用户。HFC 具备强大的功能和高度的灵活性,这些特性已经使之成为有线电视(CATV)和电信服务供应商的首选技术。

**5. 无线宽带接入**

无线宽带接入,即终端设备(固定或移动)通过无线的方式,以高宽带高速率接入Internet,无线宽带接入技术代表了宽带接入技术的一种新的不可忽视的发展趋势。无线宽带接入技术主要有两类技术体系,一类是蜂窝移动通信技术,如3G、LTE、4G等;另一类无线技术以WiMAX(IEEE 802.16)为代表的无线城域网(WMAN)技术和以WiFi(IEEE 802.11)为代表的无线局域网(WLAN)技术。无线宽带接入技术作为目前主流的无线技术,被各大运营商广泛采用,利用此技术的运营商们提出了"无线城市"的概念,从而为用户提供更广泛的信息服务和多媒体服务。

## 6.3.3 IP地址与域名系统

**1. IP地址**

IP地址,Internet Protocol Address的缩写,是IP协议提供的一种统一的地址标识。每个接入因特网的计算机都有唯一属于自己的IP地址。目前计算机网络广泛采用的是IPv4(第4版IP协议)地址,但随着Internet中计算机网络和计算机接入数的增长,IPv4面临枯竭,IETF(互联网工程任务组)设计了IPv6来替代IPv4,并于2012年正式启用。

(1)IPv4

在IPv4中,IP地址由32位二进制数(8位为一组)表示,由于二进制使用起来很不方便,为了方便人们的使用,IP地址经常被写成4个十进制数的形式,每个数的取值范围为0～255,中间用符号"."分隔。如国家体育总局网站的IP地址为01111101 00100011 00001000 11101000,写成十进制数值为125.35.8.232。

根据网络规模的大小,IP地址分为A、B、C、D、E五类,如图6-23所示。

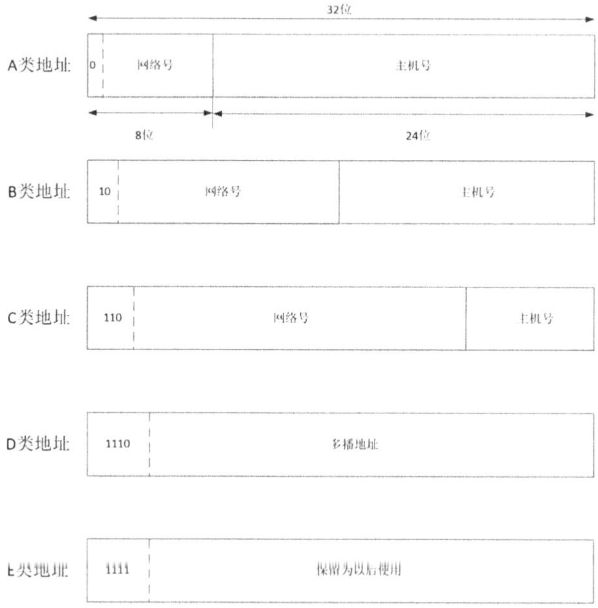


图6-23 IP地址分类

①A类地址:地址最高位为0,第一字节为网络号,第二、三、四字节表示网络中的主机号,最多可表示126($2^7-2$)个网络号,每个网络支持的最大主机数为16777214($2^{24}-2$)台。A类

地址的地址范围为 1.0.0.1～126.255.255.255。

②B 类网址：地址最高位为 10，第一、二字节为网络号，第三、四字节表示网络中的主机号，最多可表示 16384($2^{14}-2$)个网络号，每个网络支持的最大主机数为 65534($2^{16}-2$)台。B 类地址的地址范围为 128.1.0.0～191.255.255.255。

③C 类地址：地址最高位为 110，第一、二、三字节为网络号，第四节表示网络中的主机号，最多可表示 2097152($2^{21}-2$)个网络号，每个网络支持的最大主机数为 254($2^{8}-2$)台。我国目前采用的是 C 类网络地址。

④D 类地址：用于与网络上多台主机同时进行通信，不用来标识网络。

⑤E 类地址：实验性地址，暂时保留为今后使用。

(2)IPv6

IPv6 的地址长度为 128 位，通常写作 8 组，每组为 4 个十六进制数的形式，最大地址个数为 $2^{128}$。比如清华大学 IPv6 站地址为 2001:0da8:0208:0010:2d34:710d:da78:4f45。

**2. 域名**

记忆一组并无任何特征的 IP 地址是困难的，为了使 IP 地址便于用户记忆和使用，同时也易于维护和管理，Internet 上建立了域名管理系统 DNS(Domain Name System)。DNS 采用分层命名的方法对网络上的计算机分别赋予唯一的标识名，且该名字与其 IP 地址一一对应，即域名，或称域名地址，俗称“网址”，如浙江体育职业技术学院的域名地址为 www.zjcs.net.cn。

域名的一般格式为：

**计算机名.组织机构名.网络名.最高层域名**

**www.zjcs.net.cn**

其中，最高层域名又称为顶级域名，它所代表的是建立网络的组织机构或网络所隶属的地区或国家。最高局域名大体可分为两类：一类是组织性顶级域名，一般由三至五个字母组成，以表明该组织机构的类型(见表 6-1)；另一类是地理性顶级域名，以两个字母的缩写代表其所处的国家或地区(见表 6-2)。

**表 6-1　组织性顶级域名**

| 域名 | 含义 | 域名 | 含义 | 域名 | 含义 |
|---|---|---|---|---|---|
| com | 商业机构 | mil | 军事结构 | info | 信息服务结构 |
| edu | 教育结构 | net | 网络服务机构 | int | 国际结构 |
| gov | 政府机构 | org | 非营利性组织 | name | 个人网站 |

**表 6-2　地理性顶级域名**

| 域名 | 国家或地区 | 域名 | 国家或地区 |
|---|---|---|---|
| cn | 中国 | us | 美国 |
| ca | 加拿大 | jp | 日本 |
| uk | 英国 | fr | 法国 |
| ru | 俄罗斯 | hk | 中国香港 |

## 6.3.4　应用实例

**1. 实例 1**

(1)单击桌面右下角“网络连接图标”，打开“网络和共享中心”，如图 6-24 所示。

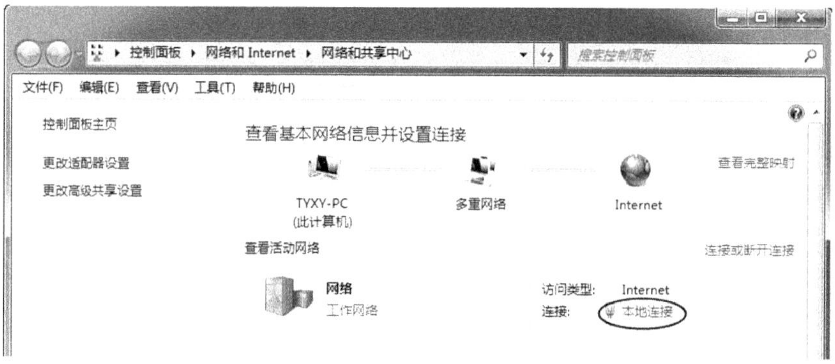


图 6-24　网络和共享中心

(2)单击“本地连接”→“属性”,打开“本地连接 属性”对话框,如图 6-26 所示。

图 6-25　本地连接 状态

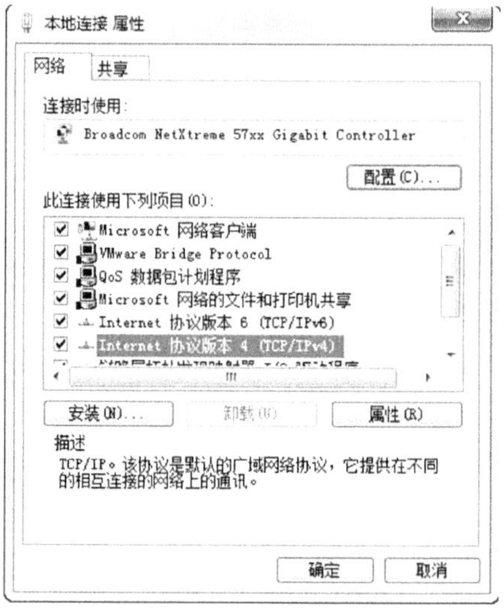


图 6-26　本地连接 属性

(3)选中“Internet 协议版本 4(TCP/IPv4)”,单击“属性”,打开“Internet 协议版本 4(TCP/IPv4)属性”对话框,如图 6-27 所示。

(4)设置正确的 IP 地址、子网掩码、默认网关和 DNS 服务器地址,如图 6-27 所示。

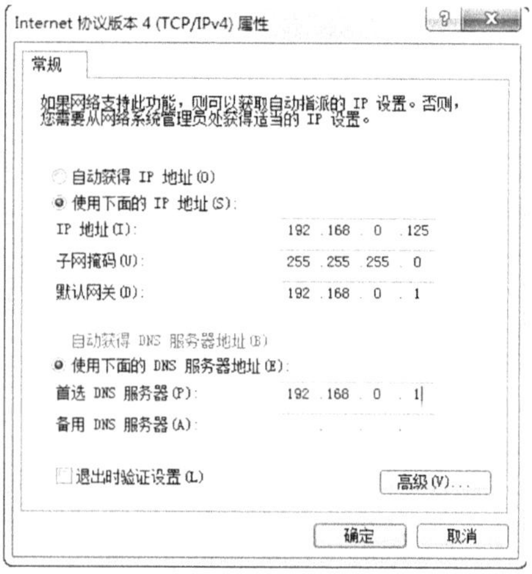


图 6-27　IP 属性设置

# 6.4　计算机信息安全

## 6.4.1　计算机信息安全概述

信息作为一种资源，它的普遍性、共享性、增值性、可处理性和多效用性，使其对于人类具有特别重要的意义。信息安全的实质就是要保护信息系统或信息网络中的信息资源免受各种类型的威胁、干扰和破坏，即保证信息的安全性。

**1. 计算机信息安全的特征**

计算机信息安全具有以下特征：

(1)保密性：信息不泄漏给未经授权的用户、实体或者过程的特性。

(2)完整性：数据未经授权不能进行改变的特性，即信息在存储或传输过程中保持不被修改、不被破坏和丢失的特性。

(3)可靠性：确保信道、消息源、发信人的真实性以及核对信息获取者的合法性。

(4)可用性：保证合法用户对信息和资源的使用不会被不正当地拒绝。

(5)不可抵赖性：保证信息行为人不能否认自己的行为。

(6)可控制性：对信息的传播及内容具有控制能力。

(7)可审查性：对出现的安全问题提供调查的依据和手段。

**2. 计算机系统面临的安全威胁**

(1)信息泄露：信息被泄露或透露给某个未经授权的实体。

(2)破坏信息的完整性：未经授权地对数据进行增删、修改或破坏而使其受到损失。

(3)拒绝服务：对信息或其他资源的合法访问被无理由地阻止。

(4)非法使用(非授权访问)：某一资源被某个未经授权的人，或以未经授权的方式使用。

(5)窃听：用各种可能的合法或非法的手段窃取系统中的信息资源和敏感信息。

(6)假冒：通过欺骗通信系统(或用户)达到非法用户冒充成为合法用户，或者特权小的用户冒充成为特权大的用户的目的。假冒是大多数黑客采用的攻击方法。

(7)木马程序：软件中含有一个觉察不出的有害的程序段，当它被执行时，会破坏用户的安全性。这种应用程序被称为特洛伊木马(Trojan Horse)。

(8)计算机病毒：一种在计算机系统运行过程中能够实现传染和侵害功能的程序。

**3. 信息安全技术**

信息安全技术主要有：

(1)数据加密；

(2)防火墙；

(3)入侵检测；

(4)系统容灾；

(5)身份认证；

(6)访问控制；

(7)漏洞扫描；

(8)防病毒。

### 6.4.2 计算机病毒与网络黑客

**1. 计算机病毒的概念**

计算机病毒是威胁计算机运行安全和信息安全的一个重要因素。根据《中华人民共和国计算机信息系统安全保护条例》对计算机病毒的定义:“计算机病毒,是指编制或者计算机程序中插入的破坏计算机功能或者破坏数据,影响计算机使用,并能自我复制的一组计算机指令或者程序代码。”计算机病毒不是天然存在的,而是某些人利用计算机软件和硬件所固有的脆弱性编制的一组指令集或程序代码。

计算机病毒具有如下特征:

(1)繁殖性和传染性。病毒程序具有自我复制能力,即具有繁殖性和传染性,可主动把自身的复制品或变种传染给其他程序或系统的某些部位(如操作系统的引导分区等)。

(2)破坏性。计算机病毒的破坏性是多种多样的,轻则占用系统资源,影响计算机系统的运行效率,重则破坏程序和数据,瘫痪系统,甚至破坏硬件,给用户造成巨大的损失。

(3)隐蔽性。计算机病毒具有很强的隐蔽性,通常附在正常的程序中或磁盘隐秘的地方,不发作的时候往往难以被发现。

(4)潜伏性和可触发性。病毒程序传染后,可能在一段时间内不会发作,需要特定的条件来激活触发,比如特定的时间,特定的用户等。

**2. 计算机病毒的类型**

计算机病毒的分类可以根据不同的分类方法分为很多种,主要可以从以下几个方面进行分类:根据病毒传染的方法可分为驻留型病毒和非驻留型病毒,根据病毒存在的媒体,病毒可分为网络病毒、文件病毒、引导型病毒;根据病毒的破坏能力,又可分为无害型、无危险型、危险型、非常危险型。根据程序算法的不同,还可分为伴随型、“蠕虫”型、寄生型病毒等。

(1)特洛伊木马

特洛伊木马简称为“木马”,是一种后门程序,这类程序可以监视、记录被控用户进行的几乎所有操作,然后通过各种手段传播或者骗取目标用户执行该程序,以达到盗取密码等各种数据资料等目的。此外,用户一旦感染了特洛伊木马,就会成为“僵尸”(或常被称为“肉鸡”),成为任黑客手中摆布的“机器人”。通常黑客可以利用数以万计的“僵尸”发送大量伪造包或者是垃圾数据包对预定目标进行拒绝服务攻击,造成被攻击目标瘫痪。

(2)蠕虫病毒

蠕虫病毒是一种常见的计算机病毒。蠕虫病毒是自包含的程序(或是一套程序),利用网络进行复制和传播,它能传播自身功能的拷贝或自身(蠕虫病毒)的某些部分到其他的计算机系统中。有的蠕虫病毒可以通过电子邮件传播,同时利用系统漏洞侵入用户系统。还有的病毒会同时通过邮件、聊天软件等多种渠道传播。著名的“熊猫烧香”就是一种蠕虫病毒的变种,如图6-28所示。

图6-28 熊猫烧香

(3)灰色软件

灰色软件包括间谍软件和流氓软件,这种软件本身对计算机的危害性不是很大,只是中毒者隐私会遭到泄露,或一旦安装上它就无法正常删除卸载了。间谍软件是指用于记录用户网页浏览喜好(主要以营销为目的)的软件。在用户上线的时候,间谍软件会将这些信息传送给其作者,或其他对于这类信息有兴趣的团体。间谍软件经常与一些“免费下载”的软件一起下载，且不会告知用户其存在，或询问用户安装其软件组件的许可。流氓软件(恶意软件)是指在未明确提示用户或未经用户许可的情况下，在用户计算机或其他终端上强行安装运行且不提供通用卸载方式，即使强制卸载后仍活动或残存程序，侵犯用户合法权益的软件。比如3721上网助手。

(4)脚本病毒

①宏病毒

宏病毒是利用Windows的Office系列软件特有的可执行代码"宏(Macro)"编写的病毒，它可寄生在Office文档或模板中。宏病毒的另一个特别危险的特征，体现于它们有时能够感染运行不同操作系统平台上的电脑。

②网页脚本病毒

网页脚本病毒通常是JavaScript或VBScript编写的恶意代码，它会修改用户的IE首页、修改注册表等信息，破坏数据或系统。

(5)文件型病毒

文件型病毒通常寄居于可执行文件(扩展名为.EXE、.COM或SYS等的文件)，当被感染的文件被运行，病毒便开始破坏电脑。

**3. 计算机病毒的预防与清除**

对于计算机病毒，要以预防为主。鉴于新病毒的不断出现，检测和清除病毒的方法和工具只能被动应对，因此，做好计算机病毒的预防，是防治病毒的关键。预防病毒的措施主要有：

(1)不点击来路不明的链接以及运行不明程序。来路不明的链接，很可能是蠕虫病毒自动通过电子邮件附件或即时通讯软件发过来的，如QQ病毒之一的QQ尾巴，其链接指向都是些利用浏览器漏洞的网站，用户访问这些网站后不用下载，直接就可能会中病毒。另外不要运行来路不明的程序，如利用一些"诱惑性"的文档名骗人或吸引人去点击，点击后病毒就注入系统中。

(2)不安装盗版破解软件或来历不明的共享软件。病毒制作者常会把病毒程序嵌入到各种软件中，再发布到网络，用户下载安装后，病毒或木马程序随之进入电脑系统，破坏数据或窃取用户的网银等重要信息。

(3)升级操作系统补丁以及其捆绑软件的漏洞。定期更新Windows系统以及其捆绑的软件如IE、Windows Media Player的漏洞安全补丁，增强系统的稳定性和安全性。

(4)安装并及时更新杀毒软件与防火墙产品。保持最新病毒库以便能够查出最新的病毒，而在防火墙的使用中应注意到禁止来路不明的软件访问网络。一些特殊防火墙可以"主动防御"以及对注册表进行实时监控，每次不良程序针对计算机的恶意操作都可以实施拦截阻断。

及早发现计算机病毒，是有效控制病毒危害的关键。检查计算机有无病毒主要有两种途径：一种是利用反病毒软件进行检测，定期启动杀毒软件扫硬盘，一种是观察计算机出现的异常现象。

发现计算机病毒应立即清除，将病毒危害减少到最低限度。清除病毒的方法通常有两种：人工处理或利用杀毒软件。人工手段处理病毒容易出错，难度大而且难以清除完全，对病毒的清除一般使用杀毒软件来进行，在清除病毒之前，要先备份重要的数据文件；启动最新的反病毒软件，对整个计算机系统进行病毒扫描和清除，使系统或文件恢复正常。

一般的杀毒软件不仅具有清除病毒的功能，而且还有检测和监控病毒的功能。和其他软件分类相似，常见的杀毒软件有单机版和网络版，服务器专用版，或标准版、专业版和企业版之分,此外,还有免费版和收费版。目前常用的杀毒软件有:瑞星、金山毒霸、江民、360杀毒、小红伞、卡巴斯基、Norton、NOD32、avast!、Bitdefender、MSE等。

**4. 网络黑客**

黑客一词,原指热心于计算机技术,水平高超的电脑专家,尤其是程序设计人员。但到了今天,黑客一词已被用于泛指那些通过网络非法入侵他人系统,截取或篡改计算机数据,危害信息安全的电脑入侵者。

(1)黑客的攻击步骤

①收集网络系统中的信息。信息的收集并不对目标产生危害,只是为进一步的入侵提供有用信息。黑客可能会利用下列公开协议或工具,如SNMP协议、TraceRoute程序、DNS服务器、Ping程序等,收集驻留在网络系统中的各个主机系统的相关信息。

②探测目标网络系统的安全漏洞。在收集到一些准备要攻击的目标的信息后,黑客们会探测目标网络上的每台主机,来寻求系统内部的安全漏洞。

③建立模拟环境,进行模拟攻击。根据前面两小点所得的信息,建立一个类似攻击对象的模拟环境,然后对此模拟目标进行一系列的攻击。在此期间,通过检查被攻击方的日志,观察检测工具对攻击的反应,可以进一步了解在攻击过程中留下的"痕迹"及被攻击方的状态,以此来制定一个较为周密的攻击策略。

④具体实施网络攻击。入侵者根据前几步所获得的信息,同时结合自身的水平及经验总结出相应的攻击方法,在进行模拟攻击的实践后,将等待时机,以备实施真正的网络攻击。

(2)黑客常用的攻击手段

黑客攻击手段可分为非破坏性攻击和破坏性攻击两类。非破坏性攻击一般是为了扰乱系统的运行,并不盗窃系统资料,通常采用拒绝服务攻击或信息炸弹;破坏性攻击是以侵入他人电脑系统、盗窃系统保密信息、破坏目标系统的数据为目的。以下是黑客常用的几种攻击手段。

①密码破解。黑客常用的攻击手段之一,通常采用字典攻击、假登录程序、密码探测程序来获取系统或用户的密码。

②网络监听。网络监听是一种监视网络状态、数据流以及网络上传输信息的管理工具,它可以将网络接口设置在监听模式,并且可以截获网上传输的信息。

③拒绝服务。拒绝服务又叫分布式DOS攻击,它是使用超出被攻击目标处理能力的大量数据包来消耗系统可用系统、带宽资源,最后致使网络服务瘫痪的一种攻击手段。

④信息炸弹。指使用一些特殊工具软件,短时间内向目标服务器发送大量超出系统负荷的信息,造成目标服务器超负荷、网络堵塞、系统崩溃的攻击手段。

⑤木马后门。通过在你的电脑系统植入木马程序,采用服务器/客户机的运行方式,从而达到窃取密码、远程控制的目的。

⑥系统漏洞。利用漏洞扫描程序,快速检查网络内电脑系统存在的已知漏洞,从而进行攻击破坏。

(3)防止黑客的策略

信息系统防黑的策略,目前世界上推崇的是著名的防黑管理模式PDRR,该模式概括了网络安全的整个环节,即保护(Protect)、检测(Detect)、响应(React)、恢复(Restore)。PPDR模型是在整体的安全策略的控制和指导下,综合运用防护工具(如防火墙、身份认证、加密等)的同时,利用检测工具(如漏洞评估、入侵检测系统)了解和评估系统的安全状态,通过适当的响应将系统调整到一个比较安全的状态。保护、检测和响应组成了一个完整的、动态的安全循环。

**5. 计算机违法犯罪**

公安部计算机管理监察司对于计算机违法犯罪给出的定义是：所谓计算机犯罪，就是在信息活动领域中，利用计算机信息系统或计算机信息知识作为手段，或者针对计算机信息系统，对国家、团体或个人造成危害，依据法律规定，应当予以刑罚处罚的行为。计算机犯罪始于 60 年代，到了 80 年代、特别是进入 90 年代在国内外呈愈演愈烈之势，对信息安全和社会稳定造成了极大的威胁。

广义的电脑犯罪可分为两种：第一种是以他人的电脑资源为目标的犯罪行为，又称为入侵型的电脑犯罪；第二种是利用电脑资源为工具的犯罪行为，又称为场所型的电脑犯罪。

以他人电脑资源为目标的犯罪行为，主要动机包括：获取私利、商业竞争、蓄意报复、政治目的、好玩挑战性、恐怖活动与战争。盗用、窃取、不当访问或破坏对方电脑资源与功能的犯罪行为，包括前述的他人文件、系统、程序的盗用与破坏，以及施放电脑病毒、蠕虫、木马程序、黑客入侵、逻辑炸弹、阻断网络服务、网络窃听、篡改等犯罪行为。

利用电脑资源为工具的犯罪行为，指的是利用电脑（尤其是网络）来进行的犯罪行为，例如网络赌博。主要的“场所型犯罪”或称“网络犯罪”的类型包括：

（1）盗版贩卖；

（2）网络诈欺；

（3）网络情色；

（4）非法物品、违禁物品及管制物品的贩售；

（5）网络赌博；

（6）妨害名誉；

（7）造谣传谣；

（8）恐怖活动。

近年来，各国计算机违法犯罪活动迅速增加，且日趋严重，已经成为各国政府和各界人士非常重视的问题。我国计算机应用和网络正在迅速发展，对于保障计算机信息系统及其数据的安全，防止和制止计算机违法犯罪活动，应当有足够的重视。通过加强道德教育，提高信息安全意识；加强信息技术投入，堵塞信息犯罪的漏洞；加强行政管理，营造预防信息犯罪的社会氛围；加强立法完善，为打击信息犯罪提供法律保障。

### 6.4.3　计算机软件知识产权

知识产权就是人们对自己的智力劳动成果所依法享有的权利，是一种无形资产。计算机软件知识产权是指公民或法人对自己在计算机软件方面开发的智力成果所享有的权利，包括著作权（版权）、专利权、商标权、商业秘密专有权等。

**1. 软件著作权**

《中华人民共和国著作权法》明确把计算机软件作为一种作品列入著作权保护的范畴。国家为了保护计算机软件著作权人的权益，调整计算机软件在开发、传播和使用中发生的利益关系，鼓励计算机软件的开发与应用，促进软件产业和国民经济信息化的发展。根据《中华人民共和国著作权法》，制定了《计算机软件保护条例》。《计算机软件保护条例》（以下简称《条例》）最早于 1991 年发布实施，最新的《条例》于 2013 年 3 月 1 日起施行。

计算机软件(以下简称软件),是指计算机程序及其有关文档。计算机程序,是指为了得到某种结果而可以由计算机等具有信息处理能力的装置执行的代码化指令序列,或者可以被自动转换成代码化指令序列的符号化指令序列或者符号化语句序列。同一计算机程序的源程序和目标程序为同一作品。文档,是指用来描述程序的内容、组成、设计、功能规格、开发情况、测试结果及使用方法的文字资料和图表等,如程序设计说明书、流程图、用户手册等。

软件著作权属于软件开发者,软件著作权人享有的权利有:发表权、署名权、修改权、复制权、发行权、出租权、信息网络传播权、翻译权以及应当由软件著作权人享有的其他权利。软件著作权自软件开发完成之日起产生。自然人的软件著作权,保护期为自然人终生及其死亡后50年,截止于自然人死亡后第50年的12月31日;法人或者其他组织的软件著作权,保护期为50年,但软件自开发完成之日起50年内未发表的,不再保护。

软件的合法复制品所有人享有的权利:根据使用的需要把该软件装入计算机等具有信息处理能力的装置内;为了防止复制品损坏而制作备份复制品。为了把该软件用于实际的计算机应用环境或者改进其功能、性能而进行必要的修改;但是,除合同另有约定外,未经该软件著作权人许可,不得向任何第三方提供修改后的软件。为了学习和研究软件内包含的设计思想和原理,通过安装、显示、传输或者存储软件等方式使用软件的,可以不经软件著作权人许可,不向其支付报酬。

许可他人行使软件著作权的,转让软件著作权的,当事人应当订立书面合同。许可使用合同中软件著作权人未明确许可的权利,被许可人不得行使。订立许可他人专有行使软件著作权的许可合同,或者订立转让软件著作权合同,可以向国务院著作权行政管理部门认定的软件登记机构登记。

《条例》规定:未经软件著作权人许可,发表或者登记其软件的;将他人软件作为自己的软件发表或者登记的;未经合作者许可,将与他人合作开发的软件作为自己单独完成的软件发表或者登记的;在他人软件上署名或者更改他人软件上的署名的;未经软件著作权人许可,修改、翻译其软件的;复制或者部分复制著作权人的软件的;向公众发行、出租、通过信息网络传播著作权人的软件的;故意避开或者破坏著作权人为保护其软件著作权而采取的技术措施的;故意删除或者改变软件权利管理电子信息的;转让或者许可他人行使著作权人的软件著作权的。均属于侵权行为。

凡有侵权行为的,应当根据情况承担停止侵害、消除影响、赔礼道歉、赔偿损失等民事责任;同时损害社会公共利益的,由著作权行政管理部门责令停止侵权行为,没收违法所得,没收、销毁侵权复制品,可以并处罚款;情节严重的,著作权行政管理部门并可以没收主要用于制作侵权复制品的材料、工具、设备等;触犯刑律的,依照刑法关于侵犯著作权罪、销售侵权复制品罪的规定,依法追究刑事责任。

**2. 相关政策法规**

我国已经颁布了一系列与计算机知识产权保护相关的法律法规:

(1)《中华人民共和国著作权法》;

(2)《计算机软件保护条例》;

(3)《计算机软件著作权登记办法》;

(4)《信息网络传播权保护条例》;

(5)《计算机软件著作权登记收费项目和标准》。

### 6.4.4 计算机职业道德

人们在使用计算机软件或数据时，应遵照国家有关法律规定，尊重其作品的版权，这是使用计算机的基本道德规范。建议人们养成良好的道德规范，具体为：

使用正版软件，坚决抵制盗版，尊重软件作者的知识产权；

不对软件进行非法复制；

不要为了保护自己的软件资源而制造病毒保护程序；

不要擅自篡改他人计算机内的系统信息资源；

不要蓄意破坏和损伤他人的计算机系统设备及资源；

不要制造病毒程序，不要使用带病毒的软件，更不要有意传播病毒给其他计算机系统（传播带有病毒的软件）；

维护计算机的正常运行，保护计算机系统数据的安全；

被授权者对自己享用的资源负有保护责任，口令密码不得泄露给外人；

我国公安部公布的《计算机信息网络国际联网安全保护管理办法》中规定任何单位和个人不得利用国际互联网制作、复制、查阅和传播下列信息：

煽动抗拒、破坏宪法和法律、行政法规实施的；

煽动颠覆国家政权，推翻社会主义制度的；

煽动分裂国家、破坏国家统一的；

煽动民族仇恨、破坏国家统一的；

捏造或者歪曲事实，散布谣言，扰乱社会秩序的；

宣言封建迷信、淫秽、色情、赌博、暴力、凶杀、恐怖，教唆犯罪的；

公然侮辱他人或者捏造事实诽谤他人的；

损害国家机关信誉的；

其他违反宪法和法律、行政法规的。

但是，仅仅靠制定一项法律来制约人们的所有行为是不可能的，也是不实用的。社会也需要依靠道德来规定人们普遍认可的行为规范。在使用计算机时应该抱着诚实的态度、无恶意的行为，并要求自身在智力和道德意识方面取得进步。

## 本章小结

本章主要介绍了网络和信息安全的基本知识。包括计算机网络的概念，网络系统的组成和分类，拓扑结构，体系结构与协议，局域网的概念和组成。重点介绍了 Internet 的概念，发展历史，网络的基本功能和工作原理，以及 Internet 的接入方式，以及 IP 地址和域名的概念与设置。本章第二部分介绍了计算机病毒的定义、起源及特性、类型、症状与传播途径、检查和清楚与预防等；计算机信息安全，包括信息安全的概念，计算机病毒和网络黑客，软件知识产权与版权保护、信息产业的道德准则等基本知识。

# 习题六

## 一、单选题

1. 计算机网络的目标是实现(　　)。

A. 数据处理　　B. 信息传输与数据处理

C. 文献查询　　D. 资源共享与信息传输

2. 网络互联设备中的 Hub 称为(　　)。

A. 中继器　　B. 网关　　C. 网桥　　D. 集线器

3. 广域网和局域网是按照(　　)来划分的。

A. 网络使用者　　B. 信息交换方式

C. 网络作用范围　　D. 传输控制协议

4. LAN 是指(　　)。

A. 因特网　　B. 广域网　　C. 城域网　　D. 局域网

5. 局域网的硬件组成有(　　)、个人计算机、工作者或其他智能设备、网卡和电缆等。

A. 网络服务器　　B. 网络操作系统　　C. 网络协议　　D. 路由器

6. 国际标准化组织定义了开放系统互联模型(OSI),该模型将协议分为(　　)层。

A. 5　　B. 6　　C. 7　　D. 8

7. 关于网络传输介质错误的说法是(　　)。

A. 双绞线内导线绞合可以减少相对邻导线的电磁干扰

B. 光纤传输速率很高,为数几百 Gb/s

C. 同轴电缆性价比较高,只能用于宽带传输

D. 特殊情况下,可以使用微波、无线电和卫星等媒体传输数据

8. 连接到 WWW 页面的协议是(　　)。

A. HTML　　B. HTTP　　C. SMTP　　D. DNS

9. IP 地址是由(　　)组成的。

A. 三个黑点分隔主机名、单位名、地区名和国家名 4 个部分

B. 三个黑点分隔 4 个 0～255 数字

C. 三个黑点分隔 4 个部分,前两部分是国家名和地区名,后两部分是数字

D. 三个黑点分隔 4 个部分,前两部分是国家名和地区名,后两部分是网络和主机码

10. Internet 采用的标准网络协议是(　　)。

A. IPX/SPX　　B. TCP/IP　　C. NETBEUI　　D. 以上都不是

11. 因特网中某主机的二级域名为“edu”,表示该主机属于(　　)。

A. 盈利性商业机构　　B. 军事机构

C. 教育机构　　D. 非军事性政府组织结构

12. 在 Internet 中用于远程登录的服务是(　　)。

A. FTP　　B. E-mail　　C. Telnet　　D. WWW

13. 以下(　　)服务不属于 Internet 服务。

A. 电子邮件　　B. 货物快递　　C. 信息查询　　D. 文件传输

14. 电子商务主要是利用计算机(　　)进行的一种商贸活动。

A. 存储 B. 网络 C. 货物运输 D. 控制

15.(　　)是目前家庭用户与Internet连接的最常用方式之一。

A. 将计算机与Internet直接连接

B. 计算机通过电信数据专线与当地ISP连接

C. 通过ADSL专线接入

D. 计算机与本地局域网连接,通过本地局域网与Internet连接

16. 关于计算机病毒,正确的说法是(　　)。

A. 计算机病毒可以烧毁计算机的电子元件

B. 计算机病毒是一种传染力极强的生物病毒

C. 计算机病毒是一种人为控制的具有破坏性的程序

D. 计算机病毒一旦产生,便无法清除

17. 计算机病毒主要是造成(　　)的损坏。

A. 磁盘 B. 磁盘驱动器

C. 磁盘和其中的程序和数据 D. 程序和数据

18. 为了预防计算机病毒,应采取的正确步骤之一是(　　)。

A. 每天都要对磁盘和优盘进行格式化

B. 决不玩任何计算机游戏

C. 不同任何人交流 D. 不用盗版软件和来历不明的磁盘

19. 杀毒软件能够(　　)。

A. 消除已感染的所有病毒 B. 发现并阻止任何病毒的入侵

C. 杜绝对计算机的侵害

D. 发现病毒入侵的某些迹象并及时清除或提醒操作者

20. 宏病毒可以感染(　　)。

A. 可执行文件 B. 引导扇区分区表

C. Word/Excel文档 D. 数据库文件

21. 网上"黑客"是指(　　)的人。

A. 匿名上网 B. 总在晚上上网

C. 在网上私闯他人计算机系统 D. 不花钱上网

22.(　　)病毒是专门用来偷取用户资料的病毒。

A. 木马 B. 冲击波 C. 震荡波 D. CIH

23. 我国政府首次颁布的《计算机软件保护条例》于(　　)开始实施。

A. 1956年 B. 1990年 C. 1991年 D. 1993年

24. 软件著作权自软件开发完成之日起产生。自然人的软件著作权,保护期为自然人终生及其死亡后(　　)年。

A. 20 B. 25 C. 30 D. 50

25. 计算机软件的著作权属于(　　)。

A. 销售商 B. 使用者 C. 软件开发者 D. 购买者

**二、多选题**

1. 计算机联网的主要目的是(　　)。

A. 共享资源 B. 远程通信 C. 提高可移植性 D. 协同工作

2. 计算机网络可以分为(　　)。

A. 局域网　B. Internet 网　C. 广域网　D. 微型网

3. 常见的计算机网络拓扑结构是(　　)。

A. 星型结构　B. 交叉结构　C. 环型结构　D. 总线型结构

4. 以下(　　)网址对应的网络应属于 A 类网络。

A. 30.120.205.18　B. 190.6.71.88　C. 102.56.7.34　D. 123.67.90.45

5. 局域网的硬件组成有(　　)或其他智能设备、网卡及电缆等。

A. 网络服务器　B. 个人计算机　C. 工作站　D. 网络操作系统

6. Internet 上 IP 地址与域名地址的关系是(　　)。

A. 每台联网的主机必须有 IP 地址,不一定有域名地址

B. 每台联网的主机必须同时有 IP 地址和域名地址

C. 一个域名可以对应多个 IP 地址

D. 一个 IP 地址可以对应多个域名

7. 以下(　　)属于计算机有线网络传输介质。

A. 双绞线　B. 光纤　C. 普通电线　D. 同轴电缆

8. 在本机网络的某人连接的属性对话框中,列出了可添加用户计算机(本机)上的(　　)。

A. 服务类型　B. 适配器型号　C. 协议名称　D. 网络客户类型

9. 下列关于计算机病毒的说法,正确是(　　)。

A. 计算机病毒是一种人为编制的特殊程序

B. 计算机病毒能破坏程序和数据

C. 玩电脑游戏一定会感染计算机病毒

D. 如果 A 计算机染上了病毒,若某人在使用了 A 计算机后,又去使用 B 计算机,则 B 计算机也一定会感染计算机病毒

10. 计算机病毒的特点有(　　)。

A. 隐蔽性、实时性　B. 分时性、破坏性

C. 潜伏性、隐蔽性　D. 传染性、破坏性

11. 安装防火墙是对付(　　)的有效方法之一。

A. 虚假信息　B. 木马　C. 病毒　D. 网络诈骗

12. 防止非法拷贝软件的正确方法是(　　)。

A. 使用加密软件对需要保护软件加密

B. 采用“加密狗”、加密卡等硬件

C. 在软件中隐藏恶性的计算机病毒,一旦有人非法拷贝该软件,病毒就发作,破坏非法拷贝这磁盘上的数据。

D. 严格保密制度,使非法者无机可乘

13. 计算机信息系统安全主要包括(　　)。

A. 实体安全　B. 信息安全　C. 运行安全　D. 人员安全

14. 软件著作人享有的权利有(　　)。

A. 发表权　B. 署名权　C. 修改权　D. 发行权

15. 美国计算机伦理协会总结、归纳了计算机职业道德规范,称为“计算机伦理十戒”。以下(　　)属于其中的规范。

A. 可以用计算机去做假证明

B. 可以复制或利用没有购买的软件

C. 不应该剽窃他人的精神作品

D. 应该注意你正在编写的程序和你正在设计的系统的社会效应

**三、判断题**

1. 因特网发展的背景是 1969 年美国的 ARPANET。（　）

2. 计算机通信协议中的 TCP 称为传输控制协议。（　）

3. 网络及其设备都是基于通信协议的。（　）

4. TCP 是 TCP/IP 协议体系中应用层的协议。（　）

5. 根据计算机网络覆盖地理范围的大小，网络可分为广域网和以太网。（　）

6. 在 Internet 中，域名中的字母不分大小写。（　）

7. 传输介质是网络中发送方与接收方之间的逻辑信道。（　）

8. WWW 是一种基于超文本方式的信息查询技术，可在 Internet 网上组织和呈现相关的信息和图像。（　）

9. 网络中的传输介质分为有线传输介质和无线传输介质两类。（　）

10. 使用 FTP 不能传送可执行文件。（　）

11. 在 Internet 上，每一个电子邮件用户所拥有的电子邮件地址称为 E-mail 地址，它具有如下统一格式：用户名@主机域名。（　）

12. 由于性能的限制，防火墙通常不能提供实时的入侵检测能力。（　）

13. 计算机病毒只能感染可执行文件。（　）

14. 计算机病毒在某些条件下被激活之后，才开始起干扰破坏作用。（　）

15. 网络时代的计算机病毒虽然传播快，但容易控制。（　）

16. 云计算是基于网络的。（　）

17. RSA 算法是目前最流行的保密密钥法。（　）

18. 用户可以运用、拷贝、改变自由软件，而不必购买该软件。（　）

19. 我国将计算机软件的知识产权列入软件保护范畴。（　）

20. 2002 年 1 月 1 日起施行的《计算机软件保护条例》规定软件著作权自软件开发完成之日起产生。自然人的软件著作权，保护期为自然人终生及其死亡后的 30 年。（　）

# 参考文献

1. 陈平. 计算机基础案例教程[M]. 北京：科学出版社，2012.
2. 丛书编委会. 计算机应用基础——Windows 7＋Office 2010 中文版[M]. 北京：清华大学出版社，2011.
3. 郭艳华. 计算机基础与应用案例教程[M]. 北京：科学出版社，2013.
4. 刘创宇，卓先德，陈长忆. 大学计算机应用教程[M]. 2 版. 北京：清华大学出版社，2010.
5. 龙马工作室. Word/Excel/PowerPoint 2010 三合一从新手到高手[M]. 北京：人民邮电出版社，2011.
6. 聂玉峰. 计算机应用基础[M]. 北京：科学出版社，2012.
7. 秦学礼. 计算机一级考试(Windows 7 和 Office 2010 平台)指导[M]. 杭州：浙江大学出版社，2013.
8. 王彪，乌英格，张凯文，等. 大学计算机基础——实用案例驱动教程[M]. 北京：清华大学出版社，2012.
9. 夏耘，胡声丹. 计算机应用基础[M]. 北京：电子工业出版社，2013.
10. 章兰新，罗刚君. Excel 函数、图表与透视表从入门到精通[M]. 北京：中国铁道出版社，2012.
11. 赵建民. 大学计算机基础[M]. 杭州：浙江科学技术出版社，2009.
12. 周丽娟. 大学计算机基础[M]. 北京：科学出版社，2012.